南山大学学術叢書

ノンパラメトリック統計学

小標本でも分布に依らない
ロバスト手法

白石高章 著

Nonparametric Statistics

共立出版

まえがき

　ノンパラメトリック法の歴史は長く，1710 年に John Arbuthnot は，符号検定を用いて，ロンドンでの出生記録のデータをもとに男性と女性の出生確率は等しくないという結論を得た．20 世紀前半に，1 標本のウィルコクソンの符号付順位検定と 2 標本のウィルコクソンの順位検定が提案された．これらは小標本でも分布に依存しない汎用性の高い手法としてデータ解析に用いられ，統計学の事典などで必ず紹介されている．また，それらのノンパラメトリック法は医学，薬学，生物学，心理学の分野の統計学書にもしばしば記載されている．

　小標本でも分布に依存しない統計量の漸近理論（大標本理論）による近似的な手法をデータ解析に適用する場合，その近似の良さ（収束の速さ）は，分布に依存しない特長をもっている．さらに小標本でも分布に依存しない順位に基づくノンパラメトリック統計量は漸近理論の収束も速い．Hájek and Šidák (1967) は，スコア関数を導入し，ウィルコクソンの順位検定を一般化した順位検定の理論を構築し専門書としてまとめている．その後，Hájek, Šidák and Sen (1999) によってこの書籍の第 2 版が出版されている．その書籍に書かれている漸近理論は Chernoff and Savage (1958) とは異なる数学のエレガントな技法によって記述されており，名著となっている．

　本書の主要な部分として，1 標本から多標本までの連続モデルにおける小標本でも分布に依存しない順位に基づくノンパラメトリック法として，一様性の検定，位置母数の点推定，信頼領域，同時信頼区間，いくつかの母数に関する多重比較検定について考察する．

　薬の増量や毒性物質の曝露量の増加により，母平均に順序制約を入れることができる場合が多い．一般に，順序制約のあるモデルでの多重比較法は，順序制約のないモデルでの多重比較法を大きく優越する．このため，順序制約のあるモデルでノンパラメトリック法を考察することは非常に有意義である．これにより，母平均に順序制約を入れた場合の分散分析に対応するノンパラメトリック法と，小

標本でも分布に依存しないノンパラメトリック多重比較法についても本書では論述する．ちなみに，特定の分布を仮定し母平均に順序制約を入れたパラメトリックモデルで，母平均が一様である帰無仮説の統計的検定理論と母平均の点推定理論を研究している日本の数理統計学者は非常に多い．

位置母数が異なれば尺度母数も異なるモデルが多いため，位置と尺度の両方の母数を仮説とする多重比較検定法も本書では扱う．

尺度母数だけを統計分析する分布に依存しない順位手法は，平均が既知でないなら提案することができないため，データ解析の適用できる範囲が少ない．これにより，本書では尺度母数だけのノンパラメトリック法は取り上げない．

第1章で，連続型確率変数の分布関数のノンパラメトリック表現，フィッシャー情報量による最適なスコア関数の与え方，確率的収束の記号などを紹介する．第2章で，符号付順位検定と2変量の独立性の検定について述べる．この内容は，第7章のすべての平均とすべての独立性に関するノンパラメトリック多重比較法の基礎となっている．

第3章では，2標本の順位による検定，平均差の点推定，信頼区間を分布に依らない手法として紹介し，タイのある場合の対処法，正規分布の下でのパラメトリック法に対する順位手法の漸近相対効率について調べ，順位に基づくノンパラメトリック法に分布のくずれと外れ値に対するロバスト性（頑健性）があることを示す．この章の内容は，多標本モデルへの理論と手法の拡張がおこなえ，第4，5，6，8章で述べるノンパラメトリック法の構築の基礎となっている．

第9章では，多次元多標本モデルにおける統計解析法として，第8章までに紹介した手法を用いたノンパラメトリックゲートキーピング法を紹介する．Bretz, Hothorn and Westfall (2011) は，ボンフェローニの不等式に基づくゲートキーピング法を載せているが，本書で述べるゲートキーピング法は彼らの手法よりもはるかに検出力が高い良い手法である．

順位に基づくノンパラメトリック法は Lehmann (2006), Hollander, Wolfe and Chicken (2015) に多くの手法と応用例をまとめている．米国の研究者が書いたノンパラメトリック法の洋書には，多重比較としてシングルステップ（一段階）法のみが記述されている．本書では，シングルステップ法を大きく優越するマルチステップ（多段階）法も論述している．

稀に起こる現象の回数はポアソン分布に従う．ポアソン分布に従う観測値のデータはいくらでも存在する．ポアソンモデルの統計手法は重要であるにもかかわら

ず，ポアソンモデルでこれまで提案されてきた統計解析手法は，まだ十分多いとはいえない．待ち行列で用いられている指数分布モデルや比率の解析のためのベルヌーイモデルの統計解析法も，ポアソンモデルの場合と同様に少ない．ポアソン分布，指数分布，ベルヌーイ分布は母数を1つだけもつ分布である．第10章に，これら1母数をもつ分布モデルにおける新しい統計解析法を，第2章から8章までに論述した統計理論と同様な方法によって構築し解説している．

第11章に，2つ以上の母数をもつ正規分布を仮定した多標本モデル，2元配置モデル，相関係数の統計解析法を論述する．それらの数学的な理論構築のために，第8章までに解説したノンパラメトリック理論を活用できる．正規分布以外の2つ以上の母数をもつパラメトリック分布モデルで統計解析法を論じることは難しい．1733年にド・モアブルが導入した正規分布（ガウス分布）がいかに統計学の発展に貢献しているかがわかる．

最後の第12章に，第9章のノンパラメトリックゲートキーピング法を拡張した手法として，第8章までに紹介したノンパラメトリック法と第10, 11章で紹介したパラメトリック法を合体させたゲートキーピング法について解説する．

定理には，可能な限り証明を与えている．その場合の正則条件は単純なものだけである．統計学の基礎知識があれば，本書を読むことは可能である．これ以上の数学的知識は，付録Aに記している．付録Aで述べている定理の証明の多くは，拙書『統計科学の基礎』(2012)と『多群連続モデルにおける多重比較法』(2011)に載せているので，これらの書籍も参考にしていただければ，本書の理解が深められる．

南山学会理事と南山学会が選出した3人の査読者には大変有益な評論を頂戴致しました．これら多くの先生方に大変感謝致します．また，出版をお世話された共立出版株式会社の中村秀光氏，菅沼正裕氏，吉村修司氏にお礼申し上げます．

2025年2月

白石高章

目　次

まえがき	i
第1章　基礎となる確率分布，情報量，漸近性	1
1.1　連続型確率変数の線形変換による分布	1
1.2　連続型の標本観測値の分布	3
1.3　離散型の分布	9
1.4　フィッシャー情報量	12
1.5　確率的収束の記号	14
第2章　1標本問題	15
2.1　符号付順位検定	15
2.2　順位推定	23
2.3　符号付順位に基づく信頼区間	25
2.4　2次元分布モデルの独立性の検定	29
第3章　2標本問題	35
3.1　モデルの設定	35
3.2　順位検定	36
3.3　順位推定	43
3.4　順位に基づく区間推定	45
3.5　タイのある場合	49
3.6　漸近相対効率	49
3.7　ロバスト性	53

第4章 分散分析法に対応する方法　　　　　55

4.1 モデルの設定 55
4.2 カイ二乗型の順位検定 56
4.3 順位推定と順位信頼領域 59
4.4 平均に順序制約のある場合の手法 63
4.5 平均と分散の同時相違の検定 71
4.6 漸近的に分布に依存しないロバスト統計手法 76

第5章 すべての母数相違に関する多重比較法　　　79

5.1 平均相違のモデルと考え方 79
5.2 シングルステップの多重比較検定法 81
5.3 同時信頼区間 84
5.4 閉検定手順 87
5.5 平均と分散の相違の多重比較検定法 98

第6章 対照標本の平均との相違に関する多重比較法　　105

6.1 モデルと考え方 105
6.2 シングルステップの多重比較検定法 107
6.3 同時信頼区間 110
6.4 閉検定手順 114
6.5 逐次棄却型検定法 115

第7章 すべての平均と独立性に関する多重比較法　　119

7.1 標本ごとに分布が異なるモデル 119
7.2 シングルステップの多重比較法 120
7.3 1標本の統計手法を繰り返した場合のタイプ I FWER と信頼係数 127
7.4 閉検定手順 128

目　次　　　　　　　　　　　　　　　　　　　　　　　　　　　　　　**vii**

7.5　すべての独立性の検定法 131

第8章　平均母数に順序制約がある場合の多重比較法　　137

8.1　標本サイズを同一とした場合のすべての平均相違の多重比較法 . 137

　　8.1.1　シングルステップ法 138

　　8.1.2　閉検定手順 142

　　8.1.3　ステップワイズ法 146

8.2　隣接した平均母数の相違に関する多重比較法 150

　　8.2.1　シングルステップ法 150

　　8.2.2　閉検定手順 154

　　8.2.3　ステップワイズ法 157

8.3　対照標本との多重比較検定法 159

8.4　サイズが不揃いの場合の多重比較検定法 162

　　8.4.1　すべての平均相違の多重比較検定法 163

　　8.4.2　対照標本との多重比較検定法 166

第9章　多次元多標本モデルにおけるゲートキーピング法　　169

9.1　モデルと多重比較法によって推測される母数 169

9.2　すべての平均相違の多重比較検定法 172

　　9.2.1　第 p 成分の観測値のすべての平均相違に関する多重比較法 173

　　9.2.2　平均ベクトルの第 p 成分に順序制約のある場合のすべて
　　　　　の平均相違に関する多重比較法 177

　　9.2.3　ノンパラメトリックゲートキーピング法 180

　　9.2.4　ハイブリッドゲートキーピング法 188

9.3　対照標本との多重比較検定法 190

　　9.3.1　第 p 成分の観測値の対照標本との多重比較検定法 . . . 191

　　9.3.2　ノンパラメトリックゲートキーピング法 193

　　9.3.3　ハイブリッドゲートキーピング法 197

viii　　　　　　　　　　　　　　　　　　　　　　　　　　　　　目　次

第10章　関連した1つの母数をもつ分布の下での手法　　199

10.1　ポアソンモデルにおける統計解析法 199

　　10.1.1　1標本モデルの小標本理論と大標本理論 200

　　10.1.2　2標本モデルの大標本理論 209

　　10.1.3　多標本モデルと一様性の検定 212

　　10.1.4　すべての平均相違の多重比較法 215

　　10.1.5　対照標本との多重比較法 220

　　10.1.6　すべての平均に関する多重比較法 224

　　10.1.7　母数に順序制約のある場合の多重比較法 233

10.2　指数分布モデルにおける統計解析法 241

　　10.2.1　1標本モデルの小標本理論と大標本理論 243

　　10.2.2　2標本モデルの小標本理論と大標本理論 247

　　10.2.3　多標本モデルと一様性の検定 251

　　10.2.4　すべての平均相違の多重比較法 252

　　10.2.5　対照標本との多重比較法 256

　　10.2.6　すべての平均に関する多重比較法 262

　　10.2.7　母数に順序制約のある場合の多重比較法 268

　　10.2.8　ガンマ分布とワイブル分布 274

10.3　ベルヌーイモデルの統計解析法 275

　　10.3.1　1標本モデルの小標本理論と大標本理論 276

　　10.3.2　2標本モデルの大標本理論 284

　　10.3.3　多標本モデルと一様性の検定 293

　　10.3.4　多重比較法 295

第11章　関連した正規分布の下での手法　　297

11.1　多標本正規分布モデルでの平均の統計解析法 298

　　11.1.1　すべての平均相違の多重比較法 298

　　11.1.2　対照標本との多重比較法 300

　　11.1.3　すべての平均の多重比較法 303

目　次　　　　　　　　　　　　　　　　　　　　　　　　　ix

　　　11.1.4　平均母数に順序制約のある場合の多重比較法 306
　11.2　乱塊法モデルの統計解析法 310
　　　11.2.1　乱塊法モデルと一様性の検定 310
　　　11.2.2　すべての処理効果相違の多重比較法 311
　　　11.2.3　対照標本との多重比較法 314
　　　11.2.4　処理効果に順序制約のある場合の多重比較法 316
　11.3　繰り返しのある 2 元配置モデルの統計解析法 323
　　　11.3.1　繰り返しのある 2 元配置モデル 323
　　　11.3.2　主効果の多重比較法 325
　　　11.3.3　交互作用の多重比較法 331
　11.4　2 次元正規分布モデルにおける相関係数の統計解析法 333
　　　11.4.1　1 標本モデルの統計解析法 333
　　　11.4.2　2 標本モデルの統計解析法 336
　　　11.4.3　多標本モデル 339
　　　11.4.4　すべての相関係数相違の多重比較法 340
　　　11.4.5　対照標本との多重比較法 344
　　　11.4.6　すべての相関係数の多重比較法 347
　　　11.4.7　相関係数母数に順序制約がある場合の手法 351
　11.5　正規分布モデルでの統計手法のメリット 358

第 12 章　関連したパラメトリック法も取り込むゲートキーピング法　361

　12.1　モデルと推測される母数 361
　12.2　ゲートキーピング法 362
　12.3　シングルステップの多重比較検定法を用いる解析例 369
　12.4　マルチステップの多重比較検定法を用いる解析例 377
　12.5　ボンフェローニの多重比較検定法を用いる解析例 389

付録 A　数学的基礎理論　393

　A.1　正規母集団での統計量の分布 393

A.2 極限定理 394

付録 B　統計量の分布の上側 $100\alpha\%$ 点の数表　　397

B.1 上側 $100\alpha\%$ 点の数表 397
B.2 付表 397

参考文献　　407
あとがき　　415
索　引　　417

記号表

$a \equiv b$: b を a とおくの意味

$|a|$: 実数 a の絶対値

R : 実数全体

$P(\cdot)$: 確率測度

$P_0(\cdot)$: 帰無仮説 H_0 の下での確率測度

$E(X)$: X の期待値

$E_0(X)$: 帰無仮説 H_0 の下での X の期待値

$V(X)$: 確率変数 X の分散

$V_0(X)$: 帰無仮説 H_0 の下での X の分散

$\#A$ または $\#(A)$: 有限集合 A の要素の個数

H_0 : 一様性の帰無仮説

H_1^A : 1, 2 標本のときの両側対立仮説

H_2^A : 1, 2 標本のときの上側対立仮説

H_3^A : 1, 2 標本のときの下側対立仮説

$H_i^{A\pm}$: k 標本の多重比較のときの両側対立仮説

H_i^{A+} : k 標本の多重比較のときの上側対立仮説

H_i^{A-} : k 標本の多重比較のときの下側対立仮説

$\lfloor x \rfloor$: x を超えない最大の整数で床関数とよばれる. $\lfloor 5.7 \rfloor = 5$, $\lfloor -5.3 \rfloor = -6$

$\lceil x \rceil$: x 以上の最小の整数で天井関数とよばれる. $\lceil x \rceil = -\lfloor -x \rfloor$, $\lceil 5.7 \rceil = 6$

$p \iff q$: p と q は同値

$p \implies q$: p ならば q である

$p \wedge q$: p かつ q が成り立つ（論理積）

$p \vee q$: p または q が成り立つ（論理和）

$\displaystyle\bigwedge_{i \in I} p_i$: すべての $i \in I$ に対して p_i が成り立つ

$\displaystyle\bigvee_{i \in I} p_i$: ある $i \in I$ が存在して p_i が成り立つ

$N(\mu, \sigma^2)$: 平均 μ, 分散 σ^2 の正規分布

$z(\alpha)$: 標準正規分布 $N(0,1)$ の上側 $100\alpha\%$ 点

t_m : 自由度 m の t 分布

$t_m(\alpha)$: 自由度 m の t 分布の上側 $100\alpha\%$ 点

χ_m^2 : 自由度 m のカイ二乗分布

$\chi_m^2(\alpha)$: 自由度 m のカイ二乗分布の上側 $100\alpha\%$ 点

$\mathcal{X}_m^2$: 自由度 m のカイ二乗分布に従う確率変数

F_m^ℓ : 自由度 $\ell,\ m$ の F 分布

$F_m^\ell(\alpha)$: 自由度 $\ell,\ m$ の F 分布の上側 $100\alpha\%$ 点

$\mathcal{F}_m^\ell$: 自由度 $\ell,\ m$ の F 分布に従う確率変数

$\varphi_0(x)$: 標準正規分布 $N(0,1)$ の密度関数

$\Phi(z)$: 標準正規分布の分布関数

$\Theta = \{\boldsymbol{\theta} = (\mu,\eta) | -\infty < \mu < \infty,\ 0 < \eta < \infty\}$ はパラメータ空間とする.

$\varphi_1(u,f_0) \equiv -\dfrac{f_0'(F_0^{-1}(u))}{f_0(F_0^{-1}(u))}$: 位置母数のフィッシャー情報量に現れる関数 (1.25)

$\varphi_2(u,f_0) \equiv -F_0^{-1}(u)\dfrac{f_0'(F_0^{-1}(u))}{f_0(F_0^{-1}(u))}$: 尺度母数のフィッシャー情報量に現れる関数
　(1.26)

$\displaystyle\int_{-\infty}^{\infty} g(x)d\Phi(x)$: スティルチェス積分で,$\displaystyle\int_{-\infty}^{\infty} g(x)\varphi_0(x)dx$ に等しい

$X \sim D$: X は分布 D に従う

$X \sim F(x)$: X の分布関数は $F(x)$

$\phi(\boldsymbol{X})$: 検定関数

$\mathcal{R}_n \equiv \{\boldsymbol{r} | \ \boldsymbol{r}$ は $(1,2,\ldots,n)$ の各要素を並べ替えた順列ベクトル $\}$

$\mathcal{S}_n \equiv \{\boldsymbol{s} \ | \ \boldsymbol{s} \equiv (s_1,\ldots,s_n)$ で,各 s_i は 1 または $-1\}$

$a_m^+(\cdot)$: $\{1,2,\ldots,m\}$ 上の 0 以上の実数値関数で,1 標本のスコア関数とよばれる.
　　　第 2 章では,$m = n$ として当てはめる.第 7 章では,$m = n_i$ として当て
　　　はめる.表 2.1 を参照

$a_m(\cdot)$: $\{1,2,\ldots,m\}$ 上の実数値関数で,スコア関数とよばれる.第 3, 4 章では,
　　　$m = n$ として当てはめる.第 5 章では,$m = N_{i'i},\ n(I_j)$ として当てはめる.
　　　第 6 章では,$m = N_i$ として当てはめる.第 8 章では,$m = 2n_1,\ N_i,\ n(\ell)$,
　　　$N(I_j^o),\ N(\mathcal{I}_\ell)$ として当てはめる.(3.14) と表 1.1 を参照

$N_{ii'} \equiv n_i + n_{i'}$

$N_{i'i} \equiv n_{i'} + n_i$: $N_{i'i} = N_{ii'}$ であるが,便宜上,第 4 章では $N_{ii'}$ を用い,第 5 章
　　　と第 8 章では $N_{i'i}$ を用いている.

$n(I_j) \equiv \displaystyle\sum_{i \in I_j} n_i$

$N_i \equiv n_i + 1$

$N_i' \equiv n_i + n_{i+1}$

$n(\ell) \equiv n_1 + (\ell - 1)n_2$

記号表 xiii

$$N(I_j^o) \equiv \sum_{i \in I_j^o} n_i$$

$$N(\mathcal{I}_\ell) \equiv \sum_{i=1}^{\ell} n_i$$

$\mathcal{I}_\ell \equiv \{1, 2, \ldots, \ell\}$

$b_m(\cdot): \{1, 2, \ldots, m\}$ 上の実数値関数で，スコア関数とよばれる．第 4 章では，$m = n$ として当てはめる．第 5 章では，$m = n(I_j)$ として当てはめる．4.5 節と表 1.1 を参照

$\mathcal{W}_n \xrightarrow{P} c: \mathcal{W}_n$ は c に確率収束する

$\mathcal{Z}_n \xrightarrow{\mathcal{L}} Z: \mathcal{Z}_n$ は Z に分布収束する

$\mathcal{Z}_n \xrightarrow{\mathcal{L}} N(0, \sigma^2): \mathcal{Z}_n$ は $N(0, \sigma^2)$ に分布収束する

$\mathcal{U}_k \equiv \{(i, i') \mid 1 \leqq i < i' \leqq k\}$

$\mathcal{I}_{2,k} \equiv \{i \mid 2 \leqq i \leqq k\} = \{2, 3, \ldots, k\}$

$\mathcal{I}_k \equiv \{i \mid 1 \leqq i \leqq k\} = \{1, 2, \ldots, k\}$

$\mathcal{U}'_{k-1} \equiv \{(i, i+1) \mid i \in \mathcal{I}_{k-1}\}$

$\mathcal{Z}_P(x) \equiv \sqrt{x}$: ポアソン分布での分散安定化変換

$\mathcal{Z}_E(x) \equiv \log(x)$: 指数分布での分散安定化変換

$\mathcal{Z}_B(x) \equiv \arcsin(\sqrt{x})$: ベルヌーイ分布での分散安定化変換

$\mathcal{Z}_F(x) \equiv (1/2) \log\{(1 + x)/(1 - x)\}$: フィッシャーの z 変換

第 **1** 章

基礎となる確率分布，情報量，漸近性

　第2章以後で，統計手法を論じるために，連続型の確率分布，フィッシャー情報量，確率の漸近公式について論述する．平均が存在する場合の位置母数の分布のクラスを表現する．また，分散が存在する場合の位置尺度の分布のクラスも表現する．

1.1　連続型確率変数の線形変換による分布

　実数 $a < b$ に対して，変数 X が，区間 $[a, b]$ に入る確率が，$\int_{-\infty}^{\infty} f_X(x)dx = 1, f_X(x) \geqq 0$ を満たす関数 $f_X(x)$ によって

$$P(a \leqq X \leqq b) = \int_a^b f_X(x)dx$$

と表せるとき，X を連続型確率変数，$f_X(x)$ を密度関数とよぶ．また，

$$F_X(x) \equiv P(X \leqq x) = \int_{-\infty}^x f_X(t)dt$$

を X の分布関数とよぶ．これらの関係式より，密度関数 $f_X(x)$ は分布関数 $F_X(x)$ を x で微分したものである．

　$E(|X|) < \infty$ のとき，X の平均 $E(X)$ を

$$E(X) \equiv \int_{-\infty}^{\infty} xf_X(x)dx$$

で定義し，記号 μ を使う．すなわち，$\mu = E(X)$ である．

$$Y \equiv X - \mu \tag{1.1}$$

とおくと，$E(Y) = 0$ である．

$$P(Y \leq x) = P(X \leq x + \mu) = F_X(x + \mu)$$

であるので，

$$f(x) \equiv f_X(x + \mu), \quad F(x) \equiv F_X(x + \mu) \tag{1.2}$$

とおけば，

$$\int_{-\infty}^{\infty} f(x)dx = 1, \ \ f(x) \geq 0, \ \ F'(x) = f(x), \ \ \int_{-\infty}^{\infty} xf(x)dx = 0$$

を満たし，関係式

$$f_X(x) = f(x - \mu), \quad F_X(x) = F(x - \mu) \tag{1.3}$$

が成り立つ．すなわち，X の密度関数 $f_X(x)$ は平均 0 の密度関数 $f(x)$ と平均母数 μ で表現できる．

さらに，$E(X^2) < \infty$ のとき，X の分散 $V(X)$ を

$$V(X) \equiv \int_{-\infty}^{\infty} (x - \mu)^2 f_X(x)dx > 0$$

で定義し，記号 σ^2 を使う．すなわち，$\sigma^2 = V(X)$ である．また，$\sigma \equiv \sqrt{V(X)}$ を標準偏差とよぶ．

$$Z \equiv \frac{X - \mu}{\sigma} \tag{1.4}$$

とおくと，$E(Z) = 0, V(Z) = 1$ である．すなわち，

$$P(Z \leq x) = P(X \leq \sigma x + \mu) = F_X(\sigma x + \mu)$$

であるので，

$$g(x) \equiv \sigma f_X(\sigma x + \mu), \quad G(x) \equiv F_X(\sigma x + \mu) \tag{1.5}$$

とおけば，

$$\int_{-\infty}^{\infty} g(x)dx = 1, \quad g(x) \geqq 0, \quad G'(x) = g(x),$$

$$\int_{-\infty}^{\infty} xg(x)dx = 0, \quad \int_{-\infty}^{\infty} x^2 g(x)dx = 1$$

を満たし，関係式

$$f_X(x) = \frac{1}{\sigma} g\left(\frac{x-\mu}{\sigma}\right), \quad F_X(x) = G\left(\frac{x-\mu}{\sigma}\right) \tag{1.6}$$

が成り立つ．すなわち，X の密度関数 $f_X(x)$ は標準化された平均 0，分散 1 の密度関数 $g(x)$ および平均母数 μ と標準偏差 σ で表現できる．

以上により，$E(X^2) < \infty$ のとき，X の密度関数 $f_X(x)$ と分布関数 $F_X(x)$ は，(1.3) と (1.6) の 2 つの表現が可能であり，$f(x)$ と $g(x)$ の関数の間に

$$f(x) = \frac{1}{\sigma} g\left(\frac{x}{\sigma}\right), \quad F(x) = G\left(\frac{x}{\sigma}\right) \tag{1.7}$$

の関係がある．$f(x)$ の分散は σ^2 である．

$y = g(x)$（平均 0，分散 1），$y = g(x-1)$（平均 1，分散 1），$y = (1/\sqrt{2})g(x/\sqrt{2})$（平均 0，分散 2）の密度関数のグラフを重ね描きしたものを，図 1.1 に載せている．平均が大きくなればグラフは右に平行移動し，分散が大きくなれば山は低くなる．それらの分布関数のグラフ $y = G(x)$，$y = G(x-1)$，$y = G(x/\sqrt{2})$ を重ね描きしたものを，図 1.2 に載せている．確率変数 X の分布関数を $F_X(x) \equiv G(x)$，Y の分布関数を $F_Y(x) \equiv G(x-1)$ とすれば，$E(X) = 0 < 1 = E(Y)$ で $F_X(x) > F_Y(x)$ の関係が成り立つ．

平均，分散の他に，次で定義される分布の歪度および尖度が重要となる．

$$\ell_1 \equiv \frac{E\{(X-\mu)^3\}}{\sigma^3} = \int_{-\infty}^{\infty} x^3 g(x)dx \qquad \text{（歪度）} \tag{1.8}$$

$$\ell_2 \equiv \frac{E\{(X-\mu)^4\}}{\sigma^4} - 3 = \int_{-\infty}^{\infty} x^4 g(x)dx - 3 \quad \text{（尖度）} \tag{1.9}$$

1.2 連続型の標本観測値の分布

確率変数 X の密度関数を $f_X(x)$ とするとき，(1.3) で与えられた密度関数 $f(x)$ に対して，

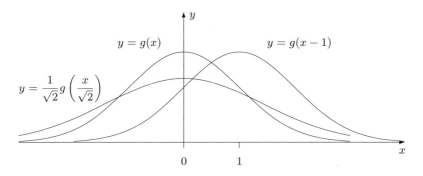

図 1.1 平均と分散の異なる密度関数

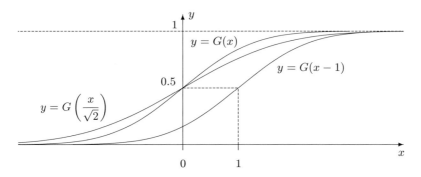

図 1.2 平均と分散の異なる分布関数

$$f(-x) = f(x) \quad (x \in R) \tag{1.10}$$

が成り立つならば，X の分布は μ について対称であるという．(1.10) と

$$F(-x) = 1 - F(x) \quad (x \in R)$$

は同値である．(1.7) より，(1.10) は，標準化された密度関数 $g(x)$ を使って，次の (1.11) とも同値である．

$$g(-x) = g(x) \quad (x \in R) \tag{1.11}$$

$f_X(x)$ は母数を含んでいるので，$f(x|\boldsymbol{\theta})$ で表す．すなわち，

$$f(x|\boldsymbol{\theta}) \equiv f_X(x), \quad F(x|\boldsymbol{\theta}) \equiv F_X(x)$$

1.2 連続型の標本観測値の分布 **5**

とする．最初に，順位統計量に関連する対称な分布 (1)-(4) を紹介する．

(1) ロジスティック分布 $LG(\mu, \eta)$

$$\text{密度関数}: f(x|\boldsymbol{\theta}) = \frac{\exp\left(-\frac{x-\mu}{\eta}\right)}{\eta\left\{1 + \exp\left(-\frac{x-\mu}{\eta}\right)\right\}^2} \quad (-\infty < x < \infty)$$

$$\Theta = \{\boldsymbol{\theta} = (\mu, \eta) \mid -\infty < \mu < \infty,\ 0 < \eta < \infty\}$$

$$\text{分布関数}: F(x|\boldsymbol{\theta}) = \frac{1}{1 + \exp\left(-\frac{x-\mu}{\eta}\right)}$$

$$\text{平均，分散，歪度，尖度}: E(X) = \mu,\quad V(X) = \frac{\pi^2\eta^2}{3},\quad \ell_1 = 0,\quad \ell_2 = 1.2$$

$\mu = 0,\ \eta = 1$ のときの $LG(0,1)$ が標準型であり，その密度関数と分布関数は，それぞれ，

$$f_0(x) = \frac{\exp(-x)}{\{1 + \exp(-x)\}^2},\quad F_0(x) = \frac{1}{1 + \exp(-x)}$$

である．平均 0，分散 1 に基準化された密度関数は

$$g(x) = \frac{\pi \exp\left(-\frac{\pi x}{\sqrt{3}}\right)}{\sqrt{3}\left\{1 + \exp\left(-\frac{\pi x}{\sqrt{3}}\right)\right\}^2}$$

で与えられる．

(2) 正規分布 $N(\mu, \sigma^2)$

密度関数が

$$f(x|\boldsymbol{\theta}) = \frac{1}{\sqrt{2\pi}\sigma} \exp\left\{-\frac{(x-\mu)^2}{2\sigma^2}\right\} \quad (-\infty < x < \infty)$$

$$\Theta = \{\boldsymbol{\theta} = (\mu, \sigma^2) \mid -\infty < \mu < \infty,\ 0 < \sigma^2 < \infty\}$$

で与えられる応用上や理論上最も重要となる分布を 1 次元正規分布，または単に正規分布といい，記号 $N(\mu, \sigma^2)$ を使って表す．特に，$\mu = 0,\ \sigma^2 = 1$ のときの $N(0,1)$ を標準正規分布といい，その密度関数と分布関数をそれぞれ記号 $\varphi_0(x)$，$\Phi(z)$ を使って表す．すなわち，

$$f_0(x) = \varphi_0(x) = \frac{1}{\sqrt{2\pi}} \exp\left(-\frac{x^2}{2}\right), \tag{1.12}$$

$$F_0(x) = \Phi(z) = \int_{-\infty}^{z} \varphi_0(x)dx \tag{1.13}$$

である．このとき，$N(\mu, \sigma^2)$ の密度関数と分布関数は，関数 $\varphi_0(\cdot)$ と $\Phi(\cdot)$ を使って，それぞれ次で表される．

$$f(x|\boldsymbol{\theta}) = \frac{1}{\sigma}\varphi_0\left(\frac{x-\mu}{\sigma}\right), \quad F(x|\boldsymbol{\theta}) = \Phi\left(\frac{x-\mu}{\sigma}\right)$$

$N(\mu, \sigma^2)$ の平均，分散，歪度，尖度は変数変換や部分積分などを使って

$$E(X) = \mu, \quad V(X) = \sigma^2, \quad \ell_1 = 0, \quad \ell_2 = 0$$

が示せる．正規分布は平均 μ と分散 σ^2 によって特定される．

平均 0，分散 1 に基準化された密度関数も (1.12) で与えられる．

(3) 両側指数（ラプラス）分布 $DE(\mu, \eta)$

密度関数：$f(x|\boldsymbol{\theta}) = \dfrac{1}{2\eta} \exp\left(-\dfrac{|x-\mu|}{\eta}\right) \quad (-\infty < x < \infty)$

$$\Theta = \{\boldsymbol{\theta} = (\mu, \eta) \mid -\infty < \mu < \infty, \ 0 < \eta < \infty\}$$

分布関数：$F(x|\boldsymbol{\theta}) = \begin{cases} \dfrac{1}{2} \exp\left(\dfrac{x-\mu}{\eta}\right) & (x \leqq \mu) \\ 1 - \dfrac{1}{2} \exp\left(-\dfrac{x-\mu}{\eta}\right) & (x > \mu) \end{cases}$

平均，分散，歪度，尖度：$E(X) = \mu, \ V(X) = 2\eta^2, \ \ell_1 = 0, \ \ell_2 = 3$

$\mu = 0, \eta = 1$ とした $DE(0,1)$ が標準型であり，その密度関数と分布関数は，それぞれ，

$$f_0(x) = \frac{1}{2} \exp(-|x|),$$

$$F_0(x) = \begin{cases} \dfrac{1}{2} \exp(x) & (x \leqq 0) \\ 1 - \dfrac{1}{2} \exp(-x) & (x > 0) \end{cases}$$

である．平均 0，分散 1 に基準化された密度関数と分布関数は

1.2 連続型の標本観測値の分布 **7**

$$g(x) = \frac{1}{\sqrt{2}} \exp(-\sqrt{2}|x|),$$

$$G(x) = \begin{cases} \dfrac{1}{2} \exp(\sqrt{2}x) & (x \leqq 0) \\ 1 - \dfrac{1}{2} \exp(-\sqrt{2}x) & (x > 0) \end{cases}$$

である.

(4) 一様分布 $U(a,b)$

確率変数 X が区間 (a,b) 上の値を等確率でとる密度関数が

$$f(x|\boldsymbol{\theta}) = \begin{cases} \dfrac{1}{b-a} & (a < x < b) \\ 0 & (その他) \end{cases}$$

$$\Theta = \{\boldsymbol{\theta} = (a,b) \mid -\infty < a < b < \infty\}$$

で与えられる分布を一様分布といい, 記号 $U(a,b)$ を使って表す. $U(a,b)$ の平均, 分散, 歪度, 尖度は

$$E(X) = \frac{a+b}{2}, \quad V(X) = \frac{(a-b)^2}{12}, \quad \ell_1 = 0, \quad \ell_2 = -1.2$$

であることが容易に示される. $a = 0$, $b = 1$ のときの $U(0,1)$ が標準型であり, その密度関数と分布関数は, それぞれ,

$$f_0(x) = \begin{cases} 1 & (0 < x < 1) \\ 0 & (その他), \end{cases} \quad F_0(x) = \begin{cases} x & (0 < x < 1) \\ 1 & (x \geqq 1) \\ 0 & (x \leqq 0) \end{cases}$$

である. 平均 0, 分散 1 に基準化された密度関数は

$$g(x) = \frac{1}{2\sqrt{3}} I_{(-\sqrt{3},\sqrt{3})}(x)$$

で与えられる. ただし,

$$I_A(x) \equiv \begin{cases} 1 & (x \in A) \\ 0 & (x \in A^c) \end{cases}$$

とする.

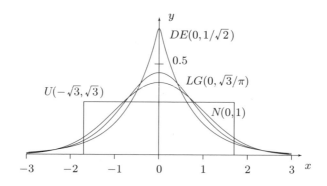

図 1.3 平均 0 分散 1 の密度関数

$LG(0, \sqrt{3}/\pi)$, $N(0,1)$, $DE(0, 1/\sqrt{2})$, $U(-\sqrt{3}, \sqrt{3})$ の密度関数を重ね描きしたものを，図 1.3 に載せている．いずれも平均 0，分散 1 である．山の高い順に $DE(0, 1/\sqrt{2})$, $LG(0, \sqrt{3}/\pi)$, $N(0,1)$, $U(-\sqrt{3}, \sqrt{3})$ である．視覚的にはわかりにくいが裾の重さも同じ順である．

上記以外の対称な分布として混合正規分布などがある．混合正規分布は，文献 (著 1), (著 2) を参照すること．

次に，密度関数が非対称な分布を紹介する．

(5) 指数分布 $EXP(\mu)$

$$\text{密度関数}: f(x|\boldsymbol{\theta}) = (1/\mu)e^{-x/\mu} \quad (x > 0),$$
$$\Theta = \{\boldsymbol{\theta} = \mu \mid 0 < \mu < \infty\}$$
$$\text{分布関数}: F(x|\boldsymbol{\theta}) = 1 - e^{-x/\mu}$$

平均，分散，歪度，尖度：$E(X) = \mu$, $V(X) = \mu^2$, $\ell_1 = 2$, $\ell_2 = 6$

平均 0，分散 1 の標準化された密度関数と分布関数は

$$g(x) = e^{-(x+1)} I_{(-1, \infty)}(x), \quad G(x) = \{1 - e^{-(x+1)}\} I_{(-1, \infty)}(x)$$

である．伊藤・亀田監訳 (2007) は，標準化された分布をシフトした指数分布とよんでいる．指数分布の統計解析法は本書の第 10 章に書いてある．

指数分布を含む分布として，ガンマ分布とワイブル分布がある．これら以外の

1.3 離散型の分布　　　　　　　　　　　　　　　　　　　　　　　　　　　　**9**

非対称な分布として，ベータ分布，対数正規分布，一般化混合正規分布などがある．それらの分布については，（著1），（著2）を参照すること．

　正規標本から導かれる分布として，カイ二乗分布，F 分布，t 分布を紹介する．詳しくは，（著2）を参照すること．カイ二乗分布は，4.2 節の順位統計量と 10.1 節のポアソンモデルで出てくる．t 分布は，正規母集団での t 検定で出てくる．

(6) カイ二乗分布 χ_n^2

　密度関数が

$$f_\chi(x|n) = \frac{1}{\Gamma\left(\frac{n}{2}\right) 2^{\frac{n}{2}}} x^{\frac{n}{2}-1} \exp\left(-\frac{x}{2}\right), \quad 0 < x < \infty \quad (n = 1, 2, \ldots)$$

と表される分布を自由度 n のカイ二乗分布といい χ_n^2 で表す．ここで，

$$\Gamma(\alpha) \equiv \int_0^\infty x^{\alpha-1} \exp(-x) dx$$

はガンマ関数とよばれる．

(7) F 分布 F_n^m

　密度関数が

$$f_F(x|\boldsymbol{\theta}) = \frac{\Gamma\left(\frac{m+n}{2}\right)}{\Gamma\left(\frac{m}{2}\right)\Gamma\left(\frac{n}{2}\right)} \left(\frac{m}{n}\right)\left(\frac{mx}{n}\right)^{\frac{m}{2}-1} \left(1 + \frac{mx}{n}\right)^{-\frac{m+n}{2}},$$

$$0 < x < \infty, \quad \Theta = \{\boldsymbol{\theta} \equiv (m, n)|\ m, n\ \text{は自然数}\}$$

で与えられる分布を自由度 (m, n) の F 分布といい F_n^m で表す．

(8) t 分布 t_n

　密度関数が

$$f_t(x|n) = \frac{\Gamma\left(\frac{n+1}{2}\right)}{\sqrt{\pi n}\,\Gamma\left(\frac{n}{2}\right)} \left(1 + \frac{x^2}{n}\right)^{-\frac{n+1}{2}}, \quad -\infty < x < \infty \quad (n = 1, 2, \ldots)$$

で与えられる分布を自由度 n の t 分布といい t_n で表す．

1.3　離散型の分布

　次章で紹介する符号検定の確率計算のために2項分布から説明する．

10　　　　　　　　　　　　　　　　　　　第1章　基礎となる確率分布，情報量，漸近性

(9) 2項分布 $B(n, p)$

確率変数 X の確率関数が，$x = 0, 1, \ldots, n$ に対して，

$$f(x|n, p) \equiv P(X = x) = \binom{n}{x} p^x (1-p)^{n-x}$$

で与えられる分布を2項分布といい，記号 $B(n, p)$ で表す．ただし，$\binom{n}{x} = {}_nC_x$ である．

（著2）の補題 7.5 として書かれている次の命題 1.1 を得る．

> **命題 1.1**　X を2項分布 $B(n, p)$ に従う確率変数とする．自然数 m_1, m_2 に対して，$\mathcal{F}_{m_2}^{m_1}$ を自由度 (m_1, m_2) の F 分布に従う確率変数とし，自然数 m に対して，$\mathcal{F}_0^m = 1$ とする．このとき，$x = 0, 1, \ldots, n$ に対して，
>
> $$P(X \geqq x) = P\left(\mathcal{F}_{2x}^{2(n-x+1)} \geqq \frac{x(1-p)}{(n-x+1)p}\right), \qquad (1.14)$$
>
> $$P(X \leqq x) = P\left(\mathcal{F}_{2(n-x)}^{2(x+1)} \geqq \frac{(n-x)p}{(x+1)(1-p)}\right) \qquad (1.15)$$
>
> が成り立つ．上側確率 $P(X \geqq x)$ は p の連続な増加関数であり，分布関数 $P(X \leqq x)$ は p の連続な減少関数である．

次に順位分布を紹介する．

(10) 順位分布

$X_1, \ldots, X_n$ は互いに独立で，各 X_i は同一の連続分布に従うとする．ここで，$X_1, \ldots, X_n$ を小さい方から並べたときの X_i の順位を R_i とする．すなわち，

$$R_i = (X_j \leqq X_i \text{ かつ } 1 \leqq j \leqq n \text{ となる } j \text{ の個数})$$

となる．このとき，$1 \leqq i \neq j \leqq n$ となる整数 i, j に対して $P(R_i = R_j) = P(X_i = X_j) = 0$ で，$n!$ 個からなるベクトルの集合 $\mathcal{R}_n$ を

$$\mathcal{R}_n \equiv \{\boldsymbol{r} \mid \boldsymbol{r} \text{ は } (1, 2, \ldots, n) \text{ の各要素を並べ替えた順列ベクトル}\} \qquad (1.16)$$

とおく．たとえば，$n = 3$ ならば，

$$\mathcal{R}_3 = \{(1, 2, 3), (2, 1, 3), (3, 1, 2), (1, 3, 2), (2, 3, 1), (3, 2, 1)\}$$

1.3 離散型の分布 **11**

である. 任意の $\boldsymbol{r} \in \mathcal{R}_n$ に対して, 確率ベクトル $\boldsymbol{R} \equiv (R_1, \ldots, R_n)$ が $\boldsymbol{r}$ をとる確率は同様に確からしいので,

$$P(\boldsymbol{R} = \boldsymbol{r}) = \frac{1}{n!} \quad (\boldsymbol{r} \in \mathcal{R}_n) \tag{1.17}$$

となる. さらに, $1 \leqq i \neq j, \ell \neq m \leqq n$ となる整数 i, j, ℓ, m に対して,

$$P(R_i = \ell) = \frac{1}{n}, \quad P(R_i = \ell, R_j = m) = \frac{1}{n(n-1)} \tag{1.18}$$

である.

確率変数または確率ベクトル $\boldsymbol{X}$ に対して, 調査や実験により得られた $\boldsymbol{X}$ の実際の値を（標本）観測値または（標本）実現値といい, 小文字の $\boldsymbol{x}$ で表す.

【例 1.1】 $n = 5$ とし, $\boldsymbol{X} \equiv (X_1, \ldots, X_5)$ の実現値を $\boldsymbol{x} = (1.2, 2.3, 1.0, 1.3, 0.9)$ とすれば, その順位ベクトル $\boldsymbol{R}$ の実現値は $\boldsymbol{r} = (3, 5, 2, 4, 1)$ である.

$a_n(\cdot)$ を $\{1, 2, \ldots, n\}$ から実数への関数とする. このとき, 次の定理 1.2 を得る.

定理 1.2 $\bar{a}_n \equiv \dfrac{1}{n} \displaystyle\sum_{k=1}^{n} a_n(k)$ とおく. このとき, $i = 1, \ldots, n$ に対して

$$E\{a_n(R_i)\} = \bar{a}_n, \tag{1.19}$$

$$E\{a_n^2(R_i)\} = \frac{1}{n} \sum_{k=1}^{n} a_n^2(k) \tag{1.20}$$

が成り立つ. $1 \leqq i \neq j \leqq n$ に対して

$$E\{a_n(R_i)a_n(R_j)\} = \frac{1}{n(n-1)} \left\{ n^2 \bar{a}_n^2 - \sum_{k=1}^{n} a_n^2(k) \right\} \tag{1.21}$$

である.

証明 (1.18) より,

$$E\{a_n(R_i)\} = \sum_{k=1}^{n} a_n(k) P(R_i = k) = \frac{1}{n} \sum_{k=1}^{n} a_n(k) = \bar{a}_n,$$

$$E\{a_n^2(R_i)\} = \sum_{k=1}^{n} a_n^2(k) P(R_i = k) = \frac{1}{n} \sum_{k=1}^{n} a_n^2(k)$$

を得る. (1.19) より,

$$
\begin{aligned}
E\{a_n(R_i)a_n(R_j)\} &= \sum_{\ell=1}^{n} \sum_{\substack{m=1 \\ m \neq \ell}}^{n} a_n(\ell)a_n(m) \cdot P(R_i = \ell, R_j = m) \\
&= \frac{1}{n(n-1)} \sum_{\ell=1}^{n} a_n(\ell) \left\{ \sum_{m=1}^{n} a_n(m) - a_n(\ell) \right\} \\
&= \frac{1}{n(n-1)} \left\{ n^2 \bar{a}_n^2 - \sum_{k=1}^{n} a_n^2(k) \right\}
\end{aligned}
$$

が成り立つ.   □

　$a > 0$ となる定数 a と定数 b に対して $Y_i \equiv aX_i + b$ $(i = 1, \ldots, n)$ とおく. このとき, $Y_1, \ldots, Y_n$ を小さい方から並べたときの Y_i の順位は R_i である. これは, 共通の尺度 a と位置 b について順位が不変であることを意味している. X_i の分布関数を $F_X(x)$ とすると, Y_i の分布関数は

$$F_Y(x) = P\left(X_i \leqq \frac{x-b}{a} \right) = F_X\left(\frac{x-b}{a} \right)$$

で与えられる. X が (1) ロジスティック分布, (2) 正規分布, (3) 両側指数分布に従うとき, 標準型の分布関数 $F_0(x)$ は, ある定数 a_0, b_0 が存在して,

$$F_0(x) = F_X\left(\frac{x-b_0}{a_0} \right) \tag{1.22}$$

と表現できる.

1.4 フィッシャー情報量

　連続型の分布関数を $F(x|\theta)$ $(\theta \in \Theta \subset R)$, その密度関数を $f(x|\theta)$ とする. さらに, 偏微分 $\partial f(x|\theta)/\partial\theta$ が存在するものとする. このとき,

$$I(F(x|\theta)) \equiv E_\theta \left[\left\{ \frac{\frac{\partial}{\partial\theta} f(X|\theta)}{f(X|\theta)} \right\}^2 \right]$$

$$= \int_{-\infty}^{\infty} \left\{ \frac{\frac{\partial}{\partial \theta} f(x|\theta)}{f(x|\theta)} \right\}^2 f(x|\theta) dx$$

を $F(x|\theta)$ のフィッシャー情報量という．本書では観測値の従う分布は連続型しか扱わないが，離散型分布のフィッシャー情報量については（著2）を参照すること．(1)-(3) の分布の標準型の分布関数 $F_0(x)$ に対して，$F_0(x-\theta)$ のフィッシャー情報量は

$$I(F_0(x-\theta)) = \int_{-\infty}^{\infty} \left\{ -\frac{f_0'(x-\theta)}{f_0(x-\theta)} \right\}^2 f_0(x-\theta) dx$$
$$= \int_{-\infty}^{\infty} \left\{ -\frac{f_0'(x)}{f_0(x)} \right\}^2 dF_0(x)$$
$$= \int_0^1 \left\{ -\frac{f_0'(F_0^{-1}(u))}{f_0(F_0^{-1}(u))} \right\}^2 du \qquad (1.23)$$

で与えられる．

$F_0(x/e^\theta)$ の密度関数と偏微分は

$$f(x|\theta) = \frac{1}{e^\theta} f_0 \left(\frac{x}{e^\theta} \right),$$
$$\frac{\partial}{\partial \theta} f(x|\theta) = -f(x|\theta) - \frac{x}{e^{2\theta}} f_0' \left(\frac{x}{e^\theta} \right)$$

で与えられ，そのフィッシャー情報量は

$$I \left(F_0 \left(\frac{x}{e^\theta} \right) \right) = \int_{-\infty}^{\infty} \left\{ -1 - x \frac{f_0'(x)}{f_0(x)} \right\}^2 dF_0(x)$$
$$= \int_0^1 \left\{ -1 - F_0^{-1}(u) \frac{f_0'(F_0^{-1}(u))}{f_0(F_0^{-1}(u))} \right\}^2 du \qquad (1.24)$$

である．

位置母数の順位手法に対しては，(1.23) の中の関数

$$\varphi_1(u, f_0) \equiv -\frac{f_0'(F_0^{-1}(u))}{f_0(F_0^{-1}(u))} \qquad (1.25)$$

が重要な役割をし，尺度母数の順位手法に対しては，(1.24) の中の関数

$$\varphi_2(u, f_0) \equiv -F_0^{-1}(u) \frac{f_0'(F_0^{-1}(u))}{f_0(F_0^{-1}(u))} \qquad (1.26)$$

14　　　　　　　　　　　　　　　　　　　　　第 1 章　基礎となる確率分布，情報量，漸近性

が重要な役割をする.

x の符号を

$$\mathrm{sign}(x) \equiv \begin{cases} 1 & (x > 0 \text{ のとき}) \\ 0 & (x = 0 \text{ のとき}) \\ -1 & (x < 0 \text{ のとき}) \end{cases} \tag{1.27}$$

で定義する．(1)-(3) の分布についての $\varphi_1(u, f_0)$ と $\varphi_2(u, f_0)$ を表 1.1 に示す.

表 1.1　フィッシャー情報量を表現する関数

分布	$f_0(x)$	$\varphi_1(u, f_0)$	$\varphi_2(u, f_0)$
(1) ロジスティック	$\dfrac{e^{-x}}{(1 + e^{-x})^2}$	$2u - 1$	$(2u - 1)\log\left(\dfrac{u}{1 - u}\right)$
(2) 正規	$\varphi_0(x)$	$\Phi^{-1}(u)$	$\left\{\Phi^{-1}(u)\right\}^2$
(3) 両側指数	$\dfrac{1}{2}e^{-|x|}$	$\mathrm{sign}(2u - 1)$	$-\log\left(1 - |2u - 1|\right)$

1.5　確率的収束の記号

確率分布は分布関数によって決定される．確率変数 X の分布関数がある分布 D の分布関数 $F_0(x|\boldsymbol{\theta})$ と一致するとき，X はその分布に従うといい，記号 $X \sim D$ を使って表す．また，しばしば $X \sim F_0(x|\boldsymbol{\theta})$ とも表記する．たとえば，$X \sim N(\mu, \sigma^2)$ は，X が平均 μ，分散 σ^2 の正規分布に従うことを意味する.

定義 1.1　任意の $\varepsilon > 0$ に対して $\lim_{n \to \infty} P(|Y_n - c| \geqq \varepsilon) = 0$ のとき，確率変数 Y_n は定数 c に**確率収束**するといい，記号 $Y_n \overset{P}{\to} c$ で表す.

定義 1.2　確率変数 Z の分布関数 $F_Z(z) \equiv P(Z \leqq z)$ の任意の連続点 z に対して $\lim_{n \to \infty} P(Z_n \leqq z) = P(Z \leqq z)$ が成り立つとき，確率変数 Z_n は確率変数 Z に**分布収束**または**法則収束**するといい，記号 $Z_n \overset{\mathcal{L}}{\to} Z$ で表す．また，Z の従う分布を Z_n の**漸近分布**という．さらに Z が $N(0, \sigma^2)$ に従うときは，簡略化して，$Z_n \overset{\mathcal{L}}{\to} N(0, \sigma^2)$ で表記することも多い．すなわち，$Z_n \overset{\mathcal{L}}{\to} N(0, \sigma^2)$ は $Z_n \overset{\mathcal{L}}{\to} Z \sim N(0, \sigma^2)$ の意味である.

極限定理については，付録 A.2 に載せている.

第 2 章

1 標本問題

　熱を下げる目的で製造された薬について，熱を下げる効果があるか否かを調べることを考える．n 人の高熱の人の体温を計り，i 番目の人の薬の使用前と使用後の測定値をそれぞれ y_i, z_i とする．このとき，$(y_1, z_1), \ldots, (y_n, z_n)$ は数字の対に共通の要因が働いていると考えられ，対をなすデータとよぶ．この場合，新しい観測値を $x_i \equiv y_i - z_i$ とすれば，$x_1, \ldots, x_n$ は互いに独立である．y_i と z_i は平均だけが異なる同じ分布に従っていると考えることが自然である．これにより各 x_i は同一の対称な分布に従っていると考える（（著2）の命題5.1）．一般に，観測値 $x_1, \ldots, x_n$ は互いに独立で同一の対称な分布に従っているとする．このとき，分布に依存しないノンパラメトリック法として，符号付順位による方法を紹介する．

　次に，大きさ n のペア標本 $(x_1, y_1), \ldots, (x_n, y_n)$ が与えられているとき，x と y が独立であるかどうかを解析する方法として，スピアマンの順位相関 (Spearman (1904)) を含む順位相関を定義し独立性の検定を紹介する．

2.1　符号付順位検定

　確率ベクトル $\boldsymbol{X} \equiv (X_1, \ldots, X_n)$ を連続分布関数 $F(x - \mu)$ をもつ母集団からの大きさ n の無作為標本とし，$F(x)$ は未知であってもかまわないとする．n を標本サイズという．さらに，$F(x)$ の密度関数 $f(x) \equiv F'(x)$ は $f(-x) = f(x)$ を満たす 0 について対称な関数とする．すなわち，$X_1, \ldots, X_n$ は互いに独立で各 X_i は μ について対称な同一の連続分布関数 $F(x - \mu)$ をもつ．μ は未知母数とする．$E(|X_1|) < \infty$ のとき，μ は X_i の平均，すなわち，$E(X_i) = \mu$ である．

① 　　帰無仮説 H_0 : $\mu = 0$ 　vs. 　対立仮説 H_1^A : $\mu \neq 0$

② 　　帰無仮説 H_0 : $\mu = 0$ 　vs. 　対立仮説 H_2^A : $\mu > 0$

③ 　　帰無仮説 H_0 : $\mu = 0$ 　vs. 　対立仮説 H_3^A : $\mu < 0$

それぞれの場合について水準 α の検定を考える．対立仮説 H_1^A の μ は 0 の両側にあるので両側仮説といい，対立仮説 H_2^A, H_3^A の μ は 0 の片側にあるので片側仮説という．$F(x)$ が正規分布または未知であってもかまわない場合に対する検定方式を紹介する．

$|X_1|, \ldots, |X_n|$ を小さい方から並べたときの $|X_i|$ の順位を R_i^+ とし，X_i の符号を $\mathrm{sign}(X_i)$ で定義する．すなわち，

$$R_i^+ \equiv (|X_j| \leqq |X_i| \text{ かつ } 1 \leqq j \leqq n \text{ となる整数 } j \text{ の個数 }),$$

$$\mathrm{sign}(X_i) \equiv \begin{cases} 1 & (X_i > 0 \text{ のとき}) \\ 0 & (X_i = 0 \text{ のとき}) \\ -1 & (X_i < 0 \text{ のとき}) \end{cases} \tag{2.1}$$

である．

$\boldsymbol{r}$ を n 次元行ベクトルとする．2^n 個の要素からなるベクトルの集合 $\mathcal{S}_n$ を

$$\mathcal{S}_n \equiv \{\boldsymbol{s} \mid \boldsymbol{s} \equiv (s_1, \ldots, s_n) \text{ で，各 } s_i \text{ は } 1 \text{ または } -1\} \tag{2.2}$$

とおく．帰無仮説 H_0 の下で $X_1, \ldots, X_n$ は互いに独立で各 X_i は同一の分布関数

$$P_0(X_i \leqq x) = F(x)$$

をもち，X_i は対称な密度関数 $f(x)$ をもつ．容易にわかるように帰無仮説 H_0 の下で

$$P_0(\mathrm{sign}(X_i) = 0) = P_0(X_i = 0) = 0,$$

$$P_0(\mathrm{sign}(X_i) = 1) = \int_0^\infty f(x)dx = \frac{1}{2},$$

$$P_0(\mathrm{sign}(X_i) = -1) = \int_{-\infty}^0 f(x)dx = \frac{1}{2},$$

$$P_0(|X_i| \leqq t) = 2\{F(t) - F(0)\} = 2F(t) - 1 \quad (t > 0)$$

2.1 符号付順位検定　　**17**

である.

このとき, 定理 2.1 を得る. 証明は（著 2）の定理 5.5 を参照すること.

定理 2.1　帰無仮説 H_0 が真であると仮定する. このとき, 確率ベクトル $|\boldsymbol{X}| \equiv$ $(|X_1|, \ldots, |X_n|)$ と確率ベクトル $\mathbf{sign}(\boldsymbol{X}) \equiv (\mathrm{sign}(X_1), \ldots, \mathrm{sign}(X_n))$ は互いに独立である. さらに確率ベクトル $\boldsymbol{R}^+ \equiv (R_1^+, \ldots, R_n^+)$ と確率ベクトル $\mathbf{sign}(\boldsymbol{X})$ も互いに独立で, 任意の $\boldsymbol{r}^+ \in \mathcal{R}_n$ （$\mathcal{R}_n$ は (1.16) で定義）と任意の $\boldsymbol{s} \in \mathcal{S}_n$ に対して

$$P_0(\boldsymbol{R}^+ = \boldsymbol{r}^+,\ \mathbf{sign}(\boldsymbol{X}) = \boldsymbol{s}) = \frac{1}{n!} \cdot \frac{1}{2^n},$$
$$P_0(\boldsymbol{R}^+ = \boldsymbol{r}^+) = \frac{1}{n!}, \quad P_0(\mathbf{sign}(\boldsymbol{X}) = \boldsymbol{s}) = \frac{1}{2^n}$$

が成り立つ.

$a_n^+(\cdot)$ を $\{1, 2, \ldots, n\}$ から実数への関数とする. この $a_n^+(\cdot)$ はスコア関数とよばれる. 符号付順位検定統計量 T^+ を

$$T^+ \equiv \sum_{i=1}^{n} \mathrm{sign}(X_i) \cdot a_n^+(R_i^+)$$

とおくと, H_0 の下で T^+ の分布は

$$P_0(T^+ \leqq t) = \frac{1}{n! 2^n} \# \left\{ (\boldsymbol{r}^+, \boldsymbol{s}) \ \middle| \ \sum_{i=1}^{n} s_i \cdot a_n^+(r_i^+) \leqq t, \boldsymbol{r}^+ \in \mathcal{R}_n, \boldsymbol{s} \in \mathcal{S}_n \right\}$$
$$= \frac{1}{2^n} \# \left\{ \boldsymbol{s} \ \middle| \ \sum_{i=1}^{n} s_i \cdot a_n^+(i) \leqq t, \boldsymbol{s} \in \mathcal{S}_n \right\}$$

である. ただし, $\#(A)$ を集合 A の要素の個数とする. $\boldsymbol{r}^+ = (r_1^+, \ldots, r_n^+)$, $\boldsymbol{s} = (s_1, \ldots, s_n)$ とし, $\mathcal{R}_n$ と $\mathcal{S}_n$ はそれぞれ (1.16) と (2.2) で定義したものとし, ① の「帰無仮説 H_0 vs. 対立仮説 H_1^A」の検定に対しては $|T^+|$ が大きいとき H_0 を棄却する. 定理 2.2 を得る.

定理 2.2　帰無仮説 H_0 の下で T^+ の平均と分散は

$$E_0(T^+) = 0, \quad V_0(T^+) = \sum_{m=1}^{n} \{a_n^+(m)\}^2$$

となる.

証明 (2.1) より，

$$E_0(\mathrm{sign}(X_i)) = 1 \times P_0(\mathrm{sign}(X_i) = 1) + (-1) \times P_0(\mathrm{sign}(X_i) = -1)$$
$$= 1 \times \frac{1}{2} + (-1) \times \frac{1}{2} = 0$$

を得る．さらに $\mathrm{sign}(X_i)$ と R_i^+ は互いに独立より

$$E_0(T^+) = \sum_{i=1}^{n} E_0\{\mathrm{sign}(X_i)\} \cdot E_0\{a_n^+(R_i^+)\} = 0$$

となる．同様の確からしさにより，$1 \leqq \ell \leqq n$ となる整数 ℓ に対して $P_0(R_i^+ = \ell) = \dfrac{1}{n}$ である．これにより，

$$V_0(T^+) = E_0\left[\left\{\sum_{i=1}^{n}\mathrm{sign}(X_i)a_n^+(R_i^+)\right\}^2\right]$$
$$= \sum_{i=1}^{n} E_0\left[\{a_n^+(R_i^+)\}^2\right] + \sum_{i \neq j} E_0\{\mathrm{sign}(X_i)a_n(R_i^+) \cdot \mathrm{sign}(X_j)a_n^+(R_j^+)\}$$
$$= \sum_{m=1}^{n} \{a_n^+(m)\}^2 + \sum_{i \neq j} E_0\{\mathrm{sign}(X_i)\}E_0\{\mathrm{sign}(X_j)\}E_0\{a_n^+(R_i^+)a_n^+(R_j^+)\}$$
$$= \sum_{m=1}^{n} \{a_n^+(m)\}^2$$

となる． $\qquad\qquad\qquad\qquad\qquad\qquad\qquad\qquad\qquad\qquad\qquad\qquad\qquad\quad\square$

ここで

$$\widehat{Z}^+ \equiv \frac{T^+ - E_0(T^+)}{\sqrt{V_0(T^+)}} = \frac{T^+}{\sqrt{\sum_{m=1}^{n}\{a_n^+(m)\}^2}}$$

とおく．

（条件 2.1）

$$0 < \int_0^1 \{\varphi^+(u)\}^2 du < \infty \tag{2.3}$$

を満たす $(0,1)$ 上の関数 $\varphi^+(\cdot)$ が存在して，

$$\lim_{n\to\infty} \int_0^1 \{a_n^+(1 + \lfloor un \rfloor) - \varphi^+(u)\}^2 du = 0 \tag{2.4}$$

が成り立つ．ただし，$\lfloor x \rfloor$ は x を超えない最大の整数とし，床関数とよばれてい

2.1 符号付順位検定　　　　　　　　　　　　　　　　　　　　　　　　**19**

る．また，$\lfloor \cdot \rfloor$ はガウス記号ともいわれている．　　　　　　　　□

　このとき，Hájek et al. (1999) の 6.1.7 項の定理 1 より，次の定理 2.3 が成り立つ．

▌**定理 2.3**　　（条件 2.1）を仮定する．このとき，$n \to \infty$ として，帰無仮説 H_0 の下で $\widehat{Z}^+$ は標準正規分布に分布収束する．すなわち，$\widehat{Z}^+ \overset{\mathcal{L}}{\to} N(0,1)$ である．

　正規母集団のときに最良である t 検定は統計学書に必ず掲載されている．t 検定統計量 T に対しても，付録の定理 A.4 の中心極限定理と定理 A.5 のスラッキーの定理を使って，H_0 の下で，$F(x)$ が正規分布でなくても，

$$T \overset{\mathcal{L}}{\to} N(0,1)$$

である．しかしながら，この分布収束の速さは分布 $F(x)$ に依存する．一方，定理 2.3 の $\widehat{Z}^+$ の分布収束の速さは分布 $F(x)$ に依存しない特長をもっている．

　定理 2.3 は，$n \to \infty$ として，

$$P_0(\widehat{Z}^+ \leq x) = \Phi(x) + o(1)$$

を意味している．

　$f_0(x)$ を第 1 章の (1) ロジスティック分布，(2) 正規分布，(3) 両側指数分布の標準型の密度関数とする．

$$\varphi_1^+(u, f_0) \equiv \varphi_1\left(\frac{1}{2} + \frac{u}{2}, f_0\right)$$

とし，

$$a_n^+(m) \equiv \varphi_1^+\left(\frac{m}{n+1}, f_0\right) = \varphi_1\left(\frac{1}{2} + \frac{m}{2(n+1)}, f_0\right) \tag{2.5}$$

とする．このとき，$\varphi^+(u) \equiv \varphi_1^+(u, f_0)$ とおき，スコア関数 $a_n^+(\cdot)$ を (2.5) で決めることにすると (2.3), (2.4) の 2 つの条件を満たす．Hájek et al. (1999) より，このスコア関数 $a_n^+(\cdot)$ を用いた統計量 $\widehat{Z}^+$ を基にした検定は，X の密度関数の標準型が $f_0(x)$ と一致するとき最良な順位検定となる．最良な順位検定とは順位検定の中で漸近的に検出力が最大となる検定を意味することとする．

　表 1.1 を使って，(1)-(3) の分布についての $\varphi_1^+(u, f_0)$ と (2.5) の $a_n^+(m)$ を表

表 2.1 漸近的に最良な手法を与えるスコア関数

分布	$\varphi_1^+(u, f_0)$	$a_n^+(m)$
(1) ロジスティック	u	$\dfrac{m}{n+1}$
(2) 正規	$\Phi^{-1}\left(\dfrac{1}{2} + \dfrac{u}{2}\right)$	$\Phi^{-1}\left(\dfrac{1}{2} + \dfrac{m}{2(n+1)}\right)$
(3) 両側指数	1	1

2.1 に示す.

$a_n^+(m) = m/(n+1)$ のとき, $\widehat{Z}^+$ は

$$\widehat{Z}_W^+ = \sqrt{\frac{6}{n(n+1)(2n+1)}} \cdot \sum_{i=1}^{n} \mathrm{sign}(X_i) \cdot R_i^+$$

と表され, ウィルコクソンの符号付順位検定統計量とよばれ, X_i がロジスティック分布に従うとき最良な順位検定を与える.

$a_n^+(m) = \Phi^{-1}\left(1/2 + m/\{2(n+1)\}\right)$ のとき, $\widehat{Z}^+$ は

$$\widehat{Z}_N^+ = \frac{\sum_{i=1}^{n} \mathrm{sign}(X_i) \cdot \Phi^{-1}\left(\frac{1}{2} + \frac{R_i^+}{2(n+1)}\right)}{\sqrt{\sum_{m=1}^{n} \left\{\Phi^{-1}\left(\frac{1}{2} + \frac{m}{2(n+1)}\right)\right\}^2}}$$

と表され, 正規スコアの符号付順位検定統計量とよばれ, X_i が正規分布に従うとき最良な順位検定を与える.

$a_n^+(m) = 1$ のとき, $\widehat{Z}^+$ は

$$\widehat{Z}_S^+ = \frac{\sum_{i=1}^{n} \mathrm{sign}(X_i)}{\sqrt{n}}$$

と表され, 符号検定統計量とよばれ, X_i が両側指数分布に従うとき最良な順位検定を与える.

$0 < \alpha < 1$ に対して, 2 つの不等式

$$P_0(T^+ > t_\alpha) \leqq \alpha, \quad P_0(T^+ \geqq t_\alpha) > \alpha \tag{2.6}$$

を満たす一意の解 t_α は n にも依存するので, t_α を $t^+(n; \alpha)$ と書くことにする. $t^+(n; \alpha)$ は計算機を使用して求めることができる. その方法を以下に示す.

2.1 符号付順位検定　　**21**

▶符号付順位検定の棄却点のアルゴリズム

(2.2) で定義された $\mathcal{S}_n$ と $\boldsymbol{s}$ に対して，$M \equiv 2^n$ 個の $v(\boldsymbol{s}) \equiv \sum_{i=1}^{n} s_i \cdot a_n^+(i)$ $(\boldsymbol{s} \in \mathcal{S}_n)$ を大きい方から並べたものを，$v_{\langle 1 \rangle} \geqq v_{\langle 2 \rangle} \geqq \cdots \geqq v_{\langle M \rangle}$ とする．このとき，(2.11) より，$v_{\langle \lfloor M\alpha \rfloor + 1 \rangle}$ が $t^+(n; \alpha)$ である．すなわち，

$$t^+(n; \alpha) = v_{\langle \lfloor M\alpha \rfloor + 1 \rangle}$$

の関係が成り立つ． ◀

(2.6) の $t^+(n; \alpha)$ の定義より，

$$P_0(T^+ > t^+(n; \alpha/2)) \leqq \frac{\alpha}{2} \text{ かつ } P_0(T^+ \geqq t^+(n; \alpha/2)) > \frac{\alpha}{2}$$

が成り立つ．H_0 の下で T^+ は 0 について対称に分布する．すなわち，$P_0(T^+ = t) = P_0(T^+ = -t)$ である．これにより，

$$P_0(|T^+| > t^+(n; \alpha/2)) \leqq \alpha \text{ かつ } P_0(|T^+| \geqq t^+(n; \alpha/2)) > \alpha \tag{2.7}$$

となる．

❑2.A 符号付順位検定

① 「帰無仮説 H_0 vs. 対立仮説 H_1^A」の両側検定

$|T^+| > t^+(n; \alpha/2)$ ならば H_0 を棄却する．

n が大きいとき，定理 2.5, 2.6 より，

$$P(|\widehat{Z}^+| > t) = P(|Z| > t) + o(1), \quad Z \sim N(0, 1) \tag{2.8}$$

が成り立つ．これにより，標準正規分布の上側 $100\alpha\%$ 点を $z(\alpha)$ とおく．すなわち，

$$1 - \Phi(z(\alpha/2)) = \alpha/2$$

である．$z(\alpha)$ の数表は付録 B の付表 1 に載せている．

ここで，水準 α の漸近的な検定方式は $|\widehat{Z}^+| > z(\alpha/2)$ ならば H_0 を棄却することである．

② 「帰無仮説 H_0 vs. 上側対立仮説 H_2^A」の検定

$T^+ > t^+(n; \alpha)$ ならば H_0 を棄却する．

22　第 2 章　1 標本問題

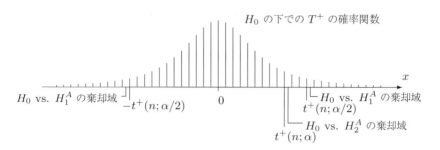

図 2.1　T^+ の確率関数と順位検定の棄却域

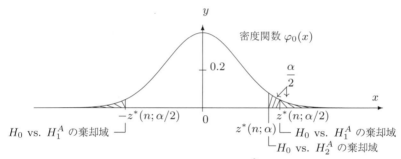

図 2.2　標準正規分布の密度関数 $\varphi_0(x)$ と $\widehat{Z}^+$ に基づく検定の棄却域

n が大きいとき，水準 α の漸近的な検定方式は $\widehat{Z}^+ > z(\alpha)$ のとき H_0 を棄却する．

① の仮説について水準 α の両側検定を考えた場合，T^+ の実現値が $t^+(n;\alpha/2)$ の右側か $-t^+(n;\alpha/2)$ の左側にあれば帰無仮説 H_0 を棄却し，T^+ の実現値が $t^+(n;\alpha/2)$ か $-t^+(n;\alpha/2)$ の値の場合は帰無仮説 H_0 を棄却することもあれば棄却しないこともある．両側検定の棄却域は両側にあり，片側検定の棄却域は片側にある．棄却域は図 2.1 のようになる．n が大きいときには $\widehat{Z}^+$ の分布関数を $\Phi(x)$ で近似でき，棄却域は図 2.2 のようになる．

③ 「帰無仮説 H_0 vs. 下側対立仮説 H_3^A」の片側検定

$-T^+ > t^+(n;\alpha)$ ならば H_0 を棄却する．

n が大きいとき，水準 α の漸近的な検定方式は $-\widehat{Z}^+ > z(\alpha)$ のとき H_0 を棄却する．　◆

2.2 順位推定 **23**

次にスコア関数 $a_n^+(\cdot)$ を具体的に与えた手法を述べる.

2.A.1 **ウィルコクソンの符号付順位検定**

$a_n^+(m) = m/(n+1)$ のとき, T^+ は

$$T_W^+ = \frac{1}{n+1} \sum_{i=1}^{n} \text{sign}(X_i) \cdot R_i$$

となり, $\widehat{Z}^+$ は $\widehat{Z}_W^+$ となる. [2.A] の手法の中で, T^+ と $\widehat{Z}^+$ をそれぞれ T_W^+ と $\widehat{Z}_W^+$ に替えた手法がウィルコクソンの符号付順位検定とよばれる. ◇

2.A.2 **正規スコアによる符号付順位検定**

$a_n^+(m) = \Phi^{-1}(1/2 + m/\{2(n+1)\})$ のとき, T^+ は

$$T_N^+ = \sum_{i=1}^{n} \text{sign}(X_i) \cdot \Phi^{-1}\left(\frac{1}{2} + \frac{R_i^+}{2(n+1)}\right)$$

となり, $\widehat{Z}^+$ は $\widehat{Z}_N^+$ となる. [2.A] の手法の中で, T^+ と $\widehat{Z}^+$ をそれぞれ T_N^+ と $\widehat{Z}_N^+$ に替えた手法が正規スコアによる符号付順位検定とよばれる. ◇

2.A.3 **符号検定**

$a_n^+(m) = 1$ のとき, T^+ は

$$T_S^+ = \sum_{i=1}^{n} \text{sign}(X_i)$$

となり, $\widehat{Z}^+$ は $\widehat{Z}_S^+$ となる. [2.A] の手法の中で, T^+ と $\widehat{Z}^+$ をそれぞれ T_S^+ と $\widehat{Z}_S^+$ に替えた手法が符号検定とよばれる.

$$\frac{T_S^+ + n}{2} = \sum_{i=1}^{n} \frac{1 + \text{sign}(X_i)}{2}$$

が成り立つ. これにより, $(T_S^+ + n)/2$ は 2 項分布 $B(n, 0.5)$ に従う. 命題 1.1 を用いて, $t^+(n; \alpha)$ の値を求めることができる. ◇

2.2 順位推定

$|X_1 - \theta|, \ldots, |X_n - \theta|$ を小さい方から並べたときの $|X_i - \theta|$ の順位を $R_i^+(\theta)$

とおき,

$$T^+(\theta) \equiv \sum_{i=1}^{n} \mathrm{sign}(X_i - \theta) \cdot a_n^+(R_i^+(\theta)) \tag{2.9}$$

とおく. 以後この章では, 次の (条件 2.2) を仮定する.

(条件 2.2) $\qquad 0 \leqq a_n^+(1) \leqq a_n^+(2) \leqq \cdots \leqq a_n^+(n)$ $\hfill \square$

このとき, $T^+(\theta)$ は θ の減少関数となる.

2.B 符号付順位推定

$$\widehat{\mu} \equiv \frac{1}{2}[\sup\{\theta \mid T^+(\theta) > 0\} + \inf\{\theta \mid T^+(\theta) < 0\}] \tag{2.10}$$

を μ の符号付順位推定量とよんでいる. $\hfill \blacklozenge$

具体的なスコアを与える.

2.B.1 ホッジス・レーマン符号付順位推定 (Hodges and Lehmann (1963))

$a_n^+(m) = m/(n+1)$ のとき, $T^+(\theta)$ は

$$T_W^+(\theta) = \frac{1}{n+1} \sum_{i=1}^{n} \mathrm{sign}(X_i - \theta) \cdot R_i^+(\theta)$$

と表される. $N \equiv n(n+1)/2$ とし, $W_{(1)} \leqq \cdots \leqq W_{(N)}$ を $\{(X_i + X_j)/2 \mid 1 \leqq i \leqq j \leqq n\}$ の順序統計量とすると, (著 1) より,

$$\begin{aligned}
\widehat{\mu}_W &\equiv \frac{1}{2}[\sup\{\theta \mid T_W^+(\theta) > 0\} + \inf\{\theta \mid T_W^+(\theta) < 0\}] \\
&= \left(N \text{ 個の値} \left\{ \frac{X_i + X_j}{2} \;\middle|\; 1 \leqq i \leqq j \leqq n \right\} \text{の標本中央値} \right) \\
&= \frac{1}{2} \left(W_{\left(\lfloor \frac{N+1}{2} \rfloor\right)} + W_{\left(\lfloor \frac{N+2}{2} \rfloor\right)} \right)
\end{aligned}$$

と表現される. $\widehat{\mu}_W$ はホッジス・レーマン符号付順位推定量とよばれる. $\hfill \diamondsuit$

2.B.2 正規スコアによる符号付順位推定

$a_n^+(m) = \Phi^{-1}(1/2 + m/\{2(n+1)\})$ のとき, $T^+(\theta)$ は

$$T_N^+(\theta) = \sum_{i=1}^{n} \mathrm{sign}(X_i - \theta) \cdot \Phi^{-1}\left(\frac{1}{2} + \frac{R_i^+(\theta)}{2(n+1)} \right)$$

2.3 符号付順位に基づく信頼区間 **25**

と表され，このときの (2.10) で与えられる $\widehat{\mu}_N$ は正規スコアによる符号付順位推定量とよばれる． ◇

2.B.3 標本中央値

$a_n^+(m) = 1$ のとき，$T^+(\theta)$ は

$$T_S^+(\theta) = \sum_{i=1}^{n} \mathrm{sign}(X_i - \theta)$$

となり，

$$\widehat{\mu}_S \equiv \frac{1}{2}[\sup\{\theta \mid T_S^+(\theta) > 0\} + \inf\{\theta \mid T_S^+(\theta) < 0\}]$$

$$= \left(n \text{ 個の値 } \{X_i \mid 1 \leqq i \leqq n\} \text{ の標本中央値}\right)$$

$$= \frac{1}{2}\left(X_{\left(\lfloor \frac{n+1}{2} \rfloor\right)} + X_{\left(\lfloor \frac{n+2}{2} \rfloor\right)}\right)$$

と表現される． ◇

2.3 符号付順位に基づく信頼区間

$\widehat{Z}^+$ に対応して，$\widehat{Z}^+(\theta)$ を

$$\widehat{Z}^+(\theta) \equiv \frac{T^+(\theta)}{\sqrt{\sum_{m=1}^{n}\{a_n^+(m)\}^2}}$$

で定義する．（条件 2.1）と（条件 2.2）を仮定する．定理 2.3 より，

$$1 - \alpha = P_0\left(|\widehat{Z}^+| \leqq z(\alpha/2)\right) + o(1)$$

$$= P\left(|\widehat{Z}^+(\mu)| \leqq z(\alpha/2)\right) + o(1)$$

$$= P\left(|T^+(\mu)| \leqq z(\alpha/2)\sqrt{\sum_{m=1}^{n}\{a_n^+(m)\}^2}\right) + o(1) \tag{2.11}$$

が成り立つ．

同様に，

$$1 - \alpha = P_0\left(\widehat{Z}^+ \leqq z(\alpha)\right) + o(1)$$

$$
= P\left(\widehat{Z}^+(\mu) \leqq z(\alpha)\right) + o(1)
$$

$$
= P\left(T^+(\mu) \leqq z(\alpha)\sqrt{\sum_{m=1}^n \{a_n^+(m)\}^2}\right) + o(1) \tag{2.12}
$$

と

$$
1 - \alpha = P_0\left(\widehat{Z}^+ \geqq -z(\alpha)\right) + o(1)
$$

$$
= P\left(\widehat{Z}^+(\mu) \geqq -z(\alpha)\right) + o(1)
$$

$$
= P\left(T^+(\mu) \geqq -z(\alpha)\sqrt{\sum_{m=1}^n \{a_n^+(m)\}^2}\right) + o(1) \tag{2.13}
$$

を得る. $0 < \alpha < 1$ に対して, $\ell^+(\alpha)$, $u^+(\alpha)$ を次で定義する.

$$
\ell^+(\alpha) \equiv \inf\left\{\theta \mid T^+(\theta) \leqq z(\alpha)\sqrt{\sum_{m=1}^n \{a_n^+(m)\}^2}\right\},
$$

$$
u^+(\alpha) \equiv \sup\left\{\theta \mid T^+(\theta) \geqq -z(\alpha)\sqrt{\sum_{m=1}^n \{a_n^+(m)\}^2}\right\}
$$

(2.12)-(2.13) をまとめる.

2.C 信頼係数 $1 - \alpha$ の平均 μ に対する漸近的な符号付順位信頼区間

信頼係数 $1 - \alpha$ の平均 μ に対する漸近的な信頼区間は, 次の (1)-(3) で与えられる.

(1) 両側信頼区間:

$$
\left\{\mu \mid |T^+(\mu)| \leqq z(\alpha/2)\sqrt{\sum_{m=1}^n \{a_n^+(m)\}^2}\right\} \iff \ell^+(\alpha/2) \leqq \mu < u^+(\alpha/2)
$$

(2) 上側信頼区間:

$$
\left\{\mu \mid T^+(\mu) \leqq z(\alpha)\sqrt{\sum_{m=1}^n \{a_n^+(m)\}^2}\right\} \iff \ell^+(\alpha) \leqq \mu < +\infty
$$

2.3 符号付順位に基づく信頼区間 **27**

(3) 下側信頼区間:

$$\left\{\mu \,\middle|\, T^+(\mu) \geqq -z(\alpha)\sqrt{\sum_{m=1}^{n}\{a_n^+(m)\}^2}\right\} \iff -\infty < \mu < u^+(\alpha)$$

半開区間で区間を表現しているが,開区間または閉区間のいずれでもよい. ◆

$a_n^+(m) = m/(n+1)$ のとき,$c_n \equiv -\sigma_n \cdot z(\alpha/2) + N/2$,
$\sigma_n \equiv \sqrt{n(n+1)(2n+1)/24}$ とおくと,(著 1)より,

$$\begin{aligned}
1-\alpha &= P_0\left(|\widehat{Z}_W^+| \leqq z(\alpha/2)\right) + o(1)\\
&= P\left(|\widehat{Z}_W^+(\mu)| \leqq z(\alpha/2)\right) + o(1)\\
&= P\left(W_{(\lceil c_n \rceil)} \leqq \mu < W_{(\lfloor N - c_n \rfloor + 1)}\right) + o(1) \qquad (2.14)
\end{aligned}$$

が示されている.ただし,$\lceil x \rceil$ は x 以上の最小の整数で天井関数とよばれている.同様に,$d_n \equiv -\sigma_n \cdot z(\alpha) + N/2$ とおいて,

$$1-\alpha = P\left(W_{(\lceil d_n \rceil)} \leqq \mu\right) + o(1) \qquad (2.15)$$

$$= P\left(\mu < W_{(\lfloor N - d_n \rfloor + 1)}\right) + o(1) \qquad (2.16)$$

が示されている.

(2.14)-(2.16) より,次のように信頼区間が与えられる.

2.C.1 **信頼係数 $1-\alpha$ の平均 μ に対する漸近的なウィルコクソン型の符号付順位信頼区間**

信頼係数 $1-\alpha$ の平均 μ に対する漸近的な信頼区間は,次の (1)-(3) で与えられる.

(1) 両側信頼区間: $W_{(\lceil c_n \rceil)} \leqq \mu < W_{(\lfloor N - c_n \rfloor + 1)}$

(2) 上側信頼区間: $W_{(\lceil d_n \rceil)} \leqq \mu < +\infty$

(3) 下側信頼区間: $-\infty < \mu < W_{(\lfloor N - d_n \rfloor + 1)}$ ◇

$a_n^+(m) = \Phi^{-1}\left(1/2 + m/\{2(n+1)\}\right)$ のとき,[2.C] において,$T^+(\mu)$ を $T_N^+(\mu)$ に替えることにより,信頼区間を得る.

2.C.2 信頼係数 $1-\alpha$ の平均 μ に対する漸近的な正規スコアによる符号付順位
信頼区間

信頼係数 $1-\alpha$ の平均 μ に対する漸近的な信頼区間は，次の (1)-(3) で与えられる．

(1) 両側信頼区間：

$$
\left\{ \mu \;\middle|\; |T_N^+(\mu)| \leqq z(\alpha/2) \sqrt{\sum_{m=1}^n \left\{ \Phi^{-1}\left(\frac{1}{2} + \frac{m}{2(n+1)} \right) \right\}^2} \right\}
$$

(2) 上側信頼区間：

$$
\left\{ \mu \;\middle|\; T_N^+(\mu) \leqq z(\alpha) \sqrt{\sum_{m=1}^n \left\{ \Phi^{-1}\left(\frac{1}{2} + \frac{m}{2(n+1)} \right) \right\}^2} \right\}
$$

(3) 下側信頼区間：

$$
\left\{ \mu \;\middle|\; T_N^+(\mu) \geqq -z(\alpha) \sqrt{\sum_{m=1}^n \left\{ \Phi^{-1}\left(\frac{1}{2} + \frac{m}{2(n+1)} \right) \right\}^2} \right\} \qquad \diamondsuit
$$

$a_n^+(i) = 1$ のとき，[2.C] において，$T^+(\mu)$ を $T_S^+(\mu)$ に替えることにより，信頼区間を得る．

2.C.3 信頼係数 $1-\alpha$ の平均 μ に対する漸近的な符号スコアによる符号付順位
信頼区間

信頼係数 $1-\alpha$ の平均 μ に対する漸近的な信頼区間は，次の (1)-(3) で与えられる．

(1) 両側信頼区間： $\left\{ \mu \mid |T_S^+(\mu)| \leqq z(\alpha/2)\sqrt{n} \right\}$

(2) 上側信頼区間： $\left\{ \mu \mid T_S^+(\mu) \leqq z(\alpha)\sqrt{n} \right\}$

(3) 下側信頼区間： $\left\{ \mu \mid T_S^+(\mu) \geqq -z(\alpha)\sqrt{n} \right\}$ $\qquad \diamondsuit$

[最良手法の選び方]

2.1 節から 2.3 節で，スコア関数 $a_n^+(m)$ を決めることによって検定，点推定，信

2.4 2次元分布モデルの独立性の検定　　　　　　　　　　　　　　**29**

頼区間の手法を述べてきた．これら 3 つの推測にスコア関数を介して共通している
最良手法の与え方が Hájek et al. (1999) に論じられている．スコア関数として，
ウィルコクソン型 $a_n^+(m) = m/(n+1)$ を与えると $F(x)$ がロジスティック分布
のときに最良な手法を，正規スコア $a_n^+(m) = \Phi^{-1}(1/2 + m/\{2(n+1)\})$ を与
えると $F(x)$ が正規分布のときに最良な手法を，$a_n^+(m) = 1$ を与えると $F(x)$
が両側指数分布のときに最良な手法を，それぞれ得ることができる．

2.4　2次元分布モデルの独立性の検定

母集団から抽出された大きさ n の標本を $(X_1, Y_1), \ldots, (X_n, Y_n)$ とし，各
(X_i, Y_i) は 2 次元の連続分布関数 $F_{XY}(x, y)$ をもつとする．X と Y の相関係数
は推定量としてピアソンの標本相関係数

$$\widetilde{\rho}_{XY} \equiv \frac{\sum_{i=1}^n (X_i - \bar{X})(Y_i - \bar{Y})}{\sqrt{\sum_{i=1}^n (X_i - \bar{X})^2}\sqrt{\sum_{i=1}^n (Y_i - \bar{Y})^2}} \tag{2.17}$$

によって与えられる．X と Y の独立性の帰無仮説は

$$H_0' : \text{任意の実数 } x, y \text{ に対して } F_{XY}(x, y) = F_X(x) \cdot F_Y(y)$$

である．ただし，$F_X(x)$，$F_Y(y)$ はそれぞれ X，Y の分布関数とする．また，対
立仮説は H_0' の否定とする．順位に基づく相関係数を考えるので $X_1, \ldots, X_n$ を
小さい方から並べたときの X_i の順位を R_i，$Y_1, \ldots, Y_n$ を小さい方から並べた
ときの Y_i の順位を Q_i とする．$a_n(\cdot)$ を $\{1, 2, \ldots, n\}$ から実数へのスコア関数
とする．ピアソンの標本相関係数で，X_i，Y_i のかわりに $a_n(R_i)$，$a_n(Q_i)$ を代
入したものは，

$$\begin{aligned}
\widehat{\rho} &\equiv \frac{\sum_{i=1}^n \{a_n(R_i) - \bar{a}_n\}\{a_n(Q_i) - \bar{a}_n\}}{\sqrt{\sum_{i=1}^n \{a_n(R_i) - \bar{a}_n\}^2} \cdot \sqrt{\sum_{i=1}^n \{a_n(Q_i) - \bar{a}_n\}^2}} \\
&= \frac{\sum_{i=1}^n a_n(R_i)a_n(Q_i) - n\bar{a}_n^2}{\sum_{m=1}^n \{a_n(m) - \bar{a}_n\}^2}
\end{aligned} \tag{2.18}$$

で与えられる．(2.18) の分子を $T \equiv \sum_{i=1}^n a_n(R_i)a_n(Q_i) - n\bar{a}_n^2$ とおく．Q_1,
$Q_2, \ldots, Q_n$ が自然な順 $1, 2, \ldots, n$ になるように和の順を入れ替えると，

$$T = \sum_{i=1}^{n} a_n(i) a_n(R_i') - n\bar{a}_n^2 = \sum_{i=1}^{n} \{a_n(i) - \bar{a}_n\} \cdot a_n(R_i')$$

と表現される. 独立性の帰無仮説 H_0' の下で, (1.18), (1.19) と同様の

$$P_0(R_i' = \ell) = \frac{1}{n}, \quad P_0(R_i' = \ell, R_j' = m) = \frac{1}{n(n-1)}$$

が成り立つ. ここで, 次の補題 2.4 を得る.

補題 2.4 帰無仮説 H_0' の下で, T の期待値と分散は

$$E_0(T) = 0, \tag{2.19}$$

$$V_0(T) = \frac{1}{n-1}\left[\sum_{m=1}^{n}\{a_n(m) - \bar{a}_n\}^2\right]^2 \tag{2.20}$$

で与えられる.

証明 (2.19) は自明であるので, (2.20) を示す. 定理 1.2 を用いて

$$\begin{aligned}
V_0(T) &= E_0(T^2) \\
&= \sum_{i=1}^{n}\{a_n(i) - \bar{a}_n\}^2 \cdot E_0\{a_n^2(R_i')\} \\
&\quad + \sum_{\ell=1}^{n}\sum_{\substack{m=1 \\ m \neq \ell}}^{n}\{a_n(\ell) - \bar{a}_n\}\{a_n(m) - \bar{a}_n\} \cdot E_0\{a_n(R_\ell')a_n(R_m')\} \\
&= \frac{1}{n}\sum_{i=1}^{n}\{a_n(i) - \bar{a}_n\}^2 \cdot \sum_{k=1}^{n}a_n^2(k) \\
&\quad - \frac{1}{n(n-1)}\left\{n^2\bar{a}_n^2 - \sum_{k=1}^{n}a_n^2(k)\right\}\sum_{\ell=1}^{n}\{a_n(\ell) - \bar{a}_n\}^2 \\
&= \sum_{k=1}^{n}\{a_n(k) - \bar{a}_n\}^2\left[\left\{\frac{1}{n} + \frac{1}{n(n-1)}\right\}\sum_{k=1}^{n}a_n^2(k) - \frac{n}{n-1}\bar{a}_n^2\right] \\
&= \frac{1}{n-1}\left[\sum_{k=1}^{n}\{a_n(k) - \bar{a}_n\}^2\right]^2
\end{aligned}$$

を得る. $\qquad\square$

補題 2.4 より,

2.4 2次元分布モデルの独立性の検定 **31**

$$\frac{T - E_0(T)}{\sqrt{V_0(T)}} = \sqrt{n-1} \cdot \widehat{\rho}$$

が成り立つ.

平均 0 の特定の連続型分布関数を $F_1(x)$ とし,その密度関数を $f_1(x) \equiv F_1'(x)$ とする.(1.25) の定義より

$$\varphi_1(u, f_1) \equiv -\frac{f_1'(F_1^{-1}(u))}{f_1(F_1^{-1}(u))}$$

となる.Hájek et al. (1999) の 6.1.8 項の定理 1 より,次の定理 2.5 を得る.

> **定理 2.5** (1.23) のフィッシャー情報量 $I(F_1(x - \theta))$ が有限で正と仮定する.スコア関数を
>
> $$a_n(m) = \varphi_1\left(\frac{m}{n+1}, f_1\right) \quad (m = 1, \ldots, n) \tag{2.21}$$
>
> とする.このとき,帰無仮説 H_0' の下で,$n \to \infty$ として,$\sqrt{n-1} \cdot \widehat{\rho}$ は標準正規分布に分布収束する.

2.D 順位相関係数と独立性の検定

一般のスコアによる順位相関係数は (2.18) によって与えられる.$a_n(\cdot)$ に定理 2.5 の仮定を課す.このとき,水準 α の漸近的な検定は,

$$\sqrt{n-1} \cdot |\widehat{\rho}| > z(\alpha/2)$$

ならば帰無仮説 H_0' を棄却し,X と Y は独立でないと判定する. ◆

$F_1(x)$ として第 1 章の (1)-(3) の標準化した分布関数 $F_0(x)$ を当てはめる.表 1.1 を使って,(1)-(3) の分布についての $\varphi_1(u, f_0)$ と (2.21) の $a_n(m)$ を表 2.2 に示す.

2.D.1 **スピアマン(ウィルコクソン型)の順位相関係数と独立性の検定**

$a_n(m) = 2m/(n+1) - 1$ のとき,$\widehat{\rho}$ は

$$\widehat{\rho}_W = \frac{12\left\{\sum_{i=1}^n R_i Q_i - \frac{n(n+1)^2}{4}\right\}}{n(n+1)(n-1)}$$

表 2.2 漸近的に最良な手法を与えるスコア関数

分布	$\varphi_1(u, f_0)$	$a_n(m)$
(1) ロジスティック	$2u - 1$	$\dfrac{2m}{n+1} - 1$
(2) 正規	$\Phi^{-1}(u)$	$\Phi^{-1}\left(\dfrac{m}{n+1}\right)$
(3) 両側指数	$\mathrm{sign}(u - 0.5)$	$\mathrm{sign}\left(\dfrac{m}{n+1} - \dfrac{1}{2}\right)$

と表され，ウィルコクソン型の順位相関係数である．この $\widehat{\rho}_W$ は特にスピアマンの順位相関係数とよばれている．

水準 α の漸近的な検定は，$\sqrt{n-1} \cdot |\widehat{\rho}_W| > z(\alpha/2)$ ならば帰無仮説 H_0' を棄却し，X と Y は独立でないと判定する． ◇

2.D.2 正規スコア型の順位相関係数と独立性の検定

$a_n(m) = \Phi^{-1}(m/(n+1))$ のとき，$\widehat{\rho}$ は

$$\widehat{\rho}_N = \frac{\sum_{i=1}^n \Phi^{-1}\left(\frac{R_i}{n+1}\right) \Phi^{-1}\left(\frac{Q_i}{n+1}\right)}{\sum_{m=1}^n \left\{ \Phi^{-1}\left(\frac{m}{n+1}\right) \right\}^2}$$

と表され，正規スコア型の順位相関係数とよばれている．

水準 α の漸近的な検定は，$\sqrt{n-1} \cdot |\widehat{\rho}_N| > z(\alpha/2)$ ならば帰無仮説 H_0' を棄却し，X と Y は独立でないと判定する． ◇

2.D.3 符号スコア型の順位相関係数と独立性の検定

$a_n(m) = \mathrm{sign}(m/(n+1) - 1/2)$ のとき，$\widehat{\rho}$ は

$$\widehat{\rho}_S = \frac{\sum_{i=1}^n \mathrm{sign}\left(\frac{R_i}{n+1} - \frac{1}{2}\right) \mathrm{sign}\left(\frac{Q_i}{n+1} - \frac{1}{2}\right)}{2 \cdot \left\lfloor \frac{n}{2} \right\rfloor}$$

と表され，符号スコア型の順位相関係数とよばれている．ここで，$\lfloor \cdot \rfloor$ は床関数であるので，

$$2 \cdot \left\lfloor \frac{n}{2} \right\rfloor = \begin{cases} n-1 & (n \text{ が奇数のとき}) \\ n & (n \text{ が偶数のとき}) \end{cases} \tag{2.22}$$

となる．

2.4 2次元分布モデルの独立性の検定   **33**

水準 α の漸近的な検定は，$\sqrt{n-1}\cdot|\widehat{\rho}_S| > z(\alpha/2)$ ならば帰無仮説 H_0' を棄却
し，X と Y は独立でないと判定する． ◇

第 **3** 章

2 標本問題

　本章では，2 標本のスコア関数を用いた順位統計量による手法の理論的な紹介をおこなう．観測値にタイがある場合での順位検定の対処法も紹介する．統計書には中央値順位 (mid-rank) を利用したタイの対処法を述べているものが多いが，その問題点を指摘する．順位信頼区間はタイが存在してもうまく定義されていることを述べる．

　t 統計量に基づくパラメトリック法と順位に基づくノンパラメトリック法の効率の比較を述べ，ロバスト性（頑健性）についての説明をおこなう．

3.1　モデルの設定

　$\boldsymbol{X}_1 \equiv (X_{11}, \ldots, X_{1n_1})$ を連続分布関数 $F(x - \mu_1)$ をもつ母集団からの大きさ n_1 の無作為標本，$\boldsymbol{X}_2 \equiv (X_{21}, \ldots, X_{2n_2})$ を連続分布関数 $F(x - \mu_2)$ をもつ母集団からの大きさ n_2 の無作為標本とする．n_1, n_2 をそれぞれ第 1 標本，第 2 標本のサイズという．すなわち，$X_{11}, \ldots, X_{1n_1}, X_{21}, \ldots, X_{2n_2}$ は互いに独立で，各 X_{1i} は同一の分布関数 $F(x - \mu_1)$ をもち，各 X_{2j} は同一の分布関数 $F(x - \mu_2)$ をもつとする．$f(x) \equiv F'(x)$ とする．さらに，$E(|X_{11}|) < \infty$ のとき，一般性を失うことなく

$$\int_{-\infty}^{\infty} x f(x) dx = 0$$

を仮定する．このとき，

$$E(X_{1i}) = \mu_1, \quad E(X_{2j}) = \mu_2$$

36　　　　　　　　　　　　　　　　　　　　　　　　　　　　　　第 3 章　2 標本問題

が成り立ち，μ_1, μ_2 はそれぞれ X_{1i} と X_{2j} の平均である．μ_1, μ_2 は未知母数とする．便宜上，$n \equiv n_1 + n_2$ とおく．このモデルを表 3.1 に示す．

表 3.1　2 標本モデル

標本	サイズ	データ	平均	分布関数
第 1 標本	n_1	$X_{11}, \ldots, X_{1n_1}$	μ_1	$F(x - \mu_1)$
第 2 標本	n_2	$X_{21}, \ldots, X_{2n_2}$	μ_2	$F(x - \mu_2)$

総標本サイズ：$n \equiv n_1 + n_2$（すべての観測値の個数）
μ_1, μ_2 は未知母数とする．

母平均の仮説

①　帰無仮説 $H_0 : \mu_1 = \mu_2$　vs.　対立仮説 $H_1^A : \mu_1 \neq \mu_2$

②　帰無仮説 $H_0 : \mu_1 = \mu_2$　vs.　対立仮説 $H_2^A : \mu_1 < \mu_2$

③　帰無仮説 $H_0 : \mu_1 = \mu_2$　vs.　対立仮説 $H_3^A : \mu_1 > \mu_2$

それぞれの場合について水準 α の検定を考える．対立仮説 H_1^A は両側仮説といい，対立仮説 H_2^A, H_3^A は片側仮説という．$F(x)$ が未知であってもかまわない場合に対する検定および $\delta \equiv \mu_2 - \mu_1$ に対する点推定と区間推定の手法を述べる．

3.2　順位検定

$X_{11}, \ldots, X_{1n_1}, X_{21}, \ldots, X_{2n_2}$ を小さい方から並べたときの X_{1i} の順位を R_{1i}, X_{2j} の順位を R_{2j} とする．$P_0(\cdot)$ を帰無仮説 H_0 の下での確率測度とし，$\boldsymbol{R} \equiv (R_{11}, \ldots, R_{1n_1}, R_{21}, \ldots, R_{2n_2})$, $\boldsymbol{r} \equiv (r_{11}, \ldots, r_{1n_1}, r_{21}, \ldots, r_{2n_2})$, $\boldsymbol{r}^* \equiv (r_{21}, \ldots, r_{2n_2})$,

$$\mathcal{R}_n^* \equiv \{\boldsymbol{r}^* \mid \boldsymbol{r}^* \text{ の成分は整数で } 1 \leqq r_{21} < r_{22} < \cdots < r_{2n_2} \leqq n\}$$

とおく．H_0 の下で X_{1i} と X_{2j} は同一分布に従うので，同様の確からしさから，

$$P_0(\boldsymbol{R} = \boldsymbol{r}) = \frac{1}{n!} \quad (\boldsymbol{r} \in \mathcal{R}_n) \tag{3.1}$$

である．ただし，$\mathcal{R}_n$ は (1.16) で定義したものとする．これにより，$\#(A)$ を集合 A の要素の個数とし，$a_n(\cdot)$ を $\{1, 2, \ldots, n\}$ から実数へのスコア関数とする．順位検定統計量 T を

3.2 順位検定 **37**

$$T \equiv \sum_{j=1}^{n_2} a_n(R_{2j}) - n_2 \bar{a}_n$$

とおくと，H_0 の下で T の分布は

$$P_0(T \leqq t) = \frac{1}{n!} \# \left\{ \boldsymbol{r} \in \mathcal{R}_n \ \middle| \ \sum_{j=1}^{n_2} a_n(r_{2j}) - n_2 \bar{a}_n \leqq t \right\}$$

$$= \frac{1}{\binom{n}{n_2}} \# \left\{ \boldsymbol{r}^* \in \mathcal{R}_n^* \ \middle| \ \sum_{j=1}^{n_2} a_n(r_{2j}) - n_2 \bar{a}_n \leqq t \right\} \tag{3.2}$$

となる．ただし，

$$\bar{a}_n \equiv \frac{1}{n} \sum_{m=1}^{n} a_n(m) \tag{3.3}$$

とする．

> **定理 3.1** 帰無仮説 H_0 の下で T の平均と分散は
>
> $$E_0(T) = 0, \quad V_0(T) = \frac{n_1 n_2}{n(n-1)} \sum_{m=1}^{n} \{a_n(m) - \bar{a}_n\}^2$$
>
> である．

証明 $E_0(T) = 0$ は自明であるので，$V_0(T)$ を計算する．(1.18)-(1.21) により，

$$V_0(T) = \sum_{i=1}^{n_2} \sum_{j=1}^{n_2} E_0\{a_n(R_{2i})a_n(R_{2j})\} - n_2^2 \bar{a}_n^2$$

$$= n_2 E_0\{a_n(R_{21})\}^2 + n_2(n_2-1)E_0\{a_n(R_{21})a_n(R_{22})\} - n_2^2 \bar{a}_n^2$$

$$= \frac{n_2}{n} \sum_{m=1}^{n} a_n^2(m) + \frac{n_2(n_2-1)}{n(n-1)} \left\{ n^2 \bar{a}_n^2 - \sum_{m=1}^{n} a_n^2(m) \right\} - n_2^2 \bar{a}_n^2$$

$$= \left\{ \frac{n_2}{n} - \frac{n_2(n_2-1)}{n(n-1)} \right\} \sum_{m=1}^{n} a_n^2(m) + \left\{ \frac{nn_2(n_2-1)}{n-1} - n_2^2 \right\} \bar{a}_n^2$$

$$= \frac{n_1 n_2}{n(n-1)} \left\{ \sum_{m=1}^{n} a_n^2(m) - n\bar{a}_n^2 \right\}$$

$$= \frac{n_1 n_2}{n(n-1)} \sum_{m=1}^{n} \{a_n(m) - \bar{a}_n\}^2$$

を得る. □

ここで

$$\widehat{Z} \equiv \frac{T - E_0(T)}{\sqrt{V_0(T)}} = \frac{\sqrt{n(n-1)} \cdot T}{\sqrt{n_1 n_2 \sum_{m=1}^{n} \{a_n(m) - \bar{a}_n\}^2}} \tag{3.4}$$

とおく.

(条件 3.1) $$0 < \int_0^1 \{\varphi(u) - \bar{\varphi}\}^2 du < \infty \tag{3.5}$$

を満たす $(0,1)$ 上の関数 $\varphi(\cdot)$ が存在して,

$$\lim_{n \to \infty} \int_0^1 \{a_n(1 + \lfloor un \rfloor) - \varphi(u)\}^2 du = 0 \tag{3.6}$$

が成り立つ. ただし, $\bar{\varphi} \equiv \int_0^1 \varphi(u) du$ とおく. □

次の補題 3.2 が成り立つ.

補題 3.2 (条件 3.1) を仮定する. このとき,

$$\lim_{n \to \infty} \frac{1}{n} \sum_{m=1}^{n} \{a_n(m) - \bar{a}_n\}^2 = \int_0^1 \{\varphi(u) - \bar{\varphi}\}^2 du \tag{3.7}$$

が成り立つ. ただし, $\bar{\varphi} \equiv \int_0^1 \varphi(u) du$ とする.

証明 $$\int_0^1 a_n^2(1 + \lfloor un \rfloor) du = \frac{1}{n} \sum_{m=1}^{n} a_n^2(m) \tag{3.8}$$

が成り立つ. シュワルツの不等式より,

$$\left| \int_0^1 \{a_n(1 + \lfloor un \rfloor) \varphi(u) - \varphi^2(u)\} du \right| \leq \int_0^1 |\{a_n(1 + \lfloor un \rfloor) - \varphi(u)\} \varphi(u)| du$$

$$\leq \sqrt{\int_0^1 \{a_n(1 + \lfloor un \rfloor) - \varphi(u)\}^2 du} \sqrt{\int_0^1 \varphi^2(u) du}$$

を得る. $n \to \infty$ として, 上記の式の最右辺は 0 に収束するので,

$$\lim_{n \to \infty} \int_0^1 a_n(1 + \lfloor un \rfloor) \varphi(u) du = \int_0^1 \varphi^2(u) du \tag{3.9}$$

3.2 順位検定 **39**

が導かれる. (3.6) より,

$$0 = \lim_{n \to \infty} \int_0^1 \{a_n(1 + \lfloor un \rfloor) - \varphi(u)\}^2 du$$

$$= \lim_{n \to \infty} \int_0^1 a_n^2(1 + \lfloor un \rfloor) du - 2 \lim_{n \to \infty} \int_0^1 a_n(1 + \lfloor un \rfloor)\varphi(u) du + \int_0^1 \varphi^2(u) du$$

(3.10)

を得る. (3.8)-(3.10) より,

$$\lim_{n \to \infty} \frac{1}{n} \sum_{m=1}^n a_n^2(m) = \int_0^1 \varphi^2(u) du$$

(3.11)

が成り立つ. $n \to \infty$ として,

$$\left| \int_0^1 \{a_n(1 + \lfloor un \rfloor) - \varphi(u)\} du \right| \leqq \int_0^1 |a_n(1 + \lfloor un \rfloor) - \varphi(u)| du$$

$$\leqq \sqrt{\int_0^1 \{a_n(1 + \lfloor un \rfloor) - \varphi(u)\}^2 du}$$

を得る. $n \to \infty$ として, 上記の式の最右辺は 0 に収束するので,

$$\lim_{n \to \infty} \bar{a}_n = \lim_{n \to \infty} \int_0^1 a_n(1 + \lfloor un \rfloor) du = \int_0^1 \varphi(u) du$$

(3.12)

が成り立つ.

(3.11) と (3.12) より, (3.7) が導かれる. □

（条件 3.2）
$$\lim_{n \to \infty} \frac{n_1}{n} = \lambda, \quad 0 < \lambda < 1$$
が成り立つ. □

$U_{1i} \equiv F(X_{1i} - \mu_1)$ $(i = 1, \ldots, n_1)$, $U_{2j} \equiv F(X_{2j} - \mu_2)$ $(j = 1, \ldots, n_2)$ とおく. このとき, $U_{11}, \ldots, U_{1n_1}, U_{21}, \ldots, U_{2n_2}$ は互いに独立で同一の $(0, 1)$ 上の一様分布に従う. Hájek et al. (1999) の 6.1.5 項の定理 1 より, 次の補題 3.3 が成り立つ.

補題 3.3 （条件 3.1），（条件 3.2）を仮定する.

$$T^* \equiv \sum_{j=1}^{n_2} \varphi(U_{2j}) - \frac{n_2}{n} \left\{ \sum_{i=1}^{n_1} \varphi(U_{1i}) + \sum_{j=1}^{n_2} \varphi(U_{2j}) \right\}$$

とおくと, $n \to \infty$ として, 帰無仮説 H_0 の下で

$$\left| \frac{T - T^*}{\sqrt{n}} \right| \xrightarrow{P} 0$$

(3.13)

が成り立つ.

40 第 3 章 2 標本問題

補題 3.2, 補題 3.3 を用いて, 付録の定理 A.4 の中心極限定理と定理 A.5 のスラツキーの定理を適用して, 次の定理 3.4 を得る.

定理 3.4 (条件 3.1), (条件 3.2) を仮定する. このとき, $n \to \infty$ として, 帰無仮説 H_0 の下で $\widehat{Z}$ は標準正規分布に分布収束する. すなわち, $\widehat{Z} \overset{\mathcal{L}}{\to} N(0,1)$ である.

t 検定統計量 T_0 に対して, 付録の定理 A.4 の中心極限定理と定理 A.5 のスラツキーの定理を使って, H_0 の下で, $F(x)$ が正規分布でなくても,

$$T_0 \overset{\mathcal{L}}{\to} N(0,1)$$

が成り立つことがわかる. しかしながら, この分布収束の速さは分布 $F(x)$ に依存する. 一方, (3.4) の $\widehat{Z}$ の分布収束の速さは分布 $F(x)$ に依存しない特長をもっている.

$f_0(x)$ を第 1 章の (1) ロジスティック分布, (2) 正規分布, (3) 両側指数分布の標準型の密度関数とする.

$$a_n(m) \equiv \varphi_1 \left(\frac{m}{n+1}, f_0 \right) \tag{3.14}$$

とする. このとき, スコア関数 $a_n(\cdot)$ を (3.14) で決めることにすると, $\varphi(u) = \varphi_1(u, f_0)$ で (条件 3.1) を満たす. Hájek et al. (1999) より, このスコア関数 $a_n(\cdot)$ を用いた (3.4) の統計量 $\widehat{Z}$ を基にした検定は, X の密度関数の標準型が $f_0(x)$ と一致するときに最良な順位検定となる. 最良な順位検定とは, 順位検定の中で漸近的に検出力が最大となる検定を意味することとする.

(1)-(3) の分布についての $\varphi_1(u, f_0)$ と (3.14) の $a_n(m)$ を表 2.2 に示した. $a_n(m) = 2m/(n+1) - 1$ のとき, $\widehat{Z}$ は

$$\widehat{Z}_W = \sqrt{\frac{12}{n_1 n_2 (n+1)}} \cdot \left\{ \sum_{j=1}^{n_2} R_{2j} - \frac{n_2(n+1)}{2} \right\}$$

と表され, ウィルコクソンの順位検定統計量とよばれ, X_{1i} がロジスティック分布に従うとき最良な順位検定を与える.

$a_n(m) = \Phi^{-1}(m/(n+1))$ のとき, $\widehat{Z}$ は

3.2 順位検定

$$\widehat{Z}_N = \frac{\sqrt{n(n-1)}\sum_{j=1}^{n_2}\Phi^{-1}\left(\frac{R_{2j}}{n+1}\right)}{\sqrt{n_1 n_2 \sum_{m=1}^{n}\left\{\Phi^{-1}\left(\frac{m}{n+1}\right)\right\}^2}}$$

と表され, 正規スコアによる順位検定統計量とよばれ, X_{1i} が正規分布に従うとき最良な順位検定を与える.

$a_n(m) = \text{sign}\left(\frac{m}{n+1} - \frac{1}{2}\right)$ のとき, $\widehat{Z}$ は

$$\widehat{Z}_S = \frac{\sqrt{n(n-1)}\sum_{j=1}^{n_2}\text{sign}\left(\frac{R_{2j}}{n+1} - \frac{1}{2}\right)}{\sqrt{2n_1 n_2 \cdot \left\lfloor\frac{n}{2}\right\rfloor}}$$

と表され, 符号スコアによる検定統計量とよばれ, X_{1i} が両側指数分布に従うとき最良な順位検定を与える.

$0 < \alpha < 1$ に対して, 2つの不等式

$$P_0(T > t_\alpha) \leqq \alpha, \quad P_0(T \geqq t_\alpha) > \alpha \tag{3.15}$$

を満たす一意の解 t_α は n, n_2 にも依存するので, t_α を $t(n, n_2; \alpha)$ と書くことにする. $t(n, n_2; \alpha)$ の値は計算機を使用して求めることができる. その方法を以下に示す.

▶**順位検定の棄却点のアルゴリズム**

n 次元ベクトル $\boldsymbol{q} \equiv (q_{11}, \ldots, q_{1n_1}, q_{21}, \ldots, q_{2n_2})$ に対して, $M = n!/(n_1! n_2!)$ 個の要素からなるベクトルの集合 $\mathcal{Q}$ を

$$\mathcal{Q} \equiv \{\boldsymbol{q} \mid \boldsymbol{q} \text{ は}, i = 1, 2 \text{ に対して } q_{i1} < q_{i2} < \cdots < q_{in_i}$$
$$\text{を満たす } 1 \text{ から } n \text{ の } n \text{ 個の整数を並べ替えたベクトル}\}$$

とする. $\boldsymbol{q}$ を $\boldsymbol{X}$ の実現値とした T の値を $v(\boldsymbol{q})$ とする. M 個の $v(\boldsymbol{q})$ $(\boldsymbol{q} \in \mathcal{Q})$ を大きい方から並べたものを, $v_{\langle 1 \rangle} \geqq v_{\langle 2 \rangle} \geqq \cdots \geqq v_{\langle M \rangle}$ とする. このとき, (3.2) と (3.15) より, $v_{\langle \lfloor M\alpha \rfloor + 1 \rangle}$ が $t(n, n_2; \alpha)$ である. すなわち,

$$t(n, n_2; \alpha) = v_{\langle \lfloor M\alpha \rfloor + 1 \rangle}$$

の関係が成り立つ. ◀

$t(n, n_2; \alpha) = t(n, n_1; \alpha)$ の関係がある.

$t(n, n_2; \alpha)$ の定義より,

$$P_0(T > t(n, n_2; \alpha/2)) \leqq \frac{\alpha}{2} \text{ かつ } P_0(T \geqq t(n, n_2; \alpha/2)) > \frac{\alpha}{2}$$

である. H_0 の下で T は 0 について対称に分布する. すなわち, $P_0(T = t) = P_0(T = -t)$ である. これにより,

$$P_0(|T| > t(n, n_2; \alpha/2)) \leqq \alpha \text{ かつ } P_0(|T| \geqq t(n, n_2; \alpha/2)) > \alpha$$

となる.

3.A 順位検定

棄却域は図 3.1 のようになる.

① 「帰無仮説 H_0 vs. 対立仮説 H_1^A」の両側検定

$|T| > t(n, n_2; \alpha/2)$ ならば H_0 を棄却する.

n_1, n_2 がともに大きい場合,水準 α の漸近的な検定方式は $|\widehat{Z}| > z(\alpha/2)$ のとき H_0 を棄却する.

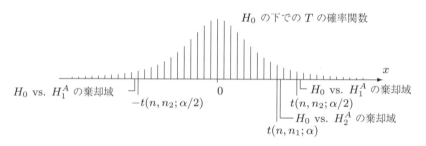

図 3.1 T の確率関数と順位検定の棄却域

② 「帰無仮説 H_0 vs. 上側対立仮説 H_2^A」の検定
(制約 $\mu_1 \leqq \mu_2$ がつけられるとき)

$T > t(n, n_2; \alpha)$ のとき H_0 を棄却する.

n_1, n_2 がともに大きい場合,水準 α の漸近的な検定方式は $\widehat{Z} > z(\alpha)$ のとき H_0 を棄却する.

③ 「帰無仮説 H_0 vs. 下側対立仮説 H_3^A」の検定
(制約 $\mu_1 \geqq \mu_2$ がつけられるとき)

水準 α の検定方式は，第 1 標本と第 2 標本を交換することにより，上側対立仮
説 H_2^A の検定と同等になる． ◆

次にスコア関数 $a_n(\cdot)$ を具体的に与えた手法を述べる．

3.A.1 ウィルコクソンの順位検定

$a_n(m) = 2m/(n+1) - 1$ のとき，T は

$$T_W = \frac{2}{n+1} \sum_{j=1}^{n_2} R_{2j} - n_2$$

となり，$\widehat{Z}$ は $\widehat{Z}_W$ となる．[3.A] の手法の中で，T と $\widehat{Z}$ をそれぞれ T_W と $\widehat{Z}_W$
に替えた手法がウィルコクソンの順位検定とよばれる． ◇

3.A.2 正規スコアによる順位検定 (Wilcoxon (1945))

$a_n(m) = \Phi^{-1}\left(m/(n+1)\right)$ のとき，T は

$$T_N = \sum_{j=1}^{n_2} \Phi^{-1}\left(\frac{R_{2j}}{n+1}\right)$$

となり，$\widehat{Z}$ は $\widehat{Z}_N$ となる．[3.A] の手法の中で，T と $\widehat{Z}$ をそれぞれ T_N と $\widehat{Z}_N$
に替えた手法が正規スコアによる順位検定とよばれる． ◇

3.A.3 符号スコアによる順位検定

$a_n(m) = \mathrm{sign}(m/(n+1) - 1/2)$ のとき，T は

$$T_S = \sum_{j=1}^{n_2} \mathrm{sign}\left(\frac{R_{2j}}{n+1} - \frac{1}{2}\right)$$

となり，$\widehat{Z}$ は $\widehat{Z}_S$ となる．[3.A] の手法の中で，T と $\widehat{Z}$ をそれぞれ T_S と $\widehat{Z}_S$ に
替えた手法が符号スコアによる順位検定とよばれる． ◇

3.3 順位推定

$X_{11}, \ldots, X_{1n_1},\ X_{21} - \theta, \ldots, X_{2n_2} - \theta$ を小さい方から並べたときの $X_{2j} - \theta$
の順位を $R_{2j}(\theta)$ とおき，

44 　　　　　　　　　　　　　　　　　　　　　第 3 章　2 標本問題

$$T(\theta) \equiv \sum_{j=1}^{n_2} a_n(R_{2j}(\theta)) - n_2 \bar{a}_n$$

とおく. 次の（条件 3.3）を仮定する.

（条件 3.3）　　　　　　$a_n(1) \leqq a_n(2) \leqq \cdots \leqq a_n(n)$　　　　　　　□

このとき, $T(\theta)$ は θ の減少関数となる.

3.B 順位推定

$$\widehat{\delta}_n \equiv \frac{1}{2}[\sup\{\theta \mid T(\theta) > 0\} + \inf\{\theta \mid T(\theta) < 0\}] \tag{3.16}$$

を $\delta \equiv \mu_2 - \mu_1$ の順位推定とよぶ.　　　　　　　　　　　　　　◆

補題 3.3 の条件の下で, $n \to \infty$ として

$$\sqrt{n}(\widehat{\delta}_n - \delta) \xrightarrow{\mathcal{L}} N\left(0, \sigma^2(\varphi, F)/\{\lambda(1-\lambda)\}\right) \tag{3.17}$$

が成り立つ. ただし,

$$\sigma^2(\varphi, F) \equiv \frac{\int_0^1 \{\varphi(u) - \bar{\varphi}\}^2 du}{\left[\int_0^1 \varphi(u) \left\{-\frac{f'(F^{-1}(u))}{f(F^{-1}(u))}\right\} du\right]^2}$$

とする. $\sigma^2(\varphi, F)/\{\lambda(1-\lambda)\}$ を $\widehat{\delta}_n$ の漸近分散とよぶ.

具体的なスコア関数を与える.

3.B.1 ホッジス・レーマン順位推定 (Hodges and Lehmann (1963))

$a_n(m) = 2m/(n+1) - 1$ のとき, $T(\theta)$ は

$$T_W(\theta) = \frac{2}{n+1} \sum_{j=1}^{n_2} R_{2j}(\theta) - n_2$$

と表される. $T(\theta)$ は θ の減少関数となる. これにより,

$$\widehat{\delta}_W \equiv \frac{1}{2}[\sup\{\theta \mid T_W(\theta) > 0\} + \inf\{\theta \mid T_W(\theta) < 0\}]$$

とおく. $N \equiv n_1 n_2$ とし, $D_{(1)} \leqq \cdots \leqq D_{(N)}$ を $\{X_{2j} - X_{1i} \mid 1 \leqq i \leqq$

3.4 順位に基づく区間推定　　　　　　　　　　　　　　　　　　　　**45**

$n_1,\ 1 \leqq j \leqq n_2\}$ の順序統計量とする．このとき，（著 1）より，

$$\widehat{\delta}_W = (N \text{ 個の値 } \{X_{2j} - X_{1i} \mid 1 \leqq i \leqq n_1,\ 1 \leqq j \leqq n_2\} \text{ の標本中央値})$$

$$= \frac{1}{2}\left(D_{\left(\lfloor \frac{N+1}{2} \rfloor\right)} + D_{\left(\lfloor \frac{N+2}{2} \rfloor\right)}\right)$$

となる．$\widehat{\delta}_W$ は δ に対するホッジス・レーマン (Hodges-Lehmann) 順位推定量とよばれる．　　　　　　　　　　　　　　　　　　　　　　　　　　　　◇

3.B.2 正規スコアによる順位推定

$a_n(m) = \Phi^{-1}\left(m/(n+1)\right)$ のとき，$T(\theta)$ は

$$T_N(\theta) = \sum_{j=1}^{n_2} \Phi^{-1}\left(\frac{R_{2j}(\theta)}{n+1}\right)$$

と表され，このときの (3.16) で与えられる $\widehat{\delta}_N$ は正規スコアの順位推定量とよばれる．　　　　　　　　　　　　　　　　　　　　　　　　　　　　　◇

3.B.3 符号スコアによる順位推定

$a_n(m) = \mathrm{sign}(m/(n+1) - 1/2)$ のとき，$T(\theta)$ は

$$T_S(\theta) = \sum_{j=1}^{n_2} \mathrm{sign}\left(\frac{R_{2j}(\theta)}{n+1} - \frac{1}{2}\right)$$

と表され，このときの (3.16) で与えられる $\widehat{\delta}_S$ は符号スコアによる順位推定量とよばれる．　　　　　　　　　　　　　　　　　　　　　　　　　　　◇

3.4　順位に基づく区間推定

$\widehat{Z}$ に対応して，$\widehat{Z}(\theta)$ を

$$\widehat{Z}(\theta) \equiv \frac{\sqrt{n(n-1)} \cdot T(\theta)}{\sqrt{n_1 n_2 \sum_{m=1}^{n} \{a_n(m) - \bar{a}_n\}^2}}$$

で定義する．（条件 3.1)-(条件 3.3) を仮定する．定理 3.4 より，

$$1 - \alpha = P_0\left(|\widehat{Z}| \leqq z(\alpha/2)\right) + o(1)$$

$$= P\left(|\widehat{Z}(\delta)| \leqq z(\alpha/2)\right) + o(1)$$

$$= P\left(|T(\delta)| \leqq z(\alpha/2)\sqrt{\frac{n_1 n_2 \sum_{m=1}^n \{a_n(m) - \bar{a}_n\}^2}{n(n-1)}}\right) + o(1)$$

(3.18)

が成り立つ. 同様に,

$$1 - \alpha = P_0\left(\widehat{Z} \leqq z(\alpha)\right) + o(1)$$

$$= P\left(\widehat{Z}(\delta) \leqq z(\alpha)\right) + o(1)$$

$$= P\left(T(\delta) \leqq z(\alpha)\sqrt{\frac{n_1 n_2 \sum_{m=1}^n \{a_n(m) - \bar{a}_n\}^2}{n(n-1)}}\right) + o(1) \quad (3.19)$$

と

$$1 - \alpha = P_0\left(\widehat{Z} \geqq -z(\alpha)\right) + o(1)$$

$$= P\left(\widehat{Z}(\delta) \geqq -z(\alpha)\right) + o(1)$$

$$= P\left(T(\delta) \geqq -z(\alpha)\sqrt{\frac{n_1 n_2 \sum_{m=1}^n \{a_n(m) - \bar{a}_n\}^2}{n(n-1)}}\right) + o(1) \quad (3.20)$$

を得る. $0 < \alpha < 1$ に対して, $\ell_n(\alpha)$, $u_n(\alpha)$ を次で定義する.

$$\ell_n(\alpha) \equiv \inf\left\{\theta \ \middle| \ T(\theta) \leqq z(\alpha)\sqrt{\frac{n_1 n_2 \sum_{m=1}^n \{a_n(m) - \bar{a}_n\}^2}{n(n-1)}}\right\},$$

$$u_n(\alpha) \equiv \sup\left\{\theta \ \middle| \ T(\theta) \geqq -z(\alpha)\sqrt{\frac{n_1 n_2 \sum_{m=1}^n \{a_n(m) - \bar{a}_n\}^2}{n(n-1)}}\right\}$$

(3.18)-(3.20) をまとめる.

3.4 順位に基づく区間推定

3.C 信頼係数 $1-\alpha$ の平均差 δ に対する漸近的な順位信頼区間

$$b_n \equiv \sqrt{\frac{n_1 n_2 \sum_{m=1}^{n}\{a_n(m)-\bar{a}_n\}^2}{n(n-1)}}$$

とおく．このとき，信頼係数 $1-\alpha$ の平均差 δ に対する漸近的な信頼区間は，次の (1)-(3) で与えられる．

(1) 両側信頼区間：

$$\{\delta \mid |T(\delta)| \leqq z(\alpha/2)b_n\} \iff \ell_n(\alpha/2) \leqq \delta < u_n(\alpha/2)$$

(2) 上側信頼区間： $\{\delta \mid T(\delta) \leqq z(\alpha)b_n\} \iff \ell_n(\alpha) \leqq \delta < +\infty$

(3) 下側信頼区間： $\{\delta \mid T(\delta) \geqq -z(\alpha)b_n\} \iff -\infty < \delta < u_n(\alpha)$

半開区間で区間を表現しているが，開区間または閉区間のいずれでもよい． ◆

$a_n(m) = 2m/(n+1)-1$ のとき，$c_n \equiv -\sigma_n \cdot z(\alpha/2)+N/2$，$N \equiv n_1 n_2$，$\sigma_n \equiv \sqrt{n_1 n_2(n+1)/12}$ とおくと，（著 1）より，

$$\begin{aligned}
1-\alpha &= P_0\left(|\widehat{Z}_W| \leqq z(\alpha/2)\right) + o(1) \\
&= P\left(|\widehat{Z}_W(\theta)| \leqq z(\alpha/2)\right) + o(1) \\
&= P\left(D_{(\lceil c_n \rceil)} \leqq \delta < D_{(\lfloor N-c_n \rfloor+1)}\right) + o(1) \quad (3.21)
\end{aligned}$$

が示されている．ただし，$\lceil x \rceil$ は x 以上の最小の整数とする．同様に，$d_n \equiv -\sigma_n \cdot z(\alpha)+N/2$ とおいて，

$$1-\alpha = P\left(D_{(\lceil d_n \rceil)} \leqq \delta\right) + o(1) \quad (3.22)$$

$$= P\left(\delta < D_{(\lfloor N-d_n \rfloor+1)}\right) + o(1) \quad (3.23)$$

が示されている．

(3.21)-(3.23) より，次のように信頼区間が与えられる．

3.C.1 信頼係数 $1-\alpha$ の平均差 δ に対する漸近的なウィルコクソン型の順位信頼区間

信頼係数 $1-\alpha$ の平均差 δ に対する漸近的な信頼区間は，次の (1)-(3) で与え

48　　第 3 章　2 標本問題

られる.

(1) 両側信頼区間：　$D_{(\lceil c_n \rceil)} \leqq \delta < D_{(\lfloor N - c_n \rfloor + 1)}$

(2) 上側信頼区間：　$D_{(\lceil d_n \rceil)} \leqq \delta < \infty$

(3) 下側信頼区間：　$-\infty < \delta < D_{(\lfloor N - d_n \rfloor + 1)}$　　　　　　　　$\diamondsuit$

　$a_n(m) = \Phi^{-1}(m/(n+1))$ のとき, [3.C] において, $T(\delta)$ を $T_N(\delta)$ に替えることにより, 次の信頼区間を得る.

3.C.2 **信頼係数 $1 - \alpha$ の平均差 δ に対する漸近的な正規スコアによる順位信頼区間**

　信頼係数 $1 - \alpha$ の平均差 δ に対する漸近的な信頼区間は, 次の (1)-(3) で与えられる.

(1) 両側信頼区間：

$$\left\{ \delta \;\middle|\; |T_N(\delta)| \leqq z(\alpha/2) \sqrt{\frac{n_1 n_2 \sum_{m=1}^n \left\{ \Phi^{-1}\left(\frac{m}{n+1}\right) \right\}^2}{n(n-1)}} \right\}$$

(2) 上側信頼区間：

$$\left\{ \delta \;\middle|\; T_N(\delta) \leqq z(\alpha) \sqrt{\frac{n_1 n_2 \sum_{m=1}^n \left\{ \Phi^{-1}\left(\frac{m}{n+1}\right) \right\}^2}{n(n-1)}} \right\}$$

(3) 下側信頼区間：

$$\left\{ \delta \;\middle|\; T_N(\delta) \geqq -z(\alpha) \sqrt{\frac{n_1 n_2 \sum_{m=1}^n \left\{ \Phi^{-1}\left(\frac{m}{n+1}\right) \right\}^2}{n(n-1)}} \right\}　\diamondsuit$$

　$a_n(m) = \text{sign}(m/(n+1) - 1/2)$ のとき, [3.C] において, $T(\delta)$ を $T_S(\delta)$ に替えることにより, 信頼区間を得る.

3.5 タイのある場合 **49**

3.C.3 信頼係数 $1-\alpha$ の平均差 δ に対する漸近的な符号スコアによる順位信頼区間

信頼係数 $1-\alpha$ の平均差 δ に対する漸近的な信頼区間は，次の (1)-(3) で与えられる．

(1) 両側信頼区間： $\left\{ \delta \ \middle|\ |T_S(\delta)| \leqq z(\alpha/2)\sqrt{\dfrac{2n_1 n_2 \cdot \lfloor \frac{n}{2} \rfloor}{n(n-1)}} \right\}$

(2) 上側信頼区間： $\left\{ \delta \ \middle|\ T_S(\delta) \leqq z(\alpha)\sqrt{\dfrac{2n_1 n_2 \cdot \lfloor \frac{n}{2} \rfloor}{n(n-1)}} \right\}$

(3) 下側信頼区間： $\left\{ \delta \ \middle|\ T_S(\delta) \geqq -z(\alpha)\sqrt{\dfrac{2n_1 n_2 \cdot \lfloor \frac{n}{2} \rfloor}{n(n-1)}} \right\}$ $\diamondsuit$

3.5 タイのある場合

同じ値をタイ (tie) という．観測値の中にタイがある場合の対処法は，順位検定が書かれた文献でいくつか述べられている．

Gibbons and Chakraborti (2020) や Kvam and Vidakovic (2007) に記述されている 1 つの対処法として，同じ値に対して最も帰無仮説を棄却しにくい順位をつけ，それでも棄却域に入る場合だけ，帰無仮説を棄却する (least favorable statistic (assignment))．全ての観測値は本来異なる順位がついていると考えると，この方法は棄却しにくくなるが，論理的には問題がない．

よく文献に書かれている対処法としては，中央値順位 (mid-rank) を使うものもあるが，論理的な根拠はないように感じる．詳しくは（著 1）を参照すること．

タイのある 1 標本モデルの場合も，同じ値に対して最も帰無仮説を棄却しにくい順位と符号をつけ，それでも棄却域に入る場合だけ，帰無仮説を棄却することである．

3.6 漸近相対効率

最小二乗推定量 $\widetilde{\delta}_n \equiv \bar{X} - \bar{Y}$ に対する順位推定量 $\widehat{\delta}_n$ の漸近相対効率 (asymptotic relative efficiency) を調べる．

$$\sqrt{n}(T_{1n} - \delta) \xrightarrow{\mathcal{L}} N(0, \sigma_1^2), \quad \sqrt{n}(T_{2n} - \delta) \xrightarrow{\mathcal{L}} N(0, \sigma_2^2)$$

を満たす2つの推定量 $\{T_{1n}\}, \{T_{2n}\}$ に対して, T_{2n} に関する T_{1n} の漸近相対効率を $ARE(T_{1n}, T_{2n}) = \sigma_2^2/\sigma_1^2$ によって定義する. 正則条件の下で

$$ARE(T_{1n}, T_{2n}) = \lim_{n \to \infty} \frac{E\{n(T_{2n} - \delta)^2\}}{E\{n(T_{1n} - \delta)^2\}}$$

が成り立つ. $ARE(T_{1n}, T_{2n}) > (<) 1$ ならば, T_{1n} は T_{2n} よりも良い (悪い). 定理 A.4 の中心極限定理より, $0 < \lim_{n \to \infty}(n_1/n) = \lambda < 1$ の仮定の下で,

$$\sqrt{n}(\widetilde{\delta}_n - \delta) \xrightarrow{\mathcal{L}} N(0, \sigma^2/\{\lambda(1 - \lambda)\})$$

を得る. (3.17) より, 最小二乗推定量 $\widetilde{\delta}_n$ に対する順位推定量 $\widehat{\delta}_n$ の漸近相対効率は,

$$ARE(\widehat{\delta}_n, \widetilde{\delta}_n) = \frac{\sigma^2 \left[\int_0^1 \varphi(u)\left\{-\frac{f'(F^{-1}(u))}{f(F^{-1}(u))}\right\}du\right]^2}{\int_0^1 \{\varphi(u) - \bar{\varphi}\}^2 du} \tag{3.24}$$

である. 正規スコアのとき, $\varphi(u) = \Phi^{-1}(u)$ となる. このとき, Puri and Sen (1971) の定理 3.8.2 は, [3.B.2] の $\widehat{\delta}_N$ に対して

$$ARE(\widehat{\delta}_N, \widetilde{\delta}_n) \geqq 1$$

を主張し, 等号は, $F(x)$ が正規分布のときだけであることを主張している. すなわち, [3.B.2] の順位推定量は, 最小二乗推定量 $\widetilde{\delta}_n$ よりも漸近的に一様に良いことを意味している.

$ARE(\widehat{\delta}_n, \widetilde{\delta}_n)$ の値を表 3.2-3.4 に載せている.

$F(x)$ が ε 混合正規分布 $(1 - \varepsilon)N(0, 1) + \varepsilon N(0, 9)$ の分布関数 $(1 - \varepsilon)\Phi(x) + \varepsilon\Phi(x/3)$ のときの漸近相対効率を表 3.5 に, 自由度 m の t 分布のときの漸近相対効率を表 3.6 に掲載している.

$\boldsymbol{X}_n$ を大きさ n の標本とし, $\boldsymbol{X}_n$ は同時分布関数 $F(\boldsymbol{x}; \boldsymbol{\theta})$ $(\boldsymbol{\theta} \in \boldsymbol{\Theta})$ をもつとする. 帰無仮説 $H_0 : \boldsymbol{\theta} \in \boldsymbol{\Theta}_0$ vs. 対立仮説 $H_1^A : \boldsymbol{\theta} \in \boldsymbol{\Theta} \cap \boldsymbol{\Theta}_0^c$ に関する水準 α の検定は, 検定関数 $\phi(\boldsymbol{X}_n)$ によって与えられる. このとき, $\boldsymbol{\theta} \in \boldsymbol{\Theta} \cap \boldsymbol{\Theta}_0^c$ に対して $E_{\boldsymbol{\theta}}\{\phi(\boldsymbol{X}_n)\}$ をこの検定の検出力または検出力関数という.

3.6 漸近相対効率 **51**

表 3.2 最小二乗推定量 $\widetilde{\delta}_n$ に対する [3.B.1] のホッジス・レーマン順位推定量 $\widehat{\delta}_W$ の漸近相対効率

$F(x)$	$ARE(\widehat{\delta}_W, \widetilde{\delta}_n)$
正規分布	$3/\pi = 0.955$
ロジスティック分布	$\pi^2/9 = 1.097$
両側指数分布	1.5

表 3.3 最小二乗推定量 $\widetilde{\delta}_n$ に対する [3.B.2] の正規スコアによる順位推定量 $\widehat{\delta}_N$ の漸近相対効率

$F(x)$	$ARE(\widehat{\delta}_N, \widetilde{\delta}_n)$
正規分布	1
ロジスティック分布	$\pi/3 = 1.047$
両側指数分布	$4/\pi = 1.273$

表 3.4 最小二乗推定量 $\widetilde{\delta}_n$ に対する [3.B.3] の符号スコアによる順位推定量 $\widehat{\delta}_S$ の漸近相対効率

$F(x)$	$ARE(\widehat{\delta}_S, \widetilde{\delta}_n)$
正規分布	$2/\pi = 0.637$
ロジスティック分布	$\pi^2/12 = 0.822$
両側指数分布	2

表 3.5 観測値が ε 混合正規分布 $(1-\varepsilon)N(0,1) + \varepsilon N(0,9)$ に従っているときの,最小二乗推定量 $\widetilde{\delta}_n$ に対するホッジス・レーマン順位推定量 $\widehat{\delta}_W$ の漸近相対効率

ε	0.01	0.02	0.03	0.04	0.05	0.06	0.08	0.10
$ARE(\widehat{\delta}_W, \widetilde{\delta}_n)$	1.009	1.060	1.108	1.153	1.196	1.236	1.309	1.373
ε	0.12	0.14	0.16	0.18	0.20	0.22	0.25	0.30
$ARE(\widehat{\delta}_W, \widetilde{\delta}_n)$	1.429	1.476	1.516	1.548	1.575	1.595	1.616	1.627

表 3.6 観測値が自由度 m の t 分布に従っているときの,最小二乗推定量 $\widetilde{\delta}_n$ に対するホッジス・レーマン順位推定量 $\widehat{\delta}_W$ の漸近相対効率

m	3	4	5	6	7	9	10	11
$ARE(\widehat{\delta}_W, \widetilde{\delta}_n)$	1.900	1.401	1.241	1.164	1.119	1.069	1.054	1.042
m	12	14	15	16	17	18	19	20
$ARE(\widehat{\delta}_W, \widetilde{\delta}_n)$	1.033	1.019	1.014	1.009	1.006	1.002	0.999	0.997

$$(検出力) = (対立仮説が真のときに帰無仮説を棄却する確率)$$

$$= 1 - (第2種の過誤の確率)$$

である.統計量 $T_{1n}(\boldsymbol{X}_n)$ によって与えられる検定関数を $\phi_1(\boldsymbol{X}_n)$, T_{2n} によっ

て与えられる検定関数を $\phi_2(\boldsymbol{X}_n)$ とする. n と $\boldsymbol{\theta} \in \boldsymbol{\Theta} \cap \boldsymbol{\Theta}_0^c$ を与えたとき, おおよそ

$$E_{\boldsymbol{\theta}}\{\phi_1(\boldsymbol{X}_n)\} = E_{\boldsymbol{\theta}}\{\phi_2(\boldsymbol{X}_m)\}$$

となる m に対して, 比 m/n を検定 $\phi_2(\cdot)$ に対する検定 $\phi_1(\cdot)$ の相対効率という. この効率は n や $\boldsymbol{\theta}$ などの多くの母数に依存する. このため, Pitman (1948) は $\lim_{n \to \infty} m/n$ を検定 $\phi_2(\cdot)$ に対する検定 $\phi_1(\cdot)$ の漸近相対効率とよんだ.

$$\lim_{n \to \infty} m/n > (<) 1$$

ならば検定 $\phi_1(\cdot)$ の方が検定 $\phi_2(\cdot)$ よりも優れて(劣って)いる.

母数 θ の2つの区間推定量 $(\hat{L}_n, \hat{U}_n)$, $(\tilde{L}_n, \tilde{U}_n)$ に対して $(\tilde{U}_n - \tilde{L}_n)^2/(\hat{U}_n - \hat{L}_n)^2$ が γ^2 に確率収束するとき, γ^2 を $(\tilde{L}_n, \tilde{U}_n)$ に対する $(\hat{L}_n, \hat{U}_n)$ の漸近相対効率という.

順位検定, t 検定の間の漸近相対効率と順位推定, 一様最小分散不偏推定量の間の漸近相対効率は一致している. 2つの区間推定の間の漸近相対効率も同じである.

本書の第4章から第8章では多標本モデルでの分散分析法と多重比較法が述べられている. 第4章から第6章, 第8章で現れる正規母集団での最良手法(パラメトリック法)に対する順位に基づくノンパラメトリック法の漸近相対効率も (3.24) で与えられる. Hájek et al. (1999), Lehmann (2006), (著 23) 等を参考にすればよい.

[最良手法の選び方]

3.2節から3.4節で, スコア関数 $a_n(m)$ を決めることによって検定, 点推定, 信頼区間の手法を述べてきた. これら3つの推測にスコア関数を介して共通している最良手法の与え方が Hájek et al. (1999) に論じられている. スコア関数として, ウィルコクソン型 $a_n(m) = 2m/(n+1) - 1$ を与えると $F(x)$ がロジスティック分布のときに最良な手法を, 正規スコア $a_n(m) = \Phi^{-1}(m/(n+1))$ を与えると $F(x)$ が正規分布のときに最良な手法を, 符号スコア $a_n(m) = \text{sign}(m/(n+1) - 1/2)$ を与えると $F(x)$ が両側指数分布のときに最良な手法を, それぞれ得ることができる. 以後の第4, 5, 6, 8, 9章についても最良なスコア関数 $a_n(m)$ の与え方は同じである.

3.7 ロバスト性

　正規分布の下での最良手法（パラメトリック法）を使って統計解析することは，データが正規分布に従っているときに最良の方法であることが理論的に示せる．これに対して，データが正規分布に従っている場合には上記の方法に少し劣るが，それ以外の場合にはパラメトリック法に比べて良くなる統計解析方法を分布に関するロバスト（頑健な）手法という．3.6 節より，順位に基づく手法は，分布に関するロバスト性をもっている．また，データの中で他の値とかけ離れた値があるときそれを異常値または外れ値とよぶ．異常値は標本が無作為に採られるためにたまたま出現したり，測定ミス，記録ミスなどによっても現れる．異常値があると，パラメトリック法は不安定な特性値を与える．これに対して，異常値があってもあまり影響を受けない手法を，異常値に関するロバスト（頑健な）手法という．順位に基づく手法は，異常値に関するロバスト性をもっている．

　データの中に異常値がなく，観測値が正規分布に従っていることがわかっていれば，正規理論のパラメトリック法が良いが，パラメトリック法は分布のロバスト性も異常値のロバスト性もない．観測値が正規分布からずれている分布に従っている場合は，ノンパラメトリック法とよばれる順位に基づく手法が一般に使われ，ロバスト性をもっている．ロバスト性の詳細については，杉山等 (2007), Huber (2009) を参照せよ．

第**4**章

分散分析法に対応する方法

多標本（1元配置）モデルにおいて，平均の一様性の検定，相対処理効果と全平均の推定について論述する．具体的には，カイ二乗型のノンパラメトリック順位検定，位置母数の順位点推定と信頼領域について紹介する．カイ二乗型の順位検定はマルチステップの多重比較検定にも用いられる．

4.1 モデルの設定

ある要因 A があり，k 個の水準 $A_1, \ldots, A_k$ を考える．水準 A_i における標本の観測値 $(X_{i1}, X_{i2}, \ldots, X_{in_i})$ は第 i 標本または第 i 群とよばれ，平均が μ_i である同一の連続型分布関数 $F(x - \mu_i)$ をもつとする．すなわち，

$$P(X_{ij} \leqq x) = F(x - \mu_i), \quad E(X_{ij}) = \mu_i$$

である．$F(x)$ は未知であってもよいものとする．分散は存在しなくてもよいとする．このモデルを表 4.1 に示す．$f(x) \equiv F'(x)$ とおくと，$\int_{-\infty}^{\infty} x f(x) dx = 0$ が成り立つ．さらにすべての X_{ij} は互いに独立であると仮定する．総標本サイズを $n \equiv n_1 + \cdots + n_k$ とおき，

$$\nu \equiv \frac{1}{n} \sum_{i=1}^{k} n_i \mu_i, \quad \tau_i \equiv \mu_i - \nu$$

とおく．このとき $\sum_{i=1}^{k} n_i \tau_i = 0$ である．τ_i は要因 A の水準 A_i における主効果 (main effect) または相対処理効果 (additive treatment effect)，ν を全平均

表 4.1 k 標本モデル

標本	サイズ	データ	平均	分布関数
第 1 標本	n_1	$X_{11}, \ldots, X_{1n_1}$	μ_1	$F(x - \mu_1)$
第 2 標本	n_2	$X_{21}, \ldots, X_{2n_2}$	μ_2	$F(x - \mu_2)$
$\vdots$	$\vdots$	$\vdots$ $\vdots$ $\vdots$	$\vdots$	$\vdots$
第 k 標本	n_k	$X_{k1}, \ldots, X_{kn_k}$	μ_k	$F(x - \mu_k)$

総標本サイズ：$n \equiv n_1 + \cdots + n_k$（すべての観測値の個数）
$\mu_1, \ldots, \mu_k$ はすべて未知母数とする.

(overall mean) とよぶ. ここで

$$X_{ij} = \mu_i + \varepsilon_{ij} = \nu + \tau_i + \varepsilon_{ij}; \quad \text{ただし} \sum_{i=1}^{k} n_i \tau_i = 0$$

と書き直せ, ε_{ij} は誤差確率変数とよばれ独立で平均 0 の分布関数 $F(x)$ をもつ. この $F(x)$ は未知の分布関数であってもよいとする.

興味ある帰無仮説と対立仮説は,

帰無仮説 H_0：$\mu_1 = \cdots = \mu_k$

vs. 対立仮説 H_1^A：ある $i \neq i'$ について $\mu_i \neq \mu_{i'}$ (4.1)

$\Longleftrightarrow$ H_0：$\tau_1 = \cdots = \tau_k = 0$ vs. H_1^A：ある i について $\tau_i \neq 0$

である. また, 母数 $(\tau_1, \ldots, \tau_k)$, ν, $(\mu_1, \ldots, \mu_k)$ の点推定に興味があるものとする.

4.2 カイ二乗型の順位検定

n 個すべての観測値 $X_{11}, \ldots, X_{kn_k}$ を小さい方から並べたときの X_{ij} の順位を R_{ij} とする. $a_n(\cdot)$ を $\{1, 2, \ldots, n\}$ から実数へのスコア関数とする. このとき,

$$
\begin{aligned}
\widehat{Q} &\equiv \frac{n-1}{\sum_{m=1}^{n} \{a_n(m) - \bar{a}_n\}^2} \sum_{i=1}^{k} \frac{1}{n_i} \left\{ \sum_{j=1}^{n_i} a_n(R_{ij}) - n_i \bar{a}_n \right\}^2 \\
&= \frac{n-1}{\sum_{m=1}^{n} \{a_n(m) - \bar{a}_n\}^2} \sum_{i=1}^{k} n_i \{\bar{a}_n(R_{i\cdot}) - \bar{a}_n\}^2
\end{aligned}
$$
(4.2)

とおく. ただし,

$$\bar{a}_n(R_{i\cdot}) \equiv \frac{1}{n_i} \sum_{j=1}^{n_i} a_n(R_{ij}) \tag{4.3}$$

とし, $\bar{a}_n$ は (3.3) で定義されたものとする. ここで,

(条件 4.1) $$\lim_{n \to \infty} \frac{n_i}{n} = \lambda_i > 0 \quad (i = 1, \ldots, k) \qquad \square$$

を仮定する. このとき, 次の定理を得る.

定理 4.1 (条件 3.1) と (条件 4.1) を満たすと仮定する. このとき, $n \to \infty$ として, 帰無仮説 H_0 の下で $\widehat{Q} \xrightarrow{\mathcal{L}} Q \sim \chi_{k-1}^2$ となる. すなわち, $\widehat{Q}$ は自由度 $k-1$ のカイ二乗分布に分布収束する.

証明 $i = 1, \ldots, k$ に対して, $\mu \equiv \mu_i$ とおく.

$$\widehat{S}_i \equiv \sqrt{\frac{n(n-1)}{\sum_{m=1}^{n} \{a_n(m) - \bar{a}_n\}^2}} \{\bar{a}_n(R_{i\cdot}) - \bar{a}_n\} \quad (i = 1, \ldots, k) \tag{4.4}$$

$\widehat{\boldsymbol{S}} \equiv (\widehat{S}_1, \ldots, \widehat{S}_k)^T$ とおくと,

$$\widehat{Q} = \sum_{i=1}^{k} \left(\frac{n_i}{n}\right) \widehat{S}_i^2$$

である. $U_{ij} \equiv F(X_{ij} - \mu)$ $(j = 1, \ldots, n_i;\ i = 1, \ldots, k)$ とおく. このとき, $U_{11}, \ldots, U_{kn_k}$ は互いに独立で同一の一様分布 $U(0,1)$ に従う.

$$\mathcal{V}_i \equiv \sqrt{\frac{n}{\int_0^1 \{\varphi(u) - \bar{\varphi}\}^2 du}} \left\{ \frac{1}{n_i} \sum_{j=1}^{n_i} \varphi(U_{ij}) - \frac{1}{n} \sum_{i=1}^{k} \sum_{j=1}^{n_i} \varphi(U_{ij}) \right\} \tag{4.5}$$

とおく. このとき, 補題 3.3 を使って, 第 i 標本を第 2 標本, その他の標本を第 1 標本とみなし (3.13) を適用して, H_0 の下で, $n \to \infty$ として,

$$|\widehat{S}_i - \mathcal{V}_i| \xrightarrow{P} 0$$

が成り立つ. 定理 A.4 の中心極限定理と定理 A.5 のスラツキーの定理を適用して, $i = 1, \ldots, k$ に対して,

$$\sqrt{\frac{n}{\int_0^1 \{\varphi(u) - \bar{\varphi}\}^2 du}} \left[\frac{1}{n_i} \sum_{j=1}^{n_i} \{\varphi(U_{ij}) - \bar{\varphi}\} \right] \xrightarrow{\mathcal{L}} Y_i \sim N\left(0, \frac{1}{\lambda_i}\right)$$

が示せ,

$$\widehat{\boldsymbol{S}} \overset{\mathcal{L}}{\to} \left(Y_1 - \sum_{j=1}^{k} \lambda_j Y_j, \ldots, Y_k - \sum_{j=1}^{k} \lambda_j Y_j\right)^T \tag{4.6}$$

がわかる. ただし, $Y_1, \ldots, Y_k$ は互いに独立とする. 定理 A.9 を適用して,

$$\widehat{Q} \overset{\mathcal{L}}{\to} \sum_{i=1}^{k} \lambda_i \left(Y_i - \sum_{j=1}^{k} \lambda_j Y_j\right)^2$$

を得る. 定理 A.1 より, 上の右辺が自由度 $k-1$ のカイ二乗分布に従う. □

4.A 漸近的な順位検定法

自由度 $k-1$ のカイ二乗分布の上側 $100\alpha\%$ 点を $\chi_{k-1}^2(\alpha)$ とする. 自由度 m のカイ二乗分布の上側 $100\alpha\%$ 点 $\chi_m^2(\alpha)$ の数表を付録 B の付表 2 に載せている. このとき, 定理 4.1 により, n_i が比較的大きいときには, 水準 α の漸近的な検定方式は,

$$\widehat{Q} > \chi_{k-1}^2(\alpha) \ \text{ならば,}\ H_0 \text{を棄却する.} \qquad \blacklozenge$$

次にスコア関数 $a_n(\cdot)$ を具体的に与えた手法を述べる.

4.A.1 クラスカル・ウォリスの順位検定 (Kruskal and Wallis (1952))

$a_n(m) = 2m/(n+1) - 1$ のとき, $\widehat{Q}$ は

$$\begin{aligned}
\widehat{Q}_W &= \frac{12}{n(n+1)} \sum_{i=1}^{k} \frac{1}{n_i} \left\{\sum_{j=1}^{n_i} R_{ij} - \frac{n_i(n+1)}{2}\right\}^2 \\
&= \frac{12}{n(n+1)} \sum_{i=1}^{k} n_i \left\{\bar{R}_{i\cdot} - \frac{n+1}{2}\right\}^2
\end{aligned} \tag{4.7}$$

となる. ただし,

$$\bar{R}_{i\cdot} \equiv \frac{1}{n_i} \sum_{j=1}^{n_i} R_{ij} \tag{4.8}$$

とする. 水準 α の漸近的な検定方式は,

$$\widehat{Q}_W > \chi_{k-1}^2(\alpha) \ \text{ならば,}\ H_0 \text{を棄却する.} \qquad \diamondsuit$$

4.A.2 正規スコアによる順位検定

$a_n(m) = \Phi^{-1}\left(m/(n+1)\right)$ のとき, $\widehat{Q}$ は

4.3 順位推定と順位信頼領域 **59**

$$\widehat{Q}_N = \frac{n-1}{\sum_{m=1}^{n}\left\{\Phi^{-1}\left(\frac{m}{n+1}\right)\right\}^2} \sum_{i=1}^{k}\frac{1}{n_i}\left\{\sum_{j=1}^{n_i}\Phi^{-1}\left(\frac{R_{ij}}{n+1}\right)\right\}^2 \tag{4.9}$$

となり，水準 α の漸近的な検定方式は，

$$\widehat{Q}_N > \chi^2_{k-1}(\alpha) \text{ ならば，} H_0 \text{ を棄却する．} \qquad \diamondsuit$$

4.A.3 符号スコアによる順位検定

$a_n(m) = \mathrm{sign}(m/(n+1) - 1/2)$ のとき，$\widehat{Q}$ は

$$\widehat{Q}_S = \frac{n-1}{2\cdot\left\lfloor\frac{n}{2}\right\rfloor} \sum_{i=1}^{k}\frac{1}{n_i}\left\{\sum_{j=1}^{n_i}\mathrm{sign}\left(\frac{R_{ij}}{n+1} - \frac{1}{2}\right)\right\}^2 \tag{4.10}$$

となり，水準 α の漸近的な検定方式は，

$$\widehat{Q}_S > \chi^2_{k-1}(\alpha) \text{ ならば，} H_0 \text{ を棄却する．} \qquad \diamondsuit$$

4.3 順位推定と順位信頼領域

$1 \leqq i \neq i' \leqq k$ とする．$N_{ii'} \equiv n_i + n_{i'}$ 個の $X_{i1} - \theta, \ldots, X_{in_i} - \theta,\ X_{i'1}, \ldots, X_{i'n_{i'}}$ を小さい方から並べたときの $X_{ij} - \theta$ の順位を $R_{ij}^{(i,i')}(\theta)$ とおき，

$$T_{ii'}(\theta) \equiv \sum_{j=1}^{n_i} a_{N_{ii'}}(R_{ij}^{(i,i')}(\theta)) - n_i\bar{a}_{N_{ii'}}$$

とおく．（条件 3.3）を仮定する．[3.B] より，$\delta_{ii'} \equiv \mu_i - \mu_{i'}$ の順位推定量は

$$\widehat{\delta}_{ii'} \equiv \frac{1}{2}[\sup\{\theta \mid T_{ii'}(\theta) > 0\} + \inf\{\theta \mid T_{ii'}(\theta) < 0\}]$$

で与えられる．また，$\tau_i = \dfrac{1}{n}\displaystyle\sum_{i'=1}^{k} n_{i'}\delta_{ii'}$ より，τ_i の順位推定量は

$$\widehat{\tau}_i \equiv \frac{1}{n}\sum_{i'=1}^{k} n_{i'}\widehat{\delta}_{ii'} \quad (i = 1, \ldots, k) \tag{4.11}$$

となる．ただし，$\widehat{\delta}_{ii} = 0$ とする．$1 \leqq m \leqq n$ なる整数 m に対して，$m = \displaystyle\sum_{p=0}^{i-1} n_p + j$ かつ $1 \leqq j \leqq n_i$ を満たす i, j が存在する．ただし，$n_0 \equiv 0$ とおく．この m, i, j に対して

$$Y_m \equiv X_{ij} - \widehat{\tau}_i \qquad (4.12)$$

とおくとき，$|Y_1 - \theta|, \ldots, |Y_n - \theta|$ を小さい方から並べたときの $|Y_m - \theta|$ の順位を $R_m^+(\theta)$ とおき，

$$T^+(\theta) \equiv \sum_{m=1}^{n} \mathrm{sign}(Y_m - \theta) \cdot a_n^+(R_m^+(\theta))$$

とおく．（条件 2.2）を仮定する．[2.B] より，

$$\widehat{\nu} \equiv \frac{1}{2}[\sup\{\theta \mid T^+(\theta) > 0\} + \inf\{\theta \mid T^+(\theta) < 0\}] \qquad (4.13)$$

が ν の符号付順位推定である．μ_i の順位推定量は

$$\widehat{\mu}_i \equiv \widehat{\nu} + \widehat{\tau}_i \quad (i = 1, \ldots, k) \qquad (4.14)$$

となる．$\widehat{\tau}_i$ は密度関数 $f(x) \equiv F'(x)$ に対称性（$f(-x) = f(x)$）を必要としないが，$\widehat{\nu}, \widehat{\mu}_i$ には $f(x)$ の対称性を必要とする．密度関数 $f(x)$ に対称性を仮定できない場合は，全部の標本平均 $\widetilde{\nu} \equiv (1/n)\displaystyle\sum_{i=1}^{k}\sum_{j=1}^{n_i} X_{ij}$ を ν の推定量とし，μ_i の推定量は

$$\widetilde{\mu}_i \equiv \widetilde{\nu} + \widehat{\tau}_i \quad (i = 1, \ldots, k) \qquad (4.15)$$

である．

以上により次の順位推定が得られる．

4.B 順位推定

処理効果 τ_i の推定量は (4.11) によって与えられる．密度関数 $f(x)$ が偶関数であるとき，ν と μ_i の推定量はそれぞれ (4.13), (4.14) によって与えられ，$f(x)$ が偶関数でないとき，ν と μ_i の推定量はそれぞれ $\widetilde{\nu}$, (4.15) によって与えられる．

◆

次にスコア関数 $a_n(\cdot)$ を具体的に与えた手法を述べる．

4.3　順位推定と順位信頼領域　　**61**

4.B.1　ホッジス・レーマン型の順位推定

$a_{N_{ii'}}(\ell) = 2\ell/(N_{ii'} + 1) - 1$, $a_n^+(m) = m/(n+1)$ のとき，[3.B.1] より，
$1 \leqq i \neq i' \leqq k$ に対して

$$\widehat{\delta}_{Wii'} \equiv \mathrm{med}\{X_{ij} - X_{i'j'} \mid j = 1, \ldots, n_i, j' = 1, \ldots, n_{i'}\}$$
$$= (\{X_{ij} - X_{i'j'} \mid j = 1, \ldots, n_i, j' = 1, \ldots, n_{i'}\} \text{ の標本中央値})$$

は，$\delta_{ii'}$ のホッジス・レーマン順位推定量である．また，τ_i の順位推定量は

$$\widehat{\tau}_{Wi} \equiv \frac{1}{n} \sum_{i'=1}^{k} n_{i'} \widehat{\delta}_{Wii'} \quad (i = 1, \ldots, k) \tag{4.16}$$

となる．(4.12) の Y_m を $Y_m \equiv X_{ij} - \widehat{\tau}_{Wi}$ とおくとき，[2.B.1] より，ν の順位
推定量は

$$\widehat{\nu}_W \equiv \mathrm{med}\left\{ \frac{Y_i + Y_j}{2} \;\middle|\; 1 \leqq i \leqq j \leqq n \right\}$$
$$= \left(\frac{n(n+1)}{2} \text{個の値} \left\{ \frac{Y_i + Y_j}{2} \;\middle|\; 1 \leqq i \leqq j \leqq n \right\} \text{の標本中央値} \right)$$

である．　　　　　　　　　　　　　　　　　　　　　　　　　　　　　　　　　◇

4.B.2　正規スコアによる順位推定

$a_{N_{ii'}}(\ell) = \Phi^{-1}\left(\ell/(N_{ii'} + 1)\right)$, $a_n^+(m) = \Phi^{-1}\left(1/2 + m/\{2(n+1)\}\right)$ の
とき，

$$T_{Nii'}(\theta) \equiv \sum_{j=1}^{n_i} \Phi^{-1}\left(\frac{R_{ij}^{(i,i')}(\theta)}{N_{ii'} + 1} \right),$$
$$T_N^+(\theta) \equiv \sum_{m=1}^{n} \mathrm{sign}(Y_m - \theta) \cdot \Phi^{-1}\left(\frac{1}{2} + \frac{R_m^+(\theta)}{2(n+1)} \right)$$

とおき，$T_{ii'}(\theta)$, $T^+(\theta)$ をそれぞれ $T_{Nii'}(\theta)$, $T_N^+(\theta)$ に替え，(4.11), (4.13) に
よって $\widehat{\tau}_{Ni}$, $\widehat{\nu}_N$ を求める．ただし，Y_m は (4.12) で $Y_m \equiv X_{ij} - \widehat{\tau}_{Ni}$ とおく．
　　　　　　　　　　　　　　　　　　　　　　　　　　　　　　　　　　　　　◇

4.B.3　符号スコアによる順位推定

$a_{N_{ii'}}(\ell) = \mathrm{sign}\left(\ell/(N_{ii'} + 1) - 1/2\right)$, $a_n^+(m) = 1$ のとき，

$$T_{Sii'}(\theta) \equiv \sum_{j=1}^{n_i} \mathrm{sign}\left(\frac{R_{ij}^{(i,i')}(\theta)}{N_{ii'}+1} - \frac{1}{2} \right)$$

とおき，$T_{ii'}(\theta)$ を $T_{Sii'}(\theta)$ に替え，(4.11) によって $\widehat{\tau}_{Si}$ を求める．[2.B.3] より，

$$\widehat{\nu}_S \equiv \left(n \text{ 個の値 } \{Y_i \mid 1 \leqq i \leqq n\} \text{ の標本中央値} \right)$$

である．ただし，Y_m は (4.12) で $Y_m \equiv X_{ij} - \widehat{\tau}_{Si}$ とおく． $\diamondsuit$

$X_{ij}(\boldsymbol{\tau}) \equiv X_{ij} - \tau_i$ $(j = 1,\ldots,n_i;\ i = 1,\ldots,k)$ とおき，n 個すべての $X_{11}(\boldsymbol{\tau}),\ldots,X_{kn_k}(\boldsymbol{\tau})$ を小さい方から並べたときの $X_{ij}(\boldsymbol{\tau})$ の順位を $R_{ij}(\boldsymbol{\tau})$ とする．このとき，R_{ij} を $R_{ij}(\boldsymbol{\tau})$ $(j = 1,\ldots,n_i;\ i = 1,\ldots,k)$ に替えた (4.2) の $\widehat{Q}$ を $\widehat{Q}(\boldsymbol{\tau})$ とする．

このとき定理 4.1 と同様に次の定理 4.2 を得る．

定理 4.2 （条件 3.1）と（条件 4.1）を満たすと仮定する．このとき，$n \to \infty$ として，$\widehat{Q}(\boldsymbol{\tau})$ は自由度 $k-1$ のカイ二乗分布に分布収束する．

証明 一般性を失うことなく，$\boldsymbol{\tau} = \mathbf{0}$ とおく．ここで定理 4.1 より主張を得る． $\square$

定理 4.2 より，次の信頼領域を得る．

4.C $\boldsymbol{\tau}$ に対する信頼係数 $1-\alpha$ の漸近的な順位信頼領域

信頼係数 $1-\alpha$ の漸近的な信頼領域は

$$\left\{ \boldsymbol{\tau} \;\middle|\; \widehat{Q}(\boldsymbol{\tau}) \leqq \chi_{k-1}^2(\alpha),\ \sum_{i=1}^{k} n_i \tau_i = 0 \right\} \tag{4.17}$$

で与えられる． $\blacklozenge$

順位点推定量に基づき，$\boldsymbol{\tau}$ に対する信頼係数 $1-\alpha$ の漸近的な信頼領域を構成できる（著 23）．その信頼領域は，楕円の内部で与えられ，(4.17) と漸近的に同値である．すなわち，(4.17) は楕円の内部のようには見えないが，漸近的に，楕円の内部を表している．

次にスコア関数 $a_n(\cdot)$ を具体的に与えた手法を述べる．

4.C.1 クラスカル・ウォリス型の順位による信頼係数 $1-\alpha$ の漸近的な信頼領域

$a_n(m) = 2m/(n+1) - 1$ のとき，$\widehat{Q}(\boldsymbol{\tau})$ は

$$\widehat{Q}_W(\boldsymbol{\tau}) = \frac{12}{n(n+1)} \sum_{i=1}^{k} \frac{1}{n_i} \left\{ \sum_{j=1}^{n_i} R_{ij}(\boldsymbol{\tau}) - \frac{n_i(n+1)}{2} \right\}^2$$

となる．信頼係数 $1-\alpha$ の漸近的な信頼領域は，$\widehat{Q}(\boldsymbol{\tau})$ を $\widehat{Q}_W(\boldsymbol{\tau})$ に替えた (4.17) で与えられる． ◇

4.C.2 **正規スコアによる信頼係数 $1-\alpha$ の漸近的な順位信頼領域**

$a_n(m) = \Phi^{-1}\left(m/(n+1)\right)$ のとき，$\widehat{Q}(\boldsymbol{\tau})$ は

$$\widehat{Q}_N(\boldsymbol{\tau}) = \frac{n-1}{\sum_{m=1}^{n} \left\{ \Phi^{-1}\left(\frac{m}{n+1}\right) \right\}^2} \sum_{i=1}^{k} \frac{1}{n_i} \left\{ \sum_{j=1}^{n_i} \Phi^{-1}\left(\frac{R_{ij}(\boldsymbol{\tau})}{n+1}\right) \right\}^2$$

となる．信頼係数 $1-\alpha$ の漸近的な信頼領域は，$\widehat{Q}(\boldsymbol{\tau})$ を $\widehat{Q}_N(\boldsymbol{\tau})$ に替えた (4.17) で与えられる． ◇

4.C.3 **符号スコアによる信頼係数 $1-\alpha$ の漸近的な順位信頼領域**

$a_n(m) = \mathrm{sign}(m/(n+1) - 1/2)$ のとき，$\widehat{Q}(\boldsymbol{\tau})$ は

$$\widehat{Q}_S(\boldsymbol{\tau}) = \frac{n-1}{2 \cdot \left\lfloor \frac{n}{2} \right\rfloor} \sum_{i=1}^{k} \frac{1}{n_i} \left\{ \sum_{j=1}^{n_i} \mathrm{sign}\left(\frac{R_{ij}(\boldsymbol{\tau})}{n+1} - \frac{1}{2}\right) \right\}^2$$

となる．信頼係数 $1-\alpha$ の漸近的な信頼領域は，$\widehat{Q}(\boldsymbol{\tau})$ を $\widehat{Q}_S(\boldsymbol{\tau})$ に替えた (4.17) で与えられる． ◇

4.4 平均に順序制約のある場合の手法

薬の増量や毒性物質の曝露量の増加により，母平均に順序制約を入れることができることが多い．一般に，順序制約のあるモデルで考案された統計手法は，順序制約のないモデルで考案された統計手法を大きく優越する．このため，順序制約のある統計モデルで考察することは非常に有意義である．

本節では，表 4.1 のモデルで位置母数に傾向性の制約

$$\mu_1 \leqq \mu_2 \leqq \cdots \leqq \mu_k \tag{4.18}$$

がある場合での統計解析法を論じる．一様性の帰無仮説と対立仮説は，

$$\begin{cases} \text{帰無仮説} \quad H_0: \mu_1 = \cdots = \mu_k \\ \text{対立仮説} \quad H_1^{OA}: \mu_1 \leqq \mu_2 \leqq \cdots \leqq \mu_k \quad (\text{少なくとも1つの不等号は} <) \end{cases}$$

である.

$c_1, c_2, \ldots, c_k$ を $c_1 \leqq c_2 \leqq \cdots \leqq c_k$ を満たす定数とする. ただし, 少なくとも1つの不等号は $<$ である. このとき,

$$\widehat{L}_{\boldsymbol{c}} \equiv \frac{\sqrt{n-1} \cdot \sum_{i=1}^{k} \left\{ (c_i - \bar{c}) \sum_{j=1}^{n_i} a_n(R_{ij}) \right\}}{\sqrt{\sum_{m=1}^{n} \{a_n(m) - \bar{a}_n\}^2 \sum_{i=1}^{k} n_i (c_i - \bar{c})^2}} \tag{4.19}$$

とおく. ただし, $\bar{c} \equiv \dfrac{1}{n} \sum_{i=1}^{k} n_i c_i$ とする. H_0 の下で, $E_0(\widehat{L}_{\boldsymbol{c}}) = 0$, $V_0(\widehat{L}_{\boldsymbol{c}}) = 1$ が成り立つ.

ここで, 次の定理 4.3 を得る.

定理 4.3 (条件 3.1) と (条件 4.1) を満たすと仮定する. このとき, H_0 の下に, $n \to \infty$ として $\widehat{L}_{\boldsymbol{c}} \overset{\mathcal{L}}{\to} N(0,1)$ が成り立つ.

証明 Hájek et al. (1999) の 6.1.6 項の定理 1 を参照. □

水準 α の漸近的な順位検定として, $\widehat{L}_{\boldsymbol{c}} > z(\alpha)$ ならば H_0 を棄却し, H_1^{OA} を受け入れる. ただし, $z(\alpha)$ は $N(0,1)$ の上側 $100\alpha\%$ 点とする.

$c_1, c_2, \ldots, c_k$ の与え方として, いくつかの議論がある. 単純でよく使われる与え方として $c_i \equiv i$ $(i = 1, \ldots, k)$ とすると, 統計量 $\widehat{L}_{\boldsymbol{c}}$ は

$$\widehat{L} \equiv \frac{\sqrt{n-1} \cdot \sum_{i=1}^{k} \left\{ \left(i - \frac{1}{n} \sum_{j=1}^{k} j n_j \right) \sum_{j=1}^{n_i} a_n(R_{ij}) \right\}}{\sqrt{\sum_{m=1}^{n} \{a_n(m) - \bar{a}_n\}^2 \sum_{i=1}^{k} n_i \left(i - \frac{1}{n} \sum_{j=1}^{k} j n_j \right)^2}} \tag{4.20}$$

となる. ここで, 次の [4.D] の手法を得る.

4.D 線形順位統計量に基づく水準 α の漸近的な順位検定

水準 α の漸近的な順位検定は, $\widehat{L} > z(\alpha)$ ならば H_0 を棄却し, H_1^{OA} を受け

4.4 平均に順序制約のある場合の手法　　　　**65**

入れる方法で与えられる. ◆

次にスコア関数 $a_n(\cdot)$ を具体的に与えた手法を述べる.

4.D.1 ウィルコクソン型の順位による水準 α の漸近的な順位検定

$a_n(m) = 2m/(n+1) - 1$ のとき, $\widehat{L}$ は

$$
\widehat{L}_W = \frac{\displaystyle\sum_{i=1}^{k}\left\{\left(i - \frac{1}{n}\sum_{j=1}^{k} jn_j\right)\sum_{j=1}^{n_i} R_{ij}\right\}}{\sqrt{\dfrac{n(n+1)}{12}\displaystyle\sum_{i=1}^{k} n_i\left(i - \frac{1}{n}\sum_{j=1}^{k} jn_j\right)^2}}
$$

となる. 水準 α の漸近的な順位検定は, $\widehat{L}_W > z(\alpha)$ ならば H_0 を棄却し, H_1^{OA} を受け入れる方法で与えられる. ◇

$\widehat{L}_W$ を使用したの検定方式 [4.D.1] は Page (1963) によって提案されている.

4.D.2 正規スコアによる水準 α の漸近的な順位検定

(4.20) の統計量 $\widehat{L}$ で $a_n(m) = \Phi^{-1}\left(m/(n+1)\right)$ とした統計量を $\widehat{L}_N$ とするとき, 水準 α の漸近的な順位検定は, $\widehat{L}_N > z(\alpha)$ ならば H_0 を棄却する. ◇

4.D.3 符号スコアによる水準 α の漸近的な順位検定

(4.20) の統計量 $\widehat{L}$ で $a_n(m) = \mathrm{sign}(m/(n+1) - 1/2)$ とした統計量を $\widehat{L}_S$ とするとき, 水準 α の漸近的な順位検定は, $\widehat{L}_S > z(\alpha)$ ならば H_0 を棄却する.

◇

尤度比検定は Robertson et al. (1988) で紹介されている. この尤度比検定に類似の順位検定法を導く.

$$
\lambda_{ni} \equiv n_i/n \quad (i = 1,\ldots,k) \tag{4.21}
$$

とおき, $\hat{\mu}_1^*(a_n, R),\ldots,\hat{\mu}_k^*(a_n, R)$ を

$$
\sum_{i=1}^{k} \lambda_{ni}\left\{\hat{\mu}_i^*(a_n, R) - \bar{a}_n(R_{i\cdot})\right\}^2 = \min_{u_1 \leqq \cdots \leqq u_k} \sum_{i=1}^{k} \lambda_{ni}\left\{u_i - \bar{a}_n(R_{i\cdot})\right\}^2
$$

を満たすものとする．ただし，$a_n(R_{i\cdot})$ は (4.3) によって定義されている．このとき，（著3）により，

$$\hat{\mu}_i^*(a_n, R) = \max_{1 \le p \le i} \min_{i \le q \le k} \frac{\sum_{j=p}^q n_j \bar{a}_n(R_{j\cdot})}{\sum_{j=p}^q n_j} \qquad (4.22)$$

である．このとき，帰無仮説 H_0 vs. 対立仮説 H_1^{OA} の検定統計量は

$$\bar{\chi}^2 \equiv \frac{n-1}{\sum_{m=1}^n \{a_n(m) - \bar{a}_n\}^2} \sum_{i=1}^k n_i \left\{ \hat{\mu}_i^*(a_n, R) - \bar{a}_n \right\}^2 \qquad (4.23)$$

と表される．（著3）により，（条件 3.1），（条件 4.1）の下で，$t > 0$ に対して

$$\lim_{n \to \infty} P_0(\bar{\chi}^2 \ge t) = \sum_{L=2}^k P(L, k; \boldsymbol{\lambda}) P\left(\chi_{L-1}^2 \ge t \right) \qquad (4.24)$$

が成り立つ．ただし，χ_{L-1}^2 は自由度 $L-1$ のカイ二乗分布に従う確率変数とし，$\boldsymbol{\lambda} \equiv (\lambda_1, \ldots, \lambda_k)$ とする．$t > 0$ に対して

$$SC(t) \equiv P(1, k; \boldsymbol{\lambda}) + \sum_{L=2}^k P(L, k; \boldsymbol{\lambda}) P\left(\chi_{L-1}^2 \le t \right)$$

とおき，

$$\text{方程式 } SC(t) = 1 - \alpha \text{ を満たす } t \text{ の解を } \bar{c}^2(k, \boldsymbol{\lambda}; \alpha) \qquad (4.25)$$

とおく．(4.24) より，

$$\sum_{L=2}^k P(L, k; \boldsymbol{\lambda}) P\left(\chi_{L-1}^2 \ge \bar{c}^2(k, \boldsymbol{\lambda}; \alpha) \right) = \alpha \qquad (4.26)$$

が成り立つ．$P(L, k; \boldsymbol{\lambda})$ と $\bar{c}^2(k, \boldsymbol{\lambda}; \alpha)$ の求め方は（著3）を参照すること．

4.E $\bar{\chi}^2$ 統計量に基づく水準 α の漸近的な順位検定

水準 α の検定として，

$$\bar{\chi}^2 > \bar{c}^2(k, \boldsymbol{\lambda}; \alpha)$$

ならば H_0 を棄却し，H_1^{OA} を受け入れる． ◆

サイズが等しい $n_1 = \cdots = n_k$ の場合，$\lambda_i = 1/k$ $(i = 1, \ldots, k)$ となり，

4.4 平均に順序制約のある場合の手法 **67**

$P(L, k; \boldsymbol{\lambda})$ は L, k だけに依存するので，これを簡略化して $P(L, k)$ と書くことにする．このとき，Barlow et al. (1972) により次の漸化式を得る．

$$P(1, k) = \frac{1}{k},$$
$$P(L, k) = \frac{1}{k} \left\{ (k-1)P(L, k-1) + P(L-1, k-1) \right\} \quad (2 \leqq L \leqq k-1),$$
$$P(k, k) = \frac{1}{k!}$$

ここで，$\bar{c}^2(k, \boldsymbol{\lambda}; \alpha)$ は，$\boldsymbol{\lambda} = (1/k, \ldots, 1/k)$ に依存せず k, α だけの関数であるので，簡略化してこの値を $\bar{c}^{2*}(k; \alpha)$ で表記する．すなわち，

$$\bar{c}^{2*}(k; \alpha) = \bar{c}^2(k, 1/k, \ldots, 1/k; \alpha) \tag{4.27}$$

である．$\alpha = 0.05,\ 0.01$ に対して $\bar{c}^{2*}(k; \alpha)$ は付録 B の付表 3 に掲載している．

4.E.1 ウィルコクソン型の $\bar{\chi}^2$ 順位検定

$\widehat{\mu}^*_{W1}(R), \ldots, \widehat{\mu}^*_{Wk}(R)$ を

$$\sum_{i=1}^{k} \lambda_{ni} (\widehat{\mu}^*_{Wi}(R) - \bar{R}_{i \cdot})^2 = \min_{u_1 \leqq \cdots \leqq u_k} \sum_{i=1}^{k} \lambda_{ni} (u_i - \bar{R}_{i \cdot})^2$$

を満たすものとする．ただし，$\bar{R}_{i \cdot} \equiv \dfrac{1}{n_i} \sum_{j=1}^{n_i} R_{ij}$ とする．すなわち，(4.22) と同様に，

$$\widehat{\mu}^*_{Wk}(R) = \max_{1 \leqq p \leqq i} \min_{i \leqq q \leqq k} \frac{\sum_{j=p}^{q} n_j \bar{R}_{j \cdot}}{\sum_{j=p}^{q} n_j}$$

である．このとき，帰無仮説 H_0 vs. 対立仮説 H_1^* の検定統計量は

$$\bar{\chi}^2_W \equiv \frac{12}{n(n+1)} \sum_{i=1}^{k} n_i \left(\widehat{\mu}^*_{Wi}(R) - \frac{n+1}{2} \right)^2$$

と表される．水準 α の検定として，

$$\bar{\chi}^2_W > \bar{c}^2(k, \boldsymbol{\lambda}; \alpha)$$

ならば H_0 を棄却し，H_1^{OA} を受け入れる． $\diamondsuit$

4.E.2 正規スコアによる $\bar{\chi}^2$ 順位検定

統計量 $\bar{\chi}^2$ で $a_n(m) = \Phi^{-1}\left(m/(n+1)\right)$ とした統計量を $\bar{\chi}_N^2$ とする. すなわち,

$$\bar{\chi}_N^2 \equiv \frac{n-1}{\sum_{m=1}^n \left\{ \Phi^{-1}\left(\frac{m}{n+1}\right) \right\}^2} \sum_{i=1}^k n_i \left\{ \widehat{\mu}_{Ni}^*(R) \right\}^2$$

である. ただし,

$$\widehat{\mu}_{Ni}^*(R) \equiv \max_{1 \leqq p \leqq i} \min_{i \leqq q \leqq k} \frac{\sum_{j=p}^q \sum_{m=1}^{n_j} \Phi^{-1}\left(\frac{R_{jm}}{n+1}\right)}{\sum_{j=p}^q n_j}$$

とする. このとき, 水準 α の検定として,

$$\bar{\chi}_N^2 > \bar{c}^2(k, \boldsymbol{\lambda}; \alpha)$$

ならば H_0 を棄却し, H_1^{OA} を受け入れる. ◇

4.E.3 符号スコアによる $\bar{\chi}^2$ 順位検定

統計量 $\bar{\chi}^2$ で $a_n(m) = \mathrm{sign}(m/(n+1) - 1/2)$ とした統計量を $\bar{\chi}_S^2$ とする. すなわち,

$$\bar{\chi}_S^2 \equiv \frac{n-1}{2 \cdot \left\lfloor \frac{n}{2} \right\rfloor} \sum_{i=1}^k n_i \left\{ \widehat{\mu}_{Si}^*(R) \right\}^2$$

である. ただし,

$$\widehat{\mu}_{Si}^*(R) \equiv \max_{1 \leqq p \leqq i} \min_{i \leqq q \leqq k} \frac{\sum_{j=p}^q \sum_{m=1}^{n_j} \mathrm{sign}\left(\frac{R_{jm}}{n+1} - \frac{1}{2}\right)}{\sum_{j=p}^q n_j}$$

とする. このとき, 水準 α の検定として,

$$\bar{\chi}_S^2 > \bar{c}^2(k, \boldsymbol{\lambda}; \alpha)$$

ならば H_0 を棄却し, H_1^{OA} を受け入れる. ◇

4.F 位置母数の順位推定量

$\widehat{\tau}_i$ $(i = 1, \ldots, k)$ と $\widehat{\nu}$ をそれぞれ (4.11) と (4.13) で定義された τ_i $(i = 1, \ldots, k)$ と ν の順位推定とする. $\widetilde{\nu}$ を (4.15) における標本全平均とする.

4.4 平均に順序制約のある場合の手法 **69**

$\widehat{\tau}_1^*, \dots, \widehat{\tau}_k^*$ を

$$\sum_{i=1}^{k} \lambda_{ni} \left(\widehat{\tau}_i^* - \widehat{\tau}_i \right)^2 = \min_{u_1 \leqq \cdots \leqq u_k} \sum_{i=1}^{k} \lambda_{ni} \left(u_i - \widehat{\tau}_i \right)^2 \qquad (4.28)$$

を満たすものとする. このとき, 傾向性の制約 $\mu_1 \leqq \mu_2 \leqq \cdots \leqq \mu_k$ の下での位置母数 τ_i, ν, μ_i の順位推定量は次のとおりである.

(i) $f(x)$ に対称性を仮定できるとき ($f(x)$ が偶関数であるとき)

$$\widehat{\tau}_i^* \ (i = 1, \dots, k), \quad \widehat{\nu}, \quad \widehat{\mu}_i^* = \widehat{\nu} + \widehat{\tau}_i^* \ (i = 1, \dots, k)$$

(ii) $f(x)$ に対称性を仮定できないとき

$$\widehat{\tau}_i^* \ (i = 1, \dots, k), \quad \widetilde{\nu}, \quad \widetilde{\mu}_i^* = \widetilde{\nu} + \widehat{\tau}_i^* \ (i = 1, \dots, k)$$

とすればよい.　　　　　　　　　　　　　　　　　　　　　　　　　　◆

　次にスコア関数 $a_n(\cdot)$ を具体的に与えた手法を述べる.

4.F.1 ホッジス・レーマン型の順位推定

　[4.F] で, $\widehat{\tau}_i$, $\widehat{\nu}$ をそれぞれ $\widehat{\tau}_{Wi}$, $\widehat{\nu}_W$ とし, (4.28) を満たす $\widehat{\tau}_1^*, \dots, \widehat{\tau}_k^*$ を $\widehat{\tau}_{W1}^*, \dots, \widehat{\tau}_{Wk}^*$ とする. このとき, 傾向性の制約 $\mu_1 \leqq \mu_2 \leqq \cdots \leqq \mu_k$ の下での位置母数 τ_i, ν, μ_i の順位推定量は次のとおりである.

(i) $f(x)$ に対称性を仮定できるとき ($f(x)$ が偶関数であるとき)

$$\widehat{\tau}_{Wi}^* \ (i = 1, \dots, k), \quad \widehat{\nu}_W, \quad \widehat{\mu}_{Wi}^* = \widehat{\nu}_W + \widehat{\tau}_{Wi}^* \ (i = 1, \dots, k)$$

(ii) $f(x)$ に対称性を仮定できないとき

$$\widehat{\tau}_{Wi}^* \ (i = 1, \dots, k), \quad \widetilde{\nu}, \quad \widetilde{\mu}_{Wi}^* = \widetilde{\nu} + \widehat{\tau}_{Wi}^* \ (i = 1, \dots, k)$$

とすればよい.　　　　　　　　　　　　　　　　　　　　　　　　　　◇

4.F.2 正規スコアによる順位推定

　[4.F] で, $\widehat{\tau}_i$, $\widehat{\nu}$ をそれぞれ $\widehat{\tau}_{Ni}$, $\widehat{\nu}_N$ とし, (4.28) を満たす $\widehat{\tau}_1^*, \dots, \widehat{\tau}_k^*$ を $\widehat{\tau}_{N1}^*, \dots, \widehat{\tau}_{Nk}^*$ とする. このとき, 傾向性の制約 $\mu_1 \leqq \mu_2 \leqq \cdots \leqq \mu_k$ の下

での位置母数 τ_i, ν, μ_i の順位推定量は [4.F.1] と同様に $\widehat{\tau}^*_{Ni}$ $(i = 1, \ldots, k)$, $\widehat{\nu}_N$, $\widehat{\mu}^*_{Ni}$ $(i = 1, \ldots, k)$, $\widetilde{\mu}^*_{Ni}$ $(i = 1, \ldots, k)$ を構築することができる. ◇

4.F.3 符号スコアによる順位推定

[4.F] で, $\widehat{\tau}_i$, $\widehat{\nu}$ をそれぞれ $\widehat{\tau}_{Si}$, $\widehat{\nu}_S$ とし, (4.28) を満たす $\widehat{\tau}^*_1, \ldots, \widehat{\tau}^*_k$ を $\widehat{\tau}^*_{S1}, \ldots, \widehat{\tau}^*_{Sk}$ とする. このとき, 傾向性の制約 $\mu_1 \leqq \mu_2 \leqq \cdots \leqq \mu_k$ の下での位置母数 τ_i, ν, μ_i の順位推定量は [4.F.1] と同様に $\widehat{\tau}^*_{Si}$ $(i = 1, \ldots, k)$, $\widehat{\nu}_S$, $\widehat{\mu}^*_{Si}$ $(i = 1, \ldots, k)$, $\widetilde{\mu}^*_{Si}$ $(i = 1, \ldots, k)$ を構築することができる. ◇

定理 4.2 の直前に述べた $R_{ij}(\boldsymbol{\tau})$ $(j = 1, \ldots, n_i;\ i = 1, \ldots, k)$ を用いる. このとき, R_{ij} を $R_{ij}(\boldsymbol{\tau})$ に替えた (4.23) の $\bar{\chi}^2$ を, $\bar{\chi}^2(\boldsymbol{\tau})$ とする.

このとき, (4.24) と同様に, (条件 3.1), (条件 4.1) の下で, $t > 0$ に対して

$$\lim_{n \to \infty} P(\bar{\chi}^2(\boldsymbol{\tau}) \geqq t) = \sum_{L=2}^{k} P(L, k; \boldsymbol{\lambda}) P\left(\chi^2_{L-1} \geqq t\right) \tag{4.29}$$

が成り立つ.

(4.29) より, 次の信頼領域を得る.

4.G $\boldsymbol{\tau}$ に対する信頼係数 $1 - \alpha$ の漸近的な順位信頼領域

信頼係数 $1 - \alpha$ の漸近的な信頼領域は

$$\left\{ \boldsymbol{\tau} \ \middle|\ \bar{\chi}^2(\boldsymbol{\tau}) \leqq \bar{c}^2(k, \boldsymbol{\lambda}; \alpha),\ \sum_{i=1}^{k} n_i \tau_i = 0 \right\} \tag{4.30}$$

で与えられる. ◆

次にスコア関数 $a_n(\cdot)$ を具体的に与えた手法を述べる.

4.G.1 ウィルコクソン型の順位による信頼係数 $1 - \alpha$ の漸近的な信頼領域

$a_n(m) = 2m/(n+1) - 1$ のとき, $\bar{\chi}^2(\boldsymbol{\tau})$ は

$$\bar{\chi}^2_W(\boldsymbol{\tau}) = \frac{n-1}{n(n+1)} \sum_{i=1}^{k} n_i \left\{ \widehat{\mu}^*_{Wi}(R, \boldsymbol{\tau}) - \frac{n+1}{2} \right\}^2$$

となる. ただし,

$$\widehat{\mu}^*_{Wi}(R, \boldsymbol{\tau}) \equiv \max_{1 \leqq p \leqq i}\ \min_{i \leqq q \leqq k} \frac{\sum_{j=p}^{q} \sum_{m=1}^{n_j} R_{jm}(\boldsymbol{\tau})}{\sum_{j=p}^{q} n_j}$$

4.5 平均と分散の同時相違の検定 **71**

とする.

信頼係数 $1-\alpha$ の漸近的な信頼領域は, $\bar{\chi}^2(\boldsymbol{\tau})$ を $\bar{\chi}^2_W(\boldsymbol{\tau})$ に替えた (4.30) で与えられる. ◇

4.G.2 **正規スコアによる信頼係数 $1-\alpha$ の漸近的な順位信頼領域**

$a_n(m) = \Phi^{-1}\left(m/(n+1)\right)$ のとき, $\bar{\chi}^2(\boldsymbol{\tau})$ は

$$\bar{\chi}^2_N(\boldsymbol{\tau}) = \frac{n-1}{\sum_{m=1}^{n}\left\{\Phi^{-1}\left(\frac{m}{n+1}\right)\right\}^2} \sum_{i=1}^{k} n_i \left\{\widehat{\mu}^*_{Ni}(R, \boldsymbol{\tau})\right\}^2$$

である. ただし,

$$\widehat{\mu}^*_{Ni}(R, \boldsymbol{\tau}) \equiv \max_{1 \le p \le i} \min_{i \le q \le k} \frac{\sum_{j=p}^{q}\sum_{m=1}^{n_j}\Phi^{-1}\left(\frac{R_{jm}(\boldsymbol{\tau})}{n+1}\right)}{\sum_{j=p}^{q} n_j}$$

とする.

信頼係数 $1-\alpha$ の漸近的な信頼領域は, $\bar{\chi}^2(\boldsymbol{\tau})$ を $\bar{\chi}^2_N(\boldsymbol{\tau})$ に替えた (4.30) で与えられる. ◇

4.G.3 **符号スコアによる信頼係数 $1-\alpha$ の漸近的な順位信頼領域**

$a_n(m) = \mathrm{sign}(m/(n+1) - 1/2)$ のとき, $\bar{\chi}^2(\boldsymbol{\tau})$ は

$$\bar{\chi}^2_S(\boldsymbol{\tau}) \equiv \frac{n-1}{2 \cdot \left\lfloor \frac{n}{2} \right\rfloor} \sum_{i=1}^{k} n_i \left\{\widehat{\mu}^*_{Si}(R, \boldsymbol{\tau})\right\}^2$$

である. ただし,

$$\widehat{\mu}^*_{Si}(R, \boldsymbol{\tau}) \equiv \max_{1 \le p \le i} \min_{i \le q \le k} \frac{\sum_{j=p}^{q}\sum_{m=1}^{n_j}\mathrm{sign}\left(\frac{R_{jm}(\boldsymbol{\tau})}{n+1} - \frac{1}{2}\right)}{\sum_{j=p}^{q} n_j}$$

とする.

信頼係数 $1-\alpha$ の漸近的な信頼領域は, $\bar{\chi}^2(\boldsymbol{\tau})$ を $\bar{\chi}^2_S(\boldsymbol{\tau})$ に替えた (4.30) で与えられる. ◇

4.5 平均と分散の同時相違の検定

k 標本モデルで第 i 標本 $(X_{i1}, X_{i2}, \ldots, X_{in_i})$ は, 平均が μ_i, 分散が σ_i^2 である

同一の連続型分布関数 $F\left((x - \mu_i)/\sigma_i\right)$ をもつとする. すなわち, $j = 1, \ldots, n_i$, $i = 1, \ldots, k$ に対して

$$P(X_{ij} \leqq x) = F\left(\frac{x - \mu_i}{\sigma_i}\right), \quad E(X_{ij}) = \mu_i, \quad V(X_{ij}) = \sigma_i^2$$

さらにすべての X_{ij} は互いに独立であると仮定する. このモデルを表 4.2 に示す.

表 4.2 平均と分散相違の k 標本モデル

標本	サイズ	データ	平均	分布関数
第 1 標本	n_1	$X_{11}, \ldots, X_{1n_1}$	μ_1	$F((x - \mu_1)/\sigma_1)$
第 2 標本	n_2	$X_{21}, \ldots, X_{2n_2}$	μ_2	$F((x - \mu_2)/\sigma_2)$
$\vdots$	$\vdots$	$\vdots \quad \vdots \quad \vdots$	$\vdots$	$\vdots$
第 k 標本	n_k	$X_{k1}, \ldots, X_{kn_k}$	μ_k	$F((x - \mu_k)/\sigma_k)$

総標本サイズ：$n \equiv n_1 + \cdots + n_k$ (すべての観測値の個数)
$\mu_1, \ldots, \mu_k,\ \sigma_1, \ldots, \sigma_k$ はすべて未知母数とする.

興味ある帰無仮説と対立仮説は,

帰無仮説 H_0^b : $\mu_1 = \cdots = \mu_k,\ \sigma_1 = \cdots = \sigma_k$ \qquad\qquad (4.31)

vs. 対立仮説 H_1^{bA} : ある $i \neq i'$ について $\mu_i \neq \mu_{i'}$ または $\sigma_i \neq \sigma_{i'}$

$F(x)$ は未知であってもかまわないものとする.

n 個すべての観測値 $X_{11}, \ldots, X_{kn_k}$ を小さい方から並べたときの X_{ij} の順位を R_{ij} とする. $a_n(\cdot)$ と $b_n(\cdot)$ を $\{1, 2, \ldots, n\}$ から実数へのスコア関数とする. (4.2) の $\widehat{Q}$ は $a_n(\cdot)$ の関数であるので, この節では (4.2) の $\widehat{Q}$ を $\widehat{Q}_a$ で表記する. $\widehat{Q}_a$ で $a_n(\cdot)$ を $b_n(\cdot)$ に替えたものを $\widehat{Q}_b$ で表記する. すなわち,

$$\begin{aligned}
\widehat{Q}_b &\equiv \frac{n-1}{\sum_{m=1}^{n}\left\{b_n(m) - \bar{b}_n\right\}^2} \sum_{i=1}^{k} \frac{1}{n_i}\left\{\sum_{j=1}^{n_i} b_n(R_{ij}) - n_i \bar{b}_n\right\}^2 \\
&= \frac{n-1}{\sum_{m=1}^{n}\left\{b_n(m) - \bar{b}_n\right\}^2} \sum_{i=1}^{k} n_i\left\{\bar{b}_n(R_{i\cdot}) - \bar{b}_n\right\}^2
\end{aligned}$$

である. ただし, $\bar{b}_n$ は (3.3) で定義された $\bar{a}_n$ と同様の定義とする. このとき,

4.5 平均と分散の同時相違の検定　　　　　　　　　　　　　　　**73**

$$\widetilde{Q}_{ab} \equiv \widehat{Q}_a + \widehat{Q}_b \tag{4.32}$$

とおく．ここで，（条件 4.2）を課す．

（条件 4.2）

$$0 < \int_0^1 \{\varphi_a(u) - \bar{\varphi}_a\}^2 du < \infty, \quad 0 < \int_0^1 \{\varphi_b(u) - \bar{\varphi}_b\}^2 du < \infty,$$

$$\int_0^1 \{\varphi_a(u) - \bar{\varphi}_a\}\{\varphi_b(u) - \bar{\varphi}_b\}du = 0 \tag{4.33}$$

を満たす $(0,1)$ 上の関数 $\varphi_a(\cdot)$, $\varphi_b(\cdot)$ が存在して，

$$\lim_{n\to\infty} \int_0^1 \{a_n(1 + \lfloor un \rfloor) - \varphi_a(u)\}^2 du = 0,$$

$$\lim_{n\to\infty} \int_0^1 \{b_n(1 + \lfloor un \rfloor) - \varphi_b(u)\}^2 du = 0$$

が成り立つ．ただし，$\bar{\varphi}_a \equiv \int_0^1 \varphi_a(u)du$, $\bar{\varphi}_b \equiv \int_0^1 \varphi_b(u)du$ とおく． □

　$F_0(x)$ を 0 について対称な分布の分布関数，すなわち，その密度関数 $f_0(x)$ が偶関数であるように与えたとき，(1.25) の $\varphi_1(u, f_0)$ に対して，$a_n(m) \equiv \varphi_1(m/(n+1), f_0)$ とおき，(1.26) の $\varphi_2(u, f_0)$ に対して，$b_n(m) \equiv \varphi_2(m/(n+1), f_0)$ とおけば，（条件 4.2）は満たされる．

　次の定理 4.4 を得る．

定理 4.4　（条件 4.1）と（条件 4.2）を満たすと仮定する．このとき，$n \to \infty$ として，(4.31) の帰無仮説 H_0^b の下で $\widetilde{Q}_{ab} \xrightarrow{\mathcal{L}} \chi^2_{2(k-1)}$ となる．すなわち，$\widetilde{Q}_{ab}$ は自由度 $2(k-1)$ のカイ二乗分布に分布収束する．

証明　$i = 1, \ldots, k$ に対して，$\mu \equiv \mu_i$, $\sigma \equiv \sigma_i$ とおく．

$$\widehat{S}_{ai} \equiv \sqrt{\frac{n(n-1)}{\sum_{m=1}^n \{a_n(m) - \bar{a}_n\}^2}} \{\bar{a}_n(R_{i\cdot}) - \bar{a}_n\} \quad (i = 1, \ldots, k),$$

$$\widehat{S}_{bi} \equiv \sqrt{\frac{n(n-1)}{\sum_{m=1}^n \{b_n(m) - \bar{b}_n\}^2}} \{\bar{b}_n(R_{i\cdot}) - \bar{b}_n\} \quad (i = 1, \ldots, k),$$

$\widehat{\boldsymbol{S}}_a \equiv (\widehat{S}_{a1}, \ldots, \widehat{S}_{ak})^T$, $\widehat{\boldsymbol{S}}_b \equiv (\widehat{S}_{b1}, \ldots, \widehat{S}_{bk})^T$ とおくと，

$$\widetilde{Q}_{ab} = \sum_{i=1}^{k} \left(\frac{n_i}{n} \right) \widehat{S}_{ai}^2 + \sum_{i=1}^{k} \left(\frac{n_i}{n} \right) \widehat{S}_{bi}^2$$

である. $U_{ij} \equiv F((X_{ij} - \mu)/\sigma)$ $(j = 1, \ldots, n_i; \ i = 1, \ldots, k)$ とおく. このとき, $U_{11}, \ldots, U_{kn_k}$ は互いに独立で同一の一様分布 $U(0,1)$ に従う.

$$\mathcal{V}_{ai} \equiv \sqrt{\frac{n}{\int_0^1 \{\varphi_a(u) - \bar{\varphi}_a\}^2 du}} \left\{ \frac{1}{n_i} \sum_{j=1}^{n_i} \varphi_a(U_{ij}) - \frac{1}{n} \sum_{i=1}^{k} \sum_{j=1}^{n_i} \varphi_a(U_{ij}) \right\},$$

$$\mathcal{V}_{bi} \equiv \sqrt{\frac{n}{\int_0^1 \{\varphi_b(u) - \bar{\varphi}_b\}^2 du}} \left\{ \frac{1}{n_i} \sum_{j=1}^{n_i} \varphi_b(U_{ij}) - \frac{1}{n} \sum_{i=1}^{k} \sum_{j=1}^{n_i} \varphi_b(U_{ij}) \right\}$$

とおく. このとき, 補題 3.3 を使って, 第 i 標本を第 2 標本, その他の標本を第 1 標本と みなし, (3.13) を適用して, H_0^b の下で $n \to \infty$ として,

$$|\widehat{S}_{ai} - \mathcal{V}_{ai}| \xrightarrow{P} 0, \quad |\widehat{S}_{bi} - \mathcal{V}_{bi}| \xrightarrow{P} 0$$

が成り立つ. 定理 A.4 の中心極限定理と定理 A.5 のスラツキーの定理を適用して, $i = 1, \ldots, k$ に対して,

$$\sqrt{\frac{n}{\int_0^1 \{\varphi_a(u) - \bar{\varphi}_a\}^2 du}} \left[\frac{1}{n_i} \sum_{j=1}^{n_i} \{\varphi_a(U_{ij}) - \bar{\varphi}_a\} \right] \xrightarrow{\mathcal{L}} Y_{ai} \sim N\left(0, \frac{1}{\lambda_i}\right),$$

$$\sqrt{\frac{n}{\int_0^1 \{\varphi_b(u) - \bar{\varphi}_b\}^2 du}} \left[\frac{1}{n_i} \sum_{j=1}^{n_i} \{\varphi_b(U_{ij}) - \bar{\varphi}_b\} \right] \xrightarrow{\mathcal{L}} Y_{bi} \sim N\left(0, \frac{1}{\lambda_i}\right)$$

が示せる. ただし,

$$\bar{\varphi}_a \equiv \int_0^1 \varphi_a(u) du, \quad \bar{\varphi}_b \equiv \int_0^1 \varphi_b(u) du$$

である. ここで,

$$\widehat{\boldsymbol{S}}_a \xrightarrow{\mathcal{L}} \left(Y_{a1} - \sum_{j=1}^{k} \lambda_j Y_{aj}, \ldots, Y_{ak} - \sum_{j=1}^{k} \lambda_j Y_{aj} \right)^T$$

$$\widehat{\boldsymbol{S}}_b \xrightarrow{\mathcal{L}} \left(Y_{b1} - \sum_{j=1}^{k} \lambda_j Y_{bj}, \ldots, Y_{bk} - \sum_{j=1}^{k} \lambda_j Y_{bj} \right)^T$$

がわかる. (4.33) より, $Y_{a1}, \ldots, Y_{ak}, Y_{b1}, \ldots, Y_{bk}$ は互いに独立である. 定理 A.8 を適

4.5 平均と分散の同時相違の検定 **75**

用して,

$$\widetilde{Q}_{ab} \xrightarrow{\mathcal{L}} \sum_{i=1}^{k} \lambda_i \left(Y_{ai} - \sum_{j=1}^{k} \lambda_j Y_{aj} \right)^2 + \sum_{i=1}^{k} \lambda_i \left(Y_{bi} - \sum_{j=1}^{k} \lambda_j Y_{bj} \right)^2$$

を得る. 定理 A.1 より, 上式の右辺が自由度 $2(k-1)$ のカイ二乗分布に従う. □

4.H 漸近的な順位検定法

定理 4.4 により, n_i が比較的大きいときには, 水準 α の漸近的な検定方式は,

$$\widetilde{Q}_{ab} > \chi^2_{2(k-1)}(\alpha) \text{ ならば, } H_0^b \text{ を棄却する.} \qquad \blacklozenge$$

次にスコア関数 $a_n(\cdot)$ を具体的に与えた手法を述べる.

4.H.1 ロジスティック分布のときに漸近的に最良な順位検定

表 1.1 で, $F_0(x)$ を標準型のロジスティック分布関数として, $a_n(m) \equiv \varphi_1(m/(n+1), f_0) = 2m/(n+1) - 1$ とおくと, $\widehat{Q}_a$ は (4.7) の $\widehat{Q}_W$ に等しい. 表 1.1 より

$$b_n(m) \equiv \varphi_2 \left(\frac{m}{n+1}, f_0 \right) = \left\{ \frac{2m}{n+1} - 1 \right\} \{ \log(m) - \log(n+1-m) \},$$

$$b_n(R_{ij}) \equiv \varphi_2 \left(\frac{R_{ij}}{n+1}, f_0 \right) = \left\{ \frac{2R_{ij}}{n+1} - 1 \right\} \{ \log(R_{ij}) - \log(n+1-R_{ij}) \}$$

とおいた $\widehat{Q}_b$ を $\widehat{Q}_L$ で表記すると, $\widetilde{Q}_{ab}$ は

$$\widetilde{Q}_{WL} = \widehat{Q}_W + \widehat{Q}_L$$

となる.

水準 α の漸近的な検定方式は,

$$\widetilde{Q}_{WL} > \chi^2_{2(k-1)}(\alpha) \text{ ならば, } H_0^b \text{ を棄却する.} \qquad \diamondsuit$$

4.H.2 正規分布のときに漸近的に最良な順位検定

表 1.1 で, $F_0(x)$ を標準正規分布関数として, $a_n(m) \equiv \varphi_1(m/(n+1), f_0) = \Phi^{-1}(m/(n+1))$ とおくと, $\widehat{Q}_a$ は (4.9) の $\widehat{Q}_N$ に等しい. 表 1.1 より,

$$b_n(m) \equiv \varphi_2 \left(\frac{m}{n+1}, f_0 \right) = \left\{ \Phi^{-1} \left(\frac{m}{n+1} \right) \right\}^2,$$

$$b_n(R_{ij}) \equiv \varphi_2\left(\frac{R_{ij}}{n+1}, f_0\right) = \left\{\Phi^{-1}\left(\frac{R_{ij}}{n+1}\right)\right\}^2$$

とおいた $\widehat{Q}_b$ を $\widehat{Q}_J$ で表記すると，$\widetilde{Q}_{ab}$ は

$$\widetilde{Q}_{NJ} = \widehat{Q}_N + \widehat{Q}_J$$

となる．

水準 α の漸近的な検定方式は，

$$\widetilde{Q}_{NJ} > \chi^2_{2(k-1)}(\alpha) \ \text{ならば，} H_0^b \text{ を棄却する．} \qquad \diamondsuit$$

4.H.3 両側指数分布のときに漸近的に最良な順位検定

表 1.1 で，$F_0(x)$ を標準型の両側指数分布関数として，表 1.1 より $a_n(m) \equiv \varphi_1(m/(n+1), f_0) = \text{sign}(m/(n+1) - 1/2)$ とおくと，$\widehat{Q}_a$ は (4.10) の $\widehat{Q}_S$ に等しい．表 1.1 より，

$$b_n(m) \equiv \varphi_2\left(\frac{m}{n+1}, f_0\right) = -\log\left\{1 - \left|\frac{2m}{n+1} - 1\right|\right\},$$

$$b_n(R_{ij}) \equiv \varphi_2\left(\frac{R_{ij}}{n+1}, f_0\right) = -\log\left\{1 - \left|\frac{2R_{ij}}{n+1} - 1\right|\right\}$$

とおいた $\widehat{Q}_b$ を $\widehat{Q}_K$ で表記すると，$\widetilde{Q}_{ab}$ は

$$\widetilde{Q}_{SK} = \widehat{Q}_S + \widehat{Q}_K$$

となる．

水準 α の漸近的な検定方式は，

$$\widetilde{Q}_{SK} > \chi^2_{2(k-1)}(\alpha) \ \text{ならば，} H_0^b \text{ を棄却する．} \qquad \diamondsuit$$

順序制約 $\mu_1 \leqq \cdots \leqq \mu_k$, $\sigma_1 \leqq \cdots \leqq \sigma_k$ がある場合の一様性の帰無仮説 H_0^b に対する順位検定法が（著 22）で論じられている．

4.6 漸近的に分布に依存しないロバスト統計手法

本書の副題は「小標本でも分布に依らないロバスト手法」である．手法が限定さ

4.6 漸近的に分布に依存しないロバスト統計手法 **77**

れているが，漸近理論で収束の速さが分布に依存せず一様である特長がある．また，最良の統計手法が一意に定まる特長ももっている方法を本書で紹介している．

ロバスト統計学の原点として，Huber (1964) の論文を挙げることができ，Huber (2009) の洋書でまとめられている．平均などの位置母数の点推定についてロバスト性の概念を定義し，漸近的な理論づけをおこなっている．正規分布の ε 近傍の分布モデルでの M 統計量とよばれる確率変数の漸近理論であり，少し ε の値を変えると別の最良手法の解が出てくる．この論文では ε の値を決める方法も不明のままである．これらのことと数学的にも高度な理論が必要なため，統計手法として活用することが現在のところ難しい．M 統計量に基づく検定法，信頼区間，信頼領域への発展として，Jurecková and Sen (1996)，(著 24)，(著 26)，(著 27)，(著 33)，(著 34)，(著 35) などがあるが，漸近理論の収束の速さは観測値の分布に依存し，最良手法の一意性を示すことが難しい．Rieder (1994), Kakiuchi and Kimura (2001) は分布の近傍を帰無仮説とするロバスト検定を提案しているが，データ解析の応用には解決するための内容をもう少し付け加える必要がある．

回帰を含む様々なモデルでの順位推定を用いた検定法，信頼区間，信頼領域などの統計手法として，Puri and Sen (1985)，(著 23)，(著 25)，(著 35) などがあるが，漸近理論の収束の速さは観測値の分布に依存する．さらにこれらの手法は微分係数の一致推定量を用い，その微分係数の推定量は数学的に一意に定まらない．これらのため，現段階で，漸近的に分布に依存しない順位推定を用いた検定法と信頼領域のデータ解析への活用は難しい．

第 **5** 章

すべての母数相違に関する多重比較法

　分散が共通の場合の正規分布を仮定した多群モデルにおけるすべての平均相違の多重比較法が，テューキー (Tukey (1953)) とクレーマー (Kramer (1956)) によって提案され，現在ではテューキー・クレーマー法とよばれている．正規分布の下での手法は 11.1 節を参照．テューキー・クレーマー法に対応した分布に依らない多重比較法として，スティール (Steel (1960))，ドゥワス (Dwass (1960)) によって 2 群間のウィルコクソンの順位和に基づく多重比較法が提案された．全体順位を使う統計量に基づくノンパラメトリック多重比較検定法をダン (Dunn (1964)) が提案しているが，Oude Voshaar (1980) と Hsu (1996) は，ダンの方法が多重比較検定になっていないことを指摘している．ノンパラメトリック多重比較では，全体順位ではなく 2 群間の中での順位を使う方法が正しい ((著 1) の 110 頁参照)．

　本章では，ウィルコクソン型を含む一般のスコア関数に基づくシングルステップの多重比較法を提案する．このシングルステップのノンパラメトリック法を凌駕する閉検定手順についても解説する．最後に平均と分散の同時相違の多重比較検定法として閉検定手順による手法を解説する．

5.1　平均相違のモデルと考え方

　ある要因 A があり，k 個の水準 $A_1, \ldots, A_k$ を考える．水準 A_i における標本の観測値 $(X_{i1}, X_{i2}, \ldots, X_{in_i})$ は第 i 標本または第 i 群とよばれ，平均が μ_i である同一の連続型分布関数 $F(x - \mu_i)$ をもつとする．すなわち，

$$P(X_{ij} \leqq x) = F(x - \mu_i), \quad E(X_{ij}) = \mu_i$$

である．$F'(x)$ は未知であってもよいものとする．さらに分散は存在しなくても
よいとする．$f(x) \equiv F'(x)$ とおくと，$\int_{-\infty}^{\infty} x f(x) dx = 0$ が成り立つ．さらにす
べての X_{ij} は互いに独立であると仮定する．総標本サイズを $n \equiv n_1 + \cdots + n_k$
とおき，表 4.1 のモデルを考える．平均の一様性の帰無仮説 H_0 は (4.1) で与え
られる．

　k 個の水準の平均母数のすべての比較を考える．1 つの比較のための検定は

$$\text{帰無仮説 } H_{(i,i')} : \mu_i = \mu_{i'} \quad \text{vs.} \quad \text{対立仮説 } H_{(i,i')}^A : \mu_i \neq \mu_{i'}$$

となる．$\mathcal{U}_k$ を

$$\mathcal{U}_k \equiv \{ (i, i') \mid 1 \leqq i < i' \leqq k \} \tag{5.1}$$

で定義する．帰無仮説 $H_{(i,i')}$ vs. 対立仮説 $H_{(i,i')}^A$ に対して帰無仮説のファミリー
$\mathcal{H}_T$ は

$$\mathcal{H}_T \equiv \{ H_{(i,i')} \mid 1 \leqq i < i' \leqq k \} = \{ H_{\boldsymbol{v}} \mid \boldsymbol{v} \in \mathcal{U}_k \} \tag{5.2}$$

と表現できる．定数 α $(0 < \alpha < 1)$ をはじめに決める．

　$\boldsymbol{X} \equiv (X_{11}, \ldots, X_{1n_1}, \ldots, X_{k1}, \ldots, X_{kn_k})$ の実現値 $\boldsymbol{x}$ によって，任意の
$H_{\boldsymbol{v}} \in \mathcal{H}_T$ に対して $H_{\boldsymbol{v}}$ を棄却するかしないかを決める検定方式を $\phi_{\boldsymbol{v}}(\boldsymbol{x})$ と
する．

　$\boldsymbol{\mu} \equiv (\mu_1, \ldots, \mu_k)$ とおく．すべての $(i, i') \in \mathcal{U}_k$ に対して，$\mu_i \neq \mu_{i'}$ のとき
は，有意水準は関係しないので，

$$\Theta_k \equiv \{ \boldsymbol{\mu} \mid 1 \text{つ以上の帰無仮説 } H_{(i,i')} \text{ が真} \}$$
$$= \{ \boldsymbol{\mu} \mid \text{ある } (i, i') \in \mathcal{U}_k \text{ が存在して，} \mu_i = \mu_{i'} \} \tag{5.3}$$

とおき，$\boldsymbol{\mu} \in \Theta_k$ とする．このとき，正しい帰無仮説 $H_{(i,i')}$ は 1 つ以上ある．ま
た，確率は $\boldsymbol{\mu}$ に依存するので，確率測度を $P_{\boldsymbol{\mu}}(\cdot)$ で表す．

　このとき，任意の $\boldsymbol{\mu} \in \Theta_k$ に対して

$$P_{\boldsymbol{\mu}}(\text{正しい帰無仮説のうち少なくとも 1 つが棄却される}) \leqq \alpha \tag{5.4}$$

を満たす検定方式 $\{ \phi_{\boldsymbol{v}}(\boldsymbol{x}) \mid \boldsymbol{v} \in \mathcal{U}_k \}$ を，$\mathcal{H}_T$ に対する水準 α の多重比較検定
法とよんでいる．(5.4) の左辺を，（$\boldsymbol{\mu}$ を固定したときの）第 1 種の過誤の確率，

またはタイプ I FWER (type I familywise error rate) とよぶ. また, (5.4) の右辺の α は全体としての有意水準である. 任意の $\boldsymbol{\mu} \in \Theta_k$ に対して (5.4) が成り立つことは,

$$\sup_{\boldsymbol{\mu} \in \Theta_k} ((5.4) \text{ の左辺}) \leqq \alpha \tag{5.5}$$

と同値である [1]. すなわち, タイプ I FWER の上限が α 以下である必要がある.

$1 \leqq i < i' \leqq k$ を満たすすべての (i, i') に対して, $\mu_{i'} - \mu_i$ の区間推定に興味があるものとする. 定数 α $(0 < \alpha < 1)$ をはじめに決める. 任意の (i, i') に対して $I_{(i,i')}$ を区間とする.

$$P\left(\text{すべての } (i, i') \in \mathcal{U}_k \text{に対して, } \mu_{i'} - \mu_i \in I_{(i,i')}\right) \geqq 1 - \alpha$$

となるならば, $\mu_{i'} - \mu_i \in I_{(i,i')}$ $((i, i') \in \mathcal{U}_k)$ を, $\{\mu_{i'} - \mu_i \mid (i, i') \in \mathcal{U}_k\}$ に対する信頼係数 $1 - \alpha$ の同時信頼区間 (simultaneous confidence intervals) とよんでいる.

分布関数 $F(x)$ は未知でもかまわないとし, 漸近的な方法を論述する. ウィルコクソン型のスコア関数の場合, 正確な方法は拙書 (著 1) に書かれている.

次の節で, まずはシングルステップ法とよばれる一段階手順を述べる.

5.2　シングルステップの多重比較検定法

2 群間の標本観測値の中で順位をつける順位検定が, スティールとドゥワスによって提案されている. $N_{i'i} \equiv n_{i'} + n_i$ 個の観測値 $X_{i1}, \ldots, X_{in_i}, X_{i'1}, \ldots, X_{i'n_{i'}}$ を小さい方から並べたときの $X_{i'\ell}$ の順位を $R_{i'\ell}^{(i',i)}$ とする. $a_{N_{i'i}}(\cdot)$ を $\{1, 2, \ldots, N_{i'i}\}$ から実数へのスコア関数とする.

$$T_{i'i} \equiv \sum_{\ell=1}^{n_{i'}} a_{N_{i'i}}\left(R_{i'\ell}^{(i',i)}\right) - n_{i'} \bar{a}_{N_{i'i}}$$

とおく. ただし, $\bar{a}_{N_{i'i}} \equiv \dfrac{1}{N_{i'i}} \sum_{m=1}^{N_{i'i}} a_{N_{i'i}}(m)$ とする. このとき, (4.1) の H_0 の下での $T_{i'i}$ の平均と分散は

---

[1] $\Theta_k^c = \{\boldsymbol{\mu} \mid \text{すべての } (i, i') \in \mathcal{U}_k \text{ に対して } \mu_i \neq \mu_{i'}\}$.

$$E_0(T_{i'i}) = 0, \quad V_0(T_{i'i}) = \frac{n_i n_{i'}}{N_{i'i}(N_{i'i} - 1)} \sum_{m=1}^{N_{i'i}} \left\{ a_{N_{i'i}}(m) - \bar{a}_{N_{i'i}} \right\}^2$$

で与えられる. ここで,

$$\widehat{Z}_{i'i} \equiv \frac{T_{i'i}}{\sigma_{i'in}}, \quad \sigma_{i'in} \equiv \sqrt{\frac{n_i n_{i'}}{N_{i'i}(N_{i'i} - 1)} \sum_{m=1}^{N_{i'i}} \left\{ a_{N_{i'i}}(m) - \bar{a}_{N_{i'i}} \right\}^2} \quad (5.6)$$

とおく.

定理 5.1 （条件 3.1）と（条件 4.1）を満たすと仮定するならば, $t > 0$ に対して,

$$A(t|k) \leqq \lim_{n \to \infty} P_0 \left(\max_{(i,i') \in \mathcal{U}_k} |\widehat{Z}_{i'i}| \leqq t \right) \leqq A^*(t|\boldsymbol{\lambda}) \quad (5.7)$$

が成り立ち,

$$\lambda_i = \frac{1}{k} \ (1 \leqq i \leqq k) \quad \text{すなわち} \quad n_1 = \cdots = n_k$$

のとき, (5.7) の等号が成り立つ. ただし, $P_0(\cdot)$ は (4.1) の H_0 の下での確率測度とし,

$$A(t|k) \equiv k \int_{-\infty}^{\infty} \left\{ \Phi(x) - \Phi(x - \sqrt{2} \cdot t) \right\}^{k-1} d\Phi(x), \quad (5.8)$$

$$A^*(t|\boldsymbol{\lambda}) \equiv \int_{-\infty}^{\infty} \sum_{j=1}^{k} \prod_{\substack{i=1 \\ i \neq j}}^{k} \left\{ \Phi\left(\sqrt{\frac{\lambda_i}{\lambda_j}} x \right) - \Phi\left(\sqrt{\frac{\lambda_i}{\lambda_j}} x - \sqrt{\frac{\lambda_i + \lambda_j}{\lambda_j}} t \right) \right\} d\Phi(x),$$

$$(5.9)$$

$$\boldsymbol{\lambda} \equiv (\lambda_1, \ldots, \lambda_k)$$

とする.

証明 $U_{ij} \equiv F(X_{ij} - \mu_i) \ (j = 1, \ldots, n_i; \ i = 1, \ldots, k)$ とおく. このとき, $U_{11}, \ldots, U_{kn_k}$ は互いに独立で同一の一様分布 $U(0,1)$ に従う.

$$T_{i'i}^* \equiv \sum_{j=1}^{n_{i'}} \varphi(U_{i'j}) - \frac{n_{i'}}{N_{i'i}} \left\{ \sum_{j=1}^{n_i} \varphi(U_{ij}) + \sum_{j'=1}^{n_{i'}} \varphi(U_{i'j'}) \right\}$$

5.2 シングルステップの多重比較検定法 **83**

とおく. このとき, 補題 3.3 より, $n \to \infty$ として, 帰無仮説 H_0 の下で

$$\left| \frac{T_{i'i} - T_{i'i}^*}{\sqrt{n}} \right| \overset{P}{\to} 0 \tag{5.10}$$

が成り立つ. 残りの証明は (著 1) の定理 5.2 を参照. □

$A(t|k)$ に対して,

$$A(t|k) = 1 - \alpha \text{ を満たす } t \text{ の解を } a(k;\alpha) \tag{5.11}$$

とする. すなわち, $a(k;\alpha)$ は分布 $A(t|k)$ の上側 $100\alpha\%$ 点である. $a(k;\alpha)$ の数表を付録 B の付表 4 に載せている.

$$\lim_{n \to \infty} P_0 \left(\max_{1 \le i < i' \le k} |\widehat{Z}_{ii'}| \le t \right) = 1 - \alpha$$

を満たす t の解を $ae(k, \lambda_1, \ldots, \lambda_k; \alpha)$ とし, $A^*(t|\boldsymbol{\lambda}) = 1 - \alpha$ を満たす t の解を $a^*(k, \lambda_1, \ldots, \lambda_k; \alpha)$ とする. このとき, (5.7) より,

$$a^*(k, \lambda_1, \ldots, \lambda_k; \alpha) \le ae(k, \lambda_1, \ldots, \lambda_k; \alpha) \le a(k;\alpha)$$

が成り立つ. (著 1) の 5.3.1 項は, 条件: $\alpha = 0.05, 0.01$,

$$1 < \frac{\max\{\lambda_i \mid i = 1, \ldots, k\}}{\min\{\lambda_i \mid i = 1, \ldots, k\}} \le 2$$

の下で, $a^*(k, \lambda_1, \ldots, \lambda_k; \alpha)$ の値が $a(k;\alpha)$ の値に近いことを数値計算によって示した. ここで, $a(k;\alpha)$ を $ae(k, \lambda_1, \ldots, \lambda_k; \alpha)$ の近似とみなせる. これによりこの条件の下で保守性の度合いは小さい.

定理 5.1 より, 次の [5.A] を提案することができる.

5.A **スティール・ドゥワス型の多重比較検定法**

$\left\{ \text{帰無仮説 } H_{(i,i')} \text{ vs. 対立仮説 } H_{(i,i')}^A \mid (i,i') \in \mathcal{U}_k \right\}$ に対する水準 α の漸近的な多重比較検定は, 次で与えられる.

$|\widehat{Z}_{i'i}| > a(k;\alpha)$ となる $(i,i') \in \mathcal{U}_k$ に対して $H_{(i,i')}$ を棄却し, 対立仮説 $H_{(i,i')}^A$ を受け入れ, $\mu_i \ne \mu_{i'}$ と判定する. ◆

次にスコア関数 $a_{N_{i'i}}(\cdot)$ を具体的に与えた手法を述べる.

5.A.1 スティール・ドゥワスの多重比較検定法 (Steel (1960), Dwass (1960))

$a_{N_{i'i}}(m) = 2m/(N_{i'i}+1) - 1$ のとき，$\widehat{Z}_{i'i}$ は

$$\widehat{Z}_{Wi'i} \equiv \sqrt{\frac{12}{n_i n_{i'}(N_{i'i}+1)}} \cdot \left\{ \sum_{j=1}^{n_{i'}} R_{i'j}^{(i',i)} - \frac{n_{i'}(N_{i'i}+1)}{2} \right\}$$

となる．[5.A] の手法の中で，$\widehat{Z}_{i'i}$ を $\widehat{Z}_{Wi'i}$ に替えた手法である． ◇

5.A.2 正規スコアによる順位検定法

$a_{N_{i'i}}(m) = \Phi^{-1}\left(m/(N_{i'i}+1)\right)$ のとき，$\widehat{Z}_{i'i}$ は

$$\widehat{Z}_{Ni'i} \equiv \frac{\sqrt{N_{i'i}(N_{i'i}-1)} \sum_{j=1}^{n_{i'}} \Phi^{-1}\left(\frac{R_{i'j}^{(i',i)}}{N_{i'i}+1}\right)}{\sqrt{n_{i'}n_i \sum_{m=1}^{N_{i'i}} \left\{ \Phi^{-1}\left(\frac{m}{N_{i'i}+1}\right) \right\}^2}}$$

となる．[5.A] の手法の中で，$\widehat{Z}_{i'i}$ を $\widehat{Z}_{Ni'i}$ に替えた手法である． ◇

5.A.3 符号スコアによる順位検定法

$a_{N_{i'i}}(m) = \text{sign}(m/(N_{i'i}+1) - 1/2)$ のとき，$\widehat{Z}_{i'i}$ は

$$\widehat{Z}_{Si'i} \equiv \frac{\sqrt{N_{i'i}(N_{i'i}-1)} \sum_{j=1}^{n_{i'}} \text{sign}\left(\frac{R_{i'j}^{(i',i)}}{N_{i'i}+1} - \frac{1}{2}\right)}{\sqrt{2n_{i'}n_i \cdot \left\lfloor \frac{N_{i'i}}{2} \right\rfloor}}$$

となる．[5.A] の手法の中で，$\widehat{Z}_{i'i}$ を $\widehat{Z}_{Si'i}$ に替えた手法である． ◇

5.3 同時信頼区間

θ を実数とし，$X_{i1}, \ldots, X_{in_i}, X_{i'1} - \theta, \ldots, X_{i'n_{i'}} - \theta$ の中での $X_{i'\ell} - \theta$ の順位を $R_{i'\ell}^{(i',i)}(\theta)$ とする．

$$T_{i'i}(\theta) \equiv \sum_{\ell=1}^{n_{i'}} a_{N_{i'i}}\left(R_{i'\ell}^{(i',i)}(\theta)\right) - n_{i'}\bar{a}_{N_{i'i}} \tag{5.12}$$

とおく．さらに，(5.6) に対応して

5.3 同時信頼区間 **85**

$$\widehat{Z}_{i'i}(\theta) \equiv \frac{T_{i'i}(\theta)}{\sigma_{i'in}}, \tag{5.13}$$

$\theta_{i'i} \equiv \mu_{i'} - \mu_i$ とおく．（条件 4.1）を満たすと仮定するならば，$t \geqq 0$ に対して，

$$\lim_{n \to \infty} P\left(\max_{(i,i') \in \mathcal{U}_k} |\widehat{Z}_{i'i}(\theta_{i'i})| \leqq t\right) = \lim_{n \to \infty} P_0\left(\max_{(i,i') \in \mathcal{U}_k} |\widehat{Z}_{i'i}| \leqq t\right) \tag{5.14}$$

が成り立つ．(5.14) と定理 5.1 より，

$$\begin{aligned}
1 - \alpha &\leqq P_0\left(\max_{(i,i') \in \mathcal{U}_k} |\widehat{Z}_{i'i}| \leqq a(k;\alpha)\right) + o(1) \\
&= P\left(\max_{(i,i') \in \mathcal{U}_k} |\widehat{Z}_{i'i}(\theta_{i'i})| \leqq a(k;\alpha)\right) + o(1) \\
&= P\left(\text{任意の } (i,i') \in \mathcal{U}_k \text{ に対して } |T(\theta_{i'i})| \leqq a(k;\alpha)\sigma_{i'in}\right) + o(1)
\end{aligned} \tag{5.15}$$

が成り立つ．次の（条件 5.1）を仮定する．

（条件 5.1） 任意の $(i,i') \in \mathcal{U}_k$ に対して

$$a_{N_{i'i}}(1) \leqq a_{N_{i'i}}(2) \leqq \cdots \leqq a_{N_{i'i}}(N_{i'i}) \qquad\qquad \square$$

このとき，$T_{i'i}(\theta)$ は θ の減少関数となる．
$0 < \alpha < 1$ に対して，$\ell_{i'i}(\alpha)$，$u_{i'i}(\alpha)$ を次で定義する．

$$\ell_{i'i}(\alpha) \equiv \inf\left\{\theta \mid T_{i'i}(\theta) \leqq a(k;\alpha)\sigma_{i'in}\right\}, \tag{5.16}$$

$$u_{i'i}(\alpha) \equiv \sup\left\{\theta \mid T_{i'i}(\theta) \geqq -a(k;\alpha)\sigma_{i'in}\right\} \tag{5.17}$$

(5.15)-(5.17) をまとめることにより，次の同時信頼区間を得る．

5.B **すべての平均差に対する信頼係数 $1 - \alpha$ の漸近的な順位同時信頼区間**

すべての平均差 $\{\theta_{i'i} \mid (i,i') \in \mathcal{U}_k\}$ に対する信頼係数 $1 - \alpha$ の漸近的な同時信頼区間は，任意の $(i,i') \in \mathcal{U}_k$ に対して，

$$\theta_{i'i} \in \left\{\theta \mid |T_{i'i}(\theta)| \leqq a(k;\alpha)\sigma_{i'in}\right\} \iff \ell_{i'i}(\alpha) \leqq \mu_{i'} - \mu_i < u_{i'i}(\alpha)$$

で与えられる．半開区間で区間を表現しているが，開区間または閉区間のいずれ

でもよい．

$a_{N_{i'i}}(m) = 2m/(N_{i'i}+1) - 1$ のとき，$n_{i'}n_i$ 個の $\{X_{i'\ell'} - X_{i\ell} \mid \ell' = 1,\ldots,n_{i'}, \ell = 1,\ldots,n_i\}$ の順序統計量を

$$\mathcal{D}^{(i',i)}_{(1)} \leqq \mathcal{D}^{(i',i)}_{(2)} \leqq \cdots \leqq \mathcal{D}^{(i',i)}_{(n_{i'}n_i)}$$

とする．（著1）の定理 5.5 より，次のウィルコクソン型の同時信頼区間を得る．（著7）も参考にするとよい．

5.B.1 すべての平均差に対する信頼係数 $1-\alpha$ のウィルコクソン型の順位同時信頼区間

すべての平均差 $\{\theta_{i'i} \mid (i,i') \in \mathcal{U}_k\}$ に対する信頼係数 $1-\alpha$ の漸近的な同時信頼区間は，任意の $(i,i') \in \mathcal{U}_k$ に対して，

$$\mathcal{D}^{(i',i)}_{(\lceil a^*_{i'i} \rceil)} \leqq \mu_{i'} - \mu_i < \mathcal{D}^{(i',i)}_{(\lfloor n_{i'}n_i - a^*_{i'i} \rfloor + 1)}$$

で与えられる．ただし，

$$a^*_{i'i} \equiv \frac{n_{i'}n_i}{2} - \sqrt{\frac{n_i n_{i'}(N_{i'i}+1)}{12} \cdot a(k;\alpha)}$$

とする．半開区間で区間を表現しているが，開区間または閉区間のいずれでもよい．

5.B.2 すべての平均差に対する信頼係数 $1-\alpha$ の正規スコアによる順位同時信頼区間

$a_{N_{i'i}}(m) = \Phi^{-1}\left(m/(N_{i'i}+1)\right)$ のとき，$T_{i'i}(\theta)$ は

$$T_{Ni'i}(\theta) = \sum_{j=1}^{n_{i'}} \Phi^{-1}\left(\frac{R^{(i',i)}_{i'j}(\theta)}{N_{i'i}+1}\right)$$

となる．[5.B] の手法の中で，$T_{i'i}(\theta)$ を $T_{Ni'i}(\theta)$ に替えた手法である．ただし，

$$\sigma_{i'in} \equiv \sqrt{\frac{n_i n_{i'}}{N_{i'i}(N_{i'i}-1)} \sum_{m=1}^{N_{i'i}} \left\{\Phi^{-1}\left(\frac{m}{N_{i'i}+1}\right)\right\}^2}$$

5.4 閉検定手順　　　　　　　　　　　　　　　　　　　　　　　　**87**

とする.　　　　　　　　　　　　　　　　　　　　　　　　　　　　◇

5.B.3 **すべての平均差に対する信頼係数 $1-\alpha$ の符号スコアによる順位同時信頼区間**

$a_{N_{i'i}}(m) = \mathrm{sign}(m/(N_{i'i}+1) - 1/2)$ のとき，$T_{i'i}(\theta)$ は

$$T_{Si'i}(\theta) = \sum_{j=1}^{n_{i'}} \mathrm{sign}\left(\frac{R_{i'j}^{(i',i)}(\theta)}{N_{i'i}+1} - \frac{1}{2} \right)$$

となる. [5.B] の手法の中で，$T_{i'i}(\theta)$ を $T_{Si'i}(\theta)$ に替えた手法である. ただし，

$$\sigma_{i'in} \equiv \sqrt{ \frac{2 n_i n_{i'} \left\lfloor \frac{N_{i'i}}{2} \right\rfloor}{N_{i'i}(N_{i'i}-1)} }$$

とする.　　　　　　　　　　　　　　　　　　　　　　　　　　　◇

5.4　閉検定手順

閉検定手順は Marcus et al. (1976) によって導入され，丹後・小西 (2010) にも一般論が書かれている. 一般論を述べることは難解になるため，モデルごとに閉検定手順を論述する. 5.2 節のシングルステップ法に対して，閉検定手順は多段階の検定を介して多重比較検定の結果が得られるため，マルチステップ法ともよばれている.

(5.2) で定義した $\mathcal{H}_T$ の要素の仮説 $H_{(i,i')}$ の論理積からなるすべての集合は

$$\overline{\mathcal{H}}_T \equiv \left\{ \bigwedge_{\boldsymbol{v} \in V} H_{\boldsymbol{v}} \ \middle| \ \varnothing \subsetneqq V \subset \mathcal{U}_k \right\}$$

で表される. $\bigwedge_{\boldsymbol{v} \in \mathcal{U}_k} H_{\boldsymbol{v}}$ は (4.1) の一様性の帰無仮説 H_0 となる. さらに，$\varnothing \subsetneqq V \subset \mathcal{U}_k$ を満たす V に対して，

$$\bigwedge_{\boldsymbol{v} \in V} H_{\boldsymbol{v}}: \ 任意の \ (i,i') \in V \ に対して，\ \mu_i = \mu_{i'}$$

は k 個の母平均に関していくつかが等しいという仮説となる [2].

---

[2] 包含関係の記号の流儀は，高校数学で採用されているものを使っている. 巻頭の記号表を参照のこと. 任意の集合 A に対して，$\varnothing \subset A$ が成り立つ. これにより，$\varnothing \subsetneqq V$ と $V \neq \varnothing$ は同値である.

$I_1, \ldots, I_J$ $(I_j \neq \varnothing,\ j = 1, \ldots, J)$ を添え字 $\{1, \ldots, k\}$ の互いに素な部分集合の組とし,同じ I_j $(j = 1, \ldots, J)$ に属する添え字をもつ母平均は等しいという帰無仮説を $H(I_1, \ldots, I_J)$ で表す.このとき,$\varnothing \subsetneqq V \subset \mathcal{U}_k$ を満たす任意の V に対して,ある自然数 J と上記のある $I_1, \ldots, I_J$ が存在して,

$$\bigwedge_{\boldsymbol{v} \in V} H_{\boldsymbol{v}} = H(I_1, \ldots, I_J) \tag{5.18}$$

が成り立つ.

$\varnothing \subsetneqq V_0 \subset \mathcal{U}_k$ を満たす V_0 に対して,$\boldsymbol{v} \in V_0$ ならば帰無仮説 $H_{\boldsymbol{v}}$ が真で,$\boldsymbol{v} \in V_0^c \cap \mathcal{U}_k$ ならば $H_{\boldsymbol{v}}$ が偽のとき,1 つ以上の真の帰無仮説 $H_{\boldsymbol{v}}$ $(\boldsymbol{v} \in V_0)$ を棄却する確率が α 以下となる検定方式が水準 α の多重比較検定である.この定義の V_0 に対して,帰無仮説 $\bigwedge_{\boldsymbol{v} \in V_0} H_{\boldsymbol{v}}$ に対する水準 α の検定の棄却域を A とし,帰無仮説 $H_{\boldsymbol{v}}$ に対する水準 α の検定の棄却域を $B_{\boldsymbol{v}}$ とすると,帰無仮説 $\bigwedge_{\boldsymbol{v} \in V_0} H_{\boldsymbol{v}}$ の下で,

$$P\left(A \cap \left(\bigcup_{\boldsymbol{v} \in V_0} B_{\boldsymbol{v}}\right)\right) \leqq P(A) \leqq \alpha \tag{5.19}$$

が成り立つ.

上記の V_0 が未知であることを考慮し,特定の帰無仮説を $H_{\boldsymbol{v}_0} \in \mathcal{H}_T$ としたとき,$\boldsymbol{v}_0 \in V \subset \mathcal{U}_k$ を満たす任意の V に対して帰無仮説 $\bigwedge_{\boldsymbol{v} \in V} H_{\boldsymbol{v}}$ の検定が水準 α で棄却された場合に,多重比較検定として $H_{\boldsymbol{v}_0}$ を棄却する方式を,水準 α の閉検定手順とよんでいる.水準 α の閉検定手順は水準 α の多重比較検定になっている.

閉検定手順が最初に紹介された論文で,論理積 $\bigwedge_{\boldsymbol{v} \in V} H_{\boldsymbol{v}}$ を積集合の記号 $\bigcap_{\boldsymbol{v} \in V} H_{\boldsymbol{v}}$ と書いたため,これまで $\bigcap_{\boldsymbol{v} \in V} H_{\boldsymbol{v}}$ が使われてきた.論理積と積集合の詳細は,Enderton (2001) を参照せよ.

(5.19) より,閉検定手順による多重比較検定のタイプ I FWER が α 以下となる.(5.18) の $H(I_1, \ldots, I_J)$ に対して,M,ℓ_j $(j = 1, \ldots, J)$ を

$$M \equiv M(I_1, \ldots, I_J) \equiv \sum_{j=1}^{J} \ell_j, \quad \ell_j \equiv \#(I_j) \tag{5.20}$$

とする．$I \subset \{1, \ldots, k\}$ となる任意の I に対して，

$$\widehat{Z}(I) \equiv \max_{i < i', \ i, i' \in I} |\widehat{Z}_{i'i}| \tag{5.21}$$

とおき，水準 α の帰無仮説 $\bigwedge_{\boldsymbol{v} \in V} H_{\boldsymbol{v}}$ に対する検定方法を具体的にいくつか論述することができる．（条件 3.1）と（条件 4.1）が満たされていると仮定し，以下に漸近的手法を述べる．ただし，$\widehat{Z}_{i'i}$ は (5.6) によって定義されている．

5.C 検出力の高い順位に基づく閉検定手順 1

I_j $(j = 1, \ldots, J)$ を (5.18) で定義されたものとし，M, ℓ_j $(j = 1, \ldots, J)$ を (5.20) で定義したものとする．(5.8) の表記の方法より，

$$A(t|\ell) \equiv \ell \int_{-\infty}^{\infty} \{\Phi(x) - \Phi(x - \sqrt{2} \cdot t)\}^{\ell - 1} d\Phi(x)$$

とする．この $A(t|\ell)$ に対して，$A(t|\ell) = 1 - \alpha$ を満たす t の解は $a(\ell; \alpha)$ である．

(a) $J \geqq 2$ のとき，$\ell = \ell_1, \ldots, \ell_J$ に対して，

$$\alpha(M, \ell) \equiv 1 - (1 - \alpha)^{\ell/M} \tag{5.22}$$

とおく．このとき，$1 \leqq j \leqq J$ となるある整数 j が存在して $a(\ell_j; \alpha(M, \ell_j)) < \widehat{Z}(I_j)$ ならば (5.18) の帰無仮説 $\bigwedge_{\boldsymbol{v} \in V} H_{\boldsymbol{v}}$ を棄却する．

(b) $J = 1$ $(M = \ell_1)$ のとき，$a(M; \alpha) < \widehat{Z}(I_1)$ ならば帰無仮説 $\bigwedge_{\boldsymbol{v} \in V} H_{\boldsymbol{v}}$ を棄却する．

ただし，$a(\ell_j; \alpha(M, \ell_j))$ は付録 B の付表 5, 6 で与えられている．

(a), (b) の方法で，$(i, i') \in V \subset \mathcal{U}_k$ を満たす任意の V に対して，$\bigwedge_{\boldsymbol{v} \in V} H_{\boldsymbol{v}}$ が棄却されるとき，漸近的な多重比較検定として $H_{(i, i')}$ を棄却する． ◆

定理 5.2 [5.C] の検定は，水準 α の漸近的な多重比較検定である．

証明 （著 1）の定理 5.7 を参照． □

(5.18) より，

$$\overline{\mathcal{H}}_T = \left\{ H(I_1, \ldots, I_J) \ \middle| \ \text{ある } J \text{ が存在して，} \bigcup_{j=1}^{J} I_j \subset \{1, \ldots, k\}. \right.$$

$$\#(I_j) \geqq 2 \ (1 \leqq j \leqq J). \ J \geqq 2 \ \text{のとき} \ I_j \cap I_{j'} = \varnothing \ (1 \leqq j < j' \leqq J) \Big\}$$

となる. $(i, i') \in \mathcal{U}_k$ に対して,

$$\overline{\mathcal{H}}_{T(i,i')} \equiv \Big\{ H(I_1, \ldots, I_J) \in \overline{\mathcal{H}}_T \ \Big| \ \text{ある} \ j \ \text{が存在して,} \ \{i, i'\} \subset I_j \Big\}$$

とおく. このとき,

$$\overline{\mathcal{H}}_T = \bigcup_{(i,i') \in \mathcal{U}_k} \overline{\mathcal{H}}_{T(i,i')} \quad \text{かつ} \quad H_{(i,i')}, \ H_0 \in \overline{\mathcal{H}}_{T(i,i')}$$

が成り立つ.

これにより, 水準 α の多重比較検定として, 任意の $(i, i') \in \mathcal{U}_k$ に対して次の (i), (ii) により判定する.

(i) $\overline{\mathcal{H}}_{T(i,i')}$ の中の帰無仮説がすべて棄却されていれば, 多重比較検定として $H_{(i,i')}$ を棄却する.

(ii) $\overline{\mathcal{H}}_{T(i,i')}$ の中の帰無仮説で棄却されていないものが 1 つでもあれば $H_{(i,i')}$ を保留する.

$k = 4$ とした場合を考える. 多重比較検定として, 特定の帰無仮説 $H_{(1,2)}$ が棄却される場合に, $\overline{\mathcal{H}}_{T(1,2)}$ のすべての要素 $H(I_1, \ldots, I_J)$ を表 5.1 として挙げている. この表には, $\overline{\mathcal{H}}_{T(1,2)}$ の中の帰無仮説をすべて載せていることになっている. この表から, $H_{(1,2)}$ が多重比較検定として棄却されるためには 5 個の帰無仮説を棄却しなければならない. $\overline{\mathcal{H}}_T$ の中に, $H_{(1,2)}$ 以外の帰無仮説が ${}_4C_2 - 1 = 5$ 個ある. この 5 個のうちの 1 つの帰無仮説 $H_{(i,i')}$ が多重比較検定として棄却される場合, 検定される帰無仮説 $H(I_1, \ldots, I_J)$ も 5 個である. $1 \leqq i < i' \leqq 4$ となる任意の (i, i') に対して, $H_{(i,i')}$ は第 i 群の標本と第 1 群の標本を入れ替え, 第 i' 群の標本と第 2 群の標本を入れ替えることにより, 一般性を失うことなく表 5.1 に帰着される. ちなみに, $\overline{\mathcal{H}}_T$ は表 5.2 によって与えられる.

次の (1)-(5) がすべて成立するならば, [5.C] の閉検定手順により水準 α の多重比較検定として, 帰無仮説 $H_{(1,2)}$ が棄却される.

(1) $\widehat{Z}(\{1, 2, 3, 4\}) = \max\limits_{1 \leqq i < i' \leqq 4} |\widehat{Z}_{i'i}| > a(4; \alpha)$

5.4 閉検定手順 **91**

表 5.1 $k = 4$ とし, 帰無仮説 $H_{(1,2)}$ を多重比較検定する場合に, 閉検定手順で検定される帰無仮説 $H(I_1, \ldots, I_J) \in \overline{\mathcal{H}}_{T(1,2)}$

M	$H(I_1, \ldots, I_J)$	J	ℓ
4	$H(\{1,2,3,4\}) = H_0,$	$J = 1,\ \ell_1 = 4$	
	$H(\{1,2\}, \{3,4\}) : \mu_1 = \mu_2,\ \mu_3 = \mu_4$	$J = 2,\ \ell_1 = \ell_2 = 2$	
3	$H(\{1,2,3\}) : \mu_1 = \mu_2 = \mu_3,$	$J = 1,\ \ell_1 = 3$	
	$H(\{1,2,4\}) : \mu_1 = \mu_2 = \mu_4$	$J = 1,\ \ell_1 = 3$	
2	$H(\{1,2\}) : \mu_1 = \mu_2$	$J = 1,\ \ell_1 = 2$	

表 5.2 $k = 4$ とし, 閉検定手順で検定される帰無仮説 $H(I_1, \ldots, I_J) \in \overline{\mathcal{H}}_T$

M	$H(I_1, \ldots, I_J)$		
4	$H(\{1,2,3,4\})$	$H(\{1,2\}, \{3,4\})$	$H(\{1,3\}, \{2,4\})$
	$H(\{1,4\}, \{2,3\})$		
3	$H(\{1,2,3\})$	$H(\{1,2,4\})$	$H(\{1,3,4\})$
	$H(\{2,3,4\})$		
2	$H(\{1,2\})$	$H(\{1,3\})$	$H(\{1,4\})$
	$H(\{2,3\})$	$H(\{2,4\})$	$H(\{3,4\})$

(2) $\widehat{Z}(\{1,2\}) = |\widehat{Z}_{21}| > a(2; \alpha(4,2))$ または $\widehat{Z}(\{3,4\}) = |\widehat{Z}_{43}| > a(2; \alpha(4,2))$

(3) $\widehat{Z}(\{1,2,3\}) = \max\limits_{1 \le i < i' \le 3} |\widehat{Z}_{i'i}| > a(3; \alpha)$

(4) $\widehat{Z}(\{1,2,4\}) = \max\{|\widehat{Z}_{21}|, |\widehat{Z}_{41}|, |\widehat{Z}_{42}|\} > a(3; \alpha)$

(5) $\widehat{Z}(\{1,2\}) = |\widehat{Z}_{21}| > a(2; \alpha)$

表 5.3 には $k = 5$ のときの $\overline{\mathcal{H}}_{T(1,2)}$ の中の帰無仮説をすべて載せている. この表から, $H_{(1,2)}$ が多重比較検定として棄却されるためには 15 個の帰無仮説を棄却しなければならない.

定義から, $2 \le \ell < k$ となる ℓ に対し $a(\ell; \alpha) < a(k; \alpha)$ であることを数学的に示すことができる. 付録 B の付表 5, 6 から, $\ell < M \le k$ となる ℓ に対し,

$$a(\ell; \alpha(M, \ell)) < a(k; \alpha(k, k)) = a(k; \alpha) \tag{5.23}$$

が成り立つ. [5.C] の閉検定手順の構成法により, (5.23) の関係から次の (i) と

表 5.3 $k = 5$ とし,帰無仮説 $H_{(1,2)}$ を多重比較検定する場合に,閉検定手順で検定される帰無仮説 $H(I_1, \ldots, I_J) \in \overline{\mathcal{H}}_{T(1,2)}$

M	$H(I_1, \ldots, I_J)$		
5	$H(\{1,2,3,4,5\})$	$H(\{1,2,3\},\{4,5\})$	$H(\{1,2,4\},\{3,5\})$
	$H(\{1,2,5\},\{3,4\})$	$H(\{1,2\},\{3,4,5\})$	
4	$H(\{1,2,3,4\})$	$H(\{1,2,3,5\})$	$H(\{1,2,4,5\})$
	$H(\{1,2\},\{3,4\})$	$H(\{1,2\},\{3,5\})$	$H(\{1,2\},\{4,5\})$
3	$H(\{1,2,3\})$	$H(\{1,2,4\})$	$H(\{1,2,5\})$
2	$H(\{1,2\})$		

$H(\{1,2,3,4,5\}) = H_0,\ J = 1,\ \ell_1 = 5$
$H(\{1,2,5\},\{3,4\}):\ \mu_1 = \mu_2 = \mu_5,\ \mu_3 = \mu_4,\ J = 2,\ \ell_1 = 3,\ \ell_2 = 2$
$H(\{1,2\},\{3,5\}):\ \mu_1 = \mu_2,\ \mu_3 = \mu_5,\ J = 2,\ \ell_1 = 2,\ \ell_2 = 2$
$H(\{1,2,5\}):\ \mu_1 = \mu_2 = \mu_5,\ J = 1,\ \ell_1 = 3$
$H(\{1,2\}) = H_{(1,2)}:\ \mu_1 = \mu_2,\ J = 1,\ \ell_1 = 2$

(ii) を得る.

(i) [5.A] で与えられるスティール・ドゥワス型の多重比較検定法で棄却される $H_{(i,i')}$ は [5.C] の閉検定手順を使っても棄却される.

(ii) [5.C] の閉検定手順で棄却される $H_{(i,i')}$ は [5.A] のスティール・ドゥワス型の多重比較検定法を使っても棄却されるとは限らない.

以上により,$\alpha = 0.05,\ 0.01,\ 3 \leqq k \leqq 10$ に対し,[5.C] の閉検定手順はスティール・ドゥワス型の多重比較検定法よりも,一様に検出力が高い.

ここで次の補題 5.3 を得る.

補題 5.3 [5.C] の閉検定手順により水準 α の多重比較検定として $H_{(i,i')}$ が棄却される事象を $\widehat{A}_{(i,i')}\ ((i,i') \in \mathcal{U}_k)$ とし,M を (5.20) で定義したものとする.このとき,$4 \leqq M \leqq k$ となる任意の整数 M と $2 \leqq \ell \leqq M - 2$ となる任意の整数 ℓ に対して

$$a\left(\ell; \alpha(M, \ell)\right) < a(k; \alpha)$$

が満たされているならば,2 つの式

5.4 閉検定手順 **93**

$$\bigcup_{(i,i')\in\mathcal{U}_k} \widehat{A}_{(i,i')} = \left\{ \max_{1\le i<i'\le k} |\widehat{Z}_{i'i}| > a(k;\alpha) \right\}, \tag{5.24}$$

$$\widehat{A}_{(i,i')} \supset \left\{ |\widehat{Z}_{i'i}| > a(k;\alpha) \right\} \quad ((i,i')\in\mathcal{U}_k) \tag{5.25}$$

が成立する.

証明　(著 3) の補題 2.4 の証明と同様に示すことができる.　　　　□

$k = 3$ のとき, (5.24) と (5.25) が成り立つことを容易に示すことができる. 補題 5.3 より, 次の興味深い定理を得る.

定理 5.4　補題 5.3 の仮定が満たされるとする. このとき, 2 つの式

$$P\left(\bigcup_{(i,i')\in\mathcal{U}_k} \widehat{A}_{(i,i')} \right) = P\left(\max_{1\le i<i'\le k} |\widehat{Z}_{i'i}| > a(k;\alpha) \right), \tag{5.26}$$

$$P\left(\widehat{A}_{(i,i')} \right) \ge P\left(|\widehat{Z}_{i'i}| > a(k;\alpha) \right) \quad ((i,i')\in\mathcal{U}_k) \tag{5.27}$$

が成立する.

(5.26) の左辺は, [5.C] の閉検定手順により水準 α の多重比較検定として $\mathcal{H}_T$ の帰無仮説のうち 1 つ以上を棄却する確率である. (5.26) の右辺は, [5.A] のスティール・ドゥワス型の水準 α の多重比較検定により $\mathcal{H}_T$ の帰無仮説のうち 1 つ以上を棄却する確率である. (5.26) は, これらの確率が等しいことを意味している. また, [5.C] の閉検定手順により水準 α の多重比較検定として帰無仮説 $H_{(i,i')}$ を棄却する確率が, [5.A] のスティール・ドゥワス型の水準 α の多重比較検定により帰無仮説 $H_{(i,i')}$ を棄却する確率より高い, もしくは等しいことを (5.27) は意味している. さらに, 任意の $\boldsymbol{\mu}$ の確率測度に対して (5.26) と (5.27) が成り立っている. $\bar{B}_{(i,i')} \equiv \left\{ |\widehat{Z}_{i'i}| > a(k;\alpha) \right\}$ とおくと, ある $\boldsymbol{x}_0$ が存在して

$$\boldsymbol{x}_0 \in \widehat{A}_{(i,i')} \cap \bar{B}_{(i,i')}^c \tag{5.28}$$

が成り立つならば, $\widehat{Z}_{i'i}$ が離散型確率変数であるので, (5.27) の記号 $\ge$ は $>$ に置き換えた

$$P\left(\widehat{A}_{(i,i')} \right) > P\left(|\widehat{Z}_{i'i}| > a(k;\alpha) \right) \quad ((i,i')\in\mathcal{U}_k)$$

が成り立つ. (5.28) を満たす $\boldsymbol{x}_0$ の存在性は, $\boldsymbol{X}$ を生成する乱数によるシミュレーションからも見つかる. $k = 4, 5$, $\alpha = 0.05$, 0.01 とした場合, 調べた限り (5.28) を満たす $\boldsymbol{x}_0$ の存在を確認できた.

[5.C] の閉検定手順から導かれる $\boldsymbol{\mu} \equiv (\mu_1, \ldots, \mu_k)$ に対する信頼係数 $1 - \alpha$ の信頼領域を考える. 補題 2.13 の仮定が満たされているものとする.

$\boldsymbol{X} \equiv (X_{11}, \ldots, X_{1n_1}, \ldots, X_{k1}, \ldots, X_{kn_k})$ とする. 任意の $(i, i') \in \mathcal{U}_k$ に対して, $\widehat{A}_{(i,i')} = \left\{ \boldsymbol{X} \in \widehat{A}_{(i,i')}^* \right\}$ となる集合 $\widehat{A}_{(i,i')}^*$ が存在する. (5.24) より

$$\bigcup_{(i,i') \in \mathcal{U}_k} \left\{ \boldsymbol{X} \in \widehat{A}_{(i,i')}^* \right\} = \left\{ \max_{1 \leqq i < i' \leqq k} |\widehat{Z}_{i'i}| > a(k; \alpha) \right\} \tag{5.29}$$

であることがわかる. $\boldsymbol{\mu} \otimes \mathbf{1}_n \equiv (\mu_1 \mathbf{1}_{n_1}, \ldots, \mu_k \mathbf{1}_{n_k})$ とし, $\mathbf{1}_{n_i}$ は各成分が 1 の n_i 次元行ベクトルとする. $\widehat{Z}_{i'i}(\theta_{i'i})$ を (5.13) によって定義する. このとき, $\widehat{Z}_{i'i}(\theta_{i'i})$ の性質と [5.C] の閉検定手順の方式により, (5.29) で $\boldsymbol{X}$ を $\boldsymbol{X} - \boldsymbol{\mu} \otimes \mathbf{1}_n$ に替えた

$$\bigcup_{(i,i') \in \mathcal{U}_k} \left\{ \boldsymbol{X} - \boldsymbol{\mu} \otimes \mathbf{1}_n \in \widehat{A}_{(i,i')}^* \right\} = \left\{ \max_{1 \leqq i < i' \leqq k} |\widehat{Z}_{i'i}(\theta_{i'i})| > a(k; \alpha) \right\} \tag{5.30}$$

が成立する. H_0 の下での確率測度を $P_0(\cdot)$, $\boldsymbol{\mu}$ が真のときの確率測度を $P_{\boldsymbol{\mu}}(\cdot)$ とする. このとき, (5.30) と (5.26) により

$$P_{\boldsymbol{\mu}} \left(\bigcap_{(i,i') \in \mathcal{U}_k} \left\{ \boldsymbol{X} - \boldsymbol{\mu} \otimes \mathbf{1}_n \in \left(\widehat{A}_{(i,i')}^* \right)^c \right\} \right)$$

$$= P_{\boldsymbol{\mu}} \left(\max_{1 \leqq i < i' \leqq k} |\widehat{Z}_{i'i}(\theta_{i'i})| \leqq a(k; \alpha) \right)$$

$$= P_0 \left(\max_{1 \leqq i < i' \leqq k} |\widehat{Z}_{i'i}| \leqq a(k; \alpha) \right)$$

を得る. これにより,

$$\lim_{n \to \infty} P_{\boldsymbol{\mu}} \left(\bigcap_{(i,i') \in \mathcal{U}_k} \left\{ \boldsymbol{X} - \boldsymbol{\mu} \otimes \mathbf{1}_n \in \left(\widehat{A}_{(i,i')}^* \right)^c \right\} \right) = 1 - \alpha \tag{5.31}$$

である. ここで, (5.30), (5.31) を使うと, [5.C] の閉検定手順から導かれる $\boldsymbol{\mu}$ に対する信頼係数 $1 - \alpha$ の漸近的な信頼領域は

$$
\bigcap_{(i,i') \in \mathcal{U}_k} \left\{ \boldsymbol{\mu} \;\middle|\; \boldsymbol{X} - \boldsymbol{\mu} \otimes \mathbf{1}_n \in \left(\widehat{A}^*_{(i,i')} \right)^c \right\}
$$

$$
= \left\{ \boldsymbol{\mu} \;\middle|\; \max_{1 \leq i < i' \leq k} |Z_{i'i}(\theta_{i'i})| \leq a(k;\alpha) \right\} \tag{5.32}
$$

となる. (5.32) の右辺は定理 2.11 で与えられた順位に基づく漸近的な同時信頼区間となり, [5.C] の閉検定手順から導かれる $\boldsymbol{\mu}$ に対する信頼係数 $1 - \alpha$ の漸近的な信頼領域は, シングルステップの定理 2.11 で与えられた順位に基づく漸近的な同時信頼区間と同値である.

5.C.1 検出力の高いウィルコクソン型の順位に基づく閉検定手順 1

[5.C] の手法の中で, $\widehat{Z}(I_j)$ と $\widehat{Z}(I_1)$ をそれぞれ

$$
\widehat{Z}_W(I_j) \equiv \max_{i<i',\; i,i' \in I_j} |\widehat{Z}_{Wi'i}|, \quad \widehat{Z}_W(I_1) \equiv \max_{i<i',\; i,i' \in I_1} |\widehat{Z}_{Wi'i}|
$$

に替えた手法である. ただし, $\widehat{Z}_{Wi'i}$ は [5.A.1] の中で定義されている. ◇

5.C.2 検出力の高い正規スコアによる閉検定手順 1

[5.C] の手法の中で, $\widehat{Z}(I_j)$ と $\widehat{Z}(I_1)$ をそれぞれ

$$
\widehat{Z}_N(I_j) \equiv \max_{i<i',\; i,i' \in I_j} |\widehat{Z}_{Ni'i}|, \quad \widehat{Z}_N(I_1) \equiv \max_{i<i',\; i,i' \in I_1} |\widehat{Z}_{Ni'i}|
$$

に替えた手法である. ただし, $\widehat{Z}_{Ni'i}$ は [5.A.2] の中で定義されている. ◇

5.C.3 検出力の高い符号スコアによる閉検定手順 1

[5.3] の手法の中で, $\widehat{Z}(I_j)$ と $\widehat{Z}(I_1)$ をそれぞれ

$$
\widehat{Z}_S(I_j) \equiv \max_{i<i',\; i,i' \in I_j} |\widehat{Z}_{Si'i}|, \quad \widehat{Z}_S(I_1) \equiv \max_{i<i',\; i,i' \in I_1} |\widehat{Z}_{Si'i}|
$$

に替えた手法である. ただし, $\widehat{Z}_{Si'i}$ は [5.A.3] の中で定義されている. ◇

I_j を (5.18) で定義されたものとする. $\{X_{ij'} \mid j' = 1, \ldots, n_i,\ i \in I_j\}$ の中での $X_{ij'}$ の順位を $R_{ij'}(I_j)$ とする. [5.C] の閉検定手順において, $\widehat{Z}(I_j)$ のかわ

りに

$$\widehat{Q}(I_j) \equiv \frac{n(I_j) - 1}{\sum_{m=1}^{n(I_j)} \left\{ a_{n(I_j)}(m) - \bar{a}_{n(I_j)} \right\}^2} \sum_{i \in I_j} n_i \left\{ \bar{a}_{n(I_j)} \left(R_{i \cdot}(I_j) \right) - \bar{a}_{n(I_j)} \right\}^2$$

(5.33)

を使っても閉検定手順がおこなえる．ただし，

$$n(I_j) \equiv \sum_{i \in I_j} n_i, \quad \bar{a}_{n(I_j)}(R_{i \cdot}(I_j)) \equiv \frac{1}{n_i} \sum_{j'=1}^{n_i} a_{n(I_j)}(R_{ij'}(I_j)),$$

$$\bar{a}_{n(I_j)} \equiv \frac{1}{n(I_j)} \sum_{m=1}^{n(I_j)} a_{n(I_j)}(m)$$

とする．一様性の帰無仮説 H_0 の下で，$\widehat{Q}(I_j)$ は漸近的に自由度 $\ell_j - 1$ のカイ二乗分布に分布収束する．$\alpha(M, \ell_j)$ を (5.22) によって定義し，$\chi^2_{\ell_j - 1}(\alpha(M, \ell_j))$ を自由度 $\ell_j - 1$ のカイ二乗分布の上側 $100\alpha(M, \ell_j)\%$ 点とする．$\chi^2_{\ell_j - 1}(\alpha(M, \ell_j))$ の値は付録 B の付表 7, 8 に掲載している．

このとき次の閉検定手順を得る．

5.D 検出力の高い順位に基づく閉検定手順 2

(a) $J \geqq 2$ のとき，$1 \leqq j \leqq J$ となるある整数 j が存在して $\chi^2_{\ell_j - 1}(\alpha(M, \ell_j)) < \widehat{Q}(I_j)$ ならば (5.18) の帰無仮説 $\bigwedge_{\boldsymbol{v} \in V} H_{\boldsymbol{v}}$ を棄却する．

(b) $J = 1\ (M = \ell_1)$ のとき，$\chi^2_{M-1}(\alpha) < \widehat{Q}(I_1)$ ならば帰無仮説 $\bigwedge_{\boldsymbol{v} \in V} H_{\boldsymbol{v}}$ を棄却する．

(a), (b) の方法で，$(i, i') \in V \subset \mathcal{U}_k$ を満たす任意の V に対して，$\bigwedge_{\boldsymbol{v} \in V} H_{\boldsymbol{v}}$ が棄却されるとき，多重比較検定として $H_{(i, i')}$ を棄却する．◆

このとき，定理 5.2 と同様に，[5.D] の閉検定手順 2 は水準 α の漸近的な多重比較検定であることが示せる．

5.D.1 検出力の高いウィルコクソン型の順位に基づく閉検定手順 2

[5.D] の手法の中で，$\widehat{Q}(I_j)$ を

$$\widehat{Q}_W(I_j) \equiv \frac{12}{n(I_j)\{n(I_j) + 1\}} \sum_{i \in I_j} n_i \left(\bar{R}_{i \cdot}(I_j) - \frac{n(I_j) + 1}{2} \right)^2$$

5.4 閉検定手順　　　　　　　　　　　　　　　　　　　　　　　　　　　　**97**

に替えた手法である. ただし,

$$\bar{R}_{i\cdot}(I_j) \equiv \frac{1}{n_i} \sum_{j'=1}^{n_i} R_{ij'}(I_j)$$

とする. ◇

5.D.2 **検出力の高い正規スコアによる閉検定手順 2**

[5.D] の手法の中で, $\widehat{Q}(I_j)$ を

$$\widehat{Q}_N(I_j) \equiv \frac{n(I_j) - 1}{\sum_{m=1}^{n(I_j)} \left\{ \varPhi^{-1} \left(\frac{m}{n+1} \right) \right\}^2} \sum_{i \in I_j} \frac{1}{n_i} \left\{ \sum_{j'=1}^{n_i} \varPhi^{-1} \left(\frac{R_{ij'}(I_j)}{n(I_j) + 1} \right) \right\}^2$$

に替えた手法である. ◇

5.D.3 **検出力の高い符号スコアによる閉検定手順 2**

[5.D] の手法の中で, $\widehat{Q}(I_j)$ を

$$\widehat{Q}_S(I_j) \equiv \frac{n(I_j) - 1}{2 \cdot \left\lfloor \frac{n(I_j)}{2} \right\rfloor} \sum_{i \in I_j} \frac{1}{n_i} \left\{ \sum_{j'=1}^{n_i} \mathrm{sign} \left(\frac{R_{ij'}(I_j)}{n(I_j) + 1} - \frac{1}{2} \right) \right\}^2$$

に替えた手法である. ◇

[5.C] と [5.D] の閉検定手順よりも検出力が一様に低いが, k が大きいときに適用しやすい方法として, 正規分布の下でのパラメトリック閉検定手順である REGW (Ryan-Einot-Gabriel-Walsh) 法に類似の手法を [5.E] として述べる. REGW 法は（著 1）を参照すること.

5.E **REGW 型閉検定手順**

$I \ (I \subset \{1, \ldots, k\})$ に属する添え字をもつ母平均は等しいという帰無仮説を $H(I)$ で表し, $\imath \equiv \#(I)$ とおく. さらに, $k \geqq 4$ とし,

$$\alpha^*(\imath) \equiv \begin{cases} 1 - (1-\alpha)^{\imath/k} & (2 \leqq \imath \leqq k-2) \\ \alpha & (\imath = k-1, k) \end{cases} \tag{5.34}$$

によって $\alpha^*(\imath)$ を定義する.

$a\left(\imath; \alpha^*(\imath)\right) < \widehat{Z}(I)$ ならば帰無仮説 $H(I)$ を棄却する．ただし，$\widehat{Z}(I)$ は (5.21) で定義されている．この方法で $i, i' \in I$ を満たす任意の I に対して $H(I)$ が棄却されるとき，多重比較検定として $H_{(i,i')}$ を棄却する． ◆

式 (5.33) の $\widehat{Q}(I_j)$ で I_j を I に置き替えたものを $\widehat{Q}(I)$ とする．このとき，上記の閉検定手順において，$\widehat{Z}(I)$ のかわりに $\widehat{Q}(I)$ を使っても閉検定手順がおこなえる．この場合，$a\left(\imath; \alpha^*(\imath)\right) < \widehat{Z}(I)$ を $\chi^2_{i-1}\left(\alpha^*(\imath)\right) < \widehat{Q}(I)$ に置き替えればよい．

5.5 平均と分散の相違の多重比較検定法

4.5 節の表 4.2 の平均と分散相違の k 標本モデルを考える．すなわち，$j = 1, \ldots, n_i$, $i = 1, \ldots, k$ に対して

$$P(X_{ij} \leqq x) = F\left(\frac{x - \mu_i}{\sigma_i}\right), \quad E(X_{ij}) = \mu_i, \ V(X_{ij}) = \sigma_i^2$$

さらにすべての X_{ij} は連続型で互いに独立であると仮定する．(4.31) の一様性の帰無仮説 H_0^b のノンパラメトリック検定法は 4.5 節に論述した．k 個の水準の平均母数と標準偏差母数のすべての比較を考える．1 つの比較のための検定は

帰無仮説 $H_{(i,i')}^b$: $\mu_i = \mu_{i'}$ かつ $\sigma_i = \sigma_{i'}$

vs. 対立仮説 $H_{(i,i')}^{bA}$: $\mu_i \neq \mu_{i'}$ または $\sigma_i \neq \sigma_{i'}$

となる．帰無仮説 $H_{(i,i')}^b$ vs. 対立仮説 $H_{(i,i')}^{bA}$ に対して帰無仮説のファミリー $\mathcal{H}_k^b$ は

$$\mathcal{H}_k^b \equiv \{H_{(i,i')}^b \mid 1 \leqq i < i' \leqq k\} = \{H_{\boldsymbol{v}}^b \mid \boldsymbol{v} \in \mathcal{U}_k\} \tag{5.35}$$

と表現できる．ただし，$\mathcal{U}_k$ は (5.1) で定義されたものとする．X_{ij} の順位は，平均母数 μ_i と標準偏差母数 σ_i の両方に依存するため，$\big\{$帰無仮説 $H_{(i,i')}^b$ vs. 対立仮説 $H_{(i,i')}^{bA} \mid (i,i') \in \mathcal{U}_k\big\}$ に対するシングルステップの，分布に依存しない多重比較検定法は提案できない．そこで，マルチステップの多重比較検定法を紹介する．

(5.35) で定義した $\mathcal{H}_k^b$ の要素の仮説 $H_{(i,i')}^b$ の論理積からなるすべての集合は

$$\overline{\mathcal{H}}_k^b \equiv \left\{ \bigwedge_{\boldsymbol{v} \in V} H_{\boldsymbol{v}}^b \ \middle| \ \varnothing \subsetneq V \subset \mathcal{U}_k \right\}$$

で表される．$\displaystyle\bigwedge_{\boldsymbol{v} \in \mathcal{U}_k} H_{\boldsymbol{v}}^b$ は (4.31) の一様性の帰無仮説 H_0^b となる．さらに，$\varnothing \subsetneq V \subset \mathcal{U}_k$ を満たす V に対して，

$$\bigwedge_{\boldsymbol{v} \in V} H_{\boldsymbol{v}}^b : \ 任意の\ (i ; i') \in V\ に対して，\ \mu_i = \mu_{i'}\ かつ\ \sigma_i = \sigma_{i'}$$

は k 個の母平均と母標準偏差の組に関していくつかが等しいという仮説となる．

$I_1, \ldots, I_J$ $(I_j \neq \varnothing,\ j = 1, \ldots, J)$ を添え字 $\{1, \ldots, k\}$ の互いに素な部分集合の組とし，同じ I_j $(j = 1, \ldots, J)$ に属する添え字をもつ母平均と母標準偏差はそれぞれ等しいという帰無仮説を $H^b(I_1, \ldots, I_J)$ で表す．このとき，$\varnothing \subsetneq V \subset \mathcal{U}_k$ を満たす任意の V に対して，ある自然数 J と上記のある $I_1, \ldots, I_J$ が存在して，

$$\bigwedge_{\boldsymbol{v} \in V} H_{\boldsymbol{v}}^b = H^b(I_1, \ldots, I_J) \tag{5.36}$$

が成り立つ．

$\varnothing \subsetneq V_0 \subset \mathcal{U}_k$ を満たす V_0 に対して，$\boldsymbol{v} \in V_0$ ならば帰無仮説 $H_{\boldsymbol{v}}^b$ が真で，$\boldsymbol{v} \in V_0^c \cap \mathcal{U}_k$ ならば $H_{\boldsymbol{v}}^b$ が偽のとき，1 つ以上の真の帰無仮説 $H_{\boldsymbol{v}}^b$ $(\boldsymbol{v} \in V_0)$ を棄却する確率が α 以下となる検定方式が水準 α の多重比較検定である．この定義の V_0 に対して，帰無仮説 $\displaystyle\bigwedge_{\boldsymbol{v} \in V_0} H_{\boldsymbol{v}}^b$ に対する水準 α の検定の棄却域を A とし，帰無仮説 $H_{\boldsymbol{v}}^b$ に対する水準 α の検定の棄却域を $B_{\boldsymbol{v}}$ とすると，帰無仮説 $\displaystyle\bigwedge_{\boldsymbol{v} \in V_0} H_{\boldsymbol{v}}^b$ の下で，

$$P\left(A \cap \left(\bigcup_{\boldsymbol{v} \in V_0} B_{\boldsymbol{v}} \right) \right) \leqq P(A) \leqq \alpha \tag{5.37}$$

が成り立つ．

上記の V_0 が未知であることを考慮し，特定の帰無仮説を $H_{\boldsymbol{v}_0}^b \in \mathcal{H}_k^b$ としたとき，$\boldsymbol{v}_0 \in V \subset \mathcal{U}_k$ を満たす任意の V に対して帰無仮説 $\displaystyle\bigwedge_{\boldsymbol{v} \in V} H_{\boldsymbol{v}}^b$ の検定が水準 α で棄却された場合に，多重比較検定として $H_{\boldsymbol{v}_0}^b$ を棄却する方式が水準 α の閉検定手順となっている．水準 α の閉検定手順は水準 α の多重比較検定である．

(5.37) より，閉検定手順による多重比較検定のタイプ I FWER が α 以下とな

る．水準 α の帰無仮説 $\bigwedge_{\boldsymbol{v} \in V} H_{\boldsymbol{v}}^b$ に対する検定方法を具体的にいくつか論述することができる．

(5.36) の $H^b(I_1, \ldots, I_J)$ に対して，$M, \ell_j \ (j = 1, \ldots, J)$ を

$$M \equiv M(I_1, \ldots, I_J) \equiv \sum_{j=1}^{J} \ell_j, \quad \ell_j \equiv \#(I_j)$$

とする．

I_j を (5.36) で定義されたものとする．$\{X_{ij'} \mid j' = 1, \ldots, n_i, \ i \in I_j\}$ の中での $X_{ij'}$ の順位を $R_{ij'}(I_j)$ とする．$a_n(\cdot), b_n(\cdot)$ が（条件 4.2）を満たすものとする．

$$\widehat{Q}_a(I_j) \equiv \frac{n(I_j) - 1}{\sum_{m=1}^{n(I_j)} \left\{ a_{n(I_j)}(m) - \bar{a}_{n(I_j)} \right\}^2} \sum_{i \in I_j} n_i \left\{ \bar{a}_{n(I_j)} \left(R_{i\cdot}(I_j) \right) - \bar{a}_{n(I_j)} \right\}^2$$

とおく．ただし，$n(I_j), \bar{a}_{n(I_j)}, \bar{a}_{n(I_j)} \left(R_{i\cdot}(I_j) \right)$ は (5.33) と同じものとする．

上記の $\widehat{Q}_a(I_j)$ で $a_{n(I_j)}(\cdot)$ を $b_{n(I_j)}(\cdot)$ に置き替えたものを $\widehat{Q}_b(I_j)$ とする．すなわち，

$$\widehat{Q}_b(I_j) \equiv \frac{n(I_j) - 1}{\sum_{m=1}^{n(I_j)} \left\{ b_{n(I_j)}(m) - \bar{b}_{n(I_j)} \right\}^2} \sum_{i \in I_j} n_i \left\{ \bar{b}_{n(I_j)} \left(R_{i\cdot}(I_j) \right) - \bar{b}_{n(I_j)} \right\}^2$$

である．このとき，(4.32) と同様に，

$$\widetilde{Q}_{ab}(I_j) \equiv \widehat{Q}_a(I_j) + \widehat{Q}_b(I_j)$$

とおくと，定理 4.4 と同様に，（条件 4.1）と（条件 4.2）の仮定と (4.31) の一様性の帰無仮説 H_0^b の下で，$\widetilde{Q}_{ab}(I_j)$ は漸近的に自由度 $2(\ell_j - 1)$ のカイ二乗分布に分布収束する．$\alpha(M, \ell_j)$ を (5.22) によって定義し，$\chi^2_{2(\ell_j - 1)} \left(\alpha(M, \ell_j) \right)$ を自由度 $2(\ell_j - 1)$ のカイ二乗分布の上側 $100\alpha(M, \ell_j)\%$ 点とする．このとき次の閉検定手順を得る．

5.F 検出力の高い順位に基づく閉検定手順 3

(a) $J \geqq 2$ のとき，$1 \leqq j \leqq J$ となるある整数 j が存在して $\chi^2_{2(\ell_j - 1)} \left(\alpha(M, \ell_j) \right)$ $< \widetilde{Q}_{ab}(I_j)$ ならば (5.36) の帰無仮説 $\bigwedge_{\boldsymbol{v} \in V} H_{\boldsymbol{v}}^b$ を棄却する．

5.5 平均と分散の相違の多重比較検定法 **101**

(b) $J = 1$ ($M = \ell_1$) のとき, $\chi^2_{2(M-1)}(\alpha) < \widetilde{Q}_{ab}(I_1)$ ならば帰無仮説 $\bigwedge_{\boldsymbol{v} \in V} H^b_{\boldsymbol{v}}$ を棄却する.

(a), (b) の方法で, $(i, i') \in V \subset \mathcal{U}_k$ を満たす任意の V に対して, $\bigwedge_{\boldsymbol{v} \in V} H^b_{\boldsymbol{v}}$ が棄却されるとき, 多重比較検定として $H^b_{(i,i')}$ を棄却する. ◆

このとき, 定理 5.2 と同様に, [5.F] の閉検定手順 3 は水準 α の漸近的な多重比較検定であることが示せる.

(5.36) より,

$$\overline{\mathcal{H}}^b_k = \left\{ H^b(I_1, \ldots, I_J) \;\middle|\; \text{ある } J \text{ が存在して, } \bigcup_{j=1}^{J} I_j \subset \{1, \ldots, k\}. \right.$$
$$\left. \#(I_j) \geqq 2 \; (1 \leqq j \leqq J). \; J \geqq 2 \text{ のとき } I_j \cap I_{j'} = \varnothing \; (1 \leqq j < j' \leqq J) \right\}$$

となる. $(i, i') \in \mathcal{U}_k$ に対して,

$$\overline{\mathcal{H}}^b_{k(i,i')} \equiv \left\{ H^b(I_1, \ldots, I_J) \in \overline{\mathcal{H}}^b_k \;\middle|\; \text{ある } j \text{ が存在して, } \{i, i'\} \subset I_j \right\}$$

とおく. このとき,

$$\overline{\mathcal{H}}^b_k = \bigcup_{(i,i') \in \mathcal{U}_k} \overline{\mathcal{H}}^b_{k(i,i')} \quad \text{かつ} \quad H^b_{(i,i')}, H^b_0 \in \overline{\mathcal{H}}^b_{k(i,i')}$$

が成り立つ. ただし, H^b_0 は (4.31) で与えられる.

これにより, 水準 α の多重比較検定として, 任意の $(i, i') \in \mathcal{U}_k$ に対して次の (i), (ii) により判定する.

(i) $\overline{\mathcal{H}}^b_{k(i,i')}$ の中の帰無仮説がすべて棄却されていれば, 多重比較検定として $H^b_{(i,i')}$ を棄却する.

(ii) $\overline{\mathcal{H}}^b_{k(i,i')}$ の中の帰無仮説で棄却されていないものが 1 つでもあれば $H^b_{(i,i')}$ を保留する.

$k = 4$ とした場合を考える. 多重比較検定として, 特定の帰無仮説 $H^b_{(1,2)}$ が棄却される場合に, $\overline{\mathcal{H}}^b_{k(1,2)}$ のすべての要素 $H^b(I_1, \ldots, I_J)$ を表 5.4 として挙げている. この表には, $\overline{\mathcal{H}}^b_{k(1,2)}$ の中の帰無仮説をすべて載せている. この表から,

$H^b_{(1,2)}$ が多重比較検定として棄却されるためには 5 個の帰無仮説を棄却しなければならない. $\mathcal{H}^b_k$ の中に, $H^b_{(1,2)}$ 以外の帰無仮説が ${}_4\mathrm{C}_2 - 1 = 5$ 個ある. この 5 個のうちの 1 つの帰無仮説 $H^b_{(i,i')}$ が多重比較検定として棄却される場合, 検定される帰無仮説 $H^b(I_1,\ldots,I_J)$ も 5 個である. $1 \leqq i < i' \leqq 4$ となる任意の (i,i') に対して, $H^b_{(i,i')}$ は第 i 群の標本と第 1 群の標本を入れ替え, 第 i' 群の標本と第 2 群の標本を入れ替えることにより, 一般性を失うことなく表 5.4 に帰着される. ちなみに, $\overline{\mathcal{H}}^b_k$ は表 5.5 によって与えられる.

次の (1)-(5) がすべて成立するならば, [5.F] の閉検定手順により水準 α の多重比較検定として, 帰無仮説 $H^b_{(1,2)}$ が棄却される.

(1) $\widetilde{Q}_{ab}(\{1,2,3,4\}) > \chi^2_6(\alpha)$

(2) $\widetilde{Q}_{ab}(\{1,2\}) > \chi^2_2(\alpha(4,2))$ または $\widetilde{Q}_{ab}(\{3,4\}) > \chi^2_2(\alpha(4,2))$

(3) $\widetilde{Q}_{ab}(\{1,2,3\}) > \chi^2_4(\alpha)$

(4) $\widetilde{Q}_{ab}(\{1,2,4\}) > \chi^2_4(\alpha)$

(5) $\widetilde{Q}_{ab}(\{1,2\}) > \chi^2_2(\alpha)$

表 5.4 $k = 4$ とし, 帰無仮説 $H^b_{(1,2)}$ を多重比較検定する場合に, 閉検定手順で検定される帰無仮説 $H^b(I_1,\ldots,I_J) \in \overline{\mathcal{H}}^b_{k(1,2)}$

M	$H^b(I_1,\ldots,I_J)$	J	ℓ
4	$H^b(\{1,2,3,4\})$	$J=1,\ \ell_1=4$	
	$H^b(\{1,2\},\{3,4\})$	$J=2,\ \ell_1=\ell_2=2$	
3	$H^b(\{1,2,3\})$	$J=1,\ \ell_1=3$	
	$H^b(\{1,2,4\})$	$J=1,\ \ell_1=3$	
2	$H^b(\{1,2\})$	$J=1,\ \ell_1=2$	

$H^b(\{1,2,3,4\})$: $\mu_1 = \mu_2 = \mu_3 = \mu_4,\ \sigma_1 = \sigma_2 = \sigma_3 = \sigma_4$

$H^b(\{1,2\},\{3,4\})$: $\mu_1 = \mu_2,\ \sigma_1 = \sigma_2,\ \mu_3 = \mu_4,\ \sigma_3 = \sigma_4$

$H^b(\{1,2,3\})$: $\mu_1 = \mu_2 = \mu_3,\ \sigma_1 = \sigma_2 = \sigma_3$

$H^b(\{1,2,4\})$: $\mu_1 = \mu_2 = \mu_4,\ \sigma_1 = \sigma_2 = \sigma_4$

$H^b(\{1,2\})$: $\mu_1 = \mu_2,\ \sigma_1 = \sigma_2$

5.5 平均と分散の相違の多重比較検定法

表 5.5 $k = 4$ とし，閉検定手順で検定される帰無仮説 $H^b(I_1, \ldots, I_J) \in \overline{\mathcal{H}}_k^b$

M	$H^b(I_1, \ldots, I_J)$		
4	$H^b(\{1,2,3,4\})$	$H^b(\{1,2\}, \{3,4\})$	$H^b(\{1,3\}, \{2,4\})$
	$H^b(\{1,4\}, \{2,3\})$		
3	$H^b(\{1,2,3\})$	$H^b(\{1,2,4\})$	$H^b(\{1,3,4\})$
	$H^b(\{2,3,4\})$		
2	$H^b(\{1,2\})$	$H^b(\{1,3\})$	$H^b(\{1,4\})$
	$H^b(\{2,3\})$	$H^b(\{2,4\})$	$H^b(\{3,4\})$

5.F.1 ロジスティック分布のときに漸近的に最良な順位に基づく閉検定手順 3

表 1.1 で，$F_0(x)$ を標準型のロジスティック分布関数として，$a_{n(I_j)}(m) \equiv \varphi_1(m/(n(I_j)+1), f_0) = 2m/(n(I_j)+1) - 1$ とおくと，$\widehat{Q}_a(I_j)$ は [5.D.1] の $\widehat{Q}_W(I_j)$ に等しい．表 1.1 より

$$
\begin{aligned}
b_{n(I_j)}(m) &\equiv \varphi_2\left(\frac{m}{n(I_j)+1}, f_0\right) \\
&= \left\{\frac{2m}{n(I_j)+1} - 1\right\}\{\log(m) - \log(n(I_j)+1-m)\}, \\
b_{n(I_j)}(R_{ij'}(I_j)) &\equiv \varphi_2\left(\frac{R_{ij'}(I_j)}{n(I_j)+1}, f_0\right) \\
&= \left\{\frac{2R_{ij'}(I_j)}{n(I_j)+1} - 1\right\}\{\log(R_{ij'}(I_j)) - \log(n(I_j)+1-R_{ij'}(I_j))\}
\end{aligned}
$$

とおいた $\widehat{Q}_b(I_j)$ を $\widehat{Q}_L(I_j)$ で表記すると，$\widetilde{Q}_{ab}(I_j)$ は

$$
\widetilde{Q}_{WL}(I_j) = \widehat{Q}_W(I_j) + \widehat{Q}_L(I_j)
$$

となる．

[5.F] の手法の中で，$\widetilde{Q}_{ab}(I_j)$ を $\widetilde{Q}_{WL}(I_j)$ に替えた手法である． ◇

5.F.2 正規分布のときに漸近的に最良な順位に基づく閉検定手順 3

表 1.1 で，$F_0(x)$ を標準正規分布関数として，$a_{n(I_j)}(m) \equiv \varphi_1(m/(n(I_j)+1), f_0) = \Phi^{-1}(m/(n(I_j)+1))$ とおくと，$\widehat{Q}_a(I_j)$ は [5.D.2] の $\widehat{Q}_N(I_j)$ に等しい．表 1.1 より，

$$
b_{n(I_j)}(m) \equiv \varphi_2\left(\frac{m}{n(I_j)+1}, f_0\right) = \left\{\Phi^{-1}\left(\frac{m}{n(I_j)+1}\right)\right\}^2,
$$

$$b_{n(I_j)}(R_{ij'}(I_j)) \equiv \varphi_2\left(\frac{R_{ij'}(I_j)}{n(I_j)+1}, f_0\right) = \left\{\Phi^{-1}\left(\frac{R_{ij'}(I_j)}{n(I_j)+1}\right)\right\}^2$$

とおいた $\widehat{Q}_b(I_j)$ を $\widehat{Q}_J(I_j)$ で表記すると，$\widetilde{Q}_{ab}(I_j)$ は

$$\widetilde{Q}_{NJ}(I_j) = \widehat{Q}_N(I_j) + \widehat{Q}_J(I_j)$$

となる．

[5.F] の手法の中で，$\widetilde{Q}_{ab}(I_j)$ を $\widetilde{Q}_{NJ}(I_j)$ に替えた手法である． ◇

5.F.3 両側指数分布のときに漸近的に最良な順位に基づく閉検定手順 3

表 1.1 で，$F_0(x)$ を標準型の両側指数分布関数として，表 1.1 より $a_{n(I_j)}(m) \equiv \varphi_1(m/(n(I_j)+1), f_0) = \mathrm{sign}(m/(n(I_j)+1)-1/2)$ とおくと，$\widehat{Q}_a(I_j)$ は [5.D.3] の $\widehat{Q}_S(I_j)$ に等しい．表 1.1 より，

$$b_{n(I_j)}(m) \equiv \varphi_2\left(\frac{m}{n(I_j)+1}, f_0\right) = -\log\left\{1 - \left|\frac{2m}{n(I_j)+1} - 1\right|\right\},$$

$$b_{n(I_j)}(R_{ij}(I_j)) \equiv \varphi_2\left(\frac{R_{ij}(I_j)}{n(I_j)+1}, f_0\right) = -\log\left\{1 - \left|\frac{2R_{ij}(I_j)}{n(I_j)+1} - 1\right|\right\}$$

とおいた $\widehat{Q}_b(I_j)$ を $\widehat{Q}_K(I_j)$ で表記すると，$\widetilde{Q}_{ab}(I_j)$ は

$$\widetilde{Q}_{SK}(I_j) = \widehat{Q}_S(I_j) + \widehat{Q}_K(I_j)$$

となる．

[5.F] の手法の中で，$\widetilde{Q}_{ab}(I_j)$ を $\widetilde{Q}_{SK}(I_j)$ に替えた手法である． ◇

[5.F] の閉検定手順よりも検出力が一様に低いが，k が大きいときに適用しやすい方法として，次の REGW 型閉検定手順を紹介する．

5.G REGW 型閉検定手順

$I\ (I \subset \{1, \ldots, k\})$ に属する添え字をもつ母平均と母標準偏差は等しいという帰無仮説を $H^b(I)$ で表し，$\imath \equiv \#(I)$ とおく．さらに，$k \geqq 4$ とし，$\alpha^*(\imath)$ を (5.34) で定義する．$\widetilde{Q}_{ab}(I_j)$ で I_j を I に置き替えたものを $\widetilde{Q}_{ab}(I)$ とする．このとき，$\chi^2_{2(\imath-1)}(\alpha^*(\imath)) < \widetilde{Q}_{ab}(I)$ ならば帰無仮説 $H^b(I)$ を棄却する．この方法で $i, i' \in I$ を満たす任意の I に対して $H^b(I)$ が棄却されるとき，多重比較検定として $H^b_{(i,i')}$ を棄却する． ◆

第 **6** 章

対照標本の平均との相違に関する多重比較法

　分散が共通の正規分布を仮定した多標本モデルにおける対照標本と処理標本の平均の組の多重比較法は，ダネット (Dunnett (1955)) によって提案され，ダネット法とよばれている．正規分布の手法は 11.1 節を参照．このパラメトリック法に対応して，分布に依らない多重比較法として，スティール (Steel (1959)) は 2 標本間のウィルコクソンの順位和に基づく多重比較法を提案した．

　本書では，ウィルコクソン型を含む一般のスコアに基づくシングルステップの多重比較法を提案する．このシングルステップのノンパラメトリック法を凌駕する逐次棄却型検定法についても解説する．

6.1　モデルと考え方

　第 i 標本 $(X_{i1}, X_{i2}, \ldots, X_{in_i})$ は，平均が μ_i である同一の連続型分布関数 $F(x - \mu_i)$ をもつとする．すなわち，

$$P(X_{ij} \leqq x) = F(x - \mu_i), \quad E(X_{ij}) = \mu_i$$

$f(x) \equiv F'(x)$ とおくと，$\displaystyle\int_{-\infty}^{\infty} x f(x) dx = 0$ が成り立つ．さらにすべての X_{ij} は互いに独立であると仮定する．総標本サイズを $n \equiv n_1 + \cdots + n_k$ とおく．このモデルでは，第 1 標本を対照標本，その他の標本は処理標本と考え，どの処理と対照の間に差があるかを調べる．このモデルを表 6.1 に示す．

　1 つの比較のための検定は，

$$\text{帰無仮説 } H_{1i} : \ \mu_i = \mu_1$$

表 6.1 連続分布に従う k 標本モデル

水準	標本	データ	平均	分布
対照	第 1 標本	$X_{11}, \ldots, X_{1n_1}$	μ_1	$F(x - \mu_1)$
処理 1	第 2 標本	$X_{21}, \ldots, X_{2n_2}$	μ_2	$F(x - \mu_2)$
$\vdots$	$\vdots$	$\vdots \quad \vdots \quad \vdots$	$\vdots$	$\vdots$
処理 $k-1$	第 k 標本	$X_{k1}, \ldots, X_{kn_k}$	μ_k	$F(x - \mu_k)$

総標本サイズ：$n \equiv n_1 + \cdots + n_k$（すべての観測値の個数）

$P(X_{ij} \leqq x) = F(x - \mu_i)$ $(i = 1, \ldots, k)$, $\mu_1, \ldots, \mu_k$ はすべて未知母数とする.

に対して 3 種の対立仮説

① 両側対立仮説 $H_{1i}^{A\pm} : \mu_i \neq \mu_1$

② 上側対立仮説 $H_{1i}^{A+} : \mu_i > \mu_1$

③ 下側対立仮説 $H_{1i}^{A-} : \mu_i < \mu_1$

となる. 帰無仮説のファミリーを

$$\mathcal{H}_D \equiv \{H_{12}, H_{13}, \ldots, H_{1k}\} \tag{6.1}$$

とおく. 定数 α $(0 < \alpha < 1)$ をはじめに決める. $\boldsymbol{X} \equiv (X_{11}, \ldots, X_{1n_1}, \ldots, X_{k1}, \ldots, X_{kn_k})$ の実現値 $\boldsymbol{x}$ によって, 任意の $H_{1i} \in \mathcal{H}_D$ に対して H_{1i} を棄却するかしないかを決める検定方式を $\phi_i(\boldsymbol{x})$ とする.

$\boldsymbol{\mu} \equiv (\mu_1, \ldots, \mu_k)$ とおき,

$$\mathcal{I}_{2,k} \equiv \{i \mid 2 \leqq i \leqq k\} = \{2, 3, \ldots, k\} \tag{6.2}$$

とおく. すべての $i \in \mathcal{I}_{2,k}$ に対して, $\mu_i \neq \mu_1$ のときは, 有意水準は関係しないので,

$$\Theta_D \equiv \{\boldsymbol{\mu} \mid 1 \text{ つ以上の帰無仮説 } H_{1i} \text{ が真}\}$$
$$= \{\boldsymbol{\mu} \mid \text{ある } i \in \mathcal{I}_{2,k} \text{ が存在して, } \mu_i = \mu_1\}$$

とおき, $\boldsymbol{\mu} \in \Theta_D$ とする. このとき, 正しい帰無仮説 H_{1i} は 1 つ以上ある. また, 確率は $\boldsymbol{\mu}$ に依存するので, 確率測度を $P_{\boldsymbol{\mu}}(\cdot)$ で表す.

6.2 シングルステップの多重比較検定法　　　　**107**

このとき，任意の $\boldsymbol{\mu} \in \Theta_D$ に対して

$$P_{\boldsymbol{\mu}}(\text{正しい帰無仮説のうち少なくとも 1 つが棄却される}) \leqq \alpha \qquad (6.3)$$

を満たす検定方式 $\{\phi_i(\boldsymbol{x}) \mid i \in \mathcal{I}_{2,k}\}$ を，$\mathcal{H}_D$ に対する水準 α の多重比較検定法とよぶ．(6.3) の左辺を，（$\boldsymbol{\mu}$ を固定したときの）第 1 種の過誤の確率またはタイプ I FWER とよぶ．また，(6.3) の右辺の α は全体としての有意水準である．すなわち，タイプ I FWER の上限が α 以下である必要がある．

$2 \leqq i \leqq k$ を満たすすべての i に対して，$\theta_i \equiv \mu_i - \mu_1$ の区間推定に興味があるものとする．定数 α $(0 < \alpha < 1)$ をはじめに決める．任意の i に対して I_i を区間とする．

$$P\left(\text{すべての } i \in \mathcal{I}_{2,k} \text{ に対して，} \theta_i \in I_i\right) \geqq 1 - \alpha$$

となるならば，$\mu_i - \mu_1 \in I_i$ $(i \in \mathcal{I}_{2,k})$ を，$\{\mu_i - \mu_1 \mid i \in \mathcal{I}_{2,k}\}$ に対する信頼係数 $1 - \alpha$ の同時信頼区間とよんでいる．

6.2　シングルステップの多重比較検定法

クラスカル・ウォリスの順位検定 [4.A.1] の場合と同じようにすべての観測値の中で順位をつける検定はダン (Dunn (1964)) によって提案されているが，多重比較法になっていないことが Hsu (1996) などによって指摘されている．ここでは，2 標本間の標本観測値の中で順位をつける手法を紹介する．

$X_{i1}, \ldots, X_{in_i}, X_{11}, \ldots, X_{1n_1}$ を小さい方から並べたときの X_{ij} の順位を $R_{ij}^{(i,1)}$ とする．これらの順位は 1 から $N_i \equiv n_i + n_1$ である．ここで，スコア関数 $a_{N_i}(\cdot)$ を用いる．

(5.6) の $\widehat{Z}_{i'i}$ に対して

$$\widehat{Z}_i \equiv \widehat{Z}_{i1} = \frac{T_i}{\sigma_{in}}, \quad \sigma_{in} \equiv \sqrt{\frac{n_i n_1}{N_i(N_i - 1)} \sum_{m=1}^{N_i} \{a_{N_i}(m) - \bar{a}_{N_i}\}^2}$$

とおく．ただし，

$$T_i \equiv \sum_{\ell=1}^{n_i} a_{N_i}\left(R_{i\ell}^{(i,1)}\right) - n_i \bar{a}_{N_i}$$

とする．

定理 6.1 （条件 3.1）と（条件 4.1）を満たすと仮定するならば，$t > 0$ に対して，

$$\lim_{n \to \infty} P_0 \left(\max_{i \in \mathcal{I}_{2,k}} |\widehat{Z}_i| \leqq t \right) = B_1(t|k, \boldsymbol{\lambda}),$$

$$\lim_{n \to \infty} P_0 \left(\max_{i \in \mathcal{I}_{2,k}} \widehat{Z}_i \leqq t \right) = B_2(t|k, \boldsymbol{\lambda})$$

が成り立つ．ただし，$P_0(\cdot)$ は H_0 の下での確率測度，

$$B_1(t|k, \boldsymbol{\lambda}) \equiv \int_{-\infty}^{\infty} \prod_{i=2}^{k} \left\{ \Phi \left(\sqrt{\frac{\lambda_i}{\lambda_1}} \cdot x + \sqrt{\frac{\lambda_i + \lambda_1}{\lambda_1}} \cdot t \right) \right.$$
$$\left. - \Phi \left(\sqrt{\frac{\lambda_i}{\lambda_1}} \cdot x - \sqrt{\frac{\lambda_i + \lambda_1}{\lambda_1}} \cdot t \right) \right\} d\Phi(x), \quad (6.4)$$

$$B_2(t|k, \boldsymbol{\lambda}) \equiv \int_{-\infty}^{\infty} \prod_{i=2}^{k} \Phi \left(\sqrt{\frac{\lambda_i}{\lambda_1}} \cdot x + \sqrt{\frac{\lambda_i + \lambda_1}{\lambda_1}} \cdot t \right) d\Phi(x) \quad (6.5)$$

とする．

証明 $U_{ij} \equiv F(X_{ij} - \mu_i) \ (j = 1, \ldots, n_i, \ i = 1, \ldots, k)$ とおく．このとき，$U_{11}, \ldots, U_{kn_k}$ は互いに独立で同一の一様分布 $U(0,1)$ に従う．

$$T_i^* \equiv \sum_{j=1}^{n_i} \varphi(U_{ij}) - \frac{n_i}{N_i} \left\{ \sum_{j=1}^{n_1} \varphi(U_{1j}) + \sum_{j'=1}^{n_i} \varphi(U_{ij'}) \right\}$$

とおく．このとき，(5.10) より，$n \to \infty$ として，帰無仮説 H_0 の下で

$$\left| \frac{T_i - T_i^*}{\sqrt{n}} \right| \overset{P}{\to} 0 \quad (6.6)$$

が成り立つ．残りの証明は（著 1）の補題 6.1 を参照． $\qquad \square$

定理 6.1 より，[6.A] のスティール型の順位検定法を得る．

6.A スティール型の順位に基づく多重比較検定法

α を与え，

$$B_1(t|k, \boldsymbol{\lambda}) = 1 - \alpha \text{ を満たす } t \text{ の解を } b_1(k, \lambda_1, \ldots, \lambda_k; \alpha), \quad (6.7)$$

6.2 シングルステップの多重比較検定法

$$B_2(t|k, \boldsymbol{\lambda}) = 1 - \alpha \text{ を満たす } t \text{ の解を } b_2(k, \lambda_1, \ldots, \lambda_k; \alpha) \tag{6.8}$$

とする. $b_1(k, \lambda_1, \ldots, \lambda_k; \alpha)$, $b_2(k, \lambda_1, \ldots, \lambda_k; \alpha)$ の数表を, それぞれ, 付録 B の付表 9, 10 に載せている. このとき, 平均母数の制約に応じて, 水準 α の漸近的な多重比較検定は, 次の (1)-(3) で与えられる.

(1) 両側の { 帰無仮説 H_{1i} vs. 対立仮説 $H_{1i}^{A\pm} \mid i \in \mathcal{I}_{2,k}$ } のとき,
$|\widehat{Z}_i| > b_1(k, \lambda_1, \ldots, \lambda_k; \alpha)$ となる i に対して H_{1i} を棄却し, 対立仮説 $H_{1i}^{A\pm}$ を受け入れ, $\mu_i \neq \mu_1$ と判定する.

(2) 上側の { 帰無仮説 H_{1i} vs. 対立仮説 $H_{1i}^{A+} \mid i \in \mathcal{I}_{2,k}$ } のとき,
$\widehat{Z}_i > b_2(k, \lambda_1, \ldots, \lambda_k; \alpha)$ となる i に対して H_{1i} を棄却し, 対立仮説 H_{1i}^{A+} を受け入れ, $\mu_i > \mu_1$ と判定する.

(3) 下側の { 帰無仮説 H_{1i} vs. 対立仮説 $H_{1i}^{A-} \mid i \in \mathcal{I}_{2,k}$ } のとき,
$-\widehat{Z}_i > b_2(k, \lambda_1, \ldots, \lambda_k; \alpha)$ となる i に対して H_{1i} を棄却し, 対立仮説 H_{1i}^{A-} を受け入れ, $\mu_i < \mu_1$ と判定する. ◆

次にスコア関数 $a_{N_i}(\cdot)$ を具体的に与えた手法を述べる.

6.A.1 スティール (Steel (1959)) の順位検定法

ウィルコクソン型のスコア関数 $a_{N_i}(m) = 2m/(N_i + 1) - 1$ のとき, $\widehat{Z}_i$ は

$$\widehat{Z}_{Wi} \equiv \sqrt{\frac{12}{n_i n_1 (N_i + 1)}} \cdot \left\{ \sum_{j=1}^{n_i} R_{ij}^{(i,1)} - \frac{n_i(N_i + 1)}{2} \right\}$$

となる. [6.A] の手法の中で, $\widehat{Z}_i$ を $\widehat{Z}_{Wi}$ に替えた手法である. ◇

6.A.2 正規スコアによる順位検定法

$a_{N_i}(m) = \Phi^{-1}\left(m/(N_i + 1)\right)$ のとき, $\widehat{Z}_i$ は

$$\widehat{Z}_{Ni} \equiv \frac{\sqrt{N_i(N_i - 1)} \sum_{j=1}^{n_i} \Phi^{-1}\left(\frac{R_{ij}^{(i,1)}}{N_i + 1}\right)}{\sqrt{n_i n_1 \sum_{m=1}^{N_i} \left\{ \Phi^{-1}\left(\frac{m}{N_i + 1}\right) \right\}^2}}$$

となる. [6.A] の手法の中で, $\widehat{Z}_i$ を $\widehat{Z}_{Ni}$ に替えた手法である. ◇

6.A.3 符号スコアによる順位検定法

$a_{N_i}(m) = \mathrm{sign}(m/(N_i+1) - 1/2)$ のとき，$\widehat{Z}_i$ は

$$\widehat{Z}_{Si} \equiv \frac{\sqrt{N_i(N_i-1)} \sum_{j=1}^{n_i} \mathrm{sign}\left(\frac{R_{ij}^{(i,1)}}{N_i+1} - \frac{1}{2}\right)}{\sqrt{2n_i n_1 \cdot \left\lfloor \frac{N_i}{2} \right\rfloor}}$$

となる．[6.A] の手法の中で，$\widehat{Z}_i$ を $\widehat{Z}_{Si}$ に替えた手法である． ◇

6.3 同時信頼区間

θ を実数とし，$X_{i1} - \theta, \ldots, X_{in_i} - \theta, X_{11}, \ldots, X_{1n_1}$ の中での $X_{i\ell} - \theta$ の順位を $R_{i\ell}^{(i,1)}(\theta)$ とする．

$$T_i(\theta) \equiv \sum_{\ell=1}^{n_i} a_{N_i}\left(R_{i\ell}^{(i,1)}(\theta)\right) - n_i \bar{a}_{N_i}$$

とおく．さらに，(5.6) に対応して

$$\widehat{Z}_i(\theta) \equiv \frac{T_i(\theta)}{\sigma_{in}},$$

$\theta_i \equiv \mu_i - \mu_1$ とおく．（条件 4.1）を満たすと仮定するならば，$t \geqq 0$ に対して，

$$\lim_{n \to \infty} P\left(\max_{i \in \mathcal{I}_{2,k}} |\widehat{Z}_i(\theta_i)| \leqq t\right) = \lim_{n \to \infty} P_0\left(\max_{i \in \mathcal{I}_{2,k}} |\widehat{Z}_i| \leqq t\right) \tag{6.9}$$

が成り立つ．(6.9) と定理 6.1 より，

$$\begin{aligned}
1 - \alpha &= P_0\left(\max_{i \in \mathcal{I}_{2,k}} |\widehat{Z}_i| \leqq b_1(k, \lambda_1, \ldots, \lambda_k; \alpha)\right) + o(1)\\
&= P\left(\max_{i \in \mathcal{I}_{2,k}} |\widehat{Z}_i(\theta_i)| \leqq b_1(k, \lambda_1, \ldots, \lambda_k; \alpha)\right) + o(1)\\
&= P(\text{任意の } i \in \mathcal{I}_{2,k} \text{ に対して}\\
&\quad |T(\theta_i)| \leqq b_1(k, \lambda_1, \ldots, \lambda_k; \alpha)\sigma_{in}) + o(1)
\end{aligned} \tag{6.10}$$

が成り立つ．同様に，

6.3 同時信頼区間 　　　　　　　　　　　　　　　　　　　　　　　　　　111

$$1 - \alpha = P\left(\max_{i \in \mathcal{I}_{2,k}} \widehat{Z}_i(\theta_i) \leqq b_2(k, \lambda_1, \ldots, \lambda_k; \alpha) \right) + o(1)$$

$$= P\,(\text{任意の } i \in \mathcal{I}_{2,k} \text{ に対して}$$

$$T(\theta_i) \leqq b_2(k, \lambda_1, \ldots, \lambda_k; \alpha)\sigma_{in}) + o(1) \tag{6.11}$$

が成り立つ.

次の（条件 6.1）を仮定する.

（条件 6.1）　任意の $i \in \mathcal{I}_{2,k}$ に対して

$$a_{N_i}(1) \leqq a_{N_i}(2) \leqq \cdots \leqq a_{N_i}(N_i) \tag*{□}$$

このとき, $T_i(\theta)$ は θ の減少関数となる.

$0 < \alpha < 1$ に対して, $\ell_{1i}(\alpha), u_{1i}(\alpha)$ を次のように定義する.

$$\ell_{1i}(\alpha) \equiv \inf \left\{ \theta \mid T_i(\theta) \leqq b_1(k, \lambda_1, \ldots, \lambda_k; \alpha)\sigma_{in} \right\}, \tag{6.12}$$

$$u_{1i}(\alpha) \equiv \sup \left\{ \theta \mid T_i(\theta) \geqq -b_1(k, \lambda_1, \ldots, \lambda_k; \alpha)\sigma_{in} \right\} \tag{6.13}$$

さらに, $0 < \alpha < 1$ に対して, $\ell_{2i}(\alpha), u_{2i}(\alpha)$ を次のように定義する.

$$\ell_{2i}(\alpha) \equiv \inf \left\{ \theta \mid T_i(\theta) \leqq b_2(k, \lambda_1, \ldots, \lambda_k; \alpha)\sigma_{in} \right\}, \tag{6.14}$$

$$u_{2i}(\alpha) \equiv \sup \left\{ \theta \mid T_i(\theta) \geqq -b_2(k, \lambda_1, \ldots, \lambda_k; \alpha)\sigma_{in} \right\} \tag{6.15}$$

(6.10)-(6.15) をまとめることにより, 次の漸近的な同時信頼区間を得る.

6.B　**対照標本の平均とのすべての平均差に対する信頼係数 $1 - \alpha$ の順位同時信頼区間**

(1) 両側信頼区間：対照標本の平均とのすべての平均差 $\{\theta_i \mid i \in \mathcal{I}_{2,k}\}$ に対する信頼係数 $1 - \alpha$ の漸近的な両側同時信頼区間は, 任意の $i \in \mathcal{I}_{2,k}$ に対して,

$$\theta_i \in \left\{ \theta \mid |T_i(\theta)| \leqq b_1(k, \lambda_1, \ldots, \lambda_k; \alpha)\sigma_{in} \right\}$$

$$\Longleftrightarrow \ell_{1i}(\alpha) \leqq \mu_i - \mu_1 < u_{1i}(\alpha)$$

で与えられる. 半開区間で区間を表現しているが, 開区間または閉区間のいずれでもよい.

(2) 上側信頼区間：対照標本の平均とのすべての平均差 $\{\theta_i \mid i \in \mathcal{I}_{2,k}\}$ に対する
信頼係数 $1 - \alpha$ の漸近的な上側同時信頼区間は，任意の $i \in \mathcal{I}_{2,k}$ に対して，

$$\theta_i \in \left\{ \theta \mid T_i(\theta) \leqq b_2(k, \lambda_1, \ldots, \lambda_k; \alpha)\sigma_{in} \right\} \iff \ell_{2i}(\alpha) \leqq \mu_i - \mu_1$$

で与えられる．

(3) 下側信頼区間：対照標本の平均とのすべての平均差 $\{\theta_i \mid i \in \mathcal{I}_{2,k}\}$ に対する
信頼係数 $1 - \alpha$ の漸近的な下側同時信頼区間は，任意の $i \in \mathcal{I}_{2,k}$ に対して，

$$\theta_i \in \left\{ \theta \mid T_i(\theta) \geqq -b_2(k, \lambda_1, \ldots, \lambda_k; \alpha)\sigma_{in} \right\} \iff \mu_i - \mu_1 < u_{2i}(\alpha)$$

で与えられる． ◆

$a_{N_i}(m) = 2m/(N_i+1)-1$ のとき，$n_1 n_i$ 個の $\{X_{i\ell'} - X_{1\ell} \mid \ell' = 1, \ldots, n_i, \ell = 1, \ldots, n_1\}$ の順序統計量を

$$\mathcal{D}^i_{(1)} \leqq \mathcal{D}^i_{(2)} \leqq \cdots \leqq \mathcal{D}^i_{(n_1 n_i)}$$

とする．（著 1）の定理 5.5 より，次の漸近的な同時信頼区間を得る．

6.B.1 **対照標本の平均とのすべての平均差に対する信頼係数 $1 - \alpha$ のウィルコ**
ソン型の順位同時信頼区間

すべての平均差 $\{\mu_i - \mu_1 \mid i \in \mathcal{I}_{2,k}\}$ に対する信頼係数 $1 - \alpha$ の漸近的な信頼
区間は，次で与えられる．

(1) 両側信頼区間：

$$\mathcal{D}^i_{(\lceil a_i^* \rceil)} \leqq \mu_i - \mu_1 < \mathcal{D}^i_{(\lfloor n_i n_1 - a_i^* \rfloor + 1)} \quad (i \in \mathcal{I}_{2,k})$$

ただし，

$$a_i^* \equiv \frac{n_i n_1}{2} - \sigma_{in} b_1(k, \lambda_1, \ldots, \lambda_k; \alpha) \tag{6.16}$$

とおく．

(2) 上側信頼区間（制約 $\mu_2, \ldots, \mu_k \geqq \mu_1$ がつけられるとき）：

$$\mathcal{D}^i_{(\lceil b_i^* \rceil)} \leqq \mu_i - \mu_1 < +\infty \quad (i \in \mathcal{I}_{2,k})$$

6.3 同時信頼区間

ただし，

$$b_i^* \equiv \frac{n_i n_1}{2} - \sigma_{in} b_2(k, \lambda_1, \ldots, \lambda_k; \alpha) \tag{6.17}$$

とおく．

(3) 下側信頼区間 (制約 $\mu_2, \ldots, \mu_k \leqq \mu_1$ がつけられるとき)：

$$-\infty < \mu_i - \mu_1 < \mathcal{D}^i_{(\lfloor n_i n_1 - b_i^* \rfloor + 1)} \quad (i \in \mathcal{I}_{2,k}) \qquad \diamondsuit$$

6.B.2 対照標本の平均とのすべての平均差に対する信頼係数 $1 - \alpha$ の正規スコアによる順位同時信頼区間

$a_{N_i}(m) = \Phi^{-1}\left(m/(N_i + 1)\right)$ のとき，$T_i(\theta)$ は

$$T_{Ni}(\theta) \equiv \sum_{j=1}^{n_i} \Phi^{-1}\left(\frac{R_{ij}^{(i,1)}(\theta)}{N_i + 1}\right)$$

で与えられ，σ_{in} は

$$\sqrt{\frac{n_i n_1}{N_i(N_i - 1)} \sum_{m=1}^{N_i} \left\{\Phi^{-1}\left(\frac{m}{N_i + 1}\right)\right\}^2} \tag{6.18}$$

となる．[6.B] の手法の中で，$T_i(\theta)$ を $T_{Ni}(\theta)$ に替え，σ_{in} を (6.18) とした手法である． $\diamondsuit$

6.B.3 対照標本の平均とのすべての平均差に対する信頼係数 $1 - \alpha$ の符号スコアによる順位同時信頼区間

$a_{N_i}(m) = \mathrm{sign}(m/(N_i + 1) - 1/2)$ のとき，$T_i(\theta)$ は

$$T_{Si}(\theta) \equiv \sum_{j=1}^{n_i} \mathrm{sign}\left(\frac{R_{ij}^{(i,1)}}{N_i + 1} - \frac{1}{2}\right)$$

で与えられ，σ_{in} は

$$\sqrt{\frac{2n_i n_1}{N_i(N_i - 1)} \cdot \left\lfloor \frac{N_i}{2} \right\rfloor} \tag{6.19}$$

となる．[6.B] の手法の中で，$T_i(\theta)$ を $T_{Si}(\theta)$ に替え，σ_{in} を (6.19) とした手法である． $\diamondsuit$

6.4 閉検定手順

（条件 6.1）を仮定する．8.3 節で述べるウィリアムズの方法 (Williams (1986)) との整合性をとるために，第 2 標本以降の標本サイズが等しい次の（条件 6.2）を付加する．

（条件 6.2）　$n_2 = n_3 = \cdots = n_k$　　　　　　　　　　□

以後，第 2 標本以降の標本サイズを n_2 で表現することにする．標本サイズが不揃いの場合は，（著 1）の 6.5 節のように議論すればよい．(6.1) の帰無仮説のファミリーは，$\mathcal{I}_{2,k}$ に対して，

$$\mathcal{H}_D \equiv \{H_{1i} \mid i \in \mathcal{I}_{2,k}\}$$

と表現できる．$\mathcal{H}_D$ の要素の仮説 H_{1i} の論理積からなるすべての集合は

$$\overline{\mathcal{H}}_D \equiv \left\{ \bigwedge_{i \in E} H_{1i} \ \middle| \ \varnothing \subsetneq E \subset \mathcal{I}_{2,k} \right\}$$

で表される．$E \subset \mathcal{I}_{2,k}$ に対して $\bigwedge_{i \in E} H_{1i}$ は $k-1$ 個の母平均 $\mu_2, \ldots, \mu_k$ のうち $\#(E)$ 個が μ_1 に等しいという仮説となる．E に属する添え字をもつ母平均は μ_1 に等しいという帰無仮説を $H(E)$ で表すと，

$$\bigwedge_{i \in E} H_{1i} = H(E)$$

が成り立つ．

閉検定手順は，特定の帰無仮説を $H_{i_0} \in \mathcal{H}_D$ としたとき，$i_0 \in E \subset \mathcal{I}_{2,k}$ を満たす任意の E に対して帰無仮説 $H(E)$ の検定が水準 α で棄却された場合に，H_{i_0} を棄却する方式である．

$$\ell \equiv \ell(E) \equiv \#(E), \quad E \equiv \{i_1, \ldots, i_\ell\} \quad (2 \leqq i_1 < \cdots < i_\ell) \tag{6.20}$$

とおき，ノンパラメトリック手順を述べる．（条件 6.2）を仮定する．$0 < \alpha < 1$ を与えたとき，$b_1^*(\ell, \lambda_2/\lambda_1; \alpha)$ を

$$\int_{-\infty}^{\infty} \left\{ \varPhi\left(\sqrt{\frac{\lambda_2}{\lambda_1}} \cdot x + \sqrt{\frac{\lambda_2}{\lambda_1} + 1} \cdot t\right) - \varPhi\left(\sqrt{\frac{\lambda_2}{\lambda_1}} \cdot x - \sqrt{\frac{\lambda_2}{\lambda_1} + 1} \cdot t\right) \right\}^{\ell} d\varPhi(x)$$
$$= 1 - \alpha$$

を満たす t の解とする．さらに，$b_2^*(\ell, \lambda_2/\lambda_1; \alpha)$ を

$$\int_{-\infty}^{\infty} \left\{ \varPhi\left(\sqrt{\frac{\lambda_2}{\lambda_1}} \cdot x + \sqrt{\frac{\lambda_2}{\lambda_1} + 1} \cdot t\right) \right\}^{\ell} d\varPhi(x) = 1 - \alpha$$

を満たす t の解とする．ここで

$$b_i^*(k - 1, \lambda_2/\lambda_1; \alpha) = b_i(k, \lambda_1, \lambda_2, \ldots, \lambda_2; \alpha) \quad (i = 1, 2)$$

の関係が成り立つ．

ここで，（条件 4.1）の下で，(6.20) の E に対して，

$$\lim_{n \to \infty} P_0 \left(\max_{i \in E} |\widehat{Z}_i| \geqq b_1^*(\ell, \lambda_2/\lambda_1; \alpha) \right) = \alpha,$$
$$\lim_{n \to \infty} P_0 \left(\max_{i \in E} \widehat{Z}_i \geqq b_2^*(\ell, \lambda_2/\lambda_1; \alpha) \right) = \alpha$$

が成り立つ．

平均母数の制約に応じて，以下に帰無仮説 $H(E)$ に対する水準 α の漸近的な検定方法を具体的に論述する．

(1) 両側の $\{$ 帰無仮説 H_{1i} vs. 対立仮説 $H_{1i}^{A\pm} \mid i \in \mathcal{I}_{2,k}\}$ に対して，
$\displaystyle\max_{i \in E} |\widehat{Z}_i| > b_1^*(\ell, \lambda_2/\lambda_1; \alpha)$ ならば $H(E)$ を棄却する．

(2) 上側の $\{$ 帰無仮説 H_{1i} vs. 対立仮説 $H_{1i}^{A+} \mid i \in \mathcal{I}_{2,k}\}$ に対して，
$\displaystyle\max_{i \in E} \widehat{Z}_i > b_2^*(\ell, \lambda_2/\lambda_1; \alpha)$ ならば $H(E)$ を棄却する．

(3) 下側の $\{$ 帰無仮説 H_{1i} vs. 対立仮説 $H_{1i}^{A-} \mid i \in \mathcal{I}_{2,k}\}$ に対して，
$\displaystyle\max_{i \in E} \left(-\widehat{Z}_i\right) > b_2^*(\ell, \lambda_2/\lambda_1; \alpha)$ ならば $H(E)$ を棄却する．

6.5 逐次棄却型検定法

（条件 6.2）を仮定し，ノンパラメトリック手順を実行するために，逐次棄却型

検定法を紹介する.

6.C ノンパラメトリック逐次棄却型検定法

統計量 $Z_i^\sharp$ を次で定義する. $i \in \mathcal{I}_{2,k}$ に対して,

$$
Z_i^\sharp \equiv
\begin{cases}
|\widehat{Z}_i| & (\text{(a) 対立仮説が } H_{1i}^{A\pm} \text{ のとき}) \\
\widehat{Z}_i & (\text{(b) 対立仮説が } H_{1i}^{A+} \text{ のとき}) \\
-\widehat{Z}_i & (\text{(c) 対立仮説が } H_{1i}^{A-} \text{ のとき})
\end{cases}
$$

とおく. $Z_i^\sharp$ を小さい方から並べたものを

$$
Z_{(1)}^\sharp \leqq Z_{(2)}^\sharp \leqq \cdots \leqq Z_{(k-1)}^\sharp
$$

とする. さらに, $Z_{(i)}^\sharp$ に対応する帰無仮説を $H_{(i)}$ で表す. $\ell = 1, \ldots, k-1$ に対して

$$
b^\sharp(\ell, \lambda_2/\lambda_1; \alpha) \equiv
\begin{cases}
b_1^*(\ell, \lambda_2/\lambda_1; \alpha) & (\text{(a) のとき}) \\
b_2^*(\ell, \lambda_2/\lambda_1; \alpha) & (\text{(b) のとき}) \\
b_2^*(\ell, \lambda_2/\lambda_1; \alpha) & (\text{(c) のとき})
\end{cases}
\tag{6.21}
$$

とおく.

手順 1. $\ell = k - 1$ とする.

手順 2. (i) $Z_{(\ell)}^\sharp < b^\sharp(\ell, \lambda_2/\lambda_1; \alpha)$ ならば, $H_{(1)}, \ldots, H_{(\ell)}$ すべてを保留して, 検定作業を終了する.

(ii) $Z_{(\ell)}^\sharp > b^\sharp(\ell, \lambda_2/\lambda_1; \alpha)$ ならば, $H_{(\ell)}$ を棄却し手順 3 へ進む.

手順 3. (i) $\ell \geqq 2$ であるならば $\ell - 1$ を新たに ℓ とおいて手順 2 に戻る.

(ii) $\ell = 1$ であるならば検定作業を終了する. ◆

この手順はステップダウン法になっている. ここで述べた逐次棄却型検定法は, スティールの順位検定法 [6.A.1] などのシングルステップ法よりも, 一様に検出力が高い.

定理 6.2 $Z_i^\sharp$ に基づいた逐次棄却型検定法は, 漸近的な閉検定手順である.

証明 (著 3) の定理 3.4 と同様. □

6.2 節のシングルステップ法よりも, この節の逐次棄却型検定法の方が一様に

6.5 逐次棄却型検定法 **117**

検出力が高い．さらに，シングルステップ法で棄却されない帰無仮説も逐次棄却型検定法を使えば棄却されることがある．ただし，逆はない．

ここで次の補題 6.3 を得る．

> **補題 6.3** [6.C] のノンパラメトリック逐次棄却型検定法により水準 α の多重比較検定として H_{1i} が棄却される事象を $\widehat{A}_i^\sharp$ $(i \in \mathcal{I}_{2,k})$ とする．このとき，2 つの式
>
> $$\bigcup_{i \in \mathcal{I}_{2,k}} \widehat{A}_i^\sharp = \left\{ \max_{2 \le i \le k} Z_i^\sharp > b^\sharp(k, \lambda_2/\lambda_1; \alpha) \right\},$$
> $$\widehat{A}_i^\sharp \supset \left\{ Z_i^\sharp > b^\sharp(k, \lambda_2/\lambda_1; \alpha) \right\} \quad (i \in \mathcal{I}_{2,k})$$
>
> が成立する．

証明 （著 3）の補題 2.4 の証明と同様に示すことができる． □

補題 6.3 より，次の興味深い定理を得る．

> **定理 6.4** 補題 6.3 の仮定が満たされるとする．このとき，2 つの式
>
> $$P\left(\bigcup_{i \in \mathcal{I}_{2,k}} \widehat{A}_i^\sharp \right) = P\left(\max_{1 \le i < i' \le k} Z_i^\sharp > b^\sharp(k, \lambda_2/\lambda_1; \alpha) \right),$$
> $$P\left(\widehat{A}_i^\sharp \right) \ge P\left(Z_i^\sharp > b^\sharp(k, \lambda_2/\lambda_1; \alpha) \right) \quad (i \in \mathcal{I}_{2,k})$$
>
> が成立する．

補題 6.3 と定理 6.4 を使って，(5.28)-(5.32) と同様の議論により次が示せる．

[6.C] の閉検定手順から導かれる $\boldsymbol{\mu}$ に対する信頼係数 $1 - \alpha$ の信頼領域は，シングルステップの [6.B] の同時信頼区間と同値である．

第 **7** 章

すべての平均と独立性に関する
多重比較法

　多標本モデルにおけるすべての平均の多重比較法を，第 2 章の 1 標本モデルの理論を使って論述することができる．各標本の分散は共通である必要はない．しかしながら，分布に対称性を必要とする．標本サイズが異なっている場合も含め，逐次棄却型検定法が閉検定手順になっていることを命題 7.3 で与える．最後の 7.5 節で，すべての 2 次元標本での同時独立性の検定について論述する．

7.1　標本ごとに分布が異なるモデル

　k 標本モデルで第 i 標本 $(X_{i1}, X_{i2}, \ldots, X_{in_i})$ は，平均が μ_i である同一の連続型分布関数 $F_i(x - \mu_i)$ をもつとする．すなわち，$j = 1, \ldots, n_i$, $i = 1, \ldots, k$ に対して

$$P(X_{ij} \leqq x) = F_i(x - \mu_i), \quad E(X_{ij}) = \mu_i$$

さらにすべての X_{ij} は互いに独立であると仮定する．このモデルを表 7.1 に示す．次のように，密度関数 $f_i(x)$ は 0 についての対称を仮定する．すなわち，

$$密度関数 f_i(x) \equiv F_i'(x) は f_i(-x) = f_i(x) \quad (x \in R) \ (i = 1, \ldots, k)$$

とする．

　1 つの比較のための検定は，

$$帰無仮説 \ H_{0i} : \mu_i = 0$$

に対して 3 種の対立仮説

表 7.1 k 標本モデル

標本	サイズ	データ	平均	分布関数
第 1 標本	n_1	$X_{11}, \ldots, X_{1n_1}$	μ_1	$F_1(x - \mu_1)$
第 2 標本	n_2	$X_{21}, \ldots, X_{2n_2}$	μ_2	$F_2(x - \mu_2)$
$\vdots$	$\vdots$	$\vdots$ $\vdots$	$\vdots$	$\vdots$
第 k 標本	n_k	$X_{k1}, \ldots, X_{kn_k}$	μ_k	$F_k(x - \mu_k)$

総標本サイズ：$n \equiv n_1 + \cdots + n_k$ （すべての観測値の個数）

$\mu_1, \ldots, \mu_k$ はすべて未知母数とする.

① 両側対立仮説 $H_{0i}^{A\pm}$: $\mu_i \neq 0$

② 上側対立仮説 H_{0i}^{A+} : $\mu_i > 0$

③ 下側対立仮説 H_{0i}^{A-} : $\mu_i < 0$

となる. 総標本サイズを $n \equiv n_1 + \cdots + n_k$ とおく.

記号を簡略化するため, 帰無仮説の積 $\bigwedge_{i=1}^{k} H_{0i}$ を

$$\text{帰無仮説 } H_0 : \mu_1 = \cdots = \mu_k = 0 \tag{7.1}$$

とする. $F_i(x)$ は未知であってもかまわないとする.

7.2 シングルステップの多重比較法

$i = 1, \ldots, k$ に対して, $|X_{i1}|, \ldots, |X_{in_i}|$ を小さい方から並べたときの $|X_{ij}|$ の順位を R_{ij}^+ とする. すなわち,

$$R_{ij}^+ \equiv (|X_{ij'}| \leqq |X_{ij}| \text{ かつ } 1 \leqq j' \leqq n_i \text{ となる整数 } j' \text{ の個数})$$

である. $\text{sign}(\cdot)$ を (2.1) で定義されたものとし, $a_{n_i}^+(\cdot)$ を $\{1, \ldots, n_i\}$ から実数へのスコア関数とする.

$$T_i^+ \equiv \sum_{j=1}^{n_i} \text{sign}(X_{ij}) \cdot a_{n_i}^+(R_{ij}^+)$$

とおく. このとき, 定理 2.2 より, (7.1) の帰無仮説 H_0 の下で T_i^+ の平均と分

7.2 シングルステップの多重比較法 **121**

散は

$$E_0(T_i^+) = 0, \quad V_0(T_i^+) = \sum_{m=1}^{n_i} \{a_{n_i}^+(m)\}^2$$

となる. さらに,

$$\widehat{Z}_i^+ \equiv \frac{T_i^+ - E_0(T_i^+)}{\sqrt{V_0(T_i^+)}} = \frac{T_i^+}{\sqrt{\sum_{m=1}^{n_i} \{a_{n_i}^+(m)\}^2}}$$

とおく. ここで,

$$\mathcal{I}_k \equiv \{1, 2, \ldots, k\} \tag{7.2}$$

とする. 次の条件を仮定する.

(条件 7.1) $$\lim_{n \to \infty} \min\{n_1, n_2, \ldots, n_k\} = \infty$$

ただし, $\min A$ は集合 A の要素の最小値を表す. □

$0 < \alpha < 1$ に対して,

$$\alpha^*(k) \equiv 1 - (1-\alpha)^{1/k} \tag{7.3}$$

とおく. このとき, 次の定理を得る.

定理 7.1 (条件 2.1) と (条件 7.1) の下で,

$$\lim_{n \to \infty} P_0 \left(\max_{1 \le i \le k} |\widehat{Z}_i^+| \le z(\alpha^*(k)/2) \right) = 1 - \alpha, \tag{7.4}$$

$$\lim_{n \to \infty} P_0 \left(\max_{1 \le i \le k} \widehat{Z}_i^+ \le z(\alpha^*(k)) \right) = 1 - \alpha \tag{7.5}$$

が成り立つ. ただし, $P_0(\cdot)$ は (7.1) の帰無仮説 H_0 の下での確率測度とする.

証明 $\widehat{Z}_1^+, \ldots, \widehat{Z}_k^+$ は互いに独立である. このことと定理 2.3 より,

$$\lim_{n \to \infty} P_0 \left(\max_{1 \le i \le k} |\widehat{Z}_i^+| \le z(\alpha^*(k)/2) \right)$$
$$= \lim_{n \to \infty} P_0 \left(i = 1, \ldots, k \text{ に対して } |\widehat{Z}_i^+| \le z(\alpha^*(k)/2) \right)$$

$$= \prod_{i=1}^{k} \left\{ \lim_{n \to \infty} P_0 \left(|\widehat{Z}_i^+| \leq z(\alpha^*(k)/2) \right) \right\}$$

$$= \prod_{i=1}^{k} P \left(|Z_i| \leq z(\alpha^*(k)/2) \right) \tag{7.6}$$

を得る. ただし, $Z_1, \ldots, Z_k$ は互いに独立で同一の標準正規分布 $N(0,1)$ に従う.

また,

$$P \left(|Z_i^+| \leq z(\alpha^*(k)/2) \right) = 1 - 2 \cdot \frac{1 - (1-\alpha)^{1/k}}{2}$$

$$= (1-\alpha)^{1/k} \tag{7.7}$$

が導かれる. (7.6) と (7.7) より, (7.4) が示される. 同様に

$$\lim_{n \to \infty} P_0 \left(\max_{1 \leq i \leq k} \widehat{Z}_i^+ \leq z(\alpha^*(k)) \right) = \prod_{i=1}^{k} P \left(Z_i \leq z(\alpha^*(k)) \right)$$

$$= 1 - \alpha$$

が成り立つ. ここで (7.5) を得る. □

定理 7.1 より,

$$\lim_{n \to \infty} P_0 \left(\max_{1 \leq i \leq k} |\widehat{Z}_i^+| > z(\alpha^*(k)/2) \right) = \alpha,$$

$$\lim_{n \to \infty} P_0 \left(\max_{1 \leq i \leq k} \widehat{Z}_i^+ > z(\alpha^*(k)) \right) = \alpha$$

これにより, 次の [7.A] の漸近的な多重比較検定法を得る.

7.A シングルステップの多重比較検定法

水準 α の漸近的な多重比較検定は, 次の (1)-(3) で与えられる.

(1) 両側の { 帰無仮説 H_{0i} vs. 対立仮説 $H_{0i}^{A\pm} \mid i \in \mathcal{I}_k$ } に対して, $|\widehat{Z}_i^+| > z(\alpha^*(k)/2)$ となる i に対して H_{0i} を棄却し, 対立仮説 $H_{0i}^{A\pm}$ を受け入れ, $\mu_i \neq 0$ と判定する.

(2) 上側の { 帰無仮説 H_{0i} vs. 対立仮説 $H_{0i}^{A+} \mid i \in \mathcal{I}_k$ } に対して, $\widehat{Z}_i^+ > z(\alpha^*(k))$ となる i に対して H_{0i} を棄却し, 対立仮説 H_{0i}^{A+} を受け入

7.2 シングルステップの多重比較法

れ，$\mu_i > 0$ と判定する.

(3) 下側の { 帰無仮説 H_{0i} vs. 対立仮説 $H_{0i}^{A-} \mid i \in \mathcal{I}_k$ } に対して，

$-\widehat{Z}_i^+ > z(\alpha^*(k))$ となる i に対して H_{0i} を棄却し，対立仮説 H_{0i}^{A-} を受け

入れ，$\mu_i < 0$ と判定する. ◆

$z(\alpha^*(k)/2)$ と $z(\alpha^*(k))$ の値は付録 B の付表 11, 12 に与えられている.

次にスコア関数 $a_{n_i}^+(\cdot)$ を具体的に与えた手法を述べる.

7.A.1 ウィルコクソン型のシングルステップの多重比較検定法

$a_{n_i}^+(m) = m/(n_i + 1)$ のとき，$\widehat{Z}_i^+$ は

$$\widehat{Z}_{Wi}^+ = \sqrt{\frac{6}{n_i(n_i+1)(2n_i+1)}} \cdot \sum_{j=1}^{n_i} \mathrm{sign}(X_{ij}) \cdot R_{ij}^+$$

となる. 水準 α の漸近的な検定方式は，[7.A] の手法で $\widehat{Z}_i^+$ を $\widehat{Z}_{Wi}^+$ に替えた手

法である. ◇

7.A.2 正規スコアによるシングルステップの多重比較検定法

$a_{n_i}^+(m) = \Phi^{-1}\left(1/2 + m/\{2(n_i+1)\}\right)$ のとき $\widehat{Z}_i^+$ は

$$\widehat{Z}_{Ni}^+ = \frac{\sum_{j=1}^{n_i} \mathrm{sign}(X_{ij}) \cdot \Phi^{-1}\left(\frac{1}{2} + \frac{R_{ij}^+}{2(n_i+1)}\right)}{\sqrt{\sum_{m=1}^{n_i} \left\{\Phi^{-1}\left(\frac{1}{2} + \frac{m}{2(n_i+1)}\right)\right\}^2}}$$

となる. 水準 α の漸近的な検定方式は，[7.A] の手法で $\widehat{Z}_i^+$ を $\widehat{Z}_{Ni}^+$ に替えた手

法である. ◇

7.A.3 符号スコアによるシングルステップの多重比較検定法

$a_n^+(m) = 1$ のとき，$\widehat{Z}_i^+$ は

$$\widehat{Z}_{Si}^+ = \frac{\sum_{j=1}^{n_i} \mathrm{sign}(X_{ij})}{\sqrt{n_i}}$$

となる. 水準 α の漸近的な検定方式は，[7.A] の手法で $\widehat{Z}_i^+$ を $\widehat{Z}_{Si}^+$ に替えた手

法である. ◇

$|X_{i1} - \theta|, \ldots, |X_{in_i} - \theta|$ を小さい方から並べたときの $|X_{ij} - \theta|$ の順位を $R_{ij}^+(\theta)$ とおき,

$$T_i^+(\theta) \equiv \sum_{j=1}^{n_i} \mathrm{sign}(X_{ij} - \theta) \cdot a_{n_i}^+ \left(R_{ij}^+(\theta) \right)$$

とおく. さらに,

$$Z_i^+(\theta) \equiv \frac{T_i^+(\theta)}{\sqrt{\sum_{m=1}^{n_i} \{a_{n_i}^+(m)\}^2}}$$

とおく. このとき, $T_i^+(0) = T_i^+$, $Z_i^+(0) = Z_i^+$ が成り立つ.

定理 7.1 より次の系 7.2 を得る.

系 7.2 $n \to \infty$ として, (条件 2.1) と (条件 7.1) の下で,

$$\lim_{n \to \infty} P \left(\max_{1 \leq i \leq k} |\widehat{Z}_i^+(\mu_i)| \leq z(\alpha^*(k)/2) \right) = 1 - \alpha, \qquad (7.8)$$

$$\lim_{n \to \infty} P \left(\max_{1 \leq i \leq k} \widehat{Z}_i^+(\mu_i) \leq z(\alpha^*(k)) \right) = 1 - \alpha \qquad (7.9)$$

が成り立つ.

以後この章では, (条件 2.2) を仮定する. (7.8) は

$$\lim_{n \to \infty} \prod_{i=1}^k P \left(|\widehat{T}_i^+(\mu_i)| \leq z(\alpha^*(k)/2) \sqrt{\sum_{m=1}^{n_i} \{a_{n_i}^+(m)\}^2} \right) = 1 - \alpha$$

と同値であり, (7.9) は

$$\lim_{n \to \infty} \prod_{i=1}^k P \left(\widehat{T}_i^+(\mu_i) \leq z(\alpha^*(k)) \sqrt{\sum_{m=1}^{n_i} \{a_{n_i}^+(m)\}^2} \right) = 1 - \alpha$$

と同値である. $\widehat{T}_i^+(\theta)$ は θ の減少関数であるので, $0 < \alpha < 1$ に対して, $\ell_i^+(\alpha)$, $u_i^+(\alpha)$ を次のように定義する.

$$\ell_i^+(\alpha) \equiv \inf \left\{ \theta \,\middle|\, \widehat{T}_i^+(\theta) \leq z(\alpha) \sqrt{\sum_{m=1}^n \{a_n^+(m)\}^2} \right\},$$

7.2 シングルステップの多重比較法

$$u_i^+(\alpha) \equiv \sup\left\{\theta \ \Big|\ \widehat{T}_i^+(\theta) \geqq -z(\alpha)\sqrt{\sum_{m=1}^{n}\{a_n^+(m)\}^2}\right\}$$

これらにより，次の [7.B] の手法を得る．

7.B 漸近的な同時信頼区間

信頼係数 $1-\alpha$ の $\mu_1, \ldots, \mu_k$ に対する同時信頼区間は，次の (1)-(3) で与えられる．

(1) 両側信頼区間：

$$\left\{\mu_i \ \Big|\ |\widehat{T}_i^+(\mu_i)| \leqq z\left(\frac{\alpha^*(k)}{2}\right)\sqrt{\sum_{m=1}^{n_i}\{a_{n_i}^+(m)\}^2}\right\} \quad (i \in \mathcal{I}_k)$$

$$\Longleftrightarrow \ \ell_i^+\left(\frac{\alpha^*(k)}{2}\right) \leqq \mu_i < u_i^+\left(\frac{\alpha^*(k)}{2}\right) \quad (i \in \mathcal{I}_k)$$

(2) 上側信頼区間：

$$\left\{\mu_i \ \Big|\ \widehat{T}_i^+(\mu_i) \leqq z\left(\alpha^*(k)\right)\sqrt{\sum_{m=1}^{n_i}\{a_{n_i}^+(m)\}^2}\right\} \quad (i \in \mathcal{I}_k)$$

$$\Longleftrightarrow \ \ell_i^+\left(\alpha^*(k)\right) \leqq \mu_i < \infty \quad (i \in \mathcal{I}_k)$$

(3) 下側信頼区間：

$$\left\{\mu_i \ \Big|\ \widehat{T}_i^+(\mu_i) \geqq -z\left(\alpha^*(k)\right)\sqrt{\sum_{m=1}^{n_i}\{a_{n_i}^+(m)\}^2}\right\} \quad (i \in \mathcal{I}_k)$$

$$\Longleftrightarrow \ -\infty < \mu_i < u_i^+\left(\alpha^*(k)\right) \quad (i \in \mathcal{I}_k)$$

半開区間で区間を表現しているが，開区間または閉区間のどちらでもよい．◆

$a_{n_i}^+(m) = m/(n_i+1)$ のとき，$c_{n_i} \equiv -\sigma_{n_i} \cdot z(\alpha^*(k)/2) + N_i/2$，$N_i \equiv n_i(n_i+1)/2$，$\sigma_{n_i} \equiv \sqrt{n_i(n_i+1)(2n_i+1)/24}$ とおく．$i \in \mathcal{I}_k$ に対して，$W_{(1)}^i \leqq \cdots \leqq W_{(N_i)}^i$ を $\{(X_{ij}+X_{ij'})/2 \mid 1 \leqq j \leqq j' \leqq n_i\}$ の順序統計量とする．（著 1）より，

$$1-\alpha^*(k) = P_0\left(|\widehat{Z}_{Wi}^+| \leqq z(\alpha^*(k)/2)\right) + o(1)$$

$$= P\left(|\widehat{Z}_{Wi}^{+}(\mu_i)| \leqq z(\alpha^*(k)/2)\right) + o(1)$$

$$= P\left(W_{(\lceil c_{n_i}\rceil)}^i \leqq \mu_i < W_{(\lfloor N_i - c_{n_i}\rfloor + 1)}^i\right) + o(1) \qquad (7.10)$$

が示されている．同様に，$d_{n_i} \equiv -\sigma_{n_i} \cdot z(\alpha^*(k)) + N_i/2$ とおいて，

$$1 - \alpha^*(k) = P\left(W_{(\lceil d_{n_i}\rceil)}^i \leqq \mu_i\right) + o(1) \qquad (7.11)$$

$$= P\left(\mu_i < W_{(\lfloor N_i - d_{n_i}\rfloor + 1)}^i\right) + o(1) \qquad (7.12)$$

が示されている．

(7.10)-(7.12) より，次のように信頼区間が与えられる．

7.B.1 信頼係数 $1 - \alpha$ の $\mu_1, \ldots, \mu_k$ に対するウィルコクソン型の符号付順位同時信頼区間

信頼係数 $1 - \alpha$ の $\mu_1, \ldots, \mu_k$ に対する漸近的な同時信頼区間は，次の (1)-(3) で与えられる．

(1) 両側信頼区間： $W_{(\lceil c_{n_i}\rceil)}^i \leqq \mu_i < W_{(\lfloor N_i - c_{n_i}\rfloor + 1)}^i \quad (i \in \mathcal{I}_k)$

(2) 上側信頼区間： $W_{(\lceil d_{n_i}\rceil)}^i \leqq \mu_i < \infty \quad (i \in \mathcal{I}_k)$

(3) 下側信頼区間： $-\infty < \mu_i < W_{(\lfloor N_i - d_{n_i}\rfloor + 1)}^i \quad (i \in \mathcal{I}_k)$ $\qquad \diamondsuit$

$a_{n_i}^+(m) = \Phi^{-1}\left(1/2 + m/\{2(n_i + 1)\}\right)$ のとき，$T_i^+(\mu_i)$ を $T_{Ni}^+(\mu_i)$ で表記する．

7.B.2 信頼係数 $1 - \alpha$ の $\mu_1, \ldots, \mu_k$ に対する正規スコアによる符号付順位同時信頼区間

信頼係数 $1 - \alpha$ の $\mu_1, \ldots, \mu_k$ に対する正規スコアによる漸近的な同時信頼区間は，次の (1)-(3) で与えられる．

(1) 両側信頼区間：

$$\left\{\mu_i \;\middle|\; |T_{Ni}^+(\mu_i)| \leqq z(\alpha^*(k)/2)\sqrt{\sum_{m=1}^{n_i}\left\{\Phi^{-1}\left(\frac{1}{2} + \frac{m}{2(n_i+1)}\right)\right\}^2}\right\}$$

$$(i \in \mathcal{I}_k)$$

7.3 1標本の統計手法を繰り返した場合のタイプ I FWER と信頼係数 **127**

(2) 上側信頼区間：

$$\left\{ \mu_i \;\middle|\; T_{Ni}^+(\mu_i) \leqq z(\alpha^*(k))\sqrt{\sum_{m=1}^{n_i}\left\{\Phi^{-1}\left(\frac{1}{2}+\frac{m}{2(n_i+1)}\right)\right\}^2} \right\}$$

$$(i \in \mathcal{I}_k)$$

(3) 下側信頼区間：

$$\left\{ \mu_i \;\middle|\; T_{Ni}^+(\mu_i) \geqq -z(\alpha^*(k))\sqrt{\sum_{m=1}^{n_i}\left\{\Phi^{-1}\left(\frac{1}{2}+\frac{m}{2(n_i+1)}\right)\right\}^2} \right\}$$

$$(i \in \mathcal{I}_k) \quad \diamondsuit$$

$a_{n_i}^+(m) = 1$ のとき，$T_i^+(\mu_i)$ を $T_{Si}^+(\mu_i)$ で表記する．

7.B.3 **信頼係数 $1-\alpha$ の $\mu_1,\ldots,\mu_k$ に対する符号スコアによる同時信頼区間**

信頼係数 $1-\alpha$ の $\mu_1,\ldots,\mu_k$ に対する符号スコアによる漸近的な同時信頼区間は，次の (1)-(3) で与えられる．

(1) 両側信頼区間： $\left\{\mu_i \mid |T_{Si}^+(\mu_i)| \leqq z(\alpha^*(k)/2)\sqrt{n_i}\right\}$ $\quad (i \in \mathcal{I}_k)$

(2) 上側信頼区間： $\left\{\mu_i \mid T_{Si}^+(\mu_i) \leqq z(\alpha^*(k))\sqrt{n_i}\right\}$ $\quad (i \in \mathcal{I}_k)$

(3) 下側信頼区間： $\left\{\mu_i \mid T_{Si}^+(\mu_i) \geqq -z(\alpha^*(k))\sqrt{n_i}\right\}$ $\quad (i \in \mathcal{I}_k)$ $\quad \diamondsuit$

7.3 1標本の統計手法を繰り返した場合のタイプ I FWER と信頼係数

この章の多重比較検定では k 個の検定がおこなわれ，k 個の平均の同時信頼区間が求められている．1つの検定の有意水準を α とした場合のタイプ I FWER の上限を求めてみる．これは，1つの平均差の信頼区間の信頼係数を $1-\alpha$ としたときの，同時信頼区間の信頼係数を調べることと同じである．使用頻度の多い両側検定と両側信頼区間について論じる．片側の場合も結論は同じである．

$F_i(x)$ は未知であってもかまわないものとする．帰無仮説 H_{0i} vs. 対立仮説 $H_{0i}^{A\pm}$ だけをおこなう．水準 α の漸近的な符号付順位検定は，[2.A] の手法により，

$$\begin{cases} H_{0i} \text{ を棄却する} & (|\hat{Z}_i^+| > z(\alpha/2) \text{ のとき}) \\ H_{0i} \text{ を棄却しない} & (|\hat{Z}_i^+| < z(\alpha/2) \text{ のとき}) \end{cases}$$

である．多重性を配慮せずに，k 個すべてに対して，[2.A] の順位検定を繰り返した場合のタイプ I FWER の上限 $\alpha^\#$ は，

$$\begin{aligned} \alpha^\# &= P_0 \left(H_{0i} \text{ のうちのいずれかを棄却する} \right) \\ &= 1 - P_0 \left(H_{0i} \text{ のすべてを棄却しない} \right) \\ &= 1 - (1-\alpha)^k \end{aligned}$$

である．

[2.C] の手法より，1 つの μ_i についての符号付順位に基づく信頼係数 $1-\alpha$ の漸近的な信頼区間も与えることができる．多重性を配慮せずに，k 個すべての平均の同時信頼区間の漸近的な信頼係数は，$1 - \alpha^\# = (1-\alpha)^k$ である．

$$k = 3(1)10$$

とし，$\alpha = 0.05$ と $\alpha = 0.01$ の場合の $\alpha^\#$ の数表を表 7.2 に載せている．

表 7.2 $k = 3, \dots, 10$ のときの水準 α の符号付順位検定を繰り返したときのタイプ I FWER の上限 $\alpha^\#$ の値

α	k							
	3	4	5	6	7	8	9	10
0.05	0.143	0.185	0.226	0.265	0.302	0.337	0.370	0.401
0.01	0.030	0.039	0.049	0.059	0.068	0.077	0.086	0.096

7.4 閉検定手順

7.2 節で考察した母平均が 0 でない対立仮説を多重比較検定するときの帰無仮説のファミリーは

$$\mathcal{D}_0 \equiv \{ H_{0i} \mid i \in \mathcal{I}_k \}$$

である．$\mathcal{I}_k$ に対して，$\mathcal{D}_0$ の要素の仮説 H_{0i} の論理積からなるすべての集合は

7.4 閉検定手順

$$\overline{\mathcal{D}}_0 \equiv \left\{ \bigwedge_{i \in E} H_{0i} \;\middle|\; \varnothing \subsetneq E \subset \mathcal{I}_k \right\}$$

で表される．$E \subset \mathcal{I}_k$ に対して $\displaystyle\bigwedge_{i \in E} H_{0i}$ は k 個の母平均 $\mu_1, \ldots, \mu_k$ のうち $\#(E)$ 個が 0 に等しいという仮説となる．E に属する添え字をもつ母平均は 0 に等しいという帰無仮説を $H_0(E)$ で表すと，

$$\bigwedge_{i \in E} H_{0i} = H_0(E) \tag{7.13}$$

が成り立つ．

閉検定手順は，特定の帰無仮説を $H_{0i_0} \in \mathcal{D}_0$ としたとき，$i_0 \in E \subset \mathcal{I}_k$ を満たす任意の E に対して帰無仮説 $H_0(E)$ の検定が水準 α で棄却された場合に，H_{0i_0} を棄却する方式である．

$$\ell \equiv \ell(E) \equiv \#(E), \quad E \equiv \{i_1, \ldots, i_\ell\} \quad (i_1 < \cdots < i_\ell)$$

とおき，ノンパラメトリック手順を述べる．

平均母数の制約に応じて，以下に帰無仮説 $H_0(E)$ に対する水準 α の漸近的検定方法を具体的に論述する．

(1) 両側の $\{$ 帰無仮説 H_{0i} vs. 対立仮説 $H_{0i}^{A\pm} \mid i \in \mathcal{I}_k \}$ に対する多重比較検定のとき，$\displaystyle\max_{i \in E} |\widehat{Z}_i^+| > z\left(\dfrac{1 - (1-\alpha)^{1/\ell}}{2} \right)$ ならば $H_0(E)$ を棄却する．

(2) 上側の $\{$ 帰無仮説 H_{0i} vs. 対立仮説 $H_{0i}^{A+} \mid i \in \mathcal{I}_k \}$ に対する多重比較検定のとき，$\displaystyle\max_{i \in E} \widehat{Z}_i^+ > z\left(1 - (1-\alpha)^{1/\ell} \right)$ ならば $H_0(E)$ を棄却する．

(3) 下側の $\{$ 帰無仮説 H_{0i} vs. 対立仮説 $H_{0i}^{A-} \mid i \in \mathcal{I}_k \}$ に対する多重比較検定のとき，$\displaystyle\max_{i \in E} \left(-\widehat{Z}_i^+ \right) > z\left(1 - (1-\alpha)^{1/\ell} \right)$ ならば $H_0(E)$ を棄却する．

上記の水準 α の閉検定手順と同等な漸近的な逐次棄却型検定法を紹介する．

7.C 逐次棄却型検定法

ノンパラメトリック手順を実行するために水準 α の逐次棄却型検定法を紹介する．

統計量 TZ_i^+ を次で定義する.

$$TZ_i^+ \equiv \begin{cases} |\widehat{Z}_i^+| & (\text{(a) 対立仮説が } H_{0i}^{A\pm} \text{ の設定のとき}) \\ \widehat{Z}_i^+ & (\text{(b) 対立仮説が } H_{0i}^{A+} \text{ の設定のとき}) \\ -\widehat{Z}_i^+ & (\text{(c) 対立仮説が } H_{0i}^{A-} \text{ の設定のとき}) \end{cases} \tag{7.14}$$

TZ_i^+ を小さい方から並べたものを

$$TZ_{(1)}^+ \leqq TZ_{(2)}^+ \leqq \cdots \leqq TZ_{(k)}^+$$

とする. さらに, $TZ_{(i)}^+$ に対応する帰無仮説を $H_{0(i)}$ で表す. $\ell = 1, \ldots, k$ に対して

$$tz(\ell, \alpha) \equiv \begin{cases} z\left(\dfrac{1 - (1-\alpha)^{1/\ell}}{2}\right) & (\text{(a) のとき}) \\ z\left(1 - (1-\alpha)^{1/\ell}\right) & (\text{(b) のとき}) \\ z\left(1 - (1-\alpha)^{1/\ell}\right) & (\text{(c) のとき}) \end{cases}$$

とおく.

手順 1. $\ell = k$ とする.

手順 2. (i) $TZ_{(\ell)}^+ \leqq tz(\ell, \alpha)$ ならば, $H_{0(1)}, \ldots, H_{0(\ell)}$ をすべて保留して, 検定作業を終了する.

  (ii) $TZ_{(\ell)}^+ > tz(\ell, \alpha)$ ならば, $H_{0(\ell)}$ を棄却し手順 3 へ進む.

手順 3. (i) $\ell \geqq 2$ であるならば $\ell - 1$ を新たに ℓ とおいて手順 2 に戻る.

  (ii) $\ell = 1$ であるならば検定作業を終了する. ◆

次にスコア関数 $a_{n_i}^+(\cdot)$ を具体的に与えた手法を述べる.

7.C.1 ウィルコクソン型の逐次棄却型検定法

(7.14) で, $\widehat{Z}_i^+$ を [7.A.1] の $\widehat{Z}_{Wi}^+$ に替えた [7.C] の手法. ◇

7.C.2 正規スコアによる逐次棄却型検定法

(7.14) で, $\widehat{Z}_i^+$ を [7.A.2] の $\widehat{Z}_{Ni}^+$ に替えた [7.C] の手法. ◇

7.C.3 符号スコアによる逐次棄却型検定法

(7.14) で, $\widehat{Z}_i^+$ を [7.A.3] の $\widehat{Z}_{Si}^+$ に替えた [7.C] の手法. ◇

7.5 すべての独立性の検定法　　　　**131**

[7.C] の手順はステップダウン法になっている.

自明な論証により, 次の命題 7.3 を得る.

命題 7.3　TZ_i^+ に基づいた水準 α の逐次棄却型検定法と水準 α の閉検定手順は同等である.

ここで述べた逐次棄却型検定法は, [7.A] のシングルステップ法よりも, 一様に検出力が高い. さらに, シングルステップ法で棄却されない帰無仮説も逐次棄却型検定法を使えば棄却されることがある. 逐次棄却型検定法で棄却されない帰無仮説は, シングルステップ法を使っても棄却されない.

7.5　すべての独立性の検定法

k 標本モデルで $1 \leqq i \leqq k$ となる整数 i に対して, 第 i 標本 $((X_{i1}, Y_{i1}), \ldots, (X_{in_i}, Y_{in_i}))$ は同一の 2 次元の連続分布関数 $F_i(x, y)$ をもつとする. さらにすべての (X_{ij}, Y_{ij}) $(j = 1, \ldots, n_i,\ i = 1, \ldots, k)$ は互いに独立であると仮定する. 総標本サイズを $n \equiv n_1 + \cdots + n_k$ とおく. 表 7.3 の k 標本モデルを得る.

表 7.3　k 標本モデル

標本	サイズ	データ
第 1 標本	n_1	$(X_{11}, Y_{11}), \ldots, (X_{1n_1}, Y_{1n_1})$
第 2 標本	n_2	$(X_{21}, Y_{21}), \ldots, (X_{2n_2}, Y_{2n_2})$
$\vdots$	$\vdots$	$\vdots$　　$\vdots$　　$\vdots$
第 k 標本	n_k	$(X_{k1}, Y_{k1}), \ldots, (X_{kn_k}, Y_{kn_k})$

総標本サイズ：$n \equiv n_1 + \cdots + n_k$ （すべての観測値の個数）

X_{ij} と Y_{ij} の独立性の帰無仮説は

H'_{0i}：任意の実数 x, y に対して
$$P(X_{ij} \leqq x,\ Y_{ij} \leqq y) = P(X_{ij} \leqq x) \cdot P(Y_{ij} \leqq y)$$

である. また, 対立仮説は H'_{0i} の否定とする. 順位に基づく相関係数を考えるので $X_{i1}, \ldots, X_{in_i}$ を小さい方から並べたときの X_{ij} の順位を R_{ij}. $Y_{i1}, \ldots, Y_{in_i}$ を小さい方から並べたときの Y_{ij} の順位を Q_{ij} とする. $a_{n_i}(\cdot)$ を $\{1, 2, \ldots, n_i\}$

から実数へのスコア関数とする. (2.17) のピアソンの標本相関係数で, X_i, Y_i の
かわりに $a_{n_i}(R_{ij})$, $a_{n_i}(Q_{ij})$ を代入したものは, (2.18) と同様に

$$\widehat{\rho}_i \equiv \frac{\sum_{j=1}^{n_i} a_{n_i}(R_{ij})a_{n_i}(Q_{ij}) - n_i\bar{a}_{n_i}^2}{\sum_{m=1}^{n_i}\{a_{n_i}(m) - \bar{a}_{n_i}\}^2} \tag{7.15}$$

で与えられる. (7.15) の分子を

$$T_i \equiv \sum_{j=1}^{n_i} a_{n_i}(R_{ij})a_{n_i}(Q_{ij}) - n_i\bar{a}_{n_i}^2$$

とおく. すべての帰無仮説の積を

$$H_0' \equiv \bigwedge_{i=1}^{k} H_{0i}'$$

とすると, 補題 2.4 と同様に帰無仮説 H_0' の下で, T_i の期待値と分散は

$$E_0(T_i) = 0, \quad V_0(T_i) = \frac{1}{n_i - 1}\left[\sum_{m=1}^{n_i}\{a_{n_i}(m) - \bar{a}_{n_i}\}^2\right]^2$$

で与えられる. ここで,

$$\frac{T_i - E_0(T_i)}{\sqrt{V_0(T_i)}} = \sqrt{n_i - 1} \cdot \widehat{\rho}_i$$

が成り立つ.

平均 0 の特定の連続型分布関数を $F_1(x)$ とし, その密度関数を $f_1(x) \equiv F_1'(x)$
とする. (1.25) の定義より

$$\varphi_1(u, f_1) \equiv -\frac{f_1'(F_1^{-1}(u))}{f_1(F_1^{-1}(u))}$$

となる. Hájek et al. (1999) より, 次の定理 7.4 を得る.

定理 7.4 (1.23) のフィッシャー情報量 $I(F_1(x - \theta))$ が有限で正と仮定する.
スコア関数を

$$a_{n_i}(m) = \varphi_1\left(\frac{m}{n_i + 1}, f_1\right) \quad (m = 1, \ldots, n_i)$$

とする. このとき, 帰無仮説 H_0' の下で, $n_i \to \infty$ として, $\sqrt{n_i - 1} \cdot \widehat{\rho}_i$ は標
準正規分布に分布収束する.

7.5 すべての独立性の検定法 133

ここで，（条件 7.1）と定理 7.4 の条件の下で，定理 7.1 の (7.4) と同様に，

$$\lim_{n \to \infty} P_0 \left(\max_{1 \le i \le k} \sqrt{n_i - 1} \cdot |\widehat{\rho}_i| \le z(\alpha^*(k)/2) \right) = 1 - \alpha$$

が成り立つ．これにより，[7.D] の漸近的な多重比較検定法を得る．

7.D シングルステップの独立性の多重比較検定法

水準 α の漸近的な多重比較検定は，

$$\sqrt{n_i - 1} \cdot |\widehat{\rho}_i| > z(\alpha^*(k)/2)$$

となる i に対して，帰無仮説 H'_{0i} を棄却し，X_{ij} と Y_{ij} は独立でないと判定する．

◆

$F_1(x)$ として第 1 章の (1) ロジスティック分布，(2) 正規分布，(3) 両側指数分布の標準化した分布関数 $F_0(x)$ を当てはめる．

7.D.1 シングルステップのウィルコクソン型の多重比較検定法

$a_{n_i}(m) = 2m/(n_i + 1) - 1$ のとき，$\widehat{\rho}_i$ は

$$\widehat{\rho}_{Wi} = \frac{12 \left\{ \sum_{j=1}^{n_i} R_{ij} Q_{ij} - \dfrac{n_i(n_i + 1)^2}{4} \right\}}{n_i(n_i + 1)(n_i - 1)}$$

と表され，ウィルコクソン型の順位相関係数である．

水準 α の漸近的な多重比較検定は，

$$\sqrt{n_i - 1} \cdot |\widehat{\rho}_{Wi}| > z(\alpha^*(k)/2)$$

となる i に対して，帰無仮説 H'_{0i} を棄却し，X_{ij} と Y_{ij} は独立でないと判定する．

◇

7.D.2 シングルステップの正規スコア型の多重比較検定法

$a_{n_i}(m) = \Phi^{-1}(m/(n_i + 1))$ のとき，$\widehat{\rho}_i$ は

$$\widehat{\rho}_{Ni} = \frac{\sum_{j=1}^{n_i} \Phi^{-1}\left(\dfrac{R_{ij}}{n_i+1} \right) \Phi^{-1}\left(\dfrac{Q_{ij}}{n_i+1} \right)}{\sum_{m=1}^{n_i} \left\{ \Phi^{-1}\left(\dfrac{m}{n_i+1} \right) \right\}^2}$$

と表され，正規スコア型の順位相関係数である．

水準 α の漸近的な多重比較検定は，

$$\sqrt{n_i - 1} \cdot |\widehat{\rho}_{Ni}| > z(\alpha^*(k)/2)$$

となる i に対して，帰無仮説 H'_{0i} を棄却し，X_{ij} と Y_{ij} は独立でないと判定する．

7.D.3 シングルステップの符号スコア型の多重比較検定法

$a_{n_i}(m) = \text{sign}\,(m/(n_i + 1) - 1/2)$ のとき，$\widehat{\rho}$ は

$$\widehat{\rho}_{Si} = \frac{\sum_{j=1}^{n_i} \text{sign}\left(\frac{R_{ij}}{n_i+1} - \frac{1}{2}\right) \text{sign}\left(\frac{Q_{ij}}{n_i+1} - \frac{1}{2}\right)}{2 \cdot \lfloor \frac{n}{2} \rfloor}$$

と表され，符号スコア型の順位相関係数である．

水準 α の漸近的な多重比較検定は，

$$\sqrt{n_i - 1} \cdot |\widehat{\rho}_{Si}| > z(\alpha^*(k)/2)$$

となる i に対して，帰無仮説 H'_{0i} を棄却し，X_{ij} と Y_{ij} は独立でないと判定する．

次に，[7.C] と同様の漸近的な逐次棄却型検定法を紹介する．

7.E 逐次棄却型検定法

$$\widehat{Z}_i \equiv \sqrt{n_i - 1} \cdot |\widehat{\rho}_i| \tag{7.16}$$

とおく．$\widehat{Z}_i$ を小さい方から並べたものを

$$\widehat{Z}_{(1)} \leqq \widehat{Z}_{(2)} \leqq \cdots \leqq \widehat{Z}_{(k)}$$

とする．さらに，$\widehat{Z}_{(i)}$ に対応する帰無仮説を $H_{0(i)}$，サイズを $n_{(i)}$ で表す．$n_{(i)}$ は $n_1, \ldots, n_k$ の中の 1 つとなっている．$\ell = 1, \ldots, k$ に対して

$$tz(\ell, \alpha) \equiv z\left(\frac{1 - (1-\alpha)^{1/\ell}}{2}\right)$$

7.5 すべての独立性の検定法

とおく.

手順 1. $\ell = k$ とする.

手順 2. (i) $\widehat{Z}_{(\ell)} \leqq tz(\ell, \alpha)$ ならば, $H_{0(1)}, \ldots, H_{0(\ell)}$ すべてを保留して, 検定作業を終了する.

(ii) $\widehat{Z}_{(\ell)} > tz(\ell, \alpha)$ ならば, $H_{0(\ell)}$ を棄却し手順3へ進む.

手順 3. (i) $\ell \geqq 2$ であるならば $\ell - 1$ を新たに ℓ とおいて手順2に戻る.

(ii) $\ell = 1$ であるならば検定作業を終了する. ◆

次にスコア関数 $a_{n_i}(\cdot)$ を具体的に与えた手法を述べる.

7.E.1 ウィルコクソン型の逐次棄却型検定法

(7.16) で, $\widehat{\rho}_i$ を [7.D.1] の $\widehat{\rho}_{Wi}$ に替えた [7.E] の手法. ◇

7.E.2 正規スコアによる逐次棄却型検定法

(7.16) で, $\widehat{\rho}_i$ を [7.D.2] の $\widehat{\rho}_{Ni}$ に替えた [7.E] の手法. ◇

7.E.3 符号スコアによる逐次棄却型検定法

(7.16) で, $\widehat{\rho}_i$ を [7.D.3] の $\widehat{\rho}_{Si}$ に替えた [7.E] の手法. ◇

第 **8** 章

平均母数に順序制約がある場合の多重比較法

　薬の増量や毒性物質の曝露量の増加により，母平均に順序制約を入れることができることが多い．一般に，順序制約のあるモデルで考案された統計手法は，順序制約のないモデルで考案された統計手法を大きく優越するため，順序制約のある統計モデルを考察することは非常に有意義である．

　第 i 標本 $(X_{i1}, X_{i2}, \ldots, X_{in_i})$ は，平均が μ_i である同一の連続型分布関数 $F(x - \mu_i)$ をもつとする．すなわち，

$$P(X_{ij} \leqq x) = F(x - \mu_i), \quad E(X_{ij}) = \mu_i$$

$f(x) \equiv F'(x)$ とおくと，$\int_{-\infty}^{\infty} x f(x) dx = 0$ が成り立つ．さらにすべての X_{ij} は互いに独立であると仮定する．総標本サイズを $n \equiv n_1 + \cdots + n_k$ とおく．すなわち，このモデルは第 4 章の表 4.1 のモデルである．(4.18) の位置母数に傾向性の制約

$$\mu_1 \leqq \mu_2 \leqq \cdots \leqq \mu_k$$

がある場合での統計解析法を論じる．

8.1　標本サイズを同一とした場合のすべての平均相違の多重比較法

　標本サイズを同一とした

$$n_1 = \cdots = n_k \tag{8.1}$$

の場合の表 4.1 のモデルを考える．すなわち，表 4.1 は表 8.1 となる．

　i, i' を $1 \leqq i < i' \leqq k$ とする．1 つの比較のための検定は

表 8.1 位置母数に順序制約のある k 標本モデル

標本	サイズ	データ	平均	分布関数
第 1 標本	n_1	$X_{11}, \ldots, X_{1n_1}$	μ_1	$F(x - \mu_1)$
第 2 標本	n_1	$X_{21}, \ldots, X_{2n_1}$	μ_2	$F(x - \mu_2)$
$\vdots$	$\vdots$	$\vdots$ $\quad$ $\vdots$	$\vdots$	$\vdots$
第 k 標本	n_1	$X_{k1}, \ldots, X_{kn_1}$	μ_k	$F(x - \mu_k)$

総標本サイズ：$n \equiv kn_1$（すべての観測値の個数）

$\mu_1, \ldots, \mu_k$ はすべて未知母数であるが $\mu_1 \leqq \mu_2 \leqq \cdots \leqq \mu_k$ の制約をおく.

帰無仮説 $H_{(i,i')} : \mu_i = \mu_{i'}$ vs. 対立仮説 $H_{(i,i')}^{OA} : \mu_i < \mu_{i'}$

となる. (5.1) の $\mathcal{U}_k$ に対して, $\mathcal{H}_1^o$ を

$$\mathcal{H}_1^o \equiv \{H_{(i,i')} \mid 1 \leqq i < i' \leqq k\} = \{H_{\boldsymbol{v}} \mid \boldsymbol{v} \in \mathcal{U}_k\}$$

で定義する. すなわち, (5.2) の $\mathcal{H}_T$ に対して, $\mathcal{H}_1^o = \mathcal{H}_T$ である.

8.1.1 シングルステップ法

$Z_1, \ldots, Z_k$ を独立で同一の標準正規分布 $N(0,1)$ に従う確率変数とし, $D_1(t)$ $(t > 0)$ を

$$D_1(t|k) \equiv P\left(\max_{1 \leqq i < i' \leqq k} \frac{Z_{i'} - Z_i}{\sqrt{2}} \leqq t\right) \tag{8.2}$$

とおく.（著3）より, 漸化式

$$H_1(t, x) = P\left(\frac{Z_1 - x}{\sqrt{2}} \leqq t\right) = \Phi(\sqrt{2} \cdot t + x),$$

$$H_r(t, x) = \int_{-\infty}^{x} H_{r-1}(t, y)\varphi(y)dy + H_{r-1}(t, x)\{\Phi(\sqrt{2} \cdot t + x) - \Phi(x)\}$$

$$(2 \leqq r \leqq k - 1)$$

を使って, 関係式

$$D_1(t|k) = \int_{-\infty}^{\infty} H_{k-1}(t, x)\varphi(x)dx$$

が導かれる.

8.1 標本サイズを同一とした場合のすべての平均相違の多重比較法 **139**

2標本間の標本観測値の中で順位をつける順位統計量を使ってシングルステップの多重比較法を提案できる. $2n_1$ 個の観測値 $X_{i1}, \ldots, X_{in_1}, X_{i'1}, \ldots, X_{i'n_1}$ を小さい方から並べたときの $X_{i'\ell}$ の順位を $R_{i'\ell}^{(i,i')}$ とする. このとき, (5.6) の $\widehat{Z}_{i'i}$, $T_{i'i}$, σ_n はそれぞれ

$$\widehat{Z}_{i'i} = \frac{T_{i'i}}{\sigma_n}, \quad T_{i'i} = \sum_{\ell=1}^{n_1} a_{2n_1}\left(R_{i'\ell}^{(i',i)}\right) - n_1 \bar{a}_{2n_1} \tag{8.3}$$

$$\sigma_n \equiv \sigma_{i'in} = \sqrt{\frac{n_1}{2(2n_1-1)} \sum_{m=1}^{2n_1} \{a_{2n_1}(m) - \bar{a}_{2n_1}\}^2}$$

となる. ただし, $\bar{a}_{2n_1} \equiv 1/(2n_1) \sum_{m=1}^{2n_1} a_{2n_1}(m)$ とする.

定理 8.1 $t > 0$ に対して,

$$\lim_{n \to \infty} P_0\left(\max_{1 \le i < i' \le k} \widehat{Z}_{i'i} \le t\right) = D_1(t|k)$$

が成り立つ. ただし, $P_0(\cdot)$ は (4.1) の H_0 の下での確率測度とする.

証明 (著1) の定理 5.2 の証明と同様に,

$$\widehat{Z}_{i'i} \xrightarrow{\mathcal{L}} \frac{Z_{i'} - Z_i}{\sqrt{2}} \tag{8.4}$$

を得る. ただし, Z_i は (8.2) のものと同じとする. これにより, 定理の主張を得る.   □

α を与え,

$$\text{方程式 } D_1(t|k) = 1 - \alpha \text{ を満たす } t \text{ の解を } d_1(k;\alpha) \tag{8.5}$$

とする. ここで, 次の [8.A] のシングルステップの多重比較検定法を得る.

8.A **漸近的なシングルステップの多重比較検定法**

{ 帰無仮説 $H_{(i,i')}$ vs. 対立仮説 $H_{(i,i')}^{OA}$ | $1 \le i < i' \le k$ } に対する水準 α の多重比較検定は, 次で与えられる.

$i < i'$ となるペア i, i' に対して $\widehat{Z}_{i'i} > d_1(k;\alpha)$ ならば, 帰無仮説 $H_{(i,i')}$ を

棄却し，対立仮説 $H_{(i,i')}^{OA}$ を受け入れ，$\mu_i < \mu_{i'}$ と判定する． ◆

次にスコア関数 $a_{2n_1}(\cdot)$ を具体的に与えた手法を述べる．

8.A.1 ウィルコクソン型の順位検定法

$a_{2n_1}(m) = 2m/(2n_1+1) - 1$ のとき，$\widehat{Z}_{i'i}$ は

$$\widehat{Z}_{Wi'i} \equiv \sqrt{\frac{12}{n_1^2(2n_1+1)}} \cdot \left\{ \sum_{j=1}^{n_1} R_{i'j}^{(i',i)} - \frac{n_1(2n_1+1)}{2} \right\}$$

となる．[8.A] の手法の中で，$\widehat{Z}_{i'i}$ を $\widehat{Z}_{Wi'i}$ に替えた手法である． ◇

8.A.2 正規スコアによる順位検定法

$a_{2n_1}(m) = \Phi^{-1}\left(m/(2n_1+1)\right)$ のとき，$\widehat{Z}_{i'i}$ は

$$\widehat{Z}_{Ni'i} \equiv \frac{\sqrt{2(2n_1-1)} \sum_{j=1}^{n_1} \Phi^{-1}\left(\frac{R_{i'j}^{(i',i)}}{2n_1+1}\right)}{\sqrt{n_1 \sum_{m=1}^{2n_1} \left\{ \Phi^{-1}\left(\frac{m}{2n_1+1}\right) \right\}^2}}$$

となる．[8.A] の手法の中で，$\widehat{Z}_{i'i}$ を $\widehat{Z}_{Ni'i}$ に替えた手法である． ◇

8.A.3 符号スコアによる順位検定法

$a_{2n_1}(m) = \text{sign}(m/(2n_1+1) - 1/2)$ のとき，$\widehat{Z}_{i'i}$ は

$$\widehat{Z}_{Si'i} \equiv \frac{\sqrt{2n_1-1}}{n_1} \sum_{j=1}^{n_1} \text{sign}\left(\frac{R_{i'j}^{(i',i)}}{2n_1+1} - \frac{1}{2}\right)$$

となる．[8.A] の手法の中で，$\widehat{Z}_{i'i}$ を $\widehat{Z}_{Si'i}$ に替えた手法である． ◇

θ を実数とし，$X_{i1}, \ldots, X_{in_1}, X_{i'1} - \theta, \ldots, X_{i'n_1} - \theta$ の中での $X_{i'\ell} - \theta$ の順位を $R_{i'\ell}^{(i',i)}(\theta)$ とする．このとき，(5.13) の $\widehat{Z}_{i'i}(\theta)$ と (5.12) の $T_{i'i}(\theta)$ は

$$\widehat{Z}_{i'i}(\theta) = \frac{T_{i'i}(\theta)}{\sigma_n}, \quad T_{i'i}(\theta) = \sum_{\ell=1}^{n_1} a_{2n_1}\left(R_{i'\ell}^{(i',i)}(\theta)\right) - n_1 \bar{a}_{2n_1}$$

となる．$\delta_{i'i} \equiv \mu_{i'} - \mu_i$ とおく．（条件 4.1）を満たすと仮定するならば，$t \geqq 0$ に対して，

8.1 標本サイズを同一とした場合のすべての平均相違の多重比較法 **141**

$$\lim_{n\to\infty} P\left(\max_{(i,i')\in\mathcal{U}_k} \widehat{Z}_{i'i}(\delta_{i'i}) \leqq t\right) = \lim_{n\to\infty} P_0\left(\max_{(i,i')\in\mathcal{U}_k} \widehat{Z}_{i'i} \leqq t\right) \quad (8.6)$$

が成り立つ. (8.6) と定理 8.1 より,

$$\begin{aligned}
1-\alpha &= P_0\left(\max_{(i,i')\in\mathcal{U}_k} \widehat{Z}_{i'i} \leqq d_1(k;\alpha)\right) + o(1)\\
&= P\left(\max_{(i,i')\in\mathcal{U}_k} \widehat{Z}_{i'i}(\delta_{i'i}) \leqq d_1(k;\alpha)\right) + o(1)\\
&= P\left(\text{任意の } (i,i')\in\mathcal{U}_k \text{ に対して } T(\delta_{i'i}) \leqq d_1(k;\alpha)\sigma_n\right) + o(1) \quad (8.7)
\end{aligned}$$

が成り立つ. 次の（条件 8.1）を仮定する.

（条件 8.1） $\qquad a_{2n_1}(1) \leqq a_{2n_1}(2) \leqq \cdots \leqq a_{2n_1}(2n_1)$ $\qquad\qquad$ □

このとき, $\widehat{Z}_{i'i}(\theta)$ は θ の減少関数となる.

$0 < \alpha < 1$ に対して, $\ell^o_{i'i}(\alpha)$ を次のように定義する.

$$\ell^o_{i'i}(\alpha) \equiv \inf\left\{\theta \mid T_{i'i}(\theta) \leqq d_1(k;\alpha)\sigma_n\right\} \quad (8.8)$$

(8.7) と (8.8) をまとめることにより, 次の同時信頼区間を得る.

8.B **すべての平均差に対する信頼係数 $1-\alpha$ の漸近的な順位同時信頼区間**

すべての平均差 $\{\delta_{i'i} \mid (i,i')\in\mathcal{U}_k\}$ に対する信頼係数 $1-\alpha$ の漸近的な同時信頼区間は, 任意の $(i,i')\in\mathcal{U}_k$ に対して,

$$\delta_{i'i} \in \left\{\theta \mid T_{i'i}(\theta) \leqq d_1(k;\alpha)\sigma_n\right\} \iff \ell^o_{i'i}(\alpha) \leqq \mu_{i'} - \mu_i < \infty$$

で与えられる. 閉区間で区間を表現しているが, 開区間でもよい. $\qquad\qquad$ ◆

$a_{2n_1}(m) = 2m/(2n_1+1)-1$ のとき, n_1^2 個の $\{X_{i'\ell'}-X_{i\ell} \mid \ell'=1,\ldots,n_1, \ell=1,\ldots,n_1\}$ の順序統計量を

$$\mathcal{D}^{(i',i)}_{(1)} \leqq \mathcal{D}^{(i',i)}_{(2)} \leqq \cdots \leqq \mathcal{D}^{(i',i)}_{(n_1^2)}$$

とする. このとき, 定理 8.1 を使って,（著 3）の 5.3 節の [5.10] より, 次の漸近的な同時信頼区間を得る.

8.B.1 **すべての平均差に対する信頼係数 $1-\alpha$ のウィルコクソン型の順位同時信頼区間**

$\delta_{i'i}\ (1 \leqq i < i' \leqq k)$ についての信頼係数 $1-\alpha$ の同時信頼区間は,

$$\mathcal{D}^{(i',i)}_{(\lceil a_{i'i}\rceil)} \leqq \delta_{i'i} < +\infty \quad (1 \leqq i < i' \leqq k)$$

で与えられる. ただし,

$$a_{i'i} \equiv -\sigma_n d_1(k;\alpha) + \frac{n_1^2}{2}$$

とする.　　　　　　　　　　　　　　　　　　　　　　　　　　　　　　　　　　　$\diamondsuit$

8.B.2 **すべての平均差に対する信頼係数 $1-\alpha$ の正規スコアによる順位同時信頼区間**

$a_{2n_1}(m) = \Phi^{-1}\left(m/(2n_1+1)\right)$ のとき, $T_{i'i}(\theta)$ は

$$T_{Ni'i}(\theta) = \sum_{j=1}^{n_1} \Phi^{-1}\left(\frac{R^{(i',i)}_{i'j}(\theta)}{2n_1+1}\right)$$

となる. [8.B] の手法の中で, $T_{i'i}(\theta)$ を $T_{Ni'i}(\theta)$ に替えた手法である.　$\diamondsuit$

8.B.3 **すべての平均差に対する信頼係数 $1-\alpha$ の符号スコアによる順位同時信頼区間**

$a_{2n_1}(m) = \operatorname{sign}(m/(2n_1+1) - 1/2)$ のとき, $T_{i'i}(\theta)$ は

$$T_{Si'i}(\theta) = \sum_{j=1}^{n_1} \operatorname{sign}\left(\frac{R^{(i',i)}_{i'j}(\theta)}{2n_1+1} - \frac{1}{2}\right)$$

となる. [8.B] の手法の中で, $T_{i'i}(\theta)$ を $T_{Si'i}(\theta)$ に替えた手法である.　$\diamondsuit$

8.1.2　閉検定手順

$\mathcal{H}_1^o$ の要素の仮説 $H_{(i,i')}$ の論理積からなるすべての集合は

$$\overline{\mathcal{H}}_1^o \equiv \left\{ \bigwedge_{\boldsymbol{v}\in V} H_{\boldsymbol{v}} \ \middle|\ \varnothing \subsetneqq V \subset \mathcal{U}_k \right\}$$

で表される．$\bigwedge_{\boldsymbol{v} \in \mathcal{U}_k} H_{\boldsymbol{v}}$ は一様性の帰無仮説 H_0 となる．さらに $\varnothing \subsetneqq V \subset \mathcal{U}_k$ を満たす V に対して，

$$\bigwedge_{\boldsymbol{v} \in V} H_{\boldsymbol{v}} : \text{任意の } (i, i') \in V \text{ に対して，} \quad \mu_i = \mu_{i'}$$

は k 個の母平均に関していくつかが等しいという仮説となる．

$I_1^o, \ldots, I_J^o$ $(I_j^o \neq \varnothing, \ j = 1, \ldots, J)$ を，次の（性質 8.1）を満たす添え字 $\{1, \ldots, k\}$ の互いに素な部分集合の組とする．

性質 8.1 ある整数 $\ell_1, \ldots, \ell_J \geqq 2$ とある整数 $0 \leqq s_1 < \cdots < s_J < k$ が存在して，

$$I_j^o = \{s_j + 1, s_j + 2, \ldots, s_j + \ell_j\} \quad (j = 1, \ldots, J), \tag{8.9}$$

$s_j + \ell_j \leqq s_{j+1}$ $(j = 1, \ldots, J-1)$ かつ $s_J + \ell_J \leqq k$ が成り立つ．

I_j^o は連続した整数の要素からなり，$\ell_j = \#I_j^o \geqq 2$ である．同じ I_j^o $(j = 1, \ldots, J)$ に属する添え字をもつ母平均は等しいという帰無仮説を $H_1^o(I_1^o, \ldots, I_J^o)$ で表す．このとき，$\varnothing \subsetneqq V \subset \mathcal{U}_k$ を満たす任意の V に対して，（性質 8.1）で述べたある自然数 J とある $I_1^o, \ldots, I_J^o$ が存在して，

$$\bigwedge_{\boldsymbol{v} \in V} H_{\boldsymbol{v}} = H_1^o(I_1^o, \ldots, I_J^o) \tag{8.10}$$

が成り立つ．さらに仮説 $H_1^o(I_1^o, \ldots, I_J^o)$ は，

$$H_1^o(I_1^o, \ldots, I_J^o) : \mu_{s_j+1} = \mu_{s_j+2} = \cdots = \mu_{s_j+\ell_j} \quad (j = 1, \ldots, J) \tag{8.11}$$

と表現することができる．$\varnothing \subsetneqq V_0 \subset \mathcal{U}_k$ を満たす V_0 に対して，$\boldsymbol{v} \in V_0$ ならば帰無仮説 $H_{\boldsymbol{v}}$ が真で，$\boldsymbol{v} \in V_0^c \cap \mathcal{U}_k$ ならば $H_{\boldsymbol{v}}$ が偽のとき，1 つ以上の真の帰無仮説 $H_{\boldsymbol{v}}$ $(\boldsymbol{v} \in V_0)$ を棄却する確率が α 以下となる検定方式が，水準 α の多重比較検定である．この定義の V_0 に対して，帰無仮説 $\bigwedge_{\boldsymbol{v} \in V_0} H_{\boldsymbol{v}}$ に対する水準 α の検定の棄却域を A とし，帰無仮説 $H_{\boldsymbol{v}}$ に対する水準 α の検定の棄却域を $B_{\boldsymbol{v}}$ とすると，帰無仮説 $\bigwedge_{\boldsymbol{v} \in V_0} H_{\boldsymbol{v}}$ の下での確率

$$P\left(A \cap \left(\bigcup_{\boldsymbol{v} \in V_0} B_{\boldsymbol{v}}\right)\right) \leqq P(A) \leqq \alpha \tag{8.12}$$

が成り立つ.

上記の V_0 が未知であることを考慮し,特定の帰無仮説を $H_{\boldsymbol{v}_0} \in \mathcal{H}_1^o$ としたとき,$\boldsymbol{v}_0 \in V \subset \mathcal{U}_k$ を満たす任意の V に対して,帰無仮説 $\bigwedge_{\boldsymbol{v} \in V} H_{\boldsymbol{v}}$ の検定が水準 α で棄却された場合に,$H_{\boldsymbol{v}_0}$ を棄却する方式を水準 α の閉検定手順とよんでいる.(8.12) より,水準 α の閉検定手順による多重比較検定のタイプ I FWER は α 以下となる.

(8.2), (8.5) に対応して,$\ell \leqq k$ となる自然数 ℓ に対して,

$$D_1(t|\ell) = P\left(\max_{1 \leqq i < i' \leqq \ell} \frac{Z_{i'} - Z_i}{\sqrt{2}} \leqq t\right)$$

とし,

$$\text{方程式 } D_1(t|\ell) = 1 - \alpha \text{ を満たす } t \text{ の解を } d_1(\ell; \alpha) \tag{8.13}$$

とする.ただし,Z_i は (8.2) の中で使われた確率変数と同じとする.

$j = 1, \ldots, J$ に対して,

$$\widehat{Z}^o(I_j^o) \equiv \max_{s_j+1 \leqq i < i' \leqq s_j+\ell_j} \widehat{Z}_{i'i}$$

を使ってノンパラメトリック閉検定手順がおこなえる.ただし,$\widehat{Z}_{i'i}$ は (8.3) で定義したものとする.

8.C ノンパラメトリック閉検定手順

(8.11) の $H_1^o(I_1^o, \ldots, I_J^o)$ に対して,M を

$$M \equiv M(I_1^o, \ldots, I_J^o) \equiv \sum_{j=1}^{J} \ell_j \tag{8.14}$$

で定義する.

(a) $J \geqq 2$ のとき,$\ell = \ell_1, \ldots, \ell_J$ に対して $\alpha(M, \ell)$ を

$$\alpha(M, \ell) \equiv 1 - (1 - \alpha)^{\ell/M} \tag{8.15}$$

8.1 標本サイズを同一とした場合のすべての平均相違の多重比較法 **145**

で定義する. $1 \leqq j \leqq J$ となるある整数 j が存在して $d_1\left(\ell_j; \alpha(M, \ell_j)\right) < \widehat{Z}^o(I_j^o)$ ならば帰無仮説 $\bigwedge_{\boldsymbol{v} \in V} H_{\boldsymbol{v}}$ を棄却する.

(b) $J = 1$ $(M = \ell_1)$ のとき, $d_1\left(M; \alpha\right) < \widehat{Z}^o(I_1^o)$ ならば帰無仮説 $\bigwedge_{\boldsymbol{v} \in V} H_{\boldsymbol{v}}$ を棄却する.

(a), (b) の方法で, $(i, i') \in V \subset \mathcal{U}_k$ を満たす任意の V に対して, $\bigwedge_{\boldsymbol{v} \in V} H_{\boldsymbol{v}}$ が棄却されるとき, 多重比較検定として $H_{(i, i')}$ を棄却する. ◆

> **定理 8.2** [8.C] のノンパラメトリック閉検定手順は, 水準 α の漸近的な多重比較検定である.

証明 (b) の検定の有意水準が α であることは自明であるので, (a) の検定の有意水準が α であることを示す. $\widehat{Z}^o(I_1^o), \ldots, \widehat{Z}^o(I_J^o)$ は互いに独立より,

$$\lim_{n \to \infty} P_0\left(\widehat{Z}^o(I_j^o) < d_1\left(\ell_j; \alpha(M, \ell_j)\right), \; j = 1, \ldots, J\right)$$
$$= \prod_{j=1}^{J}\left\{\lim_{n \to \infty} P_0\left(\widehat{Z}^o(I_j^o) < d_1\left(\ell_j; \alpha(M, \ell_j)\right)\right)\right\}$$
$$= \prod_{j=1}^{J}\{1 - \alpha(M, \ell_j)\} = 1 - \alpha$$

を得る. この等式を使って,

$$\lim_{n \to \infty} P_0\left(\text{ある } j \text{ が存在して,} \; \widehat{Z}^o(I_j^o) \geqq d_1\left(\ell_j; \alpha(M, \ell_j)\right)\right)$$
$$= 1 - \lim_{n \to \infty} P_0\left(\widehat{Z}^o(I_j^o) < d_1\left(\ell_j; \alpha(M, \ell_j)\right), \; j = 1, \ldots, J\right)$$
$$= \alpha$$

が成り立つ. ここで, 帰無仮説 $\bigwedge_{\boldsymbol{v} \in V} H_{\boldsymbol{v}}$ に対する (a) の検定は, 有意水準 α である. 以上により, 定理の主張が導かれた. □

定義から, $2 \leqq \ell < k$ となる ℓ に対し $d_1(\ell; \alpha) < d_1(k; \alpha)$ であることを数学的に示すことができる.

定理 6.4 と同様の興味深い次の定理を得る.

146　　　第 8 章　平均母数に順序制約がある場合の多重比較法

定理 8.3　　[8.C] のノンパラメトリック閉検定手順により水準 α の多重比較検定として $H_{(i,i')}$ が棄却される事象を $A_{(i,i')}$ $((i,i') \in \mathcal{U}_k)$ とし，M を (8.14) で定義したものとする．このとき，$4 \leqq M \leqq k$ となる任意の整数 M と $2 \leqq \ell < M-1$ となる任意の整数 ℓ に対して $d_1(\ell; \alpha(M, \ell)) < d_1(k; \alpha)$ が満たされているならば，2 つの式

$$P \left(\bigcup_{(i,i') \in \mathcal{U}_k} A_{(i,i')} \right) = P \left(\max_{1 \leqq i < i' \leqq k} \widehat{Z}_{i'i} > d_1(k; \alpha) \right),$$

$$P \left(A_{(i,i')} \right) \geqq P \left(\widehat{Z}_{i'i} > d_1(k; \alpha) \right) \quad ((i,i') \in \mathcal{U}_k)$$

が成立する．

証明　　(著 13) の定理 3.3 を参照せよ．　　　　　　　　　　　　　　□

付録 B の付表 14, 15 から，$\ell < M \leqq k$ となる ℓ に対し，

$$d_1(\ell; \alpha(M, \ell)) < d_1(k; \alpha(k, k)) = d_1(k; \alpha) \tag{8.16}$$

が成り立つ．[8.C] の閉検定手順の構成法により，(8.16) の関係から次の (i) と (ii) を得る．

(i)　[8.A] のシングルステップの多重比較検定法で棄却される $H_{(i,i')}$ は [8.C] の閉検定手順を使っても棄却される．

(ii)　[8.C] の閉検定手順で棄却される $H_{(i,i')}$ は [8.A] のシングルステップの多重比較検定法を使っても棄却されるとは限らない．

以上により，$3 \leqq k \leqq 10$ に対し，[8.C] の閉検定手順は [8.A] のシングルステップの多重比較検定法よりも，一様に検出力が高い．

8.1.3　ステップワイズ法

閉検定手順では，特定の帰無仮説 $H_{(i,i')}$ を棄却するには，$(i,i') \in V \subset \mathcal{U}_k$ を満たす任意の V に対して，帰無仮説 $\bigwedge_{\boldsymbol{v} \in V} H_{\boldsymbol{v}}$ の検定が水準 α で棄却される必要があり，ステップワイズ法とよばれる手順でおこなうことができる．ステップワイズ法にはステップダウン法とステップアップ法がある．r を $2 \leqq r \leqq k$ となる

8.1 標本サイズを同一とした場合のすべての平均相違の多重比較法　　**147**

整数とし，（検定 8.1）を次の検定群（$k = 3$ または $r = 2$ 以外は複数の検定）とする．

検定 8.1　$M = r$ かつ $(i, i') \in V \subset \mathcal{U}_k$ を満たす任意の V に対して，(8.11) の $\bigwedge_{\boldsymbol{v} \in V} H_{\boldsymbol{v}} = H_1^o(I_1^o, \ldots, I_J^o)$ を水準 α で検定する．ただし，M は (8.14) で定義したものとする．　　　　　　　　　　　　　　　　　　　　　□

$\overline{\mathcal{H}}_1^o$ 全体で記述すると混乱するので，任意に特定した帰無仮説 $H_{(i, i')}$ について，ステップダウン法を述べる．

[ステップダウン法]

手順 1. $r = k$ とし，上記の検定群（検定 8.1）をおこない，棄却されていないものが 1 つでもあれば $H_{(i, i')}$ を保留し終了する．（検定 8.1）がすべて棄却されていれば，手順 2 に進む．

手順 2. $r - 1$ を新たに r とおき，上記の検定群（検定 8.1）をおこない，手順 3 に進む．

手順 3. (i) 棄却されていないものが 1 つでもあれば $H_{(i, i')}$ を保留し終了する．

　　　　(ii) $r \geqq i' - i + 2$ かつ（検定 8.1）がすべて棄却されていれば，手順 2 に戻る．

　　　　(iii) $r = i' - i + 1$ かつ $H_1^o(I_1^o) = H_{(i, i')}$ が棄却されたならば，多重比較検定として $H_{(i, i')}$ を棄却し終了する．

上記では，特定の $H_{(i, i')}$ に対してのステップダウン法を述べている．実際は，すべての $(i, i') \in \mathcal{U}_k$ に対してステップダウン法が実行されなければならない．
(8.10) より，

$$\overline{\mathcal{H}}_1^o = \left\{ H_1^o(I_1^o, \ldots, I_J^o) \ \middle| \ \text{ある } J \text{ が存在して，} \bigcup_{j=1}^J I_j^o \subset \{1, \ldots, k\}. \right.$$
$$I_j^o \text{ は (8.9) を満たし，} \#(I_j^o) \geqq 2 \ (1 \leqq j \leqq J).$$
$$\left. J \geqq 2 \text{ のとき } I_j^o \cap I_{j'}^o = \varnothing \ (1 \leqq j < j' \leqq J) \right\}$$

となる．$(i, i') \in \mathcal{U}_k$ に対して，

148　　第 8 章　平均母数に順序制約がある場合の多重比較法

$$\overline{\mathcal{H}}_{1(i,i')}^{o} \equiv \left\{ H_1^o(I_1^o, \ldots, I_J^o) \in \mathcal{H}_1^o \mid \text{ある } j \text{ が存在して,} \quad \{i,i'\} \subset I_j^o \right\}$$

とおく. このとき,

$$\overline{\mathcal{H}}_1^o = \bigcup_{(i,i') \in \mathcal{U}_k} \overline{\mathcal{H}}_{1(i,i')}^{o}, \quad H_0 \in \overline{\mathcal{H}}_{1(i,i')}^{o}$$

が成り立つ. さらに, 定義から, $1 \le i_1 \le i_2 < i_2' \le i_1' \le k$ に対して

$$\overline{\mathcal{H}}_{1(i_1,i_1')}^{o} \subset \overline{\mathcal{H}}_{1(i_2,i_2')}^{o} \tag{8.17}$$

である.

$k = 4$ とした場合を例として考える. [8.C] の閉検定手順により多重比較検定として, 特定の帰無仮説 $H_{(i,i')}$ が棄却される場合に, 検定される帰無仮説 $H_1^o(I_1^o, \ldots, I_J^o)$ を表 8.2 から表 8.8 として挙げている.

表 8.2 には, $\overline{\mathcal{H}}_{1(1,2)}^{o}$ の中の帰無仮説をすべて載せている. この表から, $H_{(1,2)}$ が多重比較検定として棄却されるためには 4 個の帰無仮説を棄却しなければならない. すなわち, 次の (1)-(4) がすべて成立するならば, [8.C] の閉検定手順により水準 α の多重比較検定として, 帰無仮説 $H_{(1,2)}$ が棄却される.

(1) $\widehat{Z}^o(\{1,2,3,4\}) = \max\limits_{1 \le i < i' \le 4} \widehat{Z}_{i'i} > d_1(4; \alpha)$

(2) $\widehat{Z}^o(\{1,2\}) = \widehat{Z}_{21} > d_1(2; \alpha(4,2))$
　　または $\widehat{Z}^o(\{3,4\}) = \widehat{Z}_{43} > d_1(2; \alpha(4,2))$

表 8.2　$k = 4$ のとき, 帰無仮説 $H_{(1,2)}$ を多重比較検定する場合に, ステップワイズ法で検定される帰無仮説 $H_1^o(I_1^o, \ldots, I_J^o) \in \overline{\mathcal{H}}_{1(1,2)}^{o}$

M の値	$H_1^o(I_1^o, \ldots, I_J^o)$
4	$H_1^o(\{1,2,3,4\})$　$H_1^o(\{1,2\},\{3,4\})$
3	$H_1^o(\{1,2,3\})$
2	$H_1^o(\{1,2\})$

$H_1^o(\{1,2,3,4\})$: $\mu_1 = \mu_2 = \mu_3 = \mu_4$; $J = 1$, $s_1 = 0$, $\ell_1 = 4$
$H_1^o(\{1,2\},\{3,4\})$: $\mu_1 = \mu_2$, $\mu_3 = \mu_4$; $J = 2$, $s_1 = 0$, $\ell_1 = 2$, $s_2 = 2$, $\ell_2 = 2$
$H_1^o(\{1,2,3\})$: $\mu_1 = \mu_2 = \mu_3$; $J = 1$, $s_1 = 0$, $\ell_1 = 3$
$H_1^o(\{1,2\}) = H_{(1,2)}$: $\mu_1 = \mu_2$; $J = 1$, $s_1 = 0$, $\ell_1 = 2$

8.1 標本サイズを同一とした場合のすべての平均相違の多重比較法 **149**

表 8.3 $k = 4$ のときの
$H_1^o(I_1^o, \ldots, I_J^o) \in \overline{\mathcal{H}}_{1(1,3)}^o$

M の値	$H_1^o(I_1^o, \ldots, I_J^o)$
4	$H_1^o(\{1, 2, 3, 4\})$
3	$H_1^o(\{1, 2, 3\})$

表 8.4 $k = 4$ のときの
$H_1^o(I_1^o, \ldots, I_J^o) \in \overline{\mathcal{H}}_{1(1,4)}^o$

M の値	$H_1^o(I_1^o, \ldots, I_J^o)$
4	$H_1^o(\{1, 2, 3, 4\})$

表 8.5 $k = 4$ のときの
$H_1^o(I_1^o, \ldots, I_J^o) \in \overline{\mathcal{H}}_{1(2,3)}^o$

M の値	$H_1^o(I_1^o, \ldots, I_J^o)$	
4	$H_1^o(\{1, 2, 3, 4\})$	
3	$H_1^o(\{1, 2, 3\})$	$H_1^o(\{2, 3, 4\})$
2	$H_1^o(\{2, 3\})$	

表 8.6 $k = 4$ のときの
$H_1^o(I_1^o, \ldots, I_J^o) \in \overline{\mathcal{H}}_{1(2,4)}^o$

M の値	$H_1^o(I_1^o, \ldots, I_J^o)$
4	$H_1^o(\{1, 2, 3, 4\})$
3	$H_1^o(\{2, 3, 4\})$

表 8.7 $k = 4$ のときの $H_1^o(I_1^o, \ldots, I_J^o) \in \overline{\mathcal{H}}_{1(3,4)}^o$

M の値	$H_1^o(I_1^o, \ldots, I_J^o)$	
4	$H_1^o(\{1, 2, 3, 4\})$	$H_1^o(\{1, 2\}, \{3, 4\})$
3	$H_1^o(\{2, 3, 4\})$	
2	$H_1^o(\{3, 4\})$	

(3) $\widehat{Z}^o(\{1, 2, 3\}) = \max_{1 \leqq i < i' \leqq 3} \widehat{Z}_{i'i} > d_1(3; \alpha)$

(4) $\widehat{Z}^o(\{1, 2\}) = \widehat{Z}_{21} > d_1(2; \alpha)$

$\mathcal{H}_1^o$ の中の $H_{(1,3)}$ の帰無仮説が多重比較検定として棄却される場合,検定される帰無仮説 $H_1^o(I_1^o, \ldots, I_J^o)$ は,表 8.3 から 2 個である.

(8.17) より,$1 \leqq i_1 \leqq i_2 < i_2' \leqq i_1' \leqq k$ の関係が成り立つとき,水準 α の多重比較検定として閉検定手順を使った場合,$H_{(i_2, i_2')}$ が棄却されるならば $H_{(i_1, i_1')}$ は棄却される.具体的な例として,$k = 4$ のとき,表 8.4 から表 8.7 より,[8.C] を使って $H_{(1,2)}$ が棄却されるならば,$H_{(1,3)}$, $H_{(1,4)}$ が棄却される.

$k = 5$ とした場合を考える.多重比較検定として,特定の帰無仮説 $H_{(1,2)}$ が棄却される場合に,(検定 8.1)で検定される帰無仮説 $H_1^o(I_1^o, \ldots, I_J^o)$ を表 8.8 として挙げている.この表は,$\overline{\mathcal{H}}_{1(1,2)}$ の中の帰無仮説をすべて載せていることになっている.この表から,$H_{(1,2)}$ が多重比較検定として棄却されるためには 8 個

表 8.8 $k = 5$ とし，帰無仮説 $H_{(1,2)}$ を多重比較検定する場合に，ステップワイズ法で検定される帰無仮説 $H_1^o(I_1^o, \ldots, I_J^o) \in \overline{\mathcal{H}}_{1(1,2)}^o$

r の値	$H_1^o(I_1^o, \ldots, I_J^o)$
5	$H_1^o(\{1,2,3,4,5\})$ $H_1^o(\{1,2,3\},\{4,5\})$ $H_1^o(\{1,2\},\{3,4,5\})$
4	$H_1^o(\{1,2,3,4\})$ $H_1^o(\{1,2\},\{3,4\})$ $H_1^o(\{1,2\},\{4,5\})$
3	$H_1^o(\{1,2,3\})$
2	$H_1^o(\{1,2\})$

● 表 8.8 で挙げられた帰無仮説のいくつかを以下に詳しく書く．

$H_1^o(\{1,2,3,4,5\}) = H_0; \ J = 1, \ s_1 = 0, \ \ell_1 = 5$

$H_1^o(\{1,2,3\},\{4,5\}) : \mu_1 = \mu_2 = \mu_3, \ \mu_4 = \mu_5;$
$$J = 2, \ s_1 = 0, \ \ell_1 = 3, \ s_2 = 3, \ \ell_2 = 2$$

$H_1^o(\{1,2\},\{3,4,5\}) : \mu_1 = \mu_2, \ \mu_3 = \mu_4 = \mu_5;$
$$J = 2, \ s_1 = 0, \ \ell_1 = 2, \ s_2 = 2, \ \ell_2 = 3$$

$H_1^o(\{1,2,3\}) : \mu_1 = \mu_2 = \mu_3; \ J = 1, \ s_1 = 0, \ \ell_1 = 3$

の帰無仮説を棄却しなければならない．

8.2 隣接した平均母数の相違に関する多重比較法

傾向性の制約 (4.18) は成り立っているものとし，隣接した標本の平均を比較することを考える．8.1 節のようにサイズ n_i に制約を入れる必要はない．1 つの比較のための検定は

帰無仮説 $H_{(i,i+1)} : \mu_i = \mu_{i+1}$ vs. 対立仮説 $H_{(i,i+1)}^{OA} : \mu_i < \mu_{i+1}$

となる．

$$\mathcal{I}_{k-1} \equiv \{i \mid 1 \leqq i \leqq k-1\} = \{1, 2, \ldots, k-1\} \tag{8.18}$$

とおき，帰無仮説のファミリーを

$$\mathcal{H}_2 \equiv \{H_{(i,i+1)} \mid i \in \mathcal{I}_{k-1}\}$$

とおく．

8.2.1 シングルステップ法

分布関数 $F(x)$ は未知でもかまわないとする．隣接する 2 標本の観測値の中で

8.2 隣接した平均母数の相違に関する多重比較法　　**151**

順位をつける順位統計量を使って提案できる. $N_i' \equiv n_i + n_{i+1}$ とし, N_i' 個の観測値 $X_{i1}, \ldots, X_{in_i}, X_{i+11}, \ldots, X_{i+1n_{i+1}}$ を小さい方から並べたときの $X_{i+1\ell}$ の順位を $R_{i+1\ell}^{(i+1,i)}$ とする.

$$\widetilde{T}_i \equiv \sum_{\ell=1}^{n_{i+1}} a_{N_i'} \left(R_{i+1\ell}^{(i+1,i)} \right) - n_{i+1} \bar{a}_{N_i}$$

とおく. このとき, H_0 の下での $\widetilde{T}_i$ の平均と分散は

$$E_0(\widetilde{T}_i) = 0, \quad V_0(\widetilde{T}_i) = \frac{n_i n_{i+1}}{N_i'(N_i'-1)} \sum_{m=1}^{N_i} \left\{ a_{N_i'}(m) - \bar{a}_{N_i} \right\}^2$$

で与えられる. ここで,

$$\widetilde{Z}_i \equiv \frac{\widetilde{T}_i}{\widetilde{\sigma}_{in}}, \quad \widetilde{\sigma}_{in} \equiv \sqrt{\frac{n_i n_{i+1}}{N_i'(N_i'-1)} \sum_{m=1}^{N_i} \left\{ a_{N_i'}(m) - \bar{a}_{N_i'} \right\}^2} \tag{8.19}$$

とおく. λ_i は (条件 4.1) で定義したものとする. さらに, $Y_i \sim N(0, 1/\lambda_i)$ とし, $Y_1, \ldots, Y_k$ は互いに独立と仮定する. このとき, $D_2(t)$ を

$$D_2(t|\boldsymbol{\lambda}) \equiv P \left(\max_{1 \le i \le k-1} \frac{Y_{i+1} - Y_i}{\sqrt{\frac{1}{\lambda_{i+1}} + \frac{1}{\lambda_i}}} \le t \right) \tag{8.20}$$

とおく. ただし, $\boldsymbol{\lambda} \equiv (\lambda_1, \ldots, \lambda_k)$ とする.

定理 8.4 (条件 4.1) が満たされると仮定する. このとき, $t > 0$ に対して,

$$\lim_{n \to \infty} P_0 \left(\max_{1 \le i \le k-1} \widetilde{Z}_i \le t \right) = D_2(t)$$

が成り立つ.

証明 (著 1) の定理 5.2 の証明と同様に,

$$\widetilde{Z}_i \overset{\mathcal{L}}{\to} \frac{Y_{i+1} - Y_i}{\sqrt{\frac{1}{\lambda_{i+1}} + \frac{1}{\lambda_i}}}$$

となり, 定理の主張を得る. □

与えられた α について，

$$\text{方程式 } D_2(t) = 1 - \alpha \text{ を満たす } t \text{ の解を } d_2(k, \lambda_1, \ldots, \lambda_k; \alpha) \qquad (8.21)$$

とする．このとき，定理 8.4 を使って，[8.A] と同様に，次の漸近的な同時信頼区間とシングルステップ多重比較検定を得る．

8.D シングルステップの多重比較検定

{ 帰無仮説 $H_{(i,i+1)}$ vs. 対立仮説 $H_{(i,i+1)}^{OA} \mid i \in \mathcal{I}_{k-1}$ } に対する水準 α の多重比較検定は，次で与えられる．

ある i に対して $\widetilde{Z}_i > d_2(k, \lambda_1, \ldots, \lambda_k; \alpha)$ ならば，帰無仮説 $H_{(i,i+1)}$ を棄却し，対立仮説 $H_{(i,i+1)}^{OA}$ を受け入れ，$\mu_i < \mu_{i+1}$ と判定する． ◆

ウィルコクソン型のスコア関数 $a_{N_i'}(m) = 2m/(N_i' + 1) - 1$ のとき，[8.D] は Lee and Spurrier (1995b) によって提案されている．

θ を実数とし，$X_{i1}, \ldots, X_{in_i}, X_{i+11} - \theta, \ldots, X_{i+1n_{i+1}} - \theta$ の中での $X_{i+1\ell} - \theta$ の順位を $R_{i+1\ell}^{(i+1,i)}(\theta)$ とする．さらに，

$$\widetilde{Z}_i(\theta) = \frac{\widetilde{T}_i(\theta)}{\widetilde{\sigma}_{in}}, \quad \widetilde{T}_i(\theta) = \sum_{\ell=1}^{n_{i+1}} a_{N_i'}\left(R_{i+1\ell}^{(i+1,i)}(\theta)\right) - n_{i+1}\bar{a}_{N_i}$$

とおき，$\delta_i \equiv \mu_{i+1} - \mu_i$ とおく．（条件 4.1）を満たすと仮定するならば，$t \geqq 0$ に対して，

$$\lim_{n \to \infty} P\left(\max_{i \in \mathcal{I}_{k-1}} \widetilde{Z}_i(\delta_i) \leqq t\right) = \lim_{n \to \infty} P_0\left(\max_{i \in \mathcal{I}_{k-1}} \widetilde{Z}_i \leqq t\right) \qquad (8.22)$$

が成り立つ．(8.22) と定理 8.4 より，(8.7) と同様に，

$$1 - \alpha = P_0\left(\max_{i \in \mathcal{I}_{k-1}} \widetilde{Z}_i \leqq d_2(k, \lambda_1, \ldots, \lambda_k; \alpha)\right) + o(1)$$

$$= P\big(\text{任意の } i \in \mathcal{I}_{k-1} \text{ に対して}$$

$$\widetilde{T}_i(\delta_i) \leqq d_2(k, \lambda_1, \ldots, \lambda_k; \alpha)\widetilde{\sigma}_{in}\big) + o(1) \qquad (8.23)$$

を得る．次の（条件 8.2）を仮定する．

8.2 隣接した平均母数の相違に関する多重比較法 **153**

（条件 8.2） $\quad a_{N_i'}(1) \leqq a_{N_i'}(2) \leqq \cdots \leqq a_{N_i'}(N_i') \quad (i \in \mathcal{I}_{k-1})$ $\qquad \square$

このとき，$\widetilde{Z}_i(\theta)$ は θ の減少関数となる．

$0 < \alpha < 1$ に対して，$\ell_i^o(\alpha)$ を次で定義する．

$$\ell_i^o(\alpha) \equiv \inf \left\{ \theta \mid \widetilde{T}_i(\theta) \leqq d_2(k, \lambda_1, \ldots, \lambda_k; \alpha) \widetilde{\sigma}_{in} \right\} \tag{8.24}$$

(8.23) と (8.24) をまとめることにより，次の漸近的な同時信頼区間を得る．

8.E **すべての隣接した平均差に対する信頼係数 $1 - \alpha$ の順位同時信頼区間**

すべての平均差 $\{\delta_i \mid i \in \mathcal{I}_{k-1}\}$ に対する信頼係数 $1 - \alpha$ の漸近的な同時信頼区間は，任意の $i \in \mathcal{I}_{k-1}$ に対して，

$$\delta_i \in \left\{ \theta \mid \widetilde{T}_i(\theta) \leqq d_2(k, \lambda_1, \ldots, \lambda_k; \alpha) \widetilde{\sigma}_{in} \right\} \iff \ell_i^o(\alpha) \leqq \delta_i < \infty$$

で与えられる． $\qquad \blacklozenge$

$a_{N_i'}(m) = 2m/(N_i' + 1) - 1$ のとき，$n_i n_{i+1}$ 個の $\{X_{i+1\ell'} - X_{i\ell} \mid \ell' = 1, \ldots, n_{i+1}, \ell = 1, \ldots, n_i\}$ の順序統計量を

$$\mathcal{D}_{(1)}^{(i+1,i)} \leqq \mathcal{D}_{(2)}^{(i+1,i)} \leqq \cdots \leqq \mathcal{D}_{(n_i n_{i+1})}^{(i+1,i)} \quad (i \in \mathcal{I}_{k-1})$$

とする．このとき，定理 8.4 を使って，（著 3）の 5.4 節の [5.16] より，次の漸近的な同時信頼区間を得る．

8.E.1 **すべての隣接した平均差に対する信頼係数 $1 - \alpha$ のウィルコクソン型の順位同時信頼区間**

$\delta_i \ (i \in \mathcal{I}_{k-1})$ についての信頼係数 $1 - \alpha$ の同時信頼区間は，

$$\mathcal{D}_{(\lceil a_i \rceil)}^{(i+1,i)} \leqq \delta_i < +\infty \quad (i \in \mathcal{I}_{k-1})$$

で与えられる．ただし，

$$a_i \equiv -\widetilde{\sigma}_{in} d_2(k, \lambda_1, \ldots, \lambda_k; \alpha) + \frac{n_{i+1} n_i}{2}$$

とする． $\qquad \diamondsuit$

8.E.2 すべての隣接した平均差に対する信頼係数 $1-\alpha$ の正規スコアによる順位同時信頼区間

$a_{N_i'}(m) = \Phi^{-1}\left(m/(N_i'+1)\right)$ のとき，$\widetilde{T}_i(\theta)$ は

$$\widetilde{T}_{Ni}(\theta) = \sum_{\ell=1}^{n_{i+1}} \Phi^{-1}\left(\frac{R_{i+1\ell}^{(i+1,i)}(\theta)}{N_i'+1}\right)$$

となる．[8.E] の手法の中で，$\widetilde{T}_i(\theta)$ を $T_{N_i'}(\theta)$ に替えた手法である． ◇

8.E.3 すべての隣接した平均差に対する信頼係数 $1-\alpha$ の符号スコアによる順位同時信頼区間

$a_{N_i'}(m) = \mathrm{sign}(m/(N_i'+1)-1/2)$ のとき，$\widetilde{T}_{i'i}(\theta)$ は

$$\widetilde{T}_{Si}(\theta) = \sum_{\ell=1}^{n_{i+1}} \mathrm{sign}\left(\frac{R_{i+1\ell}^{(i+1,i)}(\theta)}{N_i'+1} - \frac{1}{2}\right)$$

となる．[8.E] の手法の中で，$\widetilde{T}_i(\theta)$ を $\widetilde{T}_{Si}(\theta)$ に替えた手法である． ◇

サイズが等しい (8.1) の場合，$d_2(k,\lambda_1,\dots,\lambda_k;\alpha)$ は，k,α だけの関数であるので，簡略化してこの値を $d_2^*(k;\alpha)$ で表記する．すなわち，(8.1) のとき

$$d_2^*(k;\alpha) = d_2(k,1/k,\dots,1/k;\alpha) \tag{8.25}$$

である．$d_2^*(k;\alpha)$ の数表を付録 B の付表 16 に載せている．

8.2.2 閉検定手順

次に前項のシングルステップ法を改良するマルチステップ法を述べる．

$\mathcal{U}_{k-1}' \equiv \{(i,i+1) \mid i \in \mathcal{I}_{k-1}\}$ に対して，$\mathcal{H}_2$ の要素の仮説 $H_{(i,i+1)}$ の論理積からなるすべての集合は

$$\overline{\mathcal{H}}_2 \equiv \left\{ \bigwedge_{\boldsymbol{v} \in V} H_{\boldsymbol{v}} \ \middle|\ \varnothing \subsetneqq V \subset \mathcal{U}_{k-1}' \right\}$$

で表される．$\displaystyle\bigwedge_{\boldsymbol{v} \in \mathcal{U}_{k-1}'} H_{\boldsymbol{v}}$ は一様性の帰無仮説 H_0 となる．さらに $\varnothing \subsetneqq V \subset \mathcal{U}_{k-1}'$

8.2 隣接した平均母数の相違に関する多重比較法   **155**

を満たす V に対して,

$$\bigwedge_{\boldsymbol{v}\in V} H_{\boldsymbol{v}} : \text{任意の } (i,i+1)\in V \text{ に対して, } \mu_i = \mu_{i+1}$$

は k 個の母平均に関していくつかが等しいという仮説となる.

$I_1^o,\dots,I_J^o$ ($I_j^o \neq \varnothing$, $j=1,\dots,J$) を, 次の (性質 8.2) を満たす添え字 $\{1,\dots,k\}$ の互いに素な部分集合の組とする.

> **性質 8.2**   ある整数 $\ell_1,\dots,\ell_J \geqq 2$ とある整数 $0 \leqq s_1 < \cdots < s_J < k$ が存在して,
>
> $$I_j^o = \{s_j+1, s_j+2,\dots,s_j+\ell_j\} \quad (j=1,\dots,J), \tag{8.26}$$
>
> $s_j + \ell_j \leqq s_{j+1}$ ($j=1,\dots,J-1$) かつ $s_J + \ell_J \leqq k$ が成り立つ.

I_j^o は連続した整数の要素からなり, $\ell_j = \#I_j^o \geqq 2$ である. 同じ I_j^o ($j=1,\dots,J$) に属する添え字をもつ母平均は等しいという帰無仮説を $H_2^o(I_1^o,\dots,I_J^o)$ で表す. このとき, $\varnothing \subsetneqq V \subset \mathcal{U}_{k-1}'$ を満たす任意の V に対して, (性質 8.2) で述べたある自然数 J とある $I_1^o,\dots,I_J^o$ が存在して,

$$\bigwedge_{\boldsymbol{v}\in V} H_{\boldsymbol{v}} = H_2^o(I_1^o,\dots,I_J^o) \tag{8.27}$$

が成り立つ. さらに仮説 $H_2^o(I_1^o,\dots,I_J^o)$ は,

$$H_2^o(I_1^o,\dots,I_J^o) : \mu_{s_j+1} = \mu_{s_j+2} = \cdots = \mu_{s_j+\ell_j} \quad (j=1,\dots,J) \tag{8.28}$$

と表現することができる. $\varnothing \subsetneqq V_0 \subset \mathcal{U}_{k-1}'$ を満たす V_0 に対して, $\boldsymbol{v} \in V_0$ ならば帰無仮説 $H_{\boldsymbol{v}}$ が真で, $\boldsymbol{v} \in V_0^c \cap \mathcal{U}_{k-1}'$ ならば $H_{\boldsymbol{v}}$ が偽のとき, 1 つ以上の真の帰無仮説 $H_{\boldsymbol{v}}$ ($\boldsymbol{v} \in V_0$) を棄却する確率が α 以下となる検定方式が水準 α の多重比較検定である. この定義の V_0 に対して, 帰無仮説 $\bigwedge_{\boldsymbol{v}\in V_0} H_{\boldsymbol{v}}$ に対する水準 α の検定の棄却域を A とし, 帰無仮説 $H_{\boldsymbol{v}}$ に対する水準 α の検定の棄却域を $B_{\boldsymbol{v}}$ とすると, 帰無仮説 $\bigwedge_{\boldsymbol{v}\in V_0} H_{\boldsymbol{v}}$ の下での確率

$$P\left(A \cap \left(\bigcup_{\boldsymbol{v}\in V_0} B_{\boldsymbol{v}}\right)\right) \leqq P(A) \leqq \alpha \tag{8.29}$$

が成り立つ.

上記の V_0 が未知であることを考慮し，特定の帰無仮説を $H_{\boldsymbol{v}_0} \in \mathcal{H}_2$ としたとき，$\boldsymbol{v}_0 \in V \subset \mathcal{U}'_{k-1}$ を満たす任意の V に対して，帰無仮説 $\bigwedge_{\boldsymbol{v} \in V} H_{\boldsymbol{v}}$ の検定が水準 α で棄却された場合に，$H_{\boldsymbol{v}_0}$ を棄却する方式を閉検定手順とよんでいる．(8.29) より，閉検定手順による多重比較検定のタイプ I FWER が α 以下となる．

$j = 1, \ldots, J$ に対して，

$$\widetilde{Z}^o(I_j^o) \equiv \max_{s_j+1 \leqq i \leqq s_j+\ell_j-1} \widetilde{Z}_i$$

を使ってノンパラメトリック閉検定手順がおこなえる．ただし，$\widetilde{Z}_i$ は (8.19) で定義したものとする．(8.20) に対応して，(8.26) の I_j^o に対して

$$D_2(t|I_j^o) \equiv P\left(\max_{s_j+1 \leqq i \leqq s_j+\ell_j-1} \frac{Y_{i+1} - Y_i}{\sqrt{\frac{1}{\lambda_{i+1}} + \frac{1}{\lambda_i}}} \leqq t\right)$$

とし，

$$\text{方程式 } D_2(t|I_j^o) = 1 - \alpha \text{ を満たす } t \text{ の解を } d_2(\ell_j, I_j^o; \alpha) \tag{8.30}$$

とする．ただし，Y_i は (8.20) の中で使われた確率変数と同じとする．$D_2(t|I_j^o)$ と $d_2(\ell_j, I_j^o; \alpha)$ は，$\{\lambda_i \mid i \in I_j^o\}$ にも依存する．

水準 α の帰無仮説 $\bigwedge_{\boldsymbol{v} \in V} H_{\boldsymbol{v}}$ に対する検定方法を具体的にいくつか論述することができる．

8.F ノンパラメトリック閉検定手順

(8.28) の $H_2^o(I_1^o, \ldots, I_J^o)$ に対して，M を (8.14) で定義する．

(a) $J \geqq 2$ のとき，$\ell = \ell_1, \ldots, \ell_J$ に対して $\alpha(M, \ell)$ を (8.15) で定義する．$1 \leqq j \leqq J$ となるある整数 j が存在して $d_2\left(\ell_j, I_j^o; \alpha(M, \ell_j)\right) < \widetilde{Z}^o(I_j^o)$ ならば帰無仮説 $\bigwedge_{\boldsymbol{v} \in V} H_{\boldsymbol{v}}$ を棄却する．

(b) $J = 1$ $(M = \ell_1)$ のとき，$d_2\left(M, I_1^o; \alpha\right) < \widetilde{Z}^o(I_1^o)$ ならば帰無仮説 $\bigwedge_{\boldsymbol{v} \in V} H_{\boldsymbol{v}}$ を棄却する．

(a), (b) の方法で，$(i, i+1) \in V \subset \mathcal{U}'_{k-1}$ を満たす任意の V に対して，$\bigwedge_{\boldsymbol{v} \in V} H_{\boldsymbol{v}}$ が棄却されるとき，多重比較検定として $H_{(i,i+1)}$ を棄却する． ◆

8.2 隣接した平均母数の相違に関する多重比較法 **157**

定理 8.5 [8.F] のノンパラメトリック閉検定手順は, 漸近的に水準 α の多重比較検定である.

証明 定理 5.6 と同様に証明される. □

サイズが等しい (8.1) の場合を考える. $d_2(\ell_j, I_j^o; \alpha(M, \ell_j))$ は, I_j^o と $\{\lambda_i \mid i \in I_j^o\}$ に依存せず, ℓ_j, α の関数であるので, それを $d_2^*(\ell_j; \alpha(M, \ell_j))$ で表記する. すなわち, (8.1) のとき $d_2^*(\ell_j; \alpha(M, \ell_j)) = d_2(\ell_j, I_j^o; \alpha(M, \ell_j))$ である. (8.1) のとき, $2 \leqq \ell \leqq M$, $2 \leqq M \leqq 10$ とした場合の ℓ と M の範囲で, $\alpha = 0.05$ のときの $d_2^*(\ell; \alpha(M, \ell))$ の数表を付録 B の付表 17 に載せ, $\alpha = 0.01$ のときの数表を付表 18 に載せている.

定義から, $2 \leqq \ell < k$ となる ℓ に対し $d_2^*(\ell; \alpha) < d_2^*(k; \alpha)$ であることを数学的に示すことができる. 付表 17, 18 から, $\ell < M \leqq k$ となる ℓ に対し,

$$d_2^*(\ell; \alpha(M, \ell)) < d_2^*(k; \alpha(k, k)) = d_2^*(k; \alpha) \qquad (8.31)$$

が成り立つ. [8.F] の閉検定手順の構成法により, 付表 17, 18 と (8.31) の関係から次の (i) と (ii) を得る.

(i) [8.D] のシングルステップの多重比較検定で棄却される $H_{(i,i+1)}$ は [8.F] の閉検定手順を使っても棄却される.

(ii) [8.F] の閉検定手順で棄却される $H_{(i,i+1)}$ は [8.D] のシングルステップの多重比較検定を使っても棄却されるとは限らない.

m が十分大きい場合, 付表 17, 18 と (8.31) の関係から, 上記の (i) と (ii) を得ることができる. 以上により, $3 \leqq k \leqq 10$ に対し, $m = 50(10)150$ および m が十分大きいとき, [8.F] の閉検定手順は [8.D] のシングルステップ多重比較検定よりも, 一様に検出力が高い.

8.2.3 ステップワイズ法

閉検定手順では, 特定の帰無仮説 $H_{(i,i+1)}$ を棄却するには, $(i, i+1) \in V \subset \mathcal{U}'_{k-1}$ を満たす任意の V に対して, 帰無仮説 $\bigwedge_{\boldsymbol{v} \in V} H_{\boldsymbol{v}}$ の検定が水準 α で棄却される必要があり, ステップワイズ法とよばれる手順でおこなうことができる. r を $2 \leqq r \leqq k$ となる整数とし, (検定 8.2) を次の検定群とする.

158　　　　　　　　　　　第 8 章　平均母数に順序制約がある場合の多重比較法

検定 8.2　$M = r$ かつ $(i, i+1) \in V \subset \mathcal{U}'_{k-1}$ を満たす任意の V に対して，(8.28) の $H_2^o(I_1^o, \ldots, I_J^o)$ を水準 α で検定する．ただし，M は (8.14) で定義したものとする．$k = 3$ または $r = 2$ 以外は複数の検定となる．　　□

$\overline{\mathcal{H}}_2$ 全体で記述すると混乱するので，任意に特定した帰無仮説 $H_{(i,i+1)}$ についてステップダウン法を述べる．

[ステップダウン法]

手順 1. $r = k$ とし，上記の検定群（検定 8.2）をおこない，棄却されていないものが 1 つでもあれば $H_{(i,i+1)}$ を保留し終了する．（検定 8.2）がすべて棄却されていれば，手順 2 に進む．

手順 2. $r - 1$ を新たに r とおき，上記の（検定 8.2）をおこない，手順 3 に進む．

手順 3. (i) 棄却されていないものが 1 つでもあれば $H_{(i,i+1)}$ を保留し終了する．

　　　　(ii) $r \geqq 3$ かつ（検定 8.2）がすべて棄却されていれば，手順 2 に戻る．

　　　　(iii) $r = 2$ かつ $H_2^o(I_1^o) = H_{(i,i+1)}$ が棄却されたならば，多重比較検定として $H_{(i,i+1)}$ を棄却し終了する．

　上記では，特定の $H_{(i,i+1)}$ に対するステップダウン法を述べている．実際は，すべての $(i, i+1) \in \mathcal{U}'_{k-1}$ に対してステップダウン法が実行されなければならない．

　(8.27) より，

$$\overline{\mathcal{H}}_2 = \Big\{ H_2^o(I_1^o, \ldots, I_J^o) \ \Big| \ \text{ある } J \text{ が存在して，} \bigcup_{j=1}^{J} I_j^o \subset \{1, \ldots, k\}.$$
$$I_j^o \text{は (8.28) を満たし，} \ \#(I_j^o) \geqq 2 \ (1 \leqq j \leqq J).$$
$$J \geqq 2 \text{ のとき } I_j^o \cap I_{j'}^o = \varnothing \ (1 \leqq j < j' \leqq J) \Big\}$$

となる．$(i, i+1) \in \mathcal{U}'_{k-1}$ に対して，

$$\overline{\mathcal{H}}_{2(i,i+1)} \equiv \big\{ H_2^o(I_1^o, \ldots, I_J^o) \in \overline{\mathcal{H}}_2 \ \big| \ \text{ある } j \text{ が存在して，} \{i, i+1\} \subset I_j^o \big\}$$

とおく．このとき，

$$\overline{\mathcal{H}}_2 = \bigcup_{(i,i+1) \in \mathcal{U}'_{k-1}} \overline{\mathcal{H}}_{2(i,i+1)}, \quad H_0 \in \overline{\mathcal{H}}_{2(i,i+1)}$$

が成り立つ.

8.3 対照標本との多重比較検定法

このモデルでは,第1標本または第k標本を対照標本,その他の標本は処理標本と考え,どの処理と対照の間に差があるかを調べることである.便宜上,本書では,第1標本を対照標本,第2標本から第k標本は処理標本とし,

$$n_2 = \cdots = n_k \tag{8.32}$$

の制限をおく.n_1 は他のサイズ n_2 と等しい必要はない.表 8.9 のモデルについて考察する.

傾向性の制約 (4.18) は成り立っているものとする.i を $2 \leqq i \leqq k$ とする.1つの比較のための検定は

$$\text{帰無仮説 } H_{1i}: \ \mu_i = \mu_1 \quad \text{vs.} \quad \text{対立仮説 } H_{1i}^{OA}: \ \mu_i > \mu_1$$

となる.帰無仮説のファミリーを

$$\mathcal{H}_3 \equiv \{H_{1i} \mid i \in \mathcal{I}_{2,k}\}$$

とおく.ただし,$\mathcal{I}_{2,k}$ は (6.2) で定義したものとする.定数 $\alpha \ (0 < \alpha < 1)$ をは

表 8.9 k 標本モデル

水準	標本	サイズ	データ	平均
対照	第 1 標本	n_1	$X_{11}, \ldots, X_{1n_1}$	μ_1
処理 1	第 2 標本	n_2	$X_{21}, \ldots, X_{2n_2}$	μ_2
$\vdots$	$\vdots$	$\vdots$	$\vdots \quad \vdots \quad \vdots$	$\vdots$
処理 $k-1$	第 k 標本	n_2	$X_{k1}, \ldots, X_{kn_2}$	μ_k

総標本サイズ:$n \equiv n_1 + (k-1)n_2$ (すべての観測値の個数)
$P(X_{ij} \leqq x) = F(x - \mu_i) \ (i = 1, \ldots, k)$, $\mu_1, \ldots, \mu_k$ はすべて未知母数であるが $\mu_1 \leqq \mu_2 \leqq \cdots \leqq \mu_k$ の制約をおく.

じめに決める. $\boldsymbol{X} \equiv (X_{11}, \ldots, X_{1n_1}, \ldots, X_{k1}, \ldots, X_{kn_k})$ の実現値 $\boldsymbol{x}$ によって, 任意の $H_{1i} \in \mathcal{H}_3$ に対して H_{1i} を棄却するかしないかを決める検定方式を $\phi_i(\boldsymbol{x})$ とする.

$\boldsymbol{\mu} \equiv (\mu_1, \ldots, \mu_k)$ とおく. $\mu_1 < \mu_2$ のときは, 有意水準は関係しないので,

$$\Theta_0 \equiv \{\boldsymbol{\mu} \mid 1 \text{つ以上の帰無仮説 } H_{1i} \text{ が真}\}$$
$$= \{\boldsymbol{\mu} \mid \text{ある } i \in \mathcal{I}_{2,k} \text{ が存在して, } \mu_i = \mu_1\} \tag{8.33}$$

とおき, $\boldsymbol{\mu} \in \Theta_0$ とする. このとき, 正しい帰無仮説 H_{1i} は1つ以上ある. また, 確率は $\boldsymbol{\mu}$ に依存するので, 確率測度を $P_{\boldsymbol{\mu}}(\cdot)$ で表す.

このとき, 任意の $\boldsymbol{\mu} \in \Theta_0$ に対して

$$P_{\boldsymbol{\mu}}(\text{正しい帰無仮説のうち少なくとも1つが棄却される}) \leqq \alpha \tag{8.34}$$

を満たす検定方式 $\{\phi_i(\boldsymbol{x}) \mid i \in \mathcal{I}_{2,k}\}$ を, $\mathcal{H}_3$ に対する水準 α の多重比較検定法とよんでいる. (8.34) の左辺を, ($\boldsymbol{\mu}$ を固定したときの) 第1種の過誤の確率またはタイプ I FWER とよぶ. また, (8.34) の右辺の α は全体としての有意水準である.

シャーリー (Shirley (1977)) とウィリアムズ (Williams (1986)) はウィルコクソン型の多重比較検定法を提案しているが, 本節では一般化されたスコア関数を用いて多重比較検定法を述べる.

分布関数 $F(x)$ は未知でもかまわないとする. $2 \leqq \ell \leqq k$ となる ℓ に対して, $n(\ell) \equiv n_1 + (\ell-1)n_2$ とし, $n(\ell)$ 個の観測値 $\{X_{ij} \mid j = 1, \ldots, n_i, \ i = 1, \ldots, \ell\}$ を小さい方から並べたときの X_{ij} の順位を $R_{ij}^{(\ell)}$ とする.

$$T_1^{(\ell)} \equiv \frac{1}{n_1} \sum_{j=1}^{n_1} a_{n(\ell)}\left(R_{1j}^{(\ell)}\right) - \bar{a}_{n(\ell)},$$

$$T_i^{(\ell)} \equiv \frac{1}{n_2} \sum_{j=1}^{n_2} a_{n(\ell)}\left(R_{ij}^{(\ell)}\right) - \bar{a}_{n(\ell)} \quad (2 \leqq i \leqq \ell)$$

とおき, $\widehat{\boldsymbol{S}}^{(\ell)} \equiv (\widehat{S}_1^{(\ell)}, \ldots, \widehat{S}_k^{(\ell)})^T$ とおく. ただし,

$$\widehat{S}_i^{(\ell)} \equiv \sqrt{\frac{n(\ell)(n(\ell)-1)}{\sum_{m=1}^{n(\ell)} \left\{a_{n(\ell)}(m) - \bar{a}_{n(\ell)}\right\}^2}} \cdot T_i^{(\ell)} \quad (i = 1, \ldots, k)$$

8.3 対照標本との多重比較検定法 **161**

とする. ここで,

(条件 8.3) $$\lim_{n\to\infty}(n_2/n_1)=\lambda_{21}>0 \qquad \square$$

を仮定する. λ_i を (条件 4.1) で定義したものとすれば, $\lambda_{21}=\lambda_2/\lambda_1$ である. このとき, H_0 の下で, (4.6) と同様に

$$\widehat{\boldsymbol{S}}^{(\ell)} \xrightarrow{\mathcal{L}} \left(Y_1^{(\ell)}-\sum_{j=1}^{\ell}\lambda_j^{(\ell)}Y_j^{(\ell)},\ldots,Y_\ell^{(\ell)}-\sum_{j=1}^{\ell}\lambda_j^{(\ell)}Y_j^{(\ell)}\right)^T \qquad (8.35)$$

が成り立つ. ただし, 確率変数 $Y_1^{(\ell)},\ldots,Y_\ell^{(\ell)}$ は互いに独立で, 各 $Y_i^{(\ell)}$ は正規分布 $N(0,1/\lambda_i^{(\ell)})$ に従う. ここで,

$$\lambda_1^{(\ell)} \equiv \lim_{n\to\infty}\frac{n_1}{n(\ell)}=\frac{1}{1+(\ell-1)\lambda_{21}},$$

$$\lambda_i^{(\ell)} \equiv \lim_{n\to\infty}\frac{n_2}{n(\ell)}=\frac{\lambda_{21}}{1+(\ell-1)\lambda_{21}} \quad (2\leqq i\leqq \ell)$$

となる. $2\leqq \ell\leqq k$ となる ℓ に対して, 検定統計量 $\widehat{Z}_\ell^o$ と $\widehat{\mu}_\ell^o$ を

$$\widehat{Z}_\ell^o \equiv \sqrt{\frac{n_2(n(\ell)-1)}{\sum_{m=1}^{n(\ell)}\{a_{n(\ell)}(m)-\bar{a}_{n(\ell)}\}^2}}\cdot\frac{\widehat{\mu}_\ell^o-T_1^{(\ell)}}{\sqrt{1+\frac{n_2}{n_1}}},\quad \widehat{\mu}_\ell^o\equiv\max_{2\leqq s\leqq \ell}\frac{\sum_{i=s}^{\ell}T_i^{(\ell)}}{\ell-s+1}$$

で定義する. さらに, $Z_i\sim N(0,1)$ $(i=2,\ldots,k)$, $Y_1\sim N(0,\lambda_{21})$ とし, $Z_2,\ldots,Z_k,Y_1$ は互いに独立と仮定する. このとき, 確率変数 Z_ℓ^* を

$$Z_\ell^* \equiv \frac{\widehat{\mu}_\ell^*-Y_1}{\sqrt{1+\lambda_{21}}},\quad \widehat{\mu}_\ell^*=\max_{2\leqq s\leqq \ell}\frac{\sum_{i=s}^{\ell}Z_i}{\ell-s+1}$$

とおく. Z_ℓ^* の分布関数を $D_3(t|\ell,\lambda_{21})\equiv P(Z_\ell^*\leqq t)$ とする.

定理 8.6 (条件 8.3) が満たされると仮定する. このとき,

$$\lim_{n\to\infty}P_0\left(\widehat{Z}_\ell^o\leqq t\right)=D_3(t|\ell,\lambda_{21})$$

が成り立つ.

証明 (8.35) より, $\widehat{Z}_\ell^o\xrightarrow{\mathcal{L}}Z_\ell^*$ を得る. ここで, 定理の主張を得る. $\square$

α を与え,

$$\text{方程式 } D_3(t|\ell, \lambda_{21}) = 1 - \alpha \text{ を満たす } t \text{ の解を } d_3(\ell, \lambda_{21}; \alpha) \qquad (8.36)$$

とする.

8.G 漸近的なノンパラメトリック手順

$i \leqq \ell \leqq k$ となる任意の ℓ に対して, $d_3(\ell, \lambda_{21}; \alpha) < \widehat{Z}_\ell^o$ ならば, $\{$ 帰無仮説 H_{1i} vs. 対立仮説 $H_{1i}^{OA} \mid i \in \mathcal{I}_{2,k}\}$ に対する多重比較検定として, 帰無仮説 H_{1i} を棄却し, 対立仮説 H_{1i}^{OA} を受け入れ, $\mu_i > \mu_1$ と判定する. ◆

▎**定理 8.7** [8.G] の検定方式は, 水準 α の漸近的な多重比較検定である.

証明 (8.33) で定義された Θ_0 に対し $\boldsymbol{\mu} = (\mu_1, \ldots, \mu_k) \in \Theta_0$ とする. このとき, 正しい帰無仮説 H_{1i} は 1 つ以上ある. $\mu_i = \mu_1$ を満たす最大の自然数 i を i_0 とする. 事象 E_ℓ を

$$E_\ell \equiv \left\{ d_3(\ell, \lambda_{21}; \alpha) \leqq Z_\ell^o \right\}$$

とおく. $2 \leqq i \leqq i_0$ を満たす整数 i に対して, [8.G] の方法で正しい帰無仮説 H_{1i} を棄却する事象は, $\bigcap_{\ell=i}^{k} E_\ell$ であるので, [8.G] の方法で 1 つ以上の正しい帰無仮説 H_{1i} を棄却する確率は,

$$\lim_{n \to \infty} P_{\boldsymbol{\mu}} \left(\bigcup_{i=2}^{i_0} \left\{ \bigcap_{\ell=i}^{k} E_\ell \right\} \right) \leqq \lim_{n \to \infty} P_{\boldsymbol{\mu}} \left(E_{i_0} \right) = \lim_{n \to \infty} P_0 \left(E_{i_0} \right) \leqq \alpha$$

である. ゆえに定理の主張は証明された. □

$n_1 = n_2$ のとき, (8.36) で定義された $d_3(\ell, \lambda_{21}; \alpha)$ は $d_3(\ell, 1; \alpha)$ となる. $d_3(\ell, 1; \alpha)$ の値は付録 B の付表 19 に掲載している.

8.4 サイズが不揃いの場合の多重比較検定法

前節までに, サイズが揃っている場合のノンパラメトリック法として, いくつかの順位検定統計量の最大値を基に手法を論述した. 8.1 節のすべての平均相違の多重比較法の理論では, サイズが同一の場合でしかデータに適用できない. 8.3 節の対照標本との多重比較法も, 2 標本以降のサイズの同一性が必要である. 本

8.4 サイズが不揃いの場合の多重比較検定法　　　**163**

節では，サイズが不揃いの場合にも適応できる，4.4 節で紹介した順位検定統計量 $\bar{\chi}^2$ に基づく閉検定手順について論述する．さらに，複雑でない Page (1963) の検定統計量に基づく閉検定手順についても論じる．

8.4.1 すべての平均相違の多重比較検定法

サイズの条件に制限のない表 4.1 のモデルを考える．すなわち，表 8.10 のモデルである．

表 8.10 位置母数に順序制約のある k 標本モデル

標本	サイズ	データ	平均	分布関数
第 1 標本	n_1	$X_{11}, \ldots, X_{1n_1}$	μ_1	$F(x - \mu_1)$
第 2 標本	n_2	$X_{21}, \ldots, X_{2n_2}$	μ_2	$F(x - \mu_2)$
$\vdots$	$\vdots$	$\vdots$ $\vdots$ $\vdots$	$\vdots$	$\vdots$
第 k 標本	n_k	$X_{k1}, \ldots, X_{kn_k}$	μ_k	$F(x - \mu_k)$

総標本サイズ：$n \equiv n_1 + \cdots + n_k$（すべての観測値の個数）
$\mu_1, \ldots, \mu_k$ はすべて未知母数であるが $\mu_1 \leqq \mu_2 \leqq \cdots \leqq \mu_k$ の制約をおく．

8.1.2 項にそって $\bar{\chi}^2$ 統計量に基づく閉検定手順を説明する．(8.9) によって与えられた I_j^o に対して，$N(I_j^o) \equiv \sum\limits_{i \in I_j^o} n_i$ 個の $\{X_{i\ell} \mid \ell = 1, \ldots, n_i,\ i \in I_j^o\}$ の中での $X_{i\ell}$ の順位を $R_{i\ell}(I_j^o)$ とし，

$$\bar{a}_{N(I_j^o)}\left(R_{i\cdot}(I_j^o)\right) \equiv \frac{1}{n_i} \sum_{\ell=1}^{n_i} a_{N(I_j^o)}\left(R_{i\ell}(I_j^o)\right) \quad (i \in I_j^o)$$

とする．$\widehat{\mu}_{s_j+1}^*(a_{N(I_j^o)}, R, I_j^o), \ldots, \widehat{\mu}_{s_j+\ell_j}^*(a_{N(I_j^o)}, R, I_j^o)$ を

$$\sum_{i \in I_j^o} \lambda_{ni} \left\{ \widehat{\mu}_i^*(a_{N(I_j^o)}, R, I_j^o) - \bar{a}_{N(I_j^o)}\left(R_{i\cdot}(I_j^o)\right) \right\}^2$$
$$= \min_{u_{s_j+1} \leqq \cdots \leqq u_{s_j+\ell_j}} \sum_{i \in I_j^o} \lambda_{ni} \left\{ u_i - \bar{a}_{N(I_j^o)}\left(R_{i\cdot}(I_j^o)\right) \right\}^2$$

を満たすものとする．ただし，λ_{ni} は (4.21) で与えられたものとする．(4.22) と同様に，$r = 1, \ldots, \ell_j$ に対して，

$$\widehat{\mu}^*_{s_j+r}(a_{N(I_j^o)}, R, I_j^o)$$

$$= \max_{s_j+1 \leqq p \leqq s_j+r} \min_{s_j+r \leqq q \leqq s_j+\ell_j} \frac{\sum_{m=p}^q n_m \bar{a}_{N(I_j^o)}\left(R_{m \cdot}(I_j^o)\right)}{\sum_{m=p}^q n_m}$$

を得る.

$$\widehat{Z}_1^2(I_j^o) \equiv \frac{N(I_j^o) - 1}{\sum_{m=1}^{N(I_j^o)} \left\{ a_{N(I_j^o)}(m) - \bar{a}_{N(I_j^o)} \right\}^2}$$

$$\times \sum_{i \in I_j^o} n_i \left\{ \widehat{\mu}_i^*(a_{N(I_j^o)}, R, I_j^o) - \bar{a}_{N(I_j^o)} \right\}^2$$

とおく. ただし, $\bar{a}_{N(I_j^o)} \equiv \displaystyle\sum_{m=1}^{N(I_j^o)} a_{N(I_j^o)}(m)/N(I_j^o)$ とする. このとき, (4.24)
と同様に, 定理 4.1 の条件の下で, $t > 0$ に対して

$$\lim_{n \to \infty} P_0 \left(\widehat{Z}_1^2(I_j^o) \geqq t \right) = \sum_{L=2}^{\ell_j} P(L, \ell_j; \boldsymbol{\lambda}(I_j^o)) P\left(\chi_{L-1}^2 \geqq t \right)$$

が成り立つ. ただし, $\boldsymbol{\lambda}(I_j^o) \equiv (\lambda_{s_j+1}, \ldots, \lambda_{s_j+\ell_j})$ とおく. (4.26) より,

$$\sum_{L=2}^{\ell_j} P(L, \ell_j; \boldsymbol{\lambda}(I_j^o)) P\left(\chi_{L-1}^2 \geqq t \right) = \alpha$$

を満たす t の解は, $\bar{c}^2\left(\ell_j, \boldsymbol{\lambda}(I_j^o); \alpha\right)$ である. 便宜上,

$$\bar{c}_1^2\left(\ell_j, \boldsymbol{\lambda}(I_j^o); \alpha\right) \equiv \bar{c}^2\left(\ell_j, \boldsymbol{\lambda}(I_j^o); \alpha\right)$$

とおく. $\widehat{Z}_1^2(I_j^o)$ $(j = 1, \ldots, J)$ を使ってノンパラメトリック閉検定手順がおこ
なえる.

8.H $\bar{\chi}^2$ 統計量に基づくノンパラメトリック閉検定手順

(8.10) の $H_2^o(I_1^o, \ldots, I_J^o)$ に対して, M と $\alpha(M, \ell)$ をそれぞれ (8.14), (8.15)
で定義する.

手順 1. $J \geqq 2$ のとき, $1 \leqq j \leqq J$ となるある整数 j が存在して
$\bar{c}_1^2\left(\ell_j, \boldsymbol{\lambda}(I_j^o); \alpha(M, \ell_j)\right) < \widehat{Z}_1^2(I_j^o)$ ならば帰無仮説 $\displaystyle\bigwedge_{\boldsymbol{v} \in V} H_{\boldsymbol{v}}$ を棄却する.

8.4 サイズが不揃いの場合の多重比較検定法 **165**

手順 2. $J = 1$ $(M = \ell_1)$ のとき, $\bar{c}_1^2 (\ell_1, \boldsymbol{\lambda}(I_1^o); \alpha) < \widehat{Z}_1^2(I_1^o)$ ならば帰無仮説 $\bigwedge_{\boldsymbol{v} \in V} H_{\boldsymbol{v}}$ を棄却する.

上記の手順 1, 2 の方法で, $(i, i') \in V \subset \mathcal{U}_k$ を満たす任意の V に対して, $\bigwedge_{\boldsymbol{v} \in V} H_{\boldsymbol{v}}$ が棄却されるとき, 多重比較検定として $H_{(i,i')}$ を棄却する. ◆

このとき, 次の定理 8.8 を得る.

定理 8.8 [8.H] のノンパラメトリック閉検定手順は, 水準 α の漸近的な多重比較検定である.

証明 手順 2 の検定の有意水準が α であることは自明であるので, 手順 1 の検定の有意水準が α であることを示す. $\widehat{Z}_1^2(I_1^o), \ldots, \widehat{Z}_1^2(I_J^o)$ は互いに独立より,

$$\lim_{n \to \infty} P_0 \left(\widehat{Z}_1^2(I_j^o) \leqq \bar{c}_1^2 \left(\ell_j, \boldsymbol{\lambda}(I_j^o); \alpha(M, \ell_j) \right), \ j = 1, \ldots, J \right)$$
$$= \prod_{j=1}^{J} \left\{ \lim_{n \to \infty} P_0 \left(\widehat{Z}_1^2(I_j^o) \leqq \bar{c}_1^2 \left(\ell_j, \boldsymbol{\lambda}(I_j^o); \alpha(M, \ell_j) \right) \right) \right\}$$
$$= \prod_{j=1}^{J} \{ 1 - \alpha(M, \ell_j) \}$$
$$= 1 - \alpha$$

を得る. この等式を使って,

$$\lim_{n \to \infty} P_0 \left(\text{ある } j \text{ が存在して,} \ \widehat{Z}_1^2(I_j^o) > \bar{c}_1^2 \left(\ell_j, \boldsymbol{\lambda}(I_j^o); \alpha(M, \ell_j) \right) \right)$$
$$= 1 - \lim_{n \to \infty} P_0 \left(\widehat{Z}_1^2(I_j^o) \leqq \bar{c}_1^2 \left(\ell_j, \boldsymbol{\lambda}(I_j^o); \alpha(M, \ell_j) \right), \ j = 1, \ldots, J \right)$$
$$= \alpha$$

が成り立つ. ここで, 帰無仮説 $\bigwedge_{\boldsymbol{v} \in V} H_{\boldsymbol{v}}$ に対する手順 1 の検定は, 有意水準 α である. 以上により, 定理の主張が導かれた. □

サイズが等しい $n_1 = \cdots = n_k = n_0$ の場合, $\bar{c}_1^2 (\ell_j, \boldsymbol{\lambda}(I_j^o); \alpha(M, \ell_j))$ は, $\boldsymbol{\lambda}(I_j^o)$ に依存せず ℓ_j, $\alpha(M, \ell_j)$ だけの関数であるので, 簡略化してこの値を $\bar{c}_1^{2*}(\ell_j; \alpha(M, \ell_j))$ で表記する. すなわち,

$$\bar{c}_1^{2*}(\ell_j; \alpha(M, \ell_j)) = \bar{c}_1^2(\ell_j, \boldsymbol{\lambda}(I_j^o); \alpha(M, \ell_j))$$

である. $\bar{c}_1^{2*}(\ell; \alpha(M, \ell))$ の数表を付録 B の付表 20, 21 に載せている.

[8.H] の手法よりも統計量の分布が単純なノンパラメトリック法を紹介する. この方法は $\mu_i = \mu_0 + i\Delta$ $(\Delta > 0)$ $(i = 1, 2, \ldots, k)$ のときに検出力が高くなる.

8.I ページ型のノンパラメトリック閉検定手順

(8.9) によって与えられた I_j^o に対して, $N(I_j^o)$ 個の $\{X_{it} \mid t = 1, \ldots, n_i, \ i \in I_j^o\}$ の中での X_{it} の順位を $R_{it}(I_j^o)$ とし, (4.19) と同様に,

$$\widehat{L}_a(I_j^o) \equiv \frac{\sqrt{N(I_j^o) + 1} \sum_{i \in I_j^o} \left\{ \left(i - \dfrac{1}{N(I_j^o)} \sum_{t=1}^{\ell_j} t \cdot n_{s_j+t} \right) \sum_{t=1}^{n_i} a_{N(I_j^o)} \left(R_{it}(I_j^o) \right) \right\}}{\sqrt{\sum_{m=1}^{N(I_j^o)} \left\{ a_{N(I_j^o)}(m) - \bar{a}_{N(I_j^o)} \right\}^2 \sum_{i \in I_j^o} n_i \left(i - \dfrac{1}{N(I_j^o)} \sum_{t=1}^{\ell_j} t \cdot n_{s_j+t} \right)^2}}$$

とおく. $z(\alpha(M, \ell))$ を標準正規分布の上側 $100\alpha(M, \ell)$% 点とする.

手順 1. $J \geqq 2$ のとき, $1 \leqq j \leqq J$ となるある整数 j が存在して $z(\alpha(M, \ell_j)) < \widehat{L}_a(I_j^o)$ ならば帰無仮説 $\bigwedge_{\boldsymbol{v} \in V} H_{\boldsymbol{v}}$ を棄却する.

手順 2. $J = 1$ $(M = \ell_1)$ のとき, $z(\alpha) < \widehat{L}_a(I_1^o)$ ならば帰無仮説 $\bigwedge_{\boldsymbol{v} \in V} H_{\boldsymbol{v}}$ を棄却する.

上記の手順 1, 2 の方法で, $(i, i') \in V \subset \mathcal{U}$ を満たす任意の V に対して, $\bigwedge_{\boldsymbol{v} \in V} H_{\boldsymbol{v}}$ が棄却されるとき, 漸近的な多重比較検定として $H_{(i, i')}$ を棄却する. ◆

このとき, [8.I] のノンパラメトリック閉検定手順は, 水準 α の漸近的な多重比較検定であることを示せる.

8.4.2 対照標本との多重比較検定法

それぞれの標本のサイズは制約のない表 8.10 のモデルを考える. この項でも, 第 1 標本を対照標本, 他の標本を処理標本とする.

$\ell = 2, \ldots, k$ に対して

$$\mathcal{I}_\ell \equiv \{1, 2, \ldots, \ell\} \tag{8.37}$$

とする. $\mathcal{I}_\ell$ は連続した整数の要素からなり, 要素の個数は $\#(\mathcal{I}_\ell) = \ell$ である.

8.4 サイズが不揃いの場合の多重比較検定法

$\mathcal{I}_\ell$ に対して，$N(\mathcal{I}_\ell) \equiv \sum_{i=1}^{\ell} n_i$ 個の $\{X_{im} \mid m=1,\ldots,n_i,\ i \in \mathcal{I}_\ell\}$ の中での X_{im} の順位を $R_{im}(\mathcal{I}_\ell)$ とし，

$$\bar{a}_{N(\mathcal{I}_\ell)}\left(R_{i\cdot}(\mathcal{I}_\ell)\right) \equiv \frac{1}{n_i} \sum_{m=1}^{n_i} a_{N(\mathcal{I}_\ell)}\left(R_{im}(\mathcal{I}_\ell)\right) \quad (i \in \mathcal{I}_\ell)$$

とする．$\widehat{\mu}_1^*(a_{N(\mathcal{I}_\ell)}, R, \mathcal{I}_\ell), \ldots, \widehat{\mu}_\ell^*(a_{N(\mathcal{I}_\ell)}, R, \mathcal{I}_\ell)$ を

$$\sum_{i=1}^{\ell} \lambda_{ni} \left\{\widehat{\mu}_i^*(a_{N(\mathcal{I}_\ell)}, R, \mathcal{I}_\ell) - \bar{a}_{N(\mathcal{I}_\ell)}\left(R_{i\cdot}(\mathcal{I}_\ell)\right)\right\}^2$$

$$= \min_{u_1 \leqq \cdots \leqq u_\ell} \sum_{i=1}^{\ell} \lambda_{ni} \left\{u_i - \bar{a}_{N(\mathcal{I}_\ell)}\left(R_{i\cdot}(\mathcal{I}_\ell)\right)\right\}^2$$

を満たすものとする．ただし，λ_{ni} は (4.21) で与えられたものとする．(4.22) と同様に，$i=1,\ldots,\ell$ に対して，

$$\widehat{\mu}_i^*(a_{N(\mathcal{I}_\ell)}, R, \mathcal{I}_\ell) = \max_{1 \leqq p \leqq i} \min_{i \leqq q \leqq \ell} \frac{\sum_{m=p}^{q} n_m \bar{a}_{N(\mathcal{I}_\ell)}\left(R_{m\cdot}(\mathcal{I}_\ell)\right)}{\sum_{m=p}^{q} n_m}$$

を得る．

$$\widehat{Z}_3^2(\mathcal{I}_\ell) \equiv \frac{N(\mathcal{I}_\ell)-1}{\displaystyle\sum_{m=1}^{N(\mathcal{I}_\ell)} \left\{a_{N(\mathcal{I}_\ell)}(m) - \bar{a}_{N(\mathcal{I}_\ell)}\right\}^2} \sum_{i=1}^{\ell} n_i \left\{\widehat{\mu}_i^*(a_{N(\mathcal{I}_\ell)}, R, \mathcal{I}_\ell) - \bar{a}_{N(\mathcal{I}_\ell)}\right\}^2$$

(3.5) と同様の議論により，（条件 4.1）の下で，$t>0$ に対して

$$\lim_{n\to\infty} P_0\left(\widehat{Z}_3^2(\mathcal{I}_\ell) \geqq t\right) = \sum_{L=2}^{\ell} P(L, \ell; \boldsymbol{\lambda}(\mathcal{I}_\ell)) P\left(\chi_{L-1}^2 \geqq t\right) \qquad (8.38)$$

が成り立つ．ただし，$\boldsymbol{\lambda}(\mathcal{I}_\ell) \equiv (\lambda_1,\ldots,\lambda_\ell)$ とおき，$i=1,\ldots,\ell$ に対して Z_i は互いに独立で，各 Z_i が $N(0, 1/\lambda_i)$ に従い，$\breve{\mu}_1^*, \ldots, \breve{\mu}_\ell^*$ を

$$\sum_{i=1}^{\ell} \lambda_i \left(\breve{\mu}_i^* - Z_i\right)^2 = \min_{u_1 \leqq \cdots \leqq u_\ell} \sum_{i=1}^{\ell} \lambda_i \left(u_i - Z_i\right)^2$$

を満たすものとしたとき，$P(L, \ell; \boldsymbol{\lambda}(\mathcal{I}_\ell))$ は，$\breve{\mu}_1^*, \ldots, \breve{\mu}_\ell^*$ がちょうど L 個の異なる値となる確率である.

$0 < \alpha < 0.5$ となる α に対して，方程式

$$\sum_{L=2}^{\ell} P(L, \ell; \boldsymbol{\lambda}(\mathcal{I}_\ell)) P\left(\chi_{L-1}^2 \geqq t\right) = \alpha$$

を満たす t の解を $\bar{c}_3^2(\ell, \boldsymbol{\lambda}(\mathcal{I}_\ell); \alpha)$ とおく.

$\widehat{Z}_3^2(\mathcal{I}_\ell)$ $(\ell = 2, \ldots, k)$ を使って，ノンパラメトリック多重比較検定がおこなえる.

8.J ノンパラメトリック多重比較検定

$i \leqq \ell \leqq k$ となる任意の ℓ に対して，$\bar{c}_3^2(\ell, \boldsymbol{\lambda}(\mathcal{I}_\ell); \alpha) < \widehat{Z}_3^2(\mathcal{I}_\ell)$ ならば，水準 α の多重比較検定として，帰無仮説 H_{1i} を棄却し，対立仮説 H_{1i}^A を受け入れ，$\mu_i > \mu_1$ と判定する.　　　　　　　　　　　　　　　　　◆

このとき，定理 8.8 と同様の証明により，定理 8.9 を得る.

定理 8.9 [8.J] のノンパラメトリック多重比較検定は，水準 α の漸近的な多重比較検定である.

サイズが等しい $n_1 = \cdots = n_k$ の場合，$\bar{c}_3^2(\ell, \boldsymbol{\lambda}(I_\ell^1); \alpha)$ は，$\boldsymbol{\lambda}(I_\ell^o)$ に依存せず ℓ，α だけの関数であるので，簡略化してこの値を $\bar{c}_3^{2*}(\ell; \alpha)$ で表記する. すなわち，

$$\bar{c}_3^{2*}(\ell; \alpha) = \bar{c}_3^2(\ell, \boldsymbol{\lambda}(\mathcal{I}_\ell); \alpha) \tag{8.39}$$

である. $\bar{c}_3^{2*}(\ell; \alpha)$ の数表を付録 B の付表 24 として載せている.

第 9 章
多次元多標本モデルにおける ゲートキーピング法

　帰無仮説のファミリー $\mathcal{F}_1, \ldots, \mathcal{F}_q$ に優先順位がつけられているときにゲートキーピング法とよばれる閉検定手順による多重比較検定が Maurer et al. (1995), Dmitrienko et al. (2003) によって提案されている．いずれもボンフェローニの方法やホルムの方法 (Holm (1979)) による理論が用いられている．ゲートキーピング法の中でも Maurer et al. (1995) によって提案された直列型の方法は，比較的単純でデータ解析によく用いられる．

　本章では，観測値が q 次元連続分布に従う k 標本モデルを考える．k 個の平均ベクトルの p 成分の間のすべての相違を多重比較するための帰無仮説のファミリーを $\mathcal{H}_p$ $(p = 1, \ldots, q)$ とする．帰無仮説のファミリー $\mathcal{H}_1, \ldots, \mathcal{H}_q$ に優先順位がつけられているときに直列型ゲートキーピング法を使って水準 α の多重比較検定をおこなう手順を，分布が未知であっても使用することが可能なノンパラメトリック法について論述する．次に，これらのゲートキーピング法とゲートキーピング法ではない方法を混合させた閉検定手順について提案する．さらに，第 1 標本を対照標本，第 2 標本以降を処理標本とするダネット型の多重比較検定も提案する．

9.1　モデルと多重比較法によって推測される母数

　ある要因 A があり，k 個の水準 $A_1, \ldots, A_k$ を考える．水準 A_i における標本の観測値 $(\boldsymbol{X}_{i1}, \boldsymbol{X}_{i2}, \ldots, \boldsymbol{X}_{in_i})$ は第 i 標本または第 i 群とよばれる．各 $\boldsymbol{X}_{ij} \equiv (X_{ij}^{(1)}, \ldots, X_{ij}^{(q)})^T$ は平均が $\boldsymbol{\mu}_i \equiv (\mu_i^{(1)}, \ldots, \mu_i^{(q)})^T$ である連続型の q 次元分布関数 $\boldsymbol{F}(\boldsymbol{x} - \boldsymbol{\mu}_i)$ をもつとする．すなわち，

$$P(\boldsymbol{X}_{ij} \leqq \boldsymbol{x}) = \boldsymbol{F}(\boldsymbol{x} - \boldsymbol{\mu}_i), \quad E(\boldsymbol{X}_{ij}) = \boldsymbol{\mu}_i \tag{9.1}$$

である. さらにすべての $\boldsymbol{X}_{ij}$ は互いに独立であると仮定する. 総標本サイズを $n \equiv n_1 + \cdots + n_k$ とおく. ここで

$$\boldsymbol{X}_{ij} = \boldsymbol{\mu}_i + \boldsymbol{\varepsilon}_{ij}$$

と書き直せ, $\boldsymbol{\varepsilon}_{ij}$ は誤差確率変数とよばれ独立で分布関数 $\boldsymbol{F}(\boldsymbol{x})$ をもつ. このとき, 表 9.1 の k 標本モデルを得る.

表 9.1 分散共分散行列が同一の k 標本モデル

標本	サイズ	データ	平均	分布関数
第 1 標本	n_1	$\boldsymbol{X}_{11}, \ldots, \boldsymbol{X}_{1n_1}$	$\boldsymbol{\mu}_1$	$\boldsymbol{F}(\boldsymbol{x} - \boldsymbol{\mu}_1)$
第 2 標本	n_2	$\boldsymbol{X}_{21}, \ldots, \boldsymbol{X}_{2n_2}$	$\boldsymbol{\mu}_2$	$\boldsymbol{F}(\boldsymbol{x} - \boldsymbol{\mu}_2)$
$\vdots$	$\vdots$	$\vdots \quad \vdots \quad \vdots$	$\vdots$	$\vdots$
第 k 標本	n_k	$\boldsymbol{X}_{k1}, \ldots, \boldsymbol{X}_{kn_k}$	$\boldsymbol{\mu}_k$	$\boldsymbol{F}(\boldsymbol{x} - \boldsymbol{\mu}_k)$

総標本サイズ: $n \equiv n_1 + \cdots + n_k$ (すべての観測値の個数)
$\boldsymbol{\mu}_1, \ldots, \boldsymbol{\mu}_k$ はすべて未知母数とする.

平均が一様に同じ帰無仮説は

$$H_0: \boldsymbol{\mu}_1 = \boldsymbol{\mu}_2 = \cdots = \boldsymbol{\mu}_k \tag{9.2}$$

である. よく使用される分散分析法では,

帰無仮説 H_0 vs. 対立仮説 H_0^A : ある i, i' が存在して $\boldsymbol{\mu}_i \neq \boldsymbol{\mu}_{i'}$

の検定がおこなわれるが, 帰無仮説が棄却されても, どの平均母数に違いがあるかを特定できない. また, $\mathcal{U}_k$ を (5.1) で定義したものとし,

$$\left\{ \text{帰無仮説 } H_{(i,i')}^0: \boldsymbol{\mu}_i = \boldsymbol{\mu}_{i'} \text{ vs. 対立仮説 } H_{(i,i')}^{0A}: \boldsymbol{\mu}_i \neq \boldsymbol{\mu}_{i'} \mid (i,i') \in \mathcal{U}_k \right\}$$

に対する多重比較検定をおこなって, 特定の $(i,i') \in \mathcal{U}_k$ に対して $\boldsymbol{\mu}_i \neq \boldsymbol{\mu}_{i'}$ が示せても, どの成分に違いがあるか特定できない. 本章では, まずは成分すべてについての平均相違の多重比較検定を考える. 1 つの帰無仮説と対立仮説は

帰無仮説 $H_{(i,i')}^{(p)}: \mu_i^{(p)} = \mu_{i'}^{(p)}$ vs. 対立仮説 $H_{(i,i')}^{(p)A}: \mu_i^{(p)} \neq \mu_{i'}^{(p)}$

である．ここで，すべての平均相違の

$$\left\{ \text{帰無仮説 } H_{(i,i')}^{(p)} \text{ vs. 対立仮説 } H_{(i,i')}^{(p)A} \,\middle|\, (i,i') \in \mathcal{U}_k,\ 1 \leqq p \leqq q \right\} \quad (9.3)$$

に対する多重比較検定を考える．

平均ベクトルのある第 p 成分に傾向性の制約

$$\mu_1^{(p)} \leqq \mu_2^{(p)} \leqq \cdots \leqq \mu_k^{(p)} \quad (9.4)$$

がある場合には，1 つの帰無仮説と対立仮説として

$$\text{帰無仮説 } H_{(i,i')}^{(p)} : \mu_i^{(p)} = \mu_{i'}^{(p)} \quad \text{vs.} \quad \text{対立仮説 } H_{(i,i')}^{(p)OA} : \mu_i^{(p)} < \mu_{i'}^{(p)}$$

が考えられ，すべての平均相違の

$$\left\{ \text{帰無仮説 } H_{(i,i')}^{(p)} \text{ vs. 対立仮説 } H_{(i,i')}^{(p)A} \text{ or } H_{(i,i')}^{(p)OA} \,\middle|\, (i,i') \in \mathcal{U}_k,\ 1 \leqq p \leqq q \right\} \quad (9.5)$$

に対する多重比較検定も考える．ただし，平均ベクトルの第 p 成分に傾向性の制約 (9.4) が想定できるときには対立仮説として $H_{(i,i')}^{(p)OA}$ を考え，そうでない場合は対立仮説として $H_{(i,i')}^{(p)A}$ を考える．$1 \leqq p \leqq q$ となる p に対して帰無仮説のファミリーを

$$\begin{aligned}
\mathcal{H}_T^{(p)} &\equiv \left\{ H_{(1,2)}^{(p)},\ H_{(1,3)}^{(p)}, \ldots, H_{(1,k)}^{(p)},\ H_{(2,3)}^{(p)}, \ldots, H_{(2,k)}^{(p)}, \ldots, H_{(k-1,k)}^{(p)} \right\} \\
&= \left\{ H_{(i,i')}^{(p)} \,\middle|\, (i,i') \in \mathcal{U}_k \right\}
\end{aligned} \quad (9.6)$$

とおく．さらに，帰無仮説のファミリーに，優先順位

$$\mathcal{H}_T^{(1)} \succ \mathcal{H}_T^{(2)} \succ \cdots \succ \mathcal{H}_T^{(q)} \quad (9.7)$$

がつけられているものとする．ここで，$\mathcal{H}_T^{(i)} \succ \mathcal{H}_T^{(i+1)}$ は，$\mathcal{H}_T^{(i+1)}$ よりも $\mathcal{H}_T^{(i)}$ を優先することを意味する．

次に，第 1 標本を対照標本，第 2 から第 k 標本を処理標本とするダネット型の多重比較法を考える．$\mathcal{I}_{2,k}$ を (6.2) で定義したものとし，1 つの帰無仮説 $H_{1i}^{(p)} \equiv H_{(1,i)}^{(p)} : \mu_i^{(p)} = \mu_1^{(p)}$ に対して

$$\text{①} \qquad \text{両側対立仮説 } H_{1i}^{(p)A\pm} : \ \mu_i^{(p)} \neq \mu_1^{(p)},$$

$$\text{②} \qquad \text{片側対立仮説 } H_{1i}^{(p)A+} : \ \mu_i^{(p)} > \mu_1^{(p)},$$

$$\text{③} \qquad \text{片側対立仮説 } H_{1i}^{(p)A-} : \ \mu_i^{(p)} < \mu_1^{(p)}$$

の3つの対立仮説を考えることができ，対照標本との相違として

$$\{ \text{ 帰無仮説 } H_{1i}^{(p)} \text{ vs. 対立仮説 } H_{1i}^{(p)A\pm} \mid i \in \mathcal{I}_{2,k}, \ 1 \leqq p \leqq q\}, \qquad (9.8)$$

$$\{ \text{ 帰無仮説 } H_{1i}^{(p)} \text{ vs. 対立仮説 } H_{1i}^{(p)A+} \mid i \in \mathcal{I}_{2,k}, \ 1 \leqq p \leqq q\}, \qquad (9.9)$$

$$\{ \text{ 帰無仮説 } H_{1i}^{(p)} \text{ vs. 対立仮説 } H_{1i}^{(p)A-} \mid i \in \mathcal{I}_{2,k}, \ 1 \leqq p \leqq q\} \qquad (9.10)$$

に対する多重比較検定が考えられる．しかしながら，同様にして議論を何度も論じるだけであるため，(9.8)-(9.10) に対する多重比較検定法と

$$\{ \text{ 帰無仮説 } H_{1i}^{(p)} \text{ vs. 対立仮説 } H_{1i}^{(p)A\pm} \text{ or } H_{1i}^{(p)A+} \mid i \in \mathcal{I}_{2,k}, \ 1 \leqq p \leqq q\}$$
$$(9.11)$$

に対する多重比較検定を考える．ただし，平均ベクトルの第 p 成分に，制約 $\mu_i^{(p)} \geqq \mu_1^{(p)} \ (i \in \mathcal{I}_{2,k})$ をおくことができるときには対立仮説として $H_i^{(p)A+}$ を考え，そうでない場合は対立仮説として $H_i^{(p)A\pm}$ を考える．

帰無仮説のファミリーを

$$\mathcal{H}_D^{(p)} \equiv \left\{ H_{12}^{(p)}, \ H_{13}^{(p)}, \ldots, H_{1k}^{(p)} \right\} = \left\{ H_{1i}^{(p)} \mid i \in \mathcal{I}_{2,k} \right\}$$

とおく．さらに，帰無仮説のファミリーに，優先順位

$$\mathcal{H}_D^{(1)} \succ \mathcal{H}_D^{(2)} \succ \cdots \succ \mathcal{H}_D^{(q)} \qquad (9.12)$$

がつけられているものとする．

9.2 すべての平均相違の多重比較検定法

帰無仮説のファミリーに (9.7) の優先順位がつけられているものとする．このとき，5.2 節の検定手法 [5.A], [5.C], [5.D] と 8.1 節の [8.A], [8.C] を用いて，(9.3) と (9.5) に対するすべての平均相違の多重比較検定について考察する．(9.1) で定義されている $\boldsymbol{F}(\boldsymbol{x})$ は未知の分布関数であってもよいものとする．漸近理論を論

9.2 すべての平均相違の多重比較検定法　　**173**

述するため，（条件 4.1）を仮定する．

9.2.1 第 p 成分の観測値のすべての平均相違に関する多重比較法

(9.3) と (9.5) のノンパラメトリック多重比較検定を述べることが目標であるが，その説明のために，p を固定し第 p 成分の間の

$$\left\{\text{帰無仮説 } H_{(i,i')}^{(p)} \text{ vs. 対立仮説 } H_{(i,i')}^{(p)A} \;\middle|\; (i,i') \in \mathcal{U}_k\right\} \tag{9.13}$$

に対する多重比較検定法について紹介する．

$N_{i'i} \equiv n_{i'} + n_i$ 個の観測値 $X_{i1}^{(p)}, \ldots, X_{in_i}^{(p)}, X_{i'1}^{(p)}, \ldots, X_{i'n_{i'}}^{(p)}$ を小さい方から並べたときの $X_{i'\ell}^{(p)}$ の順位を，$R_{i'\ell}^{(p,i',i)}$ とする．$a_{N_{i'i}}(\cdot)$ を $\{1, 2, \ldots, N_{i'i}\}$ から実数へのスコア関数とする．

$$T_{i'i}^{(p)} \equiv \sum_{\ell=1}^{n_{i'}} a_{N_{i'i}}\left(R_{i'\ell}^{(p,i',i)}\right) - n_{i'} \bar{a}_{N_{i'i}}$$

とおく．ただし，$\bar{a}_{N_{i'i}} \equiv (1/N_{i'i}) \sum_{m=1}^{N_{i'i}} a_{N_{i'i}}(m)$ とする．このとき，(5.6) に対応して，

$$\widehat{Z}_{i'i}^{(p)} \equiv \frac{T_{i'i}^{(p)}}{\sigma_{i'in}}, \quad \sigma_{i'in} \equiv \sqrt{\frac{n_i n_{i'}}{N_{i'i}(N_{i'i}-1)} \sum_{m=1}^{N_{i'i}} \left\{a_{N_{i'i}}(m) - \bar{a}_{N_{i'i}}\right\}^2} \tag{9.14}$$

とおく．

このとき，[5.A] の手法に対応して，シングルステップのスティール・ドゥワス型多重比較検定法を得る．

9.A **シングルステップのスティール・ドゥワス型多重比較検定法**

$\{\text{帰無仮説 } H_{(i,i')}^{(p)} \text{ vs. 対立仮説 } H_{(i,i')}^{(p)A} \mid (i,i') \in \mathcal{U}_k\}$ に対する水準 α の漸近的な多重比較検定は，次で与えられる．

(i) $|\widehat{Z}_{i'i}^{(p)}| > a(k;\alpha)$ となる i, i' に対して 帰無仮説 $H_{(i,i')}^{(p)}$ を棄却し，対立仮説 $H_{(i,i')}^{(p)A}$ を受け入れ，$\mu_i^{(p)} \neq \mu_{i'}^{(p)}$ と判定する．

(ii) $|\widehat{Z}_{i'i}^{(p)}| < a(k;\alpha)$ となる i, i' に対して 帰無仮説 $H_{(i,i')}^{(p)}$ を棄却しない．

ただし，$a(k;\alpha)$ は (5.11) で定義されたものとする．　　　　　　◆

次に，[5.C] の手法に対応して，マルチステップの多重比較検定として閉検定手順を紹介する．(9.6) の $\mathcal{H}_T^{(p)}$ の要素の仮説 $H_{(i,i')}^{(p)}$ の論理積からなるすべての集合は

$$\overline{\mathcal{H}_T^{(p)}} \equiv \left\{ \bigwedge_{\boldsymbol{v} \in V^{(p)}} H_{\boldsymbol{v}}^{(p)} \ \middle| \ \varnothing \subsetneq V^{(p)} \subset \mathcal{U}_k \right\}$$

で表され，$\overline{\mathcal{H}_T^{(p)}}$ を $\mathcal{H}_T^{(p)}$ の閉包とよぶ．論理積と積集合の詳細は，Enderton (2001) を参照せよ．$\varnothing \subsetneq V^{(p)} \subset \mathcal{U}_k$ を満たす $V^{(p)}$ に対して，

$$\bigwedge_{\boldsymbol{v} \in V^{(p)}} H_{\boldsymbol{v}}^{(p)} : \ \text{任意の} \ (i, i') \in V^{(p)} \ \text{に対して，} \quad \mu_i^{(p)} = \mu_{i'}^{(p)}$$

は k 個の母平均に関していくつかが等しいという仮説となる．

$I_1^{(p)}, \ldots, I_{J^{(p)}}^{(p)} \ (I_j^{(p)} \neq \varnothing, \ j = 1, \ldots, J^{(p)})$ を添え字 $\{1, \ldots, k\}$ の互いに素な部分集合の組とする．$\#(I_j^{(p)}) \geqq 2 \ (j = 1, \ldots, J^{(p)})$ となる．このとき，同じ $I_j^{(p)} \ (j = 1, \ldots, J^{(p)})$ に属する添え字をもつ母平均は等しいという帰無仮説を $H^{(p)}(I_1^{(p)}, \ldots, I_{J^{(p)}}^{(p)})$ で表す．このとき，$\varnothing \subsetneq V^{(p)} \subset \mathcal{U}_k$ を満たす任意の $V^{(p)}$ に対して，ある自然数 $J^{(p)}$ と上記のある $I_1^{(p)}, \ldots, I_{J^{(p)}}^{(p)}$ が存在して，

$$\bigwedge_{\boldsymbol{v} \in V^{(p)}} H_{\boldsymbol{v}}^{(p)} = H^{(p)}(I_1^{(p)}, \ldots, I_{J^{(p)}}^{(p)}) \tag{9.15}$$

が成り立つ．

Marcus et al. (1976) より，特定の帰無仮説を $H_{\boldsymbol{v}_0}^{(p)} \in \mathcal{H}_T^{(p)}$ としたとき，$\boldsymbol{v}_0 \in V^{(p)} \subset \mathcal{U}_k$ を満たす任意の $V^{(p)}$ に対して帰無仮説 $\bigwedge_{\boldsymbol{v} \in V^{(p)}} H_{\boldsymbol{v}}^{(p)}$ の検定が水準 α で棄却された場合に，多重比較検定として $H_{\boldsymbol{v}_0}^{(p)}$ を棄却する方式を，水準 α の閉検定手順とよんでいる．水準 α の閉検定手順は水準 α の多重比較検定になっている．

9.B 2 標本順位検定統計量の最大値に基づく漸近的な閉検定手順

(9.15) の $H^{(p)}(I_1^{(p)}, \ldots, I_{J^{(p)}}^{(p)})$ に対して，$M^{(p)}, \ell_j^{(p)} \ (j = 1, \ldots, J^{(p)})$ を

$$M^{(p)} \equiv M^{(p)} \left(I_1^{(p)}, \ldots, I_{J^{(p)}}^{(p)} \right) \equiv \sum_{j=1}^{J^{(p)}} \ell_j^{(p)}, \quad \ell_j^{(p)} \equiv \#(I_j^{(p)}) \tag{9.16}$$

とする. [5.C] の手法の中で,

$$A(t|\ell) \equiv \ell \int_{-\infty}^{\infty} \{\Phi(x) - \Phi(x - \sqrt{2} \cdot t)\}^{\ell-1} d\Phi(x)$$

とおき, $A(t|\ell) = 1 - \alpha$ を満たす t の解を, $a(\ell; \alpha)$ とした. $\widehat{Z}^{(p)}(I_j^{(p)}) \equiv \max_{i<i', \ i,i' \in I_j^{(p)}} |\widehat{Z}_{i'i}^{(p)}| \quad (j = 1, \dots, J^{(p)})$ とおく.

(a) $J^{(p)} \geqq 2$ のとき, $\ell = \ell_1^{(p)}, \dots, \ell_{J^{(p)}}^{(p)}$ に対して

$$\alpha(M^{(p)}, \ell) \equiv 1 - (1 - \alpha)^{\ell/M^{(p)}} \tag{9.17}$$

で $\alpha(M^{(p)}, \ell)$ を定義する. $1 \leqq j \leqq J^{(p)}$ となる整数 j が存在して $a\left(\ell_j^{(p)}; \alpha(M^{(p)}, \ell_j^{(p)})\right) < \widehat{Z}^{(p)}(I_j^{(p)})$ ならば帰無仮説 $\bigwedge_{\boldsymbol{v} \in V^{(p)}} H_{\boldsymbol{v}}^{(p)}$ を棄却する.

(b) $J^{(p)} = 1$ $(M^{(p)} = \ell_1^{(p)})$ のとき, $a\left(M^{(p)}; \alpha\right) < \widehat{Z}^{(p)}(I_1^{(p)})$ ならば帰無仮説 $\bigwedge_{\boldsymbol{v} \in V^{(p)}} H_{\boldsymbol{v}}^{(p)}$ を棄却する.

(a), (b) の方法で, $(i, i') \in V^{(p)} \subset \mathcal{U}_k$ を満たす任意の $V^{(p)}$ に対して, $\bigwedge_{\boldsymbol{v} \in V^{(p)}} H_{\boldsymbol{v}}^{(p)}$ が棄却されるとき, 漸近的な多重比較検定として, $H_{(i,i')}^{(p)}$ を棄却する. $\blacklozenge$

$\{X_{is}^{(p)} \mid s = 1, \dots, n_i, \ i \in I_j^{(p)}\}$ の中での $X_{it}^{(p)}$ の順位を $R_{it}^{(p)}(I_j^{(p)})$ とする. [9.B] において, $\widehat{Z}^{(p)}(I_j^{(p)})$ のかわりに

$$\widehat{Q}^{(p)}(I_j^{(p)}) \equiv \frac{n(I_j^{(p)}) - 1}{\sum_{m=1}^{n(I_j^{(p)})} \left\{a_{n(I_j^{(p)})}(m) - \bar{a}_{n(I_j^{(p)})}\right\}^2}$$
$$\times \sum_{i \in I_j^{(p)}} n_i \left\{\bar{a}_{n(I_j^{(p)})}\left(R_{i\cdot}^{(p)}(I_j^{(p)})\right) - \bar{a}_{n(I_j^{(p)})}\right\}^2$$

を使っても閉検定手順がおこなえる. ただし,

$$n(I_j^{(p)}) \equiv \sum_{i \in I_j^{(p)}} n_i, \ \bar{a}_{n(I_j^{(p)})}\left(R_{i\cdot}^{(p)}(I_j^{(p)})\right) \equiv \frac{1}{n_i} \sum_{s=1}^{n_i} a_{n(I_j^{(p)})}\left(R_{is}^{(p)}(I_j^{(p)})\right),$$

$$\bar{a}_{n(I_j^{(p)})} \equiv \frac{1}{n(I_j^{(p)})} \sum_{m=1}^{n(I_j^{(p)})} a_{n(I_j^{(p)})}(m)$$

とする．（条件 4.1）と一様性の帰無仮説 H_0 の下で，$\widehat{Q}^{(p)}(I_j^{(p)})$ は漸近的に自由度 $\ell_j^{(p)} - 1$ のカイ二乗分布に分布収束する．$\alpha(M^{(p)}, \ell_j^{(p)})$ を (9.17) によって定義し，$\chi_{\ell_j^{(p)}-1}^2\left(\alpha(M^{(p)}, \ell_j^{(p)})\right)$ を自由度 $\ell_j^{(p)} - 1$ のカイ二乗分布の上側 $100\alpha(M^{(p)}, \ell_j^{(p)})\%$ 点とする．このとき，[5.D] の手法より次の閉検定手順を得る．

9.C 二乗和順位統計量に基づく漸近的な閉検定手順

(9.15) の $H^{(p)}(I_1^{(p)}, \ldots, I_{J^{(p)}}^{(p)})$ に対して，$M^{(p)}$，$\ell_j^{(p)}$ $(j = 1, \ldots, J^{(p)})$ を (9.16) で定義する．

(a) $J^{(p)} \geqq 2$ のとき，$1 \leqq j \leqq J^{(p)}$ となるある整数 j が存在して $\chi_{\ell_j^{(p)}-1}^2\left(\alpha(M^{(p)}, \ell_j^{(p)})\right) < \widehat{Q}^{(p)}(I_j^{(p)})$ ならば帰無仮説 $\bigwedge_{\boldsymbol{v} \in V^{(p)}} H_{\boldsymbol{v}}^{(p)}$ を棄却する．

(b) $J^{(p)} = 1$ $(M^{(p)} = \ell_1^{(p)})$ のとき，$\chi_{M^{(p)}-1}^2(\alpha) < \widehat{Q}^{(p)}(I_1^{(p)})$ ならば帰無仮説 $\bigwedge_{\boldsymbol{v} \in V^{(p)}} H_{\boldsymbol{v}}^{(p)}$ を棄却する．

(a), (b) の方法で，$(i, i') \in V^{(p)} \subset \mathcal{U}_k$ を満たす任意の $V^{(p)}$ に対して，$\bigwedge_{\boldsymbol{v} \in V^{(p)}} H_{\boldsymbol{v}}^{(p)}$ が棄却されるとき，多重比較検定として $H_{(i,i')}^{(p)}$ を棄却する． ◆

[9.B] と [9.C] の閉検定手順よりも検出力が一様に低いが，k が大きいときに適用しやすい方法として，正規分布の下でのパラメトリック閉検定手順である REGW 法に類似の手法を [9.D] として述べる．

9.D REGW 型閉検定手順

$I^{(p)}$ $(I^{(p)} \subset \{1, \ldots, k\})$ に属する添え字をもつ母平均は等しいという帰無仮説を $H^{(p)}(I^{(p)})$ で表し，$\imath^{(p)} \equiv \#(I^{(p)})$ とおく．さらに，$k \geqq 4$ とし，

$$\alpha^*(\imath^{(p)}) \equiv \begin{cases} 1 - (1-\alpha)^{\imath^{(p)}/k} & (2 \leqq \imath^{(p)} \leqq k-2) \\ \alpha & (\imath^{(p)} = k-1, k) \end{cases}$$

によって $\alpha^*(\imath^{(p)})$ を定義する．

9.2 すべての平均相違の多重比較検定法

$$\widehat{Z}^{(p)}(I^{(p)}) \equiv \max_{i < i', \ i, i' \in I^{(p)}} |\widehat{Z}_{i'i}^{(p)}|$$

とおき, $a\left(\imath^{(p)}; \alpha^*(\imath^{(p)})\right) < \widehat{Z}^{(p)}(I^{(p)})$ ならば帰無仮説 $H^{(p)}(I^{(p)})$ を棄却する. この方法で $i, i' \in I^{(p)}$ を満たす任意の $I^{(p)}$ に対して $H^{(p)}(I^{(p)})$ が棄却されるとき, 多重比較検定として $H_{(i,i')}^{(p)}$ を棄却する. ◆

$\widehat{Q}^{(p)}(I_j^{(p)})$ で $I_j^{(p)}$ を $I^{(p)}$ に置き替えたものを $\widehat{Q}^{(p)}(I^{(p)})$ とする. このとき, 上記の閉検定手順において, $\widehat{Z}^{(p)}(I^{(p)})$ のかわりに $\widehat{Q}^{(p)}(I^{(p)})$ を使っても閉検定手順がおこなえる. この場合, $a\left(\imath^{(p)}; \alpha^*(\imath^{(p)})\right) < \widehat{Z}^{(p)}(I^{(p)})$ を $\chi_{\imath^{(p)}-1}^2\left(\alpha^*(\imath^{(p)})\right) < \widehat{Q}^{(p)}(I^{(p)})$ に置き替えればよい.

9.2.2 平均ベクトルの第 p 成分に順序制約のある場合のすべての平均相違に関する多重比較法

簡単のため, 標本サイズの等しい $n_1 = \cdots = n_k$ の場合を考える. (9.5) のノンパラメトリック多重比較検定を述べることが目標であるが, その説明のために, p を固定し第 p 成分の間の

$$\left\{ \text{帰無仮説 } H_{(i,i')}^{(p)} \text{ vs. 対立仮説 } H_{(i,i')}^{(p)OA} \ \middle| \ (i,i') \in \mathcal{U}_k \right\} \tag{9.18}$$

に対する多重比較検定法について紹介する. (9.4) の順序制約があるので, 8.1 節と同様に, $\mathcal{H}_T^{(p)}$ を $\mathcal{H}_1^{(p)o}$ で表す. すなわち,

$$\mathcal{H}_1^{(p)o} \equiv \mathcal{H}_T^{(p)}$$

とする. $R_{i'\ell}^{(p,i',i)}$ と $a_{N_{i'i}}(\cdot)$ は 9.2.1 項で定義したものとする. ただし, $N_{i'i} = 2n_1$ である. (9.14) は, (8.3) より,

$$\widehat{Z}_{i'i}^{(p)} = \frac{T_{i'i}^{(p)}}{\sigma_n}, \quad T_{i'i}^{(p)} = \sum_{\ell=1}^{n_1} a_{2n_1}\left(R_{i'\ell}^{(p,i',i)}\right) - n_1 \bar{a}_{2n_1} \tag{9.19}$$

$$\sigma_n \equiv \sigma_{i'in} = \sqrt{\frac{n_1}{2(2n_1 - 1)} \sum_{m=1}^{2n_1} \left\{a_{2n_1}(m) - \bar{a}_{2n_1}\right\}^2}$$

となる. [8.A] より, 次の [9.E] を得る.

9.E シングルステップの多重比較検定法

$\{$ 帰無仮説 $H_{(i,i')}^{(p)}$ vs. 対立仮説 $H_{(i,i')}^{(p)OA} \mid (i,i') \in \mathcal{U}_k \}$ に対する水準 α の多重比較検定は，次で与えられる.

$i < i'$ となるペア i,i' に対して $\widehat{Z}_{i'i}^{(p)} > d_1(k;\alpha)$ ならば，帰無仮説 $H_{(i,i')}^{(p)}$ を棄却し，対立仮説 $H_{(i,i')}^{(p)OA}$ を受け入れ，$\mu_i^{(p)} < \mu_{i'}^{(p)}$ と判定する. ◆

閉検定手順を紹介する. $\mathcal{H}_1^{(p)o}$ の要素の仮説 $H_{(i,i')}^{(p)}$ の論理積からなるすべての集合は

$$\overline{\mathcal{H}_1^{(p)o}} \equiv \left\{ \bigwedge_{\boldsymbol{v} \in V^{(p)}} H_{\boldsymbol{v}}^{(p)} \;\middle|\; \varnothing \subsetneqq V^{(p)} \subset \mathcal{U}_k \right\}$$

で表される. $\varnothing \subsetneqq V^{(p)} \subset \mathcal{U}_k$ を満たす $V^{(p)}$ に対して，

$$\bigwedge_{\boldsymbol{v} \in V^{(p)}} H_{\boldsymbol{v}}^{(p)} : \text{ 任意の } (i,i') \in V^{(p)} \text{ に対して，} \quad \mu_i^{(p)} = \mu_{i'}^{(p)}$$

は k 個の母平均に関していくつかが等しいという仮説となる.

$I_1^{(p)o}, \ldots, I_{J^{(p)}}^{(p)o}$ $(I_j^{(p)o} \neq \varnothing, \; j = 1, \ldots, J^{(p)})$ を，次の性質（性質 9.1）を満たす添え字 $\{1, \ldots, k\}$ の互いに素な部分集合の組とする.

性質 9.1 ある整数 $\ell_1^{(p)}, \ldots, \ell_{J^{(p)}}^{(p)} \geqq 2$ とある整数 $0 \leqq s_1^{(p)} < \cdots < s_{J^{(p)}}^{(p)} < k$ が存在して，

$$I_j^{(p)o} = \{s_j^{(p)} + 1, s_j^{(p)} + 2, \ldots, s_j^{(p)} + \ell_j^{(p)}\} \quad (j = 1, \ldots, J^{(p)}),$$

$s_j^{(p)} + \ell_j^{(p)} \leqq s_{j+1}^{(p)}$ $(j = 1, \ldots, J^{(p)} - 1)$ かつ $s_{J^{(p)}}^{(p)} + \ell_{J^{(p)}}^{(p)} \leqq k$ が成り立つ.

$I_j^{(p)o}$ は連続した整数の要素からなり，$\ell_j^{(p)} = \# I_j^{(p)o} \geqq 2$ である. 同じ $I_j^{(p)o}$ $(j = 1, \ldots, J^{(p)})$ に属する添え字をもつ母平均は等しいという帰無仮説を $H^{(p)o}(I_1^{(p)o}, \ldots, I_{J^{(p)}}^{(p)o})$ で表す. このとき，$\varnothing \subsetneqq V^{(p)} \subset \mathcal{U}_k$ を満たす任意の $V^{(p)}$ に対して，（性質 9.1）で述べたある自然数 $J^{(p)}$ とある $I_1^{(p)o}, \ldots, I_{J^{(p)}}^{(p)o}$ が存在して，

$$\bigwedge_{\boldsymbol{v} \in V^{(p)}} H_{\boldsymbol{v}}^{(p)} = H_1^{(p)o}(I_1^{(p)o}, \ldots, I_{J^{(p)}}^{(p)o}) \tag{9.20}$$

が成り立つ. さらに仮説 $H_1^{(p)o}(I_1^{(p)o}, \ldots, I_{J^{(p)}}^{(p)o})$ は，

9.2 すべての平均相違の多重比較検定法　　　　**179**

$$H_1^{(p)o}(I_1^{(p)o}, \ldots, I_{J^{(p)}}^{(p)o}) : \ \mu_{s_j^{(p)}+1}^{(p)} = \mu_{s_j^{(p)}+2}^{(p)} = \cdots = \mu_{s_j^{(p)}+\ell_j^{(p)}}^{(p)}$$

$$(j = 1, \ldots, J^{(p)})$$

と表現することができる.

$j = 1, \ldots, J^{(p)}$ に対して,

$$\widehat{Z}^{(p)o}(I_j^{(p)o}) \equiv \max_{s_j^{(p)}+1 \leqq i < i' \leqq s_j^{(p)}+\ell_j^{(p)}} \widehat{Z}_{i'i}^{(p)}$$

を使ってノンパラメトリック閉検定手順がおこなえる. ただし, $\widehat{Z}_{i'i}^{(p)}$ は (9.19) で定義したものとする. このとき, [8.C] の手法より, 次の手法を得る.

9.F ノンパラメトリック閉検定手順

(9.20) の $H_1^{(p)o}(I_1^{(p)o}, \ldots, I_{J^{(p)}}^{(p)o})$ に対して, $M^{(p)}$ を

$$M^{(p)} \equiv M^{(p)}(I_1^{(p)o}, \ldots, I_{J^{(p)}}^{(p)o}) \equiv \sum_{j=1}^{J^{(p)}} \ell_j^{(p)}$$

で定義する.

(a) $J^{(p)} \geqq 2$ のとき, $\ell^{(p)} = \ell_1^{(p)}, \ldots, \ell_{J^{(p)}}^{(p)}$ に対して $\alpha(M^{(p)}, \ell^{(p)})$ を

$$\alpha(M^{(p)}, \ell^{(p)}) \equiv 1 - (1 - \alpha)^{\ell^{(p)}/M^{(p)}}$$

で定義する. $1 \leqq j \leqq J^{(p)}$ となるある整数 j が存在して $d_1\left(\ell_j^{(p)}; \alpha(M^{(p)}, \ell_j^{(p)})\right) < \widehat{Z}^{(p)o}(I_j^{(p)o})$ ならば帰無仮説 $\bigwedge_{\boldsymbol{v} \in V^{(p)}} H_{\boldsymbol{v}}^{(p)}$ を棄却する. ただし, $d_1(\ell; \alpha)$ は (8.13) で定義されたものである.

(b) $J^{(p)} = 1$ $(M^{(p)} = \ell_1^{(p)})$ のとき, $d_1\left(M^{(p)}; \alpha\right) < \widehat{Z}^{(p)o}(I_1^{(p)o})$ ならば帰無仮説 $\bigwedge_{\boldsymbol{v} \in V^{(p)}} H_{\boldsymbol{v}}^{(p)}$ を棄却する.

(a), (b) の方法で, $(i, i') \in V^{(p)} \subset \mathcal{U}_k$ を満たす任意の $V^{(p)}$ に対して, $\bigwedge_{\boldsymbol{v} \in V^{(p)}} H_{\boldsymbol{v}}^{(p)}$ が棄却されるとき, 多重比較検定として $H_{(i,i')}^{(p)}$ を棄却する.　　◆

標本サイズの等しい $n_1 = \cdots = n_k$ の場合の [8.H] を用いて, [9.F] と同様の

閉検定手順を構築することができる.

9.2.3 ノンパラメトリックゲートキーピング法

　帰無仮説のファミリーに (9.7) の優先順位がつけられているものとする．このとき，検定手法 [9.A]-[9.D] を用いて (9.3) に対するすべての平均相違の多重比較検定について考察する．この項ではすべての平均ベクトルの要素の相違に関する多重比較検定であり，ゲートキーピング法は閉検定手順である．すべての要素の平均に関する閉検定手順を紹介する．
$\bigcup_{p=1}^{q} \mathcal{H}_T^{(p)}$ の要素の仮説 $H_{(i,i')}^{(p)}$ の論理積からなるすべての集合は

$$\overline{\bigcup_{p=1}^{q} \mathcal{H}_T^{(p)}} \equiv \left\{ \bigwedge_{s=1}^{t} \left(\bigwedge_{\boldsymbol{v} \in V^{(p_s)}} H_{\boldsymbol{v}}^{(p_s)} \right) \ \middle| \ 1 \leqq t \leqq q \ \text{となる整数} \ t \ \text{と} \right.$$

$$1 \leqq p_1 < \cdots < p_t \leqq q \ \text{となる整数} \ p_1, \ldots, p_t \ \text{が存在して,}$$

$$\left. 1 \leqq s \leqq t \ \text{となる} \ s \ \text{に対して} \ \varnothing \subsetneqq V^{(p_s)} \subset \mathcal{U}_k \right\}$$

で表される．$\varnothing \subsetneqq V^{(p)} \subset \mathcal{U}_k$ を満たす $V^{(p)}$ に対して，

$$\bigwedge_{s=1}^{t} \left(\bigwedge_{\boldsymbol{v} \in V^{(p_s)}} H_{\boldsymbol{v}}^{(p_s)} \right)$$

$$: 1 \leqq s \leqq t \ \text{となる} \ s \ \text{と} \ (i, i') \in V^{(p_s)} \ \text{に対して,} \ \mu_i^{(p_s)} = \mu_{i'}^{(p_s)}$$

は kp 個の母平均に関していくつかが等しいという仮説となる．
　$I_1^{(p_s)}, \ldots, I_{J^{(p_s)}}^{(p_s)}$ $(\#(I_j^{(p_s)}) \geqq 2, \ j = 1, \ldots, J^{(p_s)})$ を添え字 $\{1, \ldots, k\}$ の互いに素な部分集合の組とする．このとき，同じ $I_j^{(p_s)}$ $(j = 1, \ldots, J^{(p_s)})$ に属する添え字をもつ母平均は等しいという帰無仮説を $H^{(p_s)}(I_1^{(p_s)}, \ldots, I_{J^{(p_s)}}^{(p_s)})$ で表す．このとき，$\varnothing \subsetneqq V^{(p_s)} \subset \mathcal{U}_k$ を満たす任意の $V^{(p_s)}$ に対して，ある自然数 $J^{(p_s)}$ と上記のある $I_1^{(p_s)}, \ldots, I_{J^{(p_s)}}^{(p_s)}$ が存在して，

$$\bigwedge_{\boldsymbol{v} \in V^{(p_s)}} H_{\boldsymbol{v}}^{(p_s)} = H^{(p_s)}(I_1^{(p_s)}, \ldots, I_{J^{(p_s)}}^{(p_s)})$$

が成り立つ．ここで，

9.2 すべての平均相違の多重比較検定法

$$\bigwedge_{s=1}^{t} \left(\bigwedge_{\boldsymbol{v} \in V^{(p_s)}} H_{\boldsymbol{v}}^{(p_s)} \right) = \bigwedge_{s=1}^{t} H^{(p_s)}(I_1^{(p_s)}, \ldots, I_{J^{(p_s)}}^{(p_s)}) \qquad (9.21)$$

を得る. ただし, $1 \le p_1 < \cdots < p_t \le q$ とする.

Marcus et al. (1976) より, 特定の帰無仮説を $H_{\boldsymbol{v}_0}^{(p)} \in \mathcal{H}_T^{(p)}$ としたとき, $\boldsymbol{v}_0 \in V^{(p)} \subset \mathcal{U}_k$ を満たす任意の $V^{(p)}$ に対して帰無仮説 $\bigwedge_{\boldsymbol{v} \in V^{(p)}} H_{\boldsymbol{v}}^{(p)}$ の検定が水準 α で棄却された場合に, 多重比較検定として $H_{\boldsymbol{v}_0}^{(p)}$ を棄却する方式を, 水準 α の閉検定手順とよんでいる. 水準 α の閉検定手順は水準 α の多重比較検定になっている.

9.G ノンパラメトリック直列型ゲートキーピング法

任意の p $(1 \le p \le q)$ について, [9.B] の閉検定手順によって $\mathcal{H}_T^{(p)}$ (対立仮説も明細に記述すると (9.13)) に対する水準 α の多重比較検定をおこなう. このとき, 次の (1)-(3) によって帰無仮説を棄却する.

(1) $\mathcal{H}_T^{(1)}$ に属する帰無仮説の中に棄却されない帰無仮説があるとき:
$\mathcal{H}_T^{(1)}$ のうちの棄却された帰無仮説だけを (9.3) に対する多重比較検定として棄却する.

(2) $q_0 < q$ を満たすある自然数 q_0 が存在して, $1 \le p \le q_0$ となる任意の p について $\mathcal{H}_T^{(p)}$ に属するすべての 帰無仮説が棄却され, p を q_0+1 に替えた [9.B] の閉検定手順によって $\mathcal{H}_T^{(q_0+1)}$ の中に棄却されない帰無仮説があるとき:
$\left\{$ 帰無仮説 $H_{(i,i')}^{(p)} \mid (i,i') \in \mathcal{U}_k, \ 1 \le p \le q_0 \right\}$ に属するすべての帰無仮説を (9.3) に対する多重比較検定として棄却し, $\mathcal{H}_T^{(q_0+1)}$ のうち棄却された帰無仮説だけを棄却する.

(3) $1 \le p \le q$ となる任意の p について $\mathcal{H}_T^{(p)}$ に属するすべての帰無仮説が棄却されるとき:
$\left\{$ 帰無仮説 $H_{(i,i')}^{(p)} \mid (i,i') \in \mathcal{U}_k, \ 1 \le p \le q \right\}$ に属するすべての帰無仮説を (9.3) に対する多重比較検定として棄却する. ◆

定理 9.1 [9.G] のノンパラメトリック直列型ゲートキーピング法は, すべての平均相違 (9.3) に対する水準 α の漸近的な多重比較検定である.

証明 [9.G] の手法が (9.3) に対する水準 α の閉検定手順であることを示せばよい.

$H^{(p_1)}(I_1^{(p_1)}, \ldots, I_{J^{(p_1)}}^{(p_1)})$ に水準 α の検定をおこなう. (9.21) において, $t \geqq 2$ のとき, $s \geqq 2$ の $H^{(p_s)}(I_1^{(p_s)}, \ldots, I_{J^{(p_s)}}^{(p_s)})$ に対して水準 0 の検定をおこなう. これらにより

$$\bigwedge_{s=1}^{t} \left(\bigwedge_{\boldsymbol{v} \in V^{(p_s)}} H_{\boldsymbol{v}}^{(p_s)} \right)$$

が棄却されるかどうかを判定する. このことは (9.3) に対する水準 α の閉検定手順であり, 手法 [9.G] を実行したことになる. ただし, (1) の場合は $p_1 = 1$ である. $\square$

[9.G] のゲートキーピング法の中で, [9.B] の閉検定手順を [9.A] のシングルステップ法または [9.C] または [9.D] の閉検定手順に置き替えても定理 9.1 は成り立つ.

次の 2 段階ゲートキーピング法 [9.H] を提案する.

9.H ノンパラメトリック 2 段階ゲートキーピング法

$\alpha_1 + \alpha_2 = \alpha$ となるように正の値 α_1, α_2 を決め, $q_1 + q_2 = q$ となるように正の整数 q_1, q_2 を定める. $1 \leqq p_1 \leqq q_1$ となる任意の整数 p_1 に対して [9.B] の閉検定手順によって $\mathcal{H}_T^{(p_1)}$ に対する水準 α_1 の多重比較検定をおこない, $q_1 + 1 \leqq p_2 \leqq q$ となる任意の整数 p_2 に対して [9.B] の閉検定手順によって $\mathcal{H}_T^{(p_2)}$ に対する水準 α_2 の多重比較検定をおこなう. このとき, 次の (1)-(6) によって帰無仮説を棄却する.

(1) $\mathcal{H}_T^{(1)}$ に属する帰無仮説の中に棄却されない帰無仮説があるとき:

  $\mathcal{H}_T^{(1)}$ に属する帰無仮説のうち棄却されたものだけを (9.3) に対する多重比較検定として棄却し, (4)-(6) に進む.

(2) $q_{01} < q_1$ を満たすある自然数 q_{01} が存在して, $1 \leqq p_1 \leqq q_{01}$ となる任意の p_1 について $\mathcal{H}_T^{(p_1)}$ に属するすべての帰無仮説が棄却され, p_1 を $q_{01} + 1$ に替えた [9.B] の閉検定手順によって $\mathcal{H}_T^{(q_{01}+1)}$ に属する帰無仮説の中に棄却されないものがあるとき:

  $\left\{ \text{帰無仮説 } H_{(i,i')}^{(p_1)} \mid (i, i') \in \mathcal{U}_k,\ 1 \leqq p_1 \leqq q_{01} \right\}$ に属するすべての帰無仮説を棄却し, $\mathcal{H}_T^{(q_{01}+1)}$ に属する帰無仮説のうち棄却されたものだけを (9.3) に対する多重比較検定として棄却する. その後, (4)-(6) に進む.

(3) $1 \leqq p_1 \leqq q_1$ となる任意の p_1 について $\mathcal{H}_T^{(p_1)}$ に属するすべての帰無仮説が棄却されるとき:

9.2 すべての平均相違の多重比較検定法　　**183**

$\left\{ \text{帰無仮説 } H_{(i,i')}^{(p_1)} \mid (i,i') \in \mathcal{U}_k,\ 1 \leq p_1 \leq q_1 \right\}$ に属するすべての帰無仮説を (9.3) に対する多重比較検定として棄却する．その後，(4)-(6) に進む．

(4) $\mathcal{H}_T^{(q_1+1)}$ に属する帰無仮説の中に棄却されないものがあるとき：

$\mathcal{H}_T^{(q_1+1)}$ に属する帰無仮説のうち棄却されたものだけを (9.3) に対する多重比較検定として棄却する．

(5) $q_1 + 1 \leq q_{02} < q$ を満たすある自然数 q_{02} が存在して，$q_1 + 1 \leq p_2 \leq q_{02}$ となる任意の p_2 について $\mathcal{H}_T^{(p_2)}$ に属するすべての帰無仮説が棄却され，p_2 を $q_{02} + 1$ に替えた [9.B] の閉検定手順によって $\mathcal{H}_T^{(q_{02}+1)}$ に属する帰無仮説のうち棄却されないものがあるとき：

$\left\{ \text{帰無仮説 } H_{(i,i')}^{(p_2)} \mid (i,i') \in \mathcal{U}_k,\ 1 \leq p_2 \leq q_{02} \right\}$ に属するすべての 帰無仮説を (9.3) に対する多重比較検定として棄却し，$\mathcal{H}_T^{(q_{02}+1)}$ に属する帰無仮説のうち棄却されたものだけを棄却する．

(6) $q_1 + 1 \leq p_2 \leq q$ となる任意の p_2 について $\mathcal{H}_T^{(p_2)}$ に属するすべての帰無仮説が棄却されるとき：

$\left\{ \text{帰無仮説 } H_{(i,i')}^{(p_2)} \mid (i,i') \in \mathcal{U}_k,\ q_1 + 1 \leq p_2 \leq q \right\}$ に属するすべての帰無仮説を (9.3) に対する多重比較検定として棄却する．　　◆

定理 9.1 と同様の証明により，次の系 9.2 を得る．

系 9.2　[9.H] のノンパラメトリック 2 段階ゲートキーピング法は，すべての平均相違 (9.3) に対する水準 α の漸近的な多重比較検定である．

[9.H] のノンパラメトリック 2 段階ゲートキーピング法を用いて，
$\left\{ \text{帰無仮説 } H_{(i,i')}^{(p_1)} \mid (i,i') \in \mathcal{U}_k,\ 1 \leq p_1 \leq q_1 \right\}$ に属するすべての帰無仮説が棄却される場合は，[9.H] の手法は有効ではなく，[9.G] のノンパラメトリック直列型ゲートキーピング法が有効である．

[9.H] のノンパラメトリック 2 段階ゲートキーピング法をノンパラメトリック多段階ゲートキーピング法に拡張することは容易にできる．

以下で述べる手法 [9.I]-[9.K] は，Wiens and Dmitrienko (2005) のフォールバック法と同様の考え方によって導かれている．[9.G] のゲートキーピング法は，$\mathcal{H}_T^{(q_0+2)}$ 以降の帰無仮説のファミリーについては検定を実行せずにやめる方法で

ある. [9.H] のゲートキーピング法もすべての検定がおこなわれない場合がある. すべての帰無仮説のファミリーの検定を実行する方法として, 次の分割型ゲートキーピング法 [9.I] を提案する.

9.I ノンパラメトリック分割型ゲートキーピング法

$\sum_{p=1}^{q} \alpha_p = \alpha$ となるように正の値 $\alpha_p > 0 \, (p = 1, \ldots, q)$ を定める. $p = 1, \ldots, q$ に対して順に $\mathcal{H}_T^{(p)}$ の検定を次のようにおこなう.

(1) $p = 1$ とする. $\alpha_1^* \equiv \alpha_1$ とおき, [9.B] の閉検定手順によって水準 α_1^* の $\mathcal{H}_T^{(1)}$ に対する多重比較検定をおこなう. これにより, 棄却された帰無仮説だけを (9.3) に対する多重比較検定として棄却する.

(2) $p = q$ となるまで次の (a) を繰り返す.

    (a) 改めて $p \equiv p + 1$ とおき, $\mathcal{H}_T^{(p-1)}$ に属する帰無仮説がすべて棄却されたときを (i) の場合とし, そうでない場合, $\mathcal{H}_T^{(p-1)}$ に属する帰無仮説の中に棄却されないものがあるときを (ii) とする. このとき, α_p^* を次で定義する.

$$\alpha_p^* \equiv \begin{cases} \alpha_{p-1}^* + \alpha_p & (\text{(i) の場合}) \\ \alpha_p & (\text{(ii) の場合}) \end{cases} \tag{9.22}$$

    とおき, [9.B] の閉検定手順によって水準 α_p^* の $\mathcal{H}_T^{(p)}$ に対する多重比較検定をおこなう. これにより, 棄却された帰無仮説だけを (9.3) に対する多重比較検定として棄却する. ◆

定理 9.3 [9.I] のノンパラメトリック分割型ゲートキーピング法は, すべての平均相違 (9.3) に対する水準 α の漸近的な多重比較検定である.

証明 [9.I] の手法が (9.3) に対する水準 α の閉検定手順であることを示せばよい. 次の (i)-(iv) の場合分けによって (9.21) の帰無仮説に対する検定をおこなう.

(i) (9.21) に対して, $t < q$ かつ $1 \leqq s \leqq t$ かつ $\alpha_{p_s+1}^* > \alpha_{p_s+1}$ を満たすある整数 s が存在するとき:

    $\{s \mid 1 \leqq s \leqq t < q$ かつ $\alpha_{p_s+1}^* > \alpha_{p_s+1}$ を満たす $\}$ に属する s_0 を 1 つ定める. 次に $H^{(p_{s_0})}(I_1^{(p_{s_0})}, \ldots, I_{J^{(p_{s_0})}}^{(p_{s_0})})$ に水準 $\alpha_{p_{s_0}}^*$ の検定をおこない, 他の $H^{(p_s)}(I_1^{(p_s)}, \ldots, I_{J^{(p_s)}}^{(p_s)})$ に水準 0 の検定をおこなう. これにより, (9.21) の帰無仮説

は水準 α で棄却される. ただし, α_p^* は (9.22) で定義されている.

(ii) $t < q$ かつ $1 \leqq s \leqq t$ を満たすすべての整数 s に対して, $\alpha_{p_s+1}^* = \alpha_{p_s+1}$ のとき:
$s = 1, \ldots, t$ に対して $H^{(p_s)}(I_1^{(p_s)}, \ldots, I_{J^{(p_s)}}^{(p_s)})$ に水準 $\alpha_{p_s}^*$ の検定をおこない, どれか 1 つでも棄却されれば (9.21) の帰無仮説を棄却する. このとき, この検定は水準 α となる.

(iii) $t = q$ かつ $1 \leqq s_1 \leqq t-1$ を満たすある整数 s_1 が存在して, $\alpha_{p_{s_1}+1}^* > \alpha_{p_{s_1}+1}$ のとき:
$H^{(p_{s_1})}(I_1^{(p_{s_1})}, \ldots, I_{J^{(p_{s_1})}}^{(p_{s_1})})$ に水準 $\alpha_{p_{s_1}}^*$ の検定をおこない, 他の $H^{(p_s)}(I_1^{(p_s)}, \ldots, I_{J^{(p_s)}}^{(p_s)})$ に水準 0 の検定をおこなう. これにより, (9.21) の帰無仮説は水準 α で棄却される.

(iv) $t = q$ かつ $1 \leqq s \leqq t-1$ を満たすすべての整数 s に対して, $\alpha_{p_s+1}^* = \alpha_{p_s+1}$ のとき:
$s = 1, \ldots, t-1$ に対して $H^{(p_s)}(I_1^{(p_s)}, \ldots, I_{J^{(p_s)}}^{(p_s)})$ に水準 $\alpha_{p_s}^*$ の検定をおこない, $H^{(q)}(I_1^{(q)}, \ldots, I_{J^{(q)}}^{(q)})$ に水準 α_q^* の検定をおこなう. これによりどれか 1 つでも棄却されれば (9.21) の帰無仮説を棄却する. このとき, この検定は水準 α となる.

以上の方式は (9.3) に対する水準 α の閉検定手順であり, 手法 [9.I] を実行したことになる. □

2 段階と分割型を混合させたノンパラメトリック混合型ゲートキーピング法を提案することができる.

9.J ノンパラメトリック混合型ゲートキーピング法 1

$\alpha_1 + \alpha_2 = \alpha$ となるように正の値 α_1, α_2 を決め, $q_1 + q_2 = q$ となるように正の整数 q_1, q_2 を定める. さらに, $\displaystyle\sum_{p=q_1+1}^{q} \alpha_{2,p} = \alpha_2$ となるように正の値 $\alpha_{2,p} > 0$ $(p = q_1 + 1, \ldots, q)$ を定める. $1 \leqq p_1 \leqq q_1$ となる任意の整数 p_1 に対して [9.B] の閉検定手順によって $\mathcal{H}_T^{(p_1)}$ に対する水準 α_1 の多重比較検定をおこなう. このとき, 次の (1)-(5) によって帰無仮説を棄却する.

(1) $\mathcal{H}_T^{(1)}$ に属する帰無仮説のうち棄却されないものがあるとき:
$\mathcal{H}_T^{(1)}$ のうち棄却された帰無仮説だけを (9.3) に対する多重比較検定として棄却し, (4) に進む.

(2) $q_{01} < q_1$ を満たすある自然数 q_{01} が存在して, $1 \leqq p_1 \leqq q_{01}$ となる任意の p_1 について $\mathcal{H}_T^{(p_1)}$ に属するすべての帰無仮説が棄却され, p_1 を $q_{01} + 1$ に

替えた [9.B] の閉検定手順によって $\mathcal{H}_T^{(q_{01}+1)}$ に属する帰無仮説の中に棄却されないものがあるとき：

$\left\{ \text{帰無仮説 } H_{(i,i')}^{(p_1)} \mid (i,i') \in \mathcal{U}_k,\ 1 \leqq p_1 \leqq q_{01} \right\}$ に属するすべての帰無仮説を (9.3) に対する多重比較検定として棄却し，$\mathcal{H}_T^{(q_{01}+1)}$ に属する帰無仮説のうち棄却されたものだけを (9.3) に対する多重比較検定として棄却する．その後，(4) に進む．

(3) $1 \leqq p_1 \leqq q_1$ となる任意の p_1 について $\mathcal{H}_T^{(p_1)}$ に属するすべての帰無仮説が棄却されるとき：

$\left\{ \text{帰無仮説 } H_{(i,i')}^{(p_1)} \mid (i,i') \in \mathcal{U}_k,\ 1 \leqq p_1 \leqq q_1 \right\}$ に属するすべての帰無仮説を (9.3) に対する多重比較検定として棄却する．その後，(4) に進む．

(4) $p \equiv q_1 + 1$, $\alpha_{2,q_1+1}^* \equiv \alpha_{2,q_1+1}$ とおく．[9.B] の閉検定手順によって水準 α_{2,q_1+1}^* の $\mathcal{H}_T^{(q_1+1)}$ に対する多重比較検定をおこなう．これにより，棄却された帰無仮説だけを (9.3) に対する多重比較検定として棄却する．

(5) $p = q$ となるまで次の (a) を繰り返す．

  (a) 改めて $p \equiv p+1$ とおき，$\mathcal{H}_T^{(p-1)}$ に属する帰無仮説がすべて棄却されたときを (i) の場合とし，そうでない場合，$\mathcal{H}_T^{(p-1)}$ に属する帰無仮説の中に棄却されないものがあるときを (ii) とする．このとき，$\alpha_{2,p}^*$ を次で定義する．

  $$\alpha_{2,p}^* \equiv \begin{cases} \alpha_{2,p-1}^* + \alpha_{2,p} & \text{((i) の場合)} \\ \alpha_{2,p} & \text{((ii) の場合)} \end{cases}$$

  とおき，[9.B] の閉検定手順によって水準 $\alpha_{2,p}^*$ の $\mathcal{H}_T^{(p)}$ に対する多重比較検定をおこなう．これにより，棄却された帰無仮説だけを (9.3) に対する多重比較検定として棄却する．　　　　◆

9.K ノンパラメトリック混合型ゲートキーピング法 2

$\alpha_1 + \alpha_2 = \alpha$ となるように正の値 α_1, α_2 を決め，$q_1 + q_2 = q$ となるように正の整数 q_1, q_2 を定める．さらに，$\displaystyle\sum_{p=1}^{q_1} \alpha_{1,p} = \alpha_1$ となるように正の値 $\alpha_{1,p} > 0$ $(p = 1, \ldots, q_1)$ を定める．$q_1 + 1 \leqq p_2 \leqq q$ となる任意の整数 p_2 に対して [9.B] の閉検定手順によって $\mathcal{H}_T^{(p_2)}$ に対する水準 α_2 の多重比較検定をお

9.2 すべての平均相違の多重比較検定法 **187**

こなう. このとき, 次の (1)-(5) によって, 帰無仮説を棄却する.

(1) $p \equiv 1$, $\alpha_{1,1}^* \equiv \alpha_{1,1}$ とおく. [9.B] の閉検定手順によって水準 $\alpha_{1,1}^*$ の $\mathcal{H}_T^{(1)}$ に対する多重比較検定をおこなう. これにより, 棄却された帰無仮説だけを (9.3) に対する多重比較検定として棄却する.

(2) $p = q_1$ となるまで次の (a) を繰り返す.

   (a) 改めて $p \equiv p+1$ とおき, $\mathcal{H}_T^{(p-1)}$ に属する帰無仮説がすべて棄却されたときを (i) の場合とし, そうでない場合, $\mathcal{H}_T^{(p-1)}$ に属する帰無仮説の中に棄却されないものがあるときを (ii) とする. このとき, $\alpha_{1,p}^*$ を次で定義する.

$$\alpha_{1,p}^* \equiv \begin{cases} \alpha_{1,p-1}^* + \alpha_{1,p} & (\text{(i) の場合}) \\ \alpha_{1,p} & (\text{(ii) の場合}) \end{cases}$$

   とおき, [9.B] の閉検定手順によって水準 $\alpha_{1,p}^*$ の $\mathcal{H}_T^{(p)}$ に対する多重比較検定をおこなう. これにより, 棄却された帰無仮説だけを (9.3) に対する多重比較検定として棄却する.

   その後, (3)-(5) に進む.

(3) $\mathcal{H}_T^{(q_1+1)}$ に属する帰無仮説の中に棄却されないものがあるとき:
$\mathcal{H}_T^{(q_1+1)}$ のうち棄却された帰無仮説だけを (9.3) に対する多重比較検定として棄却する.

(4) $q_1 + 1 \leqq q_{02} < q$ を満たすある自然数 q_{02} が存在して, $q_1 + 1 \leqq p_2 \leqq q_{02}$ となる任意の p_2 について $\mathcal{H}_T^{(p_2)}$ に属するすべての帰無仮説が棄却され, p_2 を $q_{02} + 1$ に替えた [9.B] の閉検定手順によって $\mathcal{H}_T^{(q_{02}+1)}$ の中に棄却されない帰無仮説があるとき:
$\left\{ \text{帰無仮説 } H_{(i,i')}^{(p_2)} \mid (i,i') \in \mathcal{U}_k, 1 \leqq p_2 \leqq q_{02} \right\}$ に属するすべての帰無仮説を (9.3) に対する多重比較検定として棄却し, $\mathcal{H}_T^{(q_{02}+1)}$ のうち棄却された帰無仮説だけを (9.3) に対する多重比較検定として棄却する.

(5) $q_1 + 1 \leqq p_2 \leqq q$ となる任意の p_2 について $\mathcal{H}_T^{(p_2)}$ に属するすべての帰無仮説が棄却されるとき:
$\left\{ \text{帰無仮説 } H_{(i,i')}^{(p_2)} \mid (i,i') \in \mathcal{U}_k, q_1 + 1 \leqq p_2 \leqq q \right\}$ に属するすべての帰無

仮説を (9.3) に対する多重比較検定として棄却する. ◆

[9.G]-[9.K] のゲートキーピング法の中で, [9.B] の閉検定手順を [9.A] のシングルステップ法または [9.C] または [9.D] の閉検定手順に置き替えても水準 α の閉検定手順になっていることは示される. このため, [9.G]-[9.K] のゲートキーピング法の中で, [9.B] の閉検定手順を [9.A] のシングルステップ法または [9.C] または [9.D] の閉検定手順に置き替えて提案できる.

9.2.4 ハイブリッドゲートキーピング法

簡単のため, 標本サイズの等しい $n_1 = \cdots = n_k$ の場合を考える.

帰無仮説のファミリーに (9.7) の優先順位がつけられているものとする. ある p が存在して, 傾向性の制約 (9.4) が成り立つと仮定する.

$$O_q \equiv \{p \mid \mu_1^{(p)} \leqq \mu_2^{(p)} \leqq \cdots \leqq \mu_k^{(p)} \text{ が成り立ち, } 1 \leqq p \leqq q\} \tag{9.23}$$

とおく. 検定手法 [9.A]-[9.F] を用いて, (9.5) の

$$\left\{ \text{帰無仮説 } H_{(i,i')}^{(p)} \text{ vs. 対立仮説 } H_{(i,i')}^{(p)A} \text{ or } H_{(i,i')}^{(p)OA} \;\middle|\; (i,i') \in \mathcal{U}_k,\, 1 \leqq p \leqq q \right\}$$

の多重比較検定を提案する. ただし, $p \in O_q^c \cap \{1, 2, \ldots, q\}$ のとき対立仮説として $H_{(i,i')}^{(p)A}$ を選択し, $p \in O_q$ のとき対立仮説として $H_{(i,i')}^{(p)OA}$ を選択する.

$\bigcup_{p=1}^{q} \mathcal{H}_T^{(p)}$ の要素の仮説 $H_{(i,i')}^{(p)}$ の論理積からなるすべての集合は

$$\overline{\bigcup_{p=1}^{q} \mathcal{H}_T^{(p)}} \equiv \left\{ \bigwedge_{s=1}^{t} \left(\bigwedge_{\boldsymbol{v} \in V^{(p_s)}} H_{\boldsymbol{v}}^{(p_s)} \right) \;\middle|\; 1 \leqq t \leqq q \text{ となる整数 } t \text{ と} \right.$$

$$1 \leqq p_1 < \cdots < p_t \leqq q \text{ となる整数 } p_1, \ldots, p_t \text{ が存在して,}$$

$$\left. 1 \leqq s \leqq t \text{ となる } s \text{ に対して } \varnothing \subsetneqq V^{(p_s)} \subset \mathcal{U}_k \right\}$$

で表される. $\varnothing \subsetneqq V^{(p)} \subset \mathcal{U}_k$ を満たす $V^{(p)}$ に対して,

$$\bigwedge_{s=1}^{t} \left(\bigwedge_{\boldsymbol{v} \in V^{(p_s)}} H_{\boldsymbol{v}}^{(p_s)} \right)$$

9.2 すべての平均相違の多重比較検定法　**189**

$$: 1 \leqq s \leqq t \text{ となる } s \text{ と } (i, i') \in V^{(p_s)} \text{ に対して, } \mu_i^{(p_s)} = \mu_{i'}^{(p_s)}$$

は kq 個の母平均に関していくつかが等しいという仮説となる.

$I_1^{(p_s)*}, \ldots, I_{J^{(p_s)}}^{(p_s)*}$ $(\#(I_j^{(p_s)*}) \geqq 2, \; j = 1, \ldots, J^{(p_s)})$ を添え字 $\{1, \ldots, k\}$ の互いに素な部分集合の組とする. このとき, 同じ $I_j^{(p_s)*}$ $(j = 1, \ldots, J^{(p_s)})$ に属する添え字をもつ母平均は等しいという帰無仮説を $H^{(p_s)}(I_1^{(p_s)*}, \ldots, I_{J^{(p_s)}}^{(p_s)*})$ で表す. このとき, (9.15) と (9.20) より, $\varnothing \subsetneqq V^{(p_s)} \subset \mathcal{U}_k$ を満たす任意の $V^{(p_s)}$ に対して, ある自然数 $J^{(p_s)}$ と上記のある $I_1^{(p_s)*}, \ldots, I_{J^{(p_s)}}^{(p_s)*}$ が存在して,

$$\bigwedge_{\boldsymbol{v} \in V^{(p_s)}} H_{\boldsymbol{v}}^{(p_s)} = H^{(p_s)*}(I_1^{(p_s)*}, \ldots, I_{J^{(p_s)}}^{(p_s)*}) \tag{9.24}$$

が成り立つ. ただし,

$$
\begin{aligned}
&H^{(p_s)*}(I_1^{(p_s)*}, \ldots, I_{J^{(p_s)}}^{(p_s)*}) \\
&\equiv \begin{cases} H^{(p_s)}(I_1^{(p_s)}, \ldots, I_{J^{(p_s)}}^{(p_s)}) & (p_s \in O_q^c \cap \{1, \ldots, q\}) \\ H_1^{(p_s)o}(I_1^{(p_s)o}, \ldots, I_{J^{(p_s)}}^{(p_s)o}) & (p_s \in O_q) \end{cases}
\end{aligned}
$$

かつ, $j = 1, \ldots, J_{p_s}$ に対して,

$$I_j^{(p_s)*} \equiv \begin{cases} I_j^{(p_s)} & (p_s \in O_q^c \cap \{1, \ldots, q\}) \\ I_j^{(p_s)o} & (p_s \in O_q) \end{cases}$$

である. ここで,

$$\bigwedge_{s=1}^{t} \left(\bigwedge_{\boldsymbol{v} \in V^{(p_s)}} H_{\boldsymbol{v}}^{(p_s)} \right) = \bigwedge_{s=1}^{t} H^{(p_s)*}(I_1^{(p_s)*}, \ldots, I_{J^{(p_s)}}^{(p_s)*}) \tag{9.25}$$

を得る. ただし, $1 \leqq p_1 < \cdots < p_t \leqq q$ とする.

9.L ハイブリッドゲートキーピング法

$1 \leqq p \leqq q$ となる p に対して, 小さい方から順に, 水準 α の多重比較法 [9.B] または [9.F] を実行する. ただし, $p \in O_q^c \cap \{1, \ldots, q\}$ のときには [9.B] を選び, $p \in O_q$ のときには [9.F] を選ぶ. このとき, 次の (b1)-(b3) に従って, $\bigcup_{p=1}^{q} \mathcal{H}_T^{(p)}$ に属する帰無仮説を棄却する.

(b1) マルチステップ法 [9.B] または [9.F] によって棄却されない $\mathcal{H}_T^{(1)}$ に属する帰無仮説があるならば，$\mathcal{H}_T^{(1)}$ に属する棄却された帰無仮説だけを (9.5) に対する多重比較検定として棄却する．

(b2) $q_0 < q$ を満たす正の整数 q_0 が存在し，$1 \leqq p \leqq q_0$ を満たす任意の整数 p に対して，$\mathcal{H}_T^{(p)}$ に属するすべての帰無仮説が棄却され，$\mathcal{H}_T^{(q_0+1)}$ に属するある帰無仮説が棄却されないならば，$\displaystyle\bigcup_{p=1}^{q_0} \mathcal{H}_T^{(p)}$ に属するすべての帰無仮説を (9.5) に対する多重比較検定として棄却し，$\mathcal{H}_T^{(q_0+1)}$ に属する帰無仮説のうちの棄却されたものだけを (9.5) に対する多重比較検定として棄却する．

(b3) $1 \leqq p \leqq q$ を満たす任意の p に対して $\mathcal{H}_T^{(p)}$ に属するすべての帰無仮説が棄却されたならば，$\displaystyle\bigcup_{p=1}^{q} \mathcal{H}_T^{(p)}$ に属するすべての帰無仮説を (9.5) に対する多重比較検定として棄却する． ◆

定理 9.4 [9.L] の ハイブリッドゲートキーピング法は，すべての平均相違 (9.5) に対する水準 α の漸近的な多重比較検定である．

証明 [9.L] のゲートキーピング法が (9.5) に対する水準 α の閉検定手順であることを示せばよい．

$H^{(p_1)*}(I_1^{(p_1)*}, \ldots, I_{J^{(p_1)}}^{(p_1)*})$ に対して水準 α の検定を実行する．(9.25) で $t \geqq 2$ のとき，$2 \leqq g \leqq t$ となる任意の g に対して $H^{(p_g)*}(I_1^{(p_g)*}, \ldots, I_{J^{(p_g)}}^{(p_g)*})$ の水準 0 の検定をおこなう．その結果，帰無仮説 $\displaystyle\bigwedge_{s=1}^{t} \left(\bigwedge_{\boldsymbol{v} \in V^{(p_s)}} H_{\boldsymbol{v}}^{(p_s)} \right)$ が棄却されるかどうかを判定する．このことは (9.5) に対する水準 α の閉検定手順であり，手法 [9.L] を実行したことになる．ただし，(b1) の場合は $p_1 = 1$ である． □

[9.L] の手法で，[9.B] を [9.A] または [9.C] または [9.D] に替え，[9.F] を [9.E] に替えてもよい．

9.3 対照標本との多重比較検定法

(9.8)-(9.11) に対する対照標本との平均相違の多重比較検定を，順位に基づくノンパラメトリック法について論じる．帰無仮説のファミリーに (9.12) の優先順位がつけられているものとする．このとき，第 6 章の検定手法 [6.A], [6.C] と 8.3

9.3 対照標本との多重比較検定法　　　　　　　　　　　　　　**191**

節の検定手法 [8.G] を用いて (9.8)-(9.11) に対する対照標本との平均相違の多重
比較検定について考察する．簡単のため，標本サイズの等しい $n_1 = \cdots = n_k$ の
場合を考える．

9.3.1　第 p 成分の観測値の対照標本との多重比較検定法

(9.8)-(9.11) の多重比較検定を述べることが目標であるが，その説明のために，
p を固定し第 p 成分の間の

$$\{\text{帰無仮説 } H_{1i}^{(p)} \text{ vs. 対立仮説 } H_{1i}^{(p)A\pm} \mid i \in \mathcal{I}_{2,k}\}, \tag{9.26}$$

$$\{\text{帰無仮説 } H_{1i}^{(p)} \text{ vs. 対立仮説 } H_{1i}^{(p)A+} \mid i \in \mathcal{I}_{2,k}\}, \tag{9.27}$$

$$\{\text{帰無仮説 } H_{1i}^{(p)} \text{ vs. 対立仮説 } H_{1i}^{(p)A-} \mid i \in \mathcal{I}_{2,k}\} \tag{9.28}$$

に対する多重比較検定法について紹介する．

$2n_1$ 個の観測値 $X_{i1}^{(p)}, \ldots, X_{in_1}^{(p)}, X_{11}^{(p)}, \ldots, X_{1n_1}^{(p)}$ を小さい方から並べたときの
$X_{i\ell}^{(p)}$ の順位を $R_{i\ell}^{(p,i,1)}$ とする．

$$T_i^{(p)} \equiv \sum_{\ell=1}^{n_1} a_{2n_1}\left(R_{i\ell}^{(p,i,1)}\right) - n_1 \bar{a}_{2n_1}$$

とおく．ただし，$\bar{a}_{2n_1} \equiv 1/(2n_1) \sum_{m=1}^{2n_1} a_{2n_1}(m)$ とする．このとき，(5.6) に対応
して，

$$\widehat{Z}_i^{(p)} \equiv \frac{T_i^{(p)}}{\sigma_{in_1}}, \quad \sigma_{in_1} \equiv \sqrt{\frac{n_1}{2(2n_1-1)} \sum_{m=1}^{2n_1} \{a_{2n_1}(m) - \bar{a}_{2n_1}\}^2}$$

とおく．

このとき，[6.A] の手法に対応して，シングルステップのスティール型多重比較
検定を得る．

9.M シングルステップのスティール型多重比較検定

α を与え，

$$b_1^*(k-1, 1; \alpha) = b_1(k, 1/k, \ldots, 1/k; \alpha)$$

$$b_2^*(k-1,1;\alpha) = b_2(k,1/k,\ldots,1/k;\alpha)$$

とする. これらの値は付録 B の付表 9, 10 に載せている. このとき, 平均母数の制約に応じて, 水準 α の漸近的な多重比較検定は, 次の (1)-(3) で与えられる.

(1) 両側の { 帰無仮説 $H_{1i}^{(p)}$ vs. 対立仮説 $H_{1i}^{(p)A\pm} \mid i \in \mathcal{I}_{2,k}$ } のとき, $|\widehat{Z}_i^{(p)}| > b_1^*(k-1,1;\alpha)$ となる i に対して $H_{1i}^{(p)}$ を棄却し, 対立仮説 $H_{1i}^{(p)A\pm}$ を受け入れ, $\mu_i^{(p)} \neq \mu_1^{(p)}$ と判定する.

(2) 片側の { 帰無仮説 $H_{1i}^{(p)}$ vs. 対立仮説 $H_{1i}^{(p)A+} \mid i \in \mathcal{I}_{2,k}$ } のとき, $\widehat{Z}_i^{(p)} > b_2^*(k-1,1;\alpha)$ となる i に対して $H_{1i}^{(p)}$ を棄却し, 対立仮説 $H_{1i}^{(p)A+}$ を受け入れ, $\mu_i^{(p)} > \mu_1^{(p)}$ と判定する.

(3) 片側の { 帰無仮説 $H_{1i}^{(p)}$ vs. 対立仮説 $H_{1i}^{(p)A-} \mid i \in \mathcal{I}_{2,k}$ } のとき, $-\widehat{Z}_i^{(p)} > b_2^*(k-1,1;\alpha)$ となる i に対して $H_{1i}^{(p)}$ を棄却し, 対立仮説 $H_{1i}^{(p)A-}$ を受け入れ, $\mu_i^{(p)} < \mu_1^{(p)}$ と判定する. ◆

[6.C] に対応した逐次棄却型検定法を紹介する.

9.N ノンパラメトリック逐次棄却型検定法

統計量 $Z_i^{(p)\sharp}$ を次のように定義する. $i = 2,\ldots,k$ に対して,

$$Z_i^{(p)\sharp} \equiv \begin{cases} |\widehat{Z}_i^{(p)}| & (\text{(a) 対立仮説が } H_i^{(p)A\pm} \text{ のとき}) \\ \widehat{Z}_i^{(p)} & (\text{(b) 対立仮説が } H_i^{(p)A+} \text{ のとき}) \\ -\widehat{Z}_i^{(p)} & (\text{(c) 対立仮説が } H_i^{(p)A-} \text{ のとき}) \end{cases}$$

とおく. $Z_i^{(p)\sharp}$ を小さい方から並べたものを

$$Z_{(1)}^{(p)\sharp} \leqq Z_{(2)}^{(p)\sharp} \leqq \cdots \leqq Z_{(k-1)}^{(p)\sharp}$$

とする. さらに, $Z_{(i)}^{(p)\sharp}$ に対応する帰無仮説を $H_{(i)}^{(p)}$ で表す. $\ell = 1,\ldots,k-1$ に対して

$$b^{(p)\sharp}(\ell,1;\alpha) \equiv \begin{cases} b_1^*(\ell,1;\alpha) & (\text{(a) のとき}) \\ b_2^*(\ell,1;\alpha) & (\text{(b) のとき}) \\ b_2^*(\ell,1;\alpha) & (\text{(c) のとき}) \end{cases}$$

とおく.

9.3 対照標本との多重比較検定法

手順 1. $\ell = k - 1$ とする.

手順 2. (i) $Z_{(\ell)}^{(p)\sharp} < b^{\sharp}(\ell, 1; \alpha)$ ならば,$H_{(1)}^{(p)}, \ldots, H_{(\ell)}^{(p)}$ のすべてを保留して,検定作業を終了する.

(ii) $Z_{(\ell)}^{(p)\sharp} > b^{\sharp}(\ell, 1; \alpha)$ ならば,$H_{(\ell)}^{(p)}$ を棄却し手順 3 へ進む.

手順 3. (i) $\ell \geqq 2$ であるならば $\ell - 1$ を新たに ℓ とおいて手順 2 に戻る.

(ii) $\ell = 1$ であるならば検定作業を終了する. ◆

平均ベクトルのある第 p 成分に傾向性の制約 (9.4) がある場合の [8.G] のシャーリー・ウィリアムズ (Shirley-Williams) 型の方法を紹介する.

9.O シャーリー・ウィリアムズ型の方法

$1 \leqq \ell \leqq k$ となる ℓ に対して,$n(\ell) \equiv \ell \cdot n_1$ とし,$n(\ell)$ 個の観測値 $\{X_{ij}^{(p)} \mid j = 1, \ldots, n_1,\ i = 1, \ldots, \ell\}$ を小さい方から並べたときの $X_{ij}^{(p)}$ の順位を $R_{ij}^{(p,\ell)}$ とする.

$$T_i^{(p,\ell)} \equiv \frac{1}{n_1} \sum_{j=1}^{n_1} a_{n(\ell)}\left(R_{ij}^{(p,\ell)}\right) - \bar{a}_{n(\ell)} \quad (2 \leqq i \leqq \ell)$$

とおき,$2 \leqq \ell \leqq k$ となる ℓ に対して,統計量 $\widehat{Z}_\ell^{(p)o}$ と $\widehat{\mu}_\ell^{(p)o}$ を

$$\widehat{Z}_\ell^{(p)o} \equiv \sqrt{\frac{n_2(n(\ell) - 1)}{\sum_{m=1}^{n(\ell)} \left\{a_{n(\ell)}(m) - \bar{a}_{n(\ell)}\right\}^2}} \cdot \frac{\widehat{\mu}_\ell^{(p)o} - T_1^{(p,\ell)}}{\sqrt{1 + \frac{n_2}{n_1}}},$$

$$\widehat{\mu}_\ell^{(p)o} = \max_{2 \leqq s \leqq \ell} \frac{\sum_{i=s}^{\ell} T_i^{(p,\ell)}}{\ell - s + 1}$$

で定義する.このとき,{ 帰無仮説 $H_{1i}^{(p)}$ vs. 対立仮説 $H_{1i}^{(p)OA}$: $\mu_i^{(p)} > \mu_1^{(p)} \mid i \in \mathcal{I}_{2,k}$ } に対する多重比較検定として,$i \leqq \ell \leqq k$ となる任意の ℓ に対して,$d_3(\ell, 1; \alpha) < \widehat{Z}_\ell^{(p)o}$ ならば,水準 α の多重比較検定として帰無仮説 $H_{1i}^{(p)}$ を棄却し,対立仮説 $H_{1i}^{(p)OA}$ を受け入れ,$\mu_1^{(p)} < \mu_i^{(p)}$ と判定する.ただし,$d_3(\ell, 1; \alpha)$ の値は,付録 B の付表 19 に掲載している. ◆

9.3.2 ノンパラメトリックゲートキーピング法

帰無仮説のファミリーに (9.12) の優先順位がつけられているものとする.この

とき，検定手法 [9.M] と [9.N] を用いて (9.8)-(9.10) に対する対照標本との平均相違の多重比較検定について考察する．この項は対照標本との平均ベクトルの要素の相違に関する多重比較検定であり，ゲートキーピング法は閉検定手順である．すべての要素の平均に関する閉検定手順を紹介する．

$\bigcup_{p=1}^{q} \mathcal{H}_D^{(p)}$ の要素の仮説 $H_{1i}^{(p)}$ の論理積からなるすべての集合は

$$\overline{\bigcup_{p=1}^{q} \mathcal{H}_D^{(p)}} \equiv \left\{ \bigwedge_{s=1}^{t} \left(\bigwedge_{i \in E^{(p_s)}} H_{1i}^{(p_s)} \right) \;\middle|\; 1 \leqq t \leqq q \text{ となる整数 } t \text{ と} \right.$$
$$1 \leqq p_1 < \cdots < p_t \leqq q \text{ となる整数 } p_1, \ldots, p_t \text{ が存在して，}$$
$$\left. 1 \leqq s \leqq t \text{ となる } s \text{ に対して} \varnothing \subsetneqq E^{(p_s)} \subset \mathcal{I}_{2,k} \right\}$$

で表される．$s = 1, \ldots, t$ に対して $\varnothing \subsetneqq E^{(p_s)} \subset \mathcal{I}_{2,k}$ を満たす $E^{(p_s)}$ $(1 \leqq s \leqq t)$ に対して，

$$\bigwedge_{s=1}^{t} \left(\bigwedge_{i \in E^{(p_s)}} H_{1i}^{(p_s)} \right) : 1 \leqq s \leqq t \text{ となる } s \text{ と } i \in E^{(p_s)} \text{ に対して，} \mu_i^{(p_s)} = \mu_1^{(p_s)}$$

となる．

$E^{(p_s)}$ $(E^{(p_s)} \neq \varnothing)$ に属する添え字をもつ母平均は $\mu_1^{(p_s)}$ に等しいという帰無仮説を $H^{(p_s)}(E^{(p_s)})$ で表す．このとき，$\varnothing \subsetneqq E^{(p_s)} \subset \mathcal{I}_{2,k}$ を満たす任意の $E^{(p_s)}$ に対して，

$$\bigwedge_{i \in E^{(p_s)}} H_{1i}^{(p_s)} = H^{(p_s)}(E^{(p_s)})$$

が成り立つ．ここで，

$$\bigwedge_{s=1}^{t} \left(\bigwedge_{i \in E^{(p_s)}} H_{1i}^{(p_s)} \right) = \bigwedge_{s=1}^{t} H^{(p_s)}(E^{(p_s)}) \tag{9.29}$$

を得る．ただし，$1 \leqq p_1 < \cdots < p_t \leqq q$ とする．

9.P ノンパラメトリック直列型ゲートキーピング法

任意の p $(1 \leqq p \leqq q)$ について，[9.N] の逐次棄却型検定によって $\mathcal{H}_D^{(p)}$ に対す

9.3 対照標本との多重比較検定法　　**195**

る水準 α の多重比較検定をおこなう．このとき，次の (1)-(3) によって帰無仮説
を棄却する．

(1) $\mathcal{H}_D^{(1)}$ に属する帰無仮説の中に棄却されない帰無仮説があるとき：

$\mathcal{H}_D^{(1)}$ に属する帰無仮説のうちの棄却されたものだけを $\displaystyle\bigcup_{p=1}^{q} \mathcal{H}_D^{(p)}$ に対する多
重比較検定として棄却する．

(2) $q_0 < q$ を満たすある自然数 q_0 が存在して，$1 \leqq p \leqq q_0$ となる任意の p につ
いて $\mathcal{H}_D^{(p)}$ に属するすべての帰無仮説が棄却され，p を $q_0 + 1$ に替えた [9.N]
の逐次棄却型検定によって $\mathcal{H}_D^{(q_0+1)}$ に属する帰無仮説の中に棄却されないも
のがあるとき：

$\left\{\text{帰無仮説 } H_{1i}^{(p)} \ \middle|\ i \in \mathcal{I}_{2,k}, \ 1 \leqq p \leqq q_0 \right\}$ に属するすべての帰無仮説を
$\displaystyle\bigcup_{p=1}^{q} \mathcal{H}_D^{(p)}$ に対する多重比較検定として棄却し，$\mathcal{H}_D^{(q_0+1)}$ に属する帰無仮説
のうちの棄却されたものだけを $\displaystyle\bigcup_{p=1}^{q} \mathcal{H}_D^{(p)}$ に対する多重比較検定として棄却
する．

(3) $1 \leqq p \leqq q$ となる任意の p について $\mathcal{H}_D^{(p)}$ に属するすべての帰無仮説が棄却
されるとき：

$\left\{\text{帰無仮説 } H_{1i}^{(p)} \ \middle|\ i \in \mathcal{I}_{2,k}, \ 1 \leqq p \leqq q \right\}$ に属するすべての帰無仮説を
$\displaystyle\bigcup_{p=1}^{q} \mathcal{H}_D^{(p)}$ に対する多重比較検定として棄却する．　　　　　　　◆

定理 9.5 [9.P] の直列型ゲートキーピング法は，対照標本との平均相違 (9.26)-
(9.28) に対する水準 α の多重比較検定である．

証明　[9.P] の直列型ゲートキーピング法が (9.26)-(9.28) に対する水準 α の閉検定手順で
あることを示せばよい．

$H^{(p_1)}(E^{(p_1)})$ に水準 α の検定をおこなう．(9.29) において，$t \geqq 2$ のとき，$s \geqq 2$ の
$H^{(p_s)}(E^{(p_s)})$ に対して水準 0 の検定をおこなう．これらにより $\displaystyle\bigwedge_{s=1}^{t} \left(\bigwedge_{i \in E^{(p_s)}} H_{1i}^{(p_s)} \right)$ が
棄却されるかどうかを判定する．このことは (9.26)-(9.28) に対する水準 α の閉検定手順
であり，手法 [9.P] を実行したことになる．ただし，(1) の場合は $p_1 = 1$ である．　　□

[9.P] のゲートキーピング法の中で，[9.N] の逐次棄却型検定を [9.M] のシング

ルステップ法に置き替えても定理 9.4 は成り立つ.

[9.P] のゲートキーピング法は, $\mathcal{H}_D^{(q_0+2)}$ 以降の帰無仮説のファミリーについては検定を実行せずにやめる方法である. すべての帰無仮説のファミリーの検定を実行する方法として次の分割型ゲートキーピング法 [9.Q] を提案する.

9.Q ノンパラメトリック分割型ゲートキーピング法

$\displaystyle\sum_{p=1}^{q} \alpha_p = \alpha$ となるように正の値 $\alpha_p > 0$ $(p = 1, \dots, q)$ を定める. $p = 1, \dots, q$ に対して順に $\mathcal{H}_D^{(p)}$ の検定を次のようにおこなう.

(1) $p = 1$ とする. $\alpha_1^* \equiv \alpha_1$ とおき, [9.N] の逐次棄却型検定によって水準 α_1^* の $\mathcal{H}_D^{(1)}$ に対する多重比較検定をおこなう. これにより, 棄却された帰無仮説だけを $\displaystyle\bigcup_{p=1}^{q} \mathcal{H}_D^{(p)}$ に対する多重比較検定として棄却する.

(2) $p = q$ となるまで次の (a) を繰り返す.

    (a) 改めて $p \equiv p + 1$ とおき, $\mathcal{H}_D^{(p-1)}$ に属する帰無仮説がすべて棄却されたときを (i) の場合とし, そうでない場合, $\mathcal{H}_D^{(p-1)}$ に属する帰無仮説の中に棄却されない帰無仮説があるときを (ii) とする. このとき, α_p^* を次で定義する.

$$\alpha_p^* \equiv \begin{cases} \alpha_{p-1}^* + \alpha_p & \text{((i) の場合)} \\ \alpha_p & \text{((ii) の場合)} \end{cases}$$

    とおき, [9.N] の逐次棄却型検定によって水準 α_p^* の $\mathcal{H}_D^{(p)}$ に対する多重比較検定をおこなう. これにより, 棄却された帰無仮説だけを $\displaystyle\bigcup_{p=1}^{q} \mathcal{H}_D^{(p)}$ に対する多重比較検定として棄却する. ◆

定理 9.2 の証明と同様にして次の定理 9.6 を得る.

定理 9.6 [9.Q] の分割型ゲートキーピング法は, 対照標本との平均相違 (9.26)-(9.28) に対する水準 α の多重比較検定である.

[9.Q] の分割型ゲートキーピング法の中で, [9.N] の逐次棄却型検定を [9.M] のシングルステップ法に置き替えても定理 9.6 は成り立つ.

9.3.3 ハイブリッドゲートキーピング法

簡単のため，標本サイズの等しい $n_1 = \cdots = n_k$ の場合を考える.

帰無仮説のファミリーに (9.12) の優先順位がつけられているものとする. ある p が存在して，傾向性の制約 (9.4) が成り立つと仮定する.

$$O_{1q} \equiv \{p \mid \mu_1^{(p)} \leqq \min\{\mu_2^{(p)}, \ldots, \mu_k^{(p)}\} \text{ が成り立ち}, \ 1 \leqq p \leqq q\},$$
$$O_{2q} \equiv \{p \mid \mu_1^{(p)} \leqq \mu_2^{(p)} \leqq \cdots \leqq \mu_k^{(p)} \text{ が成り立ち}, \ 1 \leqq p \leqq q\}$$

とおく. このとき，$O_{1q} \supset O_{2q}$ が成り立つ.

検定手法 [9.M]-[9.O] を用いて，(9.11) の

$$\left\{ \text{帰無仮説 } H_{1i}^{(p)} \text{ vs. 対立仮説 } H_{1i}^{(p)A\pm} \text{ or } H_{1i}^{(p)A+} \ \middle| \ i \in \mathcal{I}_{2,k}, \ 1 \leqq p \leqq q \right\}$$

の多重比較検定を提案する. ただし，$p \in O_{1q}^c \cap \{1, 2, \ldots, q\}$ のとき対立仮説として $H_{1i}^{(p)A\pm}$ を選択し，$p \in O_{1q}$ のとき対立仮説として $H_{1i}^{(p)A+}$ を選択する. $\bigcup_{p=1}^{q} \mathcal{H}_D^{(p)}$ の要素である仮説 $H_{1i}^{(p)}$ の論理積からなるすべての集合は

$$\overline{\bigcup_{p=1}^{q} \mathcal{H}_D^{(p)}} \equiv \left\{ \bigwedge_{s=1}^{t} \left(\bigwedge_{i \in E^{(p_s)}} H_{1i}^{(p_s)} \right) \ \middle| \ 1 \leqq t \leqq q \text{ となる整数 } t \text{ と} \right.$$

$$1 \leqq p_1 < \cdots < p_t \leqq q \text{ となる整数 } p_1, \ldots, p_t \text{ が存在して,}$$

$$\left. 1 \leqq s \leqq t \text{ となる } s \text{ に対して} \varnothing \subsetneqq E^{(p_s)} \subset \mathcal{I}_{2,k} \right\}$$

で表される. $\varnothing \subsetneqq E^{(p_s)} \subset \mathcal{I}_{2,k}$ を満たす $E^{(p_s)}$ に対して，

$$\bigwedge_{s=1}^{t} \left(\bigwedge_{i \in E^{(p_s)}} H_{1i}^{(p_s)} \right) : 1 \leqq s \leqq t \text{ となる } s \text{ と } i \in E^{(p_s)} \text{ に対して,} \ \mu_i^{(p_s)} = \mu_1^{(p_s)}$$

である. ここで，(9.29) より，

$$\bigwedge_{s=1}^{t} \left(\bigwedge_{i \in E^{(p_s)}} H_{1i}^{(p_s)} \right) = \bigwedge_{s=1}^{t} \left(H^{(p_s)}(E^{(p_s)}) \right)$$

を得る. ただし, $1 \leqq p_1 < \cdots < p_t \leqq q$ とする.

9.R ハイブリッドゲートキーピング法

$1 \leqq p \leqq q$ となる p に対して, 小さい方から順に, 水準 α の多重比較法 [9.M] または [9.N] または [9.O] を実行する. ただし, $p \in O_{1q}^c \cap \{1, \ldots, q\}$ のときには [9.M] を選び, $p \in O_{1q} \cap O_{2q}^c$ のときには [9.N] を選び, $p \in O_{2q}$ のときには [9.O] を選ぶ. このとき, 次の (b1)-(b3) に従って, $\bigcup_{p=1}^{q} \mathcal{H}_D^{(p)}$ に属する帰無仮説を棄却する.

(b1) 水準 α の多重比較法 [9.M] または [9.N] または [9.O] によって棄却されない $\mathcal{H}_D^{(1)}$ に属する帰無仮説があるならば, $\mathcal{H}_D^{(1)}$ に属する棄却された帰無仮説だけを (9.11) に対する多重比較検定として棄却する.

(b2) $q_0 < q$ を満たす正の整数 q_0 が存在し, $1 \leqq p \leqq q_0$ を満たす任意の整数 p に対して, $\mathcal{H}_D^{(p)}$ に属するすべての帰無仮説が棄却され, $\mathcal{H}_D^{(q_0+1)}$ に属するある帰無仮説が棄却されないならば, $\bigcup_{p=1}^{q_0} \mathcal{H}_D^{(p)}$ に属するすべての帰無仮説を棄却し, $\mathcal{H}_D^{(q_0+1)}$ に属する帰無仮説のうち棄却されたものだけを (9.11) に対する多重比較検定として棄却する.

(b3) $1 \leqq p \leqq q$ を満たす任意の p に対して $\mathcal{H}_D^{(p)}$ に属するすべての帰無仮説が棄却されたならば, $\bigcup_{p=1}^{q} \mathcal{H}_D^{(p)}$ に属するすべての帰無仮説を (9.11) に対する多重比較検定として棄却する. ◆

定理 9.3 の証明と同様にして次の定理 9.7 を得る.

定理 9.7 [9.R] のハイブリッドゲートキーピング法は, すべての平均相違 (9.5) に対する水準 α の漸近的な多重比較検定である.

第 **10** 章

関連した1つの母数をもつ
分布の下での手法

　第2章から第8章までのノンパラメトリック法と理論的な関連が強い，1つの母数をもつ分布のパラメトリック手法を紹介する．それらの分布は，データの従う分布として重要なポアソン分布，指数分布，ベルヌーイ分布である．この章で紹介する手法は第12章で紹介するゲートキーピング法にも用いられる．漸近理論としての手法は，第2章から第8章までの順位に基づく漸近理論と同様に導くことができ，活用する付録Bの数表も同じである．

10.1　ポアソンモデルにおける統計解析法

　稀におこる現象の回数はポアソン分布に従う．ポアソン分布に従う観測値のデータは，地震の回数，交通事故の件数など様々な例が存在する．ポアソンモデルの統計手法は重要であるにもかかわらず，これまで，ポアソンモデルの解析方法を載せている統計学書は非常に少ない．

　まずポアソン分布から紹介する．

ポアソン分布 $\mathcal{P}_o(\mu)$
　確率関数が

$$f(x|\mu) = \frac{\mu^x}{x!}e^{-\mu}, \quad x = 0, 1, 2, \ldots; \ \mu > 0$$

で与えられる分布をポアソン分布といい，記号 $\mathcal{P}_o(\mu)$ で表す．

　1.3節で紹介した2項分布 $B(n, p)$ において，$np = \mu$（一定）とおき，$n \to \infty$（すなわち $p \to 0$）とすると

$$\binom{n}{x} p^x (1-p)^{n-x} = \frac{\mu^x}{x!} \left(1 - \frac{\mu}{n}\right)^n \cdot \frac{n!}{(n-x)! n^x} \cdot \left(1 - \frac{\mu}{n}\right)^{-x}$$

$$\to \frac{\mu^x}{x!} e^{-\mu}$$

すなわち 2 項分布 $B(n,p)$ の確率関数は, n が大きく, p が小さいとき, ポアソン分布の確率関数 $f(x|\mu)$ で近似できる. これはポアソンの小数の法則とよばれている.

次の命題 10.1 と補題 10.2 を得る.

命題 10.1 次の (1), (2) が成り立つ.

(1) X がポアソン分布 $\mathcal{P}_o(\mu)$ に従うとする. このとき, $E(X) = V(X) = \mu$ である.

(2) X, Y をそれぞれポアソン分布 $\mathcal{P}_o(\mu_1), \mathcal{P}_o(\mu_2)$ に従う互いに独立な確率変数とするとき, $X + Y$ はポアソン分布 $\mathcal{P}_o(\mu_1 + \mu_2)$ に従う.

証明 (著 2) の定理 8.1 の証明と命題 8.2 の証明を参照. □

補題 10.2 X をポアソン分布 $\mathcal{P}_o(\mu)$ に従う確率変数とする. さらに, 自然数 m に対して $\mathcal{X}_m^2$ を自由度 m のカイ二乗分布に従う確率変数とし, $\mathcal{X}_0^2 = 0$ とする. このとき, 0 以上の整数 x に対して,

$$P(X \geqq x) = 1 - P\left(\mathcal{X}_{2x}^2 \geqq 2\mu\right), \tag{10.1}$$

$$P(X \leqq x) = P\left(\mathcal{X}_{2(x+1)}^2 \geqq 2\mu\right) \tag{10.2}$$

が成り立つ. 上側確率 $P(X \geqq x)$ は μ の増加関数であり, 分布関数 $P(X \leqq x)$ は μ の減少関数である.

証明 (著 2) の補題 8.3 の証明を参照. □

(10.1) と (10.2) の主張は, 竹内・藤野 (1981) にも述べられている.

10.1.1 1 標本モデルの小標本理論と大標本理論

$X_1, \ldots, X_n$ をポアソン分布 $\mathcal{P}_o(\mu)$ からの無作為標本とする.

10.1 ポアソンモデルにおける統計解析法 **201**

$$W \equiv \sum_{i=1}^{n} X_i$$

とする．このとき，命題 10.1 の (2) より，$W \sim \mathcal{P}_o(n\mu)$ である．自然数 w に対し $Q_1(w|n\mu) \equiv 1 - P\left(\mathcal{X}_{2w}^2 \geqq 2n\mu\right)$ とおくと，補題 10.2 より，$Q_1(w|n\mu)$ は μ の増加関数である．$\mathcal{P}_o(n\mu)$ の確率関数 $f(x|n\mu)$ と $0 < \alpha < 1$ に対して，$u(\mu, n; \alpha)$ を

$$P\left(W \geqq u(\mu, n; \alpha)\right) = \sum_{k=u(\mu,n;\alpha)}^{\infty} f(k|n\mu) \leqq \alpha$$

を満たす最小の自然数とする．自然数 w に対し $Q_2(w|n\mu) \equiv P\left(\mathcal{X}_{2(w+1)}^2 \geqq 2n\mu\right)$ とおくと，補題 10.2 より，$Q_2(w|n\mu)$ は μ の減少関数である．

（条件 10.1） $\qquad e^{-n\mu} \leqq \alpha \quad (\iff \mu \geqq -\log(\alpha)/n\,)$

が満たされるとする． $\hfill \square$

$-\log(\alpha)$ の数表を表 10.1 に載せる．

表 10.1 $-\log(\alpha)$ の値

α	0.05	0.025	0.01	0.005
$-\log(\alpha)$	2.996	3.689	4.605	5.298

$\ell(\mu, n; \alpha)$ を

$$P\left(W \leqq \ell(\mu, n; \alpha)\right) = \sum_{k=0}^{\ell(\mu,n;\alpha)} f(k|n\mu) \leqq \alpha$$

を満たす最大の整数とする．

このとき，次の定理 10.3 が成り立つ．

定理 10.3 事象についての等式

$$\left\{W \geqq u(\mu, n; \alpha)\right\} = \left\{\mu \leqq \frac{\chi_{2W}^2(1-\alpha)}{2n}\right\}$$

が成り立つ．ただし，$\chi_0^2(\alpha) = 0$，自然数 m に対して $\chi_m^2(\alpha)$ を χ_m^2 の上側

202　　　第 10 章　関連した 1 つの母数をもつ分布の下での手法

$100\alpha\%$ 点とする.

　（条件 10.1）の下で，事象についての等式

$$\{W \leqq \ell(\mu, n; \alpha)\} = \left\{\mu \geqq \frac{\chi^2_{2(W+1)}(\alpha)}{2n}\right\}$$

が成り立つ.

証明　（著 2）の定理 8.4 の証明を参照.　　　　　　　　　　□

　定理 10.3 より，系 10.4 を得る.

系 10.4　$0 < \mu$ に対して,

$$P\left(\frac{\chi^2_{2W}(1-\alpha)}{2n} \geqq \mu\right) = P(W \geqq u(\mu, n; \alpha)) \leqq \alpha \tag{10.3}$$

が成り立ち，（条件 10.1）の下で

$$P\left(\frac{\chi^2_{2(W+1)}(\alpha)}{2n} \leqq \mu\right) = P(W \leqq \ell(\mu, n; \alpha)) \leqq \alpha \tag{10.4}$$

が成り立つ.

証明　（著 2）の系 8.5 の証明を参照.　　　　　　　　　　□

$$A \equiv \left\{\frac{\chi^2_{2W}(1-\alpha/2)}{2n} \geqq \mu\right\}, \quad B \equiv \left\{\frac{\chi^2_{2(W+1)}(\alpha/2)}{2n} \leqq \mu\right\}$$

とおくと，$\alpha/2 < 0.5$ であるので，(10.3), (10.4) より，$A \cap B = \varnothing$ となり，

$$P(A \cup B) = P(A) + P(B) \leqq \alpha \tag{10.5}$$

を得る.

　$0 < \mu_0$ となる μ_0 を与え，3 種の帰無仮説 vs. 対立仮説

　　①　　帰無仮説 $H_{01}:\ \mu = \mu_0$　vs.　両側対立仮説 $H_{01}^A:\ \mu \neq \mu_0$

　　②　　帰無仮説 $H_{02}:\ \mu \leqq \mu_0$　vs.　上側対立仮説 $H_{02}^A:\ \mu > \mu_0$

10.1 ポアソンモデルにおける統計解析法 **203**

③ 　　帰無仮説 $H_{03}: \mu \geqq \mu_0$ 　vs. 　下側対立仮説 $H_{03}^A: \mu < \mu_0$

を考える. 系 10.4 と (10.5) より, 検定は次のようにまとめられる.

10.A.1 正確に保守的な検定

水準 α の検定は, 次の (1)-(3) で与えられる [1].

(1) 両側検定：帰無仮説 $H_{01}: \mu = \mu_0$ vs. 対立仮説 H_{01}^A のとき, 条件 $e^{-n\mu_0} \leqq \alpha/2$ の下で

$$\frac{\chi_{2W}^2(1-\alpha/2)}{2n} \geqq \mu_0 \quad \text{または} \quad \frac{\chi_{2(W+1)}^2(\alpha/2)}{2n} \leqq \mu_0$$

$\Longrightarrow H_{01}$ を棄却し, H_{01}^A を受け入れ, $\mu \neq \mu_0$ と判定する.

(2) 上側検定：帰無仮説 H_{02} vs. 対立仮説 H_{02}^A のとき,

$$\frac{\chi_{2W}^2(1-\alpha)}{2n} \geqq \mu_0$$

$\Longrightarrow H_{02}$ を棄却し, H_{02}^A を受け入れ, $\mu > \mu_0$ と判定する.

(3) 下側検定：帰無仮説 H_{03} vs. 対立仮説 H_{03}^A のとき, 条件 $e^{-n\mu_0} \leqq \alpha$ の下で

$$\frac{\chi_{2(W+1)}^2(\alpha)}{2n} \leqq \mu_0$$

$\Longrightarrow H_{03}$ を棄却し, H_{03}^A を受け入れ, $\mu < \mu_0$ と判定する. 　　　$\diamondsuit$

[10.A.1] の (2) の検定の有意水準が α であることは, $\mu \leqq \mu_0$ に対して

$$P\left(\frac{\chi_{2W}^2(1-\alpha)}{2n} \geqq \mu_0\right) \leqq P\left(\frac{\chi_{2W}^2(1-\alpha)}{2n} \geqq \mu\right) \leqq \alpha$$

であることよりわかる. (3) の検定の有意水準が α であることも同様に示せる.

[10.A.1] の (1) の両側検定は, 検定関数

$$\phi(W) = \begin{cases} 1 & \left(\dfrac{\chi_{2W}^2(1-\alpha/2)}{2n} \geqq \mu_0 \quad \text{または} \quad \dfrac{\chi_{2(W+1)}^2(\alpha/2)}{2n} \leqq \mu_0\right) \\[3mm] 0 & \left(\dfrac{\chi_{2W}^2(1-\alpha/2)}{2n} < \mu_0 < \dfrac{\chi_{2(W+1)}^2(\alpha/2)}{2n}\right) \end{cases}$$

---

[1] (2), (3) で H_{02}, H_{03} を H_{01} に替えてもよい.

で与えられる検定と同等である．(10.3), (10.4) を使って，この検定は，検定関数

$$
\phi(W) = \begin{cases} 1 & (W \leqq \ell(\mu_0, n; \alpha/2) \text{ または } W \geqq u(\mu_0, n; \alpha/2)) \\ 0 & (\ell(\mu_0, n; \alpha/2) + 1 \leqq W \leqq u(\mu_0, n; \alpha/2) - 1) \end{cases} \tag{10.6}
$$

で与えられる検定と同等である．

10.A.2 正確な検定

条件 $e^{-n\mu_0} \leqq \alpha/2$ の下で，検定関数

$$
\phi(W) = \begin{cases} 1 & (W \geqq u(\mu_0, n; \alpha/2) \text{ または } W \leqq \ell(\mu_0, n; \alpha/2)) \\ \gamma_1 & (W = u(\mu_0, n; \alpha/2) - 1) \\ \gamma_2 & (W = \ell(\mu_0, n; \alpha/2) + 1) \\ 0 & (\ell(\mu_0, n; \alpha/2) + 1 < W < u(\mu_0, n; \alpha/2) - 1) \end{cases} \tag{10.7}
$$

で与えられる帰無仮説 H_{01} に対する ① の両側検定は，帰無仮説 H_{01} の下で $E\{\phi(W)\} = \alpha$ であるので，この検定は水準 α の検定である．ただし，

$$
\gamma_1 \equiv \frac{\alpha/2 - P_0\left(W \geqq u(\mu_0, n; \alpha/2)\right)}{P_0\left(W = u(\mu_0, n; \alpha/2) - 1\right)}, \quad \gamma_2 \equiv \frac{\alpha/2 - P_0\left(W \leqq \ell(\mu_0, n; \alpha/2)\right)}{P_0\left(W = \ell(\mu_0, n; \alpha/2) + 1\right)}
$$

とし，$P_0(\cdot)$ は H_{01} の下での確率測度を表すものとする．γ_1, γ_2 の値は (10.1), (10.2) を使って与えることができる． $\diamondsuit$

(10.7) の検定の方が (10.6) の検定よりも検出力が高い．

帰無仮説 H_{02} vs. 対立仮説 H_{02}^A に対する検定方式を，検定関数

$$
\phi(W) = \begin{cases} 1 & (W \geqq u(\mu_0, n; \alpha)) \\ \gamma & (W = u(\mu_0, n; \alpha) - 1) \\ 0 & (W < u(\mu_0, n; \alpha) - 1) \end{cases} \tag{10.8}
$$

で定義すると，次の命題 10.5 を得る．ただし，

$$
\gamma \equiv \frac{\alpha - P_0\left(W \geqq u(\mu_0, n; \alpha)\right)}{P_0\left(W = u(\mu_0, n; \alpha) - 1\right)}
$$

とする．

10.1 ポアソンモデルにおける統計解析法 **205**

▌**命題 10.5** (10.8) で与えられる検定の有意水準は α である.

証明 $\mu \leqq \mu_0$ とする.

$$E\{\phi(W)\} = P(W \geqq u(\mu_0, n; \alpha)) + \gamma P(W = u(\mu_0, n; \alpha) - 1)$$
$$= \gamma P(W \geqq u(\mu_0, n; \alpha) - 1) + (1 - \gamma)P(W \geqq u(\mu_0, n; \alpha))$$

これと補題 10.2 の後半部分の主張より,

$$E\{\phi(W)\} \leqq E_0\{\phi(W)\} = \alpha$$

が示せ, 主張が証明された. ただし, $E_0(\cdot)$ は $\mu = \mu_0$ の下での期待値とする. □

(10.8) の検定は [10.A.1] の (2) で述べた片側検定よりも検出力が高い. 条件 $e^{-n\mu_0} \leqq \alpha$ の下で, 帰無仮説 H_{03} vs. 対立仮説 H_{03}^A に対する水準 α の正確な検定方式も, $\ell(\mu_0, n; \alpha)$ を使って (10.8) と同様に次の検定関数で与えることができる.

$$\phi(W) = \begin{cases} 1 & (W \leqq \ell(\mu_0; \alpha)) \\ \dfrac{\alpha - P_0\left(W \leqq \ell(\mu_0, n; \alpha)\right)}{P_0\left(W = \ell(\mu_0, n; \alpha) + 1\right)} & (W = \ell(\mu_0, n; \alpha) + 1) \\ 0 & (W > \ell(\mu_0, n; \alpha) + 1) \end{cases}$$

(10.5) より, 次の定理を得る.

▌**定理 10.6** 条件 $e^{-n\mu} \leqq \alpha/2$ の下で,

$$P\left(\frac{\chi^2_{2W}(1 - \alpha/2)}{2n} < \mu < \frac{\chi^2_{2(W+1)}(\alpha/2)}{2n}\right) \geqq 1 - \alpha$$

が成り立つ.

検定の場合と同様に, 定理 10.6 と系 10.4 を使って, μ に関する区間推定は次のようにまとめられる.

10.A.3 正確に保守的な信頼区間

信頼係数 $1 - \alpha$ の μ に関する信頼区間は, 次の (1)-(3) で与えられる.

(1) 両側信頼区間：条件 $e^{-n\mu} \leqq \alpha/2$ の下で

$$\frac{\chi^2_{2W}(1-\alpha/2)}{2n} < \mu < \frac{\chi^2_{2(W+1)}(\alpha/2)}{2n}$$

(2) 上側信頼区間： $\dfrac{\chi^2_{2W}(1-\alpha)}{2n} < \mu < +\infty$

(3) 下側信頼区間：(条件 10.1) の下で，$0 < \mu < \dfrac{\chi^2_{2(W+1)}(\alpha)}{2n}$ ◇

　上記の正確な手法に比べ，漸近理論による手法は扱いやすい．引き続き漸近理論を述べる．μ の点推定量は $\widetilde{\mu} \equiv W/n$ で与えられる．赤平 (2019) より，この推定量は一様最小分散不偏推定量である．このとき，定理 A.4 の中心極限定理より，

$$\sqrt{n}(\widetilde{\mu} - \mu) \xrightarrow{\mathcal{L}} Y \sim N(0, \mu) \tag{10.9}$$

が成り立つことが示される．

　$0 < x$ となる x に対して，

$$\mathcal{Z}_P(x) \equiv \sqrt{x} \tag{10.10}$$

とおく．(10.9) と定理 A.5 のスラツキーの定理，定理 A.6 のデルタ法を使うことにより，

$$\sqrt{n}\{\mathcal{Z}_P(\widetilde{\mu}) - \mathcal{Z}_P(\mu)\} \xrightarrow{\mathcal{L}} N\left(0, \frac{1}{4}\right) \tag{10.11}$$

が成り立つ．すなわち，$\mathcal{Z}_P(x)$ は分散安定化変換である．

　また，Freedman and Tukey (1950) と Anscombe (1948) より，$\sqrt{n\mu}$ の推定量として，

$$\frac{1}{2}\left\{\sqrt{W+1} + \sqrt{W}\right\}, \quad \sqrt{W + \frac{3}{8}}$$

も提案することができる．ここで，標準偏差 $\mathcal{Z}_P(\mu) \equiv \sqrt{\mu}$ の推定量として

$$\widehat{\sigma} \equiv \frac{1}{2}\left\{\sqrt{\frac{W+1}{n}} + \sqrt{\frac{W}{n}}\right\} \text{ or } \sqrt{\frac{W}{n} + \frac{3}{8n}} \tag{10.12}$$

を用いることができる．ただし，$A \equiv B$ or C は B または C を A とおくの意味である．

　(10.11) と同様に，

10.1 ポアソンモデルにおける統計解析法 **207**

$$\sqrt{n}\,(\widehat{\sigma} - \mathcal{Z}_P(\mu)) \overset{\mathcal{L}}{\to} Z \sim N\left(0, \frac{1}{4}\right) \tag{10.13}$$

を得る．(10.13) の漸近分散は未知母数 μ を含んでいない．$\mathcal{Z}_P(\mu_0) = \sqrt{\mu_0}$ となり，

$$T_{P1} \equiv 2\sqrt{n}\,(\mathcal{Z}_P(\widetilde{\mu}) - \mathcal{Z}_P(\mu_0))\,,\; 2\sqrt{n}\,(\widehat{\sigma} - \mathcal{Z}_P(\mu_0))\,,\; \text{or}\; \frac{\sqrt{n}(\widetilde{\mu} - \mu_0)}{\sqrt{\widetilde{\mu}}}$$

とおくと，(10.9), (10.11), (10.13) より，帰無仮説 H_{01} の下で，$n \to \infty$ として

$$T_{P1} \overset{\mathcal{L}}{\to} Z \sim N(0,1)$$

である．すなわち，H_{01} の下で T_{P1} は標準正規分布で近似できる．$|T_{P1}|$ が大きいとき H_{01} を棄却する．標準正規分布の上側 $100\alpha\%$ 点を $z(\alpha)$ とする．標準正規分布の密度関数が 0 について対称より H_{01} の下で

$$
\begin{aligned}
P_0(|T_{P1}| > z(\alpha/2)) &\approx P(|Z| > z(\alpha/2)) \\
&= P(Z > z(\alpha/2) \text{ または } Z < -z(\alpha/2)) \\
&= 2P(Z > z(\alpha/2)) = \alpha
\end{aligned}
$$

を得る．ゆえに水準 α の検定方式は検定関数 $\phi(\cdot)$ を使って，

$$\phi(\boldsymbol{X}) = \left\{ \begin{array}{ll} 1 & (|T_{P1}| > z(\alpha/2) \text{ のとき}) \\ 0 & (|T_{P1}| < z(\alpha/2) \text{ のとき}) \end{array} \right.$$

と表現される．

片側検定も同様に考えられ，次のようにまとめられる．

10.A.4 漸近的な検定

水準 α の検定は，次の (1)-(3) で与えられる．

(1) 両側検定：帰無仮説 H_{01} vs. 対立仮説 H_{01}^A のとき，

$$|T_{P1}| > z(\alpha/2) \implies H_{01} \text{ を棄却し，} H_{01}^A \text{ を受け入れ，} \mu \neq \mu_0 \text{ と判定する．}$$

(2) 上側検定：帰無仮説 H_{02} vs. 対立仮説 H_{02}^A のとき，

$T_{P1} > z(\alpha) \implies H_{02}$ を棄却し，H_{02}^A を受け入れ，$\mu > \mu_0$ と判定する．

(3) 下側検定：帰無仮説 H_{03} vs. 対立仮説 H_{03}^A のとき，

$-T_{P1} > z(\alpha) \implies H_{03}$ を棄却し，H_{03}^A を受け入れ，$\mu < \mu_0$ と判定する．

(10.9) より，
$$\frac{\sqrt{n}(\widetilde{\mu} - \mu)}{\sqrt{\mu}} \xrightarrow{\mathcal{L}} Z \sim N(0, 1)$$
を得る．これにより，

$$\lim_{n \to \infty} P\left(\left|\frac{\sqrt{n}(\widetilde{\mu} - \mu)}{\sqrt{\mu}}\right| \leqq z(\alpha/2)\right) = 1 - \alpha \quad (10.14)$$

である．(10.14) の確率の中を平方して

$$\frac{n(\widetilde{\mu} - \mu)^2}{\mu} \leqq z^2(\alpha/2)$$
$$\iff n\mu^2 - \left(2n\widetilde{\mu} + z^2(\alpha/2)\right)\mu + n\widetilde{\mu}^2 \leqq 0$$
$$\iff \frac{2n\widetilde{\mu} + z^2(\alpha/2) - \sqrt{4nz^2(\alpha/2)\widetilde{\mu} + z^4(\alpha/2)}}{2n} \leqq \mu$$
$$\leqq \frac{2n\widetilde{\mu} + z^2(\alpha/2) + \sqrt{4nz^2(\alpha/2)\widetilde{\mu} + z^4(\alpha/2)}}{2n} \quad (10.15)$$

を得る．(10.14) より，区間 (10.15) も，μ に関する信頼係数 $1-\alpha$ の近似両側信頼区間である．また
$$\frac{\sqrt{n}(\widetilde{\mu} - \mu)}{\sqrt{\widetilde{\mu}}} \xrightarrow{\mathcal{L}} Z \sim N(0, 1)$$
であるので，μ に関する信頼区間は次のようにまとめられる．

10.A.5 漸近的な信頼区間

信頼係数 $1-\alpha$ の μ に関する信頼区間は，次の (1)-(3) で与えられる．

(1) 両側信頼区間：

$$\widetilde{\mu} - z(\alpha/2) \cdot \sqrt{\frac{\widetilde{\mu}}{n}} \leqq \mu \leqq \widetilde{\mu} + z(\alpha/2) \cdot \sqrt{\frac{\widetilde{\mu}}{n}} \quad \text{または} \quad \text{区間 (10.15)}$$

10.1 ポアソンモデルにおける統計解析法 **209**

(2) 上側信頼区間： $\widetilde{\mu} - z(\alpha) \cdot \sqrt{\dfrac{\widetilde{\mu}}{n}} \leqq \mu < +\infty$

(3) 下側信頼区間： $0 < \mu \leqq \widetilde{\mu} + z(\alpha) \cdot \sqrt{\dfrac{\widetilde{\mu}}{n}}$ ◇

(10.11) より，上記と同様に，$\mathcal{Z}_P(\mu)$ に関する区間推定は次のようにまとめられる．

10.A.6 **漸近的な区間推定**

信頼係数 $1 - \alpha$ の $\mathcal{Z}_P(\mu)$ に関する信頼区間は，次の (1)-(3) で与えられる．

(1) 両側信頼区間：

$$\mathcal{Z}_P(\widetilde{\mu}) - z(\alpha/2) \cdot \frac{1}{2\sqrt{n}} \leqq \mathcal{Z}_P(\mu) \leqq \mathcal{Z}_P(\widetilde{\mu}) + z(\alpha/2) \cdot \frac{1}{2\sqrt{n}}$$

(2) 上側信頼区間： $\mathcal{Z}_P(\widetilde{\mu}) - z(\alpha) \cdot \dfrac{1}{2\sqrt{n}} \leqq \mathcal{Z}_P(\mu) < +\infty$

(3) 下側信頼区間： $0 < \mathcal{Z}_P(\mu) \leqq \mathcal{Z}_P(\widetilde{\mu}) + z(\alpha) \cdot \dfrac{1}{2\sqrt{n}}$ ◇

[10.A.6] の中で，$\mathcal{Z}_P(\widetilde{\mu})$ を $\widehat{\sigma}$ に替えてもよい．

10.1.2 2 標本モデルの大標本理論

$X_1, \ldots, X_{n_1}$ をポアソン分布 $\mathcal{P}_o(\mu_1)$ からの無作為標本とし，$Y_1, \ldots, Y_{n_2}$ をポアソン分布 $\mathcal{P}_o(\mu_2)$ からの無作為標本とする．さらに，$(X_1, \ldots, X_{n_1})$ と $(Y_1, \ldots, Y_{n_2})$ は互いに独立とする．このモデルを表 10.2 に示す．和をそれぞれ

$$W_1 \equiv X_1 + \cdots + X_{n_1}, \quad W_2 \equiv Y_1 + \cdots + Y_{n_2}$$

とおく．このとき，μ_i の点推定量は，

$$\widetilde{\mu}_i = \frac{W_i}{n_i} \quad (i = 1, 2)$$

で与えられる．$n \equiv n_1 + n_2$ とおき，（条件 3.2）を仮定する．このとき，(10.9) と同様に，

$$\sqrt{n}(\widetilde{\mu}_1 - \mu_1) \xrightarrow{\mathcal{L}} N\left(0, \frac{\mu_1}{\lambda}\right), \tag{10.16}$$

第 10 章　関連した 1 つの母数をもつ分布の下での手法

表 10.2 2 標本ポアソンモデル

標本	サイズ	データ	平均	分布
第 1 標本	n_1	$X_1, \ldots, X_{n_1}$	μ_1	$\mathcal{P}_o(\mu_1)$
第 2 標本	n_2	$Y_1, \ldots, Y_{n_2}$	μ_2	$\mathcal{P}_o(\mu_2)$

総標本サイズ：$n \equiv n_1 + n_2$（すべての観測値の個数）

μ_1, μ_2 は未知母数とする.

$$\sqrt{n}(\widetilde{\mu}_2 - \mu_2) \overset{\mathcal{L}}{\to} N\left(0, \frac{\mu_2}{1 - \lambda}\right) \qquad (10.17)$$

が成り立つ. (10.12) と同様に, $i = 1, 2$ に対して,

$$\widehat{\sigma}_i \equiv \frac{1}{2}\left\{\sqrt{\frac{W_i + 1}{n_i}} + \sqrt{\frac{W_i}{n_i}}\right\} \quad \text{or} \quad \sqrt{\frac{W_i}{n_i} + \frac{3}{8n_i}}$$

とおく. (10.11) と同様に

$$2\sqrt{n}\left(\mathcal{Z}_P(\widetilde{\mu}_1) - \mathcal{Z}_P(\mu_1)\right) \overset{\mathcal{L}}{\to} N\left(0, \frac{1}{\lambda}\right), \qquad (10.18)$$

$$2\sqrt{n}\left(\mathcal{Z}_P(\widetilde{\mu}_2) - \mathcal{Z}_P(\mu_2)\right) \overset{\mathcal{L}}{\to} N\left(0, \frac{1}{1 - \lambda}\right) \qquad (10.19)$$

を得る. (10.18), (10.19) の漸近分散は未知母数 μ_i を含んでいない. a_n と $\widehat{b}_n$ を

$$a_n \equiv \sqrt{\frac{1}{n_1} + \frac{1}{n_2}}, \quad \widehat{b}_n \equiv \sqrt{\frac{\widetilde{\mu}_1}{n_1} + \frac{\widetilde{\mu}_2}{n_2}} \qquad (10.20)$$

とし,

$$T_{P2} \equiv \frac{2\left(\mathcal{Z}_P(\widetilde{\mu}_1) - \mathcal{Z}_P(\widetilde{\mu}_2)\right)}{a_n}, \ \frac{2\left(\widehat{\sigma}_1 - \widehat{\sigma}_2\right)}{a_n}, \ \text{or} \ \frac{\widetilde{\mu}_1 - \widetilde{\mu}_2}{\widehat{b}_n}$$

とおく.

$$\text{帰無仮説 } H_0 : \mu_1 = \mu_2$$

に対して 3 種の対立仮説

   ① 両側対立仮説 $H_1^A : \mu_1 \neq \mu_2$

   ② 片側対立仮説 $H_2^A : \mu_1 > \mu_2$

   ③ 片側対立仮説 $H_3^A : \mu_1 < \mu_2$

10.1 ポアソンモデルにおける統計解析法 **211**

となる.

まずは, 帰無仮説 H_0 vs. 対立仮説 H_1^A の水準 α の検定を考える. このとき, (10.16)-(10.19) より, H_0 の下で,

$$T_{P2} \overset{\mathcal{L}}{\to} N(0,1) \tag{10.21}$$

である. すなわち, H_0 の下で, T_{P2} の従っている分布は標準正規分布で近似できる. $|T_{P2}|$ が大きいとき H_0 を棄却する. 水準 α の検定方式は,

$$\begin{cases} |T_{P2}| > z(\alpha/2) \text{ ならば } H_0 \text{ を棄却する} \\ |T_{P2}| < z(\alpha/2) \text{ ならば } H_0 \text{ を棄却しない} \end{cases}$$

で与えられる.

同様に片側検定が考えられる. これらは次のようにまとめられる.

10.A.7 漸近的な検定

水準 α の検定は, 次の (1)-(3) で与えられる.

(1) 両側検定：帰無仮説 H_0 vs. 対立仮説 H_1^A のとき,

$$|T_{P2}| > z(\alpha/2) \implies H_0 \text{ を棄却し}, H_1^A \text{ を受け入れ}, \mu_1 \neq \mu_2 \text{ と判定する.}$$

(2) 片側検定：帰無仮説 H_0 vs. 対立仮説 H_2^A のとき,

$$T_{P2} > z(\alpha) \implies H_0 \text{ を棄却し}, H_2^A \text{ を受け入れ}, \mu_1 > \mu_2 \text{ と判定する.}$$

(3) 片側検定：帰無仮説 H_0 vs. 対立仮説 H_3^A のとき,

$$-T_{P2} > z(\alpha) \implies H_0 \text{ を棄却し}, H_3^A \text{ を受け入れ}, \mu_1 < \mu_2 \text{ と判定する.}$$

$\diamondsuit$

(10.21) と同様に,

$$\frac{2\{\mathcal{Z}_P(\widetilde{\mu}_1) - \mathcal{Z}_P(\widetilde{\mu}_2) - (\mathcal{Z}_P(\mu_1) - \mathcal{Z}_P(\mu_2))\}}{a_n} \overset{\mathcal{L}}{\to} N(0,1), \tag{10.22}$$

$$\frac{\widetilde{\mu}_1 - \widetilde{\mu}_2 - (\mu_1 - \mu_2)}{\widehat{b}_n} \overset{\mathcal{L}}{\to} N(0,1) \tag{10.23}$$

212　　第 10 章　関連した 1 つの母数をもつ分布の下での手法

が成り立つ.

10.A.8　漸近的な信頼区間

a_n と $\widehat{b}_n$ を (10.20) で定義する.

(10.22) より, $\mathcal{Z}_P(\mu_1) - \mathcal{Z}_P(\mu_2)$ についての信頼係数 $1 - \alpha$ の漸近的な信頼区間は, 次の (1)-(3) で与えられる.

(1) 両側信頼区間:

$$\mathcal{Z}_P(\widetilde{\mu}_1) - \mathcal{Z}_P(\widetilde{\mu}_2) - z(\alpha/2) \cdot (a_n/2) \leqq \mathcal{Z}_P(\mu_1) - \mathcal{Z}_P(\mu_2)$$
$$\leqq \mathcal{Z}_P(\widetilde{\mu}_1) - \mathcal{Z}_P(\widetilde{\mu}_2) + z(\alpha/2) \cdot (a_n/2)$$

(2) 上側信頼区間:

$$\mathcal{Z}_P(\widetilde{\mu}_1) - \mathcal{Z}_P(\widetilde{\mu}_2) - z(\alpha) \cdot (a_n/2) \leqq \mathcal{Z}_P(\mu_1) - \mathcal{Z}_P(\mu_2) < +\infty$$

(3) 下側信頼区間:

$$-\infty < \mathcal{Z}_P(\mu_1) - \mathcal{Z}_P(\mu_2) \leqq \mathcal{Z}_P(\widetilde{\mu}_1) - \mathcal{Z}_P(\widetilde{\mu}_2) + z(\alpha) \cdot (a_n/2)$$

(10.23) より, $\mu_1 - \mu_2$ についての信頼係数 $1 - \alpha$ の漸近的な信頼区間は, 次の (I)-(III) によって与えられる.

(I) 両側信頼区間:

$$\widetilde{\mu}_1 - \widetilde{\mu}_2 - z(\alpha/2) \cdot \widehat{b}_n \leqq \mu_1 - \mu_2 \leqq \widetilde{\mu}_1 - \widetilde{\mu}_2 + z(\alpha/2) \cdot \widehat{b}_n$$

(II) 上側信頼区間:　$\widetilde{\mu}_1 - \widetilde{\mu}_2 - z(\alpha) \cdot \widehat{b}_n \leqq \mu_1 - \mu_2 < +\infty$

(III) 下側信頼区間:　$-\infty < \mu_1 - \mu_2 \leqq \widetilde{\mu}_1 - \widetilde{\mu}_2 + z(\alpha) \cdot \widehat{b}_n$ 　　　　$\diamondsuit$

10.1.3　多標本モデルと一様性の検定

k 個の標本があって, 独立な n_i 個のポアソン分布 $\mathcal{P}_o(\mu_i)$ からの標本を $X_{i1}, \ldots, X_{in_i}$ とする. このモデルを表 10.3 に示す. このとき, 第 i 標本の稀な事象の生起回数の和は確率変数

$$W_i \equiv X_{i1} + \cdots + X_{in_i}$$

10.1 ポアソンモデルにおける統計解析法 **213**

表 10.3 k 標本ポアソンモデル

標本	サイズ	データ	平均	分布
第 1 標本	n_1	$X_{11}, \ldots, X_{1n_1}$	μ_1	$\mathcal{P}_o(\mu_1)$
第 2 標本	n_2	$X_{21}, \ldots, X_{2n_2}$	μ_2	$\mathcal{P}_o(\mu_2)$
$\vdots$	$\vdots$	$\vdots \quad \vdots \quad \vdots$	$\vdots$	$\vdots$
第 k 標本	n_k	$X_{k1}, \ldots, X_{kn_k}$	μ_k	$\mathcal{P}_o(\mu_k)$

総標本サイズ：$n \equiv n_1 + \cdots + n_k$（すべての観測値の個数）
$\mu_1, \ldots, \mu_k$ はすべて未知母数とする.

で与えられる. この W_i は独立なポアソン分布 $\mathcal{P}_o(n_i\mu_i)$ に従う. $n \equiv n_1 + \cdots + n_k$ とおく.

このとき，μ_i の点推定量は，

$$\widetilde{\mu}_i = W_i/n_i$$

で与えられる. ここで，（条件 4.1）を仮定する. このとき，(10.9) と同様に，

$$\sqrt{n}(\widetilde{\mu}_i - \mu_i) \xrightarrow{\mathcal{L}} Y_i \sim N\left(0, \frac{\mu_i}{\lambda_i}\right) \tag{10.24}$$

が成り立つ. ここで，

$$\mathcal{Z}_P(\mu_i) \equiv \sqrt{\mu_i}$$

の推定量として，$\mathcal{Z}_P(\widetilde{\mu}_i) = \sqrt{\widetilde{\mu}_i}$ が考えられる. また，Freedman and Tukey (1950) と Anscombe (1948) より，$\sqrt{n_i}\mathcal{Z}_P(\mu_i)$ の推定量として，

$$\frac{1}{2}\left\{\sqrt{W_i + 1} + \sqrt{W_i}\right\}, \quad \sqrt{W_i + \frac{3}{8}}$$

も提案することができる. ここで，$\mathcal{Z}_P(\mu_i)$ の推定量として

$$\widehat{\sigma}_i \equiv \frac{1}{2}\left\{\sqrt{\frac{W_i + 1}{n_i}} + \sqrt{\frac{W_i}{n_i}}\right\} \text{ or } \sqrt{\frac{W_i}{n_i} + \frac{3}{8n_i}}$$

も提案できる.

(10.11) と同様に

$$2\sqrt{n}\left(\mathcal{Z}_P(\widetilde{\mu}_i) - \mathcal{Z}_P(\mu_i)\right) \overset{\mathcal{L}}{\to} Z_i \sim N\left(0, \frac{1}{\lambda_i}\right) \tag{10.25}$$

を得る．(10.25) の漸近分散は未知母数 μ_i を含んでいない．同様に

$$2\sqrt{n}\left(\widehat{\sigma}_i - \mathcal{Z}_P(\mu_i)\right) \overset{\mathcal{L}}{\to} Z_i \sim N\left(0, \frac{1}{\lambda_i}\right) \tag{10.26}$$

が成り立つ．

10.1 節を通して，以後 $i = 1, \ldots, k$ に対して $\mathcal{Z}_P(\widetilde{\mu}_i)$ を $\widehat{\sigma}_i$ に置き替えて論じることができる．平均の一様性の帰無仮説は，

$$H_0 : \ \mu_1 = \cdots = \mu_k$$

である．帰無仮説 H_0 に対応して対立仮説を

$$H_1^A : \ \text{ある } i \neq i' \text{ について } \mu_i \neq \mu_{i'}$$

とする．

$$Q_P \equiv 4 \sum_{i=1}^{k} n_i \left\{ \mathcal{Z}_P(\widetilde{\mu}_i) - \sum_{j=1}^{k} \left(\frac{n_j}{n}\right) \mathcal{Z}_P(\widetilde{\mu}_j) \right\}^2 \tag{10.27}$$

とおく．このとき，次の定理を得る．

定理 10.7 （条件 4.1）が成り立つと仮定する．このとき，$n \to \infty$ として，H_0 の下で，$Q_P \overset{\mathcal{L}}{\to} \chi^2_{k-1}$ が成り立つ．すなわち，Q_P は自由度 $k-1$ のカイ二乗分布に分布収束する．

証明 (10.25) より，H_0 の下で，

$$Q_P \overset{\mathcal{L}}{\to} \sum_{i=1}^{k} \lambda_i \left(Z_i - \sum_{j=1}^{k} \lambda_j Z_j \right)^2$$

を得る．定理 A.1 より，上の右辺が自由度 $k-1$ のカイ二乗分布に従う． □

ここで，次の検定方式を得る．

10.1 ポアソンモデルにおける統計解析法 **215**

10.A.9 一様性の漸近的な検定

帰無仮説 H_0 vs. 対立仮説 H_1^A に対する水準 α の検定方式は,

$$
\begin{cases}
Q_P > \chi_{k-1}^2(\alpha) \ \text{ならば} \ H_0 \ \text{を棄却する} \\[2mm]
Q_P < \chi_{k-1}^2(\alpha) \ \text{ならば} \ H_0 \ \text{を棄却しない}
\end{cases}
$$

で与えられる. ただし, $\chi_{k-1}^2(\alpha)$ は, 自由度 $k-1$ のカイ二乗分布の上側 $100\alpha\%$ 点とする. $\diamondsuit$

10.1.4 すべての平均相違の多重比較法

1 つの比較のための検定は

$$\text{帰無仮説} \ H_{(i,i')} : \mu_i = \mu_{i'} \quad \text{vs.} \quad \text{対立仮説} \ H_{(i,i')}^A : \mu_i \neq \mu_{i'}$$

となる. 帰無仮説のファミリーは, (5.2) の $\mathcal{H}_T$ である.

$(i, i') \in \mathcal{U}_k$ に対して,

$$
T_{Pi'i} \equiv \frac{2\left\{ \mathcal{Z}_P(\widetilde{\mu}_{i'}) - \mathcal{Z}_P(\widetilde{\mu}_i) \right\}}{\sqrt{\frac{1}{n_i} + \frac{1}{n_{i'}}}}, \tag{10.28}
$$

$$
\widetilde{T}_{Pi'i} \equiv \frac{\widetilde{\mu}_{i'} - \widetilde{\mu}_i}{\sqrt{\frac{\widetilde{\mu}_i}{n_i} + \frac{\widetilde{\mu}_{i'}}{n_{i'}}}}
$$

とおく. ただし, $\mathcal{U}_k$ は (5.1) で定義されている. このとき, (10.25) より,

$$
\lim_{n \to \infty} P_0 \left(\max_{(i,i') \in \mathcal{U}_k} |T_{Pi'i}| \leqq t \right) = P \left(\max_{(i,i') \in \mathcal{U}_k} \left| \frac{Z_{i'} - Z_i}{\sqrt{\frac{1}{\lambda_i} + \frac{1}{\lambda_{i'}}}} \right| \leqq t \right)
$$

を得る. また, (10.26) より,

$$
\lim_{n \to \infty} P_0 \left(\max_{(i,i') \in \mathcal{U}_k} |\widetilde{T}_{Pi'i}| \leqq t \right) = P \left(\max_{(i,i') \in \mathcal{U}_k} \left| \frac{Y_{i'} - Y_i}{\sqrt{\frac{1}{q_i} + \frac{1}{q_{i'}}}} \right| \leqq t \right)
$$

を得る. ここで, Hayter (1984) と (著 1) の定理 A.6 により, 定理 10.8 を導くことができる.

定理 10.8　（条件 4.1）と (4.1) の平均の一様性の帰無仮説 H_0 の下で，$t > 0$ に対して，

$$A(t|k) \leqq \lim_{n \to \infty} P_0 \left(\max_{(i,i') \in \mathcal{U}_k} |T_{Pi'i}| \leqq t \right) \leqq A^*(t|\boldsymbol{\lambda}), \qquad (10.29)$$

$$A(t|k) \leqq \lim_{n \to \infty} P_0 \left(\max_{(i,i') \in \mathcal{U}_k} |\widetilde{T}_{Pi'i}| \leqq t \right) \leqq A^*(t|\boldsymbol{q}) \qquad (10.30)$$

が成り立つ．ただし，$A(t|k)$, $A^*(t|\boldsymbol{\lambda})$ は，それぞれ，(5.8), (5.9) で定義されたものとし，$\boldsymbol{q} \equiv (q_1, \ldots, q_k)$, $q_i \equiv \mu_i/\lambda_i$ $(i = 1, \ldots, k)$ とする．

$$\lambda_1 = \cdots = \lambda_k$$

のとき (10.29) の等号が成り立つ．また，

$$q_1 = \cdots = q_k$$

のとき (10.30) の等号が成り立つ．

このとき，定理 10.8 より，次の保守的な多重比較検定法が導かれる．
ここで，次の検定方式を得る．

10.A.10　シングルステップの多重比較検定法

$a(k; \alpha)$ を (5.11) で定義したものとする．

(i) 平方変換を使った漸近的な多重比較検定法

{ 帰無仮説 $H_{(i,i')}$ vs. 対立仮説 $H_{(i,i')}^A \mid (i, i') \in \mathcal{U}_k$} に対する水準 α の多重比較検定は，

　$|T_{Pi'i}| > a(k; \alpha)$ となる $(i, i') \in \mathcal{U}_k$ に対して，帰無仮説 $H_{(i,i')}$ を棄却し，対立仮説 $H_{(i,i')}^A$ を受け入れ，$\mu_i \neq \mu_{i'}$ と判定する．

(ii) 平方変換を使わない漸近的な多重比較検定法

{ 帰無仮説 $H_{(i,i')}$ vs. 対立仮説 $H_{(i,i')}^A \mid (i, i') \in \mathcal{U}_k$} に対する水準 α の多重比較検定は，

　$|\widetilde{T}_{Pi'i}| > a(k; \alpha)$ となる $(i, i') \in \mathcal{U}_k$ に対して，帰無仮説 $H_{(i,i')}$ を棄却

10.1 ポアソンモデルにおける統計解析法 **217**

し，対立仮説 $H^A_{(i,i')}$ を受け入れ，$\mu_i \neq \mu_{i'}$ と判定する． $\diamondsuit$

平方変換を使った (i) の手法は，$\displaystyle \lim_{n \to \infty} P_0 \left(\max_{(i,i') \in \mathcal{U}_k} |T_{Pi'i}| \leqq t \right)$ も $A(t|\boldsymbol{\lambda})$ も，$\lambda_1/\lambda_k, \ldots, \lambda_{k-1}/\lambda_k$ の関数であり，(10.29) と（著 1）の 5.3.1 項より，$\max\{n_i \mid 1 \leqq i \leqq k\}/\min\{n_i \mid 1 \leqq i \leqq k\} \leqq 2$ であれば保守度が小さいことが示され，標本サイズが大きく違わない場合には制御できているが，平方変換を使わない (ii) の手法は，$\displaystyle \lim_{n \to \infty} P_0 \left(\max_{(i,i') \in \mathcal{U}_k} |\widetilde{T}_{Pi'i}| \leqq t \right)$ が未知母数 $q_1, \ldots, q_k$ の関数であり，(10.30) は保守度に関して制御できない不等式になっている．

5.4 節の閉検定手順（マルチステップ法）の解説により，帰無仮説のファミリー $\mathcal{H}_T \equiv \{H_{\boldsymbol{v}} \mid \boldsymbol{v} \in \mathcal{U}_k\}$ に対する閉検定の基礎となる説明と記号の導出を [[閉検定 10.1]] としておこなう．

閉検定 10.1

水準 α の閉検定手順は，特定の帰無仮説を $H_{\boldsymbol{v}_0} \in \mathcal{H}_T$ としたとき，$\boldsymbol{v}_0 \in V \subset \mathcal{U}_k$ を満たす任意の V に対して帰無仮説 $\displaystyle \bigwedge_{\boldsymbol{v} \in V} H_{\boldsymbol{v}}$ の検定が水準 α で棄却された場合に，多重比較検定として $H_{\boldsymbol{v}_0}$ を棄却する方式である．

$\varnothing \subsetneqq V \subset \mathcal{U}_k$ を満たす V に対して，

$$\bigwedge_{\boldsymbol{v} \in V} H_{\boldsymbol{v}} : \text{任意の } (i, i') \in V \text{ に対して，} \mu_i = \mu_{i'}$$

は k 個の母平均に関していくつかが等しいという仮説となる．$I_1, \ldots, I_J$ $(I_j \neq \varnothing, \; j = 1, \ldots, J)$ を添え字 $\{1, \ldots, k\}$ の互いに素な部分集合の組とし，同じ I_j $(j = 1, \ldots, J)$ に属する添え字をもつ母平均は等しいという帰無仮説を $H(I_1, \ldots, I_J)$ で表す．このとき，$\varnothing \subsetneqq V \subset \mathcal{U}_k$ を満たす V に対して，ある自然数 J と上記のある $I_1, \ldots, I_J$ が存在して，

$$\bigwedge_{\boldsymbol{v} \in V} H_{\boldsymbol{v}} = H(I_1, \ldots, I_J)$$

が成り立つ．

$$M \equiv M(I_1, \ldots, I_J) \equiv \sum_{j=1}^{J} \ell_j, \quad \ell_j \equiv \#(I_j)$$

とおく． $\square$

$j = 1, \ldots, J$ に対して,

$$T_P(I_j) \equiv \max_{i < i', \ i,i' \in I_j} |T_{Pi'i}|,$$

$$Q_P(I_j) \equiv 4 \sum_{i \in I_j} n_i \left\{ \mathcal{Z}_P(\widetilde{\mu}_i) - \sum_{i' \in I_j} \left(\frac{n_{i'}}{n(I_j)} \right) \mathcal{Z}_P(\widetilde{\mu}_{i'}) \right\}^2$$

を使って閉検定手順がおこなえる. ただし, $n(I_j) \equiv \displaystyle\sum_{i \in I_j} n_i$ とおく. 水準 α の帰無仮説 $\displaystyle\bigwedge_{\boldsymbol{v} \in V} H_{\boldsymbol{v}}$ に対する検定方法として5.4節の閉検定手順と同じく, 検出力の高い閉検定手順 (マルチステップの多重比較検定) を論述することができる.

10.A.11 マルチステップの多重比較検定法

(a) $J \geqq 2$ のとき, $\ell = \ell_1, \ldots, \ell_J$ に対して

$$\alpha(M, \ell) \equiv 1 - (1 - \alpha)^{\ell/M}$$

で $\alpha(M, \ell)$ を定義する. $1 \leqq j \leqq J$ となるある整数 j が存在して, $a(\ell_j; \alpha(M, \ell_j)) < T_P(I_j)$ ならば帰無仮説 $\displaystyle\bigwedge_{\boldsymbol{v} \in V} H_{\boldsymbol{v}}$ を棄却する.

(b) $J = 1 \ (M = \ell_1)$ のとき, $a(M; \alpha) < T_P(I_1)$ ならば帰無仮説 $\displaystyle\bigwedge_{\boldsymbol{v} \in V} H_{\boldsymbol{v}}$ を棄却する.

(a), (b) の方法で, $(i, i') \in V \subset \mathcal{U}_k$ を満たす任意の V に対して, $\displaystyle\bigwedge_{\boldsymbol{v} \in V} H_{\boldsymbol{v}}$ が棄却されるとき, 多重比較検定として, $H_{(i,i')}$ を棄却する. このとき, 定理 5.2 と同様の定理を導くことができ, この閉検定手順のタイプ I FWER が α 以下であることが示せる. $\diamondsuit$

上記の閉検定手順において, $T_P(I_j)$ のかわりに $Q_P(I_j)$ を使っても閉検定手順がおこなえる. この場合, 定理10.7より, $a(\ell_j; \alpha(M, \ell_j)) < T_P(I_j)$, $a(M; \alpha) < T_P(I_1)$ をそれぞれ $\chi^2_{\ell_j - 1}(\alpha(M, \ell_j)) < Q_P(I_j)$, $\chi^2_{M-1}(\alpha) < Q_P(I_1)$ に置き替えればよい.

[10.A.11] の閉検定手順よりも検出力が一様に低いが, k が大きいときに適用しやすい方法として, 正規分布の下でのパラメトリック閉検定手順である REGW 法に類似の手法を [10.A.12] として述べる. REGW 法は (著1) を参照すること.

10.1 ポアソンモデルにおける統計解析法　　**219**

10.A.12 REGW 型閉検定手順

I $(I \subset \{1, \ldots, k\})$ に属する添え字をもつ母平均は等しいという帰無仮説を $H(I)$ で表し，$\imath \equiv \#(I)$ とおく．$k \geqq 4$ とし，$\alpha^*(\imath)$ を (5.34) で定義する．$T_P(I_j)$ と $Q_P(I_j)$ で I_j を I に置き替えたものを，それぞれ $T_P(I)$, $Q_P(I)$ とする．このとき，$a\left(\imath; \alpha^*(\imath)\right) < T_P(I)$ ならば帰無仮説 $H(I)$ を棄却する．この方法で $i, i' \in I$ を満たす任意の I に対して $H(I)$ が棄却されるとき，多重比較検定として，$H_{(i, i')}$ を棄却する．　　◇

上記の閉検定手順において，$T_P(I)$ のかわりに $Q_P(I)$ を使っても閉検定手順がおこなえる．この場合，$a\left(\imath; \alpha^*(\imath)\right) < T_P(I)$ を $\chi^2_{\imath-1}\left(\alpha^*(\imath)\right) < Q_P(I)$ に置き替えればよい．

表 10.3 の k 標本モデルを考える．$\boldsymbol{\mu} \equiv (\mu_1, \ldots, \mu_k)$ と $i < i'$ に対して

$$T_{Pi'i}(\boldsymbol{\mu}) \equiv \frac{2 \left\{ \mathcal{Z}_P(\widetilde{\mu}_{i'}) - \mathcal{Z}_P(\widetilde{\mu}_i) - (\mathcal{Z}_P(\mu_{i'}) - \mathcal{Z}_P(\mu_i)) \right\}}{\sqrt{\frac{1}{n_i} + \frac{1}{n_{i'}}}}, \tag{10.31}$$

$$\widetilde{T}_{Pi'i}(\boldsymbol{\mu}) \equiv \frac{\widetilde{\mu}_{i'} - \widetilde{\mu}_i - (\mu_{i'} - \mu_i)}{\sqrt{\frac{\widetilde{\mu}_i}{n_i} + \frac{\widetilde{\mu}_{i'}}{n_{i'}}}}$$

とおく．

このとき，定理 10.8 と同様の定理 10.9 が成り立つ．

> **定理 10.9** （条件 4.1）と平均の一様性の帰無仮説 H_0 の下で，$t > 0$ に対して，
>
> $$A(t|k) \leqq \lim_{n \to \infty} P\left(\max_{(i,i') \in \mathcal{U}_k} |T_{Pi'i}(\boldsymbol{\mu})| \leqq t \right) \leqq A^*(t|\boldsymbol{\lambda}), \tag{10.32}$$
>
> $$A(t|k) \leqq \lim_{n \to \infty} P\left(\max_{(i,i') \in \mathcal{U}_k} |\widetilde{T}_{Pi'i}(\boldsymbol{\mu})| \leqq t \right) \leqq A^*(t|\boldsymbol{q}) \tag{10.33}$$
>
> が成り立つ．

10.A.13 漸近的な同時信頼区間

(I) (10.32) の左側の不等式を使って，$\mathcal{Z}_P(\mu_{i'}) - \mathcal{Z}_P(\mu_i)$ $((i, i') \in \mathcal{U}_k)$ についての信頼係数 $1 - \alpha$ の同時信頼区間は，

$$\mathcal{Z}_P(\widetilde{\mu}_{i'}) - \mathcal{Z}_P(\widetilde{\mu}_i) - a(k; \alpha) \cdot \sqrt{\frac{1}{4n_i} + \frac{1}{4n_{i'}}} \leqq \mathcal{Z}_P(\mu_{i'}) - \mathcal{Z}_P(\mu_i)$$

$$\leqq \mathcal{Z}_P(\widetilde{\mu}_{i'}) - \mathcal{Z}_P(\widetilde{\mu}_i) + a(k;\alpha) \cdot \sqrt{\frac{1}{4n_i} + \frac{1}{4n_{i'}}}$$

$((i,i') \in \mathcal{U}_k)$ で与えられる.

(II) (10.33) の左側の不等式を使って，$\mu_{i'} - \mu_i$ $((i,i') \in \mathcal{U}_k)$ についての信頼係数 $1 - \alpha$ の同時信頼区間は，

$$\widetilde{\mu}_{i'} - \widetilde{\mu}_i - a(k;\alpha) \cdot \sqrt{\frac{\widetilde{\mu}_i}{n_i} + \frac{\widetilde{\mu}_{i'}}{n_{i'}}} \leqq \mu_{i'} - \mu_i$$

$$\leqq \widetilde{\mu}_{i'} - \widetilde{\mu}_i + a(k;\alpha) \cdot \sqrt{\frac{\widetilde{\mu}_i}{n_i} + \frac{\widetilde{\mu}_{i'}}{n_{i'}}}$$

$((i,i') \in \mathcal{U}_k)$ で与えられる. $\diamondsuit$

平方変換を使った (I) の手法（同時信頼区間）は，
$\displaystyle\lim_{n\to\infty} P\left(\max_{(i,i')\in\mathcal{U}_k}|T_{P i' i}(\boldsymbol{\mu})| \leqq t\right)$ も $A(t|\boldsymbol{\lambda})$ も，$\lambda_1/\lambda_k, \ldots, \lambda_{k-1}/\lambda_k$ の関数であり，（著 1）の 5.3 節より，$\max\{n_i \mid 1 \leqq i \leqq k\}/\min\{n_i \mid 1 \leqq i \leqq k\} \leqq 2$ であれば保守度が小さいことが示され，標本サイズが大きく違わない場合には制御できているが，平方変換を使わない (II) の手法は，$\displaystyle\lim_{n\to\infty} P_0\left(\max_{(i,i')\in\mathcal{U}_k}|\widetilde{T}_{P i' i}(\boldsymbol{\mu})| \leqq t\right)$ が未知母数 $q_1, \ldots, q_k$ の関数であり，(10.33) は保守度に関して制御できない不等式となっている.

10.1.5 対照標本との多重比較法

表 6.1 のモデルに対応して，第 1 標本を対照標本とする多重比較検定を論じる．モデルは表 10.4 である.

第 1 標本の対照標本と第 i 標本の処理標本を比較することを考える．1 つの比較のための検定は，

$$\text{帰無仮説 } H_{1i} : \mu_i = \mu_1 \tag{10.34}$$

に対して 3 種の対立仮説

① 両側対立仮説 $H_{1i}^{A\pm} : \mu_i \neq \mu_1$

② 片側対立仮説 $H_{1i}^{A+} : \mu_i > \mu_1$

③ 片側対立仮説 $H_{1i}^{A-} : \mu_i < \mu_1$

10.1 ポアソンモデルにおける統計解析法 **221**

表 10.4 k 標本ポアソンモデル

水準	標本	データ	平均	分布
対照	第 1 標本	$X_{11}, \ldots, X_{1n_1}$	μ_1	$\mathcal{P}_o(\mu_1)$
処理 1	第 2 標本	$X_{21}, \ldots, X_{2n_2}$	μ_2	$\mathcal{P}_o(\mu_2)$
$\vdots$	$\vdots$	$\vdots$ $\quad$ $\vdots$	$\vdots$	$\vdots$
処理 $k-1$	第 k 標本	$X_{k1}, \ldots, X_{kn_k}$	μ_k	$\mathcal{P}_o(\mu_k)$

総標本サイズ：$n \equiv n_1 + \cdots + n_k$（すべての観測値の個数）
$\mu_1, \ldots, \mu_k$ はすべて未知母数とする.

となる. 帰無仮説のファミリーは，(6.1) の $\mathcal{H}_D$ である.

$$T_{Pi} \equiv \frac{2\left\{\mathcal{Z}_P(\widetilde{\mu}_i) - \mathcal{Z}_P(\widetilde{\mu}_1)\right\}}{\sqrt{\frac{1}{n_i} + \frac{1}{n_1}}}$$

とおく. このとき，(10.11) より，定理 6.1 と同様に，次の定理 10.10 を得る.

定理 10.10 （条件 4.1）の下で，$t > 0$ に対して，

$$\lim_{n \to \infty} P_0\left(\max_{2 \leqq i \leqq k} |T_{Pi}| \leqq t\right) = B_1(t|k, \boldsymbol{\lambda}),$$

$$\lim_{n \to \infty} P_0\left(\max_{2 \leqq i \leqq k} T_{Pi} \leqq t\right) = B_2(t|k, \boldsymbol{\lambda})$$

が成り立つ. ただし，$B_1(t|k, \boldsymbol{\lambda})$, $B_2(t|k, \boldsymbol{\lambda})$ は (6.4), (6.5) によって定義されたものとする.

T_{Pi} に基づく多重比較検定法について論じる. $b_1(k, \lambda_1, \ldots, \lambda_k; \alpha)$, $b_2(k, \lambda_1, \ldots, \lambda_k; \alpha)$ をそれぞれ (6.7), (6.8) によって定義されたものとする.

定理 10.10 より，[10.A.14] の手法を得る.

10.A.14 **シングルステップのダネット型多重比較検定法**

平均母数の制約に応じて，水準 α の漸近的な多重比較検定は，次の (1)-(3) で与えられる.

(1) 両側の $\{$ 帰無仮説 H_{1i} vs. 対立仮説 $H_{1i}^{A\pm} \mid i \in \mathcal{I}_{2,k}\}$ のとき，

$|T_{Pi}| > b_1(k, \lambda_1, \ldots, \lambda_k; \alpha)$ となる i に対して H_{1i} を棄却し，対立仮説 $H_{1i}^{A\pm}$

を受け入れ，$\mu_i \neq \mu_1$ と判定する．

(2) 片側の $\{$ 帰無仮説 H_{1i} vs. 対立仮説 $H_{1i}^{A+} \mid i \in \mathcal{I}_{2,k} \}$ のとき，
$T_{Pi} > b_2(k, \lambda_1, \ldots, \lambda_k; \alpha)$ となる i に対して H_{1i} を棄却し，対立仮説 H_{1i}^{A+} を受け入れ，$\mu_i > \mu_1$ と判定する．

(3) 片側の $\{$ 帰無仮説 H_{1i} vs. 対立仮説 $H_{1i}^{A-} \mid i \in \mathcal{I}_{2,k} \}$ のとき，
$-T_{Pi} > b_2(k, \lambda_1, \ldots, \lambda_k; \alpha)$ となる i に対して H_{1i} を棄却し，対立仮説 H_{1i}^{A-} を受け入れ，$\mu_i < \mu_1$ と判定する． $\diamondsuit$

同時信頼区間について論じる．$\boldsymbol{\mu} \equiv (\mu_1, \ldots, \mu_k)$ に対して

$$T_{Pi}(\boldsymbol{\mu}) \equiv \frac{2 \left\{ \mathcal{Z}_P(\widetilde{\mu}_i) - \mathcal{Z}_P(\widetilde{\mu}_1) - (\mathcal{Z}_P(\mu_i) - \mathcal{Z}_P(\mu_1)) \right\}}{\sqrt{\frac{1}{n_i} + \frac{1}{n_1}}}$$

とおく．このとき，(10.11) より，定理 10.11 を得る．

定理 10.11 （条件 4.1）の下で，$t > 0$ に対して，

$$\lim_{n \to \infty} P \left(\max_{2 \leqq i \leqq k} |T_{Pi}(\boldsymbol{\mu})| \leqq t \right) = B_1(t|k, \boldsymbol{\lambda}),$$

$$\lim_{n \to \infty} P \left(\max_{2 \leqq i \leqq k} T_{Pi}(\boldsymbol{\mu}) \leqq t \right) = B_2(t|k, \boldsymbol{\lambda})$$

が成り立つ．ただし，$B_1(t|k, \boldsymbol{\lambda})$，$B_2(t|k, \boldsymbol{\lambda})$ は，定理 10.10 と同じとする．

定理 10.11 より，[10.A.15] の手法を得る．

10.A.15 同時信頼区間

$\mathcal{Z}_P(\mu_i) - \mathcal{Z}_P(\mu_1)$ $(i \in \mathcal{I}_{2,k})$ についての信頼係数 $1 - \alpha$ の漸近的な同時信頼区間は，次の (1)-(3) で与えられる．

(1) 両側信頼区間：

$$\mathcal{Z}_P(\widetilde{\mu}_i) - \mathcal{Z}_P(\widetilde{\mu}_1) - b_1(k, \lambda_1, \ldots, \lambda_k; \alpha) \cdot \sqrt{\frac{1}{4n_i} + \frac{1}{4n_1}}$$

$$\leqq \mathcal{Z}_P(\mu_i) - \mathcal{Z}_P(\mu_1)$$

10.1 ポアソンモデルにおける統計解析法 **223**

$$\leqq \mathcal{Z}_P(\widetilde{\mu}_i) - \mathcal{Z}_P(\widetilde{\mu}_1) + b_1(k, \lambda_1, \dots, \lambda_k; \alpha) \cdot \sqrt{\frac{1}{4n_i} + \frac{1}{4n_1}}$$

$$(i \in \mathcal{I}_{2,k})$$

(2) 上側信頼区間（制約 $\mu_2, \dots, \mu_k \geqq \mu_1$ がつけられるとき）：

$$\mathcal{Z}_P(\widetilde{\mu}_i) - \mathcal{Z}_P(\widetilde{\mu}_1) - b_2(k, \lambda_1, \dots, \lambda_k; \alpha) \cdot \sqrt{\frac{1}{4n_i} + \frac{1}{4n_1}}$$

$$\leqq \mathcal{Z}_P(\mu_i) - \mathcal{Z}_P(\mu_1) < \infty \quad (i \in \mathcal{I}_{2,k})$$

(3) 下側信頼区間（制約 $\mu_2, \dots, \mu_k \leqq \mu_1$ がつけられるとき）：

$$-\infty < \mathcal{Z}_P(\mu_i) - \mathcal{Z}_P(\mu_1)$$

$$\leqq \mathcal{Z}_P(\widetilde{\mu}_i) - \mathcal{Z}_P(\widetilde{\mu}_1) + b_2(k, \lambda_1, \dots, \lambda_k; \alpha) \cdot \sqrt{\frac{1}{4n_i} + \frac{1}{4n_1}}$$

$$(i \in \mathcal{I}_{2,k}) \quad \diamondsuit$$

標本サイズに（条件 6.2）を仮定し，次の逐次棄却型検定法を紹介する．

10.A.16 逐次棄却型検定法

統計量 $\mathsf{T}_i^\sharp$ $(i \in \mathcal{I}_{2,k})$ を次で定義する．

$$\mathsf{T}_i^\sharp \equiv \begin{cases} |T_{Pi}| & \text{((a) 対立仮説が $H_{1i}^{A\pm}$ のとき)} \\ T_{Pi} & \text{((b) 対立仮説が H_{1i}^{A+} のとき)} \\ -T_{Pi} & \text{((c) 対立仮説が H_{1i}^{A-} のとき)} \end{cases}$$

$\mathsf{T}_i^\sharp$ を小さい方から並べたものを

$$\mathsf{T}_{(1)}^\sharp \leqq \mathsf{T}_{(2)}^\sharp \leqq \cdots \leqq \mathsf{T}_{(k-1)}^\sharp$$

とする．さらに，$\mathsf{T}_{(i)}^\sharp$ に対応する帰無仮説を $H_{(i)}$ で表す．$\ell = 1, \dots, k-1$ に対して，

$$b_i^*(\ell, \lambda_2/\lambda_1; \alpha) \equiv b_i(\ell+1, \lambda_1, \lambda_2, \dots, \lambda_2; \alpha) \quad (i = 1, 2) \tag{10.35}$$

とおき,

$$b^\sharp(\ell, \lambda_2/\lambda_1; \alpha) \equiv \begin{cases} b_1^*(\ell, \lambda_2/\lambda_1; \alpha) & ((a) \text{ のとき}) \\ b_2^*(\ell, \lambda_2/\lambda_1; \alpha) & ((b) \text{ のとき}) \\ b_2^*(\ell, \lambda_2/\lambda_1; \alpha) & ((c) \text{ のとき}) \end{cases}$$

とおく.

手順 1. $\ell = k - 1$ とする.

手順 2. (i) $\mathsf{T}_{(\ell)}^\sharp < b^\sharp(\ell, \lambda_2/\lambda_1; \alpha)$ ならば, $H_{(1)}, \dots, H_{(\ell)}$ のすべてを保留して, 検定作業を終了する.

(ii) $\mathsf{T}_{(\ell)}^\sharp > b^\sharp(\ell, \lambda_2/\lambda_1; \alpha)$ ならば, $H_{(\ell)}$ を棄却し手順3へ進む.

手順 3. (i) $\ell \geqq 2$ であるならば $\ell - 1$ を新たに ℓ とおいて手順2に戻る.

(ii) $\ell = 1$ であるならば検定作業を終了する. ◇

この手順はステップダウン法になっている. ここで述べた逐次棄却型検定法は, [10.A.14] のシングルステップ法よりも, 一様に検出力が高い.

10.1.6 すべての平均に関する多重比較法

10.1.3 項の k 標本モデルを考え, 記号も 10.1.3 項で導入されたものを使う. すべての μ_i についての正確に保守的な多重比較法を構成するために次の定理 10.12 を述べる.

> **定理 10.12** 次の等式が成り立つ.
>
> $$P\left(\frac{\chi_{2W_i}^2\left((1-\alpha)^{1/k}\right)}{2n_i} < \mu_i, \ i \in \mathcal{I}_k \right) \geqq 1 - \alpha$$
>
> が成り立ち, 条件 $e^{-n_i\mu_i} \leqq 1 - (1-\alpha)^{1/k}$ $(i \in \mathcal{I}_k)$ の下で
>
> $$P\left(\mu_i < \frac{\chi_{2(W_i+1)}^2\left(1 - (1-\alpha)^{1/k}\right)}{2n_i}, \ i \in \mathcal{I}_k \right) \geqq 1 - \alpha$$
>
> が成り立つ.

証明 (10.3) より, $i = 1, \dots, k$ に対して,

10.1 ポアソンモデルにおける統計解析法　　**225**

$$P\left(\frac{\chi^2_{2W_i}\left((1-\alpha)^{1/k}\right)}{2n_i} \geqq \mu_i\right) \leqq 1-(1-\alpha)^{1/k} \tag{10.36}$$

$$\Longleftrightarrow P\left(\frac{\chi^2_{2W_i}\left((1-\alpha)^{1/k}\right)}{2n_i} < \mu_i\right) \geqq (1-\alpha)^{1/k}$$

が成り立つ．$W_1, \ldots, W_k$ が互いに独立であることを用いると，最初の不等式が導かれる．

(10.4) より，

$$P\left(\frac{\chi^2_{2(W_i+1)}\left(1-(1-\alpha)^{1/k}\right)}{2n_i} \leqq \mu_i\right) \leqq 1-(1-\alpha)^{1/k} \tag{10.37}$$

$$\Longleftrightarrow P\left(\frac{\chi^2_{2(W_i+1)}\left(1-(1-\alpha)^{1/k}\right)}{2n_i} > \mu_i\right) \geqq (1-\alpha)^{1/k}$$

2 番目の不等式が導かれる． $\qquad\qquad\qquad\square$

ここで定理 10.13 を得る．

定理 10.13　$i=1,\ldots,k$ に対して，事象 G_i を

$$G_i \equiv \left\{ \frac{\chi^2_{2W_i}\left(\left\{1+(1-\alpha)^{1/k}\right\}/2\right)}{2n_i} < \mu_i \right.$$

$$\left. < \frac{\chi^2_{2(W_i+1)}\left(\left\{1-(1-\alpha)^{1/k}\right\}/2\right)}{2n_i} \right\}$$

とおく．このとき，条件 $e^{-n_i\mu_i} \leqq \{1-(1-\alpha)^{1/k}\}/2\ (i \in \mathcal{I}_k)$ の下で

$$P\left(\bigcap_{i=1}^{k} G_i\right) \geqq 1-\alpha$$

が成り立つ．

証明　$A_i,\ B_i$ をそれぞれ

$$A_i \equiv \left\{ \frac{\chi^2_{2W_i}\left(\left\{1+(1-\alpha)^{1/k}\right\}/2\right)}{2n_i} \geqq \mu_i \right\},$$

$$B_i \equiv \left\{ \frac{\chi^2_{2(W_i+1)}\left(\left\{1-(1-\alpha)^{1/k}\right\}/2\right)}{2n_i} \leqq \mu_i \right\}$$

とおくと，(10.36) と (10.37) より，

$$P(A_i \cup B_i) \leqq P(A_i) + P(B_i) \leqq 1 - (1-\alpha)^{1/k} \tag{10.38}$$

を得る．(10.38) より，

$$P(G_i) \geqq (1-\alpha)^{1/k}$$

がわかる．$G_1, \ldots, G_k$ は互いに独立より，

$$P\left(\bigcap_{i=1}^{k} G_i\right) = \prod_{i=1}^{k} P(G_i) \geqq 1 - \alpha$$

である．ゆえに結論を得る． $\square$

$0 < \mu_{01}, \ldots, \mu_{0k}$ となる $\mu_{01}, \ldots, \mu_{0k}$ を与える．このとき，1 つの比較のための検定として，考慮されるべき 3 種の帰無仮説 vs. 対立仮説は

① 帰無仮説 $H_{0i} : \mu_i = \mu_{0i}$　vs.　両側対立仮説 $H_{0i}^A : \mu_i \neq \mu_{0i}$

② 帰無仮説 $H_{2i} : \mu_i \leqq \mu_{0i}$　vs.　上側対立仮説 $H_{2i}^A : \mu_i > \mu_{0i}$

③ 帰無仮説 $H_{3i} : \mu_i \geqq \mu_{0i}$　vs.　下側対立仮説 $H_{3i}^A : \mu_i < \mu_{0i}$

である．ここで，H_{1i} は (10.34) で使用されているため，H_{0i} を用いている．

便宜上，H_0 を

$$\text{帰無仮説 } H_0 : i = 1, \ldots, k \text{ に対して，} \mu_i = \mu_{0i} \tag{10.39}$$

とする．定理 10.12 と定理 10.13 より，k 個すべての平均の多重比較検定法は，以下のとおりとなる．

10.A.17 正確に保守的な多重比較検定法

水準 α の多重比較検定は，次の (1)-(3) で与えられる．

(1) 両側の $\{$ 帰無仮説 H_{0i} vs. 対立仮説 $H_{0i}^A \mid i \in \mathcal{I}_k \}$ のとき，

(条件 10.2)　$e^{-n_i \mu_{0i}} \leqq \{1 - (1-\alpha)^{1/k}\}/2 \quad (i \in \mathcal{I}_k)$ $\square$

の下で

$$\frac{\chi_{2W_i}^2 \left(\{1 + (1-\alpha)^{1/k}\}/2\right)}{2n_i} \geqq \mu_{0i}$$

10.1 ポアソンモデルにおける統計解析法　　　　　　　　　　**227**

または，

$$\frac{\chi^2_{2(W_i+1)}\left(\left\{1-(1-\alpha)^{1/k}\right\}/2\right)}{2n_i} \leqq \mu_{0i}$$

となる i に対して H_{0i} を棄却し，$\mu_i \neq \mu_{0i}$ と判定する.

(2) 片側の $\{$ 帰無仮説 H_{2i} vs. 対立仮説 $H_{2i}^A \mid i \in \mathcal{I}_k\}$ のとき，

$$\frac{\chi^2_{2W_i}\left((1-\alpha)^{1/k}\right)}{2n_i} \geqq \mu_{0i}$$

となる i に対して H_{2i} を棄却し，$\mu_i > \mu_{0i}$ と判定する.

(3) 片側の $\{$ 帰無仮説 H_{3i} vs. 対立仮説 $H_{3i}^A \mid i \in \mathcal{I}_k\}$ のとき，

（条件 10.3）　　　$e^{-n_i\mu_{0i}} \leqq 1-(1-\alpha)^{1/k} \quad (i \in \mathcal{I}_k)$ 　　　　□

の下で

$$\frac{\chi^2_{2(W_i+1)}\left(1-(1-\alpha)^{1/k}\right)}{2n_i} \leqq \mu_{0i}$$

となる i に対して H_{3i} を棄却し，$\mu_i < \mu_{0i}$ と判定する.　　　　◇

同様に同時信頼区間も与えられる. それらを以下にまとめる.

10.A.18　正確に保守的な同時信頼区間

すべての μ_i $(i \in \mathcal{I}_k)$ についての信頼係数 $1-\alpha$ の正確に保守的な同時信頼区間は，次の (1)-(3) で与えられる.

(1) 両側信頼区間：条件 $e^{-n_i\mu_i} \leqq \{1-(1-\alpha)^{1/k}\}/2$ $(i \in \mathcal{I}_k)$ の下で

$$\frac{\chi^2_{2W_i}\left(\left\{1+(1-\alpha)^{1/k}\right\}/2\right)}{2n_i} < \mu_i < \frac{\chi^2_{2(W_i+1)}\left(\left\{1-(1-\alpha)^{1/k}\right\}/2\right)}{2n_i}$$

$$(i \in \mathcal{I}_k)$$

(2) 上側信頼区間：　$\dfrac{\chi^2_{2W_i}\left((1-\alpha)^{1/k}\right)}{2n_i} < \mu_i \quad (i \in \mathcal{I}_k)$

(3) 下側信頼区間：条件 $e^{-n_i\mu_i} \leqq 1-(1-\alpha)^{1/k}$ $(i \in \mathcal{I}_k)$ の下で

$$0 < \mu_i < \frac{\chi^2_{2(W_i+1)} \left(1 - (1-\alpha)^{1/k}\right)}{2n_i} \quad (i \in \mathcal{I}_k) \qquad \diamondsuit$$

すべての帰無仮説 H_{ai} $(i \in \mathcal{I}_k)$ を多重比較検定するときの帰無仮説のファミリーは

$$\mathcal{H}_a^* \equiv \{H_{ai} \mid i \in \mathcal{I}_k\} \quad (a = 0, 2, 3) \tag{10.40}$$

である. 7.4 節の閉検定手順の解説により $\mathcal{H}_a^*$ に対する閉検定の基礎となる説明と記号の導出を [[閉検定 10.2]] としておこなう.

閉検定 10.2

水準 α の閉検定手順は, 特定の帰無仮説を $H_{ai_0} \in \mathcal{H}_a^*$ としたとき, $i_0 \in E \subset \mathcal{I}_k$ を満たす任意の E に対して帰無仮説 $H_a^*(E)$ の検定が水準 α で棄却された場合に, H_{ai_0} を棄却する方式である.

$\varnothing \subsetneqq E \subset \mathcal{I}_k$ を満たす E に対して $\bigwedge_{i \in E} H_{ai}$ は, E のすべての要素 j について, 帰無仮説 $H_a^*(E)$ を

$H_a^*(E)$: 任意の $j \in E$ に対して (i) $\mu_j = \mu_{0j}$ ($a = 0$ のとき),

(ii) $\mu_j \leqq \mu_{0j}$ ($a = 2$ のとき), (iii) $\mu_j \geqq \mu_{0j}$ ($a = 3$ のとき)

で定義すると, $a = 0, 2, 3$ に対して

$$\bigwedge_{i \in E} H_{ai} = H_a^*(E)$$

が成り立つ. □

以下に帰無仮説 $H_a^*(E)$ の検定方法を具体的に論述する.

10.A.19 正確に保守的な閉検定手順

まずは, a の値を決める. $i_0 \in E \subset \mathcal{I}_k$ を満たす任意の E に対して, ある $j \in E$ が存在して, 次の (1)-(3) のうちの対立仮説に応じた 1 つが成り立つならば, 帰無仮説 H_{ai_0} を棄却する. ただし, $\ell \equiv \ell(E) \equiv \#(E)$ とする.

(1) $a = 0$ に対する $\{$ 帰無仮説 H_{0i} vs. 対立仮説 $H_{0i}^A \mid i \in \mathcal{I}_k\}$ の両側検定のとき,

10.1 ポアソンモデルにおける統計解析法 **229**

（条件 10.2）の下で　$\dfrac{\chi^2_{2W_j}\left(\left\{1+(1-\alpha)^{1/\ell}\right\}/2\right)}{2n_j} \geqq \mu_{0j}$

または　$\dfrac{\chi^2_{2(W_j+1)}\left(\left\{1-(1-\alpha)^{1/\ell}\right\}/2\right)}{2n_j} \leqq \mu_{0j}$

(2) $a=2$ に対する $\{$ 帰無仮説 H_{2i} vs. 対立仮説 $H_{2i}^A \mid i \in \mathcal{I}_k\}$ の片側検定のとき，

$$\frac{\chi^2_{2W_j}\left((1-\alpha)^{1/\ell}\right)}{2n_j} \geqq \mu_{0j}$$

(3) $a=3$ に対する $\{$ 帰無仮説 H_{3i} vs. 対立仮説 $H_{3i}^A \mid i \in \mathcal{I}_k\}$ の片側検定のとき，

（条件 10.3）の下で　$\dfrac{\chi^2_{2(W_j+1)}\left(1-(1-\alpha)^{1/\ell}\right)}{2n_j} \leqq \mu_{0j}$　　$\diamondsuit$

引き続き，漸近理論を述べる.

$$S_{Pi}(\boldsymbol{\mu}) \equiv 2\sqrt{n_i}\left\{\mathcal{Z}_P(\widetilde{\mu}_i) - \mathcal{Z}_P(\mu_i)\right\},$$
$$\widehat{S}_{Pi}(\boldsymbol{\mu}) \equiv \frac{\sqrt{n_i}(\widetilde{\mu}_i - \mu_i)}{\mathcal{Z}_P(\widetilde{\mu}_i)} \quad \text{or} \quad \frac{\sqrt{n_i}(\widetilde{\mu}_i - \mu_i)}{\sqrt{\mu_i}}$$

とおく.

命題 10.14　（条件 7.1）の下で，

$$\lim_{n\to\infty} P\left(\max_{1\leqq i\leqq k} |S_{Pi}(\boldsymbol{\mu})| \leqq z(\alpha^*(k)/2)\right)$$
$$= \lim_{n\to\infty} P\left(\max_{1\leqq i\leqq k} |\widehat{S}_{Pi}(\boldsymbol{\mu})| \leqq z(\alpha^*(k)/2)\right)$$
$$= 1 - \alpha \tag{10.41}$$
$$\lim_{n\to\infty} P\left(\max_{1\leqq i\leqq k} S_{Pi}(\boldsymbol{\mu}) \leqq z(\alpha^*(k))\right)$$
$$= \lim_{n\to\infty} P\left(\max_{1\leqq i\leqq k} \widehat{S}_{Pi}(\boldsymbol{\mu}) \leqq z(\alpha^*(k))\right)$$

$$= 1 - \alpha$$

が成り立つ. ただし, $\alpha^*(k)$ は (7.3) で定義し, $z(\beta)$ は $N(0,1)$ の上側 $100\beta\%$ 点を表すものとする.

証明 (10.24), (10.25) を使って,

$$S_{Pi}(\boldsymbol{\mu}) \xrightarrow{\mathcal{L}} Z_i \sim N(0,1), \quad \widehat{S}_{Pi}(\boldsymbol{\mu}) \xrightarrow{\mathcal{L}} Z_i$$

が成り立つ. ただし, $Z_1, \ldots, Z_k$ は互いに独立となる. 残りの証明は定理 7.1 と同様である. $\square$

$$S_{Pi} \equiv 2\sqrt{n_i}\{\mathcal{Z}_P(\widetilde{\mu}_i) - \mathcal{Z}_P(\mu_{0i})\} \quad \text{or} \quad \frac{\sqrt{n_i}(\widetilde{\mu}_i - \mu_{0i})}{\mathcal{Z}_P(\widetilde{\mu}_i)}$$

とおく. このとき, 命題 10.14 より, k 個すべての平均の多重比較検定は, 以下のとおりとなる.

10.A.20 シングルステップの漸近的な多重比較検定法

水準 α の多重比較検定は, 次の (1)-(3) で与えられる.

(1) 両側の { 帰無仮説 H_{0i} vs. 対立仮説 $H_{0i}^A \mid i \in \mathcal{I}_k$ } のとき,

$$|S_{Pi}| > z(\alpha^*(k)/2)$$

となる i に対して H_{0i} を棄却し, $\mu_i \neq \mu_{0i}$ と判定する.

(2) 片側の { 帰無仮説 H_{2i} vs. 対立仮説 $H_{2i}^A \mid i \in \mathcal{I}_k$ } のとき,

$$S_{Pi} > z(\alpha^*(k))$$

となる i に対して H_{2i} を棄却し, $\mu_i > \mu_{0i}$ と判定する.

(3) 片側の { 帰無仮説 H_{3i} vs. 対立仮説 $H_{3i}^A \mid i \in \mathcal{I}_k$ } のとき,

$$-S_{Pi} > z(\alpha^*(k))$$

となる i に対して H_{3i} を棄却し, $\mu_i < \mu_{0i}$ と判定する. $\diamondsuit$

10.1 ポアソンモデルにおける統計解析法 **231**

(10.41) より，(10.15) と同様に，$i = 1, \ldots, k$ に対して

$$
\frac{n_i(\widetilde{\mu}_i - \mu_i)^2}{\mu_i} \leqq \{z(\alpha^*(k)/2)\}^2 \Longleftrightarrow
$$

$$
\frac{2n_i\widetilde{\mu}_i + \{z(\alpha^*(k)/2)\}^2 - \sqrt{4n_i\{z(\alpha^*(k)/2)\}^2\widetilde{\mu}_i + \{z(\alpha^*(k)/2)\}^4}}{2n_i} \leqq \mu_i
$$

$$
\leqq \frac{2n_i\widetilde{\mu}_i + \{z(\alpha^*(k)/2)\}^2 + \sqrt{4n_i\{z(\alpha^*(k)/2)\}^2\widetilde{\mu}_i + \{z(\alpha^*(k)/2)\}^4}}{2n_i}
$$

$$
\tag{10.42}
$$

を得る．検定の場合と同様に同時信頼区間を以下にまとめる．

10.A.21 漸近的な同時信頼区間

すべての $\mathcal{Z}_P(\mu_i)$ $(i \in \mathcal{I}_k)$ についての信頼係数 $1 - \alpha$ の漸近的な同時信頼区間は，次の (1)-(3) で与えられる．

(1) 両側信頼区間：

$$
\mathcal{Z}_P(\widetilde{\mu}_i) - \frac{z(\alpha^*(k)/2)}{2\sqrt{n_i}} \leqq \mathcal{Z}_P(\mu_i) \leqq \mathcal{Z}_P(\widetilde{\mu}_i) + \frac{z(\alpha^*(k)/2)}{2\sqrt{n_i}} \quad (i \in \mathcal{I}_k)
$$

(2) 上側信頼区間： $\mathcal{Z}_P(\widetilde{\mu}_i) - \dfrac{z(\alpha^*(k))}{2\sqrt{n_i}} \leqq \mathcal{Z}_P(\mu_i) < +\infty \quad (i \in \mathcal{I}_k)$

(3) 下側信頼区間： $0 < \mathcal{Z}_P(\mu_i) \leqq \mathcal{Z}_P(\widetilde{\mu}_i) + \dfrac{z(\alpha^*(k))}{2\sqrt{n_i}} \quad (i \in \mathcal{I}_k)$

すべての μ_i $(i \in \mathcal{I}_k)$ についての信頼係数 $1 - \alpha$ の漸近的な同時信頼区間は，次の (i)-(iii) で与えられる．

(i) 両側信頼区間：

$$
\widetilde{\mu}_i - \frac{\mathcal{Z}_P(\widetilde{\mu}_i)z(\alpha^*(k)/2)}{2\sqrt{n_i}} < \mu_i < \widetilde{\mu}_i + \frac{\mathcal{Z}_P(\widetilde{\mu}_i)z(\alpha^*(k)/2)}{2\sqrt{n_i}}
$$

$$
\text{または} \quad 区間 (10.42) \quad (i \in \mathcal{I}_k)
$$

(ii) 上側信頼区間： $\widetilde{\mu}_i - \dfrac{\mathcal{Z}_P(\widetilde{\mu}_i)z(\alpha^*(k))}{2\sqrt{n_i}} < \mu_i < +\infty \quad (i \in \mathcal{I}_k)$

(iii) 下側信頼区間： $0 < \mu_i < \widetilde{\mu}_i + \dfrac{\mathcal{Z}_P(\widetilde{\mu}_i)z(\alpha^*(k))}{2\sqrt{n_i}} \quad (i \in \mathcal{I}_k)$ ◇

232　　　第 10 章　関連した 1 つの母数をもつ分布の下での手法

漸近的な閉検定手順を述べる.

10.A.22 漸近的な逐次棄却型検定法

水準 α の逐次棄却型検定法を紹介する.

統計量 $\mathsf{S}^{\sharp}_{Pi}\ (i = 1, \ldots, k)$ を次で定義する.

$$
\mathsf{S}^{\sharp}_{Pi} \equiv
\begin{cases}
|S_{Pi}| & ((10.40)\text{ の帰無仮説のファミリーが } a = 0 \text{ のとき}) \\
S_{Pi} & ((10.40)\text{ の帰無仮説のファミリーが } a = 2 \text{ のとき}) \\
-S_{Pi} & ((10.40)\text{ の帰無仮説のファミリーが } a = 3 \text{ のとき})
\end{cases}
$$

$\mathsf{S}^{\sharp}_{Pi}$ を小さい方から並べたものを

$$
\mathsf{S}^{\sharp}_{P(1)} \leqq \mathsf{S}^{\sharp}_{P(2)} \leqq \cdots \leqq \mathsf{S}^{\sharp}_{P(k)}
$$

とする. さらに, $\mathsf{S}^{\sharp}_{P(i)}$ に対応する帰無仮説を $H_{0(i)}$ で表す. $\ell = 1, \ldots, k$ に対して

$$
sz(\ell, \alpha) \equiv
\begin{cases}
z\left(\dfrac{1 - (1 - \alpha)^{1/\ell}}{2} \right) & (a = 0 \text{ のとき}) \\[2mm]
z\left(1 - (1 - \alpha)^{1/\ell} \right) & (a = 2 \text{ のとき}) \\[2mm]
z\left(1 - (1 - \alpha)^{1/\ell} \right) & (a = 3 \text{ のとき})
\end{cases}
\tag{10.43}
$$

とおく.

手順 1. $\ell = k$ とする.

手順 2. (i) $\mathsf{S}^{\sharp}_{P(\ell)} < sz(\ell, \alpha)$ ならば, $H_{0(1)}, \ldots, H_{0(\ell)}$ のすべてを保留して, 検定作業を終了する.

　　　(ii) $\mathsf{S}^{\sharp}_{P(\ell)} > sz(\ell, \alpha)$ ならば, $H_{0(\ell)}$ を棄却し手順 3 へ進む.

手順 3. (i) $\ell \geqq 2$ であるならば $\ell - 1$ を新たに ℓ とおいて手順 2 に戻る.

　　　(ii) $\ell = 1$ であるならば検定作業を終了する.　　　　　　　　　　◇

[10.A.22] の逐次棄却型検定法は水準 α の閉検定手順になっていることが示される. ここで述べた逐次棄却型検定法は, [10.A.20] のシングルステップ法よりも, 一様に検出力が高い.

10.1.7 母数に順序制約のある場合の多重比較法

表 10.3 のモデルで，位置母数に傾向性の制約

$$\mu_1 \leqq \mu_2 \leqq \cdots \leqq \mu_k$$

がある場合での統計解析法を論じる．いずれの解析手法も順序制約のない前項までの検定手法よりも検出力ははるかに高く，信頼係数 $1 - \alpha$ の同時信頼区間も小さくなる．

まずは，ヘイター型のシングルステップ法から提案する．8.1 節で課したように，標本サイズを同一とした $n_1 = \cdots = n_k$ の場合の表 10.5 のモデルを考える．

表 10.5 標本サイズが同一の k 標本ポアソンモデル

標本	サイズ	データ	平均	分布
第 1 標本	n_1	$X_{11}, \ldots, X_{1n_1}$	μ_1	$\mathcal{P}_o(\mu_1)$
第 2 標本	n_1	$X_{21}, \ldots, X_{2n_1}$	μ_2	$\mathcal{P}_o(\mu_2)$
$\vdots$	$\vdots$	$\vdots \quad \vdots \quad \vdots$	$\vdots$	$\vdots$
第 k 標本	n_1	$X_{k1}, \ldots, X_{kn_1}$	μ_k	$\mathcal{P}_o(\mu_k)$

総標本サイズ：$n \equiv k n_1$ （すべての観測値の個数）
$\mu_1 \leqq \mu_2 \leqq \cdots \leqq \mu_k$ かつ $\mu_1, \ldots, \mu_k$ はすべて未知とする．

$i,\ i'$ を $(i, i') \in \mathcal{U}_k$ とする．1 つの比較のための検定は

$$\text{帰無仮説 } H_{(i,i')} : \mu_i = \mu_{i'} \quad \text{vs.} \quad \text{対立仮説 } H_{(i,i')}^{OA} : \mu_i < \mu_{i'}$$

となる．$\mathcal{H}_1^o$ を

$$\mathcal{H}_1^o \equiv \{H_{(i,i')} \mid (i, i') \in \mathcal{U}_k\} = \{H_{\boldsymbol{v}} \mid \boldsymbol{v} \in \mathcal{U}_k\}$$

で定義する．表 10.5 のモデルの下で，(10.28) の $T_{Pi'i}$ と (10.31) の $T_{Pi'i}(\boldsymbol{\mu})$ は，それぞれ，

$$T_{Pi'i} = \sqrt{2n_1}\left\{\mathcal{Z}_P(\widetilde{\mu}_{i'}) - \mathcal{Z}_P(\widetilde{\mu}_i)\right\},$$
$$T_{Pi'i}(\boldsymbol{\mu}) = \sqrt{2n_1}\left\{\mathcal{Z}_P(\widetilde{\mu}_{i'}) - \mathcal{Z}_P(\widetilde{\mu}_i) - \mathcal{Z}_P(\mu_{i'}) + \mathcal{Z}_P(\mu_i)\right\}$$

となる．定理 8.1 と (8.6) と同様に

$$\lim_{n\to\infty} P\left(\max_{(i,i')\in\mathcal{U}_k} T_{Pi'i}(\boldsymbol{\mu}) \leqq t\right) = \lim_{n\to\infty} P_0\left(\max_{(i,i')\in\mathcal{U}_k} T_{Pi'i} \leqq t\right)$$
$$= D_1(t|k)$$

を得る．ここで [10.A.23] と [10.A.24] を得る．

10.A.23 ヘイター型のシングルステップの多重比較検定法

$d_1(k;\alpha)$ を (8.5) で定義したものとする．{ 帰無仮説 $H_{(i,i')}$ vs. 対立仮説 $H_{(i,i')}^{OA} \mid (i,i') \in \mathcal{U}_k$} に対する水準 α の漸近的な多重比較検定は，次で与えられる．

$i < i'$ となるペア i,i' に対して $T_{Pi'i} > d_1(k;\alpha)$ ならば，帰無仮説 $H_{(i,i')}$ を棄却し，対立仮説 $H_{(i,i')}^{OA}$ を受け入れ，$\mu_i < \mu_{i'}$ と判定する．　　　　◇

10.A.24 ヘイター型の同時信頼区間

$\mathcal{Z}_P(\mu_{i'}) - \mathcal{Z}_P(\mu_i)$ $((i,i') \in \mathcal{U}_k)$ に対する信頼係数 $1-\alpha$ の漸近的な同時信頼区間は，

$$\mathcal{Z}_P(\widetilde{\mu}_{i'}) - \mathcal{Z}_P(\widetilde{\mu}_i) - \frac{d_1(k;\alpha)}{\sqrt{2n_1}} \leqq \mathcal{Z}_P(\mu_{i'}) - \mathcal{Z}_P(\mu_i) < +\infty$$

$((i,i') \in \mathcal{U}_k)$ で与えられる．　　　　◇

8.1.2 項の閉検定手順の解説により $\mathcal{H}_1^o$ に対する閉検定の基礎となる説明と記号の導出を [[閉検定 10.3]] としておこなう．

閉検定 10.3

特定の帰無仮説を $H_{\boldsymbol{v}_0} \in \mathcal{H}_1^o$ としたとき，$\boldsymbol{v}_0 \in V \subset \mathcal{U}_k$ を満たす任意の V に対して，帰無仮説 $\bigwedge\limits_{\boldsymbol{v}\in V} H_{\boldsymbol{v}}$ の検定が水準 α で棄却された場合に，$H_{\boldsymbol{v}_0}$ を棄却する方式が，水準 α の閉検定手順である．水準 α の閉検定手順による多重比較検定のタイプ I FWER は α 以下となる．

$\varnothing \subsetneqq V \subset \mathcal{U}_k$ を満たす V に対して，

$$\bigwedge_{\boldsymbol{v}\in V} H_{\boldsymbol{v}} : \text{任意の } (i,i') \in V \text{ に対して，} \mu_i = \mu_{i'}$$

10.1 ポアソンモデルにおける統計解析法　　　**235**

は k 個の母平均に関していくつかが等しいという仮説となる.

$I_1^o, \ldots, I_J^o$ $(I_j^o \neq \varnothing,\ j = 1, \ldots, J)$ を，次の（性質 10.1）を満たす添え字 $\{1, \ldots, k\}$ の互いに素な部分集合の組とする.

性質 10.1 ある整数 $\ell_1, \ldots, \ell_J \geqq 2$ とある整数 $0 \leqq s_1 < \cdots < s_J < k$ が存在して，

$$I_j^o = \{s_j + 1, s_j + 2, \ldots, s_j + \ell_j\} \quad (j = 1, \ldots, J), \tag{10.44}$$

$s_j + \ell_j \leqq s_{j+1}$ $(j = 1, \ldots, J - 1)$ かつ $s_J + \ell_J \leqq k$ が成り立つ.

I_j^o は連続した整数の要素からなり，$\ell_j = \#I_j^o \geqq 2$ である. 同じ I_j^o $(j = 1, \ldots, J)$ に属する添え字をもつ母平均は等しいという帰無仮説を $H_1^o(I_1^o, \ldots, I_J^o)$ で表す. このとき，$\varnothing \subsetneqq V \subset \mathcal{U}_k$ を満たす任意の V に対して，（性質 10.1）で述べたある自然数 J とある $I_1^o, \ldots, I_J^o$ が存在して，

$$\bigwedge_{\boldsymbol{v} \in V} H_{\boldsymbol{v}} = H_1^o(I_1^o, \ldots, I_J^o)$$

が成り立つ. さらに仮説 $H_1^o(I_1^o, \ldots, I_J^o)$ は，

$$H_1^o(I_1^o, \ldots, I_J^o) : \mu_{s_j+1} = \mu_{s_j+2} = \cdots = \mu_{s_j+\ell_j} \quad (j = 1, \ldots, J)$$

と表現することができる.

$$M \equiv M(I_1^o, \ldots, I_J^o) \equiv \sum_{j=1}^{J} \ell_j$$

とおく. □

$j = 1, \ldots, J$ に対して，

$$T_P^o(I_j^o) \equiv \max_{s_j+1 \leqq i < i' \leqq s_j+\ell_j} T_{Pi'i}$$

を使って閉検定手順がおこなえる.

236 第 10 章 関連した 1 つの母数をもつ分布の下での手法

10.A.25 水準 α の閉検定手順

(a) $J \geqq 2$ のとき，$\ell = \ell_1, \ldots, \ell_J$ に対して $\alpha(M, \ell)$ を

$$\alpha(M, \ell) \equiv 1 - (1 - \alpha)^{\ell/M} \tag{10.45}$$

で定義する．$1 \leqq j \leqq J$ となるある整数 j が存在して $d_1\left(\ell_j; \alpha(M, \ell_j)\right) < T_P^o(I_j^o)$ ならば帰無仮説 $\bigwedge_{\boldsymbol{v} \in V} H_{\boldsymbol{v}}$ を棄却する．

(b) $J = 1$ $(M = \ell_1)$ のとき，$d_1\left(M; \alpha\right) < T_P^o(I_1^o)$ ならば帰無仮説 $\bigwedge_{\boldsymbol{v} \in V} H_{\boldsymbol{v}}$ を棄却する．

　(a), (b) の方法で，$(i, i') \in V \subset \mathcal{U}_k$ を満たす任意の V に対して，$\bigwedge_{\boldsymbol{v} \in V} H_{\boldsymbol{v}}$ が棄却されるとき，多重比較検定として，$H_{(i, i')}$ を棄却する． ◇

定理 8.2 と同様に，[10.A.25] が水準 α の漸近的な多重比較検定であることが示せる．

$\widehat{\nu}^*_{s_j+1}(I_j^o), \ldots, \widehat{\nu}^*_{s_j+\ell_j}(I_j^o)$ を

$$\sum_{i \in I_j^o} \left\{\widehat{\nu}^*_i(I_j^o) - \mathcal{Z}_P(\widetilde{\mu}_i)\right\}^2 = \min_{u_{s_j+1} \leqq \cdots \leqq u_{s_j+\ell_j}} \sum_{i \in I_j^o} \left\{u_i - \mathcal{Z}_P(\widetilde{\mu}_i)\right\}^2$$

を満たすものとする．(4.22) と同様に，$r = 1, \ldots, \ell_j$ に対して，

$$\widehat{\nu}^*_{s_j+r}(I_j^o) = \max_{s_j+1 \leqq p \leqq s_j+r} \ \min_{s_j+r \leqq q \leqq s_j+\ell_j} \frac{\sum_{m=p}^q \mathcal{Z}_P(\widetilde{\mu}_m)}{q - p + 1}$$

を得る．

$$\bar{\chi}^2_{P\ell_j}(I_j^o) \equiv 4n_1 \sum_{i \in I_j^o} \left\{\widehat{\nu}^*_i(I_j^o) - \frac{1}{\ell_j} \sum_{i \in I_j^o} \mathcal{Z}_P(\widetilde{\mu}_i)\right\}^2$$

とおく．水準 α の漸近的な多重比較検定として，次の $\bar{\chi}^2_{P\ell_j}(I_j^o)$ を使って閉検定手順がおこなえる．

10.A.26 $\bar{\chi}^2$ 統計量を用いた水準 α の閉検定手順

[10.A.25] の手法で，$d_1\left(\ell_j; \alpha(M, \ell_j)\right) < T_P^o(I_j^o)$ と $d_1\left(M; \alpha\right) < T_P^o(I_1^o)$ を，それぞれ，$\bar{c}^{2*}(\ell_j; \alpha(M, \ell_j)) < \bar{\chi}^2_{P\ell_j}(I_j^o)$ と $\bar{c}^{2*}(M; \alpha) < \bar{\chi}^2_{P\ell_1}(I_1^o)$ に替えた

10.1 ポアソンモデルにおける統計解析法 **237**

手法である．ただし，$\bar{c}^{2*}(\ell;\alpha)$ は (4.27) で定義された $\bar{c}^{2*}(k;\alpha)$ において k を ℓ に置き替えたものである． ◇

$\bar{c}^{2*}(k;\alpha)$ の値は付録 B の付表 20, 21 に掲載している．

簡単のため，以後この 10.1.7 項を通して標本サイズが同一の表 10.5 のモデルで多重比較法を論述する．

次に隣接した平均母数の相違に関する多重比較法を論述する．隣接した標本の平均を比較することを考える．1 つの比較のための検定は

帰無仮説 $H_{(i,i+1)}$: $\mu_i = \mu_{i+1}$　　vs.　　対立仮説 $H^{OA}_{(i,i+1)}$: $\mu_i < \mu_{i+1}$

となる．帰無仮説のファミリーを

$$\mathcal{H}^o_2 \equiv \{H_{(i,i+1)} \mid i \in \mathcal{I}_{k-1}\}$$

とおく．ただし，$\mathcal{I}_{k-1}$ は (8.18) で定義されている．さらに，

$$\widetilde{T}_{Pi} = \sqrt{2n_1}\left(\mathcal{Z}_P(\widetilde{\mu}_{i+1}) - \mathcal{Z}_P(\widetilde{\mu}_i)\right),$$
$$\widetilde{T}_{Pi}(\boldsymbol{\mu}) = \sqrt{2n_1}\left(\mathcal{Z}_P(\widetilde{\mu}_{i+1}) - \mathcal{Z}_P(\widetilde{\mu}_i) - \mathcal{Z}_P(\mu_{i+1}) + \mathcal{Z}_P(\mu_i)\right)$$

とおく．このとき，定理 8.4 と同様に，$t > 0$ に対して，

$$\lim_{n\to\infty} P\left(\max_{1\leq i\leq k-1} \widetilde{T}_{Pi}(\boldsymbol{\mu}) \leq t\right) = \lim_{n\to\infty} P_0\left(\max_{1\leq i\leq k-1} \widetilde{T}_{Pi} \leq t\right)$$
$$= D^*_2(t|k) \qquad (10.46)$$

が成り立つ．ただし，

$$D^*_2(t|k) \equiv P\left(\max_{1\leq i\leq k-1} \frac{Z_{i+1} - Z_i}{\sqrt{2}} \leq t\right) \qquad (10.47)$$

とおき，$Z_1,\ldots,Z_k$ は互いに独立で同一の $N(0,1)$ に従う確率変数とする．

$D^*_2(t|k) = 1 - \alpha$ の t の解は (8.25) の $d^*_2(k;\alpha)$ と同じであり，$d^*_2(k;\alpha)$ の値は付録 B の付表 16 に掲載している．(10.46) より，漸近的なシングルステップの多重比較検定 [10.A.27] と同時信頼区間 [10.A.28] を得る．

238　　第 10 章　関連した 1 つの母数をもつ分布の下での手法

10.A.27 **シングルステップのリー・スプーリエル型の多重比較検定法**

{ 帰無仮説 $H_{(i,i+1)}$ vs. 対立仮説 $H_{(i,i+1)}^{OA} \mid i \in \mathcal{I}_{k-1}$} に対する水準 α の漸近的な多重比較検定は，次で与えられる．

ある i に対して $\widetilde{T}_{Pi} > d_2^*(k;\alpha)$ ならば，帰無仮説 $H_{(i,i+1)}$ を棄却し，対立仮説 $H_{(i,i+1)}^{OA}$ を受け入れ，$\mu_i < \mu_{i+1}$ と判定する．　　　　　　$\diamondsuit$

10.A.28 **同時信頼区間**

$\mathcal{Z}_P(\mu_{i+1}) - \mathcal{Z}_P(\mu_i) \ (i \in \mathcal{I}_{k-1})$ についての信頼係数 $1-\alpha$ の漸近的な同時信頼区間は，

$$\mathcal{Z}_P(\widetilde{\mu}_{i+1}) - \mathcal{Z}_P(\widetilde{\mu}_i) - \frac{d_2^*(k;\alpha)}{\sqrt{2n_1}} \leqq \mathcal{Z}_P(\mu_{i+1}) - \mathcal{Z}_P(\mu_i) < +\infty$$

$(i \in \mathcal{I}_{k-1})$ で与えられる．　　　　　　$\diamondsuit$

8.2.2 項の閉検定手順の解説により $\mathcal{H}_2^o$ に対する閉検定の基礎となる説明と記号の導出を [[閉検定 10.4]] としておこなう．

閉検定 10.4

$\mathcal{U}_{k-1}' \equiv \{(i,i+1) \mid i \in \mathcal{I}_{k-1}\}$ とする．特定の帰無仮説を $H_{\boldsymbol{v}_0} \in \mathcal{H}_2^o$ としたとき，$\boldsymbol{v}_0 \in V \subset \mathcal{U}_{k-1}'$ を満たす任意の V に対して，帰無仮説 $\bigwedge\limits_{\boldsymbol{v} \in V} H_{\boldsymbol{v}}$ の検定が水準 α で棄却された場合に，$H_{\boldsymbol{v}_0}$ を棄却する方式が，水準 α の閉検定手順である．

$\varnothing \subsetneq V \subset \mathcal{U}_{k-1}'$ を満たす V に対して，

$$\bigwedge_{\boldsymbol{v} \in V} H_{\boldsymbol{v}}: \quad \text{任意の } (i,i+1) \in V \text{ に対して，} \quad \mu_i = \mu_{i+1}$$

は k 個の母平均に関していくつかが等しいという仮説となる．

$I_1^o, \ldots, I_J^o \ (I_j^o \neq \varnothing, \ j = 1, \ldots, J)$ を，（性質 10.1）を満たす添え字 $\{1, \ldots, k\}$ の互いに素な部分集合の組とする．I_j^o は連続した整数の要素からなり，$\ell_j = \#I_j^o \geqq 2$ である．同じ $I_j^o \ (j = 1, \ldots, J)$ に属する添え字をもつ母平均は等しいという帰無仮説を $H_2^o(I_1^o, \ldots, I_J^o)$ で表す．このとき，$\varnothing \subsetneq V \subset \mathcal{U}_{k-1}'$ を満たす任意の V に対して，（性質 10.1）で述べたある自然数 J とある $I_1^o, \ldots, I_J^o$ が存在して，

$$\bigwedge_{\boldsymbol{v} \in V} H_{\boldsymbol{v}} = H_2^o(I_1^o, \ldots, I_J^o) \tag{10.48}$$

10.1　ポアソンモデルにおける統計解析法　　**239**

が成り立つ．さらに仮説 $H_2^o(I_1^o, \ldots, I_J^o)$ は，

$$H_2^o(I_1^o, \ldots, I_J^o): \ \mu_{s_j+1} = \mu_{s_j+2} = \cdots = \mu_{s_j+\ell_j} \quad (j = 1, \ldots, J) \quad (10.49)$$

と表現することができる．

$$M \equiv M(I_1^o, \ldots, I_J^o) \equiv \sum_{j=1}^{J} \ell_j$$

とおく． □

$j = 1, \ldots, J$ に対して，

$$\widetilde{T}_P^o(I_j^o) \equiv \max_{s_j+1 \leqq i \leqq s_j+\ell_j-1} \widetilde{T}_{Pi}$$

を使って閉検定手順がおこなえる．(10.47) に対応して，(10.44) の I_j^o に対して

$$D_2^*(t|\ell_j) \equiv P\left(\max_{1 \leqq i \leqq \ell_j-1} \frac{Z_{i+1} - Z_i}{\sqrt{2}} \leqq t\right)$$

$$= P\left(\max_{s_j+1 \leqq i \leqq s_j+\ell_j-1} \frac{Z_{i+1} - Z_i}{\sqrt{2}} \leqq t\right)$$

とし，

$$\text{方程式 } D_2^*(t|\ell_j) = 1 - \alpha \text{ を満たす } t \text{ の解を } d_2^*(\ell_j; \alpha) \quad (10.50)$$

とする．ただし，$Z_1, \ldots, Z_k$ は互いに独立で同一の $N(0,1)$ に従う確率変数とする．

水準 α の帰無仮説 $\bigwedge_{\boldsymbol{v} \in V} H_{\boldsymbol{v}}$ に対する検定方法を具体的に論述する．

10.A.29 漸近的な閉検定手順

(a) $J \geqq 2$ のとき，$\ell = \ell_1, \ldots, \ell_J$ に対して $\alpha(M, \ell)$ を (10.45) で定義する．$1 \leqq j \leqq J$ となるある整数 j が存在して $d_2^*(\ell_j; \alpha(M, \ell_j)) < \widetilde{T}_P^o(I_j^o)$ ならば帰無仮説 $\bigwedge_{\boldsymbol{v} \in V} H_{\boldsymbol{v}}$ を棄却する．

(b) $J = 1 \ (M = \ell_1)$ のとき，$d_2^*(M; \alpha) < \widetilde{T}_P^o(I_1^o)$ ならば帰無仮説 $\bigwedge_{\boldsymbol{v} \in V} H_{\boldsymbol{v}}$ を

棄却する.

(a), (b) の方法で, $(i, i+1) \in V \subset \mathcal{U}'_{k-1}$ を満たす任意の V に対して, $\bigwedge_{v \in V} H_v$ が棄却されるとき, 多重比較検定として $H_{(i,i+1)}$ を棄却する. $\diamondsuit$

$d_2^*(\ell_j; \alpha(M, \ell_j))$ の値は付録 B の付表 17, 18 に掲載している.

最後に, 第 1 標本を対照標本, 第 2 標本から第 k 標本は処理標本とした表 10.6 のモデルについて考察する.

表 10.6 k 標本モデル

水準	標本	サイズ	データ	平均	分布
対照	第 1 標本	n_1	$X_{11}, \ldots, X_{1n_1}$	μ_1	$\mathcal{P}_o(\mu_1)$
処理 1	第 2 標本	n_1	$X_{21}, \ldots, X_{2n_1}$	μ_2	$\mathcal{P}_o(\mu_2)$
$\vdots$	$\vdots$	$\vdots$	$\vdots \quad \vdots \quad \vdots$	$\vdots$	$\vdots$
処理 $k-1$	第 k 標本	n_1	$X_{k1}, \ldots, X_{kn_1}$	μ_k	$\mathcal{P}_o(\mu_k)$

総標本サイズ:$n \equiv k n_1$ (すべての観測値の個数)
$\mu_1 \leqq \mu_2 \leqq \cdots \leqq \mu_k$ かつ $\mu_1, \ldots, \mu_k$ はすべて未知とする.

傾向性の制約 (4.18) は成り立っているものとする. i を $2 \leqq i \leqq k$ とする. 1 つの比較のための検定は

$$\text{帰無仮説 } H_{1i} : \mu_i = \mu_1 \quad \text{vs.} \quad \text{対立仮説 } H_{1i}^{OA} : \mu_i > \mu_1$$

となる. 帰無仮説のファミリーを

$$\mathcal{H}_3^o \equiv \{ H_{1i} \mid i \in \mathcal{I}_{2,k} \}$$

とおく. ただし, $\mathcal{I}_{2,k} \equiv \{ i \mid 2 \leqq i \leqq k \}$ とする.

検定統計量 $\widehat{T}_{P\ell}^o$ と $\widehat{\nu}_\ell^o$ を

$$\widehat{T}_{P\ell}^o = \sqrt{2n_1} \left(\hat{\nu}_\ell^o - \mathcal{Z}_P(\widetilde{\mu}_1) \right), \quad \hat{\nu}_\ell^o \equiv \max_{2 \leqq s \leqq \ell} \frac{\sum_{i=s}^{\ell} \mathcal{Z}_P(\widetilde{\mu}_i)}{\ell - s + 1}$$

で定義する. $d_3(\ell, 1; \alpha)$ は (8.36) で定義された $d_3(\ell, \lambda_{21}; \alpha)$ で $\lambda_{21} = 1$ とした ものとする. $d_3(\ell, 1; \alpha)$ の値は付録 B の付表 19 に掲載している.

10.2 指数分布モデルにおける統計解析法　　　　　**241**

10.A.30 ウィリアムズ型の検定法

$i \leqq \ell \leqq k$ となる任意の ℓ に対して，$d_3(\ell, 1; \alpha) < \widehat{T}_{P\ell}^o$ ならば，{ 帰無仮説 H_{1i} vs. 対立仮説 $H_{1i}^{OA} \mid i \in \mathcal{I}_{2,k}$} に対する漸近的な多重比較検定として帰無仮説 H_{1i} を棄却し，対立仮説 H_{1i}^{OA} を受け入れ，$\mu_i > \mu_1$ と判定する．　　　　◇

定理 8.7 と同様に，[10.A.30] の検定方式は水準 α の漸近的な多重比較検定であることが示せる．

$\mathcal{I}_\ell \equiv \{1, 2, \ldots, \ell\}$ とおく．$\widehat{\nu}_1^*(\mathcal{I}_\ell), \ldots, \widehat{\nu}_\ell^*(\mathcal{I}_\ell)$ を

$$\sum_{i \in \mathcal{I}_\ell} \left\{ \widehat{\nu}_i^*(\mathcal{I}_\ell) - \mathcal{Z}_P(\widetilde{\mu}_i) \right\}^2 = \min_{u_1 \leqq \cdots \leqq u_\ell} \sum_{i \in \mathcal{I}_\ell} \left\{ u_i - \mathcal{Z}_P(\widetilde{\mu}_i) \right\}^2$$

を満たすものとする．(4.22) と同様に，$r = 1, \ldots, \ell$ に対して，

$$\widehat{\nu}_r^*(\mathcal{I}_\ell) = \max_{1 \leqq p \leqq r} \min_{r \leqq q \leqq \ell} \frac{\sum_{m=p}^{q} \mathcal{Z}_P(\widetilde{\mu}_m)}{q - p + 1}$$

を得る．

$$\bar{\chi}_{P\ell}^2(\mathcal{I}_\ell) \equiv 4n_1 \sum_{i \in \mathcal{I}_\ell} \left\{ \widehat{\nu}_i^*(\mathcal{I}_\ell) - \frac{1}{\ell} \sum_{i \in \mathcal{I}_\ell} \mathcal{Z}_P(\widetilde{\mu}_i) \right\}^2$$

とおく．水準 α の漸近的な多重比較検定として，次の $\bar{\chi}_{P\ell}^2(\mathcal{I}_\ell)$ を使って閉検定手順がおこなえる．

10.A.31 $\bar{\chi}^2$ 統計量を用いた水準 α の閉検定手順

[10.A.30] の手法で，$d_3(\ell, 1; \alpha) < \widehat{T}_{P\ell}^o$ を，$\bar{c}_3^{2*}(\ell; \alpha) < \bar{\chi}_{P\ell}^2(\mathcal{I}_\ell)$ に替えた手法である．ただし，$\bar{c}_3^{2*}(\ell; \alpha)$ は (8.39) で定義されたものである．　　◇

$\bar{c}_3^{2*}(\ell; \alpha)$ の数表を付録 B の付表 24 として掲載している．

10.2 指数分布モデルにおける統計解析法

稀に起こる現象を E とするとき，10.1 節で単位時間に E の起こる回数はポアソン分布に従うことを示した．この節で，E の生起する時間の間隔が指数分布に従うことを説明する．まずは指数分布を紹介する．

242　第 10 章　関連した 1 つの母数をもつ分布の下での手法

▌指数分布 $EX(\mu)$

密度関数が

$$f(x|\nu) = \nu e^{-\nu x}, \quad x > 0; \ \nu > 0$$

で与えられる分布を指数分布といい，記号 $EX(\nu)$ で表す．

　X が指数分布 $EX(\nu)$ に従うならば，平均と分散は $E(X) = 1/\nu$，　$V(X) = 1/\nu^2$ で与えられる．ここで $\mu = 1/\nu$ とおくならば，$X \sim EX(1/\mu)$，密度関数が

$$f(x|1/\mu) = \frac{1}{\mu} e^{-x/\mu}, \quad x > 0; \ \mu > 0$$

となり，

$$E(X) = \mu, \quad V(X) = \mu^2$$

である．$EX(1/\mu)$ について多重比較法を論じる．簡便さのため $EXP(\mu) \equiv EX(1/\mu)$ とおく．

　確率変数 X がある連続分布に従うものとする．このとき，任意の $t, h \geqq 0$ に対して，

$$P(X > t + h | X > t) = P(X > h) \tag{10.51}$$

が成り立つならば，X の分布は無記憶性をもつという．(10.51) は

$$P(X < t + h | X > t) = P(X < h)$$

と同値である．X が指数分布に従うならば，(10.51) が満たされる．逆に無記憶性をもつ連続分布は指数分布に限られることが示されている．

　任意の時点から，稀に起こる現象 E を単位時間観測し，その生起回数を X とする．

(i)　E は同時に 2 回以上起こらない．

(ii)　単位時間に E の起こる確率は，過去の起こり方に無関係である．

(iii)　単位時間に E の生起回数の平均は $E(X) = \nu$（一定）である．

　これら 3 つの条件を満たすとき，X はポアソン分布 $\mathcal{P}_o(\nu)$ に従う．時間 t を導入するとき，t の時間 $[0, t]$ に E の起こる回数を $X(t)$ とすると，$X(t) \sim \mathcal{P}_o(\nu t)$

10.2 指数分布モデルにおける統計解析法 **243**

である。この $X(t)$ をポアソン過程という。すなわち，

$$P(X(t) = x) = \frac{(\nu t)^x}{x!} e^{-\nu t}, \quad x = 0, 1, 2, \ldots; \quad \nu > 0 \tag{10.52}$$

が成り立つ。上記の (i)-(iii) を考慮すると，次の (1),(2) を満たすとき，$X(t)$ は (10.52) のポアソン過程に従うという。

(1) $0 \leqq t_0 < t_1 < \cdots < t_n$ に対して，$\{X(t_i) - X(t_{i-1}) \mid i = 1, \ldots, n\}$ は互いに独立である。ただし，$X(0) = 0$ とする。

(2) $0 \leqq s < t$ に対して，$X(t) - X(s)$ がポアソン分布 $\mathcal{P}_o(\nu(t-s))$ に従う。

E の生起する時間の間隔を T とすると，T の分布関数は，

$$P(T \leqq t) = 1 - P(T > t) = 1 - P(X(t) = 0) = 1 - e^{-\nu t}$$

で与えられる。ここで，T の密度関数は，$dP(T \leqq x)/dx = \nu e^{-\nu x}$ となり，T は指数分布 $EX(\nu)$ に従う。ゆえに，(10.52) のポアソン過程において，E の生起する時間の間隔は指数分布 $EX(\nu)$ に従っている。ポアソン過程において $(i-1)$ 回目の E の生起時点から i 回目の生起時点までの時間の間隔を T_i とすると，伏見 (2004) の 5.2 節により，$\{T_i \mid i \geqq 1\}$ は互いに独立で同一の指数分布に従うことがわかる。単位時間に現象 E の起きる回数が多ければ（少なければ），現象 E の生起する時間の間隔は短くなる（長くなる）。これにより，ポアソン過程と指数モデルは表裏の関係にある。

10.2.1　1 標本モデルの小標本理論と大標本理論

$X_1, \ldots, X_n$ を密度関数 $f_X(x) = (1/\mu)e^{-(x/\mu)} I_{(0,\infty)}(x)$ をもつ指数分布 $EXP(\mu)$ からの無作為標本とする。標本平均を $\bar{X} \equiv (1/n) \sum_{i=1}^{n} X_i$ とする。

命題 10.15 確率変数 $2n \cdot \bar{X}/\mu$ は自由度 $2n$ のカイ二乗分布に従う。すなわち，$2n \cdot \bar{X}/\mu \sim \chi_{2n}^2$ が成り立つ。

証明 後の 10.2.8 項で紹介されているガンマ分布 $GA(\alpha, \beta)$ に対して，$EXP(\mu) = GA(1, 1/\mu)$ である。（著 2）の系 3.16 より，

$$W \equiv \sum_{i=1}^{n} X_i \sim GA(n, 1/\mu)$$

となり，W の密度関数は，

$$f_W(x) = \frac{(1/\mu)^n}{\Gamma(n)} x^{n-1} e^{-x/\mu}$$

となる．$T \equiv 2n \cdot \bar{X}/\mu$ とおくと，$T = 2W/\mu$ であるので，$a = 2/\mu, b = 0$ として（著2）の系 2.34 を適用すると，T の密度関数は，

$$f_T(y) = \frac{1}{|a|} f_W\left(\frac{y-b}{a}\right) = \frac{1}{(2/\mu)} \cdot \frac{(1/\mu)^n}{\Gamma(n)} \left(\frac{y}{2/\mu}\right)^{n-1} e^{-\mu(y/2\mu)}$$

$$= \frac{1}{2^n \Gamma(n)} y^{n-1} e^{-y/2} = (\chi^2_{2n} \text{の密度関数})$$

であることが示され，結論を得る． $\qquad\qquad\qquad\qquad\qquad\qquad\square$

$\widetilde{\mu} \equiv \bar{X}$ とおけば，$\widetilde{\mu}$ は μ の不偏推定量である．このとき，命題 10.15 より命題 10.16 を得る．

命題 10.16 次の等式が成り立つ．

$$P\left(\frac{2n\widetilde{\mu}}{\chi^2_{2n}(\alpha)} < \mu\right) = 1 - \alpha,$$

$$P\left(\mu < \frac{2n\widetilde{\mu}}{\chi^2_{2n}(1-\alpha)}\right) = 1 - \alpha$$

$$A \equiv \left\{\frac{2n\widetilde{\mu}}{\chi^2_{2n}(\alpha/2)} > \mu\right\}, \quad B \equiv \left\{\frac{2n\widetilde{\mu}}{\chi^2_{2n}(1-\alpha/2)} < \mu\right\}$$

とおくと，$\alpha/2 < 0.5$ であるので，$A \cap B = \varnothing$ となり，

$$P(A \cup B) = P(A) + P(B) = \alpha \tag{10.53}$$

を得る．

$0 < \mu_0$ となる μ_0 を与え，3 種の帰無仮説 vs. 対立仮説

① 帰無仮説 $H_{01}: \mu = \mu_0$ vs. 両側対立仮説 $H_{01}^A: \mu \neq \mu_0$

10.2 指数分布モデルにおける統計解析法　　　**245**

② 　帰無仮説 H_{02} : $\mu \leqq \mu_0$ 　vs.　上側対立仮説 H_{02}^A : $\mu > \mu_0$

③ 　帰無仮説 H_{03} : $\mu \geqq \mu_0$ 　vs.　下側対立仮説 H_{03}^A : $\mu < \mu_0$

を考える．命題 10.16 と (10.53) より，検定は次のようにまとめられる．

10.B.1 正確な検定

水準 α の検定は，次の (1)-(3) で与えられる．

(1) 両側検定：帰無仮説 H_{01} : $\mu = \mu_0$ vs. 対立仮説 H_{01}^A のとき，

$$\frac{2n\widetilde{\mu}}{\chi_{2n}^2\left(\alpha/2\right)} > \mu_0 \ \text{ または } \ \frac{2n\widetilde{\mu}}{\chi_{2n}^2\left(1-\alpha/2\right)} < \mu_0$$

$$\Longrightarrow H_{01} \text{ を棄却し，} H_{01}^A \text{ を受け入れ，} \mu \neq \mu_0 \text{ と判定する．}$$

(2) 上側検定：帰無仮説 H_{02} vs. 対立仮説 H_{02}^A のとき，

$$\frac{2n\widetilde{\mu}}{\chi_{2n}^2\left(\alpha\right)} > \mu_0$$

$$\Longrightarrow H_{02} \text{ を棄却し，} H_{02}^A \text{ を受け入れ，} \mu > \mu_0 \text{ と判定する．}$$

(3) 下側検定：帰無仮説 H_{03} vs. 対立仮説 H_{03}^A のとき，

$$\frac{2n\widetilde{\mu}}{\chi_{2n}^2\left(1-\alpha\right)} < \mu_0$$

$$\Longrightarrow H_{03} \text{ を棄却し，} H_{03}^A \text{ を受け入れ，} \mu < \mu_0 \text{ と判定する．} \quad \diamondsuit$$

10.B.2 正確な信頼区間

μ についての信頼係数 $1-\alpha$ の正確な信頼区間は，次の (1)-(3) で与えられる．

(1) 両側信頼区間： $\dfrac{2n\widetilde{\mu}}{\chi_{2n}^2\left(\alpha/2\right)} < \mu < \dfrac{2n\widetilde{\mu}}{\chi_{2n}^2\left(1-\alpha/2\right)}$

(2) 上側信頼区間： $\dfrac{2n\widetilde{\mu}}{\chi_{2n}^2\left(\alpha\right)} < \mu < +\infty$

(3) 下側信頼区間： $0 < \mu < \dfrac{2n\widetilde{\mu}}{\chi_{2n}^2\left(1-\alpha/2\right)}$ 　　　　　$\diamondsuit$

引き続き，漸近理論を述べる．

$0 < x$ となる x に対して,

$$\mathcal{Z}_E(x) \equiv \log(x) \tag{10.54}$$

とおく. 定理 A.6 のデルタ法を使うことにより,

$$\sqrt{n}\left\{\mathcal{Z}_E(\widetilde{\mu}) - \mathcal{Z}_E(\mu)\right\} \xrightarrow{\mathcal{L}} N(0,1) \tag{10.55}$$

が成り立つ. すなわち, $\mathcal{Z}_E(x)$ は分散安定化変換である.

$$T_{E1} \equiv \sqrt{n}\{\mathcal{Z}_E(\widetilde{\mu}) - \mathcal{Z}_E(\mu_0)\}$$

とおく. このとき, (10.55) より, 漸近的な検定方式は, 以下のとおりとなる.

10.B.3 漸近的な検定

水準 α の検定は, 次の (1)-(3) で与えられる.

(1) 両側検定：帰無仮説 H_{01} vs. 対立仮説 H_{01}^A のとき, $|T_{E1}| > z(\alpha/2)$ ならば, H_{01} を棄却し, $\mu \neq \mu_0$ と判定する.

(2) 上側検定：帰無仮説 H_{02} vs. 対立仮説 H_{02}^A のとき, $T_{E1} > z(\alpha)$ ならば, H_{02} を棄却し, $\mu > \mu_0$ と判定する.

(3) 下側検定：帰無仮説 H_{03} vs. 対立仮説 H_{03}^A のとき, $-T_{E1} > z(\alpha)$ ならば, H_{03} を棄却し, $\mu < \mu_0$ と判定する. $\diamondsuit$

検定の場合と同様に信頼区間を以下にまとめる.

10.B.4 漸近的な信頼区間

μ についての信頼係数 $1-\alpha$ の漸近的な信頼区間は, 次の (1)-(3) で与えられる.

(1) 両側信頼区間： $\widetilde{\mu} \cdot \exp\left\{-\dfrac{z(\alpha/2)}{\sqrt{n}}\right\} \leqq \mu \leqq \widetilde{\mu} \cdot \exp\left\{\dfrac{z(\alpha/2)}{\sqrt{n}}\right\}$

(2) 上側信頼区間： $\widetilde{\mu} \cdot \exp\left\{-\dfrac{z(\alpha)}{\sqrt{n}}\right\} \leqq \mu < +\infty$

(3) 下側信頼区間： $0 < \mu \leqq \widetilde{\mu} \cdot \exp\left\{\dfrac{z(\alpha)}{\sqrt{n}}\right\}$ $\diamondsuit$

10.2.2 2標本モデルの小標本理論と大標本理論

$X_1, X_2, \ldots, X_{n_1}$ を，同一の密度関数 $f_X(x) = (1/\mu_1)e^{-(x/\mu_1)}I_{(0,\infty)}(x)$ をもつ指数分布 $EXP(\mu_1)$ からの無作為標本とし，$Y_1, Y_2, \ldots, Y_{n_2}$ を，同一の密度関数 $f_Y(x) = (1/\mu_2)e^{-(x/\mu_2)}I_{(0,\infty)}(x)$ をもつ指数分布 $EXP(\mu_2)$ からの無作為標本とする．さらに，$(X_1, \ldots, X_{n_1})$ と $(Y_1, \ldots, Y_{n_2})$ は互いに独立とする．このモデルを表 10.7 に示す．それぞれの標本平均を

$$\bar{X}_{n_1} \equiv \frac{1}{n_1}\sum_{i=1}^{n_1}X_i, \quad \bar{Y}_{n_2} \equiv \frac{1}{n_2}\sum_{i=1}^{n_2}Y_i$$

とする．このとき，μ_1, μ_2 の不偏推定量は，

$$\widetilde{\mu}_1 = \bar{X}_{n_1}, \quad \widetilde{\mu}_2 = \bar{Y}_{n_2}$$

である．

表 10.7 2 標本指数分布モデル

標本	サイズ	データ	平均	分布
第 1 標本	n_1	$X_1, \ldots, X_{n_1}$	μ_1	$EXP(\mu_1)$
第 2 標本	n_2	$Y_1, \ldots, Y_{n_2}$	μ_2	$EXP(\mu_2)$

総標本サイズ：$n \equiv n_1 + n_2$ （すべての観測値の個数）
μ_1, μ_2 は未知母数とする．

命題 10.17 確率変数 $\mu_2\widetilde{\mu}_1/(\mu_1\widetilde{\mu}_2)$ は自由度 $(2n_1, 2n_2)$ の F 分布に従う．すなわち，

$$\frac{\mu_2\widetilde{\mu}_1}{\mu_1\widetilde{\mu}_2} \sim F_{2n_2}^{2n_1}$$

が成り立つ．

証明 命題 10.15 より，

$$T_1 \equiv \frac{2n_1}{\mu_1}\widetilde{\mu}_1 \sim \chi_{2n_1}^2, \quad T_2 \equiv \frac{2n_2}{\mu_2}\widetilde{\mu}_2 \sim \chi_{2n_2}^2$$

となり，定理 A.6 より，

$$\frac{\mu_2 \widetilde{\mu}_1}{\mu_1 \widetilde{\mu}_2} = \frac{T_1/2n_1}{T_2/2n_2} \sim F_{2n_2}^{2n_1}$$

となる. □

$$\text{帰無仮説 } H_0: \ \mu_1 = \mu_2$$

に対して 3 種の対立仮説

① 両側対立仮説 $H_1^A: \ \mu_1 \neq \mu_2$

② 片側対立仮説 $H_2^A: \ \mu_1 > \mu_2$

③ 片側対立仮説 $H_3^A: \ \mu_1 < \mu_2$

となる. 命題 10.17 より, 帰無仮説 H_0 の下で,

$$\frac{\widetilde{\mu}_1}{\widetilde{\mu}_2} \sim F_{2n_2}^{2n_1} \tag{10.56}$$

である. $F_{m_2}^{m_1}(\alpha)$ は自由度 (m_1, m_2) の F 分布の上側 $100\alpha\%$ 点を表すものとする. このとき, (10.56) と $F_{m_2}^{m_1}(1-\alpha)F_{m_1}^{m_2}(\alpha) = 1$ の関係より, 検定は次のようにまとめられる.

10.B.5 正確な検定

水準 α の検定は, 次の (1)-(3) で与えられる.

(1) 両側検定:帰無仮説 H_0 vs. 対立仮説 H_1^A のとき,

$$\frac{\widetilde{\mu}_1}{\widetilde{\mu}_2} > F_{2n_2}^{2n_1}(\alpha/2) \ \text{ または } \ \frac{\widetilde{\mu}_1}{\widetilde{\mu}_2} < \frac{1}{F_{2n_1}^{2n_2}(\alpha/2)}$$

$\implies H_0$ を棄却し, H_1^A を受け入れ, $\mu_1 \neq \mu_2$ と判定する.

(2) 上側検定:帰無仮説 H_0 vs. 対立仮説 H_2^A のとき,

$$\frac{\widetilde{\mu}_1}{\widetilde{\mu}_2} > F_{2n_2}^{2n_1}(\alpha) \implies H_0 \text{ を棄却し, } H_2^A \text{ を受け入れ, } \mu_1 > \mu_2 \text{ と判定する.}$$

(3) 下側検定:帰無仮説 H_0 vs. 対立仮説 H_3^A のとき,

10.2 指数分布モデルにおける統計解析法

$$\frac{\widetilde{\mu}_1}{\widetilde{\mu}_2} < \frac{1}{F^{2n_2}_{2n_1}(\alpha)} \implies H_{03} \text{ を棄却し, } H_3^A \text{ を受け入れ, } \mu_1 < \mu_2 \text{ と判定する.}$$

◇

$n \equiv n_1 + n_2$ とおき, (条件 3.2) を仮定する. $\widehat{c}_n, d_n$ を

$$\widehat{c}_n \equiv \sqrt{\frac{\widetilde{\mu}_1^2}{n_1} + \frac{\widetilde{\mu}_2^2}{n_2}}, \quad d_n \equiv \sqrt{\frac{1}{n_1} + \frac{1}{n_2}} \tag{10.57}$$

で定義する. このとき, 定理 A.4 の中心極限定理より

$$\frac{\widetilde{\mu}_1 - \widetilde{\mu}_2 - (\mu_1 - \mu_2)}{\widehat{c}_n} \xrightarrow{\mathcal{L}} Z \sim N(0, 1) \tag{10.58}$$

となる. 分散安定化変換に当てはめると,

$$\frac{\mathcal{Z}_E(\widetilde{\mu}_1) - \mathcal{Z}_E(\widetilde{\mu}_2) - \{\mathcal{Z}_E(\mu_1) - \mathcal{Z}_E(\mu_2)\}}{d_n} \xrightarrow{\mathcal{L}} Z \sim N(0, 1) \tag{10.59}$$

が成り立つ. ここで

$$T_{E2} \equiv \frac{\widetilde{\mu}_1 - \widetilde{\mu}_2}{\widehat{c}_n} \quad \text{or} \quad \frac{\mathcal{Z}_E(\widetilde{\mu}_1) - \mathcal{Z}_E(\widetilde{\mu}_2)}{d_n}$$

とおく. (10.58) と (10.59) より次の漸近的な水準 α の検定を得る.

10.B.6 漸近的な検定

水準 α の検定は, 次の (1)-(3) で与えられる.

(1) 両側検定：帰無仮説 H_0 vs. 対立仮説 H_1^A のとき,

$$|T_{E2}| > z(\alpha/2) \implies H_0 \text{ を棄却し, } H_1^A \text{ を受け入れ, } \mu_1 \neq \mu_2 \text{ と判定する.}$$

(2) 上側検定：帰無仮説 H_0 vs. 対立仮説 H_2^A のとき,

$$T_{E2} > z(\alpha) \implies H_0 \text{ を棄却し, } H_2^A \text{ を受け入れ, } \mu_1 > \mu_2 \text{ と判定する.}$$

(3) 下側検定：帰無仮説 H_0 vs. 対立仮説 H_3^A のとき,

$$-T_{E2} > z(\alpha) \implies H_0 \text{ を棄却し, } H_3^A \text{ を受け入れ, } \mu_1 < \mu_2 \text{ と判定する.}$$

命題 10.17 より,

$$P\left(F_{2n_1}^{2n_2}(1-\alpha/2) < \frac{\mu_1\widetilde{\mu}_2}{\mu_2\widetilde{\mu}_1} < F_{2n_1}^{2n_2}(\alpha/2)\right) = 1-\alpha$$

となる. $F_{2n_1}^{2n_2}(1-\alpha/2)F_{2n_2}^{2n_1}(\alpha/2) = 1$ の関係と，上式の確率の中を書き換えることにより，μ_1/μ_2 の信頼係数 $1-\alpha$ の信頼区間

$$\frac{\widetilde{\mu}_1}{\widetilde{\mu}_2 F_{2n_2}^{2n_1}(\alpha/2)} < \frac{\mu_1}{\mu_2} < \frac{\widetilde{\mu}_1 F_{2n_1}^{2n_2}(\alpha/2)}{\widetilde{\mu}_2}$$

を得る. 同様に片側の信頼区間を得る.

10.B.7 正確な信頼区間

信頼係数 $1-\alpha$ の μ_1/μ_2 に関する信頼区間は，次の (1)-(3) で与えられる.

(1) 両側信頼区間：

$$\frac{\widetilde{\mu}_1}{\widetilde{\mu}_2 F_{2n_2}^{2n_1}(\alpha/2)} < \frac{\mu_1}{\mu_2} < \frac{\widetilde{\mu}_1 F_{2n_1}^{2n_2}(\alpha/2)}{\widetilde{\mu}_2}$$

$$\Longleftrightarrow \quad \frac{\widetilde{\mu}_2}{\widetilde{\mu}_1 F_{2n_1}^{2n_2}(\alpha/2)} < \frac{\mu_2}{\mu_1} < \frac{\widetilde{\mu}_2 F_{2n_2}^{2n_1}(\alpha/2)}{\widetilde{\mu}_1}$$

(2) 上側信頼区間： $\quad \dfrac{\widetilde{\mu}_1}{\widetilde{\mu}_2 F_{2n_2}^{2n_1}(\alpha)} < \dfrac{\mu_1}{\mu_2} < +\infty$

(3) 下側信頼区間： $\quad 0 < \dfrac{\mu_1}{\mu_2} < \dfrac{\widetilde{\mu}_1 F_{2n_1}^{2n_2}(\alpha)}{\widetilde{\mu}_2}$ $\hspace{2em}\Diamond$

10.B.8 平均差の漸近的な信頼区間

$\widehat{c}_n, d_n$ を (10.57) で定義する.

(10.58) より，$\mu_1-\mu_2$ についての信頼係数 $1-\alpha$ の漸近的な信頼区間は，次の (1)-(3) で与えられる.

(1) 両側信頼区間：

$$\widetilde{\mu}_1 - \widetilde{\mu}_2 - z(\alpha/2)\cdot\widehat{c}_n \leqq \mu_1-\mu_2 \leqq \widetilde{\mu}_1 - \widetilde{\mu}_2 + z(\alpha/2)\cdot\widehat{c}_n$$

(2) 上側信頼区間： $\quad \widetilde{\mu}_1 - \widetilde{\mu}_2 - z(\alpha)\cdot\widehat{c}_n \leqq \mu_1-\mu_2 < +\infty$

10.2 指数分布モデルにおける統計解析法　　**251**

(3) 下側信頼区間：　　$-\infty < \mu_1 - \mu_2 \leqq \widetilde{\mu}_1 - \widetilde{\mu}_2 + z(\alpha) \cdot \widehat{c}_n$　　　　◇

10.B.9　平均比の漸近的な信頼区間

(10.59) より，μ_1/μ_2 についての信頼係数 $1-\alpha$ の漸近的な信頼区間は，次の (1)-(3) によって与えられる．

(1) 両側信頼区間：

$$\frac{\widetilde{\mu}_1}{\widetilde{\mu}_2} \cdot \exp\left\{-z(\alpha/2) \cdot d_n\right\} \leqq \frac{\mu_1}{\mu_2} \leqq \frac{\widetilde{\mu}_1}{\widetilde{\mu}_2} \cdot \exp\left\{z(\alpha/2) \cdot d_n\right\}$$

(2) 上側信頼区間：　　$\dfrac{\widetilde{\mu}_1}{\widetilde{\mu}_2} \cdot \exp\left\{-z(\alpha) \cdot d_n\right\} \leqq \dfrac{\mu_1}{\mu_2} < +\infty$

(3) 下側信頼区間：　　$0 < \dfrac{\mu_1}{\mu_2} \leqq \dfrac{\widetilde{\mu}_1}{\widetilde{\mu}_2} \cdot \exp\left\{z(\alpha) \cdot d_n\right\}$　　　　◇

10.2.3　多標本モデルと一様性の検定

表 10.8 のように，k 個の標本があって，独立な n_i 個の指数分布 $EXP(\mu_i)$ からの標本を $X_{i1}, \ldots, X_{in_i}$ とする．第 i 標本の標本平均は

$$\bar{X}_{i\cdot} \equiv \frac{1}{n_i} \sum_{j=1}^{n_i} X_{ij}$$

であり，μ_i の点推定量は $\widetilde{\mu}_i = \bar{X}_{i\cdot}$ である．

表 10.8　k 標本指数モデル

標本	サイズ	データ	平均	分布
第 1 標本	n_1	$X_{11}, \ldots, X_{1n_1}$	μ_1	$EXP(\mu_1)$
第 2 標本	n_2	$X_{21}, \ldots, X_{2n_2}$	μ_2	$EXP(\mu_2)$
$\vdots$	$\vdots$	$\vdots$　$\vdots$　$\vdots$	$\vdots$	$\vdots$
第 k 標本	n_k	$X_{k1}, \ldots, X_{kn_k}$	μ_k	$EXP(\mu_k)$

総標本サイズ：$n \equiv n_1 + \cdots + n_k$（すべての観測値の個数）
$\mu_1, \ldots, \mu_k$ はすべて未知母数とする．

ここで，（条件 4.1）を仮定する．このとき，

$$\sqrt{n}\{\mathcal{Z}_E(\tilde{\mu}_i) - \mathcal{Z}_E(\mu_i)\} \xrightarrow{\mathcal{L}} Y_i \sim N\left(0, \frac{1}{\lambda_i}\right) \tag{10.60}$$

が成り立つ．平均の一様性の帰無仮説は，

$$H_0 : \mu_1 = \cdots = \mu_k$$

である．帰無仮説 H_0 に対応して対立仮説を

$$H_1^A : ある i \neq i' について \mu_i \neq \mu_{i'}$$

とする．

$$Q_E = \sum_{i=1}^{k} n_i \left\{ \mathcal{Z}_E(\tilde{\mu}_i) - \sum_{j=1}^{k} \left(\frac{n_j}{n}\right) \mathcal{Z}_E(\tilde{\mu}_j) \right\}^2$$

このとき，定理 10.7 と同様に次の定理を得る．

定理 10.18 （条件 4.1）が成り立つと仮定する．このとき，$n \to \infty$ として，H_0 の下で，

$$Q_E \xrightarrow{\mathcal{L}} \chi_{k-1}^2$$

が成り立つ．

証明 定理 10.7 と類似の証明による． $\square$

ここで，帰無仮説 H_0 vs. 対立仮説 H_1^A に対する水準 α の漸近的な検定方式は，

$$\begin{cases} Q_E > \chi_{k-1}^2(\alpha) \ ならば H_0 を棄却する \\ Q_E < \chi_{k-1}^2(\alpha) \ ならば H_0 を棄却しない \end{cases}$$

で与えられる．

10.2.4 すべての平均相違の多重比較法

1つの比較のための検定は

$$帰無仮説 H_{(i,i')} : \mu_i = \mu_{i'} \quad \text{vs.} \quad 対立仮説 H_{(i,i')}^A : \mu_i \neq \mu_{i'}$$

となる．

10.2 指数分布モデルにおける統計解析法 **253**

定数 α $(0 < \alpha < 1)$ をはじめに決める. $1 \leqq i < i' \leqq k$ を満たすすべての (i, i') に対して，水準 α で同時におこなう検定が，水準 α の多重比較検定法である.

$i < i'$ と $\boldsymbol{\mu} \equiv (\mu_1, \ldots, \mu_k)$ に対して，

$$T_{Ei'i}^{\sharp} \equiv \frac{\widetilde{\mu}_{i'}}{\widetilde{\mu}_i}, \qquad T_{Ei'i}^{\sharp}(\boldsymbol{\mu}) \equiv \frac{\mu_i \widetilde{\mu}_{i'}}{\mu_{i'} \widetilde{\mu}_i}, \tag{10.61}$$

$$T_{Ei'i} \equiv \frac{\mathcal{Z}_E(\widetilde{\mu}_{i'}) - \mathcal{Z}_E(\widetilde{\mu}_i)}{\sqrt{\frac{1}{n_i} + \frac{1}{n_{i'}}}}, \tag{10.62}$$

$$T_{Ei'i}(\boldsymbol{\mu}) \equiv \frac{\mathcal{Z}_E(\widetilde{\mu}_{i'}) - \mathcal{Z}_E(\widetilde{\mu}_i) - \mathcal{Z}_E(\mu_{i'}) + \mathcal{Z}_E(\mu_i)}{\sqrt{\frac{1}{n_i} + \frac{1}{n_{i'}}}} \tag{10.63}$$

とおく.

命題 10.17 により，次の定理 10.19 を得る.

定理 10.19

$$T_{Ei'i}^{\sharp}(\boldsymbol{\mu}) \sim F_{2n_i}^{2n_{i'}}, \quad H_0 \text{の下で} \quad T_{Ei'i}^{\sharp} \sim F_{2n_i}^{2n_{i'}}$$

が成り立つ.

さらに，定理 10.7 と同様に，定理 10.20 を得る.

定理 10.20 （条件 4.1）の下で，$t > 0$ に対して，

$$A(t|k) \leqq \lim_{n \to \infty} P\left(\max_{1 \leqq i < i' \leqq k} |T_{Ei'i}(\boldsymbol{\mu})| \leqq t \right) \leqq A^*(t|\boldsymbol{\lambda}) \tag{10.64}$$

が成り立つ. ただし，$A(t|k)$, $A^*(t|\boldsymbol{\lambda})$ は，それぞれ，(5.8), (5.9) で定義されたものとする.

$$\lambda_1 = \cdots = \lambda_k$$

のとき，(10.64) の等号が成り立つ.

H_0 の下での確率測度を P_0 とすると，

$$\lim_{n \to \infty} P_0\left(\max_{1 \leqq i < i' \leqq k} |T_{Ei'i}| \leqq t \right) = \lim_{n \to \infty} P\left(\max_{1 \leqq i < i' \leqq k} |T_{Ei'i}(\boldsymbol{\mu})| \leqq t \right)$$

が成り立つ.

ボンフェローニの不等式と定理 10.19 より，次の正確な方法を得る.

10.B.10 **ボンフェローニの不等式による正確な多重比較検定法**

{ 帰無仮説 $H_{(i,i')}$ vs. 対立仮説 $H_{(i,i')}^A \mid (i,i') \in \mathcal{U}_k$ } に対する水準 α の多重比較検定は，

$i < i'$ となるペア i, i' に対して $T_{Ei'i}^\sharp > F_{2n_i}^{2n_{i'}}(\alpha/\{k(k-1)\})$ または $T_{Ei'i}^\sharp < F_{2n_i}^{2n_{i'}}(1-\alpha/\{k(k-1)\})$ ならば，帰無仮説 $H_{(i,i')}$ を棄却し，対立仮説 $H_{(i,i')}^A$ を受け入れ，$\mu_i \neq \mu_{i'}$ と判定する. ◇

定理 10.20 より，次の漸近的な多重比較検定法が導かれる.

10.B.11 **対数変換を使った漸近的な多重比較検定法**

{ 帰無仮説 $H_{(i,i')}$ vs. 対立仮説 $H_{(i,i')}^A \mid (i,i') \in \mathcal{U}_k$ } に対する水準 α の多重比較検定は，

$i < i'$ となるペア i, i' に対して $|T_{Ei'i}| > a(k;\alpha)$ ならば，帰無仮説 $H_{(i,i')}$ を棄却し，対立仮説 $H_{(i,i')}^A$ を受け入れ，$\mu_i \neq \mu_{i'}$ と判定する.

ただし，$a(k;\alpha)$ は (5.11) で定義されたものとする. ◇

ボンフェローニの不等式による多重比較検定法は検出力が低いため，改良型として，ホルムの方法 (Holm (1979)) に基づく逐次棄却型検定法を紹介する. $\mathcal{H}_T \equiv \{H_{(i,i')} \mid 1 \leqq i < i' \leqq k\}$ とおく.

10.B.12 **ホルムの方法に基づく正確な多重比較検定法**

$T_{Ei'i}^\sharp$ の実現値を $t_{Ei'i}^\sharp$ とし，$p_{(i,i')} \equiv 2\min\{P(F_{2n_i}^{2n_{i'}} > t_{Ei'i}^\sharp), P(F_{2n_i}^{2n_{i'}} < t_{Ei'i}^\sharp)\}$ とおく. ただし，$F_{\ell_2}^{\ell_1}$ は自由度 (ℓ_1, ℓ_2) の F 分布に従う確率変数とする. $m_0 \equiv k(k-1)/2$ とし，m_0 個の $p_{(i,i')}$ を小さい方から並べたものを，$p_{(1)}^* \leqq \cdots \leqq p_{(m_0)}^*$ とし，対応する帰無仮説を $H_{(1)}^*, \ldots, H_{(m_0)}^*$ $(H_{(i)}^* \in \mathcal{H}_T)$ とする. $j = 1, \ldots, i$ に対して $p_{(j)} \leqq \alpha/(m_0 + 1 - j)$ ならば $H_{(i)}^*$ を棄却する. ◇

[10.B.12] が閉検定手順になっていることは容易に示せる.

10.2 指数分布モデルにおける統計解析法　　**255**

10.B.13　検出力の高い漸近的な閉検定手順

10.1.4 項で述べた [[閉検定 10.1]] と同じ内容で，そこでの記号をこの手順の説明に用いる．[[閉検定 10.1]] の後に次が続く．

$j = 1, \ldots, J$ に対して，

$$T_E(I_j) \equiv \max_{i < i', \ i, i' \in I_j} |T_{Ei'i}|,$$

$$Q_E(I_j) \equiv 4 \sum_{i \in I_j} n_i \left\{ \mathcal{Z}_E(\widetilde{\mu}_i) - \sum_{i' \in I_j} \left(\frac{n_{i'}}{n(I_j)} \right) \mathcal{Z}_E(\widetilde{\mu}_{i'}) \right\}^2$$

を使って閉検定手順がおこなえる．ただし，$n(I_j) \equiv \sum_{i \in I_j} n_i$ とおく．水準 α の帰無仮説 $\bigwedge_{\boldsymbol{v} \in V} H_{\boldsymbol{v}}$ に対する検定方法として，検出力の高い閉検定手順を論述することができる．

(a) $J \geqq 2$ のとき，$\ell = \ell_1, \ldots, \ell_J$ に対して

$$\alpha(M, \ell) \equiv 1 - (1 - \alpha)^{\ell/M}$$

で $\alpha(M, \ell)$ を定義する．ただし，$M \equiv \sum_{j=1}^{J} \ell_j$ とする．$1 \leqq j \leqq J$ となるある整数 j が存在して $a(\ell_j; \alpha(M, \ell_j)) < T_E(I_j)$ ならば帰無仮説 $\bigwedge_{\boldsymbol{v} \in V} H_{\boldsymbol{v}}$ を棄却する．

(b) $J = 1 \ (M = \ell_1)$ のとき，$a(M; \alpha) < T_E(I_1)$ ならば帰無仮説 $\bigwedge_{\boldsymbol{v} \in V} H_{\boldsymbol{v}}$ を棄却する．

　(a), (b) の方法で，$(i, i') \in V \subset \mathcal{U}_k$ を満たす任意の V に対して，$\bigwedge_{\boldsymbol{v} \in V} H_{\boldsymbol{v}}$ が棄却されるとき，多重比較検定として $H_{(i, i')}$ を棄却する．　　　　　$\diamondsuit$

上記の閉検定手順において，$T_E(I_j)$ のかわりに $Q_E(I_j)$ を使っても閉検定手順がおこなえる．この場合，定理 10.18 より，$a(\ell_j; \alpha(M, \ell_j)) < T_E(I_j)$, $a(M; \alpha) < T_E(I_1)$ をそれぞれ $\chi^2_{\ell_j-1}(\alpha(M, \ell_j)) < Q_E(I_j)$, $\chi^2_{M-1}(\alpha) < Q_E(I_1)$ に置き替えればよい．

[10.B.13] の閉検定手順よりも検出力が一様に低いが，k が大きいときに適用しやすい方法として，[10.A.12] の REGW 法と同様の閉検定手順を提案すること

ができる.

10.B.14 漸近的な REGW 型閉検定手順

I ($I \subset \{1, \ldots, k\}$) に属する添え字をもつ母平均は等しいという帰無仮説を $H(I)$ で表し, $\imath \equiv \#(I)$ とおく. $k \geqq 4$ とし, $\alpha^*(\imath)$ を (5.34) で定義する. $T_E(I_j)$ と $Q_E(I_j)$ で I_j を I に置き替えたものを, それぞれ $T_E(I)$, $Q_E(I)$ とする. このとき, $a(\imath; \alpha^*(\imath)) < T_E(I)$ ならば帰無仮説 $H(I)$ を棄却する. この方法で $i, i' \in I$ を満たす任意の I に対して $H(I)$ が棄却されるとき, 多重比較検定として $H_{(i, i')}$ を棄却する. ◇

上記の閉検定手順において, $T_E(I)$ のかわりに $Q_E(I)$ を使っても閉検定手順がおこなえる. この場合, $a(\imath; \alpha^*(\imath)) < T_E(I)$ を $\chi^2_{\imath-1}(\alpha^*(\imath)) < Q_E(I)$ に置き替えればよい.

定理 10.19 より, 次の正確な信頼区間を得る.

10.B.15 正確な同時信頼区間

$\mu_{i'}/\mu_i$ ($(i, i') \in \mathcal{U}_k$) の信頼係数 $1 - \alpha$ の同時信頼区間は

$$\frac{\widetilde{\mu}_{i'} F^{2n_i}_{2n_{i'}}(1 - \alpha/\{k(k-1)\})}{\widetilde{\mu}_i} < \frac{\mu_{i'}}{\mu_i} < \frac{\widetilde{\mu}_{i'} F^{2n_i}_{2n_{i'}}(\alpha/\{k(k-1)\})}{\widetilde{\mu}_i}$$

($(i, i') \in \mathcal{U}_k$) で与えられる. ◇

定理 10.20 より, 次の漸近的な信頼区間を得る.

10.B.16 漸近的な同時信頼区間

$\mathcal{Z}_E(\mu_{i'}) - \mathcal{Z}_E(\mu_i)$ ($(i, i') \in \mathcal{U}_k$) についての信頼係数 $1 - \alpha$ の同時信頼区間は,

$$\mathcal{Z}_E(\widetilde{\mu}_{i'}) - \mathcal{Z}_E(\widetilde{\mu}_i) - a(k; \alpha) \cdot \sqrt{\frac{1}{n_i} + \frac{1}{n_{i'}}} \leqq \mathcal{Z}_E(\mu_{i'}) - \mathcal{Z}_E(\mu_i)$$

$$\leqq \mathcal{Z}_E(\widetilde{\mu}_{i'}) - \mathcal{Z}_E(\widetilde{\mu}_i) + a(k; \alpha) \cdot \sqrt{\frac{1}{n_i} + \frac{1}{n_{i'}}}$$

($(i, i') \in \mathcal{U}_k$) で与えられる. ◇

応用例は (著12) を参照.

10.2.5 対照標本との多重比較法

第1標本を対照標本とする表 10.9 のモデルを考え, ダネット型の多重比較検定

10.2 指数分布モデルにおける統計解析法　　　　**257**

を論じる.

表 10.9 k 標本指数モデル

水準	標本	データ	平均	分布
対照	第 1 標本	$X_{11}, \ldots, X_{1n_1}$	μ_1	$EXP(\mu_1)$
処理 1	第 2 標本	$X_{21}, \ldots, X_{2n_2}$	μ_2	$EXP(\mu_2)$
$\vdots$	$\vdots$	$\vdots$ $\vdots$ $\vdots$	$\vdots$	$\vdots$
処理 $k-1$	第 k 標本	$X_{k1}, \ldots, X_{kn_k}$	μ_k	$EXP(\mu_k)$

総標本サイズ：$n \equiv n_1 + \cdots + n_k$ （すべての観測値の個数）
$\mu_1, \ldots, \mu_k$ はすべて未知母数とする.

　対照標本と第 i 標本 $(i \geqq 2)$ の処理標本を比較することを考える. 1 つの比較のための検定は,

$$\text{帰無仮説 } H_{1i}: \ \mu_i = \mu_1$$

に対して 3 種の対立仮説

$$① \quad \text{両側対立仮説 } H_{1i}^{A\pm}: \ \mu_i \neq \mu_1$$

$$② \quad \text{片側対立仮説 } H_{1i}^{A+}: \ \mu_i > \mu_1$$

$$③ \quad \text{片側対立仮説 } H_{1i}^{A-}: \ \mu_i < \mu_1$$

となる.

　(10.61), (10.62) に対応して

$$T_{Ei}^{\sharp} \equiv \frac{\widetilde{\mu}_i}{\widetilde{\mu}_1}, \tag{10.65}$$

$$T_{Ei} \equiv \frac{\mathcal{Z}_E(\widetilde{\mu}_i) - \mathcal{Z}_E(\widetilde{\mu}_1)}{\sqrt{\frac{1}{n_i} + \frac{1}{n_1}}} \tag{10.66}$$

とおく.

　このとき, ボンフェローニの不等式と定理 10.19 より, 次の正確な方法を得る.

10.B.17 ボンフェローニの不等式による正確な多重比較検定法

(1) 両側の $\{$ 帰無仮説 H_{1i} vs. 対立仮説 $H_{1i}^{A\pm} \mid i \in \mathcal{I}_{2,k}\}$ のとき,

$T_{Ei}^{\sharp} > F_{2n_1}^{2n_i}(\alpha/\{2(k-1)\})$ または $T_{Ei}^{\sharp} < F_{2n_1}^{2n_i}(1-\alpha/\{2(k-1)\})$ ならば,帰無仮説 H_{1i} を棄却し,対立仮説 $H_{1i}^{A\pm}$ を受け入れ,$\mu_i \neq \mu_1$ と判定する.

(2) 片側の $\{$ 帰無仮説 H_{1i} vs. 対立仮説 $H_{1i}^{A+} \mid i \in \mathcal{I}_{2,k}\}$ のとき,
$T_{Ei}^{\sharp} > F_{2n_1}^{2n_i}(\alpha/(k-1))$ となる i に対して H_{1i} を棄却し,対立仮説 H_{1i}^{A+} を受け入れ,$\mu_i > \mu_1$ と判定する.

(3) 片側の $\{$ 帰無仮説 H_{1i} vs. 対立仮説 $H_{1i}^{A-} \mid i \in \mathcal{I}_{2,k}\}$ のとき,
$T_{Ei}^{\sharp} < F_{2n_1}^{2n_i}(1-\alpha/(k-1))$ となる i に対して H_{1i} を棄却し,対立仮説 H_{1i}^{A-} を受け入れ,$\mu_i < \mu_1$ と判定する. $\diamondsuit$

さらに,次の定理 10.21 を得る.

定理 10.21 （条件 4.1）の下で,$t > 0$ に対して,

$$\lim_{n \to \infty} P_0 \left(\max_{2 \leqq i \leqq k} |T_{Ei}| \leqq t \right) = B_1(t|k, \boldsymbol{\lambda}),$$

$$\lim_{n \to \infty} P_0 \left(\max_{2 \leqq i \leqq k} T_{Ei} \leqq t \right) = B_2(t|k, \boldsymbol{\lambda})$$

が成り立つ.ただし,$B_1(t|k, \boldsymbol{\lambda})$, $B_2(t|k, \boldsymbol{\lambda})$ は (6.4), (6.5) によって定義されたものとする.

定理 10.21 より,次の漸近的な多重比較検定法が導かれる.

10.B.18 対数変換を使った漸近的なシングルステップの多重比較検定法

$b_1(k, \lambda_1, \ldots, \lambda_k; \alpha)$, $b_2(k, \lambda_1, \ldots, \lambda_k; \alpha)$ をそれぞれ (6.7), (6.8) によって定義されたものとする.このとき,平均母数の制約に応じて,水準 α の漸近的な多重比較検定は,次の (1)-(3) で与えられる.

(1) 両側の $\{$ 帰無仮説 H_{1i} vs. 対立仮説 $H_{1i}^{A\pm} \mid i \in \mathcal{I}_{2,k}\}$ のとき,
$|T_{Ei}| > b_1(k, \lambda_1, \ldots, \lambda_k; \alpha)$ となる i に対して H_{1i} を棄却し,対立仮説 $H_{1i}^{A\pm}$ を受け入れ,$\mu_i \neq \mu_1$ と判定する.

(2) 片側の $\{$ 帰無仮説 H_{1i} vs. 対立仮説 $H_{1i}^{A+} \mid i \in \mathcal{I}_{2,k}\}$ のとき,
$T_{Ei} > b_2(k, \lambda_1, \ldots, \lambda_k; \alpha)$ となる i に対して H_{1i} を棄却し,対立仮説 H_{1i}^{A+}

10.2 指数分布モデルにおける統計解析法 **259**

を受け入れ, $\mu_i > \mu_1$ と判定する.

(3) 片側の $\{$ 帰無仮説 H_{1i} vs. 対立仮説 $H_{1i}^{A-} \mid i \in \mathcal{I}_{2,k}\}$ のとき,

$-T_{Ei} > b_2(k, \lambda_1, \ldots, \lambda_k; \alpha)$ となる i に対して H_{1i} を棄却し, 対立仮説 H_{1i}^{A-} を受け入れ, $\mu_i < \mu_1$ と判定する.   ◇

ボンフェローニの不等式による多重比較検定法は検出力が低いため, 改良型として, ホルムの方法 (Holm (1979)) に基づく逐次棄却型検定法を紹介する.

10.B.19 **ホルムの方法に基づく正確な多重比較検定法**

$T_{Ei}^\sharp$ の実現値を $t_{Ei}^\sharp$ とする. p 値 p_i^* を次で定義する.

$$p_i^* \equiv \begin{cases} 2\min\{P(F_{2n_i}^{2n_i} > t_{Ei}^\sharp),\ P(F_{2n_1}^{2n_i} < t_{Ei}^\sharp)\} & \text{((a) 対立仮説が } H_{1i}^{A\pm}) \\ P(F_{2n_1}^{2n_i} > t_{Ei}^\sharp) & \text{((b) 対立仮説が } H_{1i}^{A+}) \\ P(F_{2n_1}^{2n_i} < t_{Ei}^\sharp) & \text{((c) 対立仮説が } H_{1i}^{A-}) \end{cases}$$

ただし, $F_{\ell_2}^{\ell_1}$ は自由度 (ℓ_1, ℓ_2) の F 分布に従う確率変数とする. $k-1$ 個の p_i^* を小さい方から並べたものを $p_{(1)}^* \leqq \cdots \leqq p_{(k-1)}^*$ とし, 対応する帰無仮説を $H_{(1)}^*, \ldots, H_{(k-1)}^*$ とする. $j = 1, \ldots, i$ に対して $p_{(j)} \leqq \alpha/(k-j)$ ならば $H_{(i)}$ を棄却する.   ◇

[10.B.19] が閉検定手順になっていることは容易に示せる.

標本サイズに (条件 6.2) を仮定し, 次の逐次棄却型検定法を紹介する.

10.B.20 **対数変換を使った漸近的な逐次棄却型検定法**

6.5 節と同じ記号を使い, 6.5 節と同様の理論により, 閉検定手順を実行させるために, 次の逐次棄却型検定法をおこなえばよい.

統計量 $\mathsf{T}_i^\sharp$ $(i \in \mathcal{I}_{2,k})$ を次で定義する.

$$\mathsf{T}_i^\sharp \equiv \begin{cases} |T_{Ei}| & \text{((a) 対立仮説が } H_{1i}^{A\pm} \text{ のとき)} \\ T_{Ei} & \text{((b) 対立仮説が } H_{1i}^{A+} \text{ のとき)} \\ -T_{Ei} & \text{((c) 対立仮説が } H_{1i}^{A-} \text{ のとき)} \end{cases}$$

$\mathsf{T}_i^\sharp$ を小さい方から並べたものを

$$\mathsf{T}_{(1)}^\sharp \leqq \mathsf{T}_{(2)}^\sharp \leqq \cdots \leqq \mathsf{T}_{(k-1)}^\sharp$$

とする．さらに，$\mathsf{T}^{\sharp}_{(i)}$ に対応する帰無仮説を $H_{(i)}$ で表す．$\ell = 1, \ldots, k-1$ に対して，(10.35) によって $b^*_i(\ell, \lambda_2/\lambda_1; \alpha)$ $(i = 1, 2)$ を定義し，

$$
b^{\sharp}(\ell, \lambda_2/\lambda_1; \alpha) \equiv
\begin{cases}
b^*_1(\ell, \lambda_2/\lambda_1; \alpha) & (\text{(a) のとき}) \\
b^*_2(\ell, \lambda_2/\lambda_1; \alpha) & (\text{(b) のとき}) \\
b^*_2(\ell, \lambda_2/\lambda_1; \alpha) & (\text{(c) のとき})
\end{cases}
$$

とおく．

手順 1．$\ell = k-1$ とする．

手順 2．(i) $\mathsf{T}^{\sharp}_{(\ell)} < b^{\sharp}(\ell, \lambda_2/\lambda_1; \alpha)$ ならば，$H_{(1)}, \ldots, H_{(\ell)}$ のすべてを保留して，検定作業を終了する．

(ii) $\mathsf{T}^{\sharp}_{(\ell)} > b^{\sharp}(\ell, \lambda_2/\lambda_1; \alpha)$ ならば，$H_{(\ell)}$ を棄却し手順 3 へ進む．

手順 3．(i) $\ell \geqq 2$ であるならば $\ell - 1$ を新たに ℓ とおいて手順 2 に戻る．

(ii) $\ell = 1$ であるならば検定作業を終了する．$\diamondsuit$

この手順はステップダウン法になっている．ここで述べた逐次棄却型検定法は，[10.B.18] のシングルステップの多重比較検定法よりも，一様に検出力が高い．

定理 10.19 より，次の正確な信頼区間を得る．

10.B.21 **正確な同時信頼区間**

μ_i/μ_1 の信頼係数 $1-\alpha$ の同時信頼区間は次で与えられる．

(i) 両側信頼区間：

$$
\frac{\widetilde{\mu}_i F^{2n_1}_{2n_i}(1 - \alpha/\{2(k-1)\})}{\widetilde{\mu}_k} < \frac{\mu_i}{\mu_1} < \frac{\widetilde{\mu}_i F^{2n_1}_{2n_i}(\alpha/\{2(k-1)\})}{\widetilde{\mu}_k} \quad (i \in \mathcal{I}_{2,k})
$$

(ii) 上側信頼区間（制約 $\mu_2, \ldots, \mu_k \geqq \mu_1$ がつけられるとき）：

$$
1 \leqq \frac{\mu_i}{\mu_1} < \frac{\widetilde{\mu}_i F^{2n_1}_{2n_i}(\alpha/(k-1))}{\widetilde{\mu}_k} \quad (i \in \mathcal{I}_{2,k})
$$

(iii) 下側信頼区間（制約 $\mu_1, \ldots, \mu_{k-1} \leqq \mu_k$ がつけられるとき）：

$$
\frac{\widetilde{\mu}_i F^{2n_1}_{2n_i}(1 - \alpha/(k-1))}{\widetilde{\mu}_k} < \frac{\mu_i}{\mu_1} \leqq 1 \quad (i \in \mathcal{I}_{2,k}) \qquad \diamondsuit
$$

10.2 指数分布モデルにおける統計解析法 **261**

$\boldsymbol{\mu} \equiv (\mu_1, \ldots, \mu_k)$ に対して

$$T_{Ei}(\boldsymbol{\mu}) \equiv \frac{\mathcal{Z}_E(\widetilde{\mu}_i) - \mathcal{Z}_E(\widetilde{\mu}_k) - \mathcal{Z}_E(\mu_i) + \mathcal{Z}_E(\mu_1)}{\sqrt{\frac{1}{n_i} + \frac{1}{n_k}}} \tag{10.67}$$

とおく. このとき, 次の定理 10.22 を得る.

定理 10.22 （条件 4.1）の下で

$$\lim_{n \to \infty} P\left(\max_{2 \leqq i \leqq k} |T_{Ei}(\boldsymbol{\mu})| \leqq t\right) = B_1(t|k, \boldsymbol{\lambda}),$$

$$\lim_{n \to \infty} P\left(\max_{2 \leqq i \leqq k} T_{Ei}(\boldsymbol{\mu}) \leqq t\right) = B_2(t|k, \boldsymbol{\lambda})$$

が成り立つ.

定理 10.22 より, 次の漸近的な同時信頼区間が導かれる.

10.B.22 **対数変換を使った漸近的な同時信頼区間**

$\mathcal{Z}_E(\mu_i) - \mathcal{Z}_E(\mu_1)$ $(i \in \mathcal{I}_{2,k})$ に対する信頼係数 $1 - \alpha$ の同時信頼区間は, 次の (I)-(III) によって与えられる.

(I) 両側信頼区間 :

$$\mathcal{Z}_E(\widetilde{\mu}_i) - \mathcal{Z}_E(\widetilde{\mu}_1) - b_1(k, \lambda_1, \ldots, \lambda_k; \alpha) \cdot \sqrt{\frac{1}{n_i} + \frac{1}{n_1}} \leqq \mathcal{Z}_E(\mu_i) - \mathcal{Z}_E(\mu_1)$$

$$\leqq \mathcal{Z}_E(\widetilde{\mu}_i) - \mathcal{Z}_E(\widetilde{\mu}_1) + b_1(k, \lambda_1, \ldots, \lambda_k; \alpha) \cdot \sqrt{\frac{1}{n_i} + \frac{1}{n_1}} \quad (i \in \mathcal{I}_{2,k})$$

(II) 上側信頼区間（制約 $\mu_2, \ldots, \mu_k \geqq \mu_1$ がつけられるとき）:

$$\mathcal{Z}_E(\widetilde{\mu}_i) - \mathcal{Z}_E(\widetilde{\mu}_1) - b_2(k, \lambda_1, \cdots, \lambda_k; \alpha) \cdot \sqrt{\frac{1}{n_i} + \frac{1}{n_1}}$$

$$\leqq \mathcal{Z}_E(\mu_i) - \mathcal{Z}_E(\mu_1) < +\infty \quad (i \in \mathcal{I}_{2,k})$$

(III) 下側信頼区間（制約 $\mu_1, \ldots, \mu_{k-1} \leqq \mu_k$ がつけられるとき）:

$$-\infty < \mathcal{Z}_E(\mu_i) - \mathcal{Z}_E(\mu_1)$$

$$
\leqq \mathcal{Z}_E(\widetilde{\mu}_i) - \mathcal{Z}_E(\widetilde{\mu}_1) + b_2(k, \lambda_1, \ldots, \lambda_k; \alpha) \cdot \sqrt{\frac{1}{n_i} + \frac{1}{n_1}} \quad (i \in \mathcal{I}_{2,k})
$$

$$\diamondsuit$$

区間幅の関係で $\mu_i - \mu_1$ よりも $\mathcal{Z}_E(\mu_i) - \mathcal{Z}_E(\mu_1)$ $(i \in \mathcal{I}_{2,k})$ についての信頼係数 $1 - \alpha$ の漸近的な同時信頼区間を使った方がよい.

10.2.6 すべての平均に関する多重比較法

表 10.8 の k 標本モデルを考える. すべての μ_i についての正確な多重比較法を構成するために次の定理 10.23 を述べる.

定理 10.23 次の等式が成り立つ.

$$
P\left(\frac{2n_i\widetilde{\mu}_i}{\chi^2_{2n_i}\left(1 - (1-\alpha)^{1/k}\right)} < \mu_i, \ i = 1, \ldots, k \right) = 1 - \alpha,
$$

$$
P\left(\mu_i < \frac{2n_i\widetilde{\mu}_i}{\chi^2_{2n_i}\left((1-\alpha)^{1/k}\right)}, \ i = 1, \ldots, k \right) = 1 - \alpha
$$

証明 命題 10.15 より, $i = 1, \ldots, k$ に対して,

$$
P\left(\frac{2n_i\widetilde{\mu}_i}{\mu_i} < \chi^2_{2n_i}\left(1 - (1-\alpha)^{1/k}\right) \right) = (1-\alpha)^{1/k}
$$

$$
\Longleftrightarrow P\left(\frac{2n_i\widetilde{\mu}_i}{\chi^2_{2n_i}\left(1 - (1-\alpha)^{1/k}\right)} < \mu_i \right) = (1-\alpha)^{1/k}
$$

が成り立つ. $X_1., \ldots, X_k.$ が互いに独立であることを使うと, 最初の等式が導かれる. 同様に,

$$
P\left(\frac{2n_i\widetilde{\mu}_i}{\mu_i} > \chi^2_{2n_i}\left((1-\alpha)^{1/k}\right) \right) = (1-\alpha)^{1/k}
$$

$$
\Longleftrightarrow P\left(\frac{2n_i\widetilde{\mu}_i}{\chi^2_{2n_i}\left((1-\alpha)^{1/k}\right)} > \mu_i \right) = (1-\alpha)^{1/k}
$$

により, 2 番目の等式が導かれる. $\square$

ここで定理 10.24 を得る.

10.2 指数分布モデルにおける統計解析法 **263**

定理 10.24 $i = 1, \ldots, k$ に対して，事象 G_i を

$$G_i \equiv \left\{ \frac{2n_i \widetilde{\mu}_i}{\chi^2_{2n_i} \left(\left\{ 1 - (1-\alpha)^{1/k} \right\}/2 \right)} < \mu_i < \frac{2n_i \widetilde{\mu}_i}{\chi^2_{2n_i} \left(\left\{ 1 + (1-\alpha)^{1/k} \right\}/2 \right)} \right\}$$

とおく．このとき，

$$P \left(\bigcap_{i=1}^{k} G_i \right) = 1 - \alpha$$

が成り立つ．

証明 A_i, B_i をそれぞれ

$$A_i \equiv \left\{ \frac{2n_i \widetilde{\mu}_i}{\chi^2_{2n_i} \left(\left\{ 1 - (1-\alpha)^{1/k} \right\}/2 \right)} \geqq \mu_i \right\},$$

$$B_i \equiv \left\{ \frac{2n_i \widetilde{\mu}_i}{\chi^2_{2n_i} \left(\left\{ 1 + (1-\alpha)^{1/k} \right\}/2 \right)} \leqq \mu_i \right\}$$

とおくと，$A_i \cap B_i = \varnothing$．定理 10.23 より，

$$P(A_i \cup B_i) = P(A_i) + P(B_i) = 1 - (1-\alpha)^{1/k}$$

を得る．$G_i = (A_i \cup B_i)^c$ より，

$$P(G_i) = (1-\alpha)^{1/k}$$

がわかる．$G_1, \ldots, G_k$ は互いに独立より，

$$P \left(\bigcap_{i=1}^{k} G_i \right) = \prod_{i=1}^{k} P(G_i) = 1 - \alpha$$

である．ゆえに結果を得る． $\square$

$0 < \mu_{01}, \ldots, \mu_{0k}$ となる $\mu_{01}, \ldots, \mu_{0k}$ を与える．このとき，1 つの比較のための検定として，考慮されるべき 3 種の帰無仮説 vs. 対立仮説は

① 帰無仮説 H_{0i}： $\mu_i = \mu_{0i}$ vs. 両側対立仮説 H_{0i}^A： $\mu_i \neq \mu_{0i}$

② 帰無仮説 H_{2i}： $\mu_i \leqq \mu_{0i}$ vs. 上側対立仮説 H_{2i}^A： $\mu_i > \mu_{0i}$

③ 帰無仮説 H_{3i}： $\mu_i \geqq \mu_{0i}$ vs. 下側対立仮説 H_{3i}^A： $\mu_i < \mu_{0i}$

である．ここで，H_{1i} は (10.34) で使用されているため，H_{0i} を用いている．

便宜上，H_0 を

$$\text{帰無仮説 } H_0 : i = 1, \ldots, k \text{ に対して，} \mu_i = \mu_{0i} \tag{10.68}$$

とする．定理 10.23 と定理 10.24 より，k 個すべての平均の多重比較検定は，以下のとおりとなる．

10.B.23　正確な検定

水準 α の検定は，次の (1)-(3) で与えられる．

(1) 両側の $\{$ 帰無仮説 H_{0i} vs. 対立仮説 $H_{0i}^A \mid i \in \mathcal{I}_k \}$ のとき，

$$\frac{2n_i \widetilde{\mu}_i}{\chi^2_{2n_i} \left(\{ 1 + (1-\alpha)^{1/k} \} / 2 \right)} \geqq \mu_{0i}$$

または，

$$\frac{2n_i \widetilde{\mu}_i}{\chi^2_{2n_i} \left(\{ 1 - (1-\alpha)^{1/k} \} / 2 \right)} \leqq \mu_{0i}$$

となる i に対して H_{0i} を棄却し，$\mu_i \neq \mu_{0i}$ と判定する．

(2) 片側の $\{$ 帰無仮説 H_{2i} vs. 対立仮説 $H_{2i}^A \mid i \in \mathcal{I}_k \}$ のとき，

$$\frac{2n_i \widetilde{\mu}_i}{\chi^2_{2n_i} \left(1 - (1-\alpha)^{1/k} \right)} \geqq \mu_{0i}$$

となる i に対して H_{2i} を棄却し，$\mu_i > \mu_{0i}$ と判定する．

(3) 片側の $\{$ 帰無仮説 H_{3i} vs. 対立仮説 $H_{3i}^A \mid i \in \mathcal{I}_k \}$ のとき，

$$\frac{2n_i \widetilde{\mu}_i}{\chi^2_{2n_i} \left((1-\alpha)^{1/k} \right)} \leqq \mu_{0i}$$

となる i に対して H_{3i} を棄却し，$\mu_i < \mu_{0i}$ と判定する．　　　　　$\diamondsuit$

10.B.24　正確な同時信頼区間

すべての μ_i $(i = 1, \ldots, k)$ についての信頼係数 $1 - \alpha$ の正確に保守的な同時信頼区間は，次の (1)-(3) で与えられる．

10.2　指数分布モデルにおける統計解析法　　**265**

(1) 両側信頼区間：

$$\frac{2n_i \widetilde{\mu}_i}{\chi^2_{2n_i}\left(\left\{1-(1-\alpha)^{1/k}\right\}/2\right)} < \mu_i < \frac{2n_i \widetilde{\mu}_i}{\chi^2_{2n_i}\left(\left\{1+(1-\alpha)^{1/k}\right\}/2\right)} \quad (i \in \mathcal{I}_k)$$

(2) 上側信頼区間：　$\dfrac{2n_i \widetilde{\mu}_i}{\chi^2_{2n_i}\left(1-(1-\alpha)^{1/k}\right)} < \mu_i \quad (i \in \mathcal{I}_k)$

(3) 下側信頼区間：　$0 < \mu_i < \dfrac{2n_i \widetilde{\mu}_i}{\chi^2_{2n_i}\left((1-\alpha)^{1/k}\right)} \quad (i \in \mathcal{I}_k)$　　　$\diamondsuit$

すべての帰無仮説 H_{ai} $(i \in \mathcal{I}_k)$ を多重比較検定するときの帰無仮説のファミリーは

$$\mathcal{H}_a^* \equiv \{H_{ai} \mid 1 \leqq i \leqq k\} = \{H_{ai} \mid i \in \mathcal{I}_k\} \quad (a = 0, 2, 3) \tag{10.69}$$

である.

　10.1.6 項で述べた [[閉検定 10.2]] と同じ内容で，そこでの記号をこの手順の説明に用いる．[[閉検定 10.2]] の説明で現れる帰無仮説 $H_a^*(E)$ の検定方法を以下に具体的に論述する．

10.B.25　正確な閉検定手順

　はじめに a を決め，帰無仮説と対立仮説を選ぶ．$i_0 \in E \subset \mathcal{I}_k$ を満たす任意の E に対して，ある $j \in E$ が存在して，次の (1)-(3) に応じた 1 つが成り立つならば，帰無仮説 H_{ai_0} を棄却する．ただし，$\ell \equiv \ell(E) \equiv \#(E)$ とする．

(1) $a = 0$ に対する { 帰無仮説 H_{0i} vs. 対立仮説 $H_{0i}^A \mid i \in \mathcal{I}_k$ } の両側検定のとき，

$$\frac{2n_j \widetilde{\mu}_j}{\chi^2_{2n_j}\left(\left\{1+(1-\alpha)^{1/\ell}\right\}/2\right)} \geqq \mu_{0j}$$

　　または，

$$\frac{2n_j \widetilde{\mu}_j}{\chi^2_{2n_j}\left(\left\{1-(1-\alpha)^{1/\ell}\right\}/2\right)} \leqq \mu_{0j}$$

(2) $a = 2$ に対する { 帰無仮説 H_{2i} vs. 対立仮説 $H_{2i}^A \mid i \in \mathcal{I}_k$ } の片側検定のとき，

$$\frac{2n_j \widetilde{\mu}_j}{\chi^2_{2n_j}\left(1-(1-\alpha)^{1/\ell}\right)} \geqq \mu_{0j}$$

266 第 10 章 関連した 1 つの母数をもつ分布の下での手法

(3) $a = 3$ に対する $\{$ 帰無仮説 H_{3i} vs. 対立仮説 $H_{3i}^A \mid i \in \mathcal{I}_k \}$ の片側検定の
とき,

$$\frac{2 n_j \widetilde{\mu}_j}{\chi^2_{2 n_j}((1 - \alpha)^{1/\ell})} \leqq \mu_{0j} \qquad \Diamond$$

引き続き,漸近理論を述べる.

$$S_{Ei}(\mathcal{Z}(\boldsymbol{\mu})) \equiv \sqrt{n_i} \{ \mathcal{Z}_E(\widetilde{\mu}_i) - \mathcal{Z}_E(\mu_i) \}$$

とおく.

命題 10.25 (条件 4.1) の下で,

$$\lim_{n \to \infty} P\left(\max_{1 \leqq i \leqq k} |S_{Ei}(\mathcal{Z}(\boldsymbol{\mu}))| \leqq z(\alpha^*(k)/2) \right) = 1 - \alpha,$$

$$\lim_{n \to \infty} P\left(\max_{1 \leqq i \leqq k} S_{Ei}(\mathcal{Z}(\boldsymbol{\mu})) \leqq z(\alpha^*(k)) \right) = 1 - \alpha$$

が成り立つ.ただし,$\alpha^*(k)$ は (7.3) で定義されている.

証明 命題 10.14 の証明と同様に導くことができる. □

$$S_{Ei} \equiv \sqrt{n_i} \{ \mathcal{Z}_E(\widetilde{\mu}_i) - \mathcal{Z}_E(\mu_{0i}) \}$$

とおく.このとき,命題 10.25 より,k 個すべての平均の多重比較検定は,以下
のとおりとなる.

10.B.26 漸近的なシングルステップの多重比較検定法

水準 α の検定は,次の (1)-(3) で与えられる.

(1) 両側の $\{$ 帰無仮説 H_{0i} vs. 対立仮説 $H_{0i}^A \mid i \in \mathcal{I}_k \}$ のとき,

$$|S_{Ei}| > z(\alpha^*(k)/2)$$

となる i に対して H_{0i} を棄却し,$\mu_i \neq \mu_{0i}$ と判定する.

(2) 片側の $\{$ 帰無仮説 H_{2i} vs. 対立仮説 $H_{2i}^A \mid i \in \mathcal{I}_k \}$ のとき,

10.2 指数分布モデルにおける統計解析法　　**267**

$$S_{Ei} > z(\alpha^*(k))$$

となる i に対して H_{2i} を棄却し，$\mu_i > \mu_{0i}$ と判定する．

(3) 片側の $\{$ 帰無仮説 H_{3i} vs. 対立仮説 $H_{3i}^A \mid i \in \mathcal{I}_k\}$ のとき，

$$-S_{Ei} > z(\alpha^*(k))$$

となる i に対して H_{3i} を棄却し，$\mu_i < \mu_{0i}$ と判定する．　　◇

検定の場合と同様に同時信頼区間を以下にまとめる．

10.B.27 **漸近的な同時信頼区間**

すべての $\mathcal{Z}_E(\mu_i)$ $(i \in \mathcal{I}_k)$ についての信頼係数 $1 - \alpha$ の漸近的な同時信頼区間は，次の (1)-(3) で与えられる．

(1) 両側信頼区間：

$$\mathcal{Z}_E(\widetilde{\mu}_i) - \frac{z(\alpha^*(k)/2)}{\sqrt{n_i}} \leqq \mathcal{Z}_E(\mu_i) \leqq \mathcal{Z}_E(\widetilde{\mu}_i) + \frac{z(\alpha^*(k)/2)}{\sqrt{n_i}} \quad (i \in \mathcal{I}_k)$$

(2) 上側信頼区間： $\mathcal{Z}_E(\widetilde{\mu}_i) - \dfrac{z(\alpha^*(k))}{\sqrt{n_i}} \leqq \mathcal{Z}_E(\mu_i) < +\infty \quad (i \in \mathcal{I}_k)$

(3) 下側信頼区間： $0 < \mathcal{Z}_E(\mu_i) \leqq \mathcal{Z}_E(\widetilde{\mu}_i) + \dfrac{z(\alpha^*(k))}{\sqrt{n_i}} \quad (i \in \mathcal{I}_k)$ 　　◇

標本サイズに（条件 6.2）を仮定し，次の逐次棄却型検定法を紹介する．

10.B.28 **漸近的な逐次棄却型検定法**

水準 α の逐次棄却型検定法を紹介する．

統計量 $\mathsf{S}_{Ei}^\sharp$ $(i = 1, \ldots, k)$ を次で定義する．

$$\mathsf{S}_{Ei}^\sharp \equiv \begin{cases} |S_{Ei}| & ((10.69) \text{の帰無仮説のファミリーが } a = 0 \text{ のとき}) \\ S_{Ei} & ((10.69) \text{の帰無仮説のファミリーが } a = 2 \text{ のとき}) \\ -S_{Ei} & ((10.69) \text{の帰無仮説のファミリーが } a = 3 \text{ のとき}) \end{cases}$$

$\mathsf{S}_{Ei}^\sharp$ を小さい方から並べたものを

$$\mathsf{S}_{E(1)}^\sharp \leqq \mathsf{S}_{E(2)}^\sharp \leqq \cdots \leqq \mathsf{S}_{E(k)}^\sharp$$

とする．さらに，$\mathsf{S}^{\sharp}_{E(i)}$ に対応する帰無仮説を $H_{0(i)}$ で表す．$\ell = 1, \ldots, k$ に対して，$sz(\ell, \alpha)$ を (10.43) で定義する．

手順 1. $\ell = k$ とする．

手順 2. (i) $\mathsf{S}^{\sharp}_{E(\ell)} < sz(\ell, \alpha)$ ならば，$H_{0(1)}, \ldots, H_{0(\ell)}$ のすべてを保留して，検定作業を終了する．

(ii) $\mathsf{S}^{\sharp}_{E(\ell)} > sz(\ell, \alpha)$ ならば，$H_{0(\ell)}$ を棄却し手順 3 へ進む．

手順 3. (i) $\ell \geqq 2$ であるならば $\ell - 1$ を新たに ℓ とおいて手順 2 に戻る．

(ii) $\ell = 1$ であるならば検定作業を終了する． $\diamondsuit$

[10.B.28] の逐次棄却型検定法は水準 α の閉検定手順になっていることが示される．ここで述べた逐次棄却型検定法は，[10.B.26] のシングルステップの多重比較検定法よりも，一様に検出力が高い．

10.2.7 母数に順序制約のある場合の多重比較法

表 10.8 のモデル，位置母数に傾向性の制約

$$\mu_1 \leqq \mu_2 \leqq \cdots \leqq \mu_k$$

がある場合での統計解析法を論じる．いずれの解析手法も順序制約のない前項までの検定手法よりも検出力ははるかに高く，信頼係数 $1 - \alpha$ の同時信頼区間も小さくなる．

まずは，ヘイター型のシングルステップ法から提案する．8.1 節で課したように，標本サイズを同一とした $n_1 = \cdots = n_k$ の場合の表 10.10 のモデルを考える．i, i' を $1 \leqq i < i' \leqq k$ とする．1 つの比較のための検定は

帰無仮説 $H_{(i,i')} : \mu_i = \mu_{i'}$ vs. 対立仮説 $H^{OA}_{(i,i')} : \mu_i < \mu_{i'}$

となる．$\mathcal{U}_k$ に対して，$\mathcal{H}^o_1$ を

$$\mathcal{H}^o_1 \equiv \{ H_{(i,i')} \mid 1 \leqq i < i' \leqq k \} = \{ H_{\boldsymbol{v}} \mid \boldsymbol{v} \in \mathcal{U}_k \}$$

で定義する．表 10.10 のモデルの下で，(10.62) の $T_{Ei'i}$ と (10.63) の $T_{Ei'i}(\boldsymbol{\mu})$ は，それぞれ，

10.2 指数分布モデルにおける統計解析法　　**269**

表 10.10　標本サイズが同一の k 標本指数分布モデル

標本	サイズ	データ	平均	分布
第 1 標本	n_1	$X_{11}, \ldots, X_{1n_1}$	μ_1	$EXP(\mu_1)$
第 2 標本	n_1	$X_{21}, \ldots, X_{2n_1}$	μ_2	$EXP(\mu_2)$
$\vdots$	$\vdots$	$\vdots$ $\quad$ $\vdots$	$\vdots$	$\vdots$
第 k 標本	n_1	$X_{k1}, \ldots, X_{kn_1}$	μ_k	$EXP(\mu_k)$

総標本サイズ：$n \equiv kn_1$（すべての観測値の個数）

$\mu_1 \leqq \mu_2 \leqq \cdots \leqq \mu_k$ かつ $\mu_1, \ldots, \mu_k$ はすべて未知とする.

$$T_{Ei'i} = \sqrt{\frac{n_1}{2}} \left\{ \mathcal{Z}_E(\widetilde{\mu}_{i'}) - \mathcal{Z}_E(\widetilde{\mu}_i) \right\},$$

$$T_{Ei'i}(\boldsymbol{\mu}) = \sqrt{\frac{n_1}{2}} \left\{ \mathcal{Z}_E(\widetilde{\mu}_{i'}) - \mathcal{Z}_E(\widetilde{\mu}_i) - \mathcal{Z}_E(\mu_{i'}) + \mathcal{Z}_E(\mu_i) \right\}$$

となる. 定理 8.1 と (8.6) と同様に

$$\lim_{n \to \infty} P\left(\max_{(i,i') \in \mathcal{U}_k} T_{Ei'i}(\boldsymbol{\mu}) \leqq t \right) = \lim_{n \to \infty} P_0\left(\max_{(i,i') \in \mathcal{U}_k} T_{Ei'i} \leqq t \right)$$

$$= D_1(t|k)$$

を得る. ここで [10.B.29] と [10.B.30] を得る.

10.B.29　ヘイター型のシングルステップの多重比較検定法

$d_1(k;\alpha)$ を (8.5) で定義したものとする. $\{$帰無仮説 $H_{(i,i')}$ vs. 対立仮説 $H_{(i,i')}^{OA}$ $\mid$ $1 \leqq i < i' \leqq k\}$ に対する水準 α の漸近的な多重比較検定は, 次で与えられる.

$i < i'$ となるペア i, i' に対して $T_{Ei'i} > d_1(k;\alpha)$ ならば, 帰無仮説 $H_{(i,i')}$ を棄却し, 対立仮説 $H_{(i,i')}^{OA}$ を受け入れ, $\mu_i < \mu_{i'}$ と判定する. 　　　$\diamondsuit$

10.B.30　ヘイター型の同時信頼区間

$\mathcal{Z}_E(\mu_{i'}) - \mathcal{Z}_E(\mu_i) \ (1 \leqq i < i' \leqq k)$ に対する信頼係数 $1 - \alpha$ の漸近的な同時信頼区間は,

$$\mathcal{Z}_E(\widetilde{\mu}_{i'}) - \mathcal{Z}_E(\widetilde{\mu}_i) - \sqrt{\frac{2}{n_1}} d_1(k;\alpha) \leqq \mathcal{Z}_E(\mu_{i'}) - \mathcal{Z}_E(\mu_i) < +\infty$$

$(1 \leqq i < i' \leqq k)$ で与えられる. 　　　$\diamondsuit$

10.1.7 項で述べた [[閉検定 10.3]] と同じ内容で，そこでの記号をこの手順の説明に用いる．[[閉検定 10.3]] の後に次が続く．

$j = 1, \ldots, J$ に対して，

$$T_E^o(I_j^o) \equiv \max_{s_j+1 \leqq i < i' \leqq s_j + \ell_j} T_{Ei'i}$$

を使って閉検定手順がおこなえる．

10.B.31 水準 α の閉検定手順

(a) $J \geqq 2$ のとき，$\ell = \ell_1, \ldots, \ell_J$ に対して $\alpha(M, \ell)$ を

$$\alpha(M, \ell) \equiv 1 - (1 - \alpha)^{\ell/M}$$

で定義する．$1 \leq j \leq J$ となるある整数 j が存在して $d_1(\ell_j; \alpha(M, \ell_j)) < T_E^o(I_j^o)$ ならば帰無仮説 $\bigwedge_{\boldsymbol{v} \in V} H_{\boldsymbol{v}}$ を棄却する．

(b) $J = 1 \, (M = \ell_1)$ のとき，$d_1(M; \alpha) < T_E^o(I_1^o)$ ならば帰無仮説 $\bigwedge_{\boldsymbol{v} \in V} H_{\boldsymbol{v}}$ を棄却する．

(a), (b) の方法で，$(i, i') \in V \subset \mathcal{U}_k$ を満たす任意の V に対して，$\bigwedge_{\boldsymbol{v} \in V} H_{\boldsymbol{v}}$ が棄却されるとき，多重比較検定として，$H_{(i,i')}$ を棄却する． $\diamondsuit$

定理 8.2 と同様に，[10.B.31] が水準 α の漸近的な多重比較検定であることが示せる．

$\widehat{\nu}_{s_j+1}^*(I_j^o), \ldots, \widehat{\nu}_{s_j+\ell_j}^*(I_j^o)$ を

$$\sum_{i \in I_j^o} \left\{ \widehat{\nu}_i^*(I_j^o) - \mathcal{Z}_E(\widetilde{\mu}_i) \right\}^2 = \min_{u_{s_j+1} \leqq \cdots \leqq u_{s_j+\ell_j}} \sum_{i \in I_j^o} \left\{ u_i - \mathcal{Z}_E(\widetilde{\mu}_i) \right\}^2$$

を満たすものとする．(4.22) と同様に，$r = 1, \ldots, \ell_j$ に対して，

$$\widehat{\nu}_{s_j+r}^*(I_j^o) = \max_{s_j+1 \leqq p \leqq s_j+r} \; \min_{s_j+r \leqq q \leqq s_j+\ell_j} \frac{\sum_{m=p}^q \mathcal{Z}_E(\widetilde{\mu}_m)}{q - p + 1}$$

を得る．

$$\bar{\chi}_{E\ell_j}^2(I_j^o) \equiv 4n_1 \sum_{i \in I_j^o} \left\{ \widehat{\nu}_i^*(I_j^o) - \frac{1}{\ell_j} \sum_{i \in I_j^o} \mathcal{Z}_E(\widetilde{\mu}_i) \right\}^2$$

10.2 指数分布モデルにおける統計解析法 **271**

とおく. 水準 α の漸近的な多重比較検定として, 次の $\bar{\chi}^2_{E\ell_j}(I^o_j)$ を使って閉検定手順がおこなえる.

10.B.32 $\bar{\chi}^2$ 統計量を用いた水準 α の閉検定手順

[10.B.31] の手法で, $d_1(\ell_j; \alpha(M, \ell_j)) < T^o_E(I^o_j)$ と $d_1(M; \alpha) < T^o_E(I^o_1)$ をそれぞれ, $\bar{c}^{2*}(\ell_j; \alpha(M, \ell_j)) < \bar{\chi}^2_{E\ell_j}(I^o_j)$ と $\bar{c}^{2*}(M; \alpha) < \bar{\chi}^2_{E\ell_1}(I^o_1)$ に替えた手法である. ただし, $\bar{c}^{2*}(\ell; \alpha)$ は (4.27) で定義された $\bar{c}^{2*}(k; \alpha)$ において, k を ℓ に置き替えたものである. $\diamondsuit$

$\bar{c}^{2*}(k; \alpha)$ の値は付録 B の付表 20, 21 に掲載している.

簡単のため, 以後もこの 10.2.7 項を通して標本サイズが同一の表 10.10 のモデルで多重比較法を論述する.

隣接した平均母数の相違に関する多重比較法を論述する. 隣接した標本の平均を比較することを考える. 1 つの比較のための検定は

帰無仮説 $H_{(i,i+1)}$: $\mu_i = \mu_{i+1}$　vs.　対立仮説 $H^{OA}_{(i,i+1)}$: $\mu_i < \mu_{i+1}$

となる. 帰無仮説のファミリーを

$$\mathcal{H}^o_2 \equiv \{H_{(i,i+1)} \mid i \in \mathcal{I}_{k-1}\}$$

とおく. ただし, $\mathcal{I}_{k-1}$ は (8.18) で定義されている. さらに,

$$\widetilde{T}_{Ei} = \sqrt{\frac{n_1}{2}} \{\mathcal{Z}_E(\widetilde{\mu}_{i+1}) - \mathcal{Z}_E(\widetilde{\mu}_i)\},$$

$$\widetilde{T}_{Ei}(\boldsymbol{\mu}) = \sqrt{\frac{n_1}{2}} \{\mathcal{Z}_E(\widetilde{\mu}_{i+1}) - \mathcal{Z}_E(\widetilde{\mu}_i) - \mathcal{Z}_E(\mu_{i+1}) + \mathcal{Z}_E(\mu_i)\}$$

とおく. このとき, 定理 8.4 と同様に, $t > 0$ に対して,

$$\lim_{n \to \infty} P\left(\max_{1 \leqq i \leqq k-1} \widetilde{T}_{Ei}(\boldsymbol{\mu}) \leqq t\right) = \lim_{n \to \infty} P_0\left(\max_{1 \leqq i \leqq k-1} \widetilde{T}_{Ei} \leqq t\right)$$

$$= D^*_2(t|k) \tag{10.70}$$

が成り立つ. ただし,

$$D^*_2(t|k) \equiv P\left(\max_{1 \leqq i \leqq k-1} \frac{Z_{i+1} - Z_i}{\sqrt{2}} \leqq t\right)$$

とおき，$Z_1, \ldots, Z_k$ は互いに独立で同一の $N(0,1)$ に従う確率変数とする．

$D_2^*(t|k) = 1 - \alpha$ の t についての解は (8.25) の $d_2^*(k;\alpha)$ と同じであり，$d_2^*(k;\alpha)$ の値は付録 B の付表 16 に掲載している．(10.70) より，漸近的なシングルステップの多重比較検定 [10.B.33] と同時信頼区間 [10.B.34] を得る．

10.B.33 シングルステップのリー・スプーリエル型の多重比較検定法

{ 帰無仮説 $H_{(i,i+1)}$ vs. 対立仮説 $H_{(i,i+1)}^{OA} \mid i \in \mathcal{I}_{k-1}$} に対する水準 α の漸近的な多重比較検定は，次で与えられる．

ある i に対して $\widetilde{T}_{Ei} > d_2^*(k;\alpha)$ ならば，帰無仮説 $H_{(i,i+1)}$ を棄却し，対立仮説 $H_{(i,i+1)}^{OA}$ を受け入れ，$\mu_i < \mu_{i+1}$ と判定する． $\diamondsuit$

10.B.34 漸近的な同時信頼区間

$\mathcal{Z}_E(\mu_{i+1}) - \mathcal{Z}_E(\mu_i)$ $(i \in \mathcal{I}_{k-1})$ についての信頼係数 $1-\alpha$ の同時信頼区間は，

$$\mathcal{Z}_E(\widetilde{\mu}_{i+1}) - \mathcal{Z}_E(\widetilde{\mu}_i) - \sqrt{\frac{2}{n_1}} d_2^*(k;\alpha) \leqq \mathcal{Z}_E(\mu_{i+1}) - \mathcal{Z}_E(\mu_i) < +\infty$$

$(i \in \mathcal{I}_{k-1})$ で与えられる． $\diamondsuit$

10.1.7 項で述べた [[閉検定 10.4]] と同じ内容で，そこでの記号をこの手順の説明に用いる．[[閉検定 10.4]] の後に次が続く．

$j = 1, \ldots, J$ に対して，

$$\widetilde{T}_E^o(I_j^o) \equiv \max_{s_j+1 \leqq i \leqq s_j+\ell_j-1} \widetilde{T}_{Ei}$$

を使って閉検定手順がおこなえる．

水準 α の帰無仮説 $\bigwedge_{\boldsymbol{v} \in V} H_{\boldsymbol{v}}$ に対する検定方法を具体的に論述する．

10.B.35 閉検定手順

(a) $J \geqq 2$ のとき，$\ell = \ell_1, \ldots, \ell_J$ に対して $\alpha(M, \ell)$ を (8.15) で定義する．$1 \leqq j \leqq J$ となるある整数 j が存在して $d_2^*(\ell_j; \alpha(M, \ell_j)) < \widetilde{T}_E^o(I_j^o)$ ならば帰無仮説 $\bigwedge_{\boldsymbol{v} \in V} H_{\boldsymbol{v}}$ を棄却する．

(b) $J = 1$ $(M = \ell_1)$ のとき，$d_2^*(k;\alpha) < \widetilde{T}_E^o(I_1^o)$ ならば帰無仮説 $\bigwedge_{\boldsymbol{v} \in V} H_{\boldsymbol{v}}$ を棄却する．

10.2 指数分布モデルにおける統計解析法　　**273**

(a), (b) の方法で, $(i, i') \in V \subset \mathcal{U}'_{k-1}$ を満たす任意の V に対して, $\bigwedge_{\boldsymbol{v} \in V} H_{\boldsymbol{v}}$ が棄却されるとき, 漸近的な多重比較検定として, $H_{(i,i')}$ を棄却する. ただし, $\mathcal{U}'_{k-1}$ は [[閉検定 10.4]] の中で定義され, $d_2^*(\ell_j; \alpha)$ は (10.50) で定義されている.

$\diamondsuit$

$d_2^*(\ell_j; \alpha(M, \ell_j))$ の値は付録 B の付表 17, 18 に掲載している.

最後に, 第 1 標本を対照標本, 第 2 標本から第 k 標本は処理標本とした表 10.11 のモデルについて考察する.

表 10.11　k 標本モデル

水準	標本	サイズ	データ	平均	分布
対照	第 1 標本	n_1	$X_{11}, \ldots, X_{1n_1}$	μ_1	$EXP(\mu_1)$
処理 1	第 2 標本	n_1	$X_{21}, \ldots, X_{2n_1}$	μ_2	$EXP(\mu_2)$
$\vdots$	$\vdots$	$\vdots$	$\vdots$　$\vdots$	$\vdots$	$\vdots$
処理 $k-1$	第 k 標本	n_1	$X_{k1}, \ldots, X_{kn_1}$	μ_k	$EXP(\mu_k)$

総標本サイズ：$n \equiv kn_1$（すべての観測値の個数）
$\mu_1 \leqq \mu_2 \leqq \cdots \leqq \mu_k$ かつ $\mu_1, \ldots, \mu_k$ はすべて未知とする.

傾向性の制約 (4.18) は成り立っているものとする. i を $2 \leqq i \leqq k$ とする. 1 つの比較のための検定は

$$\text{帰無仮説 } H_{1i} : \mu_1 = \mu_i \quad \text{vs.} \quad \text{対立仮説 } H_{1i}^{OA} : \mu_1 < \mu_i$$

となる. 帰無仮説のファミリーを

$$\mathcal{H}_3 \equiv \{H_{1i} \mid i \in \mathcal{I}_{2,k}\}$$

とおく. ただし, $\mathcal{I}_{2,k} \equiv \{i \mid 2 \leqq i \leqq k\}$ とする. 検定統計量 $\widehat{T}_{E\ell}^o$ と $\widehat{\nu}_\ell^o$ を

$$\widehat{T}_{E\ell}^o = \sqrt{\frac{n_1}{2}} \left(\widehat{\nu}_\ell^o - \mathcal{Z}_E(\widetilde{\mu}_1) \right), \quad \widehat{\nu}_\ell^o \equiv \max_{2 \leqq s \leqq \ell} \frac{\sum_{i=s}^{\ell} \mathcal{Z}_E(\widetilde{\mu}_i)}{\ell - s + 1}$$

で定義する. $d_3(\ell, 1; \alpha)$ は (8.36) で定義された $d_3(\ell, \lambda_{21}; \alpha)$ で $\lambda_{21} = 1$ とした ものとする. $d_3(\ell, 1; \alpha)$ の値は付録 B の付表 19 に掲載している.

274　　第 10 章　関連した 1 つの母数をもつ分布の下での手法

10.B.36 ウィリアムズ型の検定法

$i \leqq \ell \leqq k$ となる任意の ℓ に対して，$d_3(\ell, 1; \alpha) < \widehat{T}^o_{E\ell}$ ならば，$\{$ 帰無仮説 H_{1i} vs. 対立仮説 $H^{OA}_{1i} \mid i \in \mathcal{I}_{2,k} \}$ に対する漸近的な多重比較検定として帰無仮説 H_{1i} を棄却し，対立仮説 H^{OA}_{1i} を受け入れ，$\mu_1 < \mu_i$ と判定する．　　　◇

定理 8.7 と同様に，[10.B.36] の検定方式は水準 α の漸近的な多重比較検定であることが示せる．

$\mathcal{I}_\ell \equiv \{1, 2, \ldots, \ell\}$ とおく．$\widehat{\nu}^*_1(\mathcal{I}_\ell), \ldots, \widehat{\nu}^*_\ell(\mathcal{I}_\ell)$ を

$$\sum_{i \in \mathcal{I}_\ell} \left\{ \widehat{\nu}^*_i(\mathcal{I}_\ell) - \mathcal{Z}_E(\widetilde{\mu}_i) \right\}^2 = \min_{u_1 \leqq \cdots \leqq u_\ell} \sum_{i \in \mathcal{I}_\ell} \left\{ u_i - \mathcal{Z}_E(\widetilde{\mu}_i) \right\}^2$$

を満たすものとする．(4.22) と同様に，$r = 1, \ldots, \ell$ に対して，

$$\widehat{\nu}^*_r(\mathcal{I}_\ell) = \max_{1 \leqq p \leqq r} \min_{r \leqq q \leqq \ell} \frac{\sum_{m=p}^q \mathcal{Z}_E(\widetilde{\mu}_m)}{q - p + 1}$$

を得る．

$$\bar{\chi}^2_{E\ell}(\mathcal{I}_\ell) \equiv 4n_1 \sum_{i \in \mathcal{I}_\ell} \left\{ \widehat{\nu}^*_i(\mathcal{I}_\ell) - \frac{1}{\ell} \sum_{i \in \mathcal{I}_\ell} \mathcal{Z}_E(\widetilde{\mu}_i) \right\}^2$$

とおく．水準 α の漸近的な多重比較検定として，次の $\bar{\chi}^2_{E\ell}(\mathcal{I}_\ell)$ を使って閉検定手順がおこなえる．

10.B.37 $\bar{\chi}^2$ 統計量を用いた水準 α の閉検定手順

[10.B.36] の手法で，$d_3(\ell, 1; \alpha) < \widehat{T}^o_{E\ell}$ を，$\bar{c}^{2*}_3(\ell; \alpha) < \bar{\chi}^2_{E\ell}(\mathcal{I}_\ell)$ に替えた手法である．ただし，$\bar{c}^{2*}_3(\ell; \alpha)$ は (8.39) で定義されたものである．　　　◇

$\bar{c}^{2*}_3(\ell; \alpha)$ の数表を付録 B の付表 24 として載せている．

10.2.8　ガンマ分布とワイブル分布

指数分布を拡張した分布として，ガンマ分布とワイブル分布を紹介する．

ガンマ分布 $GA(\alpha, \beta)$

密度関数

$$f(x|\boldsymbol{\theta}) = \frac{\beta^\alpha}{\Gamma(\alpha)} x^{\alpha-1} e^{-\beta x}, \quad 0 < x < \infty,$$

10.3 ベルヌーイモデルの統計解析法 **275**

$$\Theta = \{\boldsymbol{\theta} \equiv (\alpha, \beta) \mid 0 < \alpha, \ \beta < \infty\}$$

をもつ分布をガンマ分布といい，記号 $GA(\alpha, \beta)$ を使って表す.

ガンマ分布 $GA(\alpha, \beta)$ で $\alpha = 1$, $\beta = 1/\mu$ とし

$$GA(1, 1/\mu) = EX(1/\mu) = EXP(\mu)$$

の関係が成り立つ．すなわち，指数分布はガンマ分布の特別な場合とみなせる.

ワイブル分布 $WE(\alpha, \beta)$

密度関数

$$f(x|\boldsymbol{\theta}) = (\alpha/\beta)x^{\alpha-1}\exp\{-x^{\alpha}/\beta\}, \quad 0 < x < \infty, \tag{10.71}$$
$$\Theta = \{\boldsymbol{\theta} \equiv (\alpha, \beta) \mid 0 < \alpha, \ \beta < \infty\}$$

をもつ分布をワイブル分布といい，記号 $WE(\alpha, \beta)$ を使って表す.

ワイブル分布 $WE(\alpha, \beta)$ で $\alpha = 1$, $\beta = \mu$ とし

$$WE(1, \mu) = EXP(\mu)$$

の関係が成り立つ．すなわち，指数分布はワイブル分布の特別な場合とみなせる.

ガンマ分布もワイブル分布も，寿命の分布として知られ，医学や工学などで広く使用されている．これらは 2 母数をもつ分布で，それぞれの母数が未知とすると数学的な議論は複雑で取り扱いにくい.

ワイブル分布の密度関数 (10.71) の α は形状母数とよばれている．形状母数を既知とした 1 母数のワイブル分布の漸近的な多重比較法を前項までの指数モデルの多重比較法と同様に構築できる．実際に鬼頭 (2015) は [10.B.11] に対応するワイブル分布モデルでの多重比較法を提案し，宮崎 (2015) は [10.B.29] に対応するワイブル分布モデルでの多重比較法を提案している.

10.3 ベルヌーイモデルの統計解析法

離散モデルとして代表的な 2 項分布に関係したベルヌーイモデルの推測論を論

276　　　第 10 章　関連した 1 つの母数をもつ分布の下での手法

述する．ベルヌーイモデルに関する手法は，F 分布を使った正確な手法とよばれている推測法が統計書に紹介されている．巻末の文献（著 2）で，正確な手法とよばれている推測法は，実は正確に保守的な推測法であることを示し，これまでに見落とされていた正則条件も付加して述べた．これらの紹介をおこない，さらに，大標本理論の場合に，分散安定化変換に基づく手法等を述べる．

10.3.1　1 標本モデルの小標本理論と大標本理論

成功の確率が p，失敗の確率が $1 - p$ の試行をベルヌーイ試行という．各 X_i について，試行が成功のとき 1，失敗のとき 0 とおき，n 回のベルヌーイ試行を $X_1, \ldots, X_n$ とする．すなわち，$X_1, \ldots, X_n$ は互いに独立で

$$P(X_i = 1) = p, \quad P(X_i = 0) = 1 - p$$

である．このとき，成功の回数は確率変数

$$X \equiv X_1 + \cdots + X_n \tag{10.72}$$

である．X の確率関数は，$x = 0, 1, \ldots, n$ に対して，

$$f(x|n, p) \equiv P(X = x) = \binom{n}{x} p^x (1 - p)^{n-x}$$

となる．この分布は 1.3 節で紹介した 2 項分布で記号 $B(n, p)$ で表す．$X \sim B(n, p)$ ならば，その平均と分散は

$$E(X) = np, \quad V(X) = np(1 - p)$$

である．2 項分布 $B(n, p)$ の母数 p が 0 または 1 の自明な場合を除き，以後，

$$0 < p < 1 \tag{10.73}$$

を仮定する．

$B(n, p)$ の確率関数 $f(x|n, p)$ と $0 < \alpha < 1$ に対して，

(条件 10.4)　　　　　　$p^n \leqq \alpha \quad (\iff p \leqq \alpha^{1/n})$　　　　　　□

10.3 ベルヌーイモデルの統計解析法 **277**

が満たされるとする. $u(p, n; \alpha)$ を

$$P(X \geqq u(p, n; \alpha)) = \sum_{j=u(p,n;\alpha)}^{n} f(j|n, p) \leqq \alpha$$

を満たす最小の自然数とする.(1.14) より,F 分布の上側確率を使って $u(p, n; \alpha)$ を求めることができる.命題 1.1 より,$F(x|n, p)$ は p の連続な減少関数である.

(条件 10.5) $\qquad (1 - p)^n \leqq \alpha \quad (\iff p \geqq 1 - \alpha^{1/n})$ $\qquad\qquad$ □

が満たされるとする. $\ell(p, n; \alpha)$ を

$$P(X \leqq \ell(p, n; \alpha)) = \sum_{j=0}^{\ell(p,n;\alpha)} f(j|n, p) \leqq \alpha$$

を満たす最大の整数とする.(1.15) より,F 分布の上側確率を使って $\ell(p, n; \alpha)$ を求めることができる.命題 1.1 の後半部分より,$u(p, n; \alpha), \ell(p, n; \alpha)$ は p の増加関数である.

このとき,次の定理 10.26 が成り立つ.

定理 10.26 X を 2 項分布 $B(n, p)$ に従う確率変数とする.(条件 10.4)の下で,事象についての等式

$$\{X \geqq u(p, n; \alpha)\} = \left\{ p \leqq \frac{L}{K \cdot F_L^K(\alpha) + L} \right\} \tag{10.74}$$

が成り立ち,(条件 10.5)の下で,事象についての等式

$$\{X \leqq \ell(p, n; \alpha)\} = \left\{ p \geqq \frac{K^* \cdot F_{L^*}^{K^*}(\alpha)}{K^* \cdot F_{L^*}^{K^*}(\alpha) + L^*} \right\} \tag{10.75}$$

が成り立つ.ただし,$F_0^m(\alpha) = 1$,自然数 m_1, m_2 に対して $F_{m_2}^{m_1}(\alpha)$ を自由度 (m_1, m_2) の F 分布の上側 $100\alpha\%$ 点とし,確率変数 K, L, K^*, L^* を

$$K \equiv 2(n - X + 1), \ L \equiv 2X, \ K^* \equiv 2(X + 1), \ L^* \equiv 2(n - X) \tag{10.76}$$

で定義する.

278　　　　　　　　　　　　第 10 章　関連した 1 つの母数をもつ分布の下での手法

証明　参考文献（著 2）の定理 7.6 の証明を参照.　　　　　　　　　　　　　　□

この定理 10.26 より，系 10.27 を得る.

系 10.27　（条件 10.4）の下で，

$$P\left(\frac{L}{K \cdot F_L^K(\alpha) + L} \geqq p\right) = P(X \geqq u(p, n; \alpha)) \leqq \alpha \qquad (10.77)$$

が成り立ち，（条件 10.5）の下で，

$$P\left(\frac{K^* \cdot F_{L^*}^{K^*}(\alpha)}{K^* \cdot F_{L^*}^{K^*}(\alpha) + L^*} \leqq p\right) = P(X \leqq \ell(p, n; \alpha)) \leqq \alpha \qquad (10.78)$$

が成り立つ.

$$A \equiv \left\{\frac{L}{K \cdot F_L^K(\alpha/2) + L} \geqq p\right\}, \quad B \equiv \left\{\frac{K^* \cdot F_{L^*}^{K^*}(\alpha/2)}{K^* \cdot F_{L^*}^{K^*}(\alpha/2) + L^*} \leqq p\right\}$$

とおくと，$\alpha/2 < 0.5$ であるので，系 10.27 より，$A \cap B = \varnothing$ となり

$$P(A \cup B) = P(A) + P(B) \leqq \alpha \qquad (10.79)$$

が成り立つ.

$0 < p_0 < 1$ となる p_0 を与え，3 種の帰無仮説 vs. 対立仮説

① 　帰無仮説 $H_{01}: p = p_0$ 　vs.　両側対立仮説 $H_{01}^A: p \neq p_0$

② 　帰無仮説 $H_{02}: p \leqq p_0$ 　vs.　上側対立仮説 $H_{02}^A: p > p_0$

③ 　帰無仮説 $H_{03}: p \geqq p_0$ 　vs.　下側対立仮説 $H_{03}^A: p < p_0$

を考える. 定理 10.26 の (10.74), (10.75) と (10.79) より，検定は次のようにまとめられる.

10.C.1　正確に保守的な検定

水準 α の検定は，次の (1)-(3) で与えられる [2].

――――――――――――――――――
[2] (2), (3) で H_{02}, H_{03} を H_{01} に替えてもよい.

10.3 ベルヌーイモデルの統計解析法 **279**

(1) 両側検定：帰無仮説 H_{01} vs. 対立仮説 H_{01}^A のとき，$p_0^n \leqq \alpha/2$ かつ $(1-p_0)^n \leqq \alpha/2$ の下で

$$\frac{L}{KF_L^K(\alpha/2)+L} \geqq p_0 \ \text{または} \ \frac{K^*F_{L^*}^{K^*}(\alpha/2)}{K^*F_{L^*}^{K^*}(\alpha/2)+L^*} \leqq p_0$$

$\implies H_{01}$ を棄却し，H_{01}^A を受け入れ，$p \neq p_0$ と判定する．

(2) 上側検定：帰無仮説 H_{02} vs. 対立仮説 H_{02}^A のとき，$p_0^n \leqq \alpha$ の下で

$$\frac{L}{KF_L^K(\alpha)+L} \geqq p_0$$

$\implies H_{02}$ を棄却し，H_{02}^A を受け入れ，$p > p_0$ と判定する．

(3) 下側検定：帰無仮説 H_{03} vs. 対立仮説 H_{03}^A のとき，$(1-p_0)^n \leqq \alpha$ の下で

$$\frac{K^*F_{L^*}^{K^*}(\alpha)}{K^*F_{L^*}^{K^*}(\alpha)+L^*} \leqq p_0$$

$\implies H_{03}$ を棄却し，H_{03}^A を受け入れ，$p < p_0$ と判定する． $\diamondsuit$

上記の (2) の検定の有意水準が α であることは，$p \leqq p_0$ に対して

$$P\left(\frac{L}{K \cdot F_L^K(\alpha)+L} \geqq p_0\right) \leqq P\left(\frac{L}{K \cdot F_L^K(\alpha)+L} \geqq p\right) \leqq \alpha$$

であることよりわかる．(3) の検定の有意水準が α であることも同様に示せる．

系 10.27 より，次の定理を得る．

定理 10.28 $p^n \leqq \alpha/2$ かつ $(1-p)^n \leqq \alpha/2$ の下で

$$P\left(\frac{L}{KF_L^K(\alpha/2)+L} < p < \frac{K^*F_{L^*}^{K^*}(\alpha/2)}{K^*F_{L^*}^{K^*}(\alpha/2)+L^*}\right) \geqq 1-\alpha$$

が成り立つ．ただし，K, L, K^*, L^* は (10.76) で定義されている．

系 10.27，定理 10.28 より，p に関する区間推定は次のようにまとめられる．

10.C.2 正確に保守的な信頼区間

信頼係数 $1-\alpha$ の p に関する信頼区間は，次の (1)-(3) で与えられる．

(1) 両側信頼区間：$p^n \leqq \alpha/2$ かつ $(1-p)^n \leqq \alpha/2$ の下で

$$\frac{L}{KF_L^K(\alpha/2)+L} < p < \frac{K^* F_{L^*}^{K^*}(\alpha/2)}{K^* F_{L^*}^{K^*}(\alpha/2)+L^*}$$

(2) 上側信頼区間：（条件 10.4）の下で

$$\frac{L}{KF_L^K(\alpha)+L} < p < 1$$

(3) 下側信頼区間：（条件 10.5）の下で

$$0 < p < \frac{K^* F_{L^*}^{K^*}(\alpha)}{K^* F_{L^*}^{K^*}(\alpha)+L^*}$$

$g(p) \equiv p/(1-p)$ とおくと，$g(\cdot)$ は $(0,1) \to (0,+\infty)$ の 1 対 1 変換で増加関数である．$p/(1-p)$ はオッズとよばれている．上記の信頼区間から，信頼係数 $1-\alpha$ の $p/(1-p)$ に関する信頼区間は，次の (I)-(III) で与えられる．

(I) 両側信頼区間：$p^n \leqq \alpha/2$ かつ $(1-p)^n \leqq \alpha/2$ の下で

$$\frac{L}{KF_L^K(\alpha/2)} < \frac{p}{1-p} < \frac{K^* F_{L^*}^{K^*}(\alpha/2)}{L^*}$$

(II) 上側信頼区間：（条件 10.4）の下で

$$\frac{L}{KF_L^K(\alpha)} < \frac{p}{1-p} < +\infty$$

(III) 下側信頼区間：（条件 10.5）の下で

$$0 < \frac{p}{1-p} < \frac{K^* F_{L^*}^{K^*}(\alpha)}{L^*} \qquad \diamondsuit$$

正確に保守的な手法に比べて漸近理論による手法は扱いやすい．引き続き，漸近理論を述べる．

$$\widehat{p} \equiv X/n \ \text{ or } \ (X+0.5)/(n+1)$$

とおく. $\widehat{p}$ は p の点推定量である. 帰無仮説 H_{01} の下で, $E(X_i) = p_0$, $V(X_i) = p_0(1 - p_0)$ となる.

定理 A.4 の中心極限定理より, 帰無仮説 H_{01} の下で, $n \to \infty$ として

$$\frac{\sqrt{n}(\widehat{p} - p_0)}{\sqrt{p_0(1 - p_0)}} \xrightarrow{\mathcal{L}} Z \sim N(0, 1) \qquad (10.80)$$

である. さらに,

$$\frac{d}{dx} \arcsin\left(\sqrt{x}\right) = \frac{1}{2\sqrt{x(1 - x)}} \qquad (10.81)$$

である. $0 < x < 1$ となる r に対して,

$$\mathcal{Z}_B(x) \equiv \arcsin\left(\sqrt{x}\right)$$

とおく. (10.80), (10.81) の関係と定理 A.5 のスラッキーの定理, 定理 A.6 のデルタ法を使うことにより, 分散安定化変換後は,

$$\sqrt{n}\left\{\mathcal{Z}_B(\widehat{p}) - \mathcal{Z}_B(p)\right\} \xrightarrow{\mathcal{L}} N\left(0, \frac{1}{4}\right) \qquad (10.82)$$

が成り立つ. すなわち, $\mathcal{Z}_B(x)$ は分散安定化変換である. H_{01} の下で, p を p_0 に替えた (10.82) が成り立つ.

(10.80), (10.82) より,

$$T_{B1} \equiv 2\sqrt{n}\left\{\mathcal{Z}_B(\widehat{p}) - \mathcal{Z}_B(p_0)\right\} \quad \text{or} \quad \frac{\sqrt{n}(\widehat{p} - p_0)}{\sqrt{\widehat{p}(1 - \widehat{p})}}$$

とおくと, H_{01} の下で T_{B1} は標準正規分布で近似できる. $|T_{B1}|$ が大きいとき H_{01} を棄却する. 標準正規分布の上側 $100\alpha\%$ 点を $z(\alpha)$ とする. 標準正規分布の密度関数が 0 について対称であるため, H_{01} の下で

$$
\begin{aligned}
P_0(|T_{B1}| > z(\alpha/2)) &\approx P(|Z| > z(\alpha/2)) \\
&= P(Z > z(\alpha/2) \text{ または } Z < -z(\alpha/2)) \\
&= 2P(Z > z(\alpha/2)) = \alpha
\end{aligned}
$$

ゆえに水準 α の検定方式は検定関数 $\phi(\cdot)$ を使って,

$$
\phi(\boldsymbol{X}) = \begin{cases} 1 & (|T_{B1}| > z(\alpha/2) \ \text{のとき}) \\ 0 & (|T_{B1}| < z(\alpha/2) \ \text{のとき}) \end{cases}
$$

と表現される.

片側検定も同様に考えられ, 次のようにまとめられる.

10.C.3 漸近的な検定

水準 α の検定は, 次の (1)-(3) で与えられる[3].

(1) 両側検定：帰無仮説 H_{01} vs. 対立仮説 H_{01}^A のとき,

$$
|T_{B1}| > z(\alpha/2) \implies H_{01} \ \text{を棄却し}, \ H_{01}^A \ \text{を受け入れ}, \ p \neq p_0 \ \text{と判定する}.
$$

(2) 上側検定：帰無仮説 H_{02} vs. 対立仮説 H_{02}^A のとき,

$$
T_{B1} > z(\alpha) \implies H_{02} \ \text{を棄却し}, \ H_{02}^A \ \text{を受け入れ}, \ p > p_0 \ \text{と判定する}.
$$

(3) 下側検定：帰無仮説 H_{03} vs. 対立仮説 H_{03}^A のとき,

$$
-T_{B1} > z(\alpha) \implies H_{03} \ \text{を棄却し}, \ H_{03}^A \ \text{を受け入れ}, \ p < p_0 \ \text{と判定する}. \ \diamondsuit
$$

$\widehat{p}$ は p の点推定量である. 定理 A.4 の中心極限定理と定理 A.5 のスラツキーの定理より, (10.80) と同様の

$$
\frac{\sqrt{n}(\widehat{p} - p)}{\sqrt{\widehat{p}(1 - \widehat{p})}} \xrightarrow{\mathcal{L}} Z \sim N(0, 1) \tag{10.83}
$$

が成り立つ. これより, p の信頼係数 $1 - \alpha$ の近似両側信頼区間は,

$$
\widehat{p} - z(\alpha/2) \cdot \sqrt{\frac{\widehat{p}(1 - \widehat{p})}{n}} < p < \widehat{p} + z(\alpha/2) \cdot \sqrt{\frac{\widehat{p}(1 - \widehat{p})}{n}} \tag{10.84}
$$

と求められる. また, (10.80) と同様の

$$
\frac{\sqrt{n}(\widehat{p} - p)}{\sqrt{p(1 - p)}} \xrightarrow{\mathcal{L}} N(0, 1)
$$

---

[3] (2), (3) で H_{02}, H_{03} を H_{01} に替えてもよい.

10.3 ベルヌーイモデルの統計解析法 **283**

が成り立ち,

$$\lim_{n\to\infty} P\left(\left|\frac{\sqrt{n}(\widehat{p}-p)}{\sqrt{p(1-p)}}\right| \leqq z(\alpha/2)\right) = 1-\alpha \tag{10.85}$$

である. (10.85) の確率の中を平方して

$$\frac{n(\widehat{p}-p)^2}{p(1-p)} \leqq z^2(\alpha/2)$$

$$\iff \left(n+z^2(\alpha/2)\right)p^2 - \left(2n\widehat{p}+z^2(\alpha/2)\right)p + n\widehat{p}^2 \leqq 0$$

$$\iff \frac{2n\widehat{p}+z^2(\alpha/2) - \sqrt{4nz^2(\alpha/2)\widehat{p}(1-\widehat{p}) + z^4(\alpha/2)}}{2(n+z^2(\alpha/2))} \leqq p$$

$$\leqq \frac{2n\widehat{p}+z^2(\alpha/2) + \sqrt{4nz^2(\alpha/2)\widehat{p}(1-\widehat{p}) + z^4(\alpha/2)}}{2(n+z^2(\alpha/2))} \tag{10.86}$$

を得る. (10.85) より, 区間 (10.86) も, p に関する信頼係数 $1-\alpha$ の近似両側信頼区間である. (10.85) の $P(\cdot)$ の中の式の推定は 1 つしか使われずに, 信頼区間 (10.86) が構成されている. このため近似として良い方法になっている.

(10.82) より

$$\lim_{n\to\infty} P\left(\left|2\sqrt{n}\left\{\mathcal{Z}_B(\widehat{p}) - \mathcal{Z}_B(p)\right\}\right| \leqq z(\alpha/2)\right) = 1-\alpha$$

を得る. 上式の $P(\cdot)$ の中は同値関係

$$\left|2\sqrt{n}\left\{\mathcal{Z}_B(\widehat{p}) - \mathcal{Z}_B(p)\right\}\right| \leqq z(\alpha/2)$$

$$\iff \mathcal{Z}_B(\widehat{p}) - \frac{z(\alpha/2)}{2\sqrt{n}} \leqq \mathcal{Z}_B(p) \leqq \mathcal{Z}_B(\widehat{p}) + \frac{z(\alpha/2)}{2\sqrt{n}} \tag{10.87}$$

が成り立つ. (10.73) の p の条件より, (10.87) から, p に関する信頼係数 $1-\alpha$ の近似両側信頼区間は,

$$\sin^2\left[\max\left\{\mathcal{Z}_B(\widehat{p}) - \frac{z(\alpha/2)}{2\sqrt{n}},\ 0\right\}\right] \leqq p$$

$$\leqq \sin^2\left[\min\left\{\mathcal{Z}_B(\widehat{p}) + \frac{z(\alpha/2)}{2\sqrt{n}},\ \frac{\pi}{2}\right\}\right] \tag{10.88}$$

で与えられる.

以上をまとめて, p の両側信頼区間は次で与えられる.

284　　　　　　　　　　第 10 章　関連した 1 つの母数をもつ分布の下での手法

10.C.4 漸近的な両側信頼区間

信頼係数 $1 - \alpha$ の p の両側信頼区間は，(10.84), (10.86), (10.88) で与えられる．　　　　　　　　　　　　　　　　　　　　　　　　　　　　　　　　　　◇

10.3.2　2 標本モデルの大標本理論

$X_1, \ldots, X_{n_1}$ を成功の確率 p_1 の n_1 回のベルヌーイ試行とし，$Y_1, \ldots, Y_{n_2}$ を成功の確率 p_2 の n_2 回のベルヌーイ試行とする．さらに，$(X_1, \ldots, X_{n_1})$ と $(Y_1, \ldots, Y_{n_2})$ は互いに独立とする．(10.73) と同様に，p_1, p_2 が 0 または 1 の自明な場合を除き，以後，

$$0 < p_i < 1 \quad (i = 1, 2)$$

を仮定する．

$$X \equiv X_1 + \cdots + X_{n_1}, \quad Y \equiv Y_1 + \cdots + Y_{n_2},$$

$$\widehat{p_1} \equiv \frac{X}{n_1} \ \text{or} \ \frac{X + 0.5}{n_1 + 1}, \quad \widehat{p_2} \equiv \frac{Y}{n_2} \ \text{or} \ \frac{Y + 0.5}{n_2 + 1}$$

とおく．このとき，表 10.12 を得る．

表 10.12　2 標本ベルヌーイモデル

標本	サイズ	成功の回数	失敗の回数	成功の回数の分布
第 1 標本	n_1	X	$n_1 - X$	$B(n_1, p_1)$
第 2 標本	n_2	Y	$n_2 - Y$	$B(n_2, p_2)$

総標本サイズ：$n \equiv n_1 + n_2$（すべての観測値の個数）とする．

$n \equiv n_1 + n_2$ とおき，（条件 3.2）を仮定する．(10.83) と同様に，

$$\sqrt{n}(\widehat{p_1} - p_1) \xrightarrow{\mathcal{L}} \sqrt{\frac{p_1(1 - p_1)}{\lambda}} \cdot Z_1 \tag{10.89}$$

$$\sqrt{n}(\widehat{p_2} - p_2) \xrightarrow{\mathcal{L}} \sqrt{\frac{p_2(1 - p_2)}{1 - \lambda}} \cdot Z_2 \tag{10.90}$$

が成り立つ．ただし，Z_1, Z_2 は互いに独立で同一の標準正規分布 $N(0, 1)$ に従う．

(10.81), (10.89), (10.90) の関係と定理 A.5 のスラッキーの定理，定理 A.6 のデルタ法を使うことにより，分散安定化変換後は，

10.3 ベルヌーイモデルの統計解析法 **285**

$$\sqrt{n}\left\{\mathcal{Z}_B(\widehat{p}_1) - \mathcal{Z}_B(p_1)\right\} \overset{\mathcal{L}}{\to} \widetilde{Z}_1 \sim N\left(0, \frac{1}{4\lambda}\right) \tag{10.91}$$

$$\sqrt{n}\left\{\mathcal{Z}_B(\widehat{p}_2) - \mathcal{Z}_B(p_2)\right\} \overset{\mathcal{L}}{\to} \widetilde{Z}_2 \sim N\left(0, \frac{1}{4(1-\lambda)}\right) \tag{10.92}$$

が成り立つ.

$$\text{帰無仮説 } H_0: \ p_1 = p_2 \tag{10.93}$$

に対して 3 種の対立仮説

    ①   両側対立仮説 $H_1^A: \ p_1 \neq p_2$

    ②   上側対立仮説 $H_2^A: \ p_1 > p_2$

    ③   下側対立仮説 $H_3^A: \ p_1 < p_2$

となる.

まずは, 帰無仮説 H_0 vs. 対立仮説 H_1^A の水準 α の検定を考える.

$$T_{B2} \equiv \frac{2\left\{\mathcal{Z}_B(\widehat{p}_1) - \mathcal{Z}_B(\widehat{p}_2)\right\}}{\sqrt{\frac{1}{n_1} + \frac{1}{n_2}}} \ \text{ or } \ \frac{\widehat{p}_1 - \widehat{p}_2}{\tilde{\sigma}_n}$$

とおく. ただし,

$$\tilde{\sigma}_n \equiv \sqrt{\frac{1}{n_1}\widehat{p}_1(1-\widehat{p}_1) + \frac{1}{n_2}\widehat{p}_2(1-\widehat{p}_2)}$$

とする. このとき, (10.89)-(10.92) より, H_0 の下で,

$$T_{B2} \overset{\mathcal{L}}{\to} N(0,1)$$

である. すなわち, H_0 の下で, T_{B2} の従っている分布は標準正規分布で近似できる. $|T_{B2}|$ が大きいとき H_0 を棄却する. 水準 α の検定方式は,

$$\begin{cases} |T_{B2}| > z(\alpha/2) \ \text{ならば } H_0 \text{ を棄却する} \\ |T_{B2}| < z(\alpha/2) \ \text{ならば } H_0 \text{ を棄却しない} \end{cases}$$

で与えられる.

同様に片側検定が考えられる. これらは次のようにまとめられる.

286　　　　　　　　第 10 章　関連した 1 つの母数をもつ分布の下での手法

10.C.5 漸近的な検定

水準 α の検定は，次の (1)-(3) で与えられる．

(1) 両側検定：帰無仮説 H_0 vs. 対立仮説 H_1^A のとき，

$$|T_{B2}| > z(\alpha/2) \implies H_0 \text{ を棄却し，} H_1^A \text{ を受け入れ，} p_1 \neq p_2 \text{ と判定する．}$$

(2) 上側検定：帰無仮説 H_0 vs. 対立仮説 H_2^A（制約 $p_1 \geqq p_2$ がつけられるとき），

$$T_{B2} > z(\alpha) \implies H_0 \text{ を棄却し，} H_2^A \text{ を受け入れ，} p_1 > p_2 \text{ と判定する．}$$

(3) 下側検定：帰無仮説 H_0 vs. 対立仮説 H_3^A（制約 $p_1 \leqq p_2$ がつけられるとき），

$$-T_{B2} > z(\alpha) \implies H_0 \text{ を棄却し，} H_3^A \text{ を受け入れ，} p_1 < p_2 \text{ と判定する．}$$

$\diamondsuit$

(10.89), (10.90) より

$$\frac{\widehat{p}_1 - \widehat{p}_2 - p_1 + p_2}{\tilde{\sigma}_n} \xrightarrow{\mathcal{L}} N(0,1)$$

であるので，$\widehat{p}_1 - \widehat{p}_2$ が $p_1 - p_2$ の点推定量で，成功の確率の差 $p_1 - p_2$ の水準 $1 - \alpha$ の信頼区間は，

$$\widehat{p}_1 - \widehat{p}_2 - z(\alpha/2) \cdot \tilde{\sigma}_n \leqq p_1 - p_2 \leqq \widehat{p}_1 - \widehat{p}_2 + z(\alpha/2) \cdot \tilde{\sigma}_n$$

で与えられる．

$$\widehat{p}_1 = \frac{X}{n_1}, \quad \widehat{p}_2 = \frac{Y}{n_2} \tag{10.94}$$

のとき，上式は

$$\frac{X}{n_1} - \frac{Y}{n_2} - z(\alpha/2) \cdot \sqrt{\frac{X(n_1 - X)}{n_1^3} + \frac{Y(n_2 - Y)}{n_2^3}} \leqq p_1 - p_2$$

$$\leqq \frac{X}{n_1} - \frac{Y}{n_2} + z(\alpha/2) \cdot \sqrt{\frac{X(n_1 - X)}{n_1^3} + \frac{Y(n_2 - Y)}{n_2^3}} \tag{10.95}$$

と同値である．(10.95) は生物統計でよく紹介されている信頼区間である．

(10.91), (10.92) を使って，

10.3 ベルヌーイモデルの統計解析法 **287**

$$\frac{2\left\{\mathcal{Z}_B(\widehat{p_1}) - \mathcal{Z}_B(\widehat{p_2}) - \mathcal{Z}_B(p_1) + \mathcal{Z}_B(p_2)\right\}}{\sqrt{\frac{1}{n_1} + \frac{1}{n_2}}} \xrightarrow{\mathcal{L}} N(0,1)$$

が成り立つ.

10.C.6 漸近的な区間推定

信頼係数 $1-\alpha$ の $\mathcal{Z}_B(p_1) - \mathcal{Z}_B(p_2)$ に関する漸近的な信頼区間は, 次の (1)-(3) で与えられる.

(1) 両側信頼区間:

$$\mathcal{Z}_B(\widehat{p_1}) - \mathcal{Z}_B(\widehat{p_2}) - z(\alpha/2) \cdot \sqrt{\frac{1}{4n_1} + \frac{1}{4n_2}} \leqq \mathcal{Z}_B(p_1) - \mathcal{Z}_B(p_2)$$

$$\leqq \mathcal{Z}_B(\widehat{p_1}) - \mathcal{Z}_B(\widehat{p_2}) + z(\alpha/2) \cdot \sqrt{\frac{1}{4n_1} + \frac{1}{4n_2}}$$

(2) 上側信頼区間:

$$\mathcal{Z}_B(\widehat{p_1}) - \mathcal{Z}_B(\widehat{p_2}) - z(\alpha) \cdot \sqrt{\frac{1}{4n_1} + \frac{1}{4n_2}} \leqq \mathcal{Z}_B(p_1) - \mathcal{Z}_B(p_2) < \frac{\pi}{2}$$

(3) 下側信頼区間:

$$-\frac{\pi}{2} < \mathcal{Z}_B(p_1) - \mathcal{Z}_B(p_2) \leqq \mathcal{Z}_B(\widehat{p_1}) - \mathcal{Z}_B(\widehat{p_2}) + z(\alpha) \cdot \sqrt{\frac{1}{4n_1} + \frac{1}{4n_2}} \quad \diamond$$

$$\lambda_{1n} \equiv \frac{n_1}{n}, \quad \lambda_{2n} \equiv \frac{n_2}{n} = 1 - \lambda_{1n}$$

とおく. このとき命題 10.29 を得る.

命題 10.29 (10.93) の帰無仮説 H_0 の下で

$$S_B \equiv \frac{n\lambda_{1n}^2\lambda_{2n}^2(\widehat{p_1} - \widehat{p_2})^2}{\lambda_{1n}\lambda_{2n}(\lambda_{1n}\widehat{p_1} + \lambda_{2n}\widehat{p_2})(1 - \lambda_{1n}\widehat{p_1} - \lambda_{2n}\widehat{p_2})} \xrightarrow{\mathcal{L}} \chi_1^2 \qquad (10.96)$$

が成り立つ.

証明 T_B を

$$T_B \equiv \frac{\sqrt{n}\lambda_{1n}\lambda_{2n}(\widehat{p_1} - \widehat{p_2})}{\sqrt{\lambda_{1n}\lambda_{2n}(\lambda_{1n}\widehat{p_1} + \lambda_{2n}\widehat{p_2})(1 - \lambda_{1n}\widehat{p_1} - \lambda_{2n}\widehat{p_2})}}$$

288　　　　　　　　第 10 章　関連した 1 つの母数をもつ分布の下での手法

とおく．このとき，$T_B \xrightarrow{\mathcal{L}} N(0,1)$ を示せばよい．

大数の法則により，

$$\lambda_{1n}\lambda_{2n}(\lambda_{1n}\widehat{p_1} + \lambda_{2n}\widehat{p_2})(1 - \lambda_{1n}\widehat{p_1} - \lambda_{2n}\widehat{p_2}) \xrightarrow{P} (1-\lambda)\cdot\lambda\cdot p_1\cdot(1-p_1) \quad (10.97)$$

さらに，(10.89), (10.90), 定理 A.5 のスラッキーの定理より，

$$\sqrt{n}\lambda_{1n}\lambda_{2n}(\widehat{p_1} - \widehat{p_2})$$
$$\xrightarrow{\mathcal{L}} \lambda(1-\lambda)\sqrt{\frac{1}{1-\lambda}}\sqrt{p_1(1-p_1)}Z_1 - \lambda(1-\lambda)\sqrt{\frac{1}{\lambda}}\sqrt{p_1(1-p_1)}Z_2$$
$$\sim N\left(0,\ \lambda(1-\lambda)p_1(1-p_1)\right) \quad (10.98)$$

となる．(10.97), (10.98) から $T \xrightarrow{\mathcal{L}} N(0,1)$ となり，結論が示せた．　　　　□

$\widehat{p_1}$, $\widehat{p_2}$ を (10.94) で与えたとき，(10.96) は

$$\frac{\{X(n_2 - Y) - (n_1 - X)Y\}^2 \cdot n}{n_1 n_2 (X+Y)(n_1 - X + n_2 - Y)} \xrightarrow{\mathcal{L}} \chi_1^2$$

と同値となる．ここで，[10.C.5] の (1) の漸近的な両側検定で

$$\frac{\{X(n_2 - Y) - (n_1 - X)Y\}^2 \cdot n}{n_1 n_2 (X+Y)(n_1 - X + n_2 - Y)} > \chi_1^2(\alpha)$$
$$\text{ならば } H_0 \text{ を棄却し，} H_1^A \text{ を受け入れ，} p_1 \neq p_2 \text{ と判定} \quad (10.99)$$

としてもよい．ただし，$\chi_1^2(\alpha)$ は自由度 1 のカイ二乗分布の上側 $100\alpha\%$ 点である．(10.99) は生物統計でよく紹介されている検定方式である．

10.C.7　リスク比に対する漸近的な区間推定

リスク比とその推定量はそれぞれ，

$$\frac{p_1}{p_2}, \quad \frac{\widehat{p_1}}{\widehat{p_2}}$$

で与えられる．　　　　　　　　　　　　　　　　　　　　　　　　◇

10.3 ベルヌーイモデルの統計解析法 **289**

命題 10.30 リスク比に対する信頼係数 $1-\alpha$ の漸近的な信頼区間は

$$\frac{\widehat{p}_1}{\widehat{p}_2} \cdot \exp\left\{-z(\alpha/2)\cdot\sqrt{\frac{1}{n_1\widehat{p}_1}-\frac{1}{n_1}+\frac{1}{n_2\widehat{p}_2}-\frac{1}{n_2}}\right\} \leqq \frac{p_1}{p_2}$$

$$\leqq \frac{\widehat{p}_1}{\widehat{p}_2} \cdot \exp\left\{z(\alpha/2)\cdot\sqrt{\frac{1}{n_1\widehat{p}_1}-\frac{1}{n_1}+\frac{1}{n_2\widehat{p}_2}-\frac{1}{n_2}}\right\} \tag{10.100}$$

で与えられる.

証明 両辺の対数をとった式変形により,

$$\frac{\log\widehat{p}_1-\log p_1-(\log\widehat{p}_2+\log p_2)}{\sqrt{\frac{1}{n_1\widehat{p}_1}-\frac{1}{n_1}+\frac{1}{n_2\widehat{p}_2}-\frac{1}{n_2}}} \xrightarrow{\mathcal{L}} N(0,1) \tag{10.101}$$

であることを示せばよい. 定理 A.6 のデルタ法で, $b=p_1$, $Y_n=\widehat{p}_1$, $g(x)=\log(x)$, $\mathcal{Y}=\sqrt{p_1(1-p_1)}Z_1$ とすると

$$\sqrt{n}(\log\widehat{p}_1-\log p_1) \xrightarrow{\mathcal{L}} \sqrt{\frac{1}{p_1\lambda}(1-p_1)}Z_1$$

となる. ただし, $\mathcal{Y}$ は定理 A.6 の当てはめで出てくる. 同様に,

$$\sqrt{n}(\log\widehat{p}_2-\log p_2) \xrightarrow{\mathcal{L}} \sqrt{\frac{1}{p_2(1-\lambda)}(1-p_2)}Z_2$$

となる. 上の 2 つの式より

$$\frac{\sqrt{n}(\log\widehat{p}_1-\log p_1)-\sqrt{n}(\log\widehat{p}_2-\log p_2)}{\sqrt{\frac{1}{n_1\widehat{p}_1}-\frac{1}{n_1}+\frac{1}{n_2\widehat{p}_2}-\frac{1}{n_2}}}$$

$$\xrightarrow{\mathcal{L}} \frac{\sqrt{\frac{1}{p_1\lambda}(1-p_1)}Z_1-\sqrt{\frac{1}{p_2(1-\lambda)}(1-p_2)}Z_2}{\sqrt{1\big/\left(\frac{1}{p_1\lambda}-\frac{1}{\lambda}+\frac{1}{p_2(1-\lambda)}-\frac{1}{1-\lambda}\right)}} \sim N(0,1) \tag{10.102}$$

となり, (10.101) が示せた. $\square$

$\widehat{p}_1$, $\widehat{p}_2$ を (10.94) で与えたとき, (10.100) は

$$\frac{n_2 X}{n_1 Y}\cdot\exp\left\{-z(\alpha/2)\cdot\sqrt{\frac{1}{X}-\frac{1}{n_1}+\frac{1}{Y}-\frac{1}{n_2}}\right\} \leqq \frac{p_1}{p_2}$$

$$\leqq \frac{n_2 X}{n_1 Y} \cdot \exp\left\{ z(\alpha/2) \cdot \sqrt{\frac{1}{X} - \frac{1}{n_1} + \frac{1}{Y} - \frac{1}{n_2}} \right\} \tag{10.103}$$

で与えられる. (10.103) は生物統計でよく紹介されている信頼区間である.

帰無仮説 H_0^r : $p_1/p_2 = 1$ に対する検定を考える.

$$T_{B2}^r \equiv \frac{\log \widehat{p}_1 - \log \widehat{p}_2}{\sqrt{\frac{1}{n_1 \widehat{p}_1} - \frac{1}{n_1} + \frac{1}{n_2 \widehat{p}_2} - \frac{1}{n_2}}}$$

とおくと, (10.102) より, 次の漸近的な検定方式を得る.

10.C.8 リスク比に対する漸近的な検定

水準 α の検定は, 次の (1)-(3) で与えられる.

(1) 両側検定：帰無仮説 H_0 vs. 対立仮説 H_1^{rA} : $p_1/p_2 \neq 1$ のとき,

$$|T_{B2}^r| > z(\alpha/2)$$
$$\implies H_0 \text{ を棄却し, } H_1^{rA} \text{ を受け入れ, } p_1/p_2 \neq 1 \text{ と判定する.}$$

(2) 片側検定：帰無仮説 H_0 vs. 対立仮説 H_2^{rA} : $p_1/p_2 > 1$ (制約 $p_1/p_2 \geqq 1$ がつけられるとき),

$$T_{B2}^r > z(\alpha) \implies H_0 \text{ を棄却し, } H_2^{rA} \text{ を受け入れ, } p_1/p_2 > 1 \text{ と判定する.}$$

(3) 片側検定：帰無仮説 H_0 vs. 対立仮説 H_3^{rA} : $p_1/p_2 < 1$ (制約 $p_1/p_2 \leqq 1$ がつけられるとき),

$$-T_{B2}^r > z(\alpha)$$
$$\implies H_0 \text{ を棄却し, } H_3^{rA} \text{ を受け入れ, } p_1/p_2 < 1 \text{ と判定する.} \quad \diamondsuit$$

10.C.9 オッズ比に対する漸近的な区間推定

オッズ比とその推定量はそれぞれ,

$$\frac{p_1}{1-p_1} \bigg/ \frac{p_2}{1-p_2} = \frac{p_1(1-p_2)}{p_2(1-p_1)}, \quad \frac{\widehat{p}_1(1-\widehat{p}_2)}{\widehat{p}_2(1-\widehat{p}_1)}$$

で与えられる. $\diamondsuit$

10.3 ベルヌーイモデルの統計解析法 **291**

命題 10.31 オッズ比に対する信頼係数 $1-\alpha$ の漸近的な信頼区間は

$$\frac{\widehat{p}_1(1-\widehat{p}_2)}{\widehat{p}_2(1-\widehat{p}_1)} \cdot \exp\left\{-z(\alpha/2)\cdot\widehat{q}_n\right\} \leqq \frac{p_1(1-p_2)}{p_2(1-p_1)}$$

$$\leqq \frac{\widehat{p}_1(1-\widehat{p}_2)}{\widehat{p}_2(1-\widehat{p}_1)} \cdot \exp\left\{z(\alpha/2)\cdot\widehat{q}_n\right\} \qquad (10.104)$$

で与えられる. ただし,

$$\widehat{q}_n \equiv \sqrt{\frac{1}{n_1\widehat{p}_1} + \frac{1}{n_1 - n_1\widehat{p}_1} + \frac{1}{n_2\widehat{p}_2} + \frac{1}{n_2 - n_2\widehat{p}_2}}$$

とおく.

証明 両辺の対数をとった式変形により,

$$\frac{\log\left(\frac{\widehat{p}_1}{1-\widehat{p}_1}\right) - \log\left(\frac{p_1}{1-p_1}\right) - \left\{\log\left(\frac{\widehat{p}_2}{1-\widehat{p}_2}\right) - \log\left(\frac{p_2}{1-p_2}\right)\right\}}{\sqrt{\frac{1}{n_1\widehat{p}_1} + \frac{1}{n_1 - n_1\widehat{p}_1} + \frac{1}{n_2\widehat{p}_2} + \frac{1}{n_2 - n_2\widehat{p}_2}}} \xrightarrow{\mathcal{L}} N(0,1) \qquad (10.105)$$

であることを示せばよい. 付録 A の定理 A.6 のデルタ法で, $b = p_1$, $Y_n = \widehat{p}_1$, $g(x) = \log(x) - \log(1-x)$, $\mathcal{Y} = \sqrt{p_1(1-p_1)}Z_1$ とすると,

$$\sqrt{n}\left\{\log\left(\frac{\widehat{p}_1}{1-\widehat{p}_1}\right) - \log\left(\frac{p_1}{1-p_1}\right)\right\} \xrightarrow{\mathcal{L}} \sqrt{\frac{1}{p_1\lambda(1-p_1)}}Z_1 \qquad (10.106)$$

となる. 同様に,

$$\sqrt{n}\left\{\log\left(\frac{\widehat{p}_2}{1-\widehat{p}_2}\right) - \log\left(\frac{p_2}{1-p_2}\right)\right\} \xrightarrow{\mathcal{L}} \sqrt{\frac{1}{p_2(1-\lambda)(1-p_2)}}Z_2 \qquad (10.107)$$

を得る. (10.106), (10.107) より,

$$\frac{\sqrt{n}\left[\log\left(\frac{\widehat{p}_1}{1-\widehat{p}_1}\right) - \log\left(\frac{p_1}{1-p_1}\right) - \left\{\log\left(\frac{\widehat{p}_2}{1-\widehat{p}_2}\right) - \log\left(\frac{p_2}{1-p_2}\right)\right\}\right]}{\sqrt{\frac{1}{n_1\widehat{p}_1} + \frac{1}{n_1 - n_1\widehat{p}_1} + \frac{1}{n_2\widehat{p}_2} + \frac{1}{n_2 - n_2\widehat{p}_2}}}$$

$$\xrightarrow{\mathcal{L}} \frac{\sqrt{\frac{1}{p_1\lambda(1-p_1)}}Z_1 - \sqrt{\frac{1}{p_2(1-\lambda)(1-p_2)}}Z_2}{\sqrt{\frac{1}{p_1\lambda} + \frac{1}{(1-p_1)\lambda} + \frac{1}{p_2(1-\lambda)} + \frac{1}{(1-p_2)(1-\lambda)}}} \sim N(0,1)$$

となり, (10.105) が示せた. □

$\widehat{p}_1$, $\widehat{p}_2$ を (10.94) で与えたとき, (10.100) は

$$\frac{X(n_2 - Y)}{Y(n_1 - X)} \cdot \exp\left\{-z(\alpha/2) \cdot \widehat{q}'_n\right\} \leqq \frac{p_1(1 - p_2)}{p_2(1 - p_1)}$$

$$\leqq \frac{X(n_2 - Y)}{Y(n_1 - X)} \cdot \exp\left\{z(\alpha/2) \cdot \widehat{q}'_n\right\}$$

で与えられる. ただし,

$$\widehat{q}'_n \equiv \sqrt{\frac{1}{X} + \frac{1}{n_1 - X} + \frac{1}{Y} + \frac{1}{n_2 - Y}}$$

とおく. この式は生物統計でよく紹介されている信頼区間である.

帰無仮説 $H_0^{or}: \dfrac{p_1(1 - p_2)}{p_2(1 - p_1)} = 1$ に対する検定を考える.

$$T_{B2}^{or} \equiv \frac{\log\left(\frac{\widehat{p_1}}{1 - \widehat{p_1}}\right) - \log\left(\frac{\widehat{p_2}}{1 - \widehat{p_2}}\right)}{\sqrt{\frac{1}{n_1\widehat{p_1}} + \frac{1}{n_1 - n_1\widehat{p_1}} + \frac{1}{n_2\widehat{p_2}} + \frac{1}{n_2 - n_2\widehat{p_2}}}}$$

とおくと, (10.105) より, 次の漸近的な検定方式を得る.

10.C.10 オッズ比に対する漸近的な検定

水準 α の検定は, 次の (1)-(3) で与えられる.

(1) 両側検定:帰無仮説 H_0^{or} vs. 対立仮説 $H_1^{orA}: \dfrac{p_1(1 - p_2)}{p_2(1 - p_1)} \neq 1$ のとき,

$|T_{B2}^{or}| > z(\alpha/2)$

$\Longrightarrow H_0^{or}$ を棄却し, H_1^{orA} を受け入れ, $\dfrac{p_1(1 - p_2)}{p_2(1 - p_1)} \neq 1$ と判定する.

(2) 片側検定:帰無仮説 H_0^{or} vs. 対立仮説 $H_2^{orA}: \dfrac{p_1(1 - p_2)}{p_2(1 - p_1)} > 1$　（制約

$\dfrac{p_1(1 - p_2)}{p_2(1 - p_1)} \geqq 1$ がつけられるとき）,

$T_{B2}^{or} > z(\alpha)$

$\Longrightarrow H_0^{or}$ を棄却し, H_2^{orA} を受け入れ, $\dfrac{p_1(1 - p_2)}{p_2(1 - p_1)} > 1$ と判定する.

(3) 片側検定:帰無仮説 H_0^{or} vs. 対立仮説 $H_3^{orA}: \dfrac{p_1(1 - p_2)}{p_2(1 - p_1)} < 1$　（制約

$\dfrac{p_1(1 - p_2)}{p_2(1 - p_1)} \leqq 1$ がつけられるとき）,

$-T_{B2}^{or} > z(\alpha)$

$\Longrightarrow H_0^{or}$ を棄却し, H_3^{orA} を受け入れ, $\dfrac{p_1(1 - p_2)}{p_2(1 - p_1)} < 1$ と判定する.　$\diamondsuit$

10.3 ベルヌーイモデルの統計解析法　　　　　　　　　　　　　**293**

表 10.13 k 標本比率モデル

標本	サイズ	成功の回数	失敗の回数	成功の回数の分布
第 1 標本	n_1	$X_{1\cdot}$	$n_1 - X_{1\cdot}$	$B(n_1, p_1)$
第 2 標本	n_2	$X_{2\cdot}$	$n_2 - X_{2\cdot}$	$B(n_2, p_2)$
$\vdots$	$\vdots$	$\vdots$	$\vdots$	$\vdots$
第 k 標本	n_k	$X_{k\cdot}$	$n_k - X_{k\cdot}$	$B(n_k, p_k)$

総標本サイズ：$n \equiv n_1 + \cdots + n_k$（すべての観測値の個数）とする.

10.3.3 多標本モデルと一様性の検定

k 個の標本があって，独立な n_i 回のベルヌーイ試行 $X_{i1}, \ldots, X_{in_i}$ を第 i 標本の標本とする．このベルヌーイ試行において，成功の確率を p_i，失敗の確率を $1 - p_i$ とする．すなわち

$$P(X_{ij} = 1) = p_i, \quad P(X_{ij} = 0) = 1 - p_i$$

となる．このとき，第 i 標本の成功の回数は確率変数

$$X_{i\cdot} \equiv X_{i1} + \cdots + X_{in_i}$$

で与えられ，失敗の回数は $n_i - X_{i\cdot}$ である．この $X_{i\cdot}$ は独立な 2 項分布 $B(n_i, p_i)$ に従う．$n \equiv n_1 + \cdots + n_k$ とおく．このモデルを表 10.13 に示す．$p_1, \ldots, p_k$ が 0 または 1 の自明な場合を除き，以後，

$$0 < p_i < 1 \quad (i = 1, \ldots, k)$$

を仮定する．このとき，p_i の点推定量は，

$$\widehat{p_i} \equiv \frac{X_{i\cdot}}{n_i} \ \text{or} \ \frac{X_{i\cdot} + 0.5}{n_i + 1} \quad (i = 1, \ldots, k) \tag{10.108}$$

で与えられる.

(10.89), (10.90) と同様に，（条件 4.1）の下で

$$\sqrt{n}(\widehat{p_i} - p_i) \xrightarrow{\mathcal{L}} Y_i \sim N\left(0, \frac{p_i(1 - p_i)}{\lambda_i}\right) \tag{10.109}$$

294 第 10 章 関連した 1 つの母数をもつ分布の下での手法

が成り立つ. また, (10.109) と定理 A.5 のスラツキーの定理, 定理 A.6 のデルタ法を使うことにより, (10.91), (10.92) と同様に

$$2\sqrt{n}\left\{\mathcal{Z}_B(\widehat{p_i}) - \mathcal{Z}_B(p_i)\right\} \xrightarrow{\mathcal{L}} Z_i \sim N\left(0, \frac{1}{\lambda_i}\right) \tag{10.110}$$

を得る. (10.110) の漸近分布の分散は未知母数 p_i を含んでいない.

比率の一様性の帰無仮説は,

$$H_0: \ p_1 = \cdots = p_k$$

である. 帰無仮説 H_0 に対応して対立仮説を

$$H_1^A: \ \text{ある} \ i \neq i' \ \text{が存在して,} \ \ p_i \neq p_{i'}$$

とする.

$$Q_B \equiv 4\sum_{i=1}^{k} n_i \left\{\mathcal{Z}_B(\widehat{p_i}) - \sum_{j=1}^{k}\left(\frac{n_j}{n}\right)\mathcal{Z}_B(\widehat{p_j})\right\}^2$$

とおく. Q_B が大きいとき H_0 を棄却する. このとき, 次の定理を得る.

定理 10.32 (条件 4.1) が成り立つと仮定する. このとき, $n \to \infty$ として, H_0 の下で $Q_B \xrightarrow{\mathcal{L}} \chi^2_{k-1}$ となる. すなわち, Q_B は自由度 $k-1$ のカイ二乗分布に分布収束する.

証明 (10.110) より, H_0 の下で,

$$Q_B \xrightarrow{\mathcal{L}} \sum_{i=1}^{k} \lambda_i \left(Z_i - \sum_{j=1}^{k} \lambda_j Z_j\right)^2$$

を得る. 定理 A.1 より, 上の右辺が自由度 $k-1$ のカイ二乗分布に従う. ゆえに, $Q_B \xrightarrow{\mathcal{L}} \chi^2_{k-1}$ である. □

定理 10.32 により, 次の検定方式を得る.

10.C.11 **一様性の漸近的な検定**

帰無仮説 H_0 vs. 対立仮説 H_1^A に対する水準 α の検定方式は, $Q_B > \chi^2_{k-1}(\alpha)$ ならば H_0 を棄却する. ◇

10.3.4 多重比較法

表 10.13 の k 標本ベルヌーイモデルでの多重比較法は，（著5），（著8），（著9），
（著11），（著14）に掲載されている．比率だけでなくオッズやロジット変換後の
母数の推測についても扱っているのでこれらも参照してほしい．

(10.25) と (10.110) の関係から，漸近的な多重比較法はポアソンモデルでの多
重比較法と類似している．具体的には，μ_i を p_i と考え，k 標本ポアソンモデルで
の漸近な検定手法 [10.A.10] の (i)，[10.A.11]，[10.A.12]，[10.A.14]，[10.A.16]，
[10.A.20]，[10.A.22]，[10.A.23]，[10.A.25]，[10.A.26]，[10.A.27]，[10.A.29]，
[10.A.30]，[10.A.31] において，$\mathcal{Z}_P(\widetilde{\mu}_i)$ を $\mathcal{Z}_B(\widehat{p}_i)$ に置き替えることにより，
k 標本ベルヌーイモデルでの水準 α の漸近的な多重比較検定を得る．[10.A.13]，
[10.A.15]，[10.A.21]，[10.A.24]，[10.A.28] において，$\mathcal{Z}_P(\widetilde{\mu}_i)$ と $\mathcal{Z}_P(\mu_i)$ をそ
れぞれ $\mathcal{Z}_B(\widehat{p}_i)$ と $\mathcal{Z}_B(p_i)$ に置き替えることにより信頼係数 $1-\alpha$ の漸近的な同
時信頼区間を得る．

ベルヌーイモデルでのさらに多くの手法の解説については（著5）を参照せよ．

第 11 章
関連した正規分布の下での手法

　第 9 章までに順位に基づくノンパラメトリック法を紹介し，その利点も示した．11.1 節では，第 8 章までに紹介した手法に対応した多標本モデルにおける正規分布の下でのパラメトリック法を紹介する．平均母数に順序制約を仮定しないテューキー・クレーマー法，ダネット法などのシングルステップの多重比較法までの解析方法を詳しく解説する．マルチステップ法などの残りの方法は（著 1）と（著 3）に詳しく書かれているのでそれらを参照すること．標本平均とは独立な標本分散によって統計量が構成され，理論としては第 2 章から第 8 章までの順位に基づくノンパラメトリック法とそれほど大きな違いはない．

　11.2 節と 11.3 節では，乱塊法モデルと繰り返しのある 2 元配置モデルの多重比較法について詳しく解説する．11.4 節では，2 次元正規分布モデルにおける相関係数の統計解析法について解説する．いくつかのモデルについては，順位に基づくノンパラメトリック法では解決できないが正規分布の下でのパラメトリック法では解決できる点を指摘する．第 12 章で，この章で紹介するパラメトリック法を取り込む手法についても論述する．

　11.1 節から 11.3 節で紹介する多重比較検定の有意水準点を与える限りある数表は（著 1）と（著 3）に載せている．そちらも活用してほしい．漸近理論ではない正規分布の下での多重比較検定を実行するための有意水準点は，分散の推定量の自由度に依存するので，膨大な数値表を用意する必要がある．これは不可能であるため，実行可能形式のプログラムを用いて求めることが望ましい．（著 1）と（著 3）に掲載されていない多重比較検定の有意水準点を活用するための解決法として，アルゴリズムが（著 3）の第 7 章および（著 16）に載っているのでそちらを参考に有意水準点の計算機プログラムを作成するとよい．

11.1 多標本正規分布モデルでの平均の統計解析法

1標本, 2標本モデルの統計解析法には t 分布が使われる. 初歩的な統計書にも掲載されているので本書では紹介しない. 詳しくは (著1), (著2) を参照すること. 1元配置分散分析法も, 詳しくは (著1) を参照してほしい. 次の 11.1.1 項, 11.1.2 項, 11.1.3 項, 11.1.4 項は, それぞれ, 第5章, 第6章, 第7章, 第8章に対応する手法である.

11.1.1 すべての平均相違の多重比較法

k 標本モデルで第 i 標本 $(X_{i1}, X_{i2}, \ldots, X_{in_i})$ は, 平均が μ_i である同一の正規分布 $N(\mu_i, \sigma^2)$ に従うとする. さらにすべての X_{ij} は互いに独立であると仮定する. このモデルを表 11.1 に示す.

表 11.1 分散が同一の k 標本正規分布モデル

標本	サイズ	データ	平均	分布
第 1 標本	n_1	$X_{11}, \ldots, X_{1n_1}$	μ_1	$N(\mu_1, \sigma^2)$
第 2 標本	n_2	$X_{21}, \ldots, X_{2n_2}$	μ_2	$N(\mu_2, \sigma^2)$
$\vdots$	$\vdots$	$\vdots \quad \vdots \quad \vdots$	$\vdots$	
第 k 標本	n_k	$X_{k1}, \ldots, X_{kn_k}$	μ_k	$N(\mu_k, \sigma^2)$

総標本サイズ：$n \equiv n_1 + \cdots + n_k$ (すべての観測値の個数)
$\mu_1, \ldots, \mu_k,\ \sigma^2$ はすべて未知母数とする.

1つの比較のための検定は

$$\text{帰無仮説 } H_{(i,i')}: \mu_i = \mu_{i'} \quad \text{vs.} \quad \text{対立仮説 } H_{(i,i')}^A: \mu_i \neq \mu_{i'}$$

となる.

$\bar{X}_{i\cdot}$ を (11.1) で定義したものとし,

$$V_E \equiv \frac{1}{n-k} \sum_{i=1}^{k} \sum_{j=1}^{n_i} (X_{ij} - \bar{X}_{i\cdot})^2$$

とおき,

11.1 多標本正規分布モデルでの平均の統計解析法

$$T_{Gi'i} \equiv \frac{\bar{X}_{i'\cdot} - \bar{X}_{i\cdot}}{\sqrt{V_E\left(\frac{1}{n_i} + \frac{1}{n_{i'}}\right)}} \quad ((i, i') \in \mathcal{U}_k) \tag{11.1}$$

とおく．ただし，

$$\bar{X}_{i\cdot} \equiv \frac{1}{n_i} \sum_{j=1}^{n_i} X_{ij} \quad (i \in \mathcal{I}_k)$$

とする．さらに

$$TA(t|k,m) \equiv \int_0^\infty A(ts|k) g(s|m) ds \tag{11.2}$$

とおく．ただし，$A(t|k)$ は (5.8) で定義されたもので，

$$g(s|m) \equiv \frac{m^{m/2}}{\Gamma(m/2) 2^{(m/2-1)}} s^{m-1} \exp(-ms^2/2) = \frac{mse^{-s^2} c^{(m/2-1)}}{\Gamma(m/2)}, \tag{11.3}$$

$$c \equiv ms^2 e^{-s^2}/2, \quad m \equiv n - k$$

とする．$g(s|m)$ は，$\sqrt{V_E}$ の密度関数である．

α を与え，

$$\text{方程式 } TA(t|k,m) = 1 - \alpha \text{ を満たす } t \text{ の解を } ta(k,m;\alpha) \tag{11.4}$$

とおく．$ta(k,m;\alpha)$ の数表が（著1）と（著3）に掲載している．

$$\lim_{m \to \infty} ta(k,m;\alpha) = a(k;\alpha)$$

の関係が成り立つ．

このとき，（著1）または（著3）により，次のテューキー・クレーマーの多重比較検定 (Tukey (1953), Kramer (1956)) を得る．

11.A.1 テューキー・クレーマーの多重比較検定法

$\left\{\text{帰無仮説 } H_{(i,i')} \text{ vs. 対立仮説 } H^A_{(i,i')} \mid (i,i') \in \mathcal{U}_k\right\}$ に対する水準 α の多重比較検定は，

(1) $|T_{Gi'i}| > ta(k,m;\alpha)$ となる i, i' に対して，帰無仮説 $H_{(i,i')}$ を棄却し，対立仮説 $H^A_{(i,i')}$ を受け入れ，$\mu_i \neq \mu_{i'}$ と判定する．

(2) $|T_{Gi'i}| < ta(k,m;\alpha)$ となる i, i' に対して，帰無仮説 $H_{(i,i')}$ を棄却しない．

さらに，次の同時信頼区間を得る．

11.A.2 **すべての平均差に対する信頼係数 $1-\alpha$ の同時信頼区間**

すべての平均差 $\{\mu_{i'} - \mu_i \mid (i, i') \in \mathcal{U}_k\}$ に対する信頼係数 $1-\alpha$ の同時信頼区間は，任意の $(i, i') \in \mathcal{U}_k$ に対して，

$$\bar{X}_{i'\cdot} - \bar{X}_{i\cdot} - ta(k, m; \alpha) \cdot \sqrt{V_E\left(\frac{1}{n_i} + \frac{1}{n_{i'}}\right)} \leqq \mu_{i'} - \mu_i$$

$$\leqq \bar{X}_{i'\cdot} - \bar{X}_{i\cdot} + ta(k, m; \alpha) \cdot \sqrt{V_E\left(\frac{1}{n_i} + \frac{1}{n_{i'}}\right)}$$

で与えられる． ◇

[11.A.1] と [11.A.2] の手法は，保守的であるが，その保守度が小さいことは（著6）よりわかる．

[5.C], [5.D] の閉検定手順に対応して，[11.A.1] のテューキー・クレーマーの多重比較検定を優越する閉検定手順が（著1）の 5.5 節と（著3）の 2.1 節，（著4），（著10）に掲載している．Ramsey (1978) が提案した総括検出力の意味で，その閉検定手順がテューキー・クレーマーの多重比較検定よりも 35% 高い場合があることを（著3）の 6.3 節で述べた．

母分散が一様でない多群モデルにおける，すべての母平均相違の多重比較法は，（著3）の 2.2 節と（著15）に掲載している．

11.1.2 対照標本との多重比較法

k 標本モデルで第 i 標本 $(X_{i1}, X_{i2}, \ldots, X_{in_i})$ は，平均が μ_i である同一の正規分布 $N(\mu_i, \sigma^2)$ に従うとする．さらにすべての X_{ij} は互いに独立であると仮定する．この検定法では，表 11.2 のように，第 1 標本を対照標本，その他の標本は処理標本と考え，どの処理と対照の間に差があるかを調べる．

1 つの比較のための検定は，

$$\text{帰無仮説 } H_{1i} : \mu_i = \mu_1$$

に対して 3 種の対立仮説

① 両側対立仮説 $H_{1i}^{A\pm} : \mu_i \neq \mu_1$

11.1 多標本正規分布モデルでの平均の統計解析法 **301**

表 11.2 分散が同一の k 標本正規分布モデル

標本	水準	データ		平均	分布
第 1 標本	対照	$X_{11}, \ldots, X_{1n_1}$		μ_1	$N(\mu_1, \sigma^2)$
第 2 標本	処理 1	$X_{21}, \ldots, X_{2n_2}$		μ_2	$N(\mu_2, \sigma^2)$
$\vdots$	$\vdots$	$\vdots$	$\vdots$	$\vdots$	
第 k 標本	処理 $k-1$	$X_{k1}, \ldots, X_{kn_k}$		μ_k	$N(\mu_k, \sigma^2)$

総標本サイズ：$n \equiv n_1 + \cdots + n_k$（すべての観測値の個数）
$\mu_1, \ldots, \mu_k, \sigma^2$ はすべて未知母数とする.

② 片側対立仮説 H_{1i}^{A+} : $\mu_i > \mu_1$
③ 片側対立仮説 H_{1i}^{A-} : $\mu_i < \mu_1$

となる.

両側多重比較と片側多重比較を述べるために，次の分布 $TB_1(t)$ と $TB_2(t)$ を紹介する.

$$
TB_1(t) \equiv \int_0^\infty \left[\int_{-\infty}^\infty \prod_{i=2}^k \left\{ \Phi \left(\sqrt{\frac{\lambda_{ni}}{\lambda_{n1}}} \cdot x + \sqrt{\frac{\lambda_{ni} + \lambda_{n1}}{\lambda_{n1}}} \cdot ts \right) \right. \right.
$$
$$
\left. \left. - \Phi \left(\sqrt{\frac{\lambda_{ni}}{\lambda_{n1}}} \cdot x - \sqrt{\frac{\lambda_{ni} + \lambda_{n1}}{\lambda_{n1}}} \cdot ts \right) \right\} d\Phi(x) \right] g(s|m)ds,
$$
$$
TB_2(t) \equiv \int_0^\infty \left\{ \int_{-\infty}^\infty \prod_{i=2}^k \Phi \left(\sqrt{\frac{\lambda_{ni}}{\lambda_{n1}}} \cdot x + \sqrt{\frac{\lambda_{ni} + \lambda_{n1}}{\lambda_{n1}}} \cdot ts \right) d\Phi(x) \right\}
$$
$$
\cdot g(s|m)ds
$$

ただし，$\lambda_{ni} \equiv n_i/n$, $g(s|m)$ は (11.4) で定義したものとする.

α を与え，方程式 $TB_1(t) = 1 - \alpha$ を満たす t を $tb_1(k, n_1, \ldots, n_k; \alpha)$, 方程式 $TB_2(t) = 1 - \alpha$ を満たす t を $tb_2(k, n_1, \ldots, n_k; \alpha)$ とおく.

(11.1) の $T_{Gi'i}$ に対して，

$$
T_{Gi} \equiv T_{Gi1} \quad (i \in \mathcal{I}_{2,k})
$$

とおく.

このとき，(著3) より，次のダネットの多重比較検定 (Dunnett (1955)) を得る.

11.A.3 ダネットの多重比較検定法

水準 α の多重比較検定は，次の (1)-(3) で与えられる．

(1) 両側の $\{$ 帰無仮説 H_{1i} vs. 対立仮説 $H_{1i}^{A\pm} \mid i \in \mathcal{I}_{2,k}\}$ に対する多重比較検定のとき，$|T_{Gi}| > tb_1(k, n_1, \ldots, n_k; \alpha)$ となる i に対して帰無仮説 H_{1i} を棄却し，対立仮説 $H_{1i}^{A\pm}$ を受け入れ，$\mu_i \neq \mu_1$ と判定する．

(2) 片側の $\{$ 帰無仮説 H_{1i} vs. 対立仮説 $H_{1i}^{A+} \mid i \in \mathcal{I}_{2,k}\}$ に対する多重比較検定のとき，$T_{Gi} > tb_2(k, n_1, \ldots, n_k; \alpha)$ となる i に対して帰無仮説 H_{1i} を棄却し，対立仮説 H_{1i}^{A+} を受け入れ，$\mu_i > \mu_1$ と判定する．

(3) 片側の $\{$ 帰無仮説 H_{1i} vs. 対立仮説 $H_{1i}^{A-} \mid i \in \mathcal{I}_{2,k}\}$ に対する多重比較検定のとき，$-T_{Gi} > tb_2(k, n_1, \ldots, n_k; \alpha)$ となる i に対して帰無仮説 H_{1i} を棄却し，対立仮説 H_{1i}^{A-} を受け入れ，$\mu_i < \mu_1$ と判定する． $\diamondsuit$

（著 3）より，次の同時信頼区間を得る．

11.A.4 ダネットの同時信頼区間

$\mu_i - \mu_1$ $(i \in \mathcal{I}_{2,k})$ についての信頼係数 $1-\alpha$ の同時信頼区間は，次の (1)-(3) で与えられる．

(1) 両側信頼区間：

$$\bar{X}_{i\cdot} - \bar{X}_{1\cdot} - tb_1(k, n_1, \ldots, n_k; \alpha)\sqrt{V_E\left(\frac{1}{n_i} + \frac{1}{n_1}\right)} \leqq \mu_i - \mu_1$$

$$\leqq \bar{X}_{i\cdot} - \bar{X}_{1\cdot} + tb_1(k, n_1, \ldots, n_k; \alpha)\sqrt{V_E\left(\frac{1}{n_i} + \frac{1}{n_1}\right)} \quad (i \in \mathcal{I}_{2,k})$$

(2) 上側信頼区間 （制約 $\mu_2, \ldots, \mu_k \geqq \mu_1$ がつけられるとき）：

$$\bar{X}_{i\cdot} - \bar{X}_{1\cdot} - tb_2(k, n_1, \ldots, n_k; \alpha)\sqrt{V_E\left(\frac{1}{n_i} + \frac{1}{n_1}\right)} \leqq \mu_i - \mu_1 < +\infty$$
$$(i \in \mathcal{I}_{2,k})$$

(3) 下側信頼区間 （制約 $\mu_2, \ldots, \mu_k \leqq \mu_1$ がつけられるとき）：

$$-\infty < \mu_i - \mu_1 \leqq \bar{X}_{i\cdot} - \bar{X}_{1\cdot} + tb_2(k, n_1, \ldots, n_k; \alpha)\sqrt{V_E\left(\frac{1}{n_i} + \frac{1}{n_1}\right)}$$
$$(i \in \mathcal{I}_{2,k}) \quad \diamondsuit$$

11.1 多標本正規分布モデルでの平均の統計解析法 **303**

表 11.3 分散が異なる k 標本正規分布モデル

標本	サイズ	データ	平均	分散	分布
第 1 標本	n_1	$X_{11}, \ldots, X_{1n_1}$	μ_1	σ_1^2	$N(\mu_1, \sigma_1^2)$
第 2 標本	n_2	$X_{21}, \ldots, X_{2n_2}$	μ_2	σ_2^2	$N(\mu_2, \sigma_2^2)$
$\vdots$	$\vdots$	$\vdots$ $\qquad$ $\vdots$	$\vdots$	$\vdots$	
第 k 標本	n_k	$X_{k1}, \ldots, X_{kn_k}$	μ_k	σ_k^2	$N(\mu_k, \sigma_k^2)$

総標本サイズ：$n \equiv n_1 + \cdots + n_k$（すべての観測値の個数）
$\mu_1, \ldots, \mu_k,\ \sigma_1^2, \ldots, \sigma_k^2$ はすべて未知母数とする.

6.4 節の閉検定手順と 6.5 節の逐次棄却型検定に対応して，[11.A.3] のダネットの多重比較検定を優越する閉検定手順と逐次棄却型検定が，（著 1）の 6.5 節と（著 3）の 3.3 節に掲載している.

11.1.3 すべての平均の多重比較法

k 標本モデルで第 i 標本 $(X_{i1}, X_{i2}, \ldots, X_{in_i})$ は，平均が μ_i である同一の正規分布 $N(\mu_i, \sigma_i^2)$ に従うとする．さらにすべての X_{ij} は互いに独立であると仮定する．この分散の異なるモデルを表 11.3 に示す.

1 つの比較のための検定は，

$$\text{帰無仮説 } H_{0i}: \ \mu_i = 0$$

に対して 3 種の対立仮説

   ① 両側対立仮説 $H_{0i}^{A\pm}: \ \mu_i \neq 0$

   ② 片側対立仮説 $H_{0i}^{A+}: \ \mu_i > 0$

   ③ 片側対立仮説 $H_{0i}^{A-}: \ \mu_i < 0$

となる．総標本サイズを $n \equiv n_1 + \cdots + n_k$ とおく.

$i \in \mathcal{I}_k$ に対して，

$$\tilde{\sigma}_i^2 \equiv \frac{1}{n_i - 1} \sum_{j=1}^{n_i} (X_{ij} - \bar{X}_{i \cdot})^2$$

で定義し

$$T_{Gi}^+ \equiv \frac{\sqrt{n_i}\bar{X}_{i\cdot}}{\tilde{\sigma}_i}$$

とおく．ただし，$\bar{X}_{i\cdot}$ は (11.1) で定義したものとする．帰無仮説 H_{0i} の下で T_{Gi}^+ は自由度 $n_i - 1$ の t 分布 t_{n_i-1} に従う．$G(t|n_i - 1)$ を自由度 $n_i - 1$ の t 分布 t_{n_i-1} の分布関数とし，

$$TC_1(t) \equiv \prod_{i=1}^{k}\{2G(t|n_i - 1) - 1\}, \quad TC_2(t) \equiv \prod_{i=1}^{k} G(t|n_i - 1) \quad (t > 0)$$

とおく．仮説 $H_0 : \mu_1 = \cdots = \mu_k = 0$ の下での確率測度を $P_0(\cdot)$ とする．このとき，$T_1^{+s},\ldots,T_k^{+s}$ は互いに独立であるので，$t > 0$ に対して，

$$P_0\left(\max_{1 \leqq i \leqq k}|T_{Gi}^+| \leqq t\right) = TC_1(t), \quad P_0\left(\max_{1 \leqq i \leqq k} T_{Gi}^+ \leqq t\right) = TC_2(t)$$

が成り立つ．

α を与え，方程式 $TC_1(t) = 1 - \alpha$ を満たす t を $tc_1(k, n_1, \ldots, n_k; \alpha)$，方程式 $TC_2(t) = 1 - \alpha$ を満たす t を $tc_2(k, n_1, \ldots, n_k; \alpha)$ とおく．

11.A.5 シングルステップの正確な多重比較検定法

水準 α の多重比較検定は，次の (1)-(3) で与えられる．

(1) 両側の $\{$ 帰無仮説 H_{0i} vs. 対立仮説 $H_{0i}^{A\pm} \mid i \in \mathcal{I}_k \}$ に対して，
$|T_{Gi}^+| > tc_1(k, n_1, \ldots, n_k; \alpha)$ となる i に対して帰無仮説 H_{0i} を棄却し，対立仮説 $H_{0i}^{A\pm}$ を受け入れ，μ_i は 0 でないと判定する．

(2) 片側の $\{$ 帰無仮説 H_{0i} vs. 対立仮説 $H_{0i}^{A+} \mid i \in \mathcal{I}_k \}$ に対して，
$T_{Gi}^+ > tc_2(k, n_1, \ldots, n_k; \alpha)$ となる i に対して帰無仮説 H_{0i} を棄却し，対立仮説 H_{0i}^{A+} を受け入れ，$\mu_i > 0$ と判定する．

(3) 片側の $\{$ 帰無仮説 H_{0i} vs. 対立仮説 $H_{0i}^{A-} \mid i \in \mathcal{I}_k \}$ に対して，
$-T_{Gi}^+ > tc_2(k, n_1, \ldots, n_k; \alpha)$ となる i に対して帰無仮説 H_{0i} を棄却し，対立仮説 H_{0i}^{A-} を受け入れ，$\mu_i < 0$ と判定する． $\diamondsuit$

11.A.6 正確な同時信頼区間

μ_i $(i \in \mathcal{I}_k)$ についての信頼係数 $1 - \alpha$ の同時信頼区間は，次の (1)-(3) で与えられる．

11.1 多標本正規分布モデルでの平均の統計解析法　　**305**

(1) 両側信頼区間：

$$\bar{X}_{i\cdot} - \frac{1}{\sqrt{n_i}}tc_1(k, n_1, \ldots, n_k; \alpha)\tilde{\sigma}_i \leqq \mu_i \leqq \bar{X}_{i\cdot} + \frac{1}{\sqrt{n_i}}tc_1(k, n_1, \ldots, n_k; \alpha)\tilde{\sigma}_i$$

$$(i \in \mathcal{I}_k)$$

(2) 上側信頼区間：

$$\bar{X}_{i\cdot} - \frac{1}{\sqrt{n_i}}tc_2(k, n_1, \ldots, n_k; \alpha)\tilde{\sigma}_i \leqq \mu_i < +\infty \quad (i \in \mathcal{I}_k)$$

(3) 下側信頼区間：

$$-\infty < \mu_i \leqq \bar{X}_{i\cdot} + \frac{1}{\sqrt{n_i}}tc_2(k, n_1, \ldots, n_k; \alpha)\tilde{\sigma}_i \quad (i \in \mathcal{I}_k) \qquad \diamondsuit$$

11.A.7 正確な閉検定手順

5.4 節の記号を使って説明する．閉検定手順は，特定の帰無仮説を $H_{0i_0} \in \mathcal{D}_0$ としたとき，$i_0 \in E \subset \mathcal{I}_0$ を満たす任意の E に対して，帰無仮説 $H_0(E)$ の検定が水準 α で棄却された場合に，H_{0i_0} を棄却する方式である．

$$\ell \equiv \#(E), \quad E \equiv \{i_1, \ldots, i_\ell\} \quad (i_1 < \cdots < i_\ell)$$

とおき，帰無仮説 $H_0(E) : \mu_{i_1} = \cdots = \mu_{i_\ell} = 0$ に対する水準 α の正確な検定方法を示せばよい．5.4 節の (1)-(3) を次のように替えることによって，水準 α の正確な閉検定手順を得る．

(1) 両側の $\{$ 帰無仮説 H_{0i} vs. 対立仮説 $H_{0i}^{A\pm} \mid i \in \mathcal{I}_k \}$ に対する多重比較検定のとき，$\displaystyle\max_{i \in E} |T_{Gi}^+| > tc_1(\ell, n_{i_1}, \ldots, n_{i_\ell}; \alpha)$ ならば $H_0(E)$ を棄却する．

(2) 片側の $\{$ 帰無仮説 H_{0i} vs. 対立仮説 $H_{0i}^{A+} \mid i \in \mathcal{I}_k \}$ に対する多重比較検定のとき，$\displaystyle\max_{i \in E} T_{Gi}^+ > tc_2(\ell, n_{i_1}, \ldots, n_{i_\ell}; \alpha)$ ならば $H_0(E)$ を棄却する．

(3) 片側の $\{$ 帰無仮説 H_{0i} vs. 対立仮説 $H_{0i}^{A-} \mid i \in \mathcal{I}_k \}$ に対する多重比較検定のとき，$\displaystyle\max_{i \in E} \left(-T_{Gi}^+ \right) > tc_2(\ell, n_{i_1}, \ldots, n_{i_\ell}; \alpha)$ ならば $H_0(E)$ を棄却する．

$$\diamondsuit$$

306　　第 11 章　関連した正規分布の下での手法

[7.C] のノンパラメトリック逐次棄却型検定法と同様に，水準 α の閉検定手順と同等な逐次棄却型検定法を提案することができる．具体的には（著 1）の 7.5 節に掲載している．

11.1.4 平均母数に順序制約のある場合の多重比較法

順序制約

$$\mu_1 \leqq \mu_2 \leqq \cdots \leqq \mu_k$$

を仮定し，標本サイズを同一とした $n_1 = \cdots = n_k$ の場合の表 11.1 のモデルを考える．すなわち，表 11.1 は表 11.4 となる．

表 11.4 サイズの等しい k 標本正規分布モデル

標本	サイズ	データ	平均	分布
第 1 標本	n_1	$X_{11}, \ldots, X_{1n_1}$	μ_1	$N(\mu_1, \sigma^2)$
第 2 標本	n_1	$X_{21}, \ldots, X_{2n_1}$	μ_2	$N(\mu_2, \sigma^2)$
$\vdots$	$\vdots$	$\vdots \quad \vdots \quad \vdots$	$\vdots$	
第 k 標本	n_1	$X_{k1}, \ldots, X_{kn_1}$	μ_k	$N(\mu_k, \sigma^2)$

総標本サイズ：$n \equiv k \cdot n_1$（すべての観測値の個数）
$\mu_1, \ldots, \mu_k$ はすべて未知母数であるが $\mu_1 \leqq \mu_2 \leqq \cdots \leqq \mu_k$ の制約をおく．

i, i' を $1 \leqq i < i' \leqq k$ とする．1 つの比較のための検定は

帰無仮説 $H_{(i,i')}$: $\mu_i = \mu_{i'}$ 　 vs. 　 対立仮説 $H_{(i,i')}^{OA}$: $\mu_i < \mu_{i'}$

となる．(11.1) の $T_{Gi'i}$ は

$$T_{Gi'i} = \frac{\sqrt{n_1}(\bar{X}_{i'\cdot} - \bar{X}_{i\cdot})}{\sqrt{2V_E}} \tag{11.5}$$

となる．$\boldsymbol{\mu} \equiv (\mu_1, \ldots, \mu_k)$ に対して

$$T_{Gi'i}(\boldsymbol{\mu}) = \frac{\sqrt{n_1}(\bar{X}_{i'\cdot} - \bar{X}_{i\cdot} - \mu_{i'} + \mu_i)}{\sqrt{2V_E}}$$

とおき，

$$TD_1(t|k, m) \equiv \int_0^\infty D_1(ts|k)g(s|m)ds$$

とおく. ただし, $D_1(t|k)$ と $g(s|m)$ はそれぞれ (8.2) と (11.3) で定義したものとする. このとき,

$$P\left(\max_{1 \leqq i < i' \leqq k} |T_{Gi'i}(\boldsymbol{\mu})| \leqq t\right) = TD_1(t|k, m)$$

の関係が成り立つ.

α を与え,

方程式 $TD_1(t|k, m) = 1 - \alpha$ を満たす t の解を $td_1(k, m; \alpha)$ (11.6)

とする. $td_1(k, m; \alpha)$ の値を求めるアルゴリズムは（著3）の第7章で解説している. このとき,（著3）より次のシングルステップの多重比較検定法と同時信頼区間を得る.

11.A.8 **シングルステップのヘイターの多重比較検定法** (Hayter (1990))

$\{$ 帰無仮説 $H_{(i,i')}$ vs. 対立仮説 $H_{(i,i')}^{OA} \mid (i, i') \in \mathcal{U}_k \}$ に対する水準 α の多重比較検定は, (11.5) の $T_{Gi'i}$ を用いて次で与えられる.

$i < i'$ となるペア i, i' に対して $T_{Gi'i} > td_1(k, m; \alpha)$ ならば, 帰無仮説 $H_{(i,i')}$ を棄却し, 対立仮説 $H_{(i,i')}^{OA}$ を受け入れ, $\mu_i < \mu_{i'}$ と判定する. $\diamond$

[11.A.8] を優越するマルチステップ法が（著3）の 5.3. 節,（著13）,（著18）に論述されている.

11.A.9 **同時信頼区間**

$\mu_{i'} - \mu_i$ （$(i, i') \in \mathcal{U}_k$）についての信頼係数 $1 - \alpha$ の同時信頼区間は,

$$\bar{X}_{i'\cdot} - \bar{X}_{i\cdot} - td_1(k, m; \alpha) \cdot \sqrt{\frac{2V_E}{n_1}} \leqq \mu_{i'} - \mu_i < +\infty$$

（$(i, i') \in \mathcal{U}_k$）で与えられる. $\diamond$

次に, 隣接した標本の平均を比較することを考える. 8.1 節のようにサイズ n_i に制約を入れる必要はない. 1 つの比較のための検定は

帰無仮説 $H_{(i,i+1)}$: $\mu_i = \mu_{i+1}$　vs.　対立仮説 $H_{(i,i+1)}^{OA}$: $\mu_i < \mu_{i+1}$

となる. 帰無仮説のファミリーは, 8.2 節の

$$\mathcal{H}_2 \equiv \{ H_{(i,i+1)} \mid i \in \mathcal{I}_{k-1} \}$$

となる.

$$\widetilde{T}_{Gi} \equiv \frac{\bar{X}_{i+1\cdot} - \bar{X}_{i\cdot}}{\sqrt{V_E \left(\frac{1}{n_{i+1}} + \frac{1}{n_i} \right)}}$$

で定義する.

Lee and Spurrier (1995a) により, $\displaystyle\max_{1 \leqq i \leqq k-1} \widetilde{T}_{Gi}$ を使ってシングルステップの多重比較法を論じることができる. Y_i を正規分布 $N(0, 1/\lambda_{ni})$ に従う確率変数とし, U_E を自由度 m のカイ二乗分布 χ^2_m に従う確率変数とする. ただし, $\lambda_{ni} \equiv n_i/n \ (i \in \mathcal{I}_k)$ とする. さらに, $Y_1, \ldots, Y_k, U_E$ は互いに独立と仮定する. このとき, $TD_{2n}(t)$ を

$$TD_{2n}(t) \equiv P \left(\max_{1 \leqq i \leqq k-1} \frac{Y_{i+1} - Y_i}{\sqrt{\left(\frac{U_E}{m} \right) \left(\frac{1}{\lambda_{ni+1}} + \frac{1}{\lambda_{ni}} \right)}} \leqq t \right)$$

とおく. α を与え,

方程式 $TD_{2n}(t) = 1 - \alpha$ を満たす t の解を $td_2(k, n_1, \ldots, n_k; \alpha)$ (11.7)

とおく. このとき, 次の同時信頼区間とシングルステップの多重比較検定を得る.

11.A.10 同時信頼区間

$\mu_{i+1} - \mu_i \ (1 \leqq i \leqq k-1)$ についての信頼係数 $1 - \alpha$ の同時信頼区間は,

$$\bar{X}_{i+1\cdot} - \bar{X}_{i\cdot} - td_2(k, n_1, \ldots, n_k; \alpha) \cdot \sqrt{V_E \left(\frac{1}{n_{i+1}} + \frac{1}{n_i} \right)}$$

$$\leqq \mu_{i+1} - \mu_i < +\infty \quad (i \in \mathcal{I}_{k-1})$$

で与えられる. $\diamondsuit$

11.A.11 シングルステップのリー・スプーリエルの多重比較検定法

$\left\{ \text{帰無仮説 } H_{(i,i+1)} \text{ vs. 対立仮説 } H^{OA}_{(i,i+1)} \mid i \in \mathcal{I}_{k-1} \right\}$ に対する水準 α の多重比較検定は,

11.1 多標本正規分布モデルでの平均の統計解析法 **309**

(1) $\widetilde{T}_{Gi} > td_2(k, n_1, \ldots, n_k; \alpha)$ となる i に対して，帰無仮説 $H_{(i,i+1)}$ を棄却し，対立仮説 $H_{(i,i+1)}^{OA}$ を受け入れ，$\mu_i < \mu_{i+1}$ と判定する．

(2) $\widetilde{T}_{Gi} < td_2(k, n_1, \ldots, n_k; \alpha)$ となる i に対して，帰無仮説 $H_{(i,i+1)}$ を棄却しない．　　　　　　　　　　　　　　　　　　　　　　　　　　　　　　　◇

上記の詳細と [11.A.11] を優越するマルチステップ法は（著 3）の 5.4. 節を参照してほしい．

最後に第 1 標本を対照標本とし第 2 標本からの標本サイズを同一とした $n_2 = \cdots = n_k$ の場合の表 11.2 のモデルを考える．すなわち，表 11.2 は表 11.5 となる．

表 11.5 第 2 標本からの標本サイズを同一とした k 標本正規分布モデル

標本	水準	サイズ	データ		平均	分布
第 1 標本	対照	n_1	$X_{11}, \ldots, X_{1n_1}$		μ_1	$N(\mu_1, \sigma^2)$
第 2 標本	処理 1	n_2	$X_{21}, \ldots, X_{2n_2}$		μ_2	$N(\mu_2, \sigma^2)$
$\vdots$	$\vdots$	$\vdots$	$\vdots$	$\vdots$	$\vdots$	$\vdots$
第 k 標本	処理 $k-1$	n_2	$X_{k1}, \ldots, X_{kn_2}$		μ_k	$N(\mu_k, \sigma^2)$

総標本サイズ：$n \equiv n_1 + (k-1)n_2$ （すべての観測値の個数）
$\mu_1, \ldots, \mu_k,\ \sigma^2$ はすべて未知母数であるが $\mu_1 \leqq \mu_2 \leqq \cdots \leqq \mu_k$ の制約をおく．

i を $2 \leqq i \leqq k$ とする．1 つの比較のための検定は

　　　帰無仮説 $H_{1i} : \mu_i = \mu_1$ 　vs.　対立仮説 $H_{1i}^{OA} : \mu_i > \mu_1$

となる．帰無仮説のファミリーを，

$$\mathcal{H}_3 \equiv \{ H_{1i} \mid i \in \mathcal{I}_{2,k} \}$$

とおく．（著 3）に沿ってウィリアムズ (Williams (1971, 1972)) の方法を説明する．$2 \leqq \ell \leqq k$ となる ℓ に対して，統計量 $T_{G\ell}^o$ と $\tilde{\mu}_\ell^o$ を，

$$T_{G\ell}^o \equiv \frac{\tilde{\mu}_\ell^o - \bar{X}_{1\cdot}}{\sqrt{\left(\frac{1}{n_2} + \frac{1}{n_1}\right) V_E}}, \quad \tilde{\mu}_\ell^o = \max_{2 \leqq s \leqq \ell} \frac{\sum_{i=s}^{\ell} \bar{X}_{i\cdot}}{\ell - s + 1}$$

で定義する．$P_0(\cdot)$ を H_0 の下での確率測度とし

$$TD_3(t|\ell, m, n_2/n_1) = P_0(T^o_{G\ell} \leqq t)$$

とおく. α を与え

$$TD_3(t|\ell, m, n_2/n_1) = 1 - \alpha \text{ を満たす } t \text{ の解を } td_3(\ell, m, n_2/n_1; \alpha)$$

とする.

11.A.12 ウィリアムズの方法

{ 帰無仮説 H_{1i} vs. 対立仮説 $H^{OA}_{1i} \mid i \in \mathcal{I}_{2,k}$ } に対する水準 α の多重比較検定は次で与えられる.

$i \leqq \ell \leqq k$ となる任意の ℓ に対して, $td_3(\ell, m, n_2/n_1; \alpha) < T^o_{G\ell}$ ならば, 水準 α の多重比較検定として帰無仮説 H_{1i} を棄却し, 対立仮説 H^{OA}_{1i} を受け入れ, $\mu_i > \mu_1$ と判定する. $\diamondsuit$

検出力の高い手法が (著 17) に掲載している.

11.2 乱塊法モデルの統計解析法

2 元配置モデルとして代表的な乱塊法モデル (randmized block design) の統計解析法について解説する. 2 元配置モデルの分散分析法は多くの文献に見ることができ, R などの計算機ソフトに組み込まれている (長畑 (2016) を参照). 閉検定手順と順序制約のある場合の手法は, 拙著以外の文献にはない新しい手法である. (著 31) に小標本でも分布に依らないノンパラメトリック多重比較法が論述されている. その手法は, 第 5 章の手法とは類似に構築できないため, それほど検出力は高くない. 本節の正規理論の手法は, (著 1) や (著 3) で論述した多標本モデルのパラメトリック多重比較法と類似した自然な手法である.

11.2.1 乱塊法モデルと一様性の検定

n ブロックで k 個の処理の乱塊法モデル

$$X_{ij} = \mu + \beta_i + \tau_j + e_{ij} \quad (1 \leqq i \leqq n, \ 1 \leqq j \leqq k) \tag{11.8}$$

を考える. ただし, e_{ij} は互いに独立で同一の正規分布 $N(0, \sigma^2)$ に従い, $\sum_{i=1}^{n} \beta_i = \sum_{j=1}^{k} \tau_j = 0$ の仮定をおく. このとき, μ は全平均, β_i は i 番目のブロック効果,

11.2 乱塊法モデルの統計解析法　　　　　**311**

τ_j は j 番目の処理効果である. μ, β_i, τ_j の最小二乗推定量は, それぞれ,

$$\widehat{\mu} \equiv \bar{X}_{..}, \quad \widehat{\beta}_i \equiv \bar{X}_{i\cdot} - \bar{X}_{..}, \quad \widehat{\tau}_j \equiv \bar{X}_{\cdot j} - \bar{X}_{..}$$

で与えられる. ただし, $\bar{X}_{..} \equiv \dfrac{1}{kn}\displaystyle\sum_{i=1}^{n}\sum_{j=1}^{k}X_{ij}$, $\bar{X}_{i\cdot} \equiv \dfrac{1}{k}\displaystyle\sum_{j=1}^{k}X_{ij}$, $\bar{X}_{\cdot j} \equiv \dfrac{1}{n}\displaystyle\sum_{i=1}^{n}X_{ij}$ である. σ^2 の不偏推定量は

$$\begin{aligned}
\widehat{\sigma}^2 &\equiv \frac{\sum_{i=1}^{n}\sum_{j=1}^{k}(X_{ij} - \bar{X}_{i\cdot} - \bar{X}_{\cdot j} + \bar{X}_{..})^2}{(n-1)(k-1)} \\
&= \frac{\sum_{i=1}^{n}\sum_{j=1}^{k}(e_{ij} - \bar{e}_{i\cdot} - \bar{e}_{\cdot j} + \bar{e}_{..})^2}{(n-1)(k-1)}
\end{aligned}$$

によって与えられる. $Q_R \equiv n\displaystyle\sum_{j=1}^{k}\widehat{\tau}_j^2/\{(k-1)\widehat{\sigma}^2\}$, $F_{m_R}^{k-1}(\alpha)$ を自由度 $(k-1, m_R)$ の F 分布の上側 $100\alpha\%$ 点,

$$m_R \equiv (n-1)(k-1) \tag{11.9}$$

とし, 水準 α の F 検定は, $Q_R > F_{m_R}^{k-1}(\alpha)$ ならば, 帰無仮説 H_0' : $\tau_1 = \cdots = \tau_k = 0$ を棄却することである.

11.2.2 すべての処理効果相違の多重比較法

$$T_{Rj'j}(\boldsymbol{\tau}) \equiv \frac{\widehat{\tau}_{j'} - \widehat{\tau}_j - \tau_{j'} + \tau_j}{\sqrt{2\widehat{\sigma}^2/n}}, \quad T_{Rj'j} \equiv T_{Rj'j}(\mathbf{0}) = \frac{\widehat{\tau}_{j'} - \widehat{\tau}_j}{\sqrt{2\widehat{\sigma}^2/n}} \tag{11.10}$$

とおく. ただし, $\boldsymbol{\tau} \equiv (\tau_1, \ldots, \tau_k)$ とする. このとき,

$$P\left(\max_{1 \leqq j < j' \leqq k}|T_{Rj'j}(\boldsymbol{\tau})| \leqq t\right) = TA(t|k, m_R)$$

の関係が成り立つ. ただし, (11.2) の $TA(t|k, m)$ で, m を m_R に替えたものを $TA(t|k, m_R)$ とする. ここで, 次の処理効果の相違の多重比較法を得る.

11.B.1 シングルステップのテューキー・クレーマー型の多重比較検定

$$\left\{\text{帰無仮説 } H_{(j,j')} : \tau_j = \tau_{j'} \text{ vs. 対立仮説 } H_{(j,j')}^A : \tau_j \neq \tau_{j'} \mid (j,j') \in \mathcal{U}_k\right\}$$

312　　　　　　　　　　　　　　　第 11 章　関連した正規分布の下での手法

に対する水準 α の多重比較検定は

(1) $|T_{Rj'j}| > ta(k, m_R; \alpha)$ となる j, j' に対して，帰無仮説 $H_{(j,j')}$ を棄却し，対立仮説 $H^A_{(j,j')}$ を受け入れ，$\tau_j \neq \tau_{j'}$ と判定する．

(2) $|T_{Rj'j}| < ta(k, m_R; \alpha)$ となる j, j' に対して，帰無仮説 $H_{(j,j')}$ を棄却しない．

ただし，$\mathcal{U}_k$ は (5.1) で定義されたものとし，(11.4) の $ta(k, m; \alpha)$ で，m を m_R に替えたものを $ta(k, m_R; \alpha)$ とする．　　　　　　　　　　　　　　　◇

　さらに，次の同時信頼区間を得る．

11.B.2 **すべての処理効果の差に対する信頼係数 $1 - \alpha$ の同時信頼区間**

　すべての処理効果の差 $\tau_{j'} - \tau_j$ $((j, j') \in \mathcal{U}_k)$ に対する信頼係数 $1 - \alpha$ の同時信頼区間は，

$$\widehat{\tau}_{j'} - \widehat{\tau}_j - ta(k, m_R; \alpha) \cdot \sqrt{2\widehat{\sigma}^2/n} \leqq \tau_{j'} - \tau_j$$
$$\leqq \widehat{\tau}_{j'} - \widehat{\tau}_j + ta(k, m_R; \alpha) \cdot \sqrt{2\widehat{\sigma}^2/n}$$

$((j, j') \in \mathcal{U}_k)$ で与えられる．　　　　　　　　　　　　　　　　　　　　◇

　$\varnothing \subsetneqq V \subset \mathcal{U}_k$ となる任意の V に対して

$$\bigwedge_{\boldsymbol{v} \in V} H_{\boldsymbol{v}} : \text{任意の } (j, j') \in V \text{ に対して，} \tau_j = \tau_{j'}$$

は k 個の処理効果に関していくつかが等しいという仮説となる．$I_1, \ldots, I_J$ $(I_j \neq \varnothing,\ j = 1, \ldots, J)$ を添え字 $\{1, \ldots, k\}$ の互いに素な部分集合の組とし，同じ I_j $(j = 1, \ldots, J)$ に属する添え字をもつ処理効果は等しいという帰無仮説を $H(I_1, \ldots, I_J)$ で表す．このとき，$\varnothing \subsetneqq V \subset \mathcal{U}_k$ を満たす任意の V に対して，ある自然数 J と上記のある $I_1, \ldots, I_J$ が存在して，

$$\bigwedge_{\boldsymbol{v} \in V} H_{\boldsymbol{v}} = H(I_1, \ldots, I_J) \tag{11.11}$$

が成り立つ．(11.11) の $H(I_1, \ldots, I_J)$ に対して

$$M \equiv M(I_1, \ldots, I_J) \equiv \sum_{a=1}^{J} \ell_a, \quad \ell_a \equiv \#(I_a) \tag{11.12}$$

とおく．このとき，次の閉検定手順を得る．

11.B.3 検出力の高い閉検定手順

$a = 1, \ldots, J$ に対して，

$$T_R(I_a) \equiv \max_{j < j', \ j, j' \in I_a} |T_{Rj'j}|,$$

$$Q_R(I_a) \equiv n \sum_{j \in I_a} \left(\widehat{\tau}_j - \frac{1}{\ell_a} \sum_{j' \in I_a} \widehat{\tau}_{j'} \right)^2 \Big/ \{(\ell_a - 1)\widehat{\sigma}^2\}$$

を使って閉検定手順がおこなえる．水準 α の帰無仮説 $\bigwedge_{\boldsymbol{v} \in V} H_{\boldsymbol{v}}$ に対する検定方法として，検出力の高い閉検定手順を論述することができる．

(a) $J \geqq 2$ のとき，$\ell = \ell_1, \ldots, \ell_J$ に対して

$$\alpha(M, \ell) \equiv 1 - (1 - \alpha)^{\ell/M}$$

で $\alpha(M, \ell)$ を定義する．$1 \leqq a \leqq J$ となるある整数 a が存在して，$ta\left(\ell_a, m_R; \alpha(M, \ell_a)\right) < T_R(I_a)$ ならば帰無仮説 $\bigwedge_{\boldsymbol{v} \in V} H_{\boldsymbol{v}}$ を棄却する．

(b) $J = 1\ (M = \ell_1)$ のとき，$ta\left(M, m_R; \alpha\right) < T_R(I_1)$ ならば帰無仮説 $\bigwedge_{\boldsymbol{v} \in V} H_{\boldsymbol{v}}$ を棄却する．

(a), (b) の方法で，$(j, j') \in V \subset \mathcal{U}_k$ を満たす任意の V に対して，$\bigwedge_{\boldsymbol{v} \in V} H_{\boldsymbol{v}}$ が棄却されるとき，多重比較検定として $H_{(j,j')}$ を棄却する．　　　　$\diamondsuit$

上記の閉検定手順において，$T_R(I_a)$ のかわりに $Q_R(I_a)$ を使っても閉検定手順がおこなえる．この場合，$ta\left(\ell_a; \alpha(M, \ell_a)\right) < T_R(I_a)$，$ta\left(M; \alpha\right) < T_R(I_1)$ をそれぞれ $F_{m_R}^{\ell_a - 1}\left(\alpha(M, \ell_j)\right) < Q_R(I_a)$，$F_{m_R}^{M-1}\left(\alpha\right) < Q_R(I_1)$ に置き替えればよい．

[11.B.3] の閉検定手順が水準 α の多重比較検定になっている証明は（著 30）に載せている．[11.B.3] の閉検定手順よりも検出力が一様に低いが，k が大きいときに適用しやすい方法として，次の REGW 型閉検定手順を紹介する．

11.B.4 REGW 型閉検定手順

$I\ (I \subset \{1, \ldots, k\})$ に属する添え字をもつ処理効果は等しいという帰無仮説を $H(I)$ で表し，$\iota \equiv \#(I)$ とおく．さらに，$k \geqq 4$ とし，$\alpha^*(\iota)$ を (5.34) で定義す

る. $T_R(I_a)$ と $Q_R(I_a)$ で I_a を I に置き替えたものを，それぞれ $T_R(I)$, $Q_R(I)$ とする. このとき，$ta\,(\imath, m_R; \alpha^*(\imath)) < T_P(I)$ ならば帰無仮説 $H(I)$ を棄却する. この方法で $i, i' \in I$ を満たす任意の I に対して $H(I)$ が棄却されるとき，多重比較検定として，$H_{(i,i')}$ を棄却する.   ◇

上記の閉検定手順において，$T_R(I)$ のかわりに $Q_R(I)$ を使っても閉検定手順がおこなえる. この場合，$ta\,(\imath, m_R; \alpha^*(\imath)) < T_R(I)$ を $F_{m_R}^{\imath-1}\,(\alpha^*(\imath)) < Q_R(I)$ に置き替えればよい.

11.2.3 対照標本との多重比較法

τ_1 を対照標本とし，多重比較法を述べる.

$$T_{Rj1}(\boldsymbol{\tau}) \equiv \frac{\widehat{\tau}_j - \widehat{\tau}_1 - \tau_j + \tau_1}{\sqrt{2\widehat{\sigma}^2/n}}, \quad T_{Rj1} \equiv T_{Rj1}(\mathbf{0}) = \frac{\widehat{\tau}_j - \widehat{\tau}_1}{\sqrt{2\widehat{\sigma}^2/n}} \quad (j \in \mathcal{I}_{2,k})$$

とおく. ただし，$\boldsymbol{\tau} \equiv (\tau_1, \ldots, \tau_k), \mathbf{0} = (0, \ldots, 0)$ とする. さらに，

$$\mathcal{TB}_1(t) \equiv \int_0^\infty \left[\int_{-\infty}^\infty \left\{ \Phi\left(x + \sqrt{2} \cdot ts\right) - \Phi\left(x - \sqrt{2} \cdot ts\right) \right\}^{k-1} d\Phi(x) \right]$$
$$\cdot g(s|m_R)ds,$$

$$\mathcal{TB}_2(t) \equiv \int_0^\infty \left[\int_{-\infty}^\infty \left\{ \Phi\left(x + \sqrt{2} \cdot ts\right) \right\}^{k-1} d\Phi(x) \right] g(s|m_R)ds$$

とおく. このとき，

$$P\left(\max_{2 \leqq j \leqq k} |T_{Rj1}(\boldsymbol{\tau})| \leqq t \right) = \mathcal{TB}_1(t|k, m_R),$$

$$P\left(\max_{2 \leqq j \leqq k} T_{Rj1}(\boldsymbol{\tau}) \leqq t \right) = \mathcal{TB}_2(t|k, m_R)$$

の関係が成り立つ.

α を与え，

方程式 $\mathcal{TB}_1(t|k, m_R) = 1 - \alpha$ を満たす t の解を $tb_1^*(k, m_R; \alpha)$,

方程式 $\mathcal{TB}_2(t|k, m_R) = 1 - \alpha$ を満たす t の解を $tb_2^*(k, m_R; \alpha)$

11.2 乱塊法モデルの統計解析法 315

とおく. このとき，次のダネット型の多重比較検定法を得る.

11.B.5 シングルステップのダネット型の多重比較検定法

水準 α の多重比較検定は，次の (1)-(3) で与えられる.

(1) 両側の $\{$ 帰無仮説 $H_{1j} : \tau_j = \tau_1$ vs. 対立仮説 $H_{1j}^{A\pm} : \tau_j \neq \tau_1 \mid j \in \mathcal{I}_{2,k}\}$ に対する多重比較検定のとき，$|T_{Rj}| > tb_1^*(k, m_R; \alpha)$ となる i に対して帰無仮説 H_{1j} を棄却し，対立仮説 $H_{1j}^{A\pm}$ を受け入れ，$\tau_j \neq \tau_1$ と判定する.

(2) 片側の $\{$ 帰無仮説 H_{1j} vs. 対立仮説 $H_{1j}^{A+} : \tau_j > \tau_1 \mid j \in \mathcal{I}_{2,k}\}$ に対する多重比較検定のとき，$T_{Rj} > tb_2^*(k, m_R; \alpha)$ となる j に対して帰無仮説 H_{1j} を棄却し，対立仮説 H_{1j}^{A+} を受け入れ，$\tau_j > \tau_1$ と判定する.

(3) 片側の $\{$ 帰無仮説 H_{1j} vs. 対立仮説 $H_{1j}^{A-} : \tau_j < \tau_1 \mid j \in \mathcal{I}_{2,k}\}$ に対する多重比較検定のとき，$-T_{Rj} > tb_2^*(k, m_R; \alpha)$ となる j に対して帰無仮説 H_{1j} を棄却し，対立仮説 H_{1j}^{A-} を受け入れ，$\tau_j < \tau_1$ と判定する. ◇

同様に，次の同時信頼区間を得る.

11.B.6 ダネット型の同時信頼区間

$\tau_j - \tau_1$ $(j \in \mathcal{I}_{2,k})$ についての信頼係数 $1 - \alpha$ の同時信頼区間は，次の (1)-(3) で与えられる.

(1) 両側信頼区間：

$$\widehat{\tau}_j - \widehat{\tau}_1 - tb_1^*(k, m_R; \alpha) \cdot \sqrt{2\widehat{\sigma}^2/n} \leqq \tau_j - \tau_1$$
$$\leqq \widehat{\tau}_j - \widehat{\tau}_1 + tb_1^*(k, m_R; \alpha) \cdot \sqrt{2\widehat{\sigma}^2/n} \quad (j \in \mathcal{I}_{2,k})$$

で与えられる.

(2) 上側信頼区間（制約 $\tau_2, \ldots, \tau_k \geqq \tau_1$ がつけられるとき）：

$$\widehat{\tau}_j - \widehat{\tau}_1 - tb_2^*(k, m_R; \alpha) \cdot \sqrt{2\widehat{\sigma}^2/n} \leqq \tau_j - \tau_1 < \infty \quad (j \in \mathcal{I}_{2,k})$$

で与えられる.

(3) 下側信頼区間（制約 $\tau_2, \ldots, \tau_k \leqq \tau_1$ がつけられるとき）：

$$-\infty < \tau_j - \tau_1 \leqq \widehat{\tau}_j - \widehat{\tau}_1 + tb_2^*(k, m_R; \alpha) \cdot \sqrt{2\widehat{\sigma}^2/n} \quad (j \in \mathcal{I}_{2,k})$$

で与えられる.

次の逐次棄却型検定法を紹介する.

11.B.7 逐次棄却型検定法

統計量 $\mathsf{T}_j^\sharp$ $(j \in \mathcal{I}_{2,k})$ を次で定義する.

$$\mathsf{T}_j^\sharp \equiv \begin{cases} |T_{Rj1}| & ((\text{a}) \text{ 対立仮説が } H_{1j}^{A\pm} \text{ のとき}) \\ T_{Rj1} & ((\text{b}) \text{ 対立仮説が } H_{1j}^{A+} \text{ のとき}) \\ -T_{Rj1} & ((\text{c}) \text{ 対立仮説が } H_{1j}^{A-} \text{ のとき}) \end{cases}$$

$\mathsf{T}_j^\sharp$ を小さい方から並べたものを

$$\mathsf{T}_{(1)}^\sharp \leqq \mathsf{T}_{(2)}^\sharp \leqq \cdots \leqq \mathsf{T}_{(k-1)}^\sharp$$

とする. さらに, $\mathsf{T}_{(j)}^\sharp$ に対応する帰無仮説を $H_{(j)}$ で表す.

$$tb^\sharp(\ell, m_R; \alpha) \equiv \begin{cases} tb_1^*(\ell, m_R; \alpha) & ((\text{a}) \text{ のとき}) \\ tb_2^*(\ell, m_R; \alpha) & ((\text{b}) \text{ のとき}) \\ tb_2^*(\ell, m_R; \alpha) & ((\text{c}) \text{ のとき}) \end{cases}$$

とおく.

手順 1. $\ell = k - 1$ とする.

手順 2. (i) $\mathsf{T}_{(\ell)}^\sharp < tb^\sharp(\ell, m_R; \alpha)$ ならば, $H_{(1)}, \ldots, H_{(\ell)}$ のすべてを保留して, 検定作業を終了する.

(ii) $\mathsf{T}_{(\ell)}^\sharp > tb^\sharp(\ell, m_R; \alpha)$ ならば, $H_{(\ell)}$ を棄却し手順3へ進む.

手順 3. (i) $\ell \geqq 2$ であるならば $\ell - 1$ を新たに ℓ とおいて手順2に戻る.

(ii) $\ell = 1$ であるならば検定作業を終了する. ◇

[11.B.7] の逐次棄却型検定法は水準 α の多重比較検定になっている. この逐次棄却型検定法は, [11.B.5] のシングルステップの多重比較検定法よりも, 一様に検出力が高い.

11.2.4 処理効果に順序制約のある場合の多重比較法

(11.8) のモデルで, 処理効果に傾向性の制約

11.2 乱塊法モデルの統計解析法

$$\tau_1 \leqq \tau_2 \leqq \cdots \leqq \tau_k$$

がある場合での統計解析法を論じる．いずれの解析手法も順序制約のない前項までの検定手法よりも検出力ははるかに高く，信頼係数 $1 - \alpha$ の同時信頼区間も小さくなる．

$\widehat{\tau}_1^*, \ldots, \widehat{\tau}_k^*$ を

$$\sum_{j=1}^k \left(\widehat{\tau}_j^* - \widehat{\tau}_j\right)^2 = \min_{u_1 \leqq \cdots \leqq u_k} \sum_{j=1}^k \left(u_j - \widehat{\tau}_j\right)^2$$

を満たすものとする．(4.22) と同様に

$$\widehat{\tau}_j^* = \max_{1 \leqq p \leqq j} \min_{j \leqq q \leqq k} \frac{\sum_{i=p}^q \widehat{\tau}_i}{q - p + 1} \quad (j = 1, \ldots, k)$$

である．

$$\bar{B}^2 \equiv \frac{n \sum_{j=1}^k \left(\widehat{\tau}_j^*\right)^2}{\widehat{\sigma}^2}$$

とおく．このとき，(著31) より，帰無仮説 $H_0' : \tau_1 = \cdots = \tau_k = 0$ の下で，

$$P_0(\bar{B}^2 \geqq t) = \sum_{L=2}^k P(L,k)P\left((L-1)\mathcal{F}_{m_R}^{L-1} \geqq t\right) \quad (t > 0)$$

が成り立つ．ただし，$\mathcal{F}_{m_R}^{L-1}$ は自由度 $L-1$, m_R の F 分布に従う確率変数とする．$0 < \alpha < 1$ となる α に対して

$$\sum_{L=2}^k P(L,k)P\left((L-1)\mathcal{F}_{m_R}^{L-1} \geqq t\right) = \alpha$$

を満たす t の解を $\bar{b}^2(k, m_R; \alpha)$ で定義する．

ここで，帰無仮説 H_0' vs. $H^A : \tau_1 \leqq \cdots \leqq \tau_k$（少なくとも 1 つの不等号は $<$）に対する水準 α の検定は $\bar{B}^2 > \bar{b}^2(k, m_R; \alpha)$ のとき，帰無仮説 H_0' を棄却し，$\tau_1 < \tau_k$ と判定することである．

多重比較法として，まずはヘイター型のシングルステップ法から提案する．$(j, j') \in \mathcal{U}_k$ とする．1 つの比較のための検定は

帰無仮説 $H_{(j,j')} : \tau_j = \tau_{j'}$　vs.　対立仮説 $H_{(j,j')}^{OA} : \tau_j < \tau_{j'}$

となる. $\mathcal{H}_1^o$ を

$$\mathcal{H}_1^o \equiv \{H_{(j,j')} \mid (j,j') \in \mathcal{U}_k\} = \{H_{\boldsymbol{v}} \mid \boldsymbol{v} \in \mathcal{U}_k\}$$

で定義する. (11.10) の $T_{Rj'j}(\boldsymbol{\tau})$ に対して

$$P\left(\max_{1 \leqq j < j' \leqq k} T_{Rj'j}(\boldsymbol{\tau}) \leqq t\right) = TD_1(t|k, m_R)$$

の関係が成り立つ. ここで [11.B.8] と [11.B.9] を得る.

11.B.8 シングルステップのヘイター型の多重比較検定法

$td_1(k, m_R; \alpha)$ を (11.6) で m を m_R に替えたものとする.

{帰無仮説 $H_{(j,j')}$ vs. 対立仮説 $H_{(j,j')}^{OA} \mid (j,j') \in \mathcal{U}_k$} に対する水準 α の多重比較検定は,次で与えられる.

$j < j'$ となるペア j, j' に対して $T_{Rj'j} > td_1(k, m_R; \alpha)$ ならば,帰無仮説 $H_{(j,j')}$ を棄却し,対立仮説 $H_{(j,j')}^{OA}$ を受け入れ,$\tau_j < \tau_{j'}$ と判定する. ◇

11.B.9 ヘイター型の同時信頼区間

$\tau_{j'} - \tau_j$ $((j,j') \in \mathcal{U}_k)$ に対する信頼係数 $1 - \alpha$ の同時信頼区間は,

$$\widehat{\tau}_{j'} - \widehat{\tau}_j - td_1(k, m_R; \alpha)\sqrt{\frac{2\widehat{\sigma}^2}{n}} \leqq \tau_{j'} - \tau_j < +\infty \quad ((j,j') \in \mathcal{U}_k)$$

で与えられる. ◇

特定の帰無仮説を $H_{\boldsymbol{v}_0} \in \mathcal{H}_1^o$ としたとき,$\boldsymbol{v}_0 \in V \subset \mathcal{U}_k$ を満たす任意の V に対して,帰無仮説 $\bigwedge_{\boldsymbol{v} \in V} H_{\boldsymbol{v}}$ の検定が水準 α で棄却された場合に,$H_{\boldsymbol{v}_0}$ を棄却する方式が,水準 α の閉検定手順である. 水準 α の閉検定手順による多重比較検定のタイプ I FWER は α 以下となる.

$\varnothing \subsetneq V \subset \mathcal{U}_k$ を満たす V に対して,

$$\bigwedge_{\boldsymbol{v} \in V} H_{\boldsymbol{v}} : \text{任意の } (j,j') \in V \text{ に対して,} \quad \tau_j = \tau_{j'}$$

は k 個の処理効果に関していくつかが等しいという仮説となる.

$I_1^o, \ldots, I_J^o$ $(I_j^o \neq \varnothing,\ j = 1, \ldots, J)$ を,次の(性質 11.1)を満たす添え字 $\{1, \ldots, k\}$ の互いに素な部分集合の組とする.

11.2 乱塊法モデルの統計解析法

性質 11.1 ある整数 $\ell_1, \ldots, \ell_J \geqq 2$ とある整数 $0 \leqq s_1 < \cdots < s_J < k$ が存在して,

$$I_a^o = \{s_a + 1, s_a + 2, \ldots, s_a + \ell_a\} \quad (a = 1, \ldots, J), \tag{11.13}$$

$s_a + \ell_a \leqq s_{a+1} \ (a = 1, \ldots, J-1)$ かつ $s_J + \ell_J \leqq k$ が成り立つ.

I_a^o は連続した整数の要素からなり, $\ell_a = \#I_a^o \geqq 2$ である. 同じ $I_a^o \ (a = 1, \ldots, J)$ に属する添え字をもつ処理効果は等しいという帰無仮説を $H_1^o(I_1^o, \ldots, I_J^o)$ で表す. このとき, $\varnothing \subsetneqq V \subset \mathcal{U}_k$ を満たす任意の V に対して, (性質 11.1) で述べた, ある自然数 J とある $I_1^o, \ldots, I_J^o$ が存在して,

$$\bigwedge_{\boldsymbol{v} \in V} H_{\boldsymbol{v}} = H_1^o(I_1^o, \ldots, I_J^o)$$

が成り立つ. さらに仮説 $H_1^o(I_1^o, \ldots, I_J^o)$ は,

$$H_1^o(I_1^o, \ldots, I_J^o): \ \tau_{s_a+1} = \tau_{s_a+2} = \cdots = \tau_{s_a+\ell_a} \quad (a = 1, \ldots, J) \tag{11.14}$$

と表現することができる.

$$M \equiv M(I_1^o, \ldots, I_J^o) \equiv \sum_{a=1}^{J} \ell_a$$

とおく. $a = 1, \ldots, J$ に対して,

$$T_R^o(I_a^o) \equiv \max_{s_a+1 \leqq j < j' \leqq s_a+\ell_a} T_{Rj'j}$$

を使って閉検定手順がおこなえる.

11.B.10 水準 α の閉検定手順

(a) $J \geqq 2$ のとき, $\ell = \ell_1, \ldots, \ell_J$ に対して $\alpha(M, \ell)$ を

$$\alpha(M, \ell) \equiv 1 - (1 - \alpha)^{\ell/M}$$

で定義する. $1 \leqq a \leqq J$ となるある整数 a が存在して $td_1(\ell_a, m_R; \alpha(M, \ell_a))$

$< T_R^o(I_a^o)$ ならば帰無仮説 $\bigwedge_{\boldsymbol{v} \in V} H_{\boldsymbol{v}}$ を棄却する.

(b) $J = 1$ $(M = \ell_1)$ のとき, $td_1(M, m_R; \alpha) < T_R^o(I_1^o)$ ならば帰無仮説 $\bigwedge_{\boldsymbol{v} \in V} H_{\boldsymbol{v}}$ を棄却する.

(a), (b) の方法で, $(j, j') \in V \subset \mathcal{U}_k$ を満たす任意の V に対して, $\bigwedge_{\boldsymbol{v} \in V} H_{\boldsymbol{v}}$ が棄却されるとき, 多重比較検定として, $H_{(j,j')}$ を棄却する. $\qquad \diamondsuit$

（著 30）の定理 2.1 と同様の議論により, [11.B.10] が水準 α の多重比較検定であることが示せる.

次に隣接した平均母数の相違に関する多重比較法を論述する. 隣接した処理効果を比較することを考える. 1 つの比較のための検定は

帰無仮説 $H_{(j,j+1)} : \tau_j = \tau_{j+1}$　vs.　対立仮説 $H_{(j,j+1)}^{OA} : \tau_j < \tau_{j+1}$

となる. 帰無仮説のファミリーを,

$$\mathcal{H}_2^o \equiv \{ H_{(j,j+1)} \mid j \in \mathcal{I}_{k-1} \}$$

とおく. ただし, $\mathcal{I}_{k-1}$ は (8.18) で定義されている. さらに,

$$\widetilde{T}_{Rj}(\boldsymbol{\tau}) \equiv \frac{\widehat{\tau}_{j+1} - \widehat{\tau}_j - \tau_{j+1} + \tau_j}{\sqrt{2\widehat{\sigma}^2/n}}, \quad \widetilde{T}_{Rj} \equiv \widetilde{T}_{Rj}(\boldsymbol{0}) = \frac{\widehat{\tau}_{j+1} - \widehat{\tau}_j}{\sqrt{2\widehat{\sigma}^2/n}}$$

とおき,

$$TD_2^*(t|k, m_R) \equiv \int_0^\infty D_2^*(ts|k)g(s|m_R)ds \tag{11.15}$$

とおく. ただし, $D_2^*(t|k)$ は (10.48) で定義され, (11.3) の $g(s|m)$ で m を m_R に替えたものを $g(s|m_R)$ とする. このとき, 定理 8.4 と同様に, $t > 0$ に対して,

$$P \left(\max_{1 \le j \le k-1} \widetilde{T}_{Rj}(\boldsymbol{\tau}) \le t \right) = P_0 \left(\max_{1 \le j \le k-1} \widetilde{T}_{Rj} \le t \right)$$

$$= TD_2^*(t|k, m_R) \tag{11.16}$$

が成り立つ.

ここで, $TD_2^*(t|k, m_R) = 1 - \alpha$ の t の解を $td_2^*(k, m_R; \alpha)$ とおくと, (11.16) より, シングルステップの多重比較検定 [11.B.11] と同時信頼区間 [11.B.12] を

11.2 乱塊法モデルの統計解析法 **321**

得る.

11.B.11 シングルステップのリー・スプーリエル型の多重比較検定法

{帰無仮説 $H_{(j,j+1)}$ vs. 対立仮説 $H^{OA}_{(j,j+1)} \mid j \in \mathcal{I}_{k-1}$} に対する水準 α の多重比較検定は,次で与えられる.

ある i に対して $\widetilde{T}_{Rj} > td_2^*(k, m_R; \alpha)$ ならば,帰無仮説 $H_{(j,j+1)}$ を棄却し,対立仮説 $H^{OA}_{(j,j+1)}$ を受け入れ,$\tau_j < \tau_{j+1}$ と判定する.   ◇

11.B.12 同時信頼区間

$\tau_{j+1} - \tau_j$ $(i \in \mathcal{I}_{k-1})$ についての信頼係数 $1 - \alpha$ の同時信頼区間は,

$$\widehat{\tau}_{j+1} - \widehat{\tau}_j - td_2^*(k, m_R; \alpha)\sqrt{2\widehat{\sigma^2}/n} \leqq \tau_{j+1} - \tau_j < +\infty$$

$(i \in \mathcal{I}_{k-1})$ で与えられる.   ◇

$\mathcal{U}'_{k-1} \equiv \{(j, j+1) \mid i \in \mathcal{I}_{k-1}\}$ とする.特定の帰無仮説を $H_{\boldsymbol{v}_0} \in \mathcal{H}_2^o$ としたとき,$\boldsymbol{v}_0 \in V \subset \mathcal{U}'_{k-1}$ を満たす任意の V に対して,帰無仮説 $\bigwedge_{\boldsymbol{v} \in V} H_{\boldsymbol{v}}$ の検定が水準 α で棄却された場合に,$H_{\boldsymbol{v}_0}$ を棄却する方式が,水準 α の閉検定手順である.

$\varnothing \subsetneqq V \subset \mathcal{U}'_{k-1}$ を満たす V に対して,

$$\bigwedge_{\boldsymbol{v} \in V} H_{\boldsymbol{v}} : \text{任意の } (j, j+1) \in V \text{ に対して,} \quad \tau_i = \tau_{j+1}$$

は k 個の処理効果に関していくつかが等しいという仮説となる.

$I_1^o, \ldots, I_J^o$ $(I_a^o \neq \varnothing, a = 1, \ldots, J)$ を,(性質 11.1) を満たす添え字 $\{1, \ldots, k\}$ の互いに素な部分集合の組とする.I_a^o は連続した整数の要素からなり,$\ell_j = \#I_j^o \geqq 2$ で (11.13) で与えられる.同じ I_j^o $(j = 1, \ldots, J)$ に属する添え字をもつ処理効果は等しいという帰無仮説を $H_2^o(I_1^o, \ldots, I_J^o)$ で表す.このとき,$\varnothing \subsetneqq V \subset \mathcal{U}'_{k-1}$ を満たす任意の V に対して,(性質 11.1) で述べた,ある自然数 J とある $I_1^o, \ldots, I_J^o$ が存在して,

$$\bigwedge_{\boldsymbol{v} \in V} H_{\boldsymbol{v}} = H_2^o(I_1^o, \ldots, I_J^o) \tag{11.17}$$

が成り立つ.さらに仮説 $H_2^o(I_1^o, \ldots, I_J^o)$ は,

$$H_2^o(I_1^o, \ldots, I_J^o) : \tau_{s_a+1} = \tau_{s_a+2} = \cdots = \tau_{s_a+\ell_a} \quad (a = 1, \ldots, J) \tag{11.18}$$

と表現することができる.

$$M \equiv M(I_1^o, \ldots, I_J^o) \equiv \sum_{a=1}^{J} \ell_j$$

とおく.

$a = 1, \ldots, J$ に対して,

$$\widetilde{T}_R^o(I_a^o) \equiv \max_{s_a+1 \le j \le s_a+\ell_a-1} \widetilde{T}_{Rj}$$

を使って閉検定手順がおこなえる. (11.13) の I_a^o に対して

$$D_2^*(t|\ell_a) \equiv P\left(\max_{1 \le j \le \ell_a-1} \frac{Z_{j+1} - Z_j}{\sqrt{2}} \le t\right)$$

$$= P\left(\max_{s_a+1 \le j \le s_a+\ell_a-1} \frac{Z_{j+1} - Z_j}{\sqrt{2}} \le t\right)$$

とする. ただし, $Z_1, \ldots, Z_k$ は互いに独立で同一の $N(0,1)$ に従う確率変数とする. (11.15) に対応して

$$TD_2^*(t|\ell_a, m_R) \equiv \int_0^{\infty} D_2^*(ts|\ell_a)g(s|m_R)ds$$

とおく. ここで,

方程式 $TD_2^*(t|\ell_a, m_R) = 1 - \alpha$ を満たす t の解を $td_2^*(\ell_a, m_R; \alpha)$

とする. 水準 α の帰無仮説 $\bigwedge_{\boldsymbol{v} \in V} H_{\boldsymbol{v}}$ に対する検定方法を具体的に論述する.

11.B.13 閉検定手順

(a) $J \geqq 2$ のとき, $\ell = \ell_1, \ldots, \ell_J$ に対して $\alpha(M, \ell)$ を

$$\alpha(M, \ell) \equiv 1 - (1-\alpha)^{\ell/M}$$

で定義する. $1 \leqq a \leqq J$ となるある整数 a が存在して $td_2^*(\ell_a, m_R; \alpha(M, \ell_a))$ $< \widetilde{T}_R^o(I_a^o)$ ならば (11.17) の帰無仮説 $\bigwedge_{\boldsymbol{v} \in V} H_{\boldsymbol{v}}$ を棄却する.

(b) $J = 1$ $(M = \ell_1)$ のとき, $td_2^*(k, m_R; \alpha) < \widetilde{T}_R^o(I_1^o)$ ならば帰無仮説 $\bigwedge_{\boldsymbol{v} \in V} H_{\boldsymbol{v}}$ を棄却する.

(a), (b) の方法で, $(j, j+1) \in V \subset \mathcal{U}_{k-1}'$ を満たす任意の V に対して, $\bigwedge_{\boldsymbol{v} \in V} H_{\boldsymbol{v}}$ が棄却されるとき, 多重比較検定として, $H_{(j, j+1)}$ を棄却する. ◇

τ_1 を対照としたモデルについては, [11.A.12] と同様のウィリアムズ型の検定が大畑 (2018) によって提案されている.

(11.8) のモデルで, β_i を $N(0, \sigma_i^2)$ に従う確率変数 B_i に替えた次の混合効果モデルに対しても, [11.B.1]-[11.B.13] をそのまま提案できる.

$$X_{ij} = \mu + B_i + \tau_j + e_{ij} \quad (1 \leqq i \leqq n, \ 1 \leqq j \leqq k)$$

ただし, e_{ij} は互いに独立で同一の正規分布 $N(0, \sigma^2)$ に従い, $\sum_{j=1}^{k} \tau_j = 0$ の仮定をおく.

11.3 繰り返しのある 2 元配置モデルの統計解析法

2 元配置モデルとして代表的な繰り返しのある 2 元配置モデルの統計解析法について解説する. 閉検定手順と順序制約のある場合の手法は, 拙著以外の文献にはない新しい手法である. 主効果に順序制約のある手法は (著 19) を参照すること.

11.3.1 繰り返しのある 2 元配置モデル

2 つのある要因 A, B があり, それぞれの水準数を I, J とする. IJ 個の処理をランダムに n $(\geqq 2)$ 回繰り返す実験を考える. 表 11.6 のように, A の i 番目と B の j 番目における処理 $A_i B_j$ での k 番目の観測値を X_{ijk} として, 繰り返しのある 2 元配置のモデルは

$$X_{ijk} = \mu + a_i + b_j + (ab)_{ij} + e_{ijk} \tag{11.19}$$
$$(i = 1, \ldots, I; \ j = 1, \ldots, J; \ k = 1, \ldots, n)$$

で与えられる. ただし, e_{ijk} は互いに独立で同一の正規分布 $N(0, \sigma^2)$ に従い,

$$\sum_{i=1}^{I} a_i = \sum_{j=1}^{J} b_j = 0,$$

$$\sum_{i=1}^{I}(ab)_{ij}=0 \ (j=1,\dots,J), \quad \sum_{j=1}^{J}(ab)_{ij}=0 \ (i=1,\dots,I)$$

の制約条件が課される. $a_1,\dots,a_I$ と $b_1,\dots,b_J$ は主効果とよばれ, $(ab)_{ij}$ $(i=1,\dots,I; \ j=1,\dots,J)$ は交互作用とよばれている.

表 11.6 繰り返しのある 2 元配置モデルと一様性の検定

	要因 B_1	要因 B_2	$\cdots\cdots$	要因 B_J
要因 A_1	$X_{111},\dots,X_{11n}$	$X_{121},\dots,X_{12n}$	$\cdots\cdots$	$X_{1J1},\dots,X_{1Jn}$
要因 A_2	$X_{211},\dots,X_{21n}$	$X_{221},\dots,X_{22n}$	$\cdots\cdots$	$X_{2J1},\dots,X_{2Jn}$
$\vdots$	$\vdots\ \ \vdots\ \ \vdots$	$\vdots\ \ \vdots\ \ \vdots$	$\vdots$	$\vdots\ \ \vdots\ \ \vdots$
要因 A_I	$X_{I11},\dots,X_{I1n}$	$X_{I21},\dots,X_{I2n}$	$\cdots\cdots$	$X_{IJ1},\dots,X_{IJn}$

a_i, b_j, $(ab)_{ij}$, σ^2 の一様最小分散不偏推定量は,

$$\widehat{a}_i = \bar{X}_{i..} - \bar{X}_{...}, \quad \widehat{b}_j = \bar{X}_{.j.} - \bar{X}_{...},$$

$$\widehat{(ab)}_{ij} = \bar{X}_{ij.} - \bar{X}_{i..} - \bar{X}_{.j.} + \bar{X}_{...}, \quad \widehat{\sigma}^2 = \frac{S_E}{m_E}$$

で与えられる. ただし,

$$\bar{X}_{ij.} = \frac{1}{n}\sum_{k=1}^{n} X_{ijk}, \quad \bar{X}_{i..} = \frac{1}{Jn}\sum_{j=1}^{J}\sum_{k=1}^{n} X_{ijk}, \quad \bar{X}_{.j.} = \frac{1}{In}\sum_{i=1}^{I}\sum_{k=1}^{n} X_{ijk},$$

$$\bar{X}_{...} = \frac{1}{IJn}\sum_{i=1}^{I}\sum_{j=1}^{J}\sum_{k=1}^{n} X_{ijk}, \quad S_E = \sum_{i=1}^{I}\sum_{j=1}^{J}\sum_{k=1}^{n}\left(X_{ijk} - \bar{X}_{ij.}\right)^2,$$

$$m_E \equiv IJ(n-1)$$

とする.

よく使用される分散分析法では

帰無仮説 $H_{01}: a_1 = \cdots = a_I = 0$

vs. 対立仮説 $H_{01}^{A}:$ ある i が存在して $a_i \neq 0$

帰無仮説 $H_{02}: b_1 = \cdots = b_J = 0$

vs. 対立仮説 H_{02}^A : ある j が存在して $b_j \neq 0$

帰無仮説 H_{03} : $(ab)_{11} = (ab)_{12} = \cdots = (ab)_{IJ} = 0$

vs. 対立仮説 H_{03}^A : ある i, j が存在して $(ab)_{ij} \neq 0$

の 3 種類の F 検定がおこなわれる．その手法は以下である．

11.C.1 一様性の検定

(1) 帰無仮説 H_{01} vs. 対立仮説 H_{01}^A のとき，

$$F_A \equiv \frac{Jn \sum_{i=1}^{I} (\widehat{a}_i)^2}{(I-1)\widehat{\sigma}^2} > F_{m_E}^{I-1}(\alpha) \text{ ならば } H_{01} \text{ を棄却する．}$$

(2) 帰無仮説 H_{02} vs. 対立仮説 H_{02}^A のとき，

$$F_B \equiv \frac{In \sum_{j=1}^{J} (\widehat{b}_j)^2}{(J-1)\widehat{\sigma}^2} > F_{m_E}^{J-1}(\alpha) \text{ ならば } H_{02} \text{ を棄却する．}$$

(3) 帰無仮説 H_{03} vs. 対立仮説 H_{03}^A のとき，

$$F_{AB} \equiv \frac{n \sum_{i=1}^{I} \sum_{j=1}^{J} \{\widehat{(ab)}_{ij}\}^2}{(I-1)(J-1)\widehat{\sigma}^2} > F_{m_E}^{(I-1)(J-1)}(\alpha) \text{ ならば } H_{02} \text{ を棄却}$$
する． $\diamondsuit$

[11.C.1] により，帰無仮説が棄却されても，どの母数が 0 でないか特定できない．

11.3.2 主効果の多重比較法

列の I 個の主効果 $a_1, \ldots, a_I$ のすべての比較を考える．i, i' を $1 \leqq i < i' \leqq I$ とする．1 つの比較のための検定は

帰無仮説 $H_{(i,i')}^a$: $a_i = a_{i'}$ vs. 対立仮説 $H_{(i,i')}^{aA}$: $a_i \neq a_{i'}$

となる．帰無仮説のファミリーを

$$\mathcal{H}^a \equiv \{H_{(1,2)}^a, H_{(1,3)}^a, \ldots, H_{(1,I)}^a, H_{(2,3)}^a, \ldots, H_{(2,I)}^a, \ldots, H_{(I-1,I)}^a\}$$
$$= \{H_{(i,i')}^a \mid 1 \leqq i < i' \leqq I\}$$

とおく．

次に，行の J 個の主効果 $b_1, \ldots, b_J$ のすべての比較を考える．この場合，

$$\{\ \text{帰無仮説}\ H_{(j,j')}^{b}:\ b_j = b_{j'}$$

$$\text{vs. 対立仮説}\ H_{(j,j')}^{bA}:\ b_j \neq b_{j'}\ |\ 1 \leqq j < j' \leqq J\}$$

に対する多重比較検定を考えることとなる．帰無仮説のファミリーは，

$$\mathcal{H}^b \equiv \{H_{(j,j')}^{b}\ |\ 1 \leqq j < j' \leqq J\}$$

となる．主効果の傾向性の制約

$$a_1 \leqq \cdots \leqq a_I \tag{11.20}$$

または

$$b_1 \leqq \cdots \leqq b_J \tag{11.21}$$

が成立，または (11.20) と (11.21) の両方が成立する場合も考えることができる．制約 (11.20) の下で列の I 個の主効果 $a_1, \ldots, a_I$ のすべての比較をするために

$$\{\ \text{帰無仮説}\ H_{(i,i')}^{a}:\ a_i = a_{i'}$$

$$\text{vs. 対立仮説}\ H_{(i,i')}^{aOA}:\ a_i < a_{i'}\ |\ 1 \leqq i < i' \leqq I\}$$

に対する多重比較検定を考えることができる．制約 (11.21) の下で行の J 個の主効果 $b_1, \ldots, b_J$ のすべての比較をするために

$$\{\ \text{帰無仮説}\ H_{(i,i')}^{b}:\ b_j = b_{j'}$$

$$\text{vs. 対立仮説}\ H_{(j,j')}^{bOA}:\ b_j < b_{j'}\ |\ 1 \leqq j < j' \leqq J\}$$

に対する多重比較検定を考えることができる．これら 2 つの多重比較検定は（著19）によって解明された．順序制約のある場合の手法は（著19）を参照すること．

表 11.6 より，要因 A と要因 B は対称な関係にあるので，母数 $b_1, \ldots, b_J$ の多重比較理論は，$a_1, \ldots, a_I$ の理論と同じである．これにより，母数 $a_1, \ldots, a_I$ についての多重比較論を展開する．

行または列のすべての主効果の相違に対するシングルステップの多重比較法として，Tamhane (2009) はテューキー型の同時信頼区間を論述している．この同時信頼区間を基にした主効果 a_i のすべての相違のテューキー型の多重比較検定法

11.3 繰り返しのある 2 元配置モデルの統計解析法

を提案することができる．本節では，このテューキー型のシングルステップ法を優越するいくつかの t 検定統計量の絶対値に max をとった統計量による閉検定手順を提案する．さらに F 検定統計量に基づく閉検定手順を提案する．

統計量 $T_{Ai'i}(\boldsymbol{a})$ と $T_{Ai'i}$ を，

$$T_{Ai'i}(\boldsymbol{a}) \equiv \frac{\sqrt{In}(\widehat{a}_{i'} - \widehat{a}_i - a_{i'} + a_i)}{\sqrt{2\widehat{\sigma}^2}},$$

$$T_{Ai'i} \equiv T_{Ai'i}(\boldsymbol{0}) = \frac{\sqrt{In}(\widehat{a}_{i'} - \widehat{a}_i)}{\sqrt{2\widehat{\sigma}^2}}$$

で定義する．Z_i を独立で同一の標準正規分布 $N(0,1)$ に従う確率変数とし，U_E は，Z_i とは独立で自由度 m_E のカイ二乗分布に従う確率変数とすると，

$$TA(t|I, m_E) \equiv P\left(\max_{1 \leqq i < i' \leqq I} \frac{|Z_{i'} - Z_i|}{\sqrt{2U_E/m_E}} \leqq t\right)$$

$$= \int_0^\infty A(ts|I)g(s|m_E)ds$$

が成り立つ．このとき，

$$P\left(\max_{1 \leqq i < i' \leqq I} |T_{Ai'i}(\boldsymbol{a})| \leqq t\right) = P_{01}\left(\max_{1 \leqq i < i' \leqq I} |T_{Ai'i}| \leqq t\right)$$

$$= TA(t|I, m_E)$$

が成り立つ．ただし，$TA(t|I, m_E)$ は (11.2) で k と m をそれぞれ I と m_E に置き替えたもので，$P_{01}(\cdot)$ は一様性の帰無仮説 H_{01} の下での確率測度を表すものとする．

(11.4) で定義された $ta(k, m; \alpha)$ で，k と m をそれぞれ I と m_E に置き替えたものを $ta(I, m_E; \alpha)$ とする．このとき，次のシングルステップ多重比較検定と同時信頼区間を得る．

11.C.2 シングルステップの多重比較検定法

$\{$帰無仮説 $H^a_{(i,i')}$ vs. 対立仮説 $H^{aA}_{(i,i')} \mid 1 \leqq i < i' \leqq I\}$ に対する水準 α の多重比較検定は，次で与えられる．

$i < i'$ となるペア i, i' に対して $|T_{Ai'i}| > ta(I, m_E; \alpha)$ ならば，帰無仮説 $H^a_{(i,i')}$ を棄却し，対立仮説 $H^{aA}_{(i,i')}$ を受け入れ，$a_i \neq a_{i'}$ と判定する． ◇

11.C.3 **主効果 a_i の同時信頼区間**

$a_{i'} - a_i$ $(1 \leqq i < i' \leqq I)$ についての信頼係数 $1 - \alpha$ の同時信頼区間は,

$$\widehat{a}_{i'} - \widehat{a}_i - ta(I, m_E; \alpha) \cdot \sqrt{\frac{2\widehat{\sigma}^2}{In}} \leqq a_{i'} - a_i \leqq \widehat{a}_{i'} - \widehat{a}_i + ta(I, m_E; \alpha) \cdot \sqrt{\frac{2\widehat{\sigma}^2}{In}}$$

$(1 \leqq i < i' \leqq I)$ で与えられる. $\diamondsuit$

[11.C.2], [11.C.3] の手法は Tamhane (2009) に述べられている. [11.C.2] を優越する閉検定手順を紹介する.

$\mathcal{H}^a$ の要素の仮説 $H^a_{(i,i')}$ の論理積からなるすべての集合は

$$\overline{\mathcal{H}}^a \equiv \left\{ \bigwedge_{\boldsymbol{v} \in V} H^a_{\boldsymbol{v}} \;\middle|\; \varnothing \subsetneqq V \subset \mathcal{U}_I \right\}$$

で表される. ただし, $\mathcal{U}_I \equiv \{(i, i') \mid 1 \leqq i < i' \leqq I\}$ とする. $\bigwedge_{\boldsymbol{v} \in \mathcal{U}_I} H^a_{\boldsymbol{v}}$ は一様性の帰無仮説 H_{01} となる. さらに, $\varnothing \subsetneqq V \subset \mathcal{U}_I$ を満たす V に対して,

$$\bigwedge_{\boldsymbol{v} \in V} H^a_{\boldsymbol{v}} : \text{任意の } (i, i') \in V \text{ に対して,} \quad a_i = a_{i'}$$

は k 個の母平均に関していくつかが等しいという仮説となる.

$\mathcal{I}_1, \ldots, \mathcal{I}_K$ $(\mathcal{I}_k \neq \varnothing,\ k = 1, \ldots, K)$ を添え字 $\{1, \ldots, I\}$ の互いに素な部分集合の組とし, 同じ $\mathcal{I}_k$ $(k = 1, \ldots, K)$ に属する添え字をもつ母平均は等しいという帰無仮説を $H^a(\mathcal{I}_1, \ldots, \mathcal{I}_K)$ で表す. このとき, $\varnothing \subsetneqq V \subset \mathcal{U}_I$ を満たす任意の V に対して, ある自然数 K と上記のある $\mathcal{I}_1, \ldots, \mathcal{I}_K$ が存在して,

$$\bigwedge_{\boldsymbol{v} \in V} H^a_{\boldsymbol{v}} = H^a(\mathcal{I}_1, \ldots, \mathcal{I}_K) \tag{11.22}$$

が成り立つ.

特定の帰無仮説を $H^a_{\boldsymbol{v}_0} \in \mathcal{H}^a$ としたとき, $\boldsymbol{v}_0 \in V \subset \mathcal{U}_I$ を満たす任意の V に対して帰無仮説 $\bigwedge_{\boldsymbol{v} \in V} H^a_{\boldsymbol{v}}$ の検定が水準 α で棄却された場合に, 多重比較検定として $H^a_{\boldsymbol{v}_0}$ を棄却する方式が, 水準 α の閉検定手順となる. 水準 α の閉検定手順は水準 α の多重比較検定になっている. 水準 α の帰無仮説 $\bigwedge_{\boldsymbol{v} \in V} H^a_{\boldsymbol{v}}$ に対する検定方法を具体的にいくつか論述することができる.

11.3 繰り返しのある 2 元配置モデルの統計解析法 **329**

(11.22) の $H^a(\mathcal{I}_1, \ldots, \mathcal{I}_K)$ に対して, M, ℓ_k $(k = 1, \ldots, K)$ を

$$M \equiv M(\mathcal{I}_1, \ldots, \mathcal{I}_K) \equiv \sum_{k=1}^{K} \ell_k, \quad \ell_k \equiv \#(\mathcal{I}_k)$$

とする.

11.C.4 閉検定手順

$k = 1, \ldots, K$ に対して,

$$T_A(\mathcal{I}_k) \equiv \max_{i < i', \ i, i' \in \mathcal{I}_k} |T_{Ai'i}|,$$

$$Q_A(\mathcal{I}_k) \equiv Jn \sum_{i \in \mathcal{I}_k} \left(\widehat{a}_i - \frac{1}{\ell_k} \sum_{i' \in \mathcal{I}_k} \widehat{a}_{i'} \right)^2 \bigg/ \{(\ell_k - 1)\widehat{\sigma}^2\}$$

を使って閉検定手順がおこなえる.

(11.2) の式で I を ℓ にかえたものを $TA(t|\ell, m_E)$ とする. このとき, (11.4) の表記の方法より, $TA(t|\ell, m_E) = 1 - \alpha$ を満たす t の解は $ta(\ell, m_E; \alpha)$ である.

(a) $K \geqq 2$ のとき, $\ell = \ell_1, \ldots, \ell_K$ に対して

$$\alpha(M, \ell) \equiv 1 - (1 - \alpha)^{\ell/M}$$

で $\alpha(M, \ell)$ を定義する. $1 \leqq k \leqq K$ となるある整数 k が存在して, $ta\,(\ell_k, m_E; \alpha(M, \ell_k)) < T_A(\mathcal{I}_k)$ ならば (11.22) の帰無仮説 $\bigwedge_{\boldsymbol{v} \in V} H_{\boldsymbol{v}}^a$ を棄却する.

(b) $K = 1$ $(M = \ell_1)$ のとき, $ta\,(M, m_E; \alpha) < T_A(\mathcal{I}_1)$ ならば帰無仮説 $\bigwedge_{\boldsymbol{v} \in V} H_{\boldsymbol{v}}^a$ を棄却する.

 (a), (b) の方法で, $(i, i') \in V \subset \mathcal{U}_I$ を満たす任意の V に対して, $\bigwedge_{\boldsymbol{v} \in V} H_{\boldsymbol{v}}^a$ が棄却されるとき, 多重比較検定として $H_{(i,i')}^a$ を棄却する. $\diamondsuit$

上記の閉検定手順において, $T_A(\mathcal{I}_k)$ のかわりに $Q_A(\mathcal{I}_k)$ を使っても閉検定手順がおこなえる. この場合, $ta\,(\ell_k, m_E; \alpha(M, \ell_k)) < T_A(\mathcal{I}_k)$, $ta\,(M, m_E; \alpha) < T_A(\mathcal{I}_1)$ をそれぞれ $F_{m_E}^{\ell_k - 1}\,(\alpha(M, \ell_j)) < Q_A(\mathcal{I}_k)$, $F_{m_E}^{M-1}\,(\alpha) < Q_A(\mathcal{I}_1)$ に置き替えればよい.

このとき, [11.C.4] の閉検定手順は, 水準 α の多重比較検定である.

330　　　　　　　　　　　　　　　　　　　第 11 章　関連した正規分布の下での手法

(11.22) より,

$$
\overline{\mathcal{H}}^a = \left\{ H^a(\mathcal{I}_1, \ldots, \mathcal{I}_K) \,\middle|\, \text{ある } K \text{ が存在して, } \bigcup_{k=1}^{K} \mathcal{I}_k \subset \{1, \ldots, I\}. \right.
$$

$$
\#(\mathcal{I}_k) \geqq 2 \ (1 \leqq k \leqq K).
$$

$$
\left. K \geqq 2 \text{ のとき } \mathcal{I}_k \cap \mathcal{I}_{k'} = \varnothing \ (1 \leqq k < k' \leqq K) \right\}
$$

となる. $(i, i') \in \mathcal{U}_I$ に対して,

$$
\overline{\mathcal{H}}^a_{(i,i')} \equiv \left\{ H^a(\mathcal{I}_1, \ldots, \mathcal{I}_K) \in \overline{\mathcal{H}}^a \,\middle|\, \text{ある } k \text{ が存在して, } \{i, i'\} \subset \mathcal{I}_k \right\}
$$

とおく. このとき,

$$
\overline{\mathcal{H}}^a = \bigcup_{(i,i') \in \mathcal{U}_I} \overline{\mathcal{H}}^a_{(i,i')} \quad \text{かつ} \quad H^a_{(i,i')}, \ H_{01} \in \overline{\mathcal{H}}^a_{(i,i')}
$$

が成り立つ.

　これにより, 水準 α の多重比較検定として, 任意の $(i, i') \in \mathcal{U}_I$ に対して次の (i), (ii) により判定する.

(i) $\overline{\mathcal{H}}^a_{(i,i')}$ の中の帰無仮説がすべて棄却されていれば, 多重比較検定として $H^a_{(i,i')}$ を棄却する.

(ii) $\overline{\mathcal{H}}^a_{(i,i')}$ の中の帰無仮説で棄却されていないものが 1 つでもあれば, $H^a_{(i,i')}$ を保留する.

　母数 $a_1, \ldots, a_I$ についての多重比較理論を展開した. 要因 A と要因 B は対称な関係にあるので, 母数 $b_1, \ldots, b_J$ の多重比較理論は, $a_1, \ldots, a_I$ の理論と同じである. 一例として, [11.C.3] で述べた $a_{i'} - a_i \ (1 \leqq i < i' \leqq I)$ についての信頼係数 $1 - \alpha$ の同時信頼区間 (11.3.2) に対応して, $b_{j'} - b_j \ (1 \leqq j < j' \leqq J)$ についての同時信頼区間は次で与えられる.

11.C.5　主効果 b_j の同時信頼区間

　$b_{j'} - b_j \ (1 \leqq j < j' \leqq J)$ についての信頼係数 $1 - \alpha$ の同時信頼区間は,

$$
\widehat{b}_{j'} - \widehat{b}_j - td(J, m_E; \alpha) \cdot \sqrt{\frac{2\widehat{\sigma}^2}{Jn}} \leqq b_{j'} - b_j \leqq \widehat{b}_{j'} - \widehat{b}_j + td(J, m_E; \alpha) \cdot \sqrt{\frac{2\widehat{\sigma}^2}{Jn}}
$$

$(1 \leqq j < j' \leqq J)$ で与えられる. ◇

(11.19) のモデルで, b_j を $N(0, \sigma_j^2)$ に従う確率変数 B_j に替えた次の混合効果モデルに対しても, [11.C.1] の (1) と [11.C.2]-[11.C.4] をそのまま提案できる.

$$X_{ijk} = \mu + a_i + B_j + (ab)_{ij} + e_{ijk}$$
$$(i = 1, \ldots, I;\ j = 1, \ldots, J;\ k = 1, \ldots, n)$$

で与えられる. ただし, e_{ijk} は互いに独立で同一の正規分布 $N(0, \sigma^2)$ に従い,

$$\sum_{i=1}^{I} a_i = 0, \quad \sum_{i=1}^{I} (ab)_{ij} = 0\ (j = 1, \ldots, J), \quad \sum_{j=1}^{J} (ab)_{ij} = 0\ (i = 1, \ldots, I)$$

の制約条件が課される.

11.3.3 交互作用の多重比較法

(11.19) のモデルに戻る. 交互作用 $(ab)_{ij}$ の多重比較として, Tamhane (2009) は, 次の Scheffe の同時信頼区間を述べている.

11.C.6 対比の同時信頼区間

$\mu_{ij} = \mu + a_i + b_j + (ab)_{ij}$ とし, $\mathcal{C}^{IJ}$ を

$$\mathcal{C}^{IJ} \equiv \left\{ \boldsymbol{c} \equiv (c_{11}, \ldots, c_{IJ}) \ \middle|\ \sum_{i=1}^{I} c_{ij} = 0\ (1 \leqq j \leqq J), \right.$$
$$\left. \sum_{j=1}^{J} c_{ij} = 0\ (1 \leqq i \leqq I) \right\}$$

で定義すると, $\boldsymbol{c} \in \mathcal{C}^{IJ}$ に対して,

$$\sum_{i=1}^{I} \sum_{j=1}^{J} c_{ij}(ab)_{ij} = \sum_{i=1}^{I} \sum_{j=1}^{J} c_{ij}\mu_{ij}$$

の関係が成り立つので, 対比 $\displaystyle\sum_{i=1}^{I} \sum_{j=1}^{J} c_{ij}(ab)_{ij}\ (\boldsymbol{c} \in \mathcal{C}^{IJ})$ に対する信頼係数 $100(1-\alpha)\%$ 同時信頼区間は

$$\sum_{i=1}^{I}\sum_{j=1}^{J}c_{ij}\bar{X}_{ij\cdot} - \sqrt{(I-1)(J-1)F_{m_E}^{(I-1)(J-1)}(\alpha)}\sqrt{\frac{\widehat{\sigma}^2}{n}\sum_{i=1}^{I}\sum_{j=1}^{J}c_{ij}^2}$$

$$\leqq \sum_{i=1}^{I}\sum_{j=1}^{J}c_{ij}(ab)_{ij}$$

$$\leqq \sum_{i=1}^{I}\sum_{j=1}^{J}c_{ij}\bar{X}_{ij\cdot} + \sqrt{(I-1)(J-1)F_{m_E}^{(I-1)(J-1)}(\alpha)}\sqrt{\frac{\widehat{\sigma}^2}{n}\sum_{i=1}^{I}\sum_{j=1}^{J}c_{ij}^2}$$

$(\boldsymbol{c} \in \mathcal{C}^{IJ})$ で与えられる. ただし, $F_{m_E}^{(I-1)(J-1)}(\alpha)$ を自由度 $((I-1)(J-1), m_E)$ の F 分布の上側 $100\alpha\%$ 点とする. $\qquad\qquad\diamond$

この同時信頼区間の構成法により, 次の同時検定法を得る.

11.C.7 対比の同時検定法

$$F_{\boldsymbol{c}} \equiv \frac{\left(\displaystyle\sum_{i=1}^{I}\sum_{j=1}^{J}c_{ij}\cdot\bar{X}_{ij\cdot}\right)^2 \Big/ \{(I-1)(J-1)\}}{\dfrac{\widehat{\sigma}^2}{n}\displaystyle\sum_{i=1}^{I}\sum_{j=1}^{J}c_{ij}^2}$$

とすると,

$$\left\{ \begin{array}{l} 帰無仮説 \ H_{\boldsymbol{c}}: \ \displaystyle\sum_{i=1}^{I}\sum_{j=1}^{J}c_{ij}(ab)_{ij} = 0 \\[4mm] \text{vs. } 対立仮説 \ H_{\boldsymbol{c}}^{A}: \ \displaystyle\sum_{i=1}^{I}\sum_{j=1}^{J}c_{ij}(ab)_{ij} \neq 0 \ \Big| \ \boldsymbol{c} \in \mathcal{C}^{IJ} \end{array} \right\}$$

に対する水準 α の同時多重比較検定は, 任意の $\boldsymbol{c} \in \mathcal{C}^{IJ}$ に対して次で与えられる.

(1) $F_{\boldsymbol{c}} > F_{m_E}^{(I-1)(J-1)}(\alpha)$ ならば, 帰無仮説 $H_{\boldsymbol{c}}$ を棄却し, 対立仮説 $H_{\boldsymbol{c}}^{A}$ を受け入れ, $\displaystyle\sum_{i=1}^{I}\sum_{j=1}^{J}c_{ij}\cdot(ab)_{ij} \neq 0$ と判定する.

(2) $F_{\boldsymbol{c}} < F_{m_E}^{(I-1)(J-1)}(\alpha)$ ならば, 帰無仮説 $H_{\boldsymbol{c}}$ を棄却しない. $\qquad\diamond$

11.4 2次元正規分布モデルにおける相関係数の統計解析法

2次元の確率変数 (X, Y) が同時密度関数

$$f_{X,Y}(x, y) = \frac{1}{2\pi\sigma_1\sigma_2\sqrt{1-\rho^2}} \exp\left[-\frac{1}{2(1-\rho^2)} \left\{ \left(\frac{x-\mu_1}{\sigma_1} \right)^2 \right.\right.$$
$$\left.\left. -2\rho\left(\frac{x-\mu_1}{\sigma_1} \right)\left(\frac{y-\mu_2}{\sigma_2} \right) + \left(\frac{y-\mu_2}{\sigma_2} \right)^2 \right\} \right] \tag{11.23}$$

をもつとき，この密度関数で与えられる分布は2次元正規分布とよばれ，記号 $N(\mu_1, \mu_2, \sigma_1, \sigma_2, \rho)$ または $N_2(\boldsymbol{\mu}, \boldsymbol{\Sigma})$ で表す．ただし，$\boldsymbol{\mu} \equiv (\mu_1, \mu_2)$，$\boldsymbol{\Sigma} \equiv \begin{pmatrix} \sigma_1^2 & \rho\sigma_1\sigma_2 \\ \rho\sigma_1\sigma_2 & \sigma_2^2 \end{pmatrix}$ とする．

Z_1, Z_2 は互いに独立でともに $N(0, 1)$ に従い，

$$X \equiv \mu_1 + \sigma_1 Z_1, \quad Y \equiv \mu_2 + \sigma_2(\rho Z_1 + \sqrt{1-\rho^2}Z_2)$$

とおけば，2次元の変数変換の公式より (X, Y) は (11.23) の2次元正規分布に従う．期待値と分散の公式より，

$$E(X) = \mu_1, \quad E(Y) = \mu_2, \quad V(X) = \sigma_1^2, \quad V(Y) = \sigma_2^2,$$
$$\mathrm{Corr}(X, Y) = \mathrm{Cov}(X, Y)/\sqrt{V(X)V(Y)} = \rho$$

となり，$\boldsymbol{\mu}$ は平均ベクトルで $\boldsymbol{\Sigma}$ は分散共分散行列となる．さらに，ρ は X, Y の相関係数で $|\rho| < 1$ の制限がある．

密度関数の式 (11.23) から，次の同値性を導くことができる．

$$\rho = 0 \iff \mathrm{Cov}(X_1, X_2) = 0 \iff X_1 \text{ と } X_2 \text{ は互いに独立.}$$

11.4.1 1標本モデルの統計解析法

標本 $(X_1, Y_1), \ldots, (X_n, Y_n)$ は同一の2次元正規分布 $N_2(\boldsymbol{\mu}, \boldsymbol{\Sigma})$ に従うものとする．ただし，$\boldsymbol{\mu}$ は未知の平均ベクトルで $\boldsymbol{\Sigma}$ は未知の分散共分散行列で $\boldsymbol{\Sigma} \equiv \begin{pmatrix} \sigma_1^2 & \rho\sigma_1\sigma_2 \\ \rho\sigma_1\sigma_2 & \sigma_2^2 \end{pmatrix}$ とする．さらにすべての (X_i, Y_i) $(i = 1, \ldots, n)$ は互いに独立であると仮定する．このとき，ρ の点推定量は，

$$\widehat{\rho} \equiv \frac{\displaystyle\sum_{i=1}^{n}(X_i - \bar{X})(Y_i - \bar{Y})}{\sqrt{\displaystyle\sum_{i=1}^{n}(X_i - \bar{X})^2}\sqrt{\displaystyle\sum_{i=1}^{n}(Y_i - \bar{Y})^2}}$$

で与えられ，標本相関係数とよばれている．横山ら (2023) により，$n \to \infty$ として，

$$\sqrt{n}(\widehat{\rho} - \rho) \overset{\mathcal{L}}{\to} N\left(0, (1-\rho)^2\right) \tag{11.24}$$

が成り立つ．$0 < x < 1$ となる r に対して，

$$\mathcal{Z}_F(x) \equiv \frac{1}{2}\log\left(\frac{1+x}{1-x}\right) \tag{11.25}$$

とおく．$\mathcal{Z}_F(x)$ はフィッシャーの z 変換とよばれている．

$$\tanh(x) = \frac{e^x - e^{-x}}{e^x + e^{-x}}$$

はハイパボリックタンジェントとよばれ，その逆関数は

$$\tanh^{-1}(x) = \mathcal{Z}_F(x) \tag{11.26}$$

である．

横山ら (2023) は，(11.24) と (11.25) と定理 A.6 のデルタ法を使うことにより，

$$\sqrt{n-3} \cdot \{\mathcal{Z}_F(\widehat{\rho}) - \mathcal{Z}_F(\rho)\} \overset{\mathcal{L}}{\to} Z \sim N(0,1) \tag{11.27}$$

を示した．Anderson (2003) は，横山ら (2023) とは異なる (11.27) のより一般的な証明を与えている．

ある $\rho_0 \in (-1, 1)$ を与えたときに，帰無仮説 $H_0 : \rho = \rho_0$ に対して 3 種の対立仮説

①　両側対立仮説 $H_1^A : \rho \neq \rho_0$

②　片側対立仮説 $H_2^A : \rho > \rho_0$

③　片側対立仮説 $H_3^A : \rho < \rho_0$

11.4 2次元正規分布モデルにおける相関係数の統計解析法 **335**

を考える. 帰無仮説 H_0 vs. 対立仮説 H_*^A に対する検定を提案する. ただし, H_*^A は H_1^A, H_2^A, H_3^A のうちのいずれかとする.

$$T_{F1}(\rho) \equiv \sqrt{n-3} \cdot \{\mathcal{Z}_F(\widehat{\rho}) - \mathcal{Z}_F(\rho)\}$$

とおく. このとき, (11.27) より,

$$\lim_{n \to \infty} P\left(|T_{F1}(\rho)| \leqq z(\alpha/2)\right) = \lim_{n \to \infty} P_0\left(|T_{F1}(\rho_0)| \leqq z(\alpha/2)\right)$$
$$= 1 - \alpha \qquad (11.28)$$

が成り立つ. ただし, P_0 は H_0 の下での確率測度を表し, $z(\beta)$ は $N(0,1)$ の上側 $100\beta\%$ 点を表すものとする.

(11.25) の関係と $\tanh(x)$ は狭義の増加関数より,

$$|T_{F1}(\rho)| \leqq z(\alpha/2)$$

は

$$\tanh\left(\mathcal{Z}_F(\widehat{\rho}) - \frac{z(\alpha/2)}{\sqrt{n-3}}\right) \leqq \rho \leqq \tanh\left(\mathcal{Z}_F(\widehat{\rho}) + \frac{z(\alpha/2)}{\sqrt{n-3}}\right)$$

と同等である. また,

$$T_{F1}(\rho) \leqq z(\alpha)$$

は

$$\tanh\left(\mathcal{Z}_F(\widehat{\rho}) - \frac{z(\alpha)}{\sqrt{n-3}}\right) \leqq \rho$$

と同等である. ここで, ρ $(i = 1, \ldots, k)$ についての信頼係数 $1 - \alpha$ の信頼区間は次で与えられる.

11.D.1 ρ に対する信頼係数 $1 - \alpha$ の漸近的な信頼区間

母数 ρ の制約に応じて, 信頼係数 $1 - \alpha$ の漸近的な信頼区間は, 次の (1)-(3) で与えられる.

(1) 両側信頼区間:

$$\tanh\left(\mathcal{Z}_F(\widehat{\rho}) - \frac{z(\alpha/2)}{\sqrt{n-3}}\right) \leqq \rho \leqq \tanh\left(\mathcal{Z}_F(\widehat{\rho}) + \frac{z(\alpha/2)}{\sqrt{n-3}}\right)$$

(2) 上側信頼区間： $\tanh\left(\mathcal{Z}_F(\widehat{\rho}) - \dfrac{z(\alpha)}{\sqrt{n-3}}\right) \leqq \rho$

(3) 下側信頼区間：任意の $i \in \mathcal{I}_k$ に対して，

$$\rho \leqq \tanh\left(\mathcal{Z}_F(\widehat{\rho}) + \dfrac{z(\alpha)}{\sqrt{n-3}}\right) \qquad\qquad \diamondsuit$$

[11.D.1] の信頼区間から，水準 α の漸近的な検定が次で与えられる．

11.D.2 水準 α の漸近的な検定

母数 ρ の制約に応じて，水準 α の漸近的な検定は，次の (1)-(3) で与えられる．

(1) 帰無仮説 H_0 vs. 対立仮説 H_1^A の両側検定：

$|T_{F1}(\rho_0)| > z(\alpha/2)$ ならば，帰無仮説 H_0 を棄却し，対立仮説 H_1^A を受け入れ，$\rho \neq \rho_0$ と判定する．

(2) 帰無仮説 H_0 vs. 対立仮説 H_2^A の片側検定：

$T_{F1}(\rho_0) > z(\alpha)$ ならば，帰無仮説 H_0 を棄却し，対立仮説 H_2^A を受け入れ，$\rho > \rho_0$ と判定する．

(3) 帰無仮説 H_0 vs. 対立仮説 H_3^A の片側検定：

$-T_{F1}(\rho_0) > z(\alpha)$ ならば，帰無仮説 H_0 を棄却し，対立仮説 H_3^A を受け入れ，$\rho < \rho_0$ と判定する． $\qquad \diamondsuit$

2.4 節で，順位に基づく独立性の検定を述べた．この項のモデルでは，独立性は $\rho = 0$ に対応する．分布に依存しない順位の方法では，相関係数 ρ の点推定も区間推定も構築できない．相関係数の統計的推測には，本項の手法が有効である．

11.4.2 2 標本モデルの統計解析法

2 標本モデルで $i = 1, 2$ に対して，第 i 標本 $(X_{i1}, Y_{i1}), \ldots, (X_{in_i}, Y_{in_i})$ は同一の 2 次元正規分布 $N_2(\boldsymbol{\mu}_i, \boldsymbol{\Sigma}_i)$ に従うものとする．ただし，$\boldsymbol{\mu}_i$ は未知の平均ベクトルで $\boldsymbol{\mu}_i \equiv (\mu_{i1}, \mu_{i2})$，$\boldsymbol{\Sigma}_i$ は未知の分散共分散行列で $\boldsymbol{\Sigma}_i \equiv \begin{pmatrix} \sigma_{i1}^2 & \rho_i \sigma_{i1} \sigma_{i2} \\ \rho_i \sigma_{i1} \sigma_{i2} & \sigma_{i2}^2 \end{pmatrix}$ とする．さらにすべての (X_{ij}, Y_{ij}) $(j = 1, \ldots, n_i;$ $i = 1, 2)$ は互いに独立であると仮定する．総標本サイズを $n \equiv n_1 + n_2$ とおく．次の 2 標本モデルの表 11.7 を得る．

11.4 2次元正規分布モデルにおける相関係数の統計解析法

表 11.7 2標本2次元正規分布モデル

標本	サイズ	データ	相関係数
第1標本	n_1	$(X_{11}, Y_{11}), \ldots, (X_{1n_1}, Y_{1n_1})$	ρ_1
第2標本	n_2	$(X_{21}, Y_{21}), \ldots, (X_{2n_2}, Y_{2n_2})$	ρ_2

総標本サイズ：$n \equiv n_1 + n_2$ （すべての観測値の個数）
ρ_1, ρ_2 はすべて未知母数とする.

このとき, ρ_i の点推定量は,

$$\widehat{\rho}_i \equiv \frac{\displaystyle\sum_{j=1}^{n_i}(X_{ij} - \bar{X}_{i\cdot})(Y_{ij} - \bar{Y}_{i\cdot})}{\sqrt{\displaystyle\sum_{j=1}^{n_i}(X_{ij} - \bar{X}_{i\cdot})^2}\sqrt{\displaystyle\sum_{j=1}^{n_i}(Y_{ij} - \bar{Y}_{i\cdot})^2}}$$

で与えられる. (11.27) より, $n_i \to \infty$ として,

$$\sqrt{n_i - 3} \cdot \{\mathcal{Z}_F(\widehat{\rho}_i) - \mathcal{Z}_F(\rho_i)\} \xrightarrow{\mathcal{L}} Z_i \sim N(0, 1) \tag{11.29}$$

である.

帰無仮説 $H_0 : \rho_1 = \rho_2$ に対して3種の対立仮説

①　両側対立仮説 $H_1^A : \rho_1 \neq \rho_2$

②　片側対立仮説 $H_2^A : \rho_1 > \rho_2$

③　片側対立仮説 $H_3^A : \rho_1 < \rho_2$

を考える. 帰無仮説 H_0 vs. 対立仮説 H_*^A に対する検定を提案する. ただし, H_*^A は H_1^A, H_2^A, H_3^A のうちのいずれかとする.

$\boldsymbol{\rho} \equiv (\rho_1, \rho_2)$ に対して

$$T_{F2}(\boldsymbol{\rho}) \equiv \frac{\mathcal{Z}_F(\widehat{\rho}_1) - \mathcal{Z}_F(\widehat{\rho}_2) - \{\mathcal{Z}_F(\rho_1) - \mathcal{Z}_F(\rho_2)\}}{\sqrt{\frac{1}{n_1 - 3} + \frac{1}{n_2 - 3}}}$$

$$T_{F2} \equiv T_{F2}(\boldsymbol{0}) = \frac{\mathcal{Z}_F(\widehat{\rho}_1) - \mathcal{Z}_F(\widehat{\rho}_2)}{\sqrt{\frac{1}{n_1 - 3} + \frac{1}{n_2 - 3}}}$$

とおく.（条件 3.2）を仮定する. このとき, (11.29) より,

$$
\lim_{n \to \infty} P\left(|T_{F2}(\boldsymbol{\rho})| \leqq z\left(\alpha/2\right)\right) = \lim_{n \to \infty} P_0\left(|T_{F2}| \leqq z\left(\alpha/2\right)\right)
$$
$$
= 1 - \alpha \tag{11.30}
$$

が成り立つ. ただし, P_0 は H_0 の下での確率測度を表す.

(11.30) により, 信頼係数 $1 - \alpha$ の信頼区間と水準 α の検定は次の [11.D.3],
[11.D.4] で与えられる.

11.D.3 信頼係数 $1 - \alpha$ の漸近的な信頼区間

$\mathcal{Z}_F(\rho_1) - \mathcal{Z}_F(\rho_2)$ に対する信頼係数 $1 - \alpha$ の漸近的な信頼区間は, 次の (1)-(3) で与えられる.

(1) 両側信頼区間：

$$
\mathcal{Z}_F(\widehat{\rho}_1) - \mathcal{Z}_F(\widehat{\rho}_2) - z\left(\alpha/2\right) \cdot \sqrt{\frac{1}{n_1 - 3} + \frac{1}{n_2 - 3}} \leqq \mathcal{Z}_F(\rho_1) - \mathcal{Z}_F(\rho_2)
$$
$$
\leqq \mathcal{Z}_F(\widehat{\rho}_1) - \mathcal{Z}_F(\widehat{\rho}_2) + z\left(\alpha/2\right) \cdot \sqrt{\frac{1}{n_1 - 3} + \frac{1}{n_2 - 3}}
$$

(2) 上側信頼区間：

$$
\mathcal{Z}_F(\widehat{\rho}_1) - \mathcal{Z}_F(\widehat{\rho}_2) - z\left(\alpha\right) \cdot \sqrt{\frac{1}{n_1 - 3} + \frac{1}{n_2 - 3}} \leqq \mathcal{Z}_F(\rho_1) - \mathcal{Z}_F(\rho_2)
$$

(3) 下側信頼区間：任意の $i \in \mathcal{I}_k$ に対して,

$$
\mathcal{Z}_F(\rho_1) - \mathcal{Z}_F(\rho_2) \leqq \mathcal{Z}_F(\widehat{\rho}_1) - \mathcal{Z}_F(\widehat{\rho}_2) + z\left(\alpha\right) \cdot \sqrt{\frac{1}{n_1 - 3} + \frac{1}{n_2 - 3}} \; \diamondsuit
$$

11.D.4 水準 α の漸近的な検定

母数 ρ の制約に応じて, 水準 α の漸近的な検定は, 次の (1)-(3) で与えられる.

(1) 帰無仮説 H_0 vs. 対立仮説 H_1^A の両側検定：

$|T_{F2}| > z\left(\alpha/2\right)$ ならば, 帰無仮説 H_0 を棄却し, 対立仮説 H_1^A を受け入れ, $\rho_1 \neq \rho_2$ と判定する.

(2) 帰無仮説 H_0 vs. 対立仮説 H_2^A の片側検定：

$T_{F2} > z(\alpha)$ ならば，帰無仮説 H_0 を棄却し，対立仮説 H_2^A を受け入れ，$\rho_1 > \rho_2$ と判定する．

(3) 帰無仮説 H_0 vs. 対立仮説 H_3^A の片側検定：

$-T_{F2} > z(\alpha)$ ならば，帰無仮説 H_0 を棄却し，対立仮説 H_3^A を受け入れ，$\rho_1 < \rho_2$ と判定する． ◇

11.4.3 多標本モデル

k 標本モデルで $1 \leqq i \leqq k$ となる整数 i に対して，第 i 標本 (X_{i1}, Y_{i1}), $\ldots, (X_{in_i}, Y_{in_i})$ は同一の 2 次元正規分布 $N_2(\boldsymbol{\mu}_i, \boldsymbol{\Sigma}_i)$ に従うものとする．ただし，$\boldsymbol{\mu}_i$ は未知の平均ベクトルで $\boldsymbol{\mu}_i \equiv (\mu_{i1}, \mu_{i2})$，$\boldsymbol{\Sigma}_i$ は未知の分散共分散行列で $\boldsymbol{\Sigma}_i \equiv \begin{pmatrix} \sigma_{i1}^2 & \rho_i \sigma_{i1} \sigma_{i2} \\ \rho_i \sigma_{i1} \sigma_{i2} & \sigma_{i2}^2 \end{pmatrix}$ とする．さらにすべての (X_{ij}, Y_{ij}) $(j = 1, \ldots, n_i;\ i = 1, \ldots, k)$ は互いに独立であると仮定する．総標本サイズを $n \equiv n_1 + \cdots + n_k$ とおく．次の k 標本モデルの表 11.8 を得る．

表 11.8 k 標本 2 次元正規分布モデル

標本	サイズ	データ	相関係数
第 1 標本	n_1	$(X_{11}, Y_{11}), \ldots, (X_{1n_1}, Y_{1n_1})$	ρ_1
第 2 標本	n_2	$(X_{21}, Y_{21}), \ldots, (X_{2n_2}, Y_{2n_2})$	ρ_2
$\vdots$	$\vdots$	$\vdots$	$\vdots$
第 k 標本	n_k	$(X_{k1}, Y_{k1}), \ldots, (X_{kn_k}, Y_{kn_k})$	ρ_k

総標本サイズ：$n \equiv n_1 + \cdots + n_k$（すべての観測値の個数）
$\rho_1, \ldots, \rho_k$ はすべて未知母数とする．

このとき，ρ_i の点推定量は，

$$\widehat{\rho}_i \equiv \frac{\displaystyle\sum_{j=1}^{n_i} (X_{ij} - \bar{X}_{i\cdot})(Y_{ij} - \bar{Y}_{i\cdot})}{\sqrt{\displaystyle\sum_{j=1}^{n_i} (X_{ij} - \bar{X}_{i\cdot})^2} \sqrt{\displaystyle\sum_{j=1}^{n_i} (Y_{ij} - \bar{Y}_{i\cdot})^2}}$$

で与えられる．(11.27) より，$n_i \to \infty$ として，

$$\sqrt{n_i - 3} \cdot \{\mathcal{Z}_F(\widehat{\rho}_i) - \mathcal{Z}_F(\rho_i)\} \xrightarrow{\mathcal{L}} Z_i \sim N(0,1) \tag{11.31}$$

である. 以後, この節を通して, (条件 4.1) を仮定する.

一様性の帰無仮説を

$$H_0: \rho_1 = \rho_2 = \cdots = \rho_k$$

とする.

$$Q_F \equiv \sum_{i=1}^{k} (n_i - 3) \left\{ \mathcal{Z}_F(\widehat{\rho}_i) - \sum_{j=1}^{k} \left(\frac{n_j}{n}\right) \mathcal{Z}_F(\widehat{\rho}_j) \right\}^2 \tag{11.32}$$

とおくと, (11.31) と定理 A.1 により, H_0 の下で, $n \to \infty$ として,

$$Q_F \xrightarrow{\mathcal{L}} \chi_{k-1}^2 \tag{11.33}$$

が成り立つ. ここで, 次の一様性の検定を得る.

11.D.5 **漸近的な一様性の検定法**

n_i が比較的大きいときには, 水準 α の漸近的な検定方式は,

$$Q_F > \chi_{k-1}^2(\alpha) \text{ ならば}, \ H_0 \text{ を棄却する}. \qquad \diamondsuit$$

11.4.4 すべての相関係数相違の多重比較法

1 つの比較のための検定は

$$\text{帰無仮説 } H_{(i,i')}: \rho_i = \rho_{i'} \quad \text{vs.} \quad \text{対立仮説 } H_{(i,i')}^A: \rho_i \neq \rho_{i'}$$

となる.

定数 α $(0 < \alpha < 1)$ をはじめに決める. $1 \leqq i < i' \leqq k$ を満たすすべての (i, i') に対して, 水準 α で同時におこなう検定が, 水準 α のテューキー・クレーマー型多重比較検定法である. $\boldsymbol{\rho} \equiv (\rho_1, \ldots, \rho_k)$ と $(i, i') \in \mathcal{U}_k$ に対して

$$T_{Fi'i}(\boldsymbol{\rho}) \equiv \frac{\mathcal{Z}_F(\widehat{\rho}_{i'}) - \mathcal{Z}_F(\widehat{\rho}_i) - \{\mathcal{Z}_F(\rho_{i'}) - \mathcal{Z}_F(\rho_i)\}}{\sqrt{\frac{1}{n_i - 3} + \frac{1}{n_{i'} - 3}}} \tag{11.34}$$

11.4 2次元正規分布モデルにおける相関係数の統計解析法 **341**

とおく. このとき, (10.32) と同様に, $t > 0$ に対して,

$$A(t|k) \leqq \lim_{n \to \infty} P\left(\max_{(i,i') \in \mathcal{U}_k} |T_{Fi'i}(\boldsymbol{\rho})| \leqq t \right) \leqq A^*(t|\boldsymbol{\lambda}) \qquad (11.35)$$

が成り立つ. $A(t|k)$ と $A^*(t|\boldsymbol{\lambda})$ はそれぞれ (5.8), (5.9) で与えられる.

$$T_{Fi'i} \equiv T_{Fi'i}(\boldsymbol{0}) = \frac{\mathcal{Z}_F(\widehat{\rho}_{i'}) - \mathcal{Z}_F(\widehat{\rho}_i)}{\sqrt{\frac{1}{n_i - 3} + \frac{1}{n_{i'} - 3}}}$$

とおくと, (11.35) より, H_0 の下で

$$A(t|k) \leqq \lim_{n \to \infty} P_0\left(\max_{(i,i') \in \mathcal{U}_k} |T_{Fi'i}| \leqq t \right) \leqq A^*(t|\boldsymbol{\lambda}) \qquad (11.36)$$

ただし, $P_0(\cdot)$ を H_0 の下での確率測度とする.

11.D.6 漸近的な多重比較検定法

$\{$ 帰無仮説 $H_{(i,i')}$ vs. 対立仮説 $H_{(i,i')}^A \mid (i,i') \in \mathcal{U}_k\}$ に対する水準 α の多重比較検定は,

$i < i'$ となるペア i, i' に対して $|T_{Fi'i}| > a(k;\alpha)$ ならば, 帰無仮説 $H_{(i,i')}$ を棄却し, 対立仮説 $H_{(i,i')}^A$ を受け入れ, $\rho_i \neq \rho_{i'}$ と判定する. $\diamondsuit$

(11.36) より,

$$1 - \alpha = A(a(k;\alpha)|k)$$
$$\leqq \lim_{n \to \infty} P\left(\text{すべての } (i,i') \in \mathcal{U}_k \text{ に対して } |T_{Fi'i}(\boldsymbol{\rho})| \leqq a(k;\alpha) \right)$$

であるので, 次の保守的な漸近的同時信頼区間を得る.

11.D.7 漸近的な同時信頼区間

$\mathcal{Z}_F(\rho_{i'}) - \mathcal{Z}_F(\rho_i) \; ((i,i') \in \mathcal{U}_k)$ に対する信頼係数 $1 - \alpha$ の漸近的同時信頼区間は,

$$\mathcal{Z}_F(\widehat{\rho}_{i'}) - \mathcal{Z}_F(\widehat{\rho}_i) - a(k;\alpha) \cdot \sqrt{\frac{1}{n_i - 3} + \frac{1}{n_{i'} - 3}} \leqq \mathcal{Z}_F(\rho_{i'}) - \mathcal{Z}_F(\rho_i)$$

$$\leqq \mathcal{Z}_F(\widehat{\rho}_{i'}) - \mathcal{Z}_F(\widehat{\rho}_i) + a(k;\alpha) \cdot \sqrt{\frac{1}{n_i - 3} + \frac{1}{n_{i'} - 3}}$$

$((i, i') \in \mathcal{U}_k)$ で与えられる．

帰無仮説のファミリーは，$\mathcal{H}_T \equiv \{H_{\boldsymbol{v}} \mid \boldsymbol{v} \in \mathcal{U}_k\}$ である．水準 α の閉検定手順は，特定の帰無仮説を $H_{\boldsymbol{v}_0} \in \mathcal{H}_T$ としたとき，$\boldsymbol{v}_0 \in V \subset \mathcal{U}_k$ を満たす任意の V に対して帰無仮説 $\bigwedge_{\boldsymbol{v} \in V} H_{\boldsymbol{v}}$ の検定が水準 α で棄却された場合に，多重比較検定として $H_{\boldsymbol{v}_0}$ を棄却する方式である．

$\varnothing \subsetneq V \subset \mathcal{U}_k$ を満たす V に対して，

$$\bigwedge_{\boldsymbol{v} \in V} H_{\boldsymbol{v}} : \text{任意の } (i, i') \in V \text{ に対して，} \rho_i = \rho_{i'}$$

は k 個の母相関係数に関していくつかが等しいという仮説となる．$I_1, \ldots, I_J$ ($I_j \neq \varnothing$, $j = 1, \ldots, J$) を添え字 $\{1, \ldots, k\}$ の互いに素な部分集合の組とし，同じ I_j ($j = 1, \ldots, J$) に属する添え字をもつ母相関係数は等しいという帰無仮説を $H(I_1, \ldots, I_J)$ で表す．このとき，$\varnothing \subsetneq V \subset \mathcal{U}_k$ を満たす V に対して，ある自然数 J と上記のある $I_1, \ldots, I_J$ が存在して，

$$\bigwedge_{\boldsymbol{v} \in V} H_{\boldsymbol{v}} = H(I_1, \ldots, I_J)$$

が成り立つ．

$$M \equiv M(I_1, \ldots, I_J) \equiv \sum_{j=1}^{J} \ell_j, \quad \ell_j \equiv \#(I_j)$$

とおく．$j = 1, \ldots, J$ に対して，

$$T_F(I_j) \equiv \max_{i < i', \, i, i' \in I_j} |T_{Fi'i}|,$$

$$Q_F(I_j) \equiv \sum_{i \in I_j} (n_i - 3) \left\{ \mathcal{Z}_F(\widehat{\rho}_i) - \sum_{i' \in I_j} \left(\frac{n_{i'}}{n(I_j)} \right) \mathcal{Z}_F(\widehat{\rho}_{i'}) \right\}^2$$

を使って閉検定手順がおこなえる．ただし，$n(I_j) \equiv \sum_{i \in I_j} n_i$ とおく．水準 α の帰無仮説 $\bigwedge_{\boldsymbol{v} \in V} H_{\boldsymbol{v}}$ に対する検定方法として 5.4 節の閉検定手順と同じく，検出力の高い閉検定手順を論述することができる．

11.4 2次元正規分布モデルにおける相関係数の統計解析法　　**343**

11.D.8 マルチステップの多重比較検定法

(a) $J \geqq 2$ のとき，$\ell = \ell_1, \ldots, \ell_J$ に対して

$$\alpha(M, \ell) \equiv 1 - (1 - \alpha)^{\ell/M}$$

で $\alpha(M, \ell)$ を定義する．$1 \leqq j \leqq J$ となるある整数 j が存在して，$a\left(\ell_j; \alpha(M, \ell_j)\right) < T_F(I_j)$ ならば帰無仮説 $\bigwedge_{\boldsymbol{v} \in V} H_{\boldsymbol{v}}$ を棄却する．

(b) $J = 1$ $(M = \ell_1)$ のとき，$a\left(M; \alpha\right) < T_F(I_1)$ ならば帰無仮説 $\bigwedge_{\boldsymbol{v} \in V} H_{\boldsymbol{v}}$ を棄却する．

　(a), (b) の方法で，$(i, i') \in V \subset \mathcal{U}_k$ を満たす任意の V に対して，$\bigwedge_{\boldsymbol{v} \in V} H_{\boldsymbol{v}}$ が棄却されるとき，多重比較検定として，$H_{(i, i')}$ を棄却する．このとき，定理5.2と同様の定理を導くことができ，この閉検定手順のタイプ I FWER が α 以下であることが示せる．　　　　　　　　　　　　　　　　　　　　　　　　$\diamond$

　上記の閉検定手順において，$T_F(I_j)$ のかわりに $Q_F(I_j)$ を使っても閉検定手順がおこなえる．この場合，$a\left(\ell_j; \alpha(M, \ell_j)\right) < T_F(I_j)$，$a\left(M; \alpha\right) < T_F(I_1)$ をそれぞれ $\chi^2_{\ell_j - 1}\left(\alpha(M, \ell_j)\right) < Q_F(I_j)$，$\chi^2_{M-1}\left(\alpha\right) < Q_F(I_1)$ に置き替えればよい．

　[11.D.8] の多重比較検定よりも検出力が一様に低いが，k が大きいときに適用しやすい方法として，[10.A.12] に類似の手法を [11.D.9] として述べる．REGW 法は（著1）を参照すること．

11.D.9 REGW 型閉検定手順

　I $(I \subset \{1, \ldots, k\})$ に属する添え字をもつ母平均は等しいという帰無仮説を $H(I)$ で表し，$\imath \equiv \#(I)$ とおく．$k \geqq 4$ とし，$\alpha^*(\imath)$ を (5.34) で定義する．$T_F(I_j)$ と $Q_F(I_j)$ で I_j を I に置き替えたものを，それぞれ $T_F(I)$, $Q_F(I)$ とする．このとき，$a\left(\imath; \alpha^*(\imath)\right) < T_F(I)$ ならば帰無仮説 $H(I)$ を棄却する．この方法で $i, i' \in I$ を満たす任意の I に対して $H(I)$ が棄却されるとき，漸近的な多重比較検定として，$H_{(i, i')}$ を棄却する．　　　　　　　　　　　　　　　　$\diamond$

　上記の閉検定手順において，$T_F(I)$ のかわりに $Q_F(I)$ を使っても閉検定手順がおこなえる．この場合，$a\left(\imath; \alpha^*(\imath)\right) < T_F(I)$ を $\chi^2_{\imath - 1}\left(\alpha^*(\imath)\right) < Q_F(I)$ に置き替えればよい．

11.4.5 対照標本との多重比較法

11.1.2 項のモデルに対応して，第 1 標本を対照標本とするダネット型の多重比較検定を論じる．第 1 標本の対照標本と第 i 標本の処理標本を比較することを考える．1 つの比較のための検定は，

$$\text{帰無仮説 } H_{1i}: \rho_i = \rho_1$$

に対して 3 種の対立仮説

   ①   両側対立仮説 $H_{1i}^{A\pm}: \rho_i \neq \rho_1$

   ②   片側対立仮説 $H_{1i}^{A+}: \rho_i > \rho_1$

   ③   片側対立仮説 $H_{1i}^{A-}: \rho_i < \rho_1$

となる．

$$T_{Fi} \equiv T_{Fi1} = \frac{\mathcal{Z}_F(\widehat{\rho}_i) - \mathcal{Z}_F(\widehat{\rho}_1)}{\sqrt{\frac{1}{n_i-3} + \frac{1}{n_1-3}}} \quad (i \in \mathcal{I}_{2,k})$$

とおく．ただし，$\mathcal{I}_{2,k}$ は (6.2) で定義されている．

このとき，定理 6.1 と同様にして，次の定理 11.1 を得る．

定理 11.1 （条件 4.1）の下で，

$$\lim_{n \to \infty} P_0 \left(\max_{2 \leqq i \leqq k} |T_{Fi}| \leqq t \right) = B_1(t|k, \boldsymbol{\lambda}),$$

$$\lim_{n \to \infty} P_0 \left(\max_{2 \leqq i \leqq k} T_{Fi} \leqq t \right) = B_2(t|k, \boldsymbol{\lambda})$$

を導くことができる．ただし，$B_1(t|k, \boldsymbol{\lambda})$ と $B_2(t|k, \boldsymbol{\lambda})$ はそれぞれ (6.4) と (6.5) によって定義されている．

定理 11.1 の仮定を満たすとする．$b_1(k, \lambda_1, \ldots, \lambda_k; \alpha)$, $b_2(k, \lambda_1, \ldots, \lambda_k; \alpha)$ をそれぞれ (6.7) と (6.8) によって定義する．

このとき，定理 11.1 より，平均母数の制約に応じて，次の漸近的なシングルステップ法を得る．

11.4 2次元正規分布モデルにおける相関係数の統計解析法 **345**

11.D.10 シングルステップのダネット型の多重比較検定法

水準 α の漸近的な多重比較検定は，次の (1)-(3) で与えられる.

(1) 両側検定：$\{$ 帰無仮説 H_{1i} vs. 対立仮説 $H_{1i}^{A\pm} \mid i \in \mathcal{I}_{2,k}\}$（相関係数 $\rho_1, \ldots, \rho_k$ に制約がつけられないとき），$|T_{Fi}| > b_1(k, \lambda_1, \ldots, \lambda_k; \alpha)$ となる i に対して H_{1i} を棄却し，対立仮説 $H_{1i}^{A\pm}$ を受け入れ，$\rho_i \neq \rho_1$ と判定する.

(2) 片側検定：$\{$ 帰無仮説 H_{1i} vs. 対立仮説 $H_{1i}^{A+} \mid i \in \mathcal{I}_{2,k}\}$（制約 $\rho_2, \ldots, \rho_k$ $\geqq \rho_1$ がつけられるとき），$T_{Fi} > b_2(k, \lambda_1, \ldots, \lambda_k; \alpha)$ となる i に対して H_{1i} を棄却し，対立仮説 H_{1i}^{A+} を受け入れ，$\rho_i > \rho_1$ と判定する.

(3) 片側検定：$\{$ 帰無仮説 H_{1i} vs. 対立仮説 $H_{1i}^{A-} \mid i \in \mathcal{I}_{2,k}\}$（制約 $\rho_2, \ldots, \rho_k$ $\leqq \rho_1$ がつけられるとき），$-T_{Fi} > b_2(k, \lambda_1, \ldots, \lambda_k; \alpha)$ となる i に対して H_{1i} を棄却し，対立仮説 H_{1i}^{A-} を受け入れ，$\rho_i < \rho_1$ と判定する. $\diamondsuit$

11.D.11 ダネット型の同時信頼区間

$\{\mathcal{Z}_F(\rho_i) - \mathcal{Z}_F(\rho_1) \mid i \in \mathcal{I}_{2,k}\}$ に対する信頼係数 $1 - \alpha$ の漸近的な同時信頼区間は，次の (1)-(3) で与えられる.

(1) 両側信頼区間（相関係数 $\rho_1, \ldots, \rho_k$ に制約がつけられないとき）：

すべての $i \in \mathcal{I}_{2,k}$ に対して，

$$\mathcal{Z}_F(\widehat{\rho}_i) - \mathcal{Z}_F(\widehat{\rho}_1) - b_1(k, \lambda_1, \ldots, \lambda_k; \alpha) \cdot \sqrt{\frac{1}{n_i - 3} + \frac{1}{n_1 - 3}}$$

$$\leqq \mathcal{Z}_F(\rho_i) - \mathcal{Z}_F(\rho_1)$$

$$\leqq \mathcal{Z}_F(\widehat{\rho}_i) - \mathcal{Z}_F(\widehat{\rho}_1) + b_1(k, \lambda_1, \ldots, \lambda_k; \alpha) \cdot \sqrt{\frac{1}{n_i - 3} + \frac{1}{n_1 - 3}}$$

(2) 上側信頼区間（制約 $\rho_2, \ldots, \rho_k \geqq \rho_1$ がつけられるとき）：

すべての $i \in \mathcal{I}_{2,k}$ に対して，

$$\mathcal{Z}_F(\widehat{\rho}_i) - \mathcal{Z}_F(\widehat{\rho}_1) - b_2(k, \lambda_1, \ldots, \lambda_k; \alpha) \cdot \sqrt{\frac{1}{n_i - 3} + \frac{1}{n_1 - 3}}$$

$$\leqq \mathcal{Z}_F(\rho_i) - \mathcal{Z}_F(\rho_1) < +\infty$$

(3) 下側信頼区間（制約 $\rho_2, \ldots, \rho_k \leqq \rho_1$ がつけられるとき）：

すべての $i \in \mathcal{I}_{2,k}$ に対して,

$$-\infty < \mathcal{Z}_F(\rho_i) - \mathcal{Z}_F(\rho_1)$$
$$\leqq \mathcal{Z}_F(\widehat{\rho}_i) - \mathcal{Z}_F(\widehat{\rho}_1) + b_2(k, \lambda_1, \ldots, \lambda_k; \alpha) \cdot \sqrt{\frac{1}{n_i - 3} + \frac{1}{n_1 - 3}}$$

$\diamondsuit$

標本サイズに（条件 6.2）を仮定し，次の漸近的な逐次棄却型検定法を紹介する.

11.D.12 逐次棄却型検定法

統計量 $\mathsf{T}_i^\sharp$ $(i \in \mathcal{I}_{2,k})$ を次で定義する.

$$\mathsf{T}_i^\sharp \equiv \begin{cases} |T_{Fi}| & (\text{(a) 対立仮説が } H_{1i}^{A\pm} \text{ のとき}) \\ T_{Fi} & (\text{(b) 対立仮説が } H_{1i}^{A+} \text{ のとき}) \\ -T_{Fi} & (\text{(c) 対立仮説が } H_{1i}^{A-} \text{ のとき}) \end{cases}$$

$\mathsf{T}_i^\sharp$ を小さい方から並べたものを

$$\mathsf{T}_{(1)}^\sharp \leqq \mathsf{T}_{(2)}^\sharp \leqq \cdots \leqq \mathsf{T}_{(k-1)}^\sharp$$

とする. さらに, $\mathsf{T}_{(i)}^\sharp$ に対応する帰無仮説を $H_{(i)}$ で表す. $\ell = 1, \ldots, k-1$ に対して, (10.35) によって $b_i^*(\ell, \lambda_2/\lambda_1; \alpha)$ $(i = 1, 2)$ を定義し,

$$b^\sharp(\ell, \lambda_2/\lambda_1; \alpha) \equiv \begin{cases} b_1^*(\ell, \lambda_2/\lambda_1; \alpha) & (\text{(a) のとき}) \\ b_2^*(\ell, \lambda_2/\lambda_1; \alpha) & (\text{(b) のとき}) \\ b_2^*(\ell, \lambda_2/\lambda_1; \alpha) & (\text{(c) のとき}) \end{cases}$$

とおく.

手順 1. $\ell = k-1$ とする.

手順 2. (i) $\mathsf{T}_{(\ell)}^\sharp < b^\sharp(\ell, \lambda_2/\lambda_1; \alpha)$ ならば, $H_{(1)}, \ldots, H_{(\ell)}$ のすべてを保留して, 検定作業を終了する.

(ii) $\mathsf{T}_{(\ell)}^\sharp > b^\sharp(\ell, \lambda_2/\lambda_1; \alpha)$ ならば, $H_{(\ell)}$ を棄却し手順 3 へ進む.

手順 3. (i) $\ell \geqq 2$ であるならば $\ell - 1$ を新たに ℓ とおいて手順 2 に戻る.

(ii) $\ell = 1$ であるならば検定作業を終了する. $\diamondsuit$

11.4 2次元正規分布モデルにおける相関係数の統計解析法 **347**

この手順はステップダウン法になっている．ここで述べた逐次棄却型検定法は，[11.D.10] のシングルステップ法よりも，一様に検出力が高い．

11.4.6 すべての相関係数の多重比較法

まずは $\{\rho_i \mid i \in \mathcal{I}_k\}$ に対する同時信頼区間を提案する．ただし，$\mathcal{I}_k$ は (7.2) で定義されている．比較のための検定は，$i \in \mathcal{I}_k$ に対して，ある $\rho_{0i} \in (-1, 1)$ を与えたときに，帰無仮説 $H_{0i}:\ \rho_i = \rho_{0i}$ に対して 3 種の対立仮説

① 両側対立仮説 $H_{0i}^{A\pm}:\ \rho_i \neq \rho_{0i}$

② 片側対立仮説 $H_{0i}^{A+}:\ \rho_i > \rho_{0i}$

③ 片側対立仮説 $H_{0i}^{A-}:\ \rho_i < \rho_{0i}$

を考える．$\left\{\text{帰無仮説 } H_{0i} \text{ vs. 対立仮説 } H_{0i}^{A*} \mid i \in \mathcal{I}_k\right\}$ に対する多重比較検定を提案する．ただし，H_{0i}^{A*} は $H_{0i}^{A\pm}$, H_{0i}^{A+}, H_{0i}^{A-} のうちのいずれかとする．さらに，閉検定手順についても考察する．

$i = 1, \ldots, k$ に対して

$$T_{Fi}^+(r) \equiv \sqrt{n_i - 3} \cdot \left\{\mathcal{Z}_F(\widehat{\rho}_i) - \mathcal{Z}_F(r)\right\}$$

とおく．この項を通して，（条件 7.1）が成り立つものとする．

このとき，(11.31) より，

$$\lim_{n \to \infty} P\left(\max_{1 \leqq i \leqq k} |T_{Fi}^+(\rho_i)| \leqq z\left(\alpha^*(k)/2\right)\right)$$
$$= \prod_{i=1}^k \lim_{n \to \infty} P\left(|T_{Fi}^+(\rho_i)| \leqq z\left(\alpha^*(k)/2\right)\right)$$
$$= \prod_{i=1}^k P\left(|Z_i| \leqq z\left(\alpha^*(k)/2\right)\right) \tag{11.37}$$

ただし，$\alpha^*(k)$ は (7.3) で定義し，$z(\beta)$ は $N(0,1)$ の上側 $100\beta\%$ 点を表すものとする．$Z_i \sim N(0,1)$ より，

$$P\left(|Z_i| \leqq z\left(\alpha^*(k)/2\right)\right) = 1 - 2 \cdot \alpha^*(k)/2 = (1 - \alpha)^{1/k} \tag{11.38}$$

348　　　　　　　　　　　　第 11 章　関連した正規分布の下での手法

を得る．(11.37) と (11.38) より，

$$\lim_{n\to\infty} P\left(\max_{1\leqq i\leqq k} |T_{Fi}^+(\rho_i)| \leqq z\left(\alpha^*(k)/2\right)\right) = 1-\alpha$$

が成り立つ．同様に

$$\lim_{n\to\infty} P\left(\max_{1\leqq i\leqq k} T_{Fi}^+(\rho_i) \leqq z\left(\alpha^*(k)\right)\right) = \prod_{i=1}^{k} P\left(Z_i \leqq z\left(\alpha^*(k)\right)\right)$$
$$= 1-\alpha$$

が成り立つ．ここで定理 11.2 を得る．

定理 11.2　　$n\to\infty$ として，（条件 7.1）の下で，

$$\lim_{n\to\infty} P\left(\max_{1\leqq i\leqq k} |T_{Fi}^+(\rho_i)| \leqq z\left(\alpha^*(k)/2\right)\right) = 1-\alpha, \tag{11.39}$$

$$\lim_{n\to\infty} P\left(\max_{1\leqq i\leqq k} T_{Fi}^+(\rho_i) \leqq z\left(\alpha^*(k)\right)\right) = 1-\alpha \tag{11.40}$$

が成り立つ．

$\mathcal{Z}_F(r) = \tanh^{-1} r$ の関係と $\tanh(x)$ は狭義の増加関数より，

$$|T_{Fi}^+(\rho_i)| \leqq z\left(\alpha^*(k)/2\right)$$

は

$$\tanh\left(\mathcal{Z}_F(\widehat{\rho}_i) - \frac{z\left(\alpha^*(k)/2\right)}{\sqrt{n_i-3}}\right) \leqq \rho_i \leqq \tanh\left(\mathcal{Z}_F(\widehat{\rho}_i) + \frac{z\left(\alpha^*(k)/2\right)}{\sqrt{n_i-3}}\right)$$

と同等である．また，

$$T_{Fi}^+(\rho_i) \leqq z\left(\alpha^*(k)\right)$$

は

$$\tanh\left(\mathcal{Z}_F(\widehat{\rho}_i) - \frac{z\left(\alpha^*(k)\right)}{\sqrt{n_i-3}}\right) \leqq \rho_i$$

と同等である．ここで，ρ_i $(i=1,\ldots,k)$ についての信頼係数 $1-\alpha$ の漸近的な

11.4　2次元正規分布モデルにおける相関係数の統計解析法　　**349**

同時信頼区間は次で与えられる.

11.D.13 $\{\rho_i \mid i \in \mathcal{I}_k\}$ に対する信頼係数 $1-\alpha$ の同時信頼区間

母数 ρ_i の制約に応じて,信頼係数 $1-\alpha$ の漸近的な同時信頼区間は,次の (1)-(3) で与えられる.

(1) 両側信頼区間:任意の $i \in \mathcal{I}_k$ に対して,

$$\tanh\left(\mathcal{Z}_F(\widehat{\rho}_i) - \frac{z\left(\alpha^*(k)/2\right)}{\sqrt{n_i - 3}}\right) \leqq \rho_i \leqq \tanh\left(\mathcal{Z}_F(\widehat{\rho}_i) + \frac{z\left(\alpha^*(k)/2\right)}{\sqrt{n_i - 3}}\right)$$

(2) 上側信頼区間:任意の $i \in \mathcal{I}_k$ に対して,

$$\tanh\left(\mathcal{Z}_F(\widehat{\rho}_i) - \frac{z\left(\alpha^*(k)\right)}{\sqrt{n_i - 3}}\right) \leqq \rho_i$$

(3) 下側信頼区間:任意の $i \in \mathcal{I}_k$ に対して,

$$\rho_i \leqq \tanh\left(\mathcal{Z}_F(\widehat{\rho}_i) + \frac{z\left(\alpha^*(k)\right)}{\sqrt{n_i - 3}}\right) \qquad \diamondsuit$$

[11.D.13] の同時信頼区間から,シングルステップの多重比較検定が次で与えられる.

11.D.14 水準 α のシングルステップの多重比較検定法

母数 ρ_i の制約に応じて,水準 α の漸近的な多重比較検定は,次の (1)-(3) で与えられる.

(1) $\left\{帰無仮説\ H_{0i}\ \text{vs. 対立仮説}\ H_{0i}^{A\pm} \mid i \in \mathcal{I}_k\right\}$ の両側検定:
$|T_{Fi}^+(\rho_{0i})| > z\left(\alpha^*(k)/2\right)$ となる i に対して帰無仮説 H_{0i} を棄却し,対立仮説 $H_{0i}^{A\pm}$ を受け入れ,$\rho_i \neq \rho_{0i}$ と判定する.

(2) $\left\{帰無仮説\ H_{0i}\ \text{vs. 対立仮説}\ H_{0i}^{A+} \mid i \in \mathcal{I}_k\right\}$ の片側検定:
$T_{Fi}^+(\rho_{0i}) > z\left(\alpha^*(k)\right)$ となる i に対して帰無仮説 H_{0i} を棄却し,対立仮説 H_{0i}^{A+} を受け入れ,$\rho_i > \rho_{0i}$ と判定する.

(3) $\left\{帰無仮説\ H_{0i}\ \text{vs. 対立仮説}\ H_{0i}^{A-} \mid i \in \mathcal{I}_k\right\}$ の片側検定:
$-T_{Fi}^+(\rho_{0i}) > z\left(\alpha^*(k)\right)$ となる i に対して帰無仮説 H_{0i} を棄却し,対立仮説 H_{0i}^{A-} を受け入れ,$\rho_i < \rho_{0i}$ と判定する. $\qquad \diamondsuit$

すべての帰無仮説 H_{0i} $(i \in \mathcal{I}_k)$ を多重比較検定するときのファミリーは $\mathcal{H}_0 \equiv \{H_{0i} \mid i \in \mathcal{I}_k\}$ である. $\mathcal{H}_0$ の要素の仮説 H_{0i} の論理積からなるすべての集合は

$$\overline{\mathcal{H}}_0 \equiv \left\{ \bigwedge_{i \in E} H_{0i} \ \middle| \ \varnothing \subsetneqq E \subset \mathcal{I}_k \right\}$$

で表される. ここで水準 α のマルチステップの多重比較検定として, 次の閉検定手順が提案できる.

11.D.15 水準 α の閉検定手順

空でない任意の $E \subset \mathcal{I}_k$ に対して, 帰無仮説 $H_0(E)$ を

$$H_0(E): \text{任意の } i \in E \text{ に対して } \rho_i = \rho_{0i}$$

で定義すると,

$$\bigwedge_{i \in E} H_{0i} = H_0(E)$$

が成り立つ.

閉検定手順は, 特定の帰無仮説を $H_{0i_0} \in \mathcal{H}_0$ としたとき, $i_0 \in E \subset \mathcal{I}_k$ を満たす任意の E に対して帰無仮説 $H_0(E)$ の検定が水準 α で棄却された場合に, H_{0i_0} を棄却する方式である.

$$\ell \equiv \ell(E) \equiv \#(E), \quad E \equiv \{i_1, \ldots, i_\ell\} \quad (i_1 < \cdots < i_\ell)$$

とおき, 以下に帰無仮説 $H_0(E)$ に対する水準 α の漸近的検定方法を具体的に論述する.

(1) $\left\{ \text{帰無仮説 } H_{0i} \text{ vs. 対立仮説 } H_{0i}^{A\pm} \mid i \in \mathcal{I}_k \right\}$ の両側検定：

$$\max_{i \in E} |T_{Fi}^+(\rho_{0i})| > z\left(\frac{1 - (1-\alpha)^{1/\ell}}{2} \right) \text{ ならば } H_0(E) \text{ を棄却する.}$$

(2) $\left\{ \text{帰無仮説 } H_{0i} \text{ vs. 対立仮説 } H_{0i}^{A+} \mid i \in \mathcal{I}_k \right\}$ の片側検定：

$$\max_{i \in E} T_{Fi}^+(\rho_{0i}) > z\left(1 - (1-\alpha)^{1/\ell} \right) \text{ ならば } H_0(E) \text{ を棄却する.}$$

(3) $\left\{ \text{帰無仮説 } H_{0i} \text{ vs. 対立仮説 } H_{0i}^{A-} \mid i \in \mathcal{I}_k \right\}$ の片側検定：

$$-\max_{i \in E} T_{Fi}^+(\rho_{0i}) > z\left(1 - (1-\alpha)^{1/\ell} \right) \text{ ならば } H_0(E) \text{ を棄却する.} \qquad \diamond$$

11.4.7 相関係数母数に順序制約がある場合の手法

これまでは ρ_i に制限をおかなかったが，表 11.8 のモデルで相関係数母数に傾向性の制約

$$\rho_1 \leqq \rho_2 \leqq \cdots \leqq \rho_k \tag{11.41}$$

がある場合での統計解析法を論じる．

一様性の帰無仮説と対立仮説は，

$$
\begin{cases}
\text{帰無仮説} \quad H_0 : \rho_1 = \cdots = \rho_k \\
\text{対立仮説} \quad H_1^{OA} : \rho_1 \leqq \rho_2 \leqq \cdots \leqq \rho_k \quad (\text{少なくとも 1 つの不等号は} <)
\end{cases}
$$

である．傾向性の制約 (6.1) の下での母数 $(\rho_1, \ldots, \rho_k)$ の点推定について考察する．制約 $u_1 \leqq u_2 \leqq \cdots \leqq u_k$ の下で $\displaystyle\sum_{i=1}^{k} \lambda_{ni} (u_i - \mathcal{Z}_F(\widehat{\rho}_i))^2$ を最小にする $\{u_i \mid i = 1, \ldots, k\}$ を $\{\widehat{\nu}_i^* \mid i = 1, \ldots, k\}$ とする．すなわち，

$$\sum_{i=1}^{k} \lambda_{ni} (\widehat{\nu}_i^* - \mathcal{Z}_F(\widehat{\rho}_i))^2 = \min_{u_1 \leqq \cdots \leqq u_k} \sum_{i=1}^{k} \lambda_{ni} (u_i - \mathcal{Z}_F(\widehat{\rho}_i))^2$$

が成り立つ．ただし，$\lambda_{ni} \equiv n_i/n \ (1 \leqq i \leqq k)$ とする．$\widehat{\nu}_1^*, \ldots, \widehat{\nu}_k^*$ は，Robertson et al. (1988) で述べられている pool-adjacent-violators algorithm によって与えられ，（著 3）の 5.1 節に掲載している．

$$\widehat{\nu}_i^* = \max_{1 \leqq a \leqq i} \min_{i \leqq b \leqq k} \frac{\sum_{j=a}^{b} \lambda_{nj} \mathcal{Z}_F(\widehat{\rho}_j)}{\sum_{j=a}^{b} \lambda_{nj}} = \max_{1 \leqq a \leqq i} \min_{i \leqq b \leqq k} \frac{\sum_{j=a}^{b} n_j \mathcal{Z}_F(\widehat{\rho}_j)}{\sum_{j=a}^{b} n_j}$$

が成り立つ．

$$\bar{\chi}_F^2 \equiv \sum_{i=1}^{k} (n_i - 3) \left(\widehat{\nu}_i^* - \sum_{j=1}^{k} \lambda_{nj} \mathcal{Z}_F(\widehat{\rho}_j) \right)^2$$

とおく．(11.31) と Robertson et al. (1988) の定理 2.3.1 より，（条件 4.1）の下で，

$$\lim_{n \to \infty} P_0(\bar{\chi}_F^2 \geqq t) = \sum_{L=2}^{k} P(L, k; \boldsymbol{\lambda}) P\left(\chi_{L-1}^2 \geqq t \right) \quad (t > 0) \tag{11.42}$$

を得る．(11.42) の右辺は (4.24) の右辺と同じである．

$\bar{\chi}_F^2 \geqq \bar{c}^2(k, \boldsymbol{\lambda}; \alpha)$ ならば帰無仮説 H_0 を棄却する．ただし，$\bar{c}^2(k, \boldsymbol{\lambda}; \alpha)$ は (4.26) によって定義されている．

(11.30) の順序制約の下で，すべての相関係数相違

$$\left\{\text{帰無仮説 } H_{(i,i')}: \rho_i = \rho_{i'} \text{ vs. 対立仮説 } H_{(i,i')}^{OA}: \rho_i < \rho_{i'} \mid (i, i') \in \mathcal{U}_k\right\}$$

に対する多重比較法を考える．標本サイズが等しい条件 $n_1 = n_2 = \cdots = n_k$ を仮定する．このとき，(11.34) より，

$$T_{Fi'i}(\boldsymbol{\rho}) = \sqrt{\frac{n_1 - 3}{2}} \left[\mathcal{Z}_F(\widehat{\rho}_{i'}) - \mathcal{Z}_F(\widehat{\rho}_i) - \{\mathcal{Z}_F(\rho_{i'}) - \mathcal{Z}_F(\rho_i)\} \right],$$

$$T_{Fi'i} = \sqrt{\frac{n_1 - 3}{2}} \left\{ \mathcal{Z}_F(\widehat{\rho}_{i'}) - \mathcal{Z}_F(\widehat{\rho}_i) \right\}$$

である．(11.31) より

$$\lim_{n \to \infty} P \left(\max_{1 \leqq i < i' \leqq k} T_{Fi'i}(\boldsymbol{\rho}) \leqq t \right) = \lim_{n \to \infty} P_0 \left(\max_{1 \leqq i < i' \leqq k} T_{Fi'i} \leqq t \right)$$

$$= D_1(t|k) \tag{11.43}$$

が成り立つ．ただし，$D_1(t|k)$ は (8.2) で定義されている．

(11.43) から，ヘイター型の同時信頼区間を得る．

11.D.16 ヘイター型の同時信頼区間

$\{\mathcal{Z}_F(\rho_{i'}) - \mathcal{Z}_F(\rho_i) \mid (i, i') \in \mathcal{U}_k\}$ に対する信頼係数 $1 - \alpha$ の漸近的な同時信頼区間は

$$\mathcal{Z}_F(\widehat{\rho}_{i'}) - \mathcal{Z}_F(\widehat{\rho}_i) - \frac{\sqrt{2} d_1(k; \alpha)}{\sqrt{n_1 - 3}} \leqq \mathcal{Z}_F(\rho_{i'}) - \mathcal{Z}_F(\rho_i) < +\infty \quad ((i, i') \in \mathcal{U}_k)$$

で与えられる．ただし，$d_1(k; \alpha)$ は (8.5) で定義されている． $\diamondsuit$

11.D.17 シングルステップの多重比較検定

$\{\text{帰無仮説 } H_{(i,i')} \text{ vs. 対立仮説 } H_{(i,i')}^{OA} \mid (i, i') \in \mathcal{U}_k\}$ に対する水準 α の漸近的な同時検定は，

$$T_{Fi'i} > d_1(k; \alpha) \text{ となる } (i, i') \in \mathcal{U}_k \text{ に対して帰無仮説 } H_{(i,i')} \text{ を棄却する}$$

11.4 2次元正規分布モデルにおける相関係数の統計解析法 **353**

ことである. ◇

$\mathcal{H}_1^o$ の要素の仮説 $H_{(i,i')}$ の論理積からなるすべての集合は

$$\overline{\mathcal{H}_1^o} \equiv \left\{ \bigwedge_{\boldsymbol{v} \in V} H_{\boldsymbol{v}} \;\middle|\; \varnothing \subsetneq V \subset \mathcal{U}_k \right\}$$

で表される. $\bigwedge_{\boldsymbol{v} \in \mathcal{U}_k} H_{\boldsymbol{v}}$ は一様性の帰無仮説 H_0 となる. さらに $\varnothing \subsetneq V \subset \mathcal{U}_k$ を満たす V に対して,

$$\bigwedge_{\boldsymbol{v} \in V} H_{\boldsymbol{v}} : \text{任意の } (i, i') \in V \text{ に対して,} \quad \rho_i = \rho_{i'}$$

は k 個の相関係数に関していくつかが等しいという仮説となる.

$I_1^o, \ldots, I_J^o$ ($I_j^o \neq \varnothing$, $j = 1, \ldots, J$) を, 8.1.2 項の (性質 8.1) を満たす添え字 $\{1, \ldots, k\}$ の互いに素な部分集合の組とする.

I_j^o は連続した整数の要素からなり, $\ell_j = \#I_j^o \geqq 2$ である. 同じ I_j^o ($j = 1, \ldots, J$) に属する添え字をもつ母相関係数は等しいという帰無仮説を $H_2^o(I_1^o, \ldots, I_J^o)$ で表す. このとき, $\varnothing \subsetneq V \subset \mathcal{U}_k$ を満たす任意の V に対して, (性質 8.1) で述べたある自然数 J とある $I_1^o, \ldots, I_J^o$ が存在して,

$$\bigwedge_{\boldsymbol{v} \in V} H_{\boldsymbol{v}} = H_1^o(I_1^o, \ldots, I_J^o) \tag{11.44}$$

が成り立つ. さらに仮説 $H_1^o(I_1^o, \ldots, I_J^o)$ は,

$$H_1^o(I_1^o, \ldots, I_J^o) : \rho_{s_j+1} = \rho_{s_j+2} = \cdots = \rho_{s_j+\ell_j} \quad (j = 1, \ldots, J) \tag{11.45}$$

と表現することができる. $j = 1, \ldots, J$ に対して,

$$T_F^o(I_j^o) \equiv \max_{s_j+1 \leqq i < i' \leqq s_j+\ell_j} T_{Fi'i}$$

を使って閉検定手順がおこなえる.

11.D.18 水準 α の閉検定手順

(a) $J \geqq 2$ のとき, $\ell = \ell_1, \ldots, \ell_J$ に対して $\alpha(M, \ell)$ を

$$\alpha(M, \ell) \equiv 1 - (1 - \alpha)^{\ell/M}$$

で定義する. $1 \leqq j \leqq J$ となるある整数 j が存在して $d_1\left(\ell_j; \alpha(M, \ell_j)\right) < T_F^o(I_j^o)$ ならば帰無仮説 $\bigwedge_{\boldsymbol{v} \in V} H_{\boldsymbol{v}}$ を棄却する.

(b) $J = 1$ ($M = \ell_1$) のとき, $d_1(M; \alpha) < T_F^o(I_1^o)$ ならば帰無仮説 $\bigwedge_{\boldsymbol{v} \in V} H_{\boldsymbol{v}}$ を棄却する.

(a), (b) の方法で, $(i, i') \in V \subset \mathcal{U}_k$ を満たす任意の V に対して, $\bigwedge_{\boldsymbol{v} \in V} H_{\boldsymbol{v}}$ が棄却されるとき, 多重比較検定として $H_{(i,i')}$ を棄却する. $\diamond$

定理 8.2 と同様に, [11.D.18] が水準 α の漸近的な多重比較検定であることが示せる.

簡単のため, 以後もこの 11.4.7 項を通して標本サイズが同一のモデルで多重比較法を論述する.

隣接した平均母数の相違に関する多重比較法を論述する. 隣接した標本の平均を比較することを考える. 1 つの比較のための検定は

帰無仮説 $H_{(i,i+1)}$: $\rho_i = \rho_{i+1}$ vs. 対立仮説 $H_{(i,i+1)}^{OA}$: $\rho_i < \rho_{i+1}$

となる. 帰無仮説のファミリーを

$$\mathcal{H}_2^o \equiv \{H_{(i,i+1)} \mid i \in \mathcal{I}_{k-1}\}$$

とおく. ただし, $\mathcal{I}_{k-1}$ は (8.18) で定義されている. さらに,

$$\widehat{T}_{Fi} \equiv \sqrt{\frac{n_1}{2}}\left(\mathcal{Z}_F(\widehat{\rho}_{i+1}) - \mathcal{Z}_F(\widehat{\rho}_i)\right),$$

$$\widehat{T}_{Fi}(\boldsymbol{\rho}) \equiv \sqrt{\frac{n_1}{2}}\left(\mathcal{Z}_F(\widehat{\rho}_{i+1}) - \mathcal{Z}_F(\widehat{\rho}_i) - \mathcal{Z}_F(\rho_{i+1}) + \mathcal{Z}_F(\rho_i)\right)$$

とおく. このとき, 定理 8.4 と同様に, $t > 0$ に対して,

$$\lim_{n \to \infty} P\left(\max_{1 \leqq i \leqq k-1} \widehat{T}_{Fi}(\boldsymbol{\rho}) \leqq t\right) = \lim_{n \to \infty} P_0\left(\max_{1 \leqq i \leqq k-1} \widehat{T}_{Fi} \leqq t\right)$$
$$= D_2^*(t|k) \tag{11.46}$$

11.4 2次元正規分布モデルにおける相関係数の統計解析法 **355**

が成り立つ. ただし,

$$D_2^*(t|k) \equiv P\left(\max_{1 \leq i \leq k-1} \frac{Z_{i+1} - Z_i}{\sqrt{2}} \leq t\right)$$

とおき, $Z_1, \ldots, Z_k$ は互いに独立で同一の $N(0,1)$ に従う確率変数とする.

$D_2^*(t|k) = 1 - \alpha$ の t の解は (8.25) の $d_2^*(k; \alpha)$ と同じであり, $d_2^*(k; \alpha)$ の値は付録 B の付表 16 に掲載している. (11.46) より, 漸近的なシングルステップの多重比較検定 [11.D.19] と同時信頼区間 [11.D.20] を得る.

11.D.19 **シングルステップのリー・スプーリエル型の多重比較検定法**

{帰無仮説 $H_{(i,i+1)}$ vs. 対立仮説 $H_{(i,i+1)}^{OA} \mid i \in \mathcal{I}_{k-1}$} に対する水準 α の漸近的な多重比較検定は, 次で与えられる.

ある i に対して $\widehat{T}_{Fi} > d_2^*(k; \alpha)$ ならば, 帰無仮説 $H_{(i,i+1)}$ を棄却し, 対立仮説 $H_{(i,i+1)}^{OA}$ を受け入れ, $\rho_i < \rho_{i+1}$ と判定する. ◇

11.D.20 **同時信頼区間**

$\mathcal{Z}_F(\rho_{i+1}) - \mathcal{Z}_F(\rho_i)$ $(i \in \mathcal{I}_{k-1})$ についての信頼係数 $1 - \alpha$ の漸近的な同時信頼区間は,

$$\mathcal{Z}_F(\widehat{\rho}_{i+1}) - \mathcal{Z}_F(\widehat{\rho}_i) - \sqrt{\frac{2}{n_1}} d_2^*(k; \alpha) \leq \mathcal{Z}_F(\rho_{i+1}) - \mathcal{Z}_F(\rho_i) < +\infty$$

$(i \in \mathcal{I}_{k-1})$ で与えられる. ◇

次に閉検定手順について説明する. $\mathcal{U}_{k-1}' \equiv \{(i, i+1) \mid i \in \mathcal{I}_{k-1}\}$ とする. 特定の帰無仮説を $H_{\boldsymbol{v}_0} \in \mathcal{H}_2^o$ としたとき, $\boldsymbol{v}_0 \in V \subset \mathcal{U}_{k-1}'$ を満たす任意の V に対して, 帰無仮説 $\bigwedge_{\boldsymbol{v} \in V} H_{\boldsymbol{v}}$ の検定が水準 α で棄却された場合に, $H_{\boldsymbol{v}_0}$ を棄却する方式が, 水準 α の閉検定手順である.

$\emptyset \subsetneq V \subset \mathcal{U}_{k-1}'$ を満たす V に対して,

$$\bigwedge_{\boldsymbol{v} \in V} H_{\boldsymbol{v}} : \text{任意の } (i, i+1) \in V \text{ に対して, } \rho_i = \rho_{i+1}$$

は k 個の母相関係数に関していくつかが等しいという仮説となる.

$I_1^o, \ldots, I_J^o$ $(I_j^o \neq \emptyset, \ j = 1, \ldots, J)$ を, 10.1.7 項の (性質 10.1) を満たす添え字 $\{1, \ldots, k\}$ の互いに素な部分集合の組とする. I_j^o は連続した整数の要素

からなり, $\ell_j = \#I_j^o \geqq 2$ である. 同じ I_j^o $(j = 1, \ldots, J)$ に属する添え字を もつ母相関係数は等しいという帰無仮説を $H_2^o(I_1^o, \ldots, I_J^o)$ で表す. このとき, $\varnothing \subsetneqq V \subset \mathcal{U}_{k-1}'$ を満たす任意の V に対して, (性質10.1) で述べたある自然数 J とある $I_1^o, \ldots, I_J^o$ が存在して,

$$\bigwedge_{\boldsymbol{v} \in V} H_{\boldsymbol{v}} = H_2^o(I_1^o, \ldots, I_J^o) \tag{11.47}$$

が成り立つ. さらに仮説 $H_2^o(I_1^o, \ldots, I_J^o)$ は,

$$H_2^o(I_1^o, \ldots, I_J^o) : \rho_{s_j+1} = \rho_{s_j+2} = \cdots = \rho_{s_j+\ell_j} \quad (j = 1, \ldots, J) \tag{11.48}$$

と表現することができる.

$$M \equiv M(I_1^o, \ldots, I_J^o) \equiv \sum_{j=1}^{J} \ell_j$$

とおく. $j = 1, \ldots, J$ に対して,

$$\widehat{T}_F^o(I_j^o) \equiv \max_{s_j+1 \leqq i \leqq s_j+\ell_j-1} \widehat{T}_{Fi}$$

を使って閉検定手順がおこなえる.

水準 α の帰無仮説 $\bigwedge_{\boldsymbol{v} \in V} H_{\boldsymbol{v}}$ に対する検定方法を具体的に論述する.

11.D.21 閉検定手順

(a) $J \geqq 2$ のとき, $\ell = \ell_1, \ldots, \ell_J$ に対して $\alpha(M, \ell)$ を (10.15) で定義する. $1 \leqq j \leqq J$ となるある整数 j が存在して $d_2^*(\ell_j; \alpha(M, \ell_j)) < \widehat{T}_F^o(I_j^o)$ なら ば帰無仮説 $\bigwedge_{\boldsymbol{v} \in V} H_{\boldsymbol{v}}$ を棄却する.

(b) $J = 1$ $(M = \ell_1)$ のとき, $d_2^*(k; \alpha) < \widehat{T}_F^o(I_1^o)$ ならば帰無仮説 $\bigwedge_{\boldsymbol{v} \in V} H_{\boldsymbol{v}}$ を棄 却する.

(a), (b) の方法で, $(i, i') \in V \subset \mathcal{U}_{k-1}'$ を満たす任意の V に対して, $\bigwedge_{\boldsymbol{v} \in V} H_{\boldsymbol{v}}$ が棄却されるとき, 漸近的な多重比較検定として, $H_{(i,i')}$ を棄却する. ただし, $d_2^*(\ell_j; \alpha)$ は (10.50) で定義されている. $\diamondsuit$

11.4　2次元正規分布モデルにおける相関係数の統計解析法　　　**357**

表 11.9　k 標本 2 次元正規分布モデル

水準	標本	サイズ	データ	相関係数
対照	第 1 標本	n_1	$X_{11}, \ldots, X_{1n_1}$	ρ_1
処理 1	第 2 標本	n_1	$X_{21}, \ldots, X_{2n_1}$	ρ_2
$\vdots$	$\vdots$	$\vdots$	$\vdots \quad \vdots \quad \vdots$	$\vdots$
処理 $k-1$	第 k 標本	n_1	$X_{k1}, \ldots, X_{kn_1}$	ρ_k

総標本サイズ：$n \equiv kn_1$（すべての観測値の個数）
$\rho_1 \leqq \rho_2 \leqq \cdots \leqq \rho_k$ かつ $\rho_1, \ldots, \rho_k$ はすべて未知とする.

$d_2^*\left(\ell_j; \alpha(M, \ell_j)\right)$ の値は付録 B の付表 17, 18 に掲載している.

最後に，第 1 標本を対照標本，第 2 標本から第 k 標本は処理標本とした表 11.9 のモデルについて考察する.

i を $2 \leqq i \leqq k$ とする. 1 つの比較のための検定は

$$\text{帰無仮説 } H_{1i} : \rho_1 = \rho_i \quad \text{vs.} \quad \text{対立仮説 } H_{1i}^{OA} : \rho_1 < \rho_i$$

となる. 帰無仮説のファミリーを

$$\mathcal{H}_3 \equiv \{H_{1i} \mid i \in \mathcal{I}_{2,k}\}$$

とおく. 検定統計量 $\widehat{T}_{F\ell}^o$ と $\widehat{\nu}_\ell^o$ を

$$\widehat{T}_{F\ell}^o = \sqrt{\frac{n_1}{2}}\left(\hat{\nu}_\ell^o - \mathcal{Z}_F(\widehat{\rho}_1)\right), \quad \hat{\nu}_\ell^o \equiv \max_{2 \leqq s \leqq \ell} \frac{\sum_{i=s}^{\ell} \mathcal{Z}_F(\widehat{\rho}_i)}{\ell - s + 1}$$

で定義する. $d_3(\ell, 1; \alpha)$ は (8.36) で定義された $d_3(\ell, \lambda_{21}; \alpha)$ で $\lambda_{21} = 1$ としたものとする. $d_3(\ell, 1; \alpha)$ の値は付録 B の付表 19 に掲載している.

11.D.22 ウィリアムズ型の検定法

$i \leqq \ell \leqq k$ となる任意の ℓ に対して，$d_3(\ell, 1; \alpha) < \widehat{T}_{F\ell}^o$ ならば，{ 帰無仮説 H_{1i} vs. 対立仮説 $H_{1i}^{OA} \mid i \in \mathcal{I}_{2,k}$} に対する漸近的な多重比較検定として帰無仮説 H_{1i} を棄却し，対立仮説 H_{1i}^{OA} を受け入れ，$\rho_1 < \rho_i$ と判定する.　　　◇

定理 8.7 と同様に，[11.D.22] の検定方式は水準 α の漸近的な多重比較検定であることが示せる.

$\mathcal{I}_\ell \equiv \{1, 2, \ldots, \ell\}$ とおく. $\widehat{\nu}_1^*(\mathcal{I}_\ell), \ldots, \widehat{\nu}_\ell^*(\mathcal{I}_\ell)$ を

$$\sum_{i \in \mathcal{I}_\ell} \left\{ \widehat{\nu}_i^*(\mathcal{I}_\ell) - \mathcal{Z}_F(\widehat{\rho}_i) \right\}^2 = \min_{u_1 \leqq \cdots \leqq u_\ell} \sum_{i \in \mathcal{I}_\ell} \left\{ u_i - \mathcal{Z}_F(\widehat{\rho}_i) \right\}^2$$

を満たすものとする. (4.22) と同様に, $r = 1, \ldots, \ell$ に対して,

$$\widehat{\nu}_r^*(\mathcal{I}_\ell) = \max_{1 \leqq p \leqq r} \min_{r \leqq q \leqq \ell} \frac{\sum_{m=p}^q \mathcal{Z}_F(\widehat{\rho}_m)}{q - p + 1}$$

を得る.

$$\bar{\chi}_{F\ell}^2(\mathcal{I}_\ell) \equiv 4n_1 \sum_{i \in \mathcal{I}_\ell} \left\{ \widehat{\nu}_i^*(\mathcal{I}_\ell) - \frac{1}{\ell} \sum_{i \in \mathcal{I}_\ell} \mathcal{Z}_F(\widehat{\rho}_i) \right\}^2$$

とおく. 水準 α の漸近的な多重比較検定として, 次の $\bar{\chi}_{F\ell}^2(\mathcal{I}_\ell)$ を使って閉検定手順がおこなえる.

11.D.23 $\bar{\chi}^2$ **統計量を用いた水準 α の閉検定手順**

[11.D.22] の手法で, $d_3(\ell, 1; \alpha) < \widehat{T}_{F\ell}^o$ を, $\bar{c}_3^{2*}(\ell; \alpha) < \bar{\chi}_{F\ell}^2(\mathcal{I}_\ell)$ に替えた手法である. ただし, $\bar{c}_3^{2*}(\ell; \alpha)$ は (10.44) で定義されたものである. ◇

$\bar{c}_3^{2*}(\ell; \alpha)$ の数表を付録 B の付表 24 として載せている.

これ以上の内容は (著 20), (著 21) を参照せよ.

11.5 正規分布モデルでの統計手法のメリット

この章では前節までに正規分布モデルでの手法を述べた. 11.1 節の説明で, 第2章から第8章までに述べたノンパラメトリック法に対応する正規分布の下でのパラメトリック法を提案することができることがわかる. 11.2 節で乱塊法モデルの多重比較法を論述した. このモデルですべての処理効果相違の分布に依存しないノンパラメトリック多重比較検定法は (著 31) によって論述されているが, その他の多重比較法として, 分布に依存しないノンパラメトリック多重比較法については提案することはできない. 11.3 節で, 繰り返しのある 2 元配置モデルの統計解析法を論述した. 残念ながら, このモデルで分布に依存しないノンパラメトリック法を提案することができない. (著 25) のように順位推定量を使ったロバスト (頑健な) 漸近的手法を提案することは可能であるが, 手法を表現する統計量

11.5 正規分布モデルでの統計手法のメリット

は複雑になる．もっと複雑な分散分析の正規分布モデルに対しても多くの解析法を提案することは可能である．しかも正規分布の下でのパラメトリック法は，単純で明解な統計量で表現されることが多い．

2.4 節と 7.5 節で順位相関に基づくノンパラメトリック検定を述べたが，分布に依らない相関係数の区間推定，検定を提案することはできない．11.4 節で，2次元正規分布モデルにおける相関係数の統計解析法を述べた．この場合，フィッシャーの z 変換と漸近理論を用いて相関係数の区間推定と検定法を論じることができた．

X_{ij} は互いに独立で，$X_{ij} \sim N(\mu_i, \sigma_i^2)$ $(j = 1, \ldots, n_i, \ i = 1, \ldots, k)$ とする平均と分散が同一とは限らない k 標本モデルを考える．このとき，第 i 標本の標本分散 $\tilde{\sigma}_i^2 \equiv \{1/(n_i - 1)\} \sum_{j=1}^{n_i} (X_{ij} - \bar{X}_{i\cdot})^2$ が，σ_i^2 の一様最小分散不偏推定量である．定理 A.4 の中心極限定理と定理 A.6 のデルタ法により，$n_i \to \infty$ として

$$\sqrt{n_i}\{\log(\tilde{\sigma}_i^2) - \log(\sigma_i^2)\} \xrightarrow{\mathcal{L}} N(0, 2) \quad (i = 1, \ldots, k)$$

が成り立つ．これは，$\log(\tilde{\sigma}_i^2)$ が分散安定化変換であることを示している．ここで，11.4 節と同様の議論により，分散の漸近的な多重比較法を提案し，理論を構築できる．詳しくは（著 3）の第 4 章を参照．

以上により，1 つ以上の局外母数を含む正規分布モデルの下で多くの手法を提案できる．これは，正規分布の理論が良いと思われることの 1 つであるが，それ以外の特長は数学的に一意の単純な解が見つかる場合が多い．M 統計量を用いたロバスト統計量の理論では解の一意性が保証できなくなることが多く，ほんの少し分布または最良性の基準を変えただけで別の複雑な最良手法が導かれることとなり，数学的にも不満が残る．

正規分布の理論から導かれた手法はメリットが多く，これまでに複雑なモデルに対しても新しい手法が提案されてきた．ただし，あくまでも観測値が正規分布に従っているときに大いに用いてよい手法である．

第 **12** 章

関連したパラメトリック法も取り込む ゲートキーピング法

1標本，2標本，多標本モデルにおける検定方式を，第2章から第11章に論述した．本章では，これらすべての検定を取り込むゲートキーピング法について述べる．Maurer et al. (1995), Dmitrienko et al. (2003) は，いずれもボンフェローニの方法やホルム (Holm (1979)) の方法による理論を用いているが，この章で与えるゲートキーピング法は彼らの手法よりもはるかに検出力が高い．

12.1 モデルと推測される母数

q 個の1標本または2標本または多標本のモデルを考える．p 番目のモデルの i 番目の標本を $\left(X_{i1}^{(p)}, \ldots, X_{in_i^{(p)}}^{(p)} \right)$ $\left(1 \leqq i \leqq k^{(p)} \right)$ で表す．標本の数は $k^{(p)}$ 個で i 番目の標本サイズは $n_i^{(p)}$ である．1標本モデルも含むため，$k^{(p)}$ は1以上の整数である．$j = 1, \ldots, n_i^{(p)}$ に対して，$X_{ij}^{(p)}$ は分布関数 $F_i(x|\theta_i^{(p)})$ をもつ分布に従うとし，

$$n^{(p)} \equiv \sum_{i=1}^{k^{(p)}} n_i^{(p)}$$

とおき，$n^{(p)}$ 個の確率変数 $X_{11}^{(p)}, \ldots, X_{k^{(p)}n_{k^{(p)}}^{(p)}}^{(p)}$ は互いに独立とする．$\boldsymbol{X}^{(p)} \equiv \left(X_{11}^{(p)}, \ldots, X_{k^{(p)}n_{k^{(p)}}^{(p)}}^{(p)} \right)$ $(p = 1, \ldots, q)$ とおくとき，$\boldsymbol{X}^{(1)}, \boldsymbol{X}^{(2)}, \ldots, \boldsymbol{X}^{(q)}$ は独立である必要はない．第2章から第8章までの手法を考えるときには，$F_i(x|\theta_i^{(p)})$ として，平均0の連続型の分布関数 $F(x)$ によって $F_i(x|\theta_i^{(p)}) = F(x - \theta_i^{(p)})$ または $F((x - \theta_i^{(p)})/\sigma_i)$ と表現される場合を考える．第10章のパラメトリック法を考えるときには，$F_i(x|\theta_i^{(p)})$ はポアソン分布 $\mathcal{P}_0(\theta_i^{(p)})$，または，

指数分布 $EXP(\theta_i^{(p)})$，または，ベルヌーイ分布 $B(1, \theta_i^{(p)})$ の分布関数とする．11.1 節の正規分布の下でのパラメトリック法を考えるときには，$F_i(x|\theta_i^{(p)})$ は，正規分布 $N(\theta_i^{(p)}, \sigma^2)$ または $N(\theta_i^{(p)}, \sigma_i^2)$ の分布関数とする．11.4 節の 2 次元正規分布の下でのパラメトリック法を考えるときには，$X_{ij}^{(p)}, x$ は 2 次元ベクトルで，$F_i(x|\theta_i^{(p)})$ は相関係数 $\theta_i^{(p)}$ の 2 次元正規分布の分布関数とする．$F_i(x|\theta_i^{(p)})$ が $\theta_i^{(p)}$ 以外の母数を含まないときは，$F_i(x|\theta_i^{(p)}) = F(x|\theta_i^{(p)})$ と考えてよい．$\theta_i^{(p)}$ 以外の局外母数 (nuisance parameter) を含む場合を考慮して，ここでは $F_i(\cdot|\theta_i^{(p)})$ の表現をおこなっている．

このとき，次の $p = 1, \ldots, q$ に対し p 番目の $k^{(p)}$ 標本モデルの表 12.1 を得る．

表 12.1 p 番目の $k^{(p)}$ 標本モデル

標本	サイズ	データ	推測母数	分布関数
第 1 標本	$n_1^{(p)}$	$X_{11}^{(p)}, \ldots, X_{1n_1^{(p)}}^{(p)}$	$\theta_1^{(p)}$	$F_1\left(x|\theta_1^{(p)}\right)$
第 2 標本	$n_2^{(p)}$	$X_{21}^{(p)}, \ldots, X_{2n_2^{(p)}}^{(p)}$	$\theta_2^{(p)}$	$F_2\left(x|\theta_2^{(p)}\right)$
$\vdots$	$\vdots$	$\vdots \quad \vdots \quad \vdots$	$\vdots$	$\vdots$
第 $k^{(p)}$ 標本	$n_{k^{(p)}}^{(p)}$	$X_{k^{(p)}1}^{(p)}, \ldots, X_{k^{(p)}n_{k^{(p)}}^{(p)}}^{(p)}$	$\theta_{k^{(p)}}^{(p)}$	$F_{k^{(p)}}\left(x|\theta_{k^{(p)}}^{(p)}\right)$

p 番目の総標本サイズ：$n^{(p)} \equiv n_1^{(p)} + \cdots + n_{k^{(p)}}^{(p)}$.

ただし，$X_{ij}^{(p)}$ が 1 次元確率変数のときは推測される母数は平均であり，$X_{ij}^{(p)}$ が 2 次元確率変数のときは推測される母数は相関係数である．$k^{(p)} = 1$ の 1 標本モデルでは第 1 標本の行だけであり，$k^{(p)} = 2$ の 2 標本モデルでは第 1 標本の行と第 2 標本の行だけである．

$1 \leqq p \leqq q$ となる p に対して帰無仮説のファミリーを

$$\mathcal{H}^{(p)} \equiv \left\{ H_1^{(p)}, \ldots, H_{L_p}^{(p)} \right\} = \left\{ H_i^{(p)} \mid i \in \mathcal{I}_{L_p} \right\} \tag{12.1}$$

とおく．(12.1) で，$\mathcal{H}^{(p)} = \left\{ H_1^{(p)} \right\}$ である場合もありうる．さらに，帰無仮説のファミリーに，優先順位

$$\mathcal{H}^{(1)} \succ \mathcal{H}^{(2)} \succ \cdots \succ \mathcal{H}^{(q)} \tag{12.2}$$

がつけられているものとする．

12.2 ゲートキーピング法

すべての帰無仮説からなるファミリー $\bigcup_{p=1}^{q} \mathcal{H}^{(p)}$ に対する閉検定手順を紹介す

12.2 ゲートキーピング法　　363

る. $\displaystyle\bigcup_{p=1}^{q}\mathcal{H}^{(p)}$ の要素の仮説 $H_i^{(p)}$ の論理積からなるすべての集合は

$$\overline{\bigcup_{p=1}^{q}\mathcal{H}^{(p)}} \equiv \left\{ \bigwedge_{s=1}^{t}\left(\bigwedge_{i\in V^{(p_s)}}H_i^{(p_s)}\right) \;\middle|\; 1\leqq t\leqq q \text{ となる整数 } t \text{ と}\right.$$

$$1\leqq p_1<\cdots<p_t\leqq q \text{ となる整数 } p_1,\ldots,p_t \text{ が存在して,}$$

$$\left.1\leqq s\leqq t \text{ となる } s \text{ に対して} \varnothing\subsetneqq V^{(p_s)}\subset\mathcal{I}_{L_{p_s}}\right\}$$

で表され, $\displaystyle\overline{\bigcup_{p=1}^{q}\mathcal{H}^{(p)}}$ は $\displaystyle\bigwedge_{p=1}^{q}\mathcal{H}^{(p)}$ の閉包である. $\displaystyle\bigwedge_{s=1}^{t}\left(\bigwedge_{i\in V^{(p_s)}}H_i^{(p_s)}\right)$ は

$\displaystyle\sum_{s=1}^{t}\#(V^{(p_s)})$ 個の帰無仮説が真である命題となる.

　$1\leqq p\leqq q$ となる整数 p が決まれば,設定される分布と手法が決まるものとする. 設定される手法は第2章から第8章までの検定もしくは多重比較検定, 第10章のパラメトリック検定もしくは多重比較検定, 11.1節と11.4節の正規分布の下でのパラメトリック検定もしくは多重比較検定である.

12.A 任意の検定の直列型ゲートキーピング法

　設定される手法が決まれば,分布と対立仮説も定まる.

　任意の $p\ (1\leqq p\leqq q)$ について, $\mathcal{H}^{(p)}$ に対する水準 α の検定または水準 α の多重比較検定をおこなう. このとき, 次の (1)-(3) によって帰無仮説を棄却する.

(1) $\mathcal{H}^{(1)}$ の中に棄却されない帰無仮説があるとき:

　　$\mathcal{H}^{(1)}$ のうち棄却されたものだけを $\displaystyle\bigcup_{p=1}^{q}\mathcal{H}^{(p)}$ に対する多重比較検定として棄却する.

(2) $q_0<q$ を満たすある自然数 q_0 が存在して, $1\leqq p\leqq q_0$ となる任意の p について $\mathcal{H}^{(p)}$ の中のすべての帰無仮説が棄却され, $\mathcal{H}^{(q_0+1)}$ の中に棄却されない帰無仮説があるとき:

　　$\displaystyle\bigcup_{p=1}^{q}\mathcal{H}^{(p)}$ に対する多重比較検定として $\left\{\text{帰無仮説 } H_i^{(p)} \;\middle|\; i\in\mathcal{I}_{L_p},\ 1\leqq p\right.$

$\left.\leqq q_0\right\}$ をすべて棄却し, $\mathcal{H}^{(q_0+1)}$ のうち棄却された帰無仮説だけを $\displaystyle\bigcup_{p=1}^{q}\mathcal{H}^{(p)}$

364　　第 12 章　関連したパラメトリック法も取り込むゲートキーピング法

に対する多重比較検定として棄却する.

(3) $1 \leqq p \leqq q$ となる任意の p について $\mathcal{H}^{(p)}$ の中のすべての帰無仮説が棄却されるとき:

$\displaystyle\bigcup_{p=1}^{q} \mathcal{H}^{(p)}$ に対する多重比較検定として $\Big\{$ 帰無仮説 $H_i^{(p)} \mid i \in \mathcal{I}_{L_p},\ 1 \leqq p \leqq q \Big\}$ をすべて棄却する. ◆

このとき, 定理 12.1 を得る.

定理 12.1　[12.A] の直列型ゲートキーピング法は, $\displaystyle\bigcup_{p=1}^{q} \mathcal{H}^{(p)}$ に対する水準 α の多重比較検定である.

証明　定理 9.1 の証明と同様.　　　　　　　　　　　　　　　　　　　　□

まずは 2 段階ゲートキーピング法 [12.B] を提案する.

12.B **任意の検定の 2 段階ゲートキーピング法**

設定される手法が決まれば, 分布と対立仮説も定まる.

$\alpha_1 + \alpha_2 = \alpha$ となるように正の値 α_1, α_2 を決め, $q_1 + q_2 = q$ となるように正の整数 q_1, q_2 を決める. $1 \leqq p_1 \leqq q_1$ となる任意の整数 p_1 について, $\mathcal{H}^{(p_1)}$ に対する水準 α_1 の検定または多重比較検定をおこない, $q_1 + 1 \leqq p_2 \leqq q$ となる任意の整数 p_2 に対して $\mathcal{H}^{(p_2)}$ に対する水準 α_2 の検定または多重比較検定をおこなう. このとき, 次の (1)-(6) によって帰無仮説を棄却する.

(1) $\mathcal{H}^{(1)}$ に属する帰無仮説の中に棄却されない帰無仮説があるとき:

$\mathcal{H}^{(1)}$ に属する帰無仮説のうち棄却されたものだけを $\displaystyle\bigcup_{p=1}^{q} \mathcal{H}^{(p)}$ に対する多重比較検定として棄却し, (4)-(6) に進む.

(2) $q_{01} < q_1$ を満たすある自然数 q_{01} が存在して, $1 \leqq p_1 \leqq q_{01}$ となる任意の p_1 について $\mathcal{H}^{(p_1)}$ に属するすべての帰無仮説が棄却され, p_1 を $q_{01} + 1$ に替えた検定または多重比較検定によって $\mathcal{H}^{(q_{01}+1)}$ に属する帰無仮説の中に棄却されないものがあるとき:

$\displaystyle\bigcup_{p=1}^{q} \mathcal{H}^{(p)}$ に対する多重比較検定として $\Big\{$ 帰無仮説 $H_i^{(p_1)} \mid i \in \mathcal{I}_{L_{p_1}},\ 1 \leqq p_1 \leqq q_{01} \Big\}$ に属するすべての帰無仮説を棄却し, $\mathcal{H}^{(q_{01}+1)}$ に属する帰無仮説の

12.2 ゲートキーピング法 **365**

うちの棄却されたものだけを $\bigcup_{p=1}^{q} \mathcal{H}^{(p)}$ に対する多重比較検定として棄却する. その後, (4)-(6) に進む.

(3) $1 \leqq p_1 \leqq q_1$ となる任意の p_1 について $\mathcal{H}^{(p_1)}$ に属するすべての帰無仮説が棄却されるとき:

$\left\{ 帰無仮説\ H_i^{(p_1)} \mid i \in \mathcal{I}_{L_{p_1}},\ 1 \leqq p_1 \leqq q_1 \right\}$ に属するすべての帰無仮説を $\bigcup_{p=1}^{q} \mathcal{H}^{(p)}$ に対する多重比較検定として棄却する. その後, (4)-(6) に進む.

(4) $\mathcal{H}^{(q_1+1)}$ に属する帰無仮説の中に棄却されないものがあるとき:

$\mathcal{H}^{(q_1+1)}$ に属する帰無仮説のうちの棄却されたものだけを $\bigcup_{p=1}^{q} \mathcal{H}^{(p)}$ に対する多重比較検定として棄却する.

(5) $q_1 + 1 \leqq q_{02} < q$ を満たすある自然数 q_{02} が存在して, $q_1 + 1 \leqq p_2 \leqq q_{02}$ となる任意の p_2 について $\mathcal{H}^{(p_2)}$ に属するすべての帰無仮説が棄却され, p_2 を $q_{02} + 1$ に替えた検定または多重比較検定によって $\mathcal{H}^{(q_{02}+1)}$ に属する帰無仮説のうち棄却されないものがあるとき:

$\left\{ 帰無仮説\ H_i^{(p_2)} \mid i \in \mathcal{I}_{L_{p_2}},\ 1 \leqq p_2 \leqq q_{02} \right\}$ に属するすべての帰無仮説を $\bigcup_{p=1}^{q} \mathcal{H}^{(p)}$ に対する多重比較検定として棄却し, $\mathcal{H}^{(q_{02}+1)}$ に属する帰無仮説のうちの棄却されたものだけを棄却する.

(6) $q_1 + 1 \leqq p_2 \leqq q$ となる任意の p_2 について $\mathcal{H}^{(p_2)}$ に属するすべての帰無仮説が棄却されるとき:

$\left\{ 帰無仮説\ H_i^{(p_2)} \mid i \in \mathcal{I}_{L_{p_2}},\ q_1 + 1 \leqq p_2 \leqq q \right\}$ に属するすべての帰無仮説を $\bigcup_{p=1}^{q} \mathcal{H}^{(p)}$ に対する多重比較検定として棄却する. ◆

定理 12.1 より, 系 9.2 と同様の系 12.2 を得る.

系 12.2 [12.B] の 2 段階ゲートキーピング法は, すべての平均相違 $\bigcup_{p=1}^{q} \mathcal{H}^{(p)}$ に対する水準 α の多重比較検定である.

[12.B] の 2 段階ゲートキーピング法を用いて, $\left\{ 帰無仮説\ H_i^{(p_1)} \mid i \in \mathcal{I}_{L_{p_1}}, \right.$

$1 \leqq p_1 \leqq q_1 \Big\}$ に属するすべての帰無仮説が棄却される場合は [12.B] の手法は有効ではなく，[12.A] の直列型ゲートキーピング法が有効である．

[12.B] の 2 段階ゲートキーピング法を多段階ゲートキーピング法に拡張することは容易にできる．

以下の [12.C]-[12.E] は，Wiens and Dmitrienko (2005) のフォールバック法と同様の考え方によって導かれている．[12.A] のゲートキーピング法は，$\mathcal{H}^{(q_0+2)}$ 以降の帰無仮説のファミリーについては検定を実行せずにやめる方法である．[12.B] のゲートキーピング法もすべての検定がおこなわれない場合がある．すべての帰無仮説のファミリーの検定を実行する方法として次の分割型ゲートキーピング法 [12.C] を提案する．

12.C 分割型ゲートキーピング法

設定される手法が決まれば，分布と対立仮説も定まる．
$\sum_{p=1}^{q} \alpha_p = \alpha$ となるように正の値 $\alpha_p > 0 \ (p=1,\ldots,q)$ を決める．$p=1,\ldots,q$ に対して順に $\mathcal{H}^{(p)}$ の検定を次のようにおこなう．

(1) $p=1$ とする．$\alpha_1^* \equiv \alpha_1$ とおき，水準 α_1^* の $\mathcal{H}^{(1)}$ に対する多重比較検定をおこなう．ただし，$\#(\mathcal{H}^{(1)}) = 1$ のときは多重比較検定を検定と読み替える．これにより，棄却された帰無仮説だけを $\bigcup_{p=1}^{q} \mathcal{H}^{(p)}$ に対する多重比較検定として棄却する．

(2) $p=q$ となるまで次の (a) を繰り返す．

(a) 改めて $p \equiv p+1$ とおき，$\mathcal{H}^{(p-1)}$ に属する帰無仮説がすべて棄却されたときを (i) の場合とし，そうでない場合，$\mathcal{H}^{(p-1)}$ に属する帰無仮説の中に棄却されないものがあるときを (ii) とする．このとき，α_p^* を次で定義する．

$$\alpha_p^* \equiv \begin{cases} \alpha_{p-1}^* + \alpha_p & ((\text{i}) \text{ の場合}) \\ \alpha_p & ((\text{ii}) \text{ の場合}) \end{cases}$$

ここで，水準 α_p^* の $\mathcal{H}^{(p)}$ に対する多重比較検定をおこなう．これにより，棄却された帰無仮説だけを $\bigcup_{p=1}^{q} \mathcal{H}^{(p)}$ に対する多重比較検定として棄却する． ◆

12.2 ゲートキーピング法 367

定理 9.3 と同様に次の定理 12.3 を得る.

定理 12.3 [12.C] のゲートキーピング法は，すべての平均相違 $\bigcup_{p=1}^{q} \mathcal{H}^{(p)}$ に対する水準 α の漸近的な多重比較検定である.

2 段階と分割型を混合させたゲートキーピング法を提案することができる.

12.D 混合型ゲートキーピング法 1

設定される手法が決まれば，分布と対立仮説も定まる.

$\alpha_1 + \alpha_2 = \alpha$ となるように正の値 α_1, α_2 を決め，$q_1 + q_2 = q$ となるように正の整数 q_1, q_2 を決める. さらに，$\sum_{p=p_1+1}^{q} \alpha_{2,p} = \alpha_2$ となるように正の値 $\alpha_{2,p} > 0 \ (p = p_1+1, \ldots, q)$ を決める. $1 \leqq p_1 \leqq q_1$ となる任意の整数 p_1 に対して水準 α_1 の $\mathcal{H}^{(p_1)}$ に対する多重比較検定をおこなう. このとき，次の (1)-(5) によって帰無仮説を棄却する.

(1) $\mathcal{H}^{(1)}$ に属する帰無仮説のうち棄却されないものがあるとき：

$\mathcal{H}^{(1)}$ のうち棄却された帰無仮説だけを $\bigcup_{p=1}^{q} \mathcal{H}^{(p)}$ に対する多重比較検定として棄却し，(4) に進む.

(2) $q_{01} < q_1$ を満たすある自然数 q_{01} が存在して，$1 \leqq p_1 \leqq q_{01}$ となる任意の p_1 について $\mathcal{H}^{(p_1)}$ に属するすべての帰無仮説が棄却され，p_1 を $q_{01} + 1$ に替えた検定または多重比較検定によって $\mathcal{H}^{(q_{01}+1)}$ に属する帰無仮説の中に棄却されないものがあるとき：

$\left\{ \text{帰無仮説 } H_i^{(p_1)} \mid i \in \mathcal{I}_{L_{p_1}}, \ 1 \leqq p_1 \leqq q_{01} \right\}$ に属するすべての帰無仮説を $\bigcup_{p=1}^{q} \mathcal{H}^{(p)}$ に対する多重比較検定として棄却し，$\mathcal{H}^{(q_{01}+1)}$ に属する帰無仮説のうち棄却されたものだけを $\bigcup_{p=1}^{q} \mathcal{H}^{(p)}$ に対する多重比較検定として棄却する. その後，(4) に進む.

(3) $1 \leqq p_1 \leqq q_1$ となる任意の p_1 について $\mathcal{H}^{(p_1)}$ に属するすべての帰無仮説が棄却されるとき：

$\left\{ \text{帰無仮説 } H_i^{(p_1)} \mid i \in \mathcal{I}_{L_{p_1}}, \ 1 \leqq p_1 \leqq q_1 \right\}$ に属するすべての帰無仮説を $\bigcup_{p=1}^{q} \mathcal{H}^{(p)}$ に対する多重比較検定として棄却する. その後，(4) に進む.

(4) $p \equiv q_1 + 1$, $\alpha_{2,q_1+1}^* \equiv \alpha_{2,q_1+1}$ とおく. 水準 α_{2,q_1+1}^* の $\mathcal{H}^{(q_1+1)}$ に対する
多重比較検定をおこなう. これにより, 棄却された帰無仮説だけを $\bigcup_{p=1}^{q} \mathcal{H}^{(p)}$
に対する多重比較検定として棄却する.

(5) $p = q$ となるまで次の (a) を繰り返す.

(a) 改めて $p \equiv p + 1$ とおき, $\mathcal{H}^{(p-1)}$ に属する帰無仮説がすべて棄却され
たときを (i) の場合とし, そうでない場合, $\mathcal{H}^{(p-1)}$ に属する帰無仮説の
中に棄却されないものがあるときを (ii) とする. このとき, $\alpha_{2,p}^*$ を次で
定義する.

$$
\alpha_{2,p}^* \equiv
\begin{cases}
\alpha_{2,p-1}^* + \alpha_{2,p} & ((\text{i}) \text{ の場合}) \\
\alpha_{2,p} & ((\text{ii}) \text{ の場合})
\end{cases}
$$

ここで, 水準 $\alpha_{2,p}^*$ の $\mathcal{H}^{(p)}$ に対する多重比較検定をおこなう. これによ
り, 棄却された帰無仮説だけを $\bigcup_{p=1}^{q} \mathcal{H}^{(p)}$ に対する多重比較検定として
棄却する. ◆

12.E 混合型ゲートキーピング法 2

設定される手法が決まれば, 分布と対立仮説も定まる.

$\alpha_1 + \alpha_2 = \alpha$ となるように正の値 α_1, α_2 を決め, $q_1 + q_2 = q$ となるよ
うに正の整数 q_1, q_2 を決める. さらに, $\sum_{p=1}^{p_1} \alpha_{1,p} = \alpha_1$ となるように正の値
$\alpha_{1,p} > 0$ $(p = 1, \ldots, p_1)$ を決める. $p_1 + 1 \leqq p_2 \leqq q$ となる任意の整数 p_2 に対
して水準 α_2 の $\mathcal{H}^{(p_2)}$ に対する多重比較検定をおこなう. このとき, 次の (1)-(5)
によって帰無仮説を棄却する.

(1) $p \equiv 1$, $\alpha_{1,1}^* \equiv \alpha_{1,1}$ とおく. 水準 $\alpha_{1,1}^*$ の $\mathcal{H}^{(1)}$ に対する多重比較検定をお
こなう. これにより, 棄却された帰無仮説だけを $\bigcup_{p=1}^{q} \mathcal{H}^{(p)}$ に対する多重比
較検定として棄却する.

(2) $p = q_1$ となるまで次の (a) を繰り返す.

(a) 改めて $p \equiv p + 1$ とおき, $\mathcal{H}^{(p-1)}$ に属する帰無仮説がすべて棄却され
たときを (i) の場合とし, そうでない場合, $\mathcal{H}^{(p-1)}$ に属する帰無仮説の
中に棄却されないものがあるときを (ii) とする. このとき, $\alpha_{1,p}^*$ を次で

定義する.

$$\alpha_{1,p}^* \equiv \begin{cases} \alpha_{1,p-1}^* + \alpha_{1,p} & ((\text{i}) \text{ の場合}) \\ \alpha_{1,p} & ((\text{ii}) \text{ の場合}) \end{cases}$$

ここで,水準 $\alpha_{1,p}^*$ の $\mathcal{H}^{(p)}$ に対する多重比較検定をおこなう.これにより,棄却された帰無仮説だけを $\bigcup_{p=1}^{q} \mathcal{H}^{(p)}$ に対する多重比較検定として棄却する.

その後,(3)-(5) に進む.

(3) $\mathcal{H}^{(q_1+1)}$ に属する帰無仮説の中に棄却されないものがあるとき:

$\mathcal{H}^{(q_1+1)}$ のうちの棄却された帰無仮説だけを $\bigcup_{p=1}^{q} \mathcal{H}^{(p)}$ に対する多重比較検定として棄却する.

(4) $q_1 + 1 \leqq q_{02} < q$ を満たすある自然数 q_{02} が存在して,$q_1 + 1 \leqq p_2 \leqq q_{02}$ となる任意の p_2 について $\mathcal{H}^{(p_2)}$ に属するすべての帰無仮説が棄却され,p_2 を $q_{02} + 1$ に替えた検定または多重比較検定によって $\mathcal{H}^{(q_{02}+1)}$ の中に棄却されない帰無仮説があるとき:

$\left\{ \text{帰無仮説 } H_i^{(p_2)} \mid i \in \mathcal{I}_{L_{p_2}}, \, 1 \leqq p_2 \leqq q_{02} \right\}$ に属するすべての帰無仮説を $\bigcup_{p=1}^{q} \mathcal{H}^{(p)}$ に対する多重比較検定として棄却し,$\mathcal{H}^{(q_{02}+1)}$ のうちの棄却された帰無仮説だけを $\bigcup_{p=1}^{q} \mathcal{H}^{(p)}$ に対する多重比較検定として棄却する.

(5) $q_1 + 1 \leqq p_2 \leqq q$ となる任意の p_2 について $\mathcal{H}^{(p_2)}$ に属するすべての帰無仮説が棄却されるとき:

$\left\{ \text{帰無仮説 } H_i^{(p_2)} \mid i \in \mathcal{I}_{L_{p_2}}, \, q_1 + 1 \leqq p_2 \leqq q \right\}$ に属するすべての帰無仮説を $\bigcup_{p=1}^{q} \mathcal{H}^{(p)}$ に対する多重比較検定として棄却する.　　◆

本節では表 12.1 でのモデルを考えたが,11.2 節,11.3 節の 2 元配置モデルで議論することも可能である.

12.3　シングルステップの多重比較検定法を用いる解析例

まずはシングルステップ多重比較検定を用いる解析例を述べる.

370　　第 12 章　関連したパラメトリック法も取り込むゲートキーピング法

▶設定例 12-1

12.1 節のモデルで $q = 5$ とする．$p = 1, 2, 3, 4, 5$ に対してモデルと手法と統計量の実現値を次の 1 から 5 のように定める．

1. $p = 1$ のモデルは，$k^{(1)} = 2$, $n_1^{(1)} = 25$, $n_2^{(1)} = 30$．$X_{ij}^{(1)}$ の分布関数は，平均 0 の連続型の分布関数 $F(x)$ を用いて，$P(X_{ij}^{(1)} \leq x) = F(x - \theta_i^{(1)})$ と表されるとする．表 12.2 のモデルである．

表 12.2　2 標本ノンパラメトリックモデル $(p = 1)$

標本	サイズ	データ	平均母数	分布関数
第 1 標本	25	$X_{1,1}^{(1)}, \ldots, X_{1,25}^{(1)}$	$\theta_1^{(1)}$	$F(x - \theta_1^{(1)})$
第 2 標本	30	$X_{2,1}^{(1)}, \ldots, X_{2,30}^{(1)}$	$\theta_2^{(1)}$	$F(x - \theta_1^{(1)})$

総標本サイズ：$n^{(1)} = 55$, $\displaystyle\int_{-\infty}^{\infty} x\, dF(x) = 0$.

3.2 節の [3.A] の順位検定を用いる．帰無仮説 $H_0^{(1)} : \theta_1^{(1)} = \theta_2^{(1)}$ vs. 対立仮説 $H_1^{(1)A} : \theta_1^{(1)} \neq \theta_2^{(1)}$ に対して，サイズが大きいので漸近理論により $|\widehat{Z}^{(1)}| > z(\alpha/2)$ ならば $H_0^{(1)}$ を棄却する方法が水準 α の検定である．$\widehat{Z}^{(1)}$ の実現値は 2.701 とする．(12.1) の記号との対応は，$L_1 = 1$, $H_1^{(1)} = H_0^{(1)}$ である．

2. $p = 2$ のモデルは $k^{(2)} = 4$, $n_1^{(2)} = n_2^{(2)} = n_3^{(2)} = 25$, $n_4^{(2)} = 29$, $X_{ij}^{(2)}$ は正規分布 $N(\theta_i^{(2)}, \sigma^2)$ に従うとする．表 12.3 のモデルである．

表 12.3　4 標本正規分布モデル $(p = 2)$

標本	サイズ	データ	平均母数	分布
第 1 標本	25	$X_{1,1}^{(2)}, \ldots, X_{1,25}^{(2)}$	$\theta_1^{(2)}$	$N(\theta_1^{(2)}, \sigma^2)$
第 2 標本	25	$X_{2,1}^{(2)}, \ldots, X_{2,25}^{(2)}$	$\theta_2^{(2)}$	$N(\theta_2^{(2)}, \sigma^2)$
第 3 標本	25	$X_{3,1}^{(2)}, \ldots, X_{3,25}^{(2)}$	$\theta_3^{(2)}$	$N(\theta_3^{(2)}, \sigma^2)$
第 4 標本	29	$X_{4,1}^{(2)}, \ldots, X_{4,29}^{(2)}$	$\theta_4^{(2)}$	$N(\theta_4^{(2)}, \sigma^2)$

総標本サイズ：$n^{(2)} = 104$, σ^2 は局外母数.

11.1 節の [11.A.1] のテューキー・クレーマーの多重比較検定を用いる．

12.3 シングルステップの多重比較検定法を用いる解析例 **371**

$$\left\{ \begin{array}{l} 帰無仮説\ H_{(i,i')}^{(2)}\ :\ \theta_i^{(2)} = \theta_{i'}^{(2)} \\[2mm] \quad\text{vs. 対立仮説}\ H_{(i,i')}^{(2)A}\ :\ \theta_i^{(2)} \neq \theta_{i'}^{(2)}\ |\ (i,i') \in \mathcal{U}_4 \end{array} \right\}$$

に対する水準 α の多重比較検定は, $|T_{Gi'i}^{(2)}| > ta(4, 100; \alpha)$ となる i, i' に対して帰無仮説 $H_{(i,i')}^{(2)}$ を棄却し, 対立仮説 $H_{(i,i')}^{(2)A}$ を受け入れ, $\theta_i^{(2)} \neq \theta_{i'}^{(2)}$ と判定することである. ただし, $ta(k^{(2)}, m^{(2)}; \alpha)$ の $k^{(2)} = 4$, $m^{(2)} = n^{(2)} - k^{(2)} = 104 - 4 = 100$ である. 3 次元の数値積分により

$$ta(4, 100; 0.05) = 2.613, \quad ta(4, 100; 0.02) = 2.956 \tag{12.3}$$

が求められる.

$T_{Gi'i}^{(2)}$ の実現値を,

$$T_{G21}^{(2)} = -2.752, \quad T_{G31}^{(2)} = 1.563, \quad T_{G41}^{(2)} = 3.426,$$
$$T_{G32}^{(2)} = 4.315, \quad T_{G42}^{(2)} = 6.178, \quad T_{G43}^{(2)} = -1.863$$

とする. (12.1) の記号との対応は, $L_2 = 6$, $H_i^{(2)} = H_{(j,j')}^{(2)}$ $(i = (j-1) + j', 1 \leqq j < j' \leqq 4)$ である.

3. $p = 3$ のモデルは $k^{(3)} = 3$, $n_1^{(3)} = n_2^{(3)} = n_3^{(3)} = 50$, $X_{ij}^{(3)}$ の分布関数は平均 0 の連続型の分布関数 $F(x)$ を用いて $P(X_{ij}^{(3)} \leqq x) = F(x - \theta_i^{(3)})$ と表されるとする. 表 12.4 のモデルである.

表 12.4 平均母数に順序制約のある場合の 3 標本ノンパラメトリックモデル $(p = 3)$

標本	サイズ	データ	平均母数	分布
第 1 標本	50	$X_{1,1}^{(3)}, \ldots, X_{1,50}^{(3)}$	$\theta_1^{(3)}$	$F\!\left(x - \theta_1^{(3)}\right)$
第 2 標本	50	$X_{2,1}^{(3)}, \ldots, X_{2,50}^{(3)}$	$\theta_2^{(3)}$	$F\!\left(x - \theta_2^{(3)}\right)$
第 3 標本	50	$X_{3,1}^{(3)}, \ldots, X_{3,50}^{(3)}$	$\theta_3^{(3)}$	$F\!\left(x - \theta_3^{(3)}\right)$

総標本サイズ: $n^{(3)} = 150$. 順序制約 $\theta_1^{(3)} \leqq \theta_2^{(3)} \leqq \theta_3^{(3)}$ がある.

8.1 節の [8.A] の順位に基づくすべての平均相違の多重比較検定を用いる. 表記は, 9.2 節の [9.E] を参照すること.

$$\left\{ \begin{array}{l} \text{帰無仮説 } H_{(i,i')}^{(3)} : \ \theta_i^{(3)} = \theta_{i'}^{(3)} \\[2mm] \quad \text{vs. 対立仮説 } H_{(i,i')}^{(3)OA} : \ \theta_i^{(3)} < \theta_{i'}^{(3)} \mid (i,i') \in \mathcal{U}_3 \end{array} \right\}$$

に対する水準 α の多重比較検定は, $\widehat{Z}_{i'i}^{(3)} > d_1(3;\alpha)$ となる i, i' に対して帰無仮説 $H_{(i,i')}^{(3)}$ を棄却し, 対立仮説 $H_{(i,i')}^{(3)OA}$ を受け入れ, $\theta_i^{(3)} < \theta_{i'}^{(3)}$ と判定することである. 付録 B の付表 13 より,

$$d_1(3;0.05) = 2.081, \quad d_1(3;0.01) = 2.693 \tag{12.4}$$

がわかる.

$\widehat{Z}_{i'i}^{(3)}$ の実現値を

$$\widehat{Z}_{21}^{(3)} = 2.852, \quad \widehat{Z}_{31}^{(3)} = 5.563, \quad \widehat{Z}_{32}^{(3)} = 2.711$$

とする. (12.1) の記号との対応は, $L_3 = 3$, $H_i^{(3)} = H_{(j,j')}^{(3)}$ $(i = (j-1) + j', \ 1 \leqq j < j' \leqq 3)$ である.

4. $p = 4$ のモデルは $k^{(4)} = 3$, $n_1^{(4)} = n_2^{(4)} = n_3^{(4)} = 50$, $X_{ij}^{(4)}$ はポアソン分布 $\mathcal{P}_o(\theta_i^{(4)})$ に従い, 第 1 標本は対照標本とする. 表 12.5 のモデルである.

表 12.5 3 標本ポアソンモデル $(p = 4)$

標本	水準	サイズ	データ	平均母数	分布
第 1 標本	対照	50	$X_{1,1}^{(4)}, \ldots, X_{1,50}^{(4)}$	$\theta_1^{(4)}$	$\mathcal{P}_o(\theta_1^{(4)})$
第 2 標本	処理 1	50	$X_{2,1}^{(4)}, \ldots, X_{2,50}^{(4)}$	$\theta_2^{(4)}$	$\mathcal{P}_o(\theta_2^{(4)})$
第 3 標本	処理 2	50	$X_{3,1}^{(4)}, \ldots, X_{3,50}^{(4)}$	$\theta_3^{(4)}$	$\mathcal{P}_o(\theta_3^{(4)})$

総標本サイズ: $n^{(4)} = 150$.

10.1 節の [10.A.14] のシングルステップのダネット型多重比較検定を用いる.

$$\left\{ \begin{array}{l} \text{帰無仮説 } H_{1i}^{(4)} : \ \theta_i^{(4)} = \theta_1^{(4)} \\[2mm] \quad \text{vs. 対立仮説 } H_{1i}^{(4)A+} : \ \theta_i^{(4)} > \theta_1^{(4)} \mid i \in \mathcal{I}_{2,3} \end{array} \right\}$$

に対する水準 α の多重比較検定は, $T_{Pi}^{(4)} > b_2(3, 1/3, 1/3, 1/3; \alpha)$ となる i

12.3 シングルステップの多重比較検定法を用いる解析例 **373**

に対して帰無仮説 $H_{1i}^{(4)}$ を棄却し，対立仮説 $H_{1i}^{(4)A+}$ を受け入れ，$\theta_i^{(4)} > \theta_1^{(4)}$ と判定することである．付録 B の付表 10 により

$$b_2(3, 1/3, 1/3, 1/3; 0.01) = 2.558 \qquad (12.5)$$

を得る．さらに，2 次元の数値積分により

$$b_2(3, 1/3, 1/3, 1/3; 0.02) = 2.300, \qquad (12.6)$$

$$b_2(3, 1/3, 1/3, 1/3; 0.03) = 2.138 \qquad (12.7)$$

が求められる．

$T_{Pi}^{(4)}$ の実現値を，

$$T_{P2}^{(4)} = 2.652, \quad T_{P3}^{(4)} = 2.211$$

とする．(12.1) の記号との対応は，$L_4 = 2$，$H_i^{(4)} = H_{0i+1}^{(4)}$ $(i = 1, 2)$ である．

5. $p = 5$ のモデルは $k^{(5)} = 3$，$n_1^{(5)} = 50$，$n_2^{(5)} = 60$，$n_3^{(5)} = 70$，$X_{ij}^{(5)}$ は指数分布 $EXP(\theta_i^{(5)})$ に従い，表 12.6 のモデルである．

表 12.6　3 標本指数分布モデル $(p = 5)$

標本	サイズ	データ	平均母数	分布
第 1 標本	50	$X_{1,1}^{(5)}, \ldots, X_{1,50}^{(5)}$	$\theta_1^{(5)}$	$EXP(\theta_1^{(5)})$
第 2 標本	60	$X_{2,1}^{(5)}, \ldots, X_{2,60}^{(5)}$	$\theta_2^{(5)}$	$EXP(\theta_2^{(5)})$
第 3 標本	70	$X_{3,1}^{(5)}, \ldots, X_{3,70}^{(5)}$	$\theta_3^{(5)}$	$EXP(\theta_3^{(5)})$

10.2 節の [10.B.26] の漸近的な多重比較検定を用いる．

$\theta_{01}^{(5)} = \theta_{02}^{(5)} = \theta_{03}^{(5)} = 2.0$ とし，

$$\left\{ \text{帰無仮説 } H_{2i}^{(5)} : \theta_i^{(5)} \leqq \theta_{0i}^{(5)} \text{ vs. 対立仮説 } H_{2i}^{(4)A} : \theta_i^{(5)} > \theta_{0i}^{(5)} \mid i \in \mathcal{I}_3 \right\}$$

に対する水準 α の多重比較検定は，$S_{Ei}^{(5)} > z(\alpha^*(3))$ となる i に対して帰無仮説 $H_{2i}^{(5)}$ を棄却し，対立仮説 $H_{2i}^{(5)A}$ を受け入れ，$\theta_i^{(5)} > 2.0$ と判定する

374　　第 12 章　関連したパラメトリック法も取り込むゲートキーピング法

ことである．付録 B の付表 12 により

$$z(\alpha^*(3)) = 2.712 \quad (\alpha = 0.01 \text{ のとき}) \tag{12.8}$$

を得る．さらに，$\alpha = 0.03$ として，Excel を用いて，

$$z(\alpha^*(3)) = 2.226 \quad (\alpha = 0.03 \text{ のとき}) \tag{12.9}$$

が求められる．$S_{Fi}^{(5)}$ の実現値を

$$S_{E1}^{(5)} = 2.311, \quad S_{E2}^{(5)} = 1.325, \quad S_{E3}^{(5)} = 1.313$$

とする．(12.1) の記号との対応は，$L_5 = 3$，$H_i^{(5)} = H_{2i}^{(5)}$ $(i = 1, 2, 3)$ である． ◀

$\alpha = 0.05$ とし，設定例 12-1 について，[12.A]-[12.E] を用いた解析をおこなう．

【例 12.1】 直列型ゲートキーピング法 [12.A] による実行

付録 B の付表 1 より，$|\widehat{Z}^{(1)}| = 2.701 > 1.960 = z(0.025)$ であるので，$H_0^{(1)}$ は棄却された．

(12.3) より，

$$\min\{|T_{G21}^{(2)}|, |T_{G41}^{(2)}|, |T_{G32}^{(2)}|, |T_{G42}^{(2)}|\} = 2.752 > 2.613 = ta(4, 100; 0.05),$$
$$\max\{|T_{G31}^{(2)}|, |T_{G43}^{(2)}|\} = 1.863 < 2.613$$

であるので，$H_{(1,2)}^{(2)}$，$H_{(1,4)}^{(2)}$，$H_{(2,3)}^{(2)}$，$H_{(2,4)}^{(2)}$ が棄却された．

以上により，水準 0.05 の多重比較検定として，$H_0^{(1)}$，$H_{(1,2)}^{(2)}$，$H_{(1,4)}^{(2)}$，$H_{(2,3)}^{(2)}$，$H_{(2,4)}^{(2)}$ が棄却された．

【例 12.2】 2 段階ゲートキーピング法 [12.B] による実行

$\alpha_1 = 0.02$，$\alpha_2 = 0.03$，$q_1 = 2$，$q_2 = 3$ とする．

付表 1 より，$|\widehat{Z}^{(1)}| = 2.701 > 2.326 = z(0.01)$ であるので，$H_0^{(1)}$ は棄却された．

(12.3) より，

$$\min\{|T_{G41}^{(2)}|, |T_{G32}^{(2)}|, |T_{G42}^{(2)}|\} = 3.426 > 2.952 = ta(4, 100; 0.02),$$
$$\max\{|T_{G21}^{(2)}|, |T_{G31}^{(2)}|, |T_{G43}^{(2)}|\} = 2.752 < 2.952$$

12.3 シングルステップの多重比較検定法を用いる解析例　　　**375**

であるので，$H_{(1,4)}^{(2)}$, $H_{(2,3)}^{(2)}$, $H_{(2,4)}^{(2)}$ が棄却された.

(12.4) より，

$$\min\{\widehat{Z}_{21}^{(3)}, \ \widehat{Z}_{31}^{(3)}, \ \widehat{Z}_{32}^{(3)}\} = 2.711 > 2.693$$
$$= d_1(3, 100; 0.01) > d_1(3, 100; 0.03)$$

であるので，$H_{(1,2)}^{(3)}$, $H_{(1,3)}^{(3)}$, $H_{(2,3)}^{(3)}$ が棄却された.

(12.7) より，

$$\min\{T_{P2}^{(4)}, \ T_{P3}^{(4)}\} = 2.211 > 2.138 = b_2(3, 1/3, 1/3, 1/3; 0.03)$$

であるので，$H_{12}^{(4)}$, $H_{13}^{(4)}$ が棄却された.

(12.9) より，$S_{E1}^{(5)} = 2.311 > 2.226 = z(\alpha^*(3))$（$\alpha = 0.03$ のとき）かつ

$$\max\{S_{E2}^{(5)}, \ S_{E3}^{(5)}\} = 1.325 < 2.226$$

であるので，$H_{21}^{(5)}$ が棄却された.

　以上により，水準 0.05 の多重比較検定として，$H_0^{(1)}$, $H_{(1,4)}^{(2)}$, $H_{(2,3)}^{(2)}$, $H_{(2,4)}^{(2)}$, $H_{(1,2)}^{(3)}$, $H_{(1,3)}^{(3)}$, $H_{(2,3)}^{(3)}$, $H_{12}^{(4)}$, $H_{13}^{(4)}$, $H_{21}^{(5)}$ が棄却された.

【例 12.3】　分割型ゲートキーピング法 [12.C] による実行

$\alpha_1 = \cdots = \alpha_5 = 0.01$ とする.

付表 1 より，$|\widehat{Z}^{(1)}| = 2.701 > 2.576 = z(0.005)$ であるので，$H_0^{(1)}$ は棄却された.

これにより，$\alpha_2^* = \alpha_1 + \alpha_2 = 0.02$ である. (12.3) より，

$$\min\{|T_{G41}^{(2)}|, \ |T_{G32}^{(2)}|, \ |T_{G42}^{(2)}|\} = 3.426 > 2.952 = ta(4, 100; 0.02),$$
$$\max\{|T_{G21}^{(2)}|, \ |T_{G31}^{(2)}|, \ |T_{G43}^{(2)}|\} = 2.752 < 2.952$$

であるので，$H_{(1,4)}^{(2)}$, $H_{(2,3)}^{(2)}$, $H_{(2,4)}^{(2)}$ が棄却された.

以上により，$\alpha_3^* = \alpha_3 = 0.01$ である. (12.4) より，

$$\min\{\widehat{Z}_{21}^{(3)}, \ \widehat{Z}_{31}^{(3)}, \ \widehat{Z}_{32}^{(3)}\} = 2.711 > 2.693 = d_1(3; 0.01)$$

であるので，$H_{(1,2)}^{(3)}$, $H_{(1,3)}^{(3)}$, $H_{(2,3)}^{(3)}$ が棄却された.

以上により，$\alpha_4^* = \alpha_3^* + \alpha_4 = 0.02$ である. (12.6) より，

$$T_{P2}^{(4)} = 2.652 > 2.300 = b_2(3, 1/3, 1/3, 1/3; 0.02)$$

であるので, $H_{12}^{(4)}$ が棄却された.
(12.8) より,

$$\max\{S_{E1}^{(5)},\ S_{E2}^{(5)},\ S_{E3}^{(5)}\} = 2.311 < 2.712 = z(\alpha^*(3))\quad (\alpha = 0.01\ \mtext{のとき})$$

であるので, $H_{21}^{(5)}$, $H_{22}^{(5)}$, $H_{23}^{(5)}$ が棄却されない.

以上により, 水準 0.05 の多重比較検定として, $H_0^{(1)}$, $H_{(1,4)}^{(2)}$, $H_{(2,3)}^{(2)}$, $H_{(2,4)}^{(2)}$, $H_{(1,2)}^{(3)}$, $H_{(1,3)}^{(3)}$, $H_{(2,3)}^{(3)}$, $H_{12}^{(4)}$ が棄却された.

【例 12.4】 混合型ゲートキーピング法 1 [12.D] による実行

$\alpha_1 = 0.02$, $\alpha_2 = 0.03$, $q_1 = 2$, $q_2 = 3$ とする. さらに, $\alpha_{2,3} = \alpha_{2,4} = \alpha_{2,5} = 0.01$ とする.

付表 1 より, $|\widehat{Z}^{(1)}| = 2.701 > 2.326 = z(0.01)$ であるので, $H_0^{(1)}$ は棄却された.
(12.3) より,

$$\min\{|T_{G41}^{(2)}|,\ |T_{G32}^{(2)}|,\ |T_{G42}^{(2)}|\} = 3.426 > 2.952 = ta(4, 100; 0.02),$$
$$\max\{|T_{G21}^{(2)}|,\ |T_{G31}^{(2)}|,\ |T_{G43}^{(2)}|\} = 2.752 < 2.952$$

であるので, $H_{(1,4)}^{(2)}$, $H_{(2,3)}^{(2)}$, $H_{(2,4)}^{(2)}$ が棄却された.
$\alpha_{2,3}^* = \alpha_{2,3} = 0.01$ である. (12.4) より,

$$\min\{\widehat{Z}_{21}^{(3)},\ \widehat{Z}_{31}^{(3)},\ \widehat{Z}_{32}^{(3)}\} = 2.711 > 2.693 = d_1(3; 0.01)$$

であるので, $H_{(1,2)}^{(3)}$, $H_{(1,3)}^{(3)}$, $H_{(2,3)}^{(3)}$ が棄却された.
以上により, $\alpha_{2,4}^* = \alpha_{2,3}^* + \alpha_{2,4} = 0.02$ である. (12.6) より,

$$T_{P2}^{(4)} = 2.652 > 2.300 = b_2(3, 1/3, 1/3, 1/3; 0.02)$$

であるので, $H_{12}^{(4)}$ が棄却された.
以上により, $\alpha_{2,5}^* = \alpha_{2,5} = 0.01$ である. (12.8) より,

$$\max\{S_{E1}^{(5)},\ S_{E2}^{(5)},\ S_{E3}^{(5)}\} = 2.311 < 2.712 = z(\alpha^*(3))\quad (\alpha = 0.01\ \mtext{のとき})$$

であるので, $H_{21}^{(5)}$, $H_{22}^{(5)}$, $H_{23}^{(5)}$ は棄却されない.

以上により, 水準 0.05 の多重比較検定として, $H_0^{(1)}$, $H_{(1,4)}^{(2)}$, $H_{(2,3)}^{(2)}$, $H_{(2,4)}^{(2)}$, $H_{(1,2)}^{(3)}$, $H_{(1,3)}^{(3)}$, $H_{(2,3)}^{(3)}$, $H_{12}^{(4)}$ が棄却された.

12.4 マルチステップの多重比較検定法を用いる解析例 **377**

【例 12.5】　混合型ゲートキーピング法 2 [12.E] による実行

$\alpha_1 = 0.02$, $\alpha_2 = 0.03$, $q_1 = 2$, $q_2 = 3$ とする. さらに, $\alpha_{1,1} = \alpha_{1,2} = 0.01$ とする.

付表 1 より, $|\widehat{Z}^{(1)}| = 2.701 > 2.576 = z(0.005)$ であるので, $H_0^{(1)}$ は棄却された. これにより, $\alpha_{1,2}^* = \alpha_{1,1} + \alpha_{1,2} = 0.02$ である. (12.3) より,

$$\min\{|T_{G41}^{(2)}|, |T_{G32}^{(2)}|, |T_{G42}^{(2)}|\} = 3.426 > 2.952 = ta(4, 100; 0.02),$$

$$\max\{|T_{G21}^{(2)}|, |T_{G31}^{(2)}|, |T_{G43}^{(2)}|\} = 2.752 < 2.952$$

であるので, $H_{(1,4)}^{(2)}$, $H_{(2,3)}^{(2)}$, $H_{(2,4)}^{(2)}$ が棄却された.

(12.4) より,

$$\min\{\widehat{Z}_{21}^{(3)}, \widehat{Z}_{31}^{(3)}, \widehat{Z}_{41}^{(3)}, \widehat{Z}_{32}^{(3)}, \widehat{Z}_{42}^{(3)}, \widehat{Z}_{43}^{(3)}\}$$
$$= 2.711 > 2.693 = d_1(3; 0.01) > d_1(3; 0.03)$$

であるので, $H_{(1,2)}^{(3)}$, $H_{(1,3)}^{(3)}$, $H_{(2,3)}^{(3)}$ が棄却された.

(12.7) より,

$$\min\{T_{P2}^{(4)}, T_{P3}^{(4)}\} = 2.211 > 2.138 = b_2(3, 1/3, 1/3, 1/3; 0.03)$$

であるので, $H_{12}^{(4)}$, $H_{13}^{(4)}$ が棄却された.

(12.9) より, $S_{E1}^{(5)} = 2.311 > 2.226 = z(\alpha^*(3))$ ($\alpha = 0.03$ のとき) かつ

$$\max\{S_{E2}^{(5)}, S_{E3}^{(5)}\} = 1.325 < 2.226$$

であるので, $H_{21}^{(5)}$ が棄却された.

以上により, 水準 0.05 の多重比較検定として, $H_0^{(1)}$, $H_{(1,4)}^{(2)}$, $H_{(2,3)}^{(2)}$, $H_{(2,4)}^{(2)}$, $H_{(1,2)}^{(3)}$, $H_{(1,3)}^{(3)}$, $H_{(2,3)}^{(3)}$, $H_{12}^{(4)}$, $H_{13}^{(4)}$, $H_{21}^{(5)}$ が棄却された.

12.4　マルチステップの多重比較検定法を用いる解析例

マルチステップの多重比較検定を用いる解析例を述べる.

▶設定例 12-2

12.1 節のモデルで $q = 5$ とする. $p = 1, 2, 3, 4, 5$ に対してモデルと手法と統計量の実現値を次の 1 から 5 のように定める.

1. $p = 1$ のモデルは, $k^{(1)} = 4$, $n_1^{(1)} = n_2^{(1)} = n_3^{(1)} = n_4^{(1)} = 45$, $X_{ij}^{(1)}$ の

分布関数は，平均 0 の連続型の分布関数 $F(x)$ を用いて，$P(X_{ij}^{(1)} \leqq x) = F(x - \theta_i^{(1)})$ と表されるとする．表 12.7 のモデルである．

表 12.7 平均母数に順序制約のある場合の 4 標本ノンパラメトリックモデル $(p = 1)$

標本	水準	サイズ	データ	平均母数	分布
第 1 標本	対照	45	$X_{1,1}^{(1)}, \ldots, X_{1,45}^{(1)}$	$\theta_1^{(1)}$	$F(x - \theta_1^{(1)})$
第 2 標本	処理 1	45	$X_{2,1}^{(1)}, \ldots, X_{2,45}^{(1)}$	$\theta_2^{(1)}$	$F(x - \theta_2^{(1)})$
第 3 標本	処理 2	45	$X_{3,1}^{(1)}, \ldots, X_{3,45}^{(1)}$	$\theta_3^{(1)}$	$F(x - \theta_3^{(1)})$
第 4 標本	処理 3	45	$X_{4,1}^{(1)}, \ldots, X_{4,45}^{(1)}$	$\theta_4^{(1)}$	$F(x - \theta_4^{(1)})$

総標本サイズ：$n^{(1)} = 120$．順序制約 $\theta_1^{(1)} \leqq \theta_2^{(1)} \leqq \theta_3^{(1)} \leqq \theta_4^{(1)}$ がある．

8.3 節の [8.G] の漸近的なノンパラメトリック手順を用いる．表記は，9.3 節の [9.O] を参照すること．

$$\left\{ \begin{array}{l} \text{帰無仮説 } H_{1i}^{(1)} : \; \theta_i^{(1)} = \theta_1^{(1)} \\[2mm] \text{vs. 対立仮説 } H_{1i}^{(1)OA} : \; \theta_i^{(1)} > \theta_1^{(1)} \mid i \in \mathcal{I}_{2,4} \end{array} \right\}$$

に対する水準 α の多重比較検定は，$2 \leqq i \leqq \ell \leqq 4$ となる任意の ℓ に対して，$d_3(\ell, 1; \alpha) < \widehat{Z}_\ell^{(1)o}$ ならば，水準 α の多重比較検定として帰無仮説 $H_{1i}^{(1)}$ を棄却し，対立仮説 $H_{1i}^{(1)OA}$ を受け入れ，$\theta_1^{(1)} < \theta_i^{(1)}$ と判定する．$d_3(\ell, 1; \alpha)$ の値は付録 B の付表 19 に掲載している．

$\widehat{Z}_i^{(1)o}$ の実現値を

$$\widehat{Z}_2^{(1)o} = 2.352, \quad \widehat{Z}_3^{(1)o} = 2.563, \quad \widehat{Z}_4^{(1)o} = 2.921$$

とする．

2. $p = 2$ のモデルは $k^{(2)} = 3$，$n_1^{(2)} = n_2^{(2)} = 30$，$n_3^{(2)} = 35$，$X_{ij}^{(2)}$ の分布関数は平均 0 の連続型の分布関数 $F(x)$ を用いて $P(X_{ij}^{(2)} \leqq x) = F(x - \theta_i^{(2)})$ と表されるとする．表 12.8 のモデルである．

5.4 節の [5.C] の順位に基づく閉検定手順を用いる．表記は，9.2 節の [9.B] を参照すること．この閉検定手順は，

12.4 マルチステップの多重比較検定法を用いる解析例　　　**379**

表 12.8 3 標本ノンパラメトリックモデル $(p = 2)$

標本	サイズ	データ	平均母数	分布
第 1 標本	30	$X_{1,1}^{(2)}, \ldots, X_{1,30}^{(2)}$	$\theta_1^{(2)}$	$F(x - \theta_1^{(2)})$
第 2 標本	30	$X_{2,1}^{(2)}, \ldots, X_{2,30}^{(2)}$	$\theta_2^{(2)}$	$F(x - \theta_2^{(2)})$
第 3 標本	35	$X_{3,1}^{(2)}, \ldots, X_{3,35}^{(2)}$	$\theta_3^{(2)}$	$F(x - \theta_3^{(2)})$

総標本サイズ：$n^{(2)} = 95$.

$$\left\{ 帰無仮説\ H_{(i,i')}^{(2)} : \ \theta_i^{(2)} = \theta_{i'}^{(2)} \right.$$
$$\left. \text{vs. 対立仮説}\ H_{(i,i')}^{(2)A} : \ \theta_i^{(2)} \neq \theta_{i'}^{(2)} \mid (i,i') \in \mathcal{U}_3 \right\}$$

に対する水準 α の多重比較検定である．検定される帰無仮説を表 12.9 に載せている．

表 12.9 $k = 3$ とし，閉検定手順で検定される帰無仮説 $H^{(2)}(I_1^{(2)}, \ldots, I_{J^{(2)}}^{(2)}) \in \overline{\mathcal{H}_T^{(2)}}$

$M^{(2)}$	$H^{(2)}(I_1^{(2)}, \ldots, I_{J^{(2)}}^{(2)})$	$J^{(2)}$	$\ell^{(2)}$
3	$H^{(2)}(\{1,2,3\}):\ \theta_1^{(2)} = \theta_2^{(2)} = \theta_3^{(2)}$	$J^{(2)} = 1,$	$\ell_1^{(2)} = 3$
2	$H^{(2)}(\{1,2\}):\ \theta_1^{(2)} = \theta_2^{(2)}$	$J^{(2)} = 1,$	$\ell_1^{(2)} = 2$
	$H^{(2)}(\{1,3\}):\ \theta_1^{(2)} = \theta_3^{(2)}$	$J^{(2)} = 1,$	$\ell_1^{(2)} = 2$
	$H^{(2)}(\{2,3\}):\ \theta_2^{(2)} = \theta_3^{(2)}$	$J^{(2)} = 1,$	$\ell_1^{(2)} = 2$

$$a(3; 0.05) = 2.344, \ a(2; 0.05) = 1.960, \tag{12.10}$$
$$a(3; 0.02) = 2.682, \ a(2; 0.02) = 2.326 \tag{12.11}$$

$\widehat{Z}_{i'i}^{(2)}$ の実現値を

$$\widehat{Z}_{21}^{(2)} = 2.325, \quad \widehat{Z}_{31}^{(2)} = 4.163, \quad \widehat{Z}_{32}^{(2)} = 1.951$$

とする．

3. $p = 3$ のモデルは $k^{(3)} = 3$, $n_1^{(3)} = n_2^{(3)} = n_3^{(3)} = 50$, $X_{ij}^{(3)}$ の分布関数は平均 0 の連続型の分布関数 $F(x)$ を用いて $P(X_{ij}^{(3)} \leqq x) = F(x - \theta_i^{(3)})$ と表されるとする．表 12.10 のモデルである．

380　　　　　　　第 12 章　関連したパラメトリック法も取り込むゲートキーピング法

表 12.10　平均母数に順序制約のある場合の 3 標本ノンパラメトリックモデル $(p = 3)$

標本	サイズ	データ	平均母数	分布
第 1 標本	50	$X_{11}^{(3)}, \ldots, X_{1,50}^{(3)}$	$\theta_1^{(3)}$	$F(x - \theta_1^{(3)})$
第 2 標本	50	$X_{2,1}^{(3)}, \ldots, X_{2,50}^{(3)}$	$\theta_2^{(3)}$	$F(x - \theta_2^{(3)})$
第 3 標本	50	$X_{3,1}^{(3)}, \ldots, X_{3,50}^{(3)}$	$\theta_3^{(3)}$	$F(x - \theta_3^{(3)})$

総標本サイズ：$n^{(3)} = 150$. 順序制約 $\theta_1^{(3)} \leqq \theta_2^{(3)} \leqq \theta_3^{(3)}$ がある.

8.1 節の [8.C] のノンパラメトリック閉検定手順を用いる. 表記は, 9.2 節の [9.F] を参照すること. この閉検定手順は,

$$\left\{ \text{帰無仮説 } H_{(i,i')}^{(3)} : \theta_i^{(3)} = \theta_{i'}^{(3)} \right.$$
$$\left. \text{vs. 対立仮説 } H_{(i,i')}^{(3)OA} : \theta_i^{(3)} < \theta_{i'}^{(3)} \mid (i, i') \in \mathcal{U}_3 \right\}$$

に対する水準 α の多重比較検定である. 検定される帰無仮説を表 12.11 に載せている.

表 12.11　$k^{(3)} = 3$ のとき, 多重比較検定する場合に, ステップワイズ法で検定される帰無仮説 $H_1^{(3)o}(I_1, \ldots, I_J) \in \overline{\mathcal{H}}_1^{(3)o}$

M の値	$H_1^{(3)o}(I_1^{(3)}, \ldots, I_{J^{(3)}}^{(3)})$	
3	$H_1^{(3)o}(\{1, 2, 3\})$	
2	$H_1^{(3)o}(\{1, 2\})$	$H_1^{(3)o}(\{2, 3\})$

$d_1(k^{(3)}; \alpha)$ の $k^{(3)} = 3$ である. 付録 B の付表 13 より,

$$d_1(3; 0.05) = 2.081, \quad d_1(3; 0.01) = 2.693, \tag{12.12}$$
$$d_1(2; 0.05) = 1.645, \quad d_1(2; 0.01) = 2.326 \tag{12.13}$$

がわかる. $\widehat{Z}_{i'i}^{(3)}$ の実現値を,

$$\widehat{Z}_{21}^{(3)} = 2.351, \quad \widehat{Z}_{31}^{(3)} = 4.835, \quad \widehat{Z}_{32}^{(3)} = 2.461$$

とする.

12.4 マルチステップの多重比較検定法を用いる解析例　　　**381**

4. $p = 4$ のモデルは $k^{(4)} = 3$, $n_1^{(4)} = n_2^{(4)} = n_3^{(4)} = 50$, $X_{ij}^{(4)}$ はポアソン分布 $\mathcal{P}_o(\theta_i^{(4)})$ に従い，第 1 標本は対照標本とする．表 12.12 のモデルである．

表 12.12　3 標本ポアソンモデル $(p = 4)$

標本	水準	サイズ	データ	平均母数	分布
第 1 標本	対照	50	$X_{1,1}^{(4)}, \ldots, X_{1,50}^{(4)}$	$\theta_1^{(4)}$	$\mathcal{P}_o(\theta_1^{(4)})$
第 2 標本	処理 1	50	$X_{2,1}^{(4)}, \ldots, X_{2,50}^{(4)}$	$\theta_2^{(4)}$	$\mathcal{P}_o(\theta_2^{(4)})$
第 3 標本	処理 2	50	$X_{3,1}^{(4)}, \ldots, X_{3,50}^{(4)}$	$\theta_3^{(4)}$	$\mathcal{P}_o(\theta_3^{(4)})$

総標本サイズ：$n^{(4)} = 150$.

10.1 節の [10.A.16] の逐次棄却型検定を用いる．$T_{P2}^{(4)}$, $T_{P3}^{(4)}$ を小さい順に並べたものを $T_{P(1)}^{(4)} \leqq T_{P(2)}^{(4)}$ とする．対応する帰無仮説を $H_{(1)}^{(4)}$, $H_{(2)}^{(4)}$ で表す．

$$\left\{ \begin{array}{l} \text{帰無仮説 } H_{1i}^{(4)} : \ \theta_i^{(4)} = \theta_1^{(4)} \\ \qquad \text{vs. 対立仮説 } H_{1i}^{(4)A+} : \ \theta_i^{(4)} > \theta_1^{(4)} \mid i \in \mathcal{I}_{2,3} \end{array} \right\}$$

に対する水準 α の多重比較検定は，次の逐次棄却型検定によって与えられる．

(i) $T_{P(2)}^{(4)} < b_2^*(2, 1; \alpha)$ ならば，$H_{12}^{(4)}$, $H_{13}^{(4)}$ を棄却しない．

(ii) $T_{P(2)}^{(4)} > b_2^*(2, 1; \alpha)$ かつ $T_{P(1)}^{(4)} < b_2^*(1, 1; \alpha)$ ならば，$H_{(2)}^{(4)}$ を棄却する．

(iii) $T_{P(2)}^{(4)} > b_2^*(2, 1; \alpha)$ かつ $T_{P(1)}^{(4)} > b_2^*(1, 1; \alpha)$ ならば，$H_{(1)}^{(4)}$, $H_{(2)}^{(4)}$ を棄却する．

付録 B の付表 10 と 2 次元の数値積分の方程式により，$k = 3$ のときの

$$b_2^*(2, 1; 0.05) = 1.916, \quad b_2^*(2, 1; 0.03) = 2.138, \quad b_2^*(2, 1; 0.02) = 2.300$$

と，$k = 2$ のときの

$$b_2^*(1, 1; 0.05) = 1.645, \quad b_2^*(1, 1; 0.03) = 1.881, \quad b_2^*(1, 1; 0.02) = 2.054$$

を得る．$T_{P2}^{(4)}$, $T_{P3}^{(4)}$ の実現値を

$$T_{P2}^{(4)} = 2.362, \quad T_{P3}^{(4)} = 1.773$$

とする. このとき,

$$T_{P(1)}^{(4)} = 1.773, \quad T_{P(2)}^{(4)} = 2.362$$
$$H_{(1)}^{(4)} = H_{13}^{(4)}, \quad H_{(2)}^{(4)} = H_{12}^{(4)}$$

である.

5. $p = 5$ のモデルは $k^{(5)} = 3$, $n_1^{(5)} = 50$, $n_2^{(5)} = 60$, $n_3^{(5)} = 70$, $X_{ij}^{(5)}$ は指数分布 $EXP(\theta_i^{(5)})$ に従い, 表 12.13 のモデルである.

表 12.13 3 標本指数分布モデル $(p = 5)$

標本	サイズ	データ	平均母数	分布
第 1 標本	50	$X_{1,1}^{(5)}, \ldots, X_{1,50}^{(5)}$	$\theta_1^{(5)}$	$EXP(\theta_1^{(5)})$
第 2 標本	60	$X_{2,1}^{(5)}, \ldots, X_{2,60}^{(5)}$	$\theta_2^{(5)}$	$EXP(\theta_2^{(5)})$
第 3 標本	70	$X_{3,1}^{(5)}, \ldots, X_{3,70}^{(5)}$	$\theta_3^{(5)}$	$EXP(\theta_3^{(5)})$

10.2 節の [10.B.28] の漸近的な逐次棄却型検定法を用いる.

$\theta_{01}^{(5)} = \theta_{02}^{(5)} = \theta_{03}^{(5)} = 2.0$ とする. $S_{E1}^{(5)}$, $S_{E2}^{(5)}$, $S_{E3}^{(5)}$ を小さい順に並べたものを $S_{E(1)}^{(5)} \leqq S_{E(2)}^{(5)} \leqq S_{E(3)}^{(5)}$ とする. 対応する帰無仮説を $H_{0(1)}^{(5)}$, $H_{0(2)}^{(5)}$, $H_{0(3)}^{(5)}$ で表す.

$$\left\{ \text{帰無仮説 } H_{2i}^{(5)}: \theta_i^{(5)} \leqq \theta_{0i}^{(5)} \right.$$
$$\left. \text{vs. 対立仮説 } H_{2i}^{(5)A}: \theta_i^{(5)} > \theta_{0i}^{(5)} \mid i \in \mathcal{I}_3 \right\}$$

に対する水準 α の多重比較検定は, 次の逐次棄却型検定によって与えられる.

手順 1. (i) $S_{E(3)}^{(5)} < sz(3, \alpha)$ ならば, $H_{0(1)}^{(5)}$, $H_{0(2)}^{(5)}$, $H_{0(3)}^{(5)}$ をすべて保留して, 検定作業を終了する.

(ii) $S_{E(3)}^{(5)} > sz(3, \alpha)$ ならば, $H_{0(3)}^{(5)}$ を棄却し手順 2 へ進む.

手順 2. (i) $S_{E(2)}^{(5)} < sz(2, \alpha)$ ならば, $H_{0(1)}^{(5)}$, $H_{0(2)}^{(5)}$ を保留して, 検定作業を終了する.

(ii) $S_{E(2)}^{(5)} > sz(2, \alpha)$ ならば, $H_{0(2)}^{(5)}$ を棄却し手順 3 へ進む.

手順 3. (i) $S_{E(1)}^{(5)} < sz(1, \alpha)$ ならば, $H_{0(1)}^{(5)}$ を保留して, 検定作業を終了

12.4 マルチステップの多重比較検定法を用いる解析例 **383**

する.

(ii) $S_{E(1)}^{(5)} > sz(1, \alpha)$ ならば, $H_{0(1)}^{(5)}$ を棄却し検定作業を終了する.

$S_{Ei}^{(5)}$ の実現値を

$$S_{E1}^{(5)} = 1.651, \quad S_{E2}^{(5)} = 2.452, \quad S_{E3}^{(5)} = 2.266$$

とする. このとき,

$$S_{E(1)}^{(5)} = 1.651, \quad S_{E(2)}^{(5)} = 2.266, \quad S_{E(3)}^{(5)} = 2.452$$
$$H_{0(1)}^{(5)} = H_{21}^{(5)}, \quad H_{0(2)}^{(5)} = H_{23}^{(5)}, \quad H_{0(3)}^{(5)} = H_{22}^{(5)}$$

である. ◀

標準正規分布の上側 $100\left(1 - (1-\alpha)^{1/\ell}\right)$ % 点 $sz(\ell, \alpha)$ は表 12.14 で与えられる.

表 12.14 標準正規分布の上側 $100\left(1 - (1-\alpha)^{1/\ell}\right)$ % 点

$$sz(\ell, \alpha) \equiv z\left(1 - (1-\alpha)^{1/\ell}\right)$$

$\alpha \setminus \ell$	1	2	3
0.05	1.645	1.955	2.121
0.03	1.880	2.167	2.323
0.01	2.326	2.575	2.712

$\alpha = 0.05$ とし, 設定例 12-2 について, [12.A]-[12.E] を用いた解析をおこなう.

【例 12.6】 直列型ゲートキーピング法 [12.A] による実行

付表 19 より,

$$d_3(4, 1; 0.05) = 1.739 < 2.921 = \widehat{Z}_4^{(1)o},$$
$$d_3(3, 1; 0.05) = 1.716 < 2.563 = \widehat{Z}_3^{(1)o},$$
$$d_3(2, 1; 0.05) = 1.645 < 2.352 = \widehat{Z}_2^{(1)o}$$

であるので, 帰無仮説 $H_{12}^{(1)}$, $H_{13}^{(1)}$, $H_{14}^{(1)}$ が棄却された.

(12.10) より,

$$\max\{\widehat{Z}_{21}^{(2)},\ \widehat{Z}_{31}^{(2)},\ \widehat{Z}_{32}^{(2)}\} = 4.163 > 2.344 = a(3; 0.05),$$

$$\min\{\widehat{Z}_{21}^{(2)},\ \widehat{Z}_{31}^{(2)}\} = 2.325 > 1.960 = a(2; 0.05),$$

$$\widehat{Z}_{32}^{(2)} = 1.951 < 1.960 = a(2; 0.05)$$

であるので,帰無仮説 $H_{(1,2)}^{(2)}$, $H_{(1,3)}^{(2)}$ が棄却され,$H_{(2,3)}^{(2)}$ が棄却されない.

以上により,水準 0.05 の多重比較検定として,帰無仮説 $H_{12}^{(1)}$, $H_{13}^{(1)}$, $H_{14}^{(1)}$, $H_{(1,2)}^{(2)}$, $H_{(1,3)}^{(2)}$ が棄却された.

$p = 2$ で $\{$ 帰無仮説 $H_{(i,i')}^{(2)}$: $\theta_i^{(2)} = \theta_{i'}^{(2)}$ vs. 対立仮説 $H_{(i,i')}^{(2)A}$: $\theta_i^{(2)} \neq \theta_{i'}^{(2)}$ $\mid (i, i') \in \mathcal{U}_3 \}$ に対する水準 α の多重比較検定としてマルチステップの [5.C] の替わりにシングルステップの [5.A] を用いたならば,

$$\widehat{Z}_{21}^{(2)} = 2.325 < 2.344 = a(3; 0.05)$$

となり,$H_{(1,2)}^{(2)}$ も棄却されないため,水準 0.05 の多重比較検定として,帰無仮説 $H_{12}^{(1)}$, $H_{13}^{(1)}$, $H_{14}^{(1)}$, $H_{(1,3)}^{(2)}$ だけが棄却される.

【例 12.7】 2 段階ゲートキーピング法 [12.B] による実行

$\alpha_1 = 0.02$, $\alpha_2 = 0.03$, $q_1 = 2$, $q_2 = 3$ とする.

付表 19 より,

$$d_3(4, 1; 0.02) < d_3(4, 1; 0.01) = 2.377 < 2.921 = \widehat{Z}_4^{(1)o},$$

$$d_3(3, 1; 0.02) < d_3(3, 1; 0.01) = 2.366 < 2.563 = \widehat{Z}_3^{(1)o},$$

$$d_3(2, 1; 0.02) < d_3(2, 1; 0.01) = 2.326 < 2.352 = \widehat{Z}_2^{(1)o}$$

であるので,帰無仮説 $H_{12}^{(1)}$, $H_{13}^{(1)}$, $H_{14}^{(1)}$ が棄却された.

(12.10) より,

$$\max\{\widehat{Z}_{21}^{(2)},\ \widehat{Z}_{31}^{(2)},\ \widehat{Z}_{32}^{(2)}\} = 4.163 > 2.682 = a(3; 0.02),$$

$$\widehat{Z}_{21}^{(2)} = 2.325 < 2.326 = a(2; 0.02),$$

$$\widehat{Z}_{31}^{(2)} = 4.163 > 2.326 = a(2; 0.02),$$

$$\widehat{Z}_{32}^{(2)} = 1.951 < 2.326 = a(2; 0.02)$$

であるので,帰無仮説 $H_{(1,3)}^{(2)}$ が棄却され,$H_{(1,2)}^{(2)}$, $H_{(2,3)}^{(2)}$ は棄却されない.

(12.12) と (12.13) より,

12.4 マルチステップの多重比較検定法を用いる解析例 **385**

$$\max\{\widehat{Z}_{21}^{(3)},\ \widehat{Z}_{31}^{(3)},\ \widehat{Z}_{32}^{(3)}\} = 4.835 > 2.693 = d_1(3;0.01) > d_1(3;0.03),$$
$$\min\{\widehat{Z}_{21}^{(3)},\ \widehat{Z}_{32}^{(3)}\} = 2.351 > 2.326 = d_1(2;0.01) > d_1(3;0.03)$$

であるので，帰無仮説 $H_{(1,2)}^{(3)}$, $H_{(1,3)}^{(3)}$, $H_{(2,3)}^{(3)}$ は棄却された.

$$T_{P(2)}^{(4)} = 2.362 > 2.138 = b_2^*(2,1;0.03),$$
$$T_{P(1)}^{(4)} = 1.773 < 1.881 = b_2^*(1,1;0.03)$$

であるので，$H_{12}^{(4)}$ が棄却された.

表 12.14 より，

$$S_{E(3)}^{(5)} = 2.452 > 2.323 = sz(3,0.03),$$
$$S_{E(2)}^{(5)} = 2.266 > 2.167 = sz(2,0.03),$$
$$S_{E(1)}^{(5)} = 1.651 < 1.880 = sz(1,0.03)$$

であるので，帰無仮説 $H_{(3)}^{(5)} = H_{22}^{(5)}$, $H_{(2)}^{(5)} = H_{23}^{(5)}$ は棄却され，$H_{(1)}^{(5)} = H_{21}^{(5)}$ が棄却されない.

以上により，水準 0.05 の多重比較検定として，帰無仮説

$$H_{12}^{(1)},\ H_{13}^{(1)},\ H_{14}^{(1)},\ H_{(1,3)}^{(2)},\ H_{(1,2)}^{(3)},\ H_{(1,3)}^{(3)},\ H_{(2,3)}^{(3)},\ H_{12}^{(4)},\ H_{22}^{(5)},\ H_{23}^{(5)}$$

が棄却された.

【例 12.8】　分割型ゲートキーピング法 [12.C] による実行

$\alpha_1 = \cdots = \alpha_5 = 0.01$ とする.

付表 19 より，

$$d_3(4,1;0.01) = 2.377 < 2.921 = \widehat{Z}_4^{(1)o},$$
$$d_3(3,1;0.01) = 2.366 < 2.563 = \widehat{Z}_3^{(1)o},$$
$$d_3(2,1;0.01) = 2.326 < 2.352 = \widehat{Z}_2^{(1)o}$$

であるので，帰無仮説 $H_{12}^{(1)}$, $H_{13}^{(1)}$, $H_{14}^{(1)}$ が棄却された.

(12.10) より，

$$\max\{\widehat{Z}_{21}^{(2)},\ \widehat{Z}_{31}^{(2)},\ \widehat{Z}_{32}^{(2)}\} = 4.163 > 2.682 = a(3;0.02),$$
$$\widehat{Z}_{21}^{(2)} = 2.325 < 2.326 = a(2;0.02),$$

$$\widehat{Z}_{31}^{(2)} = 4.163 > 2.326 = a(2; 0.02),$$
$$\widehat{Z}_{32}^{(2)} = 1.951 < 2.326 = a(2; 0.02)$$

であるので，帰無仮説 $H_{(1,3)}^{(2)}$ が棄却され，$H_{(1,2)}^{(2)}$，$H_{(2,3)}^{(2)}$ は棄却されない．
(12.12) と (12.13) より，

$$\max\{\widehat{Z}_{21}^{(3)},\ \widehat{Z}_{31}^{(3)},\ \widehat{Z}_{32}^{(3)}\} = 4.835 > 2.693 = d_1(3; 0.01),$$
$$\min\{\widehat{Z}_{21}^{(3)},\ \widehat{Z}_{32}^{(3)}\} = 2.351 > 2.326 = d_1(2; 0.01)$$

であるので，帰無仮説 $H_{(1,2)}^{(3)}$，$H_{(1,3)}^{(3)}$，$H_{(2,3)}^{(3)}$ は棄却された．

$$T_{P(2)}^{(4)} = 2.362 > 2.300 = b_2^*(2, 1; 0.02),$$
$$T_{P(1)}^{(4)} = 1.773 < 2.054 = b_2^*(1, 1; 0.02)$$

であるので，$H_{12}^{(4)}$ が棄却された．
表 12.14 より，

$$S_{E(3)}^{(5)} = 2.452 > 2.323 = sz(3, 0.03),$$
$$S_{E(2)}^{(5)} = 2.266 > 2.167 = sz(2, 0.03),$$
$$S_{E(1)}^{(5)} = 1.651 < 1.880 = sz(1, 0.03)$$

であるので，帰無仮説 $H_{22}^{(5)}$，$H_{23}^{(5)}$ は棄却され，$H_{21}^{(5)}$ が棄却されない．
以上により，水準 0.05 の多重比較検定として，帰無仮説

$$H_{12}^{(1)},\ H_{13}^{(1)},\ H_{14}^{(1)},\ H_{(1,3)}^{(2)},\ H_{(1,2)}^{(3)},\ H_{(1,3)}^{(3)},\ H_{(2,3)}^{(3)},\ H_{12}^{(4)},\ H_{22}^{(5)},\ H_{23}^{(5)}$$

が棄却された．

【例 12.9】 混合型ゲートキーピング法 1 [12.D] による実行

$\alpha_1 = 0.02$，$\alpha_2 = 0.03$，$q_1 = 2$，$q_2 = 3$ とする．さらに，$\alpha_{2,3} = \alpha_{2,4} = \alpha_{2,5} = 0.01$ とする．
付表 19 より，

$$d_3(4, 1; 0.02) < d_3(4, 1; 0.01) = 2.377 < 2.921 = \widehat{Z}_4^{(1)o},$$
$$d_3(3, 1; 0.02) < d_3(3, 1; 0.01) = 2.366 < 2.563 = \widehat{Z}_3^{(1)o},$$
$$d_3(2, 1; 0.02) < d_3(2, 1; 0.01) = 2.326 < 2.352 = \widehat{Z}_2^{(1)o}$$

12.4 マルチステップの多重比較検定法を用いる解析例 **387**

であるので，帰無仮説 $H_{12}^{(1)}$, $H_{13}^{(1)}$, $H_{14}^{(1)}$ が棄却された．

(12.10) より，

$$\max\{\widehat{Z}_{21}^{(2)},\ \widehat{Z}_{31}^{(2)},\ \widehat{Z}_{32}^{(2)}\} = 4.163 > 2.682 = a(3; 0.02),$$
$$\widehat{Z}_{21}^{(2)} = 2.325 < 2.326 = a(2; 0.02),$$
$$\widehat{Z}_{31}^{(2)} = 4.163 > 2.326 = a(2; 0.02),$$
$$\widehat{Z}_{32}^{(2)} = 1.951 < 2.326 = a(2; 0.02)$$

であるので，帰無仮説 $H_{(1,3)}^{(2)}$ が棄却され，$H_{(1,2)}^{(2)}$, $H_{(2,3)}^{(2)}$ は棄却されない．

(12.12) と (12.13) より，

$$\max\{\widehat{Z}_{21}^{(3)},\ \widehat{Z}_{31}^{(3)},\ \widehat{Z}_{32}^{(3)}\} = 4.835 > 2.693 = d_1(3; 0.01),$$
$$\min\{\widehat{Z}_{21}^{(3)},\ \widehat{Z}_{32}^{(3)}\} = 2.351 > 2.326 = d_1(2; 0.01)$$

であるので，帰無仮説 $H_{(1,2)}^{(3)}$, $H_{(1,3)}^{(3)}$, $H_{(2,3)}^{(3)}$ は棄却された．

$$T_{P(2)}^{(4)} = 2.362 > 2.300 = b_2^*(2, 1; 0.02),$$
$$T_{P(1)}^{(4)} = 1.773 < 2.054 = b_2^*(1, 1; 0.02)$$

であるので，$H_{12}^{(4)}$ が棄却された．

表 12.14 より，

$$S_{E(3)}^{(5)} = 2.452 > 2.323 = sz(3, 0.03),$$
$$S_{E(2)}^{(5)} = 2.266 > 2.167 = sz(2, 0.03),$$
$$S_{E(1)}^{(5)} = 1.651 < 1.880 = sz(1, 0.03)$$

であるので，帰無仮説 $H_{22}^{(5)}$, $H_{23}^{(5)}$ は棄却され，$H_{21}^{(5)}$ が棄却されない．

以上により，水準 0.05 の多重比較検定として，帰無仮説

$$H_{12}^{(1)},\ H_{13}^{(1)},\ H_{14}^{(1)},\ H_{(1,3)}^{(2)},\ H_{(1,2)}^{(3)},\ H_{(1,3)}^{(3)},\ H_{(2,3)}^{(3)},\ H_{12}^{(4)},\ H_{22}^{(5)},\ H_{23}^{(5)}$$

が棄却された．

【例 12.10】 混合型ゲートキーピング法 2 [12.E] による実行

$\alpha_1 = 0.02$, $\alpha_2 = 0.03$, $q_1 = 2$, $q_2 = 3$ とする．さらに，$\alpha_{1,1} = \alpha_{1,2} = 0.01$ とする．
付表 19 より，

$$d_3(4, 1; 0.01) = 2.377 < 2.921 = \widehat{Z}_4^{(1)o},$$
$$d_3(3, 1; 0.01) = 2.366 < 2.563 = \widehat{Z}_3^{(1)o},$$
$$d_3(2, 1; 0.01) = 2.326 < 2.352 = \widehat{Z}_2^{(1)o}$$

であるので，帰無仮説 $H_{12}^{(1)}$, $H_{13}^{(1)}$, $H_{14}^{(1)}$ が棄却された.

(12.10) より，

$$\max\{\widehat{Z}_{21}^{(2)}, \ \widehat{Z}_{31}^{(2)}, \ \widehat{Z}_{32}^{(2)}\} = 4.163 > 2.682 = a(3; 0.02),$$
$$\widehat{Z}_{21}^{(2)} = 2.325 < 2.326 = a(2; 0.02),$$
$$\widehat{Z}_{31}^{(2)} = 4.163 > 2.326 = a(2; 0.02),$$
$$\widehat{Z}_{32}^{(2)} = 1.951 < 2.326 = a(2; 0.02)$$

であるので，帰無仮説 $H_{(1,3)}^{(2)}$ が棄却され，$H_{(1,2)}^{(2)}$, $H_{(2,3)}^{(2)}$ は棄却されない.

(12.12) と (12.13) より，

$$\max\{\widehat{Z}_{21}^{(3)}, \ \widehat{Z}_{31}^{(3)}, \ \widehat{Z}_{32}^{(3)}\} = 4.835 > 2.693 = d_1(3; 0.01) > d_1(3; 0.03),$$
$$\min\{\widehat{Z}_{21}^{(3)}, \ \widehat{Z}_{32}^{(3)}\} = 2.351 > 2.326 = d_1(2; 0.01) > d_1(3; 0.03)$$

であるので，帰無仮説 $H_{(1,2)}^{(3)}$, $H_{(1,3)}^{(3)}$, $H_{(2,3)}^{(3)}$ は棄却された.

$$T_{P(2)}^{(4)} = 2.362 > 2.138 = b_2^*(2, 1; 0.03),$$
$$T_{P(1)}^{(4)} = 1.773 < 1.881 = b_2^*(1, 1; 0.03)$$

であるので，$H_{12}^{(4)}$ が棄却された.

表 12.14 より，

$$S_{E(3)}^{(5)} = 2.452 > 2.323 = sz(3, 0.03),$$
$$S_{E(2)}^{(5)} = 2.266 > 2.167 = sz(2, 0.03),$$
$$S_{E(1)}^{(5)} = 1.651 < 1.880 = sz(1, 0.03)$$

であるので，帰無仮説 $H_{22}^{(5)}$, $H_{23}^{(5)}$ は棄却され，$H_{21}^{(5)}$ が棄却されない.

以上により，水準 0.05 の多重比較検定として，帰無仮説

$$H_{12}^{(1)}, \ H_{13}^{(1)}, \ H_{14}^{(1)}, \ H_{(1,3)}^{(2)}, \ H_{(1,2)}^{(3)}, \ H_{(1,3)}^{(3)}, \ H_{(2,3)}^{(3)}, \ H_{12}^{(4)}, \ H_{22}^{(5)}, \ H_{23}^{(5)}$$

が棄却された.

12.5 ボンフェローニの多重比較検定法を用いる解析例

通常，ゲートキーピング法ではボンフェローニの不等式を用いた多重比較検定がおこなわれる．設定例 12-1 の場合に，ボンフェローニの多重比較検定を用いた解析結果を述べ，12.3 節で述べた手法の方が，ボンフェローニの多重比較検定よりもはるかに検出力が高いことがわかる.

設定例 12-1 の場合 $\alpha = 0.05$ とし，[12.A]-[12.E] を用いた解析をおこなう.

【例 12.11】 直列型ゲートキーピング法 [12.A] による実行

付表 1 より，$|\widehat{Z}^{(1)}| = 2.701 > 1.960 = z(0.025)$ であるので，$H_0^{(1)}$ は棄却された.

$$\max\{|T_{G21}^{(2)}|, |T_{G31}^{(2)}|, |T_{G41}^{(2)}|, |T_{G32}^{(2)}|, |T_{G42}^{(2)}|, |T_{G43}^{(2)}|\}$$
$$= 6.176 < 10.946 = t_{100}(0.025/6)$$

であるので，すべての帰無仮説 $H_{(1,2)}^{(2)}$，$H_{(1,3)}^{(2)}$，$H_{(1,4)}^{(2)}$，$H_{(2,3)}^{(2)}$，$H_{(2,4)}^{(2)}$ が棄却されない. ただし，$t_{100}(\alpha)$ は自由度 100 の t 分布の上側 $100\alpha\%$ 点とする.

以上により，水準 0.05 の多重比較検定として，$H_0^{(1)}$ だけが棄却された.

【例 12.12】 2 段階ゲートキーピング法 [12.B] による実行

$\alpha_1 = 0.02$，$\alpha_2 = 0.03$，$q_1 = 2$，$q_2 = 3$ とする.

付表 1 より，$|\widehat{Z}^{(1)}| = 2.701 > 2.326 = z(0.01)$ であるので，$H_0^{(1)}$ は棄却された.

例 12.11 と同様に，すべての帰無仮説 $H_{(1,2)}^{(2)}$，$H_{(1,3)}^{(2)}$，$H_{(1,4)}^{(2)}$，$H_{(2,3)}^{(2)}$，$H_{(2,4)}^{(2)}$ が棄却されない.

$$\min\{\widehat{Z}_{21}^{(3)}, \widehat{Z}_{31}^{(3)}, \widehat{Z}_{32}^{(3)}\} = 2.711 > 2.326 = z(0.01) = z(0.03/3)$$

であるので，$H_{(1,2)}^{(3)}$，$H_{(1,3)}^{(3)}$，$H_{(2,3)}^{(3)}$ が棄却された.

$$\min\{T_{P2}^{(4)}, T_{P3}^{(4)}\} = 2.211 > 2.170 = z(0.015) = z(0.03/2)$$

であるので，$H_{12}^{(4)}$，$H_{13}^{(4)}$ が棄却された.

$$\max\{S_{E1}^{(5)}, S_{E2}^{(5)}, S_{E3}^{(5)}\} = 2.311 < 2.326 = z(0.01) = z(0.03/3)$$

であるので，すべての帰無仮説 $H_{21}^{(5)}$，$H_{22}^{(5)}$，$H_{23}^{(5)}$ が棄却されない.

390　　　　　　　第 12 章　関連したパラメトリック法も取り込むゲートキーピング法

以上により，水準 0.05 の多重比較検定として，$H_0^{(1)}$, $H_{(1,2)}^{(3)}$, $H_{(1,3)}^{(3)}$, $H_{(2,3)}^{(3)}$, $H_{12}^{(4)}$, $H_{13}^{(4)}$ が棄却された．

【例 12.13】　分割型ゲートキーピング法 [12.C] による実行

$\alpha_1 = \cdots = \alpha_5 = 0.01$ とする．

付表 1 より，$|\widehat{Z}^{(1)}| = 2.701 > 2.576 = z(0.005)$ であるので，$H_0^{(1)}$ は棄却された．これにより，$\alpha_2^* = \alpha_1 + \alpha_2 = 0.02$ である．

例 12.11 と同様に，すべての帰無仮説 $H_{(1,2)}^{(2)}$, $H_{(1,3)}^{(2)}$, $H_{(1,4)}^{(2)}$, $H_{(2,3)}^{(2)}$, $H_{(2,4)}^{(2)}$ が棄却されない．

以上により，$\alpha_3^* = \alpha_3 = 0.01$ である．

$$\min\{\widehat{Z}_{21}^{(3)},\ \widehat{Z}_{31}^{(3)}\} = 2.852 > 2.716 = z(0.0033) = z(0.01/3),$$
$$\widehat{Z}_{32}^{(3)} < 2.716$$

であるので，$H_{(1,2)}^{(3)}$, $H_{(1,3)}^{(3)}$ が棄却された．

以上により，$\alpha_4^* = \alpha_4 = 0.01$ である．

$$T_{P2}^{(4)} = 2.652 > 2.576 = z(0.01/2)$$

であるので，$H_{12}^{(4)}$ が棄却された．

$$\max\{S_{E1}^{(5)},\ S_{E2}^{(5)},\ S_{E3}^{(5)}\} = 2.311 < 2.716 = z(0.01/3)$$

であるので，$H_{21}^{(5)}$, $H_{22}^{(5)}$, $H_{23}^{(5)}$ は棄却されない．

以上により，水準 0.05 の多重比較検定として，$H_0^{(1)}$, $H_{(1,2)}^{(3)}$, $H_{(1,3)}^{(3)}$, $H_{12}^{(4)}$ が棄却された．

【例 12.14】　混合型ゲートキーピング法 1 [12.D] による実行

$\alpha_1 = 0.02$, $\alpha_2 = 0.03$, $q_1 = 2$, $q_2 = 3$ とする．さらに，$\alpha_{2,3} = \alpha_{2,4} = \alpha_{2,5} = 0.01$ とする．

付表 1 より，$|\widehat{Z}^{(1)}| = 2.701 > 2.326 = z(0.01)$ であるので，$H_0^{(1)}$ は棄却された．

例 12.11 と同様に，すべての帰無仮説 $H_{(1,2)}^{(2)}$, $H_{(1,3)}^{(2)}$, $H_{(1,4)}^{(2)}$, $H_{(2,3)}^{(2)}$, $H_{(2,4)}^{(2)}$ が棄却されない．

$\alpha_{2,3}^* = \alpha_{2,3} = 0.01$ である．例 12.13 と同様に，$H_{(1,2)}^{(3)}$, $H_{(1,3)}^{(3)}$ が棄却された．

以上により，$\alpha_{2,4}^* = \alpha_{2,4} = 0.01$ である．例 12.13 と同様に，$H_{12}^{(4)}$ が棄却された．

以上により，$\alpha_{2,5}^* = \alpha_{2,5} = 0.01$ である．例 12.13 と同様に，$H_{21}^{(5)}$, $H_{22}^{(5)}$, $H_{23}^{(5)}$ は棄却されない．

12.5 ボンフェローニの多重比較検定法を用いる解析例 **391**

以上により，水準 0.05 の多重比較検定として，$H_0^{(1)}$, $H_{(1,2)}^{(3)}$, $H_{(1,3)}^{(3)}$, $H_{12}^{(4)}$ が棄却された．

【例 12.15】　**混合型ゲートキーピング法 2 [12.E] による実行**

$\alpha_1 = 0.02$, $\alpha_2 = 0.03$, $q_1 = 2$, $q_2 = 3$ とする．さらに，$\alpha_{1,1} = \alpha_{1,2} = 0.01$ とする．

例 12.11 と同様に，すべての帰無仮説 $H_{(1,2)}^{(2)}$, $H_{(1,3)}^{(2)}$, $H_{(1,4)}^{(2)}$, $H_{(2,3)}^{(2)}$, $H_{(2,4)}^{(2)}$ が棄却されない．

例 12.12 と同様に，$H_{(1,2)}^{(3)}$, $H_{(1,3)}^{(3)}$, $H_{(2,3)}^{(3)}$ が棄却された．

例 12.12 と同様に，$H_{12}^{(4)}$, $H_{13}^{(4)}$ が棄却された．

例 12.12 と同様に，すべての帰無仮説 $H_{21}^{(5)}$, $H_{22}^{(5)}$, $H_{23}^{(5)}$ が棄却されない．

以上により，水準 0.05 の多重比較検定として，$H_0^{(1)}$, $H_{(1,2)}^{(3)}$, $H_{(1,3)}^{(3)}$, $H_{(2,3)}^{(3)}$, $H_{12}^{(4)}$, $H_{13}^{(4)}$ が棄却された．

例 12.11-12.15 で棄却される帰無仮説よりも，例 12.1-12.5 で棄却される帰無仮説の方が多い．

設定例 12-2 の場合も，ボンフェローニの多重比較検定を用いた方法より，12.4 節で述べた手法の方が，はるかに検出力が高いことがわかる．

付録 $\mathbf{A}$

数学的基礎理論

A.1　正規母集団での統計量の分布

定理 A.1　確率変数 $Y_1, \ldots, Y_k$ は互いに独立で各 Y_i が $N(\mu, 1/\lambda_i)\ (\lambda_i > 0)$ に従い，$\lambda_1 + \cdots + \lambda_k = 1$ ならば，確率変数 $Z \equiv \sum_{i=1}^{k} \lambda_i (Y_i - \sum_{j=1}^{k} \lambda_j Y_j)^2$ は自由度 $k-1$ のカイ二乗分布に従う．

証明　（著 2）の定理 3.23 を参照.　　　　　　　　　　　　　　　　　　　□

定理 A.2　確率変数 X と Y は互いに独立で，それぞれ自由度 m と n のカイ二乗分布 χ_m^2, χ_n^2 に従うならば，$X + Y$ は自由度 $m+n$ のカイ二乗分布 χ_{m+n}^2 に従う．

証明　（著 2）の系 3.18 を参照.　　　　　　　　　　　　　　　　　　　　□

定理 A.3　確率変数 X と Y は互いに独立で，X, Y はそれぞれ自由度 m と n のカイ二乗分布 χ_m^2, χ_n^2 に従うならば，$V \equiv \dfrac{X/m}{Y/n}$ は自由度 (m, n) の F 分布 F_n^m に従う．

証明　（著 2）の定理 3.20 を参照.　　　　　　　　　　　　　　　　　　　□

A.2 極限定理

定理 A.4 （中心極限定理） 自然数 n に対して，確率変数 $Z_1, \ldots, Z_n$ は互いに独立で同一の分布に従い，$E(Z_i) = \mu$，$0 < V(Z_1) = \sigma^2 < \infty$ と仮定する．このとき，$\bar{Z}_n \equiv \dfrac{1}{n} \displaystyle\sum_{i=1}^{n} Z_i$ とおくならば，

$$\frac{\sqrt{n}(\bar{Z}_n - \mu)}{\sigma} \overset{\mathcal{L}}{\to} N(0, 1)$$

である．

証明 （著 2）の定理 3.27 を参照． □

定理 A.5 （スラツキーの定理） $Y_n \overset{P}{\to} c$，$Z_n \overset{\mathcal{L}}{\to} Z$ とする．このとき，以下が成り立つ．

(1) $g(x)$ が $x = c$ で連続とすれば，$g(Y_n) \overset{P}{\to} g(c)$
(2) $Y_n + Z_n \overset{\mathcal{L}}{\to} Z + c$
(3) $Y_n Z_n \overset{\mathcal{L}}{\to} cZ$

証明 （著 2）の定理 3.32 を参照． □

定理 A.6 （**デルタ法，δ-method**） b を定数とする．$\{Y_n\}$ を確率変数の列，$\mathcal{Y}$ を確率変数とし，$\sqrt{n}(Y_n - b) \overset{\mathcal{L}}{\to} \mathcal{Y}$ と仮定する．このとき，

$$\sqrt{n}(g(Y_n) - g(b)) \overset{\mathcal{L}}{\to} g'(b)\mathcal{Y}$$

が成り立つ．ただし，微分係数 $g'(b)$ は存在し，0 でないものとする．

証明 （著 2）の定理 3.35 を参照． □

定理 A.7 母数 θ の推定量 T_n に対して，ある関数 $h(\cdot)$ が存在して，

$$\sqrt{n}(T_n - \theta) \overset{\mathcal{L}}{\to} N(0, h(\theta))$$

を満たし，微分係数 $g'(\theta)$ は存在し，0 でないものとする．このとき，

$$\sqrt{n}(g(T_n) - g(\theta)) \overset{\mathcal{L}}{\to} N(0, \{g'(\theta)\}^2 \cdot h(\theta))$$

が成り立つ．

A.2 極限定理 395

証明 命題の主張の左辺の式に定理 3.35 のデルタ法を適用すると,結論が得られる. □

定理 A.10 より,ある定数 $c > 0$ が存在して,$\{g'(\theta)\}^2 \cdot h(\theta) = c$ であるならば,漸近分散は定数 c となる.このような $g(\cdot)$ を**分散安定化変換**とよんでいる.

確率ベクトルの収束について議論する.

定義 A.1 確率ベクトル $\boldsymbol{Z} \equiv (Z_1, \ldots, Z_k)^T$ の分布関数 $F_{\boldsymbol{Z}}(\boldsymbol{z}) \equiv P(Z_1 \leqq z_1, \ldots, Z_k \leqq z_k)$ の任意の連続点 $\boldsymbol{z} \equiv (z_1, \ldots, z_k)^T$ に対して $\lim_{n \to \infty} P(Z_{n1} \leqq z_1, \ldots, Z_{nk} \leqq z_k) = F_{\boldsymbol{Z}}(\boldsymbol{z})$ が成り立つとき,確率ベクトル $\boldsymbol{Z}_n \equiv (Z_{n1}, \ldots, Z_{nk})^T$ は確率ベクトル $\boldsymbol{Z}$ に**分布収束**または**法則収束**するといい,記号 $\boldsymbol{Z}_n \overset{\mathcal{L}}{\to} \boldsymbol{Z}$ で表す.

このとき,確率ベクトルの収束について次の同値条件を得る.

定理 A.8 確率ベクトル $\boldsymbol{Z}_n \equiv (Z_{n1}, \ldots, Z_{nk})^T$ が確率ベクトル $\boldsymbol{Z} \equiv (Z_1, \ldots, Z_k)^T$ に分布収束することと次の (a), (b) はそれぞれ同値である.

(a) 任意の実数 $c_1, \ldots, c_k$ に対して $\sum_{i=1}^{k} c_i Z_{ni}$ が $\sum_{i=1}^{k} c_i Z_i$ に分布収束する.

(b) 任意の実数値連続関数 $h(\boldsymbol{z})$ に対して,$h(\boldsymbol{Z}_n)$ は $h(\boldsymbol{Z})$ に分布収束する.

すなわち,$\boldsymbol{Z}_n \overset{\mathcal{L}}{\to} \boldsymbol{Z} \Longleftrightarrow (a) \Longleftrightarrow (b)$.

証明 Hájek, Šidák & Sen (1999) を参照. □

定理 A.9 $Y_n \overset{\mathcal{L}}{\to} Y$ かつ $Z_n \overset{\mathcal{L}}{\to} Z$ で,Y_n と Z_n が互いに独立ならば,Y と Z は互いに独立で $Y_n + Z_n \overset{\mathcal{L}}{\to} Y + Z$ である.

証明 (著 2) の定理 3.32 を参照. □

付録 **B**

統計量の分布の上側 $100\alpha\%$ 点の数表

B.1 上側 $100\alpha\%$ 点の数表

本書で紹介した検定をおこなう場合や信頼区間を求めるときに，統計量の分布の上側 $100\alpha\%$ 点が必要となる．これらの統計量の分布の上側 $100\alpha\%$ 点を付表 1 から付表 24 に載せている．数表を紙面に載せるにも限りがある．特に，第 k 群との多重比較統計量の上側 $100\alpha\%$ 点は紙面を多く使うためにサイズの等しい場合 ($n_1 = \cdots = n_k$) しか載せていない．付表に載っていない分布の上側 $100\alpha\%$ 点は，(著 3) を参照すること．

B.2 付表

付表 1. 標準正規分布 $N(0,1)$ の上側 $100\alpha\%$ 点 $z(\alpha)$: $\displaystyle\int_{z(\alpha)}^{\infty} \varphi(x)dx = \alpha$

$100\alpha\%$	50	25	10	5	2.5	1	0.5	0.1
$z(\alpha)$ の値	0	0.6745	1.282	1.645	1.960	2.326	2.576	3.090

付表 2. χ_m^2 分布の上側 $100\alpha\%$ 点 $\chi_m^2(\alpha)$: $\displaystyle\int_{\chi_m^2(\alpha)}^{\infty} f_\chi(x|m)dx = \alpha$

$\alpha \setminus m$	1	2	3	4	5	6
0.05	3.842	5.992	7.815	9.488	11.071	12.592
0.01	6.635	9.210	11.345	13.277	15.086	16.812

$\alpha \setminus m$	7	8	9	10	11	12
0.05	14.067	15.507	16.919	18.307	19.675	21.026
0.01	18.475	20.090	21.666	23.209	24.725	26.217

$\alpha \setminus m$	13	14	15	16	17	18
0.05	22.362	23.685	24.996	26.296	27.587	28.869
0.01	27.688	29.141	30.578	32.000	33.409	34.805

付表 3. $\bar{\chi}^2$ 分布の上側 $100\alpha\%$ 点 $\bar{c}^{2*}(k;\alpha)$:

$$\sum_{L=2}^{k} P(L,k)P\left(\chi_{L-1}^2 \geqq \bar{c}^{2*}(k;\alpha)\right) = \alpha$$

$\alpha \setminus k$	2	3	4	5	6	7	8	9	10
0.05	2.706	3.820	4.528	5.049	5.460	5.800	6.088	6.339	6.560
0.01	5.412	6.823	7.709	8.356	8.865	9.284	9.638	9.945	10.216

付表 4. すべての平均相違の多重比較統計量の漸近分布の上側 $100\alpha\%$ 点 $a(k;\alpha)$:

$$A(a(k;\alpha)|k) = 1 - \alpha$$

$\alpha \setminus k$	2	3	4	5	6	7	8	9	10
0.05	1.960	2.344	2.569	2.728	2.850	2.948	3.031	3.102	3.164
0.01	2.576	2.913	3.113	3.255	3.364	3.452	3.526	3.590	3.646

B.2 付表

付表 5. $\alpha = 0.05$ のときの $a\left(\ell; \alpha(M, \ell)\right)$ の値

$M \setminus \ell$	2	3	4	5	6	7	8	9	10
10	2.569	2.774	2.887	2.964	3.021	3.066	3.104	◇	3.164
9	2.532	2.739	2.852	2.929	2.986	3.032	◇	3.102	
8	2.491	2.699	2.813	2.890	2.947	◇	3.031		
7	2.443	2.653	2.767	2.845	◇	2.948			
6	2.388	2.599	2.714	◇	2.850				
5	2.321	2.534	◇	2.728					
4	2.236	◇	2.569						
3	◇	2.344							
2	1.960								

◇ : $\ell = M - 1$ は起こり得ない.

付表 6. $\alpha = 0.01$ のときの $a\left(\ell; \alpha(M, \ell)\right)$ の値

$M \setminus \ell$	2	3	4	5	6	7	8	9	10
10	3.089	3.277	3.382	3.454	3.508	3.552	3.588	◇	3.646
9	3.058	3.247	3.352	3.424	3.479	3.523	◇	3.590	
8	3.022	3.213	3.318	3.391	3.446	◇	3.526		
7	2.982	3.173	3.280	3.353	◇	3.452			
6	2.934	3.128	3.235	◇	3.364				
5	2.877	3.073	◇	3.255					
4	2.806	◇	3.113						
3	◇	2.913							
2	2.576								

付表 7. $\alpha = 0.05$ のときの $\chi^2_{\ell-1}\left(\alpha(M, \ell)\right)$ の値

$M \setminus \ell$	2	3	4	5	6	7	8	9	10
10	6.599	8.364	9.804	11.113	12.349	13.536	14.689	◇	16.919
9	6.412	8.155	9.576	10.868	12.087	13.259	◇	15.507	
8	6.205	7.921	9.320	10.592	11.793	◇	14.067		
7	5.970	7.657	9.031	10.279	◇	12.592			
6	5.701	7.352	8.696	◇	11.070				
5	5.385	6.993	◇	9.488					
4	5.002	◇	7.815						
3	◇	5.991							
2	3.841								

付録 B　統計量の分布の上側 100α% 点の数表

付表 8.　$\alpha = 0.01$ のときの $\chi^2_{\ell-1}\left(\alpha(M, \ell)\right)$ の値

$M \setminus \ell$	2	3	4	5	6	7	8	9	10
10	9.542	11.611	13.310	14.855	16.310	17.706	19.058	◊	21.666
9	9.349	11.401	13.085	14.616	16.059	17.443	◊	20.090	
8	9.134	11.166	12.833	14.349	15.777	◊	18.475		
7	8.890	10.899	12.547	14.045	◊	16.812			
6	8.609	10.592	12.216	◊	15.086				
5	8.278	10.228	◊	13.277					
4	7.875	◊	11.345						
3	◊	9.210							
2	6.635								

◊ : $\ell = M - 1$ は起こり得ない.

付表 9.　第 1 標本との両側多重比較統計量の漸近分布の上側 $100\alpha\%$ 点：
$n_1 = \cdots = n_k$ のときの $b_1(k, 1/k, \ldots, 1/k; \alpha) = b_1^*(k - 1, 1; \alpha)$ の値.

$$B_1(b_1(k, 1/k, \ldots, 1/k; \alpha)) = 1 - \alpha$$

$\alpha \setminus k$	2	3	4	5	6	7	8	9	10
0.05	1.960	2.212	2.349	2.442	2.511	2.567	2.613	2.652	2.686
0.01	2.576	2.794	2.915	2.998	3.060	3.110	3.152	3.188	3.219

付表 10.　第 1 標本との片側多重比較統計量の漸近分布の上側 $100\alpha\%$ 点：
$n_1 = \cdots = n_k$ のときの $b_2(k, 1/k, \ldots, 1/k; \alpha) = b_2^*(k - 1, 1; \alpha)$ の値.

$$B_2(b_2(k, 1/k, \ldots, 1/k; \alpha)) = 1 - \alpha$$

$\alpha \setminus k$	2	3	4	5	6	7	8	9	10
0.05	1.645	1.916	2.062	2.160	2.234	2.292	2.340	2.381	2.417
0.01	2.326	2.558	2.685	2.772	2.837	2.889	2.933	2.970	3.002

B.2 付表

付表 11. 標準正規分布の上側 $100\left(\dfrac{1-(1-\alpha)^{1/k}}{2}\right)$ % 点：

$$z(\alpha^*(k)/2) \equiv z\left(\frac{1-(1-\alpha)^{1/k}}{2}\right)$$

$\alpha \setminus k$	1	2	3	4	5	6	7	8	9	10
0.05	1.960	2.237	2.388	2.491	2.569	2.631	2.683	2.727	2.766	2.800
0.01	2.576	2.806	2.934	3.022	3.089	3.143	3.188	3.226	3.260	3.289

付表 12. 標準正規分布の上側 $100\left(1-(1-\alpha)^{1/k}\right)$ % 点：

$$z(\alpha^*(k)) \equiv z\left(1-(1-\alpha)^{1/k}\right)$$

$\alpha \setminus k$	1	2	3	4	5	6	7	8	9	10
0.05	1.645	1.955	2.121	2.234	2.319	2.386	2.442	2.490	2.531	2.568
0.01	2.326	2.575	2.712	2.806	2.877	2.934	2.981	3.022	3.058	3.089

付表 13. $d_1(k;\alpha)$ の値

$\alpha \setminus k$	2	3	4	5	6	7	8	9	10
0.05	1.645	2.081	2.329	2.502	2.634	2.740	2.828	2.904	2.969
0.01	2.326	2.693	2.907	3.058	3.173	3.266	3.345	3.412	3.470

付表 14. $\alpha = 0.05$ のときの $d_1(\ell;\alpha(M,\ell))$ の値

$M \setminus \ell$	2	3	4	5	6	7	8	9	10
10	2.319	2.545	2.668	2.751	2.814	2.864	2.905	$\Diamond$	2.969
9	2.279	2.507	2.631	2.715	2.778	2.828	$\Diamond$	2.904	
8	2.234	2.464	2.589	2.674	2.737	$\Diamond$	2.828		
7	2.182	2.415	2.541	2.626	$\Diamond$	2.740			
6	2.121	2.357	2.484	$\Diamond$	2.634				
5	2.047	2.287	$\Diamond$	2.502					
4	1.955	$\Diamond$	2.329						
3	$\Diamond$	2.081							
2	1.645								

$\Diamond$: $\ell = M-1$ は起こり得ない.

付録 B　統計量の分布の上側 $100\alpha\%$ 点の数表

付表 15. $\alpha = 0.01$ のときの $d_1\,(\ell;\alpha(M,\ell))$ の値

$M \setminus \ell$	2	3	4	5	6	7	8	9	10
10	2.877	3.078	3.190	3.266	3.324	3.370	3.409	◇	3.470
9	2.844	3.046	3.158	3.235	3.293	3.340	◇	3.412	
8	2.806	3.010	3.123	3.200	3.259	◇	3.345		
7	2.763	2.969	3.083	3.161	◇	3.266			
6	2.712	2.920	3.035	◇	3.173				
5	2.651	2.862	◇	3.058					
4	2.575	◇	2.907						
3	◇	2.693							
2	2.326								

◇ : $\ell = M - 1$ は起こり得ない.

付表 16. $d_2^*\,(k;\alpha)$ の値

$\alpha \setminus k$	2	3	4	5	6	7	8	9	10
0.05	1.645	1.960	2.126	2.238	2.322	2.389	2.444	2.492	2.533
0.01	2.326	2.576	2.713	2.806	2.877	2.934	2.982	3.022	3.058

付表 17. $\alpha = 0.05$ のときの $d_2^*\,(\ell;\alpha(M,\ell))$ の値

$M \setminus \ell$	2	3	4	5	6	7	8	9	10
10	2.319	2.426	2.468	2.491	2.506	2.516	2.523	◇	2.533
9	2.279	2.388	2.431	2.454	2.469	2.479	◇	2.492	
8	2.234	2.345	2.388	2.412	2.427	◇	2.444		
7	2.182	2.295	2.339	2.363	◇	2.389			
6	2.121	2.236	2.282	◇	2.322				
5	2.047	2.166	◇	2.238					
4	1.955	◇	2.126						
3	◇	1.960							
2	1.645								

B.2 付表

付表 18. $\alpha = 0.01$ のときの $d_2^*(\ell; \alpha(M, \ell))$ の値

$M \setminus \ell$	2	3	4	5	6	7	8	9	10
10	2.877	2.967	3.003	3.022	3.035	3.043	3.049	$\Diamond$	3.058
9	2.844	2.934	2.971	2.990	3.003	3.011	$\Diamond$	3.022	
8	2.806	2.897	2.934	2.954	2.967	$\Diamond$	2.982		
7	2.763	2.855	2.893	2.913	$\Diamond$	2.934			
6	2.712	2.806	2.844	$\Diamond$	2.877				
5	2.651	2.747	$\Diamond$	2.806					
4	2.575	$\Diamond$	2.713						
3	$\Diamond$	2.576							
2	2.326								

$\Diamond$：$\ell = M - 1$ は起こり得ない.

付表 19. $d_3(k, 1; \alpha)$ の値

$\alpha \setminus k$	2	3	4	5	6	7	8	9	10
0.05	1.645	1.716	1.739	1.750	1.756	1.760	1.763	1.765	1.767
0.01	2.326	2.366	2.377	2.382	2.385	2.386	2.388	2.388	2.389

付表 20. $\alpha = 0.05$ のときの $\bar{c}^{2*}(\ell; \alpha(M, \ell))$ の値

$M \setminus \ell$	2	3	4	5	6	7	8	9	10
10	5.376	6.022	6.302	6.445	6.521	6.558	6.572	$\Diamond$	6.560
9	5.194	5.825	6.095	6.231	6.301	6.334	$\Diamond$	6.339	
8	4.991	5.606	5.865	5.993	6.056	$\Diamond$	6.088		
7	4.762	5.359	5.606	5.724	$\Diamond$	5.800			
6	4.499	5.075	5.307	$\Diamond$	5.460				
5	4.192	4.740	$\Diamond$	5.049					
4	3.820	$\Diamond$	4.528						
3	$\Diamond$	3.820							
2	2.706								

付表 21. $\alpha = 0.01$ のときの $\bar{c}^{2*}\left(\ell; \alpha(M,\ell)\right)$ の値

$M \setminus \ell$	2	3	4	5	6	7	8	9	10
10	8.277	9.118	9.532	9.779	9.939	10.048	10.124	◇	10.216
9	8.086	8.916	9.322	9.562	9.717	9.822	◇	9.945	
8	7.873	8.690	9.087	9.320	9.470	◇	9.638		
7	7.632	8.434	8.821	9.046	◇	9.284			
6	7.355	8.139	8.514	◇	8.865				
5	7.028	7.792	◇	8.356					
4	6.630	◇	7.709						
3	◇	6.823							
2	5.412								

◇ : $\ell = M - 1$ は起こり得ない.

付表 22. $\alpha = 0.05$ のときの $z\left(\alpha(M,\ell)\right)$ の値

$M \setminus \ell$	2	3	4	5	6	7	8	9	10
10	2.319	2.163	2.047	1.955	1.876	1.808	1.748	◇	1.645
9	2.279	2.121	2.004	1.910	1.830	1.761	◇	1.645	
8	2.234	2.074	1.955	1.858	1.778	◇	1.645		
7	2.182	2.019	1.897	1.799	◇	1.645			
6	2.121	1.955	1.830	◇	1.645				
5	2.047	1.876	◇	1.645					
4	1.955	◇	1.645						
3	◇	1.645							
2	1.645								

付表 23. $\alpha = 0.01$ のときの $z\left(\alpha(M,\ell)\right)$ の値

$M \setminus \ell$	2	3	4	5	6	7	8	9	10
10	2.877	2.747	2.651	2.575	2.511	2.457	2.409	◇	2.326
9	2.844	2.712	2.615	2.538	2.474	2.419	◇	2.326	
8	2.806	2.673	2.575	2.497	2.432	◇	2.326		
7	2.763	2.628	2.529	2.449	◇	2.326			
6	2.712	2.575	2.474	◇	2.326				
5	2.651	2.511	◇	2.326					
4	2.575	◇	2.326						
3	◇	2.326							
2	2.326								

B.2 付表

付表 24. 対照標本との多重比較統計量の漸近分布の上側 $100\alpha\%$ 点：
$n_1 = \cdots = n_k$ のときの $\bar{c}_3^2(\ell, 1/k, \ldots, 1/k; \alpha) = \bar{c}_3^{2*}(\ell; \alpha)$ の値．

$$\sum_{L=2}^{\ell} P(L, \ell) P\left(\chi_{L-1}^2 \geqq \bar{c}_3^{2*}(\ell; \alpha)\right) = \alpha$$

$100\alpha\% \setminus \ell$	2	3	4	5	6	7	8	9	10
5%	2.706	3.820	4.528	5.049	5.460	5.800	6.088	6.339	6.560
1%	5.412	6.823	7.709	8.356	8.865	9.284	9.638	9.945	10.216

参考文献

著者の拙書と拙論

（著 1）白石高章 (2011a).『多群連続モデルにおける多重比較法―パラメトリック，ノンパラメトリックの数理統計』共立出版.

（著 2）白石高章 (2012a).『統計科学の基礎―データと確率の結びつきがよくわかる数理』日本評論社.

（著 3）白石高章，杉浦洋 (2018).『多重比較法の理論と数値計算 』共立出版.

（著 4）Shiraishi, T., Sugiura, H., and Matsuda, S. (2019). *Pairwise Multiple Comparisons -Theory and Computation-*. Springer.

（著 5）Shiraishi, T. (2022). *Multiple Comparisons for Bernoulli Data*. Springer.

（著 6）白石高章 (2006). Tukey-Kramer 法に関連した分布の上界. 計算機統計学会和文誌, **19**. 77–87.

（著 7）白石高章 (2008). 多群モデルにおけるウィルコクソンの順位和に基づくノンパラメトリック同時信頼区間. 応用統計学, **37**. 125–150.

（著 8）白石高章 (2009). 多群 2 項モデルにおける対数変換による同時信頼区間. 応用統計学, **38**. 131–150.

（著 9）白石高章 (2011b). 多群 2 項モデルにおける逆正弦変換による多重比較検定法. 応用統計学, **40**. 1–17.

（著 10）白石高章 (2011c). 多群モデルにおけるすべての平均相違に関する閉検定手順. 計量生物学, **32**. 33–47.

（著 11）白石高章. (2012b). 多群の 2 項モデルとポアソンモデルにおけるすべてのパラメータの多重比較法. 日本統計学会和文誌, **42**. 55–90.

（著 12）白石高章 (2013). 多群指数モデルにおける平均パラメータの多重比較法. 計

量生物学, **34**. 1–20.

(著 13) 白石高章 (2014a). 多群連続モデルにおける位置母数に順序制約のある場合の閉検定手順. 日本統計学会和文誌, **43**. 215–245.

(著 14) 白石高章 (2014b). 順序制約のある場合の多群比率モデルにおける多重比較法. 応用統計学, **43**. 1–21.

(著 15) 白石高章, 早川由宏 (2014). 母分散が一様でない多群モデルにおけるすべての母平均相違の閉検定手順. 計量生物学, **35**. 55–68.

(著 16) 白石高章, 杉浦洋 (2015). 平均母数に傾向性がある正規多群モデルにおける多重比較法に使用される分布の上側 $100\alpha^{\star}$ パーセント点. 日本統計学会和文誌, **44**. 271–314.

(著 17) 白石高章, 松田 眞一 (2015). 順序制約のある場合の対照群との比較における $\bar{\chi}^2$ 統計量に基づく多重比較検定法. 計量生物学, **36**. 85–99.

(著 18) 白石高章, 松田 眞一 (2016). 順序制約のある場合のすべての平均相違に対する Bartholomew の検定に基づく閉検定手順. 日本統計学会和文誌, **45**. 247–271.

(著 19) 白石高章, 松田 眞一 (2019). 繰り返しのある二元配置モデルにおけるすべての主効果の相違比較の閉検定手順. 日本統計学会和文誌, **49**. 1–21.

(著 20) 白石高章 (2023). 多群 2 次元正規分布モデルにおける相関係数相違の多重比較法. アカデミア理工学編, 南山大, **23**. 20–37.

(著 21) 横山颯, 安田竜規, 白石高章 (2023). 多群 2 次元正規分布モデルにおけるすべての相関係数の多重比較法とその応用. アカデミア理工学編, 南山大, **23**. 11–19.

(著 22) Shiraishi, T. (1988). Rank tests for ordered location-scale alternatives. *J. Japan Statist. Soc.*, **18**, 37–46.

(著 23) Shiraishi, T. (1990). R-estimators and confidence regions in one-way MANOVA. *J. Statist. Plan. Infer.*, **24**, 203–214.

(著 24) Shiraishi, T. (1996). On scale-invariant M-statistics in multivariate k samples. *J. Japan Statist. Soc.* **26**, 241–253.

(著 25) Shiraishi, T. (2007a). Multiple comparisons based on R-estimators in the one-way layout. *J. Japan Statist. Soc.* **37**, 157–174.

参考文献　　　　　　　　　　　　　　　　　　　　　　　　　　　　　409

（著 26） Shiraishi, T. (2007b). Multiple comparisons based on studentized M-statistics in the one-way layout. *J. Statistical Studies.* **26**, 105–118.

（著 27） Shiraishi, T. (2010). Multiple comparisons based on studentized M-statistics in a randomized block design. *Commun. Statist.*, SerA. **39**, 1563–1573.

（著 28） Shiraishi, T. (2012). Multiple comparison procedures for Poisson parameters in multi-sample models. *Behaviormetrika*, **39**, 167–182.

（著 29） Shiraishi, T. and Matsuda, S. (2016). Closed testing procedures based on $\bar{\chi}^2$-statistics in multi-sample models with Bernoulli responses under simple ordered restrictions. *Japanese J. Biometrics*, **37**, 67–87.

（著 30） Shiraishi, T. and Matsuda, S. (2018). Closed testing procedures for all pairwise comparisons in a randomized block design. *Commun. Statist.*, SerA. **47**, 3571–3587.

（著 31） Shiraishi, T. and Matsuda, S. (2019). Nonparametric closed testing procedures for all pairwise comparisons in a randomized block design. *Japanes J. Biometrics*, SerA. **47**, 3571–3587.

（著 32） Shiraishi, T. (2022). Hybrid serial gatekeeping procedures for all-pairwise comparisons in multi-sample models. アカデミア理工学編, 南山大, **22**. 89–105.

（著 33） Saleh, A.K.Md.E. and T. Shiraishi (1989). On some R- and M-estimators of regression parameters under uncertain restriction. *J. Japan Statist. Soc.*, **19**, 129–137.

（著 34） Saleh, A.K.Md.E. and Shiraishi, T. (1992). On improved R- and M-estimators in multiple-design multivariate linear models under general restriction. Invited paper of "International Symposium on Nonparametric Statistics and Related Topics". North-Holland Publishing Co. 269–279.

（著 35） Saleh, A.K.Md.E. and T. Shiraishi (1993). On robust estimation for the parameters of multiple-design multivariate linear models under general restriction. *J. Nonparametric Statist.*, **2**, 295–305.

引用された重要な書籍

（書 1） 赤平昌文 (2019).『統計的不偏推定論』共立出版.

〔書 2〕 伊藤學，亀田弘行 監訳 (2007).『改訂 土木・建築のための確率・統計の基礎』丸善.

〔書 3〕 杉山高一，藤越康祝，杉浦成昭，国友直人 編集 (2007).『統計・データ科学活用事典』朝倉書店.

〔書 4〕 竹内啓，藤野和建 (1981).『2 項分布とポアソン分布』東京大学出版会.

〔書 5〕 丹後俊郎，小西貞則 編集 (2010).『医学統計学の事典』朝倉書店.

〔書 6〕 長畑秀和 (2016).『R で学ぶ 実験計画法』朝倉書店.

〔書 7〕 伏見正則 (2004).『確率と確率過程』朝倉書店.

〔書 8〕 Barlow, R. E., Bartholomew, D. J., Bremner, J. M., and Brunk, H. D. (1972). *Statistical Inference under Order Restrictions.* Wiley, London.

〔書 9〕 Bretz, F., Hothorn, T., and Westfall, P. (2011). *Multiple Comparisons Using R.* Chapman and Hall.

〔書 10〕 Enderton, H. B. (2001). *A Mathematical Introduction to Logic: Second Edition.* Academic Press.

〔書 11〕 Gibbons, J. D. an. Chakraborti, S. (2020). *Nonparametric Statistical Inference.* Chapman and Hall.

〔書 12〕 Hájek, J. and Šidák, Z. (1967). *Theory of Rank Tests, First Edition.* Academic Press.

〔書 13〕 Hájek, J., Šidák, Z., and Sen, P. K. (1999). *Theory of Rank Tests, 2nd Edition.* Academic Press.

〔書 14〕 Hettmansperger, T. P. (1984). *Statistical Inference based on Ranks.* Wiley, New York.

〔書 15〕 Hollander, M., Wolfe, D. A., and Chicken, E. (2015). *Nonparametric Statistical Methods: Third Edition.* Wiley, New York.

〔書 16〕 Hsu, J. C. (1996). *Multiple Comparisons-Theory and Methods.* Chapman and Hall.

〔書 17〕 Huber, P. J. (2009). *Robust Statistics.* Wiley, New York.

〔書 18〕 Huber, P. J. and Ronchetti, E. M. (2011). *Robust Statistics: Second Edition.* Wiley, New York.

参考文献   **411**

〔書 19〕 Jurecková, J. and Sen, P. K. (1996). *Robust Statistical Procedures: Asymptotics and Interrelations.* Wiley, New York.

〔書 20〕 Kalbfleisch, J. D. and Prentice, R. L. (2002). *The Statistical Analysis of Failure Time Data.* Wiley, New York.

〔書 21〕 Kvam, P. and Vidakovic, B. (2007). *Nonparametric Statistics with Applications to Science and Engineering.* Wiley, New York.

〔書 22〕 Lehmann, E. L. (2006). *Nonparametrics: Statistical Methods Based on Ranks. Revised edition.* Springer.（邦訳）鍋谷清治, 刈谷武昭, 三浦良造 共訳 (2007).『ノンパラメトリックス POD 版—順位にもとづく統計的方法』森北出版.

〔書 23〕 Puri, M. L. and Sen, P. K. (1971). *Nonparametric Methods in Multivariate Analysis.* Wiley, New York.

〔書 24〕 Puri, M. L. and Sen, P. K. (1985). *Nonparametric Methods in General Linear Models.* Wiley, New York.

〔書 25〕 Rieder, H, (1994). *Robust Asymptotic Statistics.* Springer.

〔書 26〕 Robertson, T, Wright, F. T., and Dykstra, R. L. (1988). *Order Restricted Statistical Inference.* Wiley, New York.

〔書 27〕 Tukey, J. W. (1953). *The Problem of Multiple Comparisons. The Collected Works of John W. Tukey (1994),* **Vol. VIII** *Multiple Comparisons.* Chapman and Hall.

引用された重要な論文

〔論 1〕 大畑航平 (2018). 処理効果に順序制約のある乱塊法モデルにおける対照群との比較を行う閉検定手順. 南山大学大学院 理工学研究科 2018 年度修士論文要旨集.

〔論 2〕 鬼頭広大 (2015). 多群ワイブルモデルにおけるすべての尺度母数相違の多重比較法. 南山大学大学院 理工学研究科 2015 年度修士論文要旨集.

〔論 3〕 宮崎諒 (2015). 多群ワイブルモデルにおける順序制約のある場合の多重比較法. 南山大学大学院 理工学研究科 2015 年度修士論文要旨集.

〔論 4〕 Anraku, K. (1999). An information criterion for parameters under a simple order restriction. *Biometrika,* **86**, 141–152.

〈論 5〉 Anscombe, F. J. (1948). The translation of Poisson, binomial, and negative binomial data. *Biometrika*, **35**, 246–254.

〈論 6〉 Chernoff, H. and Savage, I. R. (1958). Asymptotic normality and efficiency of certain nonparametric test statistics. *Ann. Math. Statist.*, **29**, 972–994.

〈論 7〉 Dmitrienko, A., Offen, W., and Westfall, P. H. (2003). Gatekeeping strategies for clinical trials that do not require all primary effects to be significant. *Statistics in Medicine*, **22**, 2387–2400.

〈論 8〉 Dunn, O. J. (1964). Multiple comparisons using rank sums. *Technometrics*, **6**, 241–252.

〈論 9〉 Dunnett, C. W. (1955). A multiple comparison procedure for comparing several treatments with a control. *J. Amer. Statist. Assoc.*, **50**, 1096–1121.

〈論 10〉 Dwass, M. (1960). *Some k-sample rank order tests, Contributions to Probability and Statistics.* Stanford University Press, 198–202.

〈論 11〉 Freeman, M. F. and Tukey, J. W. (1950). Transformations related to angular and the squareroot. *Ann. Math. Statist.* **21**, 607–611.

〈論 12〉 Hayter, A. J. (1984). A proof of the conjecture that the Tukey-Kramer multiple comparisons procedure is conservative. *Ann. Statist.*, **12**, 61–75.

〈論 13〉 Hayter, A. J. (1990). A one-sided Studentized range test for testing against a simple ordered alternative. *J. Amer. Statist. Assoc.*, **85**, 778–785.

〈論 14〉 Hodges, J. L. and Lehmann, J. W. (1963). Estimates of location based on rank tests. *Ann. Math. Statist.* **34**, 598–611.

〈論 15〉 Holm, S. (1979). A simple sequentially rejective multiple test procedure. *Scandinavian Journal of Statistics*, **6**, 65–70.

〈論 16〉 Huber, P. J. (1964). Robust estimation of a location parameter. *Ann. Math. Statist.* **35**, 73–101.

〈論 17〉 Jonckheere, A. R. (1954). A distribution-free k-sample test against ordered alternatives. *Biometrika*, **41**, 133–145.

参考文献 **413**

〈論 18〉 Kakiuchi, I. and Kimura, M. (2001). Robust rank tests for k-sample approximate equality in the presence of gross errors. *J. Statist. Plan. and Infer.*, **93**, 117–138.

〈論 19〉 Kaplan, E. L. and Meier, P. (1958). Nonparametric estimation from incomplete observation. *J. Amer. Statist. Assoc.*, **53**, 457–481.

〈論 20〉 Kudô, A. (1963). A multivariate analogue of the one-sided test. *Biometrika*, **50**, 403–418.

〈論 21〉 Kramer, C. Y. (1956). Extension of multiple range tests to goup means with unequal numbers of replications. *Biometrics*, **8**, 75–86.

〈論 22〉 Kruskal, W. H. and Wallis, W. A. (1952). Use of ranks in one criterion varance analysis. *J. Amer. Statist. Assoc.*, **57**, 583–621.

〈論 23〉 Lee, R. E. and Spurrier, J. D. (1995a). Successive comparisons between ordered treatments. *J. Statist. Plann. Infer.*. **43**, 323–330.

〈論 24〉 Lee, R. E. and Spurrier, J. D. (1995b). Distribution-free multiple comparisons between successive treatments. *J. Nonparametri. Statist.*, **5**, 261–273.

〈論 25〉 Marcus, R., Peritz, E., and Gaburiel, K. R. (1976). On closed testing procedures with special reference to ordered analysis of variance. *BiometriKa*, **63**, 655–660.

〈論 26〉 Maurer, W., Hothorn, L., and Lehmacher, W. (1995). Multiple comparisons in drug clinical trials and preclinical assays: a priori ordered hypotheses. Biometric in der ChemischPharmazeutischen Industrie, 6, 3–18.

〈論 27〉 Oude Voshaar, J. H. (1980). $(k-1)$-mean significance levels of nonparametric multiple comparisons procedures. *Ann. Statist.*, **8**, 75–86.

〈論 28〉 Page, E. B. (1963). Ordered hypotheses for multiple treatments: A significance test for linear ranks. *J. Amer. Statist. Assoc.*, **58**, 216–230.

〈論 29〉 Pitman, E. J. G. (1948). Notes on non-parametric statistical inference. Unpublished notes.

〈論 30〉 Ramsey, P. H. (1978). Power differences between pairwise multiple comparisons. *J. Amer. Statist. Assoc.*, **73**, 479–485.

(論 31) Sasabuchi, S. (1980). A test of a multivariate normal mean with composite hypotheses determined by linear inequalities. *Biometrika*, **67**, 429–439.

(論 32) Sasabuchi, S., Inutsuka, M., and Kulatunga, D.D.S. (1983). A multivariate version of isotonic regression. *Biometrika*, **70**, 465–472.

(論 33) Scheffé, H. (1953). A method for judging all contrasts in analysis of variance. *Biometrika*, **40**, 87–104.

(論 34) Shirley, E. A. (1977). A nonparametric equivalent of Williams' test for contrasting increasing dose levels of a treatment. *Biometrics*, **33**, 386–389.

(論 35) Spearman, C. (1904). The proof and measurement of association between two things. *The American Journal of Psychology*, **15**, 72–101.

(論 36) Steel, R. G. D. (1959). A multiple comparison rank sum test: Treatments versus control. *Biometrics*, **15**, 560–572.

(論 37) Steel, R. G. D. (1960). A rank sum test for comparing all pairs of treatments. *Technometrics*, **2**, 197–207.

(論 38) Wiens, B. L. and Dmitrienko, A. (2005). The fallback procedure for evaluating a single family of hypotheses. *J. Biopharmaceutical Statistics*, **15**, 929–942.

(論 39) Wilcoxon, F. (1942). Individual comparisons by ranking methods. *Biometrics Bull*, **2**, 80–83.

(論 40) Williams, D. A. (1971). A test for differences between treatment means when several dose levels are compared with a zero dose control. *Biometrics*, **27**, 103–117.

(論 41) Williams, D. A. (1972). The comparison of several dose levels with a zero dose control. *Biometrics*, **28**, 519–531.

(論 42) Williams, D. A. (1986). A note on Shirley's nonparametric test for comparing several dose levels with a zero-dose control. *Biometrics*, **42**, 183–186.

あとがき

　第1章に，観測値が従う分布を紹介し，それらの分布の性質を論じた．第2章は，1標本モデルでの符号付順位検定と2次元分布モデルにおける独立性の順位検定を述べた．第3章は，2標本モデルにおける順位統計量による手法の理論的な紹介をおこない，順位手法は分布と外れ値の両方に対するロバスト性をもっていることを示した．

　第3章までを基礎として，第4章以後の議論が進められた．第4章では，多標本モデルにおける1元配置分散分析法に対応する順位手法，平均に順序制約のある場合の順位手法，平均と分散の同時相違の順位検定について論述した．第5章から第7章までは本書以外では論じられていない分布に依らない多重比較法について解説した．

　第8章は，平均に順序制約のある場合の順位に基づくノンパラメトリックな多重比較法について述べた．平均に順序制約のある場合の統計理論は Kudô (1963) が先駆けとなり，その門弟たちによって進化していった．例として，Sasabuchi (1980), Sasabuchi et al. (1983), Anraku (1999) などの有用な論文が掲載された．小生も門人であった．また，そのほかの多くの日本の研究者が順序制約のある場合のパラメトリックな統計理論を手がけた．

　本書では，標本観測値はすべて互いに独立であるという条件を入れて論じられた．しかしながら，第3章から第6章までと第8章のノンパラメトリック法については独立性の条件は必要ではなく，（著2）の6.5節と（著3）の1.2.4項で述べられた設定条件の緩和をおこなうことができる．（著2）と（著3）を参照してほしい．

　第9章は，第5章から第8章までのすべての手法を基にしたゲートキーピング法について論述した．本書以外のゲートキーピング法は検出力の低いボンフェローニの方法が多く論じられていた．

　第11章と第12章では，ポアソンモデル，指数分布モデル，ベルヌーイモデル，

正規分布モデルに関したパラメトリック法について解説した．これらのパラメトリック法はデータ解析に有用である手法であり，第 2 章から第 8 章までの内容に関連した手法となっていた．第 12 章は，最後の章であり，第 2 章から第 8 章までと第 10, 11 章で紹介したすべての検定手法を取り込むゲートキーピング法を解説した．それらのゲートキーピング法は，Maurer et al. (1995), Dmitrienko et al. (2003) によって提案されたゲートキーピング法を凌駕する手法であった．

　小生がノンパラメトリック法の理論に興味をもったのは修士 2 年のときで修士論文もノンパラメトリック法の内容であった．当時この研究をおこなっていた研究者は多くなかった．今思えば，多次元正規分布の下での多変量解析学と生物統計学を主な研究課題としていた指導教官には多大な労力を費やしていただいた．その後もしばらくはノンパラメトリック論やロバスト統計量の研究に注力していたが，25 年前からはノンパラメトリックにはこだわらずパラメトリック法の研究もおこなった．データ解析の応用として広く適用できる（特定の分布を仮定しない）ノンパラメトリック法への特別な思いから，大学の教員として最後の年度に，ノンパラメトリック統計学の書籍を出版することとなった．

　これからもデータから真偽を解明する統計的な解析法は発展するものと考えられる．本書で述べた理論がより多くのモデルでの新しい手法を構築するための一助となれば幸いである．

　2025 年 2 月

白石高章

索　引

■英数字

REGW 型閉検定手順, 97

■ア行

異常値, 53
位置母数の順位推定量, 68
一様性の帰無仮説, 63, 80, 351
一様分布, 7

ウィリアムズ型の検定, 241, 274, 323
ウィリアムズの方法, 310
ウィルコクソン型の $\bar{\chi}^2$ 順位検定, 67
ウィルコクソン型の順位信頼区間, 47
ウィルコクソン型の符号付順位信頼区間, 27
ウィルコクソンの順位検定, 43
ウィルコクソンの符号付順位検定, 23

F 分布, 9

オッズ, 280

■カ行

カイ二乗型の順位検定, 56
カイ二乗分布, 9, 57, 62, 73, 214, 294
$\bar{\chi}^2$ 統計量に基づく閉検定手順, 164
確率収束, 14
片側仮説, 16, 36
頑健性, 53
ガンマ関数, 9

ガンマ分布, 275
クラスカル・ウォリスの順位検定, 58
繰り返しのある 2 元配置モデル, 323
傾向性の制約, 63, 137, 171, 193, 233,
　　268, 316, 351
検出力の高い順位に基づく閉検定手順, 89,
　　96
検出力, 50

混合型ゲートキーピング法, 367, 368
混合正規分布, 50

■サ行

サイズが不揃いの場合の多重比較検定
　　法, 162
最良手法の選び方, 28, 52

指数分布, 8, 242
シャーリー・ウィリアムズ型の方法, 193
主効果, 55
順位区間推定, 45
順位検定, 36
順位検定の棄却点のアルゴリズム, 41
順位信頼領域, 62, 70
順位推定, 23, 43, 60
順位相関係数, 31
順位分布, 10
順序制約, 63
シングルステップの漸近的な多重比較検

定, 122
シングルステップの多重比較検定, 81, 139, 152, 178
シングルステップの多重比較法, 120
シングルステップ法, 81

水準 α の閉検定手順, 88
スコア関数, 19
スティール型の順位に基づく多重比較検定, 108
スティール・ドゥワス型の多重比較検定, 83
ステップアップ法, 146
ステップダウン法, 116, 131, 146, 158, 224, 260, 347
ステップワイズ法, 146, 157
スラツキーの定理, 19, 40, 394

正確な検定, 204, 245, 248, 264
正確な信頼区間, 245
正確な多重比較検定, 304
正確な同時信頼区間, 264, 304
正確な閉検定手順, 305
正確に保守的な検定, 203, 226, 278
正確に保守的な信頼区間, 205, 280
正確に保守的な同時信頼区間, 227
正規スコアによる順位検定, 43
正規スコアによる順位信頼区間, 48
正規スコアによる順位推定, 45
正規スコアによる符号付順位検定, 23
正規スコアによる符号付順位信頼区間, 28
正規スコアによる符号付順位推定, 24
正規分布, 5
積集合, 88
漸近相対効率, 49, 52
漸近的なウィリアムズ型検定, 357
漸近的な検定, 230, 246, 266
漸近的な信頼区間, 246

漸近的な同時信頼区間, 125, 231, 267, 355
漸近分布, 14
全平均, 55

相関係数, 333
相対処理効果, 55

■タ行

タイ, 49
対照との多重比較検定法, 159, 166, 190
対比の同時信頼区間, 331
タイプ I FWER, 81, 107
多重比較検定, 80, 107, 160
ダネット型の多重比較検定, 315
ダネット型の同時信頼区間, 315
ダネットの多重比較検定, 302
ダネットの同時信頼区間, 302

逐次棄却型検定法, 115, 129, 134, 232, 267
中心極限定理, 19, 40, 394
直列型ゲートキーピング法, 181, 194, 363

対をなすデータ, 15

t 分布, 9, 51, 304
テューキー・クレーマー型の多重比較検定, 311
テューキー・クレーマーの多重比較検定, 299
デルタ法, 394

同時信頼区間, 81, 84, 107, 238, 272, 307, 308, 321
独立性の検定, 31, 131

■ナ行

2 項分布, 10, 276

2 次元正規分布, 333
2 段階ゲートキーピング法, 364

ノンパラメトリック多重比較検定, 168
ノンパラメトリック逐次棄却型検定法, 116
ノンパラメトリック手順, 144, 162
ノンパラメトリック閉検定手順, 179

■ハ行

ハイブリッドゲートキーピング法, 189, 198
外れ値, 53

ピアソンの標本相関係数, 29
標準正規分布, 5
標本サイズ, 15

フィッシャー情報量, 13
符号, 16
符号検定, 23
符号信頼区間, 28
符号スコアによる順位検定, 43
符号スコアによる順位信頼区間, 49
符号スコアによる順位推定, 45
符号付順位に基づく信頼区間, 25
符号付順位検定, 15
符号付順位検定の棄却点のアルゴリズム, 21
分割型ゲートキーピング法, 184, 196, 366
分散安定化変換, 395
分布収束, 14, 395
分布に従う, 14

平均と分散の相違の多重比較検定, 98
閉検定手順, 114, 128, 142, 156, 236,
    239, 241, 270, 272, 274, 319, 322,
    353, 356, 358
ヘイター型のシングルステップの多重比較
    検定, 234, 269
ヘイター型の多重比較検定, 318

ヘイター型の同時信頼区間, 234, 269, 318
ヘイターのシングルステップの多重比較検
    定, 307
ページ型のノンパラメトリック閉検定手
    順, 166
ベルヌーイ試行, 276

ポアソン過程, 243
ポアソンの小数の法則, 200
ポアソン分布, 199
法則収束, 14, 395
ホッジス・レーマン順位推定, 44, 45
ホッジス・レーマン符号付順位推定, 24

■マ行

マルチステップ法, 87

無記憶性, 242

■ラ行

ラプラス分布, 6
乱塊法モデル, 310

リー・スプーリエル型の多重比較検定, 238,
    272, 321, 355
リー・スプーリエルの多重比較検定, 308
両側仮説, 16, 36
両側指数分布, 6

ロジスティック分布, 5
ロバスト性, 53, 77
ロバスト統計手法, 76
論理積, 87

■ワ行

ワイブル分布, 275

〈著者紹介〉

白石高章（しらいし たかあき）
1955 年　福岡県に生まれる
1980 年　九州大学大学院理学研究科博士前期課程修了
2000 年　横浜市立大学大学院総合理学研究科教授
現　在　南山大学理工学部教授・理学博士
著　書　"Multiple Comparisons for Bernoulli Data"（Springer, 2022）
　　　　"Pairwise Multiple Comparisons -Theory and Computation-"
　　　　（共著, Springer, 2019）
　　　　『多重比較の理論と数値計算』（共著, 共立出版, 2018）
　　　　『統計科学の基礎』（日本評論社, 2012）
　　　　『多群連続モデルにおける多重比較法』（共立出版, 2011）
　　　　『統計データ科学事典』（分担執筆, 朝倉書店, 2007）
　　　　『統計科学』（日本評論社, 2003）

南山大学学術叢書 **ノンパラメトリック統計学** —小標本でも分布に依らないロバスト手法— *Nonparametric Statistics* 2025 年 3 月 25 日　初版 1 刷発行	著　者　白石高章　ⓒ 2025 発行者　南條光章 発行所　**共立出版株式会社** 〒112-0006 東京都文京区小日向 4-6-19 電話　03-3947-2511（代表） 振替口座　00110-2-57035 www.kyoritsu-pub.co.jp
	印　刷 製　本　藤原印刷
検印廃止 NDC 417 ISBN 978-4-320-11574-3	一般社団法人 　　　　　　自然科学書協会 　　　　　　会員 Printed in Japan

---

[JCOPY] ＜出版者著作権管理機構委託出版物＞
本書の無断複製は著作権法上での例外を除き禁じられています．複製される場合は，そのつど事前に，
出版者著作権管理機構（ＴＥＬ：03-5244-5088，ＦＡＸ：03-5244-5089, e-mail：info@jcopy.or.jp）の
許諾を得てください．